石油技师

（2014）

中国石油天然气集团公司人事部　编

石油工业出版社

图书在版编目（CIP）数据

石油技师 . 2014 / 中国石油天然气集团公司人事部编 .
北京：石油工业出版社，2015.9
ISBN 978-7-5183-0799-9

Ⅰ . 石…
Ⅱ . 中…
Ⅲ . 石油工程 – 工程技术
Ⅳ . TE

中国版本图书馆 CIP 数据核字（2015）第 156441 号

出版发行：石油工业出版社
（北京安定门外安华里 2 区 1 号 100011）
网　址：www.petropub.com
编辑部：（010）64523574　图书营销中心：（010）64523633
经　销：全国新华书店
印　刷：北京晨旭印刷厂

2015 年 9 月第 1 版　2015 年 9 月第 1 次印刷
889 × 1194 毫米　开本：1/16　印张：24.75
字数：620 千字

定价：55.00 元
（如出现印装质量问题，我社图书营销中心负责调换）

编 委 会

编辑部

目录

聚焦技能大赛

技师风采

带徒传技

现场疑难分析与处理

技术革新

合理化建议

专家工作室

鉴定技术

四新技术

班组管理

经验分享

聚焦技能大赛

厚积薄发　天道酬勤
在平凡中努力创造出不平凡

◆ 程　亮

我叫程亮，1998年7月毕业于大庆石油学校，先后担任过第十采油厂第一油矿的采油工、地质技术员、工程技术员、副队长等职务，现在第四采油厂第一油矿北十八队维修班担任维修工。

一、工作要做到干一行、爱一行，真真正正干好自己的本职工作，平凡的岗位照样能出人才

2006年11月，我从第十采油厂调到第四采油厂第一油矿工作，由一名基层副队长变成维修班的一名普通员工。工作角色的转变，在别人眼中似乎是一个人生的低谷，但对我来说，新的岗位给我提供了一个新的锻炼自我的空间，我要在新的岗位上证明我能行，我一定能创造不平凡的业绩。我发现，由于自己很久不上高作业了，竟然有了恐高症，即使系上安全带登高也不行，可在维修班的工作中，上高可是家常便饭。为了克服恐高症，每遇到高空作业我就主动请缨，通过锻炼，我已经能够到达抽油机的最高端作业了。我还发现，维修班看似没有技术含量的日常工作，其实很有技术含量。比如抡大锤，光凭力气不行，关键得有准头，一下是一下，使不好可能要伤人。我通过不断练习，总结出抡大锤要“站得稳、重心低、看得准、发力均”的十二字要诀，

大锤不但使得虎虎生风，而且锤锤不落空。我还对堵漏施工中的手动电弧焊接产生了浓厚的兴趣，开始跟着老师傅学习，递焊条、砸药皮、看手法，学习各种漏点的封堵方法和技巧，认真听老师傅的讲解与分享，我慢慢地掌握了这项技术活，一般的漏点都不在话下。

几年的维修班工作虽然很辛苦，但我热爱我的工作，在平凡岗位上的锤炼让我逐渐成长起来，不但技能素质得到提高，还锻炼出顽强的意志。这一点在2014年集团公司采油工技能大赛的训练中得到充分体现，在超极限的训练中我坚持下来了，我很感谢这段经历。

二、学习要有刨根问底的精神、要有钻劲，才能水滴石穿、不断提高

记得刚到新岗位时，跟随师傅学习录取资料、巡井、设备故障判断等采油工的日常工作，发现现实工作中的数据与书本上有不同的地方，我就向师傅请教，师傅也不清楚具体为什么不同，他跟我说："你要好好学习，以后给我讲讲。"这样，我对这些普通问题产生了浓厚的兴趣，在以后的工作中，我碰到搞不懂、不清楚的问题，就多方求证、四处问询，直到找到正确答案。第四采油厂第一油矿每季度都要抽考员工的学习情况，我第一次参加矿季度抽考的成绩很不好，这时我才觉得学海无涯，自己的知识太少了。于是，我向队里的技术员借来采油专业书籍，装到随身的背包里，上完井回到休息室、下班回家坐上班车时，我都会拿出书来翻一翻、看看，一本书翻来覆去要看好几遍。看得越多，发现自己不会的越多，我学习的欲望更强烈了。矿里成立"海波培训室"，我成了那里的常客，有不懂的问题经常去培训室讨教、查找资料。通过努力学习，不断充实自己，我对采油工作的认识由浅到深，已经能够把理论与实践联系起来，地上与地下联系起来，对常见的问题能够深入分析、及时处理。

三、勤奋学习、苦练内功是成功的基础

我相信勤一定能补拙。我被选拔参加大赛集训时，成绩不是很突出，年龄偏大，学历也不够高，更主要的是其他选手已经集训了很长时间。他们工具使得行云流水，操作步骤一环套一环，紧密流畅，让人看着赏心悦目。可是到自己操作时，简单的更换法兰截止阀操作，第一次练习竟用时24min，工具使用不当，动作缓慢，严重超时，看似简单的操作遇到了难题。教练指出，原因在于我身体协调性不好，操作方法不正规，必须多练习才可能有改变。面对各种不利因素，我每天暗自增加练习次数。剪法兰垫片比赛要求剪2mm厚的石棉垫片，我就加码挑战3mm厚的。手上起的血泡磨破了，我就贴上创可贴接着练，直至双手磨出一层厚厚的老茧。早上出完操，大家回寝室洗漱时，我留在操场上，坚持剪完10个垫片才回寝室。训练场上，我与教练多沟通，研究节省时间的办法，多看其他选手的操作方法，逐步掌握了操作技巧。通过付出大量的汗水和时间，我以第一名的优异成绩从199名来自各厂的参赛选手中脱颖而出，作为60名备战参加集团公司采油工职业技能竞赛选手继续封闭训练。

油田公司对参赛选手选拔实行末位淘汰制，竞争十分激烈，最后阶段仅剩下11名选手参加淘汰赛。那段时间，我和所有选手一样，心里的压力比较大。为了巩固和拓展理论知识，我不顾连续备战的疲惫，每天早上5点钟就起床复习，晚上10点半下自习后还要坚持学习到深夜。为了啃下技能操作这个"硬骨头"，我主动坚持加大训练量，几乎是其他人的两倍。参赛前一个月，我患了重感冒，而且牙疼难忍，我吃了几片消炎药咬牙坚持。几个月下来，我的体重从160多斤下降到130斤，最终一路闯关前行，跻身油田公司参赛主力选手行列。

虽然在这次集团公司的采油工比赛上我得了奖，但是我周围有很多优秀的选手，他们也有和我一样的实力，在此我祝愿他们不要气馁，继续努力，最终一定能收获自己的成功。我的经历告诉我，任何成绩的取得都建立在充分的准备之上，天道酬勤！

（作者：大庆油田公司第四采油厂，采油工）

丹心勤勉铸金牌

——记职业技能竞赛金牌得主卜晓勇

◆ 杨 艳 宁志军

一个人的成长与成功，源于环境，源于天赋，源于努力。在成功者的轨迹中，默默无闻与惊天动地并非泾渭分明，兢兢业业与脱颖而出多是相辅相成。

中等偏瘦的身材，浓密硬实的黑发中夹杂着几根白丝，一张白净的娃娃脸让人感觉他比实际年龄小了许多；不善言词，语速徐缓，似乎每说一句话都经过深思熟虑；这是卜晓勇给人的印象。

卜晓勇，男，而立之年，抚顺石化分公司石油二厂加氢裂化装置操作工。2014年10月23日，中国石油2014年汽（煤、柴）油加氢装置操作工职业技能竞赛在锦州石化闭幕，共有28家单位的84名选手参赛。卜晓勇作为抚顺石化公司参赛选手，勇夺个人和团体两块金牌，并在个人竞赛中名列第一，荣获集团公司技术能手称号。

一、徜徉书海

1999年7月，时年20岁的卜晓勇走出技校大门，被分配到抚顺石化公司石油三厂加氢车间。年少的卜晓勇自恃在技校中学习成绩优秀，觉得自己胜任岗位工作没有任何问题。然而，在一次执行装置生产调整任务过程中，由于他操作上的一个小失误，致使工艺参数产生波动而延误了工期，使车间生产安排非常被动，为此受到车间领导的严厉批评。

对于车间领导的批评，卜晓勇心服口服。他意识到自己的“半桶水”距离一个合格的操作人员还很远。他暗下决心：苦读书本，把自己的“半桶水”填满成“整桶水”。当时，卜晓勇所在班组有两名科班毕业的大学生操作员，这两个人接受能力极快，也很能吃苦，装置的工艺参数和操作流程总能脱口而出，这让卜晓勇既羡慕又敬佩。于是，卜晓勇把这两个人当成自己学习的标杆和榜样。俗话说，万丈高楼还需平地起。卜晓勇把学习的起点定在基础文化知识的补习上。期间，他拜班上的两名大学生操作员为师，不懂之处就向两人请教，还经常与两人探讨交流学习体会。他利用一年半时间学完高中文化课后，又自学了《办公自动化》《商务计算机应用》《计算机语言》等书籍，顺利通过天津大学计算机专业的成人高考。文化知识的不断积累，拓宽了卜晓勇的视野，他的工作能力也在不断提升。班上的两名大学生也被卜晓勇刻苦学习的劲头所折服，在卜晓勇拿到自考大学毕业证书时，两人由衷赞叹道：“晓勇，你现在也是一名大学毕业生了，你现在的知识底蕴与全日制的大学生没什么两样，有些地方甚至比他们还强，你真是好样的！”听了两位师傅的赞扬，卜晓勇心里美滋滋的，却暗自下定决心：这只是个开头而已，我还要向岗位专业领域进发。此后，他把学习的风向标调整到岗位操作专业知识的掌握上。如今，15年过去了，35岁的卜晓勇算得上是一名老员工了，可他学习的劲头依然不减，业余时间他的最大兴趣还是读书。类似流程简介、设备结构、化工原理这样在他人看来枯燥乏味的书籍，他却看得津津有味、专注入神。

2012年5月，作为生产操作骨干，卜晓勇从石油三厂调入到石油二厂加氢裂化车间，此时距离加氢裂化装置指定开工运行时间不到3个月。加氢裂化装置是抚顺石化千万吨炼油结构调整、实现原油集中加工的核心装置，面对新的工作岗位，卜晓勇意识到时间的紧迫性。他做的第一件事就是找齐新装置的所有工艺流程资料进行研读，并与先前操作过的加氢装置工艺流程进行对比，找出其共性与差异，不时和同事探讨；他还一趟一趟到装置里“遛流程”，拿着纸和笔，边走边瞧，边看边画。凭借扎实的理论功底，卜晓勇很快掌握了加氢裂化装置所有的工艺原理和操作流程。

二、学以致用

卜晓勇自觉不自觉地把平日所学的操作理论与操作实践有机地融合在一起。随着对加氢裂化装置的操作愈加熟练，卜晓勇被车间同事誉为装置的“活地图”，每条管线里的介质走向、每台机泵的流量他都能如数家珍、娓娓道出。

2012年7月5日，装置反应部分系统压力升到8.9MPa时，卜晓勇在监盘时发现上循环氢压缩机出口压力曲线下降。他当即怀疑压缩机有泄漏点，果断采取将系统压力降至3.3MPa停机措施，并将这一异常情况向班长汇报。班长带人快速来到压缩机房对压缩机现场检查，果然在压缩机底部比较隐蔽的位置发现机体导淋法兰和压缩机平衡管法兰泄漏。正是卜晓勇的正确判断，避免了因氢气泄漏而引发的重大事故。

2013年5月，加氢裂化装置首次停工检修。鉴于卜晓勇对全装置流程极为熟悉，车间安排他监督检查装置罐体的检修质量。他多次指出检修施工中存在的问题并及时上报，得到了有效处理。在一次检查验收中，他发现一个中间罐的螺栓紧固不到位，于是找到检修负责人，要求把罐体上的螺栓再紧两扣。那位检修负责人不服气，问卜晓勇有什么依据要求再紧螺栓，卜晓勇即刻把这个罐体的安全压力控制指数、罐中的介质及属性全盘托出。这位负责人没想到卜晓勇如此精通，赶忙安排施工人员按照卜晓勇的要求将罐体的螺栓又紧了两扣。在检修期间，卜晓勇还提出了排凝线伴热优化技改建议13条，投入使用后取得良好效果。

2013年7月29日深夜，装置裂化反应单元出现温度点异常显示，造成停工联锁。他接到车间通知后第一时间从家中赶到车间，在仪表室与装置现场间多次往返，查找原因，然后提出自己的怀疑和解决方案。车间采纳了他提出的方案，授权他指挥操作员进行操作，结果装置在短时间内恢复了正常运行。

三、磨砺坚持

在有些人看来，装置操作的最大特点就是单调刻板，而卜晓勇却很享受自己的工作，觉得趣味无穷。他认为，权威的心脏病专家无非是把所有与心脏有关的问题研究通透了，顶级的厨师无非是掌握了做菜的火候，装置操作也是同样的道理。当班工作结束后，他都用心总结，把每一次操作条件变化的各个参数和自己的心得体会详细记录下来，做好比对分析。

看着显示器上不断变化的装置运行数据，卜晓勇的思维也在飞速运转着。什么状态下需要勤调，什么状态下需要微调，什么状态下需要平衡参数间的关系，卜晓勇探究着、摸索着。也正是这种坚持与磨砺，练就了卜晓勇敏锐的反应能力和快速判断能力，使装置运行始终处于受控状态。

一次，他发现监视器显示加热炉的火苗颜色有些泛红，火苗还有轻微的弧度。他马上喊来班长，把自己的观察结果向班长汇报。班长看后觉得没什么异样，于是又让另一位操作员进行观察印证，也没有觉得有什么变化，而卜晓勇却坚持自己的观察，并判断瓦斯管线有泄漏。看着卜晓勇那坚定的眼神，班长支持卜晓勇的判断，带人仔细巡查瓦斯管线，终于在管线一个弯头连接处发现一道很小的焊缝，瓦斯正从焊缝中呲呲冒出。班长立刻下达指令，关闭瓦斯入口阀门，实施紧急处理。危机解除后，班长问卜晓勇："你怎么能看出加热炉不正常？"卜晓勇回答："我天天和它们'相面'，它们正常什么样，都刻在我脑子里了。只要它们出现一丁点不正常，我就能发现得了。"还有一次，他发现装置硫化温度上下跳跃的幅度很大，预示装置运行出现波动。如果硫化超温90℃，几亿元的催化剂就会报废。卜晓勇当机立断，立即实施调整，把温度降了下来，确保了催化剂不受损失。

四、潜心备赛

其实在2010年和2012年，卜晓勇连续参加了两届抚顺石化公司技术比武大赛，但并没有获得出类拔萃的成绩。在获得集团公司参赛资格后，卜晓勇认真总结了上两次参赛的经验与教训。他摒弃了以往死记硬背的僵化备赛方式，将理解掌握、准确掌握作为本次备赛的重点。他把自己以前的工作笔记全部找了出来，并将笔记内容与考试内容进行对接，将考试内容演化成自己工作过程的片段与画面，既形象又生动，并且还具有条理性，备考效率大幅提高。对于考试内容自己没有经历、没有记录的，卜晓勇便与其他参赛同事展开探讨、辩论。当自己与对方无法互相说服时，他便和同事找培训指导导师，确定最后答案。卜晓勇把争辩的过程当成了理解记忆的"辅助线"，还把自己的备赛方法传授给其他参赛同事，大家都感觉受益匪浅。

历经5个月的精心备考，赛场上的卜晓勇沉着冷静，无论是理论还是实践操作，卜晓勇的成绩始终名列第一，专家评委对他都赞不绝口。卜晓勇当之无愧成为本次大赛的"状元"。

卜晓勇载誉归来，领导同事的祝贺让他感动，父母妻子的道喜让他温暖。欣喜过后，他还一如往常，平静地上下班。每次上下班坐通勤车，卜晓勇都要找靠车窗的座位，他习惯看着厂区马路两侧的白杨树。无论什么季节，白杨树的枝丫总是直直向上，他很喜欢白杨树的那股劲儿……

（作者：抚顺石化公司党委宣传部）

厚积薄发在此时

——记职业技能竞赛金牌得主倪大龙

◆杨 艳　毕 爽

“人在到达山顶之前，总要攀越各个山峰，经历几多磨难；在到达黎明之前，总要忍耐寂寞，穿越最绝望的黑暗。”这是抚顺石化公司石油二厂加氢联合车间工艺三班班长倪大龙在自己的日记中写下的一段话。正是这种坚持和不服输的性格，磨炼了他坚强的意志和毅力，让他取得了一个又一个的成功。几年来，他先后获得公司（厂）级“优秀共产党员”“先进生产者”“优秀共青团员”“岗位技术能手”等荣誉称号，他所带的班组也多次被评为公司（厂）级先进班组。

2014年10月23日喜讯再次传来，倪大龙作为首次参赛选手，在集团公司举办的“汽（煤、柴）油加氢装置技能大赛”中取得了个人金牌的好成绩，令全体抚顺石化分公司员工为之骄傲。

一、扎根一线绘青春

1979年出生的倪大龙是个老“加氢”了。1998年9月，他技工学校毕业分配到抚顺石化公司石油三厂加氢车间，在加氢大套工段压缩机岗位进行学习。第一次走进厂大门时，他看到的是高耸的塔罐、一条条往来穿梭的管线，听到的是装置机器的轰鸣声，心中充满了自豪，脑海中想的是一定要在企业里甩开膀子大干一场。“学一流技术、做一流工人、创一流业绩，做一名合格的石化员工”。从那天起，为石化事业奉献青春的想法就在他心中萌生。

他回忆当年的情景时说：“‘看花容易绣花难’，工厂里的机械比我书本里学到的知识复杂多啦！尤其我从事的压缩机岗位，要把它弄通了还真是要费一番工夫。压缩机压缩氢气，为整套装置提供源源不断的动力，说它是‘加氢车间的心脏’一点也不为过。压缩机的构造、工作原理和操作方法对于我来说都非常陌生。”在这个时候，大龙的师傅和班组的其他老师傅们给予了他很大的帮助。他们一个个都“身怀绝技”，有的技术过硬，轻而易举地就解决了生产中遇到的难题；有的过目不忘，对装置内往来穿梭的工艺管线都心知肚明；有的心灵手巧，手中出来的活总是干净漂亮。最重要的是，师傅们都有一副乐于助人的热心肠，把他们积累多年的经验都毫无保留地传授给了他。

当时加氢车间的李波师傅是集团公司技术能手，堪称加氢专业“大拿”。他提出增加脱液干燥系统的改造方案，方案实施后，彻底解决了设计单位多年未解决的问题，实现了装置安稳生产，直接创效百万余元。大龙当时特别佩服他，心想：有朝一日，我也要像李师傅一样成为工人中的“明星”，为企业节资创效贡献力量。每天，他都揣着小本子跟在师傅后面，遇到不懂的就问，常常是打破砂锅问到底；回家以后没事也琢磨，直到把问题弄通。在师傅们的帮助下，大龙迅速从一个初出茅庐的“菜鸟”成长为一个能够独立解决生产问题的“多面手”。几年中，他先后在压缩机、温度等岗位工作，不同岗位的轮换为日后的工作积累了宝贵经验。

努力终有回报。2008年9月，大龙入党了。2009年7月，他被提拔为加氢大套工段一班班长。2010年12月，随着“千万吨炼油”建设的开展，他又调到石油二厂加氢联合车间，担任工艺三班班长。加氢联合装置于2012年开始投产，主要包括年180×10^4t柴油加氢精制装置和年200×10^4t蜡油加氢裂化装置。该联合装置对于提高柴油质量、降低产品硫含量、产出标准清洁燃料和保障大乙烯原料供给具有十分重要的意义。在这样的车间担任班长，大龙深感责任重大。“没有过硬的技术和扎实的理论基础，就不能使别人信服。”在工作中，他拿着图纸一遍又一遍地摸流程，边巡检边学习，爬管架、上廊梯、查漏点，每天扳手、对讲机不离手，有时身上、脸上、手上都是灰，班里的人都说：“帅小伙变成了‘灰太狼’。”

二、方寸之地显芳华

“凡事必作于细”。倪大龙不敢有一丝一毫的懈怠和放松，总是以严格的标准要求自己，因为他知道“兵头将尾”的责任，不光要对自己负责，对班组内的所有员工负责，更要对车间负责。在装置刚开工的时候，遇到了许多困难，但是在困难面前，他从来都没有退缩。大龙说，只要有一颗坚持不懈的心，所有的难题都会迎刃而解。

2013年5月中旬，倪大龙去裂化反应区域巡检，当走到V103设备时，听到有异常声音。他在附近仔细查找，发现V103入口法兰有泄漏，他当即紧急泄压，立刻通知内操人员联系消防队到现场掩护，组织全班进行紧急停工操作，用最快的速度将险情控制住。V103的介质是油氢混合物，泄漏达到一定浓度就会发生闪爆。由于他发现及时、处理果断，避免了一起着火爆炸事故的发生。

2013年9月，年200×10^4t蜡油加氢裂化装置大检修后准备开工，倪大龙的班组负责柴油加氢装置反应部分高压部分气密。高压部分是装置最重要的部分，为按计划完成任务，大龙带领班组所有员工对装置高压部分的设备以及相关管线的每一处法兰接口、控制阀、空冷器等关键点、关键设备进行严格的气密检查，查出的漏点及时上报车间，整个班组认真高效地完成了车间安排的任务。在该蜡油加氢裂化装置开工过程中，他指导班组员工进行仪表联锁校对、加热炉点火及调节、新氢压缩机和循环氢压缩机的启动调节、产品质量的调节等工作，有力地保证了柴油加氢精制装置顺利开工以及平稳运行。

作为班长，他注重班组建设。如何使班组团结和谐？如何提高班组员工的技术水平？如何用班组整体的努力为企业节能创效做贡献？这些都是他时常在思考的问题。在党员工程立项活动中，他结合班组实际，制订了工作计划，根据车间的开工规程和各类操作卡严格要求班组成员进行学习，工艺三班在班组竞赛中成绩始终名列前茅。他热爱工作，乐于助人，经常与员工谈心交流，并向组织反应员工关心的热点问题，时时处处起到模范带头作用。他在班组内发起技术学习“赶、帮、超”活动，争取不让每名员工掉队。例如，对于新装置的开、停工及事故处理等生产过程中遇到的实际问题，班组成员能够集思广益、积极讨论，使班组员工的生产技术水平和班组的整体能力不断提高。工艺三班在车间举行的两次练兵比武中都取得了第一名的好成绩，比赛中，每名员工都能全力以赴，就算业务稍差的员工也能争先学习，不给班组扯后腿。

和倪大龙一直在一个班组的大姐关海梅说：“我们班头儿是装置的‘活地图’，装置里的每条管线、每个阀门、每个点他都了如指掌，让他闭着眼睛都能画出来，比自己家的孩子都熟悉。装置无论遇到什么事，他总是那么冷静和淡定，分析问题准确，处理问题果断。有他在，我们总能化险为夷，放心。”内操于立群说：“我们班长工龄最短、年龄最小，领导一批‘老革命’，我们可服啦，主要是他对自己要求特别严格，而且遇急、难、险、重时肯定是第一个冲上去。”岗长乔羽飞更是抢着说：“大龙有人格魅力，我们班19个人就像是相亲相爱的一家人，在一起非常团结和谐。得了奖金有班费，就去撮一顿儿，这回我们还等着奖金下来去庆贺呢！”大龙常和班员们说的一句话就是：“你们一定要开开心心上班，安安全全下班，一定要遵章守纪，把每个月工资都拿回家。”工艺三班在他的带领下，在各项劳动竞赛中都超额完成任务，保证吨油利润达标。

三、胸怀梦想苦亦甜

机遇总是眷顾时刻做好准备的人。集团公司2014年汽（煤、柴）油加氢装置操作工职业技能竞赛的通知下来以后，车间决定让倪大龙参赛。领导说：“以前总是让他在装置挑大梁了，几次比赛都没能参加上，有点耽误大龙了。这次要让他圆梦。”大龙说：“车间这么信任我，把我送出来学习，我要珍惜学习机会，不负众望。”

为期3天的比赛早已结束，但是在准备比赛长达5个多月的时间里，大龙所经历的困难和为之付出的努力仍历历在目。这次学习的内容有理论知识、八项管理规定、实际操作、仿真开工、课件答辩五部分。他每天除了在教师的细心指导下完成规定的学习任务外，课余时间里还加码自学，每天都要学到凌晨。他说：“我学习没有什么秘诀，在理论方面就是反复地学，做到熟记于心。我相信勤能补拙，学累了听听励志歌曲，困了喝杯茶或者咖啡，背完笔记再去做做仿真，交叉学习效果会好些。中秋节和国庆节都没回家，怕一放松就前功尽弃了。”考试前一天，大龙激动得都没睡好觉，到凌晨3点才迷迷糊糊地躺下，5点半就又起床了。当天的笔试，他靠着5袋咖啡熬了过来，早晨喝了3袋，中午又喝了2袋。第二天考仿真操作，他没有了压力，来了精神，因为在工作中，他已经操作16年了。在PPT课件答辩中，他更是得心应手，对答如流。3天考完，如释重负。成绩出来之后，大家欢呼雀跃。

大龙说这次得奖要感谢的人太多了。他说：“首先感谢集团公司为我们广大员工提供一个展示自己的平台。其次是感谢车间领导信任我，加氢联合车间是抚顺石化公司重要的车间，作为一名班长，平日工作很难离开，就在这种情况下，车间还把我派出来参加比赛。还要感谢我的教练老师的无私奉献和谆谆教诲，他们不仅教会我专业知识，更教会我如何坚持。”说到家庭的支持时，他说自己有一个好妻子，在封闭学习的时间里，每当他问家里有什么事时，妻子总是说：“没有事，没有事，有事我也应付得了，你安心学习吧！”有时儿子会问：“我好些日子没看见爸爸了，我想爸爸。”妻子对儿子说：“爸爸在努力学习，不要打扰他，不要让他分心，你也要像爸爸一样努力学习才行啊。”学习累了，大龙会和他们娘俩视频通话，了解一下家里的情况、孩子的学习成绩，等等。看到电话里的妻子和儿子，听到他们的鼓励，大龙的累意顿时消失，浑身充满了力量，重新投入到紧张的学习中去。

大龙说得了金牌非常激动，这种激动从来没有感受过。他说自己收获了比金牌更重要的东西，就是坚持。在学习最苦的日子里，自己没有退缩，没有放弃和投降，直到成功。这会让他在以后的人生道路中更加奋力前行。他说他将用自己所学回报车间，回报石油二厂，回报抚顺石化公司，在自己平凡的岗位上超越自我，争创一流。

（作者：抚顺石化公司党委宣传部）

人生感悟

◆ 赖津剑

我认为工作其实就是重在积累、要在策略、贵在思维的过程，而比赛就是将工作中的这些积累、策略与思维有效地释放与施展。接下来，结合我在工作与比赛中遇到的实际问题，重新梳理备战大赛这几个月的经历，将以下几点感悟与大家分享。

第一，积累是基础。随着能源行业的快速发展，就我们从事的天然气净化行业来讲，处理能力不断增大，装置自动化程度越发提高，面对的问题也更加复杂，这就对我们从业人员的能力提出了更高的要求。一句话，积累很重要。在参加比赛的过程中，我们会经常用WORD编辑文字、用EXCEL制图与运算。在参加工作的这些年，我自学了CAD与OFFICE常用软件，并会利用这些软件去制图与运算。这为我参加比赛时运用软件提供了极大的便利。

第二，策略是保障。策略就是效率，每当我工作、训练疲惫的时候，我爱拿出手机玩贪吃蛇这款游戏。我把自己想象成一条永不知饱的贪吃蛇，把每一道题、每一个步骤、每一条管线、每一个设备都吃进自己的肚子里，不断存储，不断成长。比如说背题，很多人都觉得自己背了很多题，但都只是在重复记忆，如果不对自己看过的题进行拆分，其实无形中增加了自己的负担。我每天都掌握题库中的一部分题型，然后将它们和还未记忆或未理解到位的题进行拆分，使自己不会反复记忆已经看过的题，从而提高记忆效率、查漏补缺，不断完善自己。比赛过程中仿真软件会设计故障，例如，说软件设置的故障只能使A泵停运，而B泵的运行则不受限制，这也提醒我们在平时工作中要注重哪些方面，避免忽视掉生产中的隐患。

其实，不论是比赛还是平日的工作，我们都可以把它当做游戏。我们面对装置是在“玩”装置，当然，这个“玩”是认真的“玩”、有技巧的“玩”，把它“玩”好。

第三，思维是根本。我们比赛中有一项是风险源辨识，当时消防科科长就让我们把所看到的图片形象化，所以，我就简单地把整个画面当成一个人。这个人的特征无非就是高矮胖瘦：高，高处作业；矮，动土作业；胖，吊装作业；瘦，受限空间作业。这四个字就是我们平时工作容易遇到的问题和风险，我会将自己想象成作业人员，要确认自身的安全后再去作业，才能更好、更有效地完成工作任务。

备赛的过程枯燥、艰辛，比赛又非常残酷，我学会了从一个灿烂的笑容、一个调侃的举动中寻找快乐，我相信这份快乐会融入我未来的工作与生活，并不断感染我周边的同事、朋友。最后，我想说，我是幸运的，幸运地参加此次竞赛，幸运地得到领导前辈们的指导，幸运地获得了第一，幸运地站在这个台上与大家分享这次参赛的收获，让我有机会整理这段人生经历给我带来的感悟。我是一个幸运的人，也希望将这份幸运带给单位，带给各位前辈，带给身边的每一个人。

（作者：西南油气田公司重庆天然气净化总厂，天然气净化操作工）

技师风采

汗水浇得花满园

——记中华技能大奖获得者周小东

◆ 大港油田公司人事处

他从一个普通采油工成长为颇有名气的石油系统技能专家；他因工作业绩显赫和技术超群，先后荣获中华技能大奖、全国“五一劳动奖章”、全国青年岗位能手、全国技术能手、天津市劳动模范、中国石油天然气集团公司劳动模范、天津市优秀共产党员、天津市工业工委优秀共产党员标兵、天津市新长征突击手、天津市“八五”立功先进个人、天津市“十大青年文明先锋”等众多荣誉称号和嘉奖，并享受国务院政府特殊津贴。

他管理的大港油田第五采油厂采油二队港西18站，曾多次被国家、中国石油天然气集团公司、天津市授予青年文明号、金牌采油站、标杆采油站。

他就是周小东。

清晨，当人们还沉浸在梦乡之时，周小东就悄悄起床，认真研读着《采油工人读本》；深夜，当万家灯火与夜空中的星月遥相辉映，他仍孜孜不倦地阅读技术书籍，记录白天在生产中碰到的难题，一点一滴地积累着宝贵的生产实践经验。

合抱之木，生于毫末。周小东的奋斗和探索，收获了累累硕果。

随着开发时间的延长，大港油田面临着极为严重的储采失衡，同时，油田进入高含水、高采出程度的开发阶段，管理难度逐日加大；员工队伍年龄老化，青年员工技能水平较低，人才青黄不接的矛盾日益显现。这些，都严重制约着油田公司的可持续发展。为解决人才短缺的难题，大港油田公司确定了“人才强企”战略，其中，开展“强三基”、全员增素质，就是实施这一战略的重要举措之一。

大港油田第五采油厂领导经过认真研究，决定将提升员工技术素质的任务交给周小东。

周小东深知这副重担的分量，他下定决心，要像当采油工、管理18站那样，把这份工作干好。

经过周小东的艰苦努力和辛勤工作，他先后撰写完成了技术尖子、高技能员工、全员培训教案，为油田公司和采油厂职业技能竞赛、技师考评命题并制定标准70余项；主编了第五采油厂《采油工岗位培训教材》和《油水井生产动态分析培训教材》，开发编写了符合油田生产实际的采油、注水、输油及井下作业工四个职业的培训教材；结合采油厂实际，优化教师资源，将采油厂技师组建成操作岗位员工培训项目组，精心设计、科学组织并完成了采油、注水、集输工种16个培训模块的标准化操作多媒体教学课件制作；2006—2013年，分52期对全厂采油、注水、集输工种1704人次进行了为期一周的脱产轮训。周小东个人授课1150学时；培训技师、高级技师247人次，培训采油厂技术尖子170人次，带徒54人，19名徒弟分别在中央企业、中国石油天然气集团公司、大港油田公司职业技能竞赛上获得金、银、铜奖；1人被集团公司评为采油技能专家，2人被油田公司聘为采油技能专家，7人被油田公司聘为技能骨干，12人分别晋升为技师和高级技师。徒弟尤立红、李永梅、潘晓冬、李彩虹还分别荣获了全国技术能手和集团公司技术能手称号；第五采油厂操作岗位员工鉴定合格率也提高了17.5个百分点。

2010年，周小东受聘出任大港油田公司总教练，负责集团公司采油工竞赛选手的培训工作。集训期间，他带领教练组攻克了选手在管路连接、石棉垫子制作上的众多难题；通过采取牢固根基、优化细节、科学提速、模拟现场、树立拿分意识等手段，有效解决了公司参赛选手操作速度慢、步骤不连贯、动作不标准的难题。经过4个月的倾囊传授，10名参赛选手在赛场上取得了个人1金、3银、4铜和团体第一的骄人成绩，参赛选手获奖率达到了90%，创造了大港油田参赛史上最好成绩。

自负责采油厂培训工作以来，周小东组织完善了员工培训管理网络，制定了《第五采油厂员工培训管理办法》和《职业资格证与岗技工资挂钩办法》；策划完成了第五采油厂培训基地建设；组织完成了2003—2010年第五采油厂六大工种职业技能竞赛项目的标准拟订及职业技能竞赛活动；参与开发了第五采油厂网络培训考试平台，该平台实现了课堂教学向网络化、数字化培训的转换，有效缓解了工学矛盾；协助大港油田职业技能鉴定中心，完成了2006—2013年技师、高级技师考评命题工作，并被大港油田职业技能鉴定中心聘为采油工高级考评员，被大港油田公司聘为兼职培训教师。

周小东是一个“不知足”的人，他总是不满足于现状，不满足于现有的工作业绩。技能大师工作室和技能专家工作站的成立，为周小东“大展拳脚”提供了更广阔的空间。

为推行技术管理，引领员工实现技术创效，周小东利用自己的技术特长，创新了“油水井管井组工作模式”，拟订了管井组综合节资创效办法。通过设备换型，泵挂、机型、电动机配套功率参数优化，管网调整等措施，以及出砂、稠油、间歇井采用双翼流程不停产，延长有效抽油时率，为岗位节资增效积累了丰富的经验，并使工人的劳动强度大幅降低。

为更好地发挥高技能人才这一群体的优势，周小东优化人力资源配置，成立了综合组、培训项目组和技改攻关组，助推高技能人才培养、技术创新成果推广和绝技、绝活的传承。借助周小东技能大师工作室这一平台，将技能人才培养的立足点和着力点由全员基本技能培训转变为高技能人才创新思维和创新能力的培训。举办了5期技能人才培训班，190名高技能人才参加了培训，使不同人才在不同层面得到了启迪，技术创新能力得到了不同程度的提升。

为了使师傅们丰富的工作经验、精湛的绝技、绝活得以传承，周小东在继承以往导师带徒管理模式的基础上，进行了大胆的改革与创新，将公司50名专家与150名徒弟按普及型和精选型两种方式，签订了导师带徒合同，使徒弟的学徒与出徒要求各不相同。2012年，举办了首届师带徒技能竞赛活动，通过“赛徒弟、比师傅、师徒同场竞技”检验带徒成果，助推师带徒活动深入有序开展。

为将技术转化为生产力，周小东整合现有硬件资源，将技能大师工作室划分为理论研讨交流区、技改实验区、技改操作间、技改成果展示区和设备及工用具存列区5个功能区域，实现了技能人才培养和技术革新、技术攻关、技艺传承的有机结合。技能大师工作室成立以来，他带领广大高技能人才共征集创意设计和生产工艺问题127个，先后解决了抽油井更换密封填料时对抽油机停抽位置要求严格，油井在进行查嘴掏蜡等操作时必须停抽关井，下偏杠铃抽油机在浅井中严重后滞、平衡效果差、能耗大，抽油杆倒扣及螺杆泵遇卡造成空心杆报废等生产疑难问题37个，24项成果申报国家专利，2项新技术已在大港油田全面推广使用，为公司带来900多万元的经济效益。2014年，又有7项成果在公司层面立项，年创效在300万元以上。

心系装置 安全放心中

——记大连石化公司酮苯脱蜡装置高级技师曹鸿昕

◆ 谷钰龙

曹鸿昕，中共党员，现任中国石油大连石化公司第三联合车间酮苯精制二班班长，酮苯脱蜡装置高级技师。1987年从大连石化技校毕业后，他就来到了大连石化公司第三联合车间酮苯装置，一干就是20余年。

曹鸿昕是酮苯装置的技术大拿，在巡检过程中先后发现多次现场隐患问题。有的隐患发生的部位特别刁钻，如有一次大伙都闻到一股氨味，但找遍装置始终找不到源头，曹鸿昕爬到半空的管排上，拆开了一处保温，最终发现了泄漏点。那份对隐患的敏锐、直觉不得不让人佩服。尤其在夜间巡检，他一进入装置，身体的各个感官就像一座小型移动雷达，一丝的声音异常，甚至是频率的差异都逃不过这个雷达。对于常年在酮苯装置工作的人来说，装置内有点溶剂味都习以为常，可曹鸿昕从来不会。一次，酮回收塔401周围有溶剂味，大家都认为是塔切水时带有少量溶剂造成的。只有曹鸿昕围着401塔上上下下东找西找，终于发现了被保温层覆盖的一处泄漏点。这处漏点如果发现不及时，很可能造成塔壁漏点变大，溶剂泄漏甚至导致严重的火灾事故。

曹鸿昕不但善于发现问题，更冲得上去。有一次，正上白班的曹鸿昕突然接到内操紧急通知：DCS画面上报警，2号约克螺杆机自停。他立即赶到现场却发现该台螺杆机并没有停下，他按下制动钮实行紧急停车，仍无用。此时螺杆机压力已接近危险值，中冷器安全阀随时会起跳，并造成大量氨气排空，严重威胁安全生产。曹鸿昕马上跑到电工那儿，在配电室拉闸停机，由于反应迅速，处理果断，避免了一起事故的发生。

曹鸿昕就是这样默默地工作在石化公司的基层一线。这些年来，他获得过很多荣誉，2001—2003年连续三年被评为公司优秀党员，2004年、2005年被评为公司模范共产党员，2006—2008年连续三年被评为公司劳动模范。2009—2010年度被评为大连市劳动模范。这些荣誉的背后是奉献，是牺牲。有一次酮苯装置停工检修，他身体有病，可是硬挺着和其他班长一起坚持了三天三夜没回家。每天上班他总是班组中第一个来，下班则要等所有工作交接完后最后一个走。

有一年大年初二，精制装置出现瓦斯带液情况，加热炉的火嘴总是熄灭，一个小时下来，要反复处理好几次，排凝、暖线，炉上、炉下要跑好几个来回。当天气温达到零下10℃，曹鸿昕从早上9点一直忙到下午4点。有人劝他："你把酮苯的事管好就行了，精制的事让外操管得了。"可他说："现在公司安全形势这么严峻，只要上班，哪有问题我都得尽全力处理，把隐患消除。"在他的带领下，班里的多名员工都因为在巡检中发现问题而受到公司、车间的嘉奖。

（作者：大连石化公司第三联合车间，技术员）

为钻井“心脏”听诊把脉

——记集团公司钻井柴油机技能专家杨砚杭

◆ 渤海钻探公司人事处

2009年4月30日，对时年43岁的渤海钻探钻井四公司的杨砚杭来说，是一个难忘的日子。在这天举行的集团公司技能专家聘任大会上，他跻身185名能工巧匠行列。

博学多识志气宏

成功的花，人们只看到她开放时的娇艳，却不知道她成长的艰辛。1980年，杨砚杭从原华北石油技工学校毕业，带着对石油事业的无限憧憬，来到了第二钻井工程公司6007钻井队，成为一名普通的石油工人。此后，不论转战冀中、长庆，还是国外，他一直工作在钻井施工一线，与柴油机结下23年的不解之缘。

在井队，杨砚杭从最艰苦的钻井工干起，一干就是三年。这三年中，野外艰苦的工作环境和超负荷的体力劳动磨炼出他不怕累、不怕苦的坚强意志。为了尽快将理论知识和生产实际相结合，掌握钻井施工现场的各道工序，他上班时多观察、勤操作，下班时多琢磨、勤请教，就像一块海绵般汲取着知识的营养，尤其是对柴油机操作的强烈兴趣，促使他利用业余时间自学了许多相关专业书籍。

1983年3月，他如愿走上了钻井柴油机工岗位。然而，新岗位不像想象中一般简单，基础知识不扎实导致的工作效率低下问题很快显现出来。一次，一台柴油机出现了启动困难的问题，由于缺少经验，丈二和尚摸不着头脑的杨砚杭鼓捣了近两个小时还不明就里。师傅来后，仔细查找油路系统的接头，发现有一处漏油现象，三下五除二，问题就迎刃而解了。尽管师傅嘴上没有说什么，杨砚杭却闹了个大红脸。“别人能干的，我也能干！要么不干，干就不能让别人挑出毛病！”他暗自下定了决心，“一定要让柴油机在自己手里服服帖帖！”

从此，他虚心向师傅请教，没日没夜地琢磨，从四处搜罗到的相关专业书籍差不多都在手里翻烂了，终于系统掌握了各种柴油机的性能、结构原理及操作方法。为了迅速积累现场经验，他不分昼夜地“钉”在设备旁，一边干一边学，碰到机器出现异常的时候，“连轴作战”成了家常便饭，常常是干完活累得倒头就睡，一有新情况又立刻爬起来上现场。就这样，学而不厌的钻研，锲而不舍的努力，“看、听、摸、闻”等基本功越练越熟，技术水平突飞猛进。

一分耕耘，一分收获。1990年，初出茅庐的杨砚杭在河北省青工技能比赛中一鸣惊人，勇夺钻井柴油机工第一名，迈出了他“夺金旅程”的第一步。在接下来的几年中，他先后斩获河北省“技术状元”，局“技术能手”、“先进工作者”等荣誉称号，并荣立华北石油管理局“一等功”，成为华北石油管理局钻井柴油机工高级技师第一人。

攻坚克难不等闲

1999年，杨砚杭作为4108钻井队电气技师，走出国门，远赴埃及。万事开头难，初来乍到，进口设备和陌生的工作环境，是摆在他面前的第一道难关。与国内施工一切按部就班不同，这里很多事需要个人独立完成。严峻的考验并没有使他退缩，相反，全新的机遇挑战激发出他更大的求胜欲望。

杨砚杭迎难而上，埋头钻研，在最短时间内掌握了先进的CAT柴油机和VOLVO柴油发电机组，熟悉各种设备操作使用，并取得CAT柴油机维修操作证书。一次，减速箱轴承出了毛病，当地不具备修理条件，如果运回国内修理，光运费就要8万多元，比机器本身价格还高，杨砚杭决定自己试一试。正所谓艺高人胆大，他凭着多年积累的经验，仔细摸索，精心操作，终于把设备修好，既没有耽误生产，又节省了一大笔费用。

牛刀小试，好似捅破了一层窗户纸，杨砚杭信心倍增。国外施工期间，在没有厂家技术服务和指导的情况下，他独立排除CAT柴油机液压控制及保护系统故障，并进行拆检，更换CAT柴油机和VOLVO柴油发电机组活塞，调整高压油泵，创造独立维修进口设备记录，在公司乃至管理局都是首例。2002年下半年，作为第一技术主管，杨砚杭与技术团队潜心研究，成功主持公司第一台VOLVO柴油发电机组大修项目，节约修理费15万元。

回国后，杨砚杭被调到公司设备管理部，更大的舞台展现在他的面前。杨砚杭如鱼得水，浑身有使不完的劲。在公司长庆项目部工作期间，他负责9台钻机的柴油机、钻井泵等钻井设备修理，工作忙而不乱，井井有条。在公司与杭州创联电子公司共同开发研制的国内第一套盘式刹车电子自动送钻装置现场安装试验中，他凭借多年钻井施工现场经验，提出许多建设性意见，使装置操控性能更贴近现场。他将多年经验总结整理成文；参与撰写的《钻机操作维护手册》一书，由石油工业出版社出版后，得到钻井职工一致好评……

勇往直前攀高峰

一位哲人说：一个人追求的目标越高，他的能力就发展得越快，对社会就越有益。

自2005年凭借“盘活闲置资产，优化大庆Ⅱ钻机改造”项目首获华北石油管理局优秀管理增效一等奖后，杨砚杭的创新激情一发不可收拾。固控系统改造、柴油机被动运转预防装置、电磁涡流刹车工况监控器的研究与应用，等等，几乎所有与钻井柴油机相关的设备设施，都成为他革新的对象。几年来，他共拿出了五项重大技术创新成果，两次取得局级一等奖，2012年参与研制的钻井队专用“加油桶”，获得2013年国家实用新型专利。

2013年，杨砚杭经过反复思索，运用多年工作经验，配合公司技术领导，在部室其他同志的协作下，对公司现有钻机提出改进方案。在他的建议下，公司对ZJ40L钻井柴油机和变矩器配套使用做出重大改进，改变前台由两台G8V190柴油机驱动绞车和一号钻井泵方案，改为由两台PZ12V190B柴油机通过球笼式万向轴驱动绞车和一号钻井泵，既解决前台动力不足问题，又解决设备安装尺寸问题，同时有效改善了变矩器使用工况不好状况。2014年，杨砚杭继续主持对该型号柴油机独立机泵组实施改造，由济南柴油机厂的A12V190PZL柴油机替代原有PZ12V190柴油机，使独立机泵组工况得到极大改善，设备性能极大提高，钻机安全性有了更大保障。

为了不断壮大钻井柴油机工专业人才队伍，杨砚杭注入了大量的精力培养后备生力军，在他的悉心栽培下，涌现出了许多有潜力的后起之秀，可谓是“桃李满天下”。他三次作为主教练，带队参加华北石油管理局青工钻井柴油机工比赛，先后取得一项冠军、两项亚军、三项季军的佳绩。在2004年全国石油石化行业青工技能比赛中，他被正式聘为石油行业钻井柴油机工裁判，并和教练组一起，带领6名青工在比赛中披荆斩棘，获得个人第二名、团体第三名的优秀成绩。

在工作中学习 做一名合格技师

◆ 李国君

作为济柴动力总厂大件一分厂的一名技师，我在缸盖加工工段担负着生产技术管理工作，具体负责3000系列汽缸盖、新产品260与140汽缸盖以及各种类型轴承盖的生产技术管理工作。在工作中我努力提高自身的业务能力和专业技术水平，较好地完成了所担负的各项工作。

“勤奋工作，一丝不苟”是我的工作态度。在工作中，我处处发挥技术带头作用，哪里需要就到哪里去。针对缸盖加工过程中的问题，我认真分析，找出切实可行的解决方案，做好生产技术指导工作。

一个合格的技师应具有业务能手和管理能手的双重身份。我一直认为，作为一名加工中心技师，一定要严格执行工艺规程和图纸的要求，工作不能带有随意性。因此，我始终坚持用一把尺子衡量每一件事情，时刻关注每一加工单元的动态，及时解决生产过程出现的技术问题及质量问题。作为加工中心技师，首先要急生产所急，例如，针对轴承盖结构特点，公司将轴承盖的加工调整到加工中心进行。由于轴承盖的加工生产要完全配合机体的生产，根据分厂领导的要求，我积极做好协同工作，按照机体的需要及时调整轴承盖的加工尺寸和品种。在新产品260与140汽缸盖的加工试制及3000系列汽缸盖的生产过程中，为了保证工序的衔接与顺畅，在保证产品质量的前提下，我精心设计，尽可能利用工序交叉、设备共享，使各种类型的汽缸盖在不同的设备及各道工序间有序地进行转换。

为保证加工精度及加工刀具的正确使用、加工程序的合理编制，我提出了很多合理化建议，应用到实际生产中后取得了显著的效果。例如，在3000系列缸盖加工中，气门座孔与导管底孔同轴度要求较高，由于气门座孔与导管底孔的加工跨度较大，需采用调头加工方式，该方式是利用工作台回转180° 和X轴的横向移动，使被加工孔的轴线与主轴中心线两次重合，从工件的两端进刀加工同轴孔，加工过程中易产生同轴度误差。我与有关技术人员一起分析探讨，采用了尽量减少回转、保证轴进给方向一致、尽量避免频繁换刀带来误差等方面的措施，并结合改进加工方式、降低导管孔直线度误差等措施，明显改善了加工精度，使汽缸盖同轴度加工合格率达到100%。

在青年职工不断增加的情况下，我时刻提醒他们在工作中要遵守“安全第一、预防为主”的方针，帮助他们在搞好生产、学习技术的同时，把安全生产、文明生产放在首位。

我想，身为石油人的一员，我们的命运与企业前途息息相关。面对越来越激烈的市场竞争，我们应怀着对企业忠诚的意念和责任感，爱岗敬业，从我做起，从点滴的小事做起。

（作者：济柴动力总厂大件一分厂，加工中心操作工，技师）

“能人”梁庆辉

◆ 长庆油田公司劳动工资处

长庆油田公司第一次以员工名字命名基层班站、发明创造和工作法的表彰会在采油二厂隆重举行。采油二厂培训中心专职教师梁庆辉开发的“四化”培训法被命名为梁庆辉“四化”教学培训法。这位与石油打了28年交道、仅有高中文化程度的梁师傅，是如何从一名普普通通的采油工成长为一名采油专家的？让我们走近梁庆辉，感悟他的成才之路。

百难不倒

对于大多数人来说，“专利、专家”这两个通常用在学者、专家身上的名词，很难与一个只有高中文化程度的操作工人联系在一起，可梁庆辉就是一名地道的采油工出身的采油专家。并且同时在油田设备、机电、井下作业、钻井工艺四个方面申请了多媒体动画教学课件专利，这在采油二厂乃至整个长庆油田来讲，是凤毛麟角、屈指可数的。

“这是一台离心泵的解体、安装过程……”2006年11月22日，在采油二厂员工培训中心，梁庆辉对着投影仪，以多媒体的形式，正在逐一给学生们讲解离心泵每个零部件的名称和功用，最后，有条不紊地把离心泵的64个零部件组合安装在一起。这种直观的教学方式，不但深深地吸引了这些刚刚入厂的年轻人，而且使许多在采油一线工作了多年的老同志受益匪浅。

2006年以来，采油二厂员工培训中心先后举办采油工、油田化验工、集输工等培训班25期，培训班站长、井区长等各层次学员1200多名。不仅为采油二厂培养出了生产技术骨干，还为采油四厂等兄弟单位培养了一大批骨干。在每期培训班上，梁庆辉制作的三维动画教学课件是最受员工欢迎的。通过三维动画形式，设备的内外部结构、工作原理、安全操作规范以及生产过程中的多种工艺流程被清楚地展现出来，有效地解决了理论教学与实践教学的脱节问题，学员接受快、印象深、效果好。这种教学法不但荣获长庆油田公司创新成果三等奖，而且被命名为“梁庆辉教学法”，吉林油田、大庆油田等纷纷派人前来观摩学习。

采油二厂员工培训中心主任武翔慨叹道，“梁师傅这个钻劲呀，很少有人能比得上。他是个土生土长的采油工人，没有培训过一天电脑，但却能做课件，而且能修电脑，好像什么问题都难不住他……”梁庆辉在电脑动画设计方面，不但熟练使用Flash，而且会使用Photoshop图像制作软件、CAD机械制图软件、3ds Max三维动画一体软件、Visio2003压力容器绘制软件等。不但将1570件采油机泵设备、大型设备以及各类附件的教学全部制成了三维动画，而且把侧钻、压裂、酸洗、射孔、冲砂、溢流等17种工艺流程全部制作成了三维动画教学课件。就连目前长庆油田还没有实施的油层防护工艺也被他提前“开发”制作了三维多媒体动画教学课件。

诲人不倦

2005年，梁庆辉担任“长庆油田公司第九届员工技术比武大赛”采油高级工组集训教练。当时是7月份，天气最热的时候，备战工作由第一阶段的理论准备转到了第二阶段的实践强化培训，也就是由室内走向了室外。为了抢时间、多训练，每天的集中训练时间都不少于10h。中午，太阳火辣辣的，地面温度高达40℃，梁师傅自始至终跟着大家晒太阳，有时为了及时捕捉和纠正选手在操作中的问题，他连草帽也扔到了一边，脸上不知道晒掉了多少层皮。

梁庆辉严格要求，对集训选手犯的技术错误总是毫不留情地批评、纠错，有的女选手都被他训哭了，但最后的比赛结果是对梁师傅诲人不倦的最好诠释：

李立英，岭北作业区员工，在“长庆油田公司第九届员工技术比武大赛”中摘取了采油高级工组“技术状元”的桂冠，同时荣获“甘肃省技术能手”称号，被长庆油田公司破格提拔为采油技师并被采油二厂评为“技术专家”；赵明均，华池作业区员工，虽然屈居采油高级工组第二名，但他在“电动机找头”、“调平衡”等单项中稳、准、快的综合素质表现，为自己赢取了参加集团公司技能大赛的“入场券”；王小娣，岭南作业区员工，采油高级工组第三名，当年被破格晋级……由梁庆辉集训的15名选手，一举囊括了该次技术比武大赛采油高级工组的前三名，并且全部进入了奖励名次。

长庆油田公司最年轻的技能专家、甘肃省职工职业技能大赛“技术状元”的孟亚丽是梁庆辉的徒弟。2006年，在采油二厂第十届员工技术比武大赛中摘取采油高级工“技术状元”的杨芳芳也是梁庆辉的徒弟……据了解，由梁庆辉手把手教过的徒弟有许多，大部分已经成长为技师、高级技师甚至技能专家。

员工培训中心专职教师紧张，在2006年举办的25期培训班上，考虑到其他两位老师都是女的，孩子又小，家庭需要照顾，梁师傅就自告奋勇，既带班又代课，每天除了正常的教学任务外，学员的作业阅改、笔记评分、成绩汇总、职级鉴定、评估报告等等，他样样不落。发现学员没弄明白的地方，他会不厌其烦地对学员进行辅导。

这几年，梁庆辉先后出版了《采油工培训教材》；编写完成了《新工艺、新技术在西峰油田的应用》《西峰油田自动化监控》《石油行业高级技师题库》等培训教材。

学不止步

梁庆辉和他的女儿是西安交通大学的校友，听起来似乎不太可信，但却是事实。1997年9月份，梁庆辉报考了成人自学大专考试，在这个被誉为“没有围墙的大学”里，有许多人因为没有“咬紧牙关地坚持”致使无果而终，时年已经35岁的梁庆辉却执拗地迈入了这所大学，而且报考的专业竟然是许多人望而却步的“机电工程一体化”。

“赶忙学！”是梁庆辉的口头禅，意思是抓紧学，要不就落在别人后面了。“机电工程一体化”专业，25门必修课程，梁庆辉用了5年时间拿下，这在自学考试中并不多见。

1997年，梁庆辉买了第一台计算机，从Basic语言到Doc语言，从文字录入到图片制作，从平面flash到三维动画课件……梁庆辉最坚持的一句话就是“眼勤不如手勤，手勤不如嘴勤”，所以小队技术员，作业区技术员，厂地质所、工艺所的技术人员，几乎都被他请教过。梁庆辉对电脑的“钟爱”完全到了“走火入魔”的程度。2002年，梁庆辉继续参加成人自学本科考试，所学专业由“机电工程一体化”转到了“机电工程自动化”专业，三年时间就考过了20门必修课，而且英语考试以77.6分的成绩一次过关。这期间，梁庆辉的家庭辅导老师——他的大女儿梁静于2003被西安交通大学“国际贸易”专业录取。

车间里的女状元

——记克拉玛依石化公司高级技师张俊晓

◆ 杨中建

她是克拉玛依石化公司唯一的高级女技师，也是克拉玛依石化公司在集团公司职业技能大赛中唯一获得金奖的员工；她曾被国务院国有资产监督管理委员会（简称“国资委”）授予“中央企业技术能手”，被新疆维吾尔自治区评为“巾帼建功”先进个人……她就是克拉玛依石化公司炼油第四联合车间延迟焦化装置操作工张俊晓。

困难面前不服输

炼油第四联合车间共有三套焦化联合加工装置，承担着加工原油、渣油，提高全厂轻油收率的任务。这三套装置具有设备品种多、工艺流程复杂、间歇式操作、操作难度大等特点，对操作人员技术素质要求非常高。张俊晓面对诸多困难，积极应对，迅速成为了车间技术娴熟、操作能力强的骨干力量。

2004年，150×10^4t/a延迟焦化装置建成投产，张俊晓也刚刚休完产假回到车间上班。车间其他员工都在忙着新装置的考试上岗，不愿服输的张俊晓找到了车间的主管领导，申请1个月后考岗。车间领导劝她不要着急，告诉她只要能在6个月内考上岗就行了，并告诉她其他员工也是在装置建设时学了至少3个月才考岗的，何况她又刚休完产假。

执拗的张俊晓给自己立下了军令状，1个月必须上岗。那段时间，她把孩子交给母亲照管，自己则利用一切时间学习新建装置的流程和操作。

为了尽快掌握新建装置的工艺流程，她把装置内所有流程画下来，有些管线从地面上无法看到，她就爬上十几米的管架顺着管线一根根找，一点点查，同时用笔将每条管线、每个调节阀门、每个小放空的位置都记录在随身笔记本上。自己实在弄不懂，她就找车间的技术人员和老师傅不厌其烦地问。

张俊晓实现了自己的诺言。别人至少要3个月才能通过的上岗考试，她只用1个月就顺利通过。

上岗考核通过后，张俊晓又把自己画的流程图和学习资料进行了整理，现在这些通俗易懂的流程图，已经成为车间新员工考岗学习时争相借阅的第一手资料。

凭着扎实的理论基础和娴熟的专业技能，张俊晓在各项大赛中屡获殊荣。2006年9月，张俊晓在国资委举办的延迟焦化装置技术比武中获得铜奖，并荣获“中央企业技术能手”的称号，同年，被克拉玛依石化公司聘为技师；2009年，在集团公司职业技能大赛中，张俊晓又力克群雄，摘取了延迟焦化装置操作工种金奖，实现了克拉玛依石化公司职业技能竞赛金奖零的突破；2010年，张俊晓被克拉玛依石化公司聘为高级技师。

技术创新解难题

在工作实践中，张俊晓养成了善于思考、勤于钻研的工作习惯。针对装置的疑难杂症，她结合多年的工作经验和扎实的理论基础，多次为车间出谋划策，解决了许多技术难题。

2004年，150×10^4t/a延迟焦化装置开工初期，张俊晓在操作中发现焦化分馏塔循环油上回流量不能满足生产现状，既不能充分洗涤焦粉，又不能对下部塔盘各层温度进行快速调节，经过分析，她向车间提出了“循环油上回流调节阀扩量程改造”建议。建议采纳实施后，提高了全塔热量，优化了装置的操作。

随着焦化装置不断扩建，原来的一些生产管理表格内容已不能满足需要，发现这个问题后，张俊晓就利用业余时间将大、小焦化班组的月能耗、平稳率、日报及班组经济核算等表格进行了改进，为车间的能耗管理做出了很大贡献。由于张俊晓还兼管班组的质量、能耗与收率工作，她专门自创了一系列表格，每天将各班的操作数据加以对比、分析，琢磨其中的原因，并虚心向其他班组请教增收节支的好方法，找出最佳操作指数，从而促进车间各项工作效率的提高。

工作15年来，张俊晓先后参与了焦化装置冷焦水改造、进料隔断阀填料改造、防环烷酸腐蚀改造等多项技术改造工作。这些设备的成功改造，延长了设备的使用寿命，避免了潜在的安全隐患，节约了生产成本，每年可为公司节约成本约270万元。

火眼金睛除隐患

炼化装置具有易燃易爆、高温高压的特点，工作以来，张俊晓排查了多起安全隐患，避免了事故的发生，为公司的安全生产做出了积极贡献。

2006年7月，张俊晓操作时发现压缩机径向轴承温度波动大，且接近压缩机轴温联锁值。压缩机如果联锁停机，将会影响到全公司的瓦斯系统，公司其他装置的平稳运行将会受到影响。她立即向车间领导汇报并联系仪表车间进行处理，将事故遏制在了萌芽状态。

2007年1月，张俊晓在吸收稳定泵房巡回检查时闻到一股液化气味，经仔细检查，发现液化气回流泵的密封处严重泄漏，泵房内可燃气体报警器检测值也在缓慢升高，她立即向车间和班长汇报，快速处理，避免了一起爆炸事故的发生。

2010年2月，张俊晓监盘时发现，加热炉的其他参数都没有发生变化，而加热炉的出口温度却在不断上升，这一细微的变化立刻引起了她的注意。凭借以往的工作经验，她判断可能是加热炉的进料流量显示是假数据。她立即将这一情况通知了班长，同时调整操作，联系仪表维修人员处理故障仪表。由于处理及时，避免了加热炉事故的发生。

参加工作十多年来，张俊晓以踏实肯干、求实创新、真诚热情的工作态度，展示了青年一代石油人的风采！

（作者：克拉玛依石化公司党群工作处）

一个青年工人技师的激情

——记集团公司乙烯装置技能专家薛魁

◆ 独山子石化公司人事处

相伴乙烯装置整整23年，薛魁从一个普普通通的中专毕业生成长为一名全国技术能手、集团公司技能专家，其精湛的技艺、丰富的经验、严谨的作风和敬业的精神赢得了独山子乃至中国石油同仁的称赞。2003年，他在中国石油职业技能竞赛中勇夺乙烯装置操作工第一名；2004年，他在全国石油石化行业技能竞赛中再次夺得个人和团体第一名；2006年，他被聘为集团公司首批技能专家；2007年，他被评为中国石油第四届“十大杰出青年”，同年被共青团中央授予“中国青年五四奖章标兵”荣誉称号，被新疆维吾尔自治区授予“有突出贡献高技能人才”称号；2008年4月，他荣获“全国五一劳动奖章”，成为全国首批享受国务院政府特殊津贴的高技能人才，并多次受到党和国家领导人的接见。历数这些骄人的成绩和荣誉，看到一个新型知识工人的气度，“一个人，一定要有激情”——在保障装置安全生产、提升员工素质及建设和谐独山子的实践中，薛魁正淋漓尽致地展示着一个青年工人技师的激情和能量。

一、攻坚克难，全力为企业创造效益

1994年，在独山子石化14×10^4t/a乙烯工程项目部工作期间，薛魁负责分离装置施工质检工作。他苦学标准规范，通过与外国专家的直接交流，摸索出一套简易的测量塔盘水平度及堰高模具制造工艺，提高了塔盘安装的检测速度，及时发现了包括乙烯、丙烯产品塔内部结构制造缺陷等重大隐患，为乙烯装置按期开工发挥了重要作用。

1998年至2002年，经过四年多的轮岗学习，他成为乙烯装置首个拥有分离和裂解两个装置班长上岗证的员工。丰富的工作经验使他能够准确分析判断出关联性的生产问题。他先后发现并处理安全隐患289项，8次避免了装置非计划停工，受到公司嘉奖。他不断总结生产经验，长期进行科技攻关，先后向车间提交了《碳二反应器注粗氢前后的数据对比分析》《优化乙炔反应器操作，降低乙烯损失》等生产优化报告，和同事们一起彻底解决了困扰乙烯装置生产的“两低一高”难题，装置双烯收率从30%上升到48.6%，加氢汽油收率从50%提高到78%，加工损失率由3.38%下降到0.47%，为企业创造了显著的经济效益。在独山子石化公司百万吨乙烯装置建设中，他详细审查技术资料，共查出问题393项，对裂解气管道取消膨胀节、装置安全阀排火炬等重大方案性问题提出了修改意见并得到采纳，为这项西部大开发标志工程的顺利推进做出了贡献。

在生产实践中，薛魁的理论水平也在不断进步。他撰写的论文《稳定操作，提高乙烯收率》荣获独山子石化公司第二届工人技术成果三等奖；《分析与排除汽轮机的异常震动》《小议裂解炉操作中的节能问题》获得独山子石化公司科技论文二等奖和三等奖。

二、培训青工，倾力百万吨乙烯工程建设

2006年8月，中国石油独山子石化公司百万吨乙烯工程建设大幕初启。薛魁调入百万吨乙

烯工程生产准备处，负责生产准备人员的培训工作。他带领实习青工三赴吉林石化公司，优化完善员工培训模式，策划并撰写了《三套乙烯装置的比较》《生产装置的要点和难点》《对在建100万吨乙烯装置的建议》等三个实习专题，参与并组织了《乙烯装置技术培训手册》的翻译工作，编辑和整理了《对林德工艺的认识》《乙烯装置技术培训教材》《乙烯装置基础理论知识教材》以及各类开停工预案等多项培训资料。2008年，在参加完国外LINDE专利商工艺技术培训后，他主动将《LINDE乙烯开车指导手册》翻译成中文，使其成为开工最有效的指导资料。在整个百万吨乙烯装置建设期间，他手把手地向青工们传授着他的经验，在两年时间内累计组织完成了300余人的技术培训，圆满完成了装置人员技术储备工作，为装置开车成功立下了汗马功劳。

百万吨乙烯装置开车成功后，由于装置新员工比例偏高，操作队伍经验不足的问题凸显，新员工的培训成为车间亟待解决的难题之一。薛魁倾入大量的精力，不断创新员工培训方法。他按照PDCA循环模式，逐步摸索构建起乙烯装置新员工培训体系，在需求调查、计划制订、组织实施、验收考核、效果评估等方面突出了务求实效的特点。他设计并完善值班应急演练培训系统，经过连续四年的演练培训，年轻员工的技术水平和班组的应急处置能力得到了大幅提升。他主动落实公司直线培训理念，打破了以往的“车间安排，班组执行”的被动培训模式，提出了“树立班组培训管理意识，提高班组培训技能”的培训理念，通过近距离培训，夯实基础培训效果。他制定了班组培训的检查标准，坚持每周督查，提出指导意见，持续提升班组的培训管理意识，提高了年轻员工的学习效率。他的培训经验在乙烯厂进行了分享交流，车间连续五年被公司评为优秀实习生培养先进单位。2010年，他的培训管理论文《员工培训问题分析及对策研究》获得公司级一等奖。

三、技能传承，助力高技能人才队伍建设

薛魁是全国技术能手，多年来担任独山子石化公司技师协会化工组组长、公司兼职教师和技能鉴定高级考评员。他利用自身丰富的经验，积极指导他人，在各级技能竞赛中都取得良好的成绩。2007年，他悉心指导的选手参加集团公司职业技能竞赛，荣获个人第三、第四、第五名及团体第二名的好成绩。在独山子石化公司近两届职业技能竞赛中，他所带徒弟及指导的员工都获得奖牌。

2009年百万吨乙烯开车以来，他建立完善了车间技师考前培训体系，对参加技师考评的人员进行了系统辅导，先后有四人顺利取得了技师资格，其中一人还被聘为公司级技能专家。他参与修订了乙烯装置中级工、高级工及技师鉴定题库，组织编写了《乙烯联合车间虚惊事件事故汇编》，参与整理了《乙烯装置通用技术知识点》和《100万吨乙烯装置技术问答汇编》，并多次为基层车间和机关处室人员授课，广泛传授乙烯装置技术及经验。薛魁埋头乙烯生产实践，在总结提升自身技能的同时，也在不遗余力地完成着一个乙烯专家的技能传承。

四、坚持学习，努力践行自信自强人生

薛魁是新疆维吾尔自治区青联委员、克拉玛依市团委聘请的青年成长导师、克拉玛依职业技术学院的兼职教师。他积极倡导终身学习的理念，勇担责任，以身作则，努力引领青年人不断学习。1997年，他通过自学考试，取得了英语专科学历证书；2009年，他完成了化学工艺与工程本科学历教育，获得学士学位；2013年，他又开始了工程硕士学位的攻读……终身学习的理念塑造了自信自强的自己，又为广大的青年员工树立了榜样。

薛魁贴近青年，服务青年。通过观察总结青年成长过程中的一些问题，他设计了《新分员工实习期满前的调查问卷》及《新分员工进班组前的调查问卷》，对新分员工的就业观、价值观、生活理念等多方面进行调查分析；通过了解青工的所思所想，他利用多种网络平台，做好青工的

思想工作，始终如一地引领青工树立良好的就业观、价值观，忠诚企业，奉献石油。

“我的成长，离不开企业的培养，更离不开中国石油艰苦奋斗的优良传统和爱国、创业、求实、奉献的文化熏陶。荣誉属于独山子石化公司所有一线青年员工，乃至中国石油各个岗位辛勤工作的青年人。”这是薛魁的肺腑之言。“阳光总在风雨后”，这是薛魁感悟最深的一句话。一个人，一定要有激情，这种激情就是积极向上的工作心态、脚踏实地的务实品质和吃苦耐劳的奉献精神。凭着这种激情，薛魁将一如既往地在企业新一轮发展中施展才华，为国家能源安全和新疆社会经济发展贡献青春和才智。

我的成长之路

◆ 刘汉国

我叫刘汉国，1984年参加工作，现为管道局第五工程公司电焊工高级技师。参加工作以来，我始终坚持在施工一线从事电焊工作，对工作务实勤勉、敢打敢拼，取得了较好成绩。多年来，我先后获得多项荣誉，其中有集团公司青年岗位能手、集团公司技术能手、集团公司电焊技能专家等。

一、勤奋练就真本领

学电焊要多看、多练，偷不得半点懒。就基本功蹲功来说，要求焊工要蹲得住、蹲得稳，而且蹲上两个小时后腿不发麻，站起来就能走。记得刚开始学习电焊时，为了尽快达到要求，我就把自己的脚印用粉笔画在地上，一蹲就是两三个小时，脚只要稍微一出线，就自觉加罚20分钟。几个月下来，原来蹲一会儿就酸的腿不酸了，并逐渐掌握了平、横、立、仰各种位置的焊接技巧，三个月后就能够独立顶岗操作了。有一次，单位选派我到哈尔滨参加欧洲焊接技师资格培训。对于我来说，这是一次难得的提高自己焊接水平的机会，我暗暗给自己加压：一定要学出个样来，不辜负领导和同事的信任。初到哈尔滨，由于温差和心理压力大，我患了重感冒，嗓子肿得说不出话来。尽管焊接培训中心附近就是医院，可我怕落一节课就无法补回来，就一直坚持，结果一天下来光草珊瑚含片就吃了整整四盒。40天刻苦训练，我以全班第一名的成绩博得了焊接中心及德国专家的一致好评，顺利取得了德国焊接证书。

同时，我也十分注重掌握焊接的新知识、新工艺、新方法，只要一有时间，我就拿起书本来学习。我先后自学了《焊接工艺学》《金属焊接原理及工艺》《金属工艺学》《焊接结构》等专业书籍，还先后两次自费参加焊接博览会，了解世界焊接领域新动态。随着知识水平的不断提高，加之实践中不断应用总结，我的电焊技术不断提高，熟悉掌握了CO_2 STT焊、药芯半自动焊、管道自动焊、氩电联焊等焊接工艺，取得了中国焊接协会XIV委员会颁发的焊工合格证，还取得了DVS（德国焊接学会）焊接技师、EWF（欧洲焊接联合会）焊接技师等国际资格证书，技能水平不断提升。

二、岗位奉献破难题

过硬的技术使我在急、难、险、重任务面前始终冲锋在前、示范在前，取得了一项项骄人的业绩。

2005年7月23日，陕京二线山西阳曲压气站发生天然气泄漏事故，急需火速抢险，我作为生产骨干参加了此次抢险。在两天一夜的抢险中，我和其他30名参战职工白天冒着高温酷暑，晚上忍着蚊虫叮咬，连续拼抢毫无怨言。特别是24日上午，更换泄漏气管道进入关键的焊接环节。由于停气后的管道内仍有残留天然气，焊接前，按照现场业主的方案，需用泡沫球和黄油来封堵、密封管道内的残留天然气。但是，在随后的焊接中，因钢管连续焊接不断升温，管道内的黄油逐渐融化，残留的天然气不断渗出，一进行焊接火苗就从焊缝处窜出。在不停注入氮气后，管道内残留天然气和氧气依旧超标，情况十分危急，抢险陷入了困境。我凭借多年带压、带火操作施焊的实际经验，经与抢险领导和技术人员商议，大胆提出了“连续焊接，随时扑灭火苗”的建议。经过20多个小时的连续奋战，两道ϕ1016mm×26.2mm的钢管一次焊接成功，经X射线探伤，合格率达100%。

2008年4月，西气东输二线西段工程开工，我担任CPP–501机组焊工班长。因为这个机组的焊工基本都是我带出来的徒弟，所以我根据每名焊工的技术状况合理安排岗位，并在施工现场进行“一对一”跟踪指导，使他们都能最大限度地发挥自己的能力。通过机组全体员工的共同努力，在西气东输二线西段1标段施工中创出了半自动焊机组日焊接ϕ1219mm×18.4mm焊口45道的全线记录。2009年，我所在机组担负了西气东输二线西段的控制性工程——果子沟隧道施工，由于现场环境恶劣、条件差、工期紧、质量要求高，机组只能吃住在隧道口外，分成两班不分昼夜进行倒班焊接。为了确保隧道焊接质量，我在身体能够支撑的极限下跟班作业，现场解决问题，终使隧道焊接保质、保量提前30天贯通，受到了西气东输业主及管道项目经理部的表扬，为机组获得“全国工人先锋号”做出了自己的贡献。

2010年4月，公司日东管道项目部的两个焊接机组焊接一次合格率较低，焊口返修效果也不理想。我到现场后，第一时间查看管口的准备和组对情况，分头向机组焊工了解缺陷的产生部位，以及焊接过程中的个人感觉。我凭着多年的长输管道焊接经验，立即要求对管口的焊前准备和焊接规范参数进行调整，同时，到检测公司查看焊口的射线底片，分析了缺陷产生的原因。为了在最短时间改变机组合格率低的现状，我顾不上吃晚饭，带领机组焊工连夜对积压的缺陷口进行返修。在返修过程中，我对每道焊口都是边操作边讲解，毫不保留地将自己多年的焊口焊接、返修经验传授给他们。两天以后，两个机组调整以后，焊接的焊口和返修口的检测结果均达到了100%合格。

我在技能专家的聘任期间，先后到雅满苏压气站、川气东送、西气东输二线、陕京三线、泰青管道、日东管道以及长呼管道等工程指导焊接工作，为提高焊接一次合格率发挥了一名技能专家应有的作用。

三、传道授业带高徒

作为公司的一名老员工、一名身怀电焊绝技的高级技师，我怀着对公司的深深情谊，将自己掌握的全部技能传授给新人。他们有的人走上了领导岗位，有的人成长为技师、高级技师，个个成为技术尖子、生产骨干，在施工中发挥着中流砥柱的作用，为企业的发展贡献着力量。一次，单位急需对新入厂和转岗的员工进行技能培训，我义不容辞地挑起了这份重担。我仔细编写教案，从最基本的理论和操作教起；亲自操作演练，手把手、一个动作一个动作地教，把自己积累的焊接经验倾囊相授，学员们的技能很快得到了提高。由于培训方法得当，学员学习积极性高，培训班提前完成了培训任务，为单位节约了大量的训练材料。当时一位学员就说："自己埋头苦练十日，不如跟刘师傅学半天。"几年来，由我任教培训的新焊工达350多人，取得上岗合格证的超过90%。我为各大重点工程进行电焊工上岗前培训千余人次，全部合格上岗。

2010年3月，在山东管网管道工程建设中，CPP-508机组因工程需要由原来的PAW系列自动焊机组转型为半自动焊机组。这个机组焊工全都是劳务派遣工，能够掌握自动焊操作的几名焊工入厂还不到两年，其余十几名焊工则是刚入厂的新员工，大部分不具备半自动焊的操作水平。因工程的工期要求紧，来不及对他们进行系统培训。针对这些情况，项目部将我派到机组，跟班进行现场指导，帮助机组成功转型。在两个多月时间里，我每天同机组一起作业，手把手地指导每名焊工，对焊接过程中出现的问题第一时间解决。为了不影响机组进度，对一时处理不好的焊接缺陷，我都是等机组晚上下班以后，带人留在工地进行返修，保证了当天的事情当天解决，决不允许过夜。即使是感冒发烧，我也没有离开过施工现场，还坚持钻管检查焊道质量情况。通过和机组全体同志的共同努力，不但使机组在最短时间转型成功，同时，确保了机组一次焊接合格率始终稳定在99.4%以上，在山东管网工程施工的12个焊接机组中名列前茅。

一分耕耘，一分收获。在近30年的工作中，我始终奋战在焊接第一线，用自己的勤奋、拼搏和奉献，取得了一个个骄人的业绩。在今后的工作中，我将更加努力，为建设国内第一、国际一流的国际管道总承包商做出自己的贡献。

（作者：管道局第五工程公司，电焊工，高级技师）

带徒传技

何 伟

培养年轻员工的一点经验

作为一名技师，在多年的工作中，我为工厂培养了一批又一批的年轻员工。现在进入工厂工作的年轻人，有知识、有个性，对于怎样才能更好地培养他们，以适应他们的特点和个性，我认为要从“友”“信”“服”“帮”“严”五个方面着手。

第一，要做到“友”，友善的“友”，朋友的“友”，也就是要把年轻同志当朋友，要平等对待他们，尊重他们。我个人不太欣赏媒体上对“80后”、“90后”有失偏颇的评价，我觉得这是不公平的。因为当我们说这些的时候，往往是以长者的身份或者“过来人”的身份来评价，甚至是批评他们某一些不成熟、不完善的地方。之所以说不公平，是因为他们年轻，他们还没有经历过，他们还不知道，他们还没有学会。其实他们很想努力工作、上进，却无奈自己很难适应社会， 只因为自己经历的太少。我们都是从不会到会的，人非生而知之，所以，对于年轻人首先是要尊重，只有你把他当朋友了，他才会把你当朋友，后面的一系列工作才能够开展。

第二，一定要让年轻同志“信”，就是信念的“信”，信任的“信”。这个“信”最重要的目的是要把年轻同志个人的成长、个人的理想和我们工厂的发展、工作的目标结合起来。

第三，和年轻同志打交道的时候，一定要想办法让他“服”，就是服气的“服”。我觉得要让年轻同志“服”，可能要采取很多种方式。中国古话说“以德服人”，就是作为一名技师一定要做表率，你要让他信服你，那么他必须要在道德层面上认可你。以德服人包括了宽容，包括了友爱，包括了以身作则。另外，在工作过程中，你要有一些想法，有一些创新点，能够让他“服”。年轻人有激情、有知识，但是他可能阅历不足，他思考问题可能不全面，他的想法可能有偏颇，这时就需要你给予指引。

第四，要帮助年轻人成长，帮助年轻人成长是一名技师的重要责任。年轻人工作知识的储备、业务能力的提高不会因年龄增长而增长，不能只从生活上扶持年轻人成长，关键是从业务能力上帮助年轻人成长。

第五，对年轻人一定要严，严格不完全是一种态度，严格其实是一种标准，我们在进行压缩机检修、故障处理时，必须做到一丝不苟、精益求精。在平时工作中严于律己，把每一项工作的标准制定高一些，年轻人们自然知道差距在哪，他们就有了努力的方向，也更有动力。所以“严”在于标准要高，当然，这个高不是离谱，是经过努力能够达到的。

（作者：济柴动力总厂成都压缩机厂，压缩机修理工，技师）

刘建志

浅谈培养青年职工的一点经验

作为一名在石油企业工作多年的老职工，我深刻领悟到，工厂是靠技术进行生产的，没有过硬的技术，企业难以立足于市场。不做好新老职工之间技术上“传、帮、带”的工作，企业的生产技术就难以传承，企业也就很难生存和发展。如果没有企业的红火发展，职工也将没有什么利益可言。因此为了企业以后更好的生存和发展，应利用企业老职工在长期工作中积累的丰富实践经验，加大培养青年职工岗位成才的力度，提高青年职工岗位学习的自觉性和主动性，促进青年职工尽快成长。

对于石油企业来说，工人技师是一支比较特别的队伍。他们通过在工作耳闻、手动，积累了大量的实际工作经验，逐渐形成了一个集理论和实际操作双重工作经验的特殊群体。随着科技的进步，技师们所掌握的知识和技巧不但没有贬值，反而随着时间的推移变得越来越重要。因此，作为技师的一员，我觉得我有责任将我在工厂多年的经验传承下去，让更多的青年职工得到更好的成长，帮助他们尽快成才。

我在这里简单谈一下这些年培养青年职工的一些经验和体会。

（1）首先是教安全知识。安全是生产的前提，也是所有工作的基础，对于炼油企业来说，安全更是重中之重。因此，在进厂之后首先要告诫青年职工的就是，在做每一项工作时都要时刻谨记安全，培养青年职工的安全意识，并让他们深刻领会安全生产的重要性并持之以恒。

（2）在讲解炼油知识时要循序渐进，由浅至深。新进厂的青年职工，很多人之前并未接触过具体的炼油生产相关操作知识，所以一上来就长篇大论容易让青年职工产生迷茫甚至厌倦的心理，因此要注意方式、方法，先易后难，由浅至深。“不积跬步，无以至千里”，炼油知识纷繁复杂，要全部掌握靠的是日积月累，因此需要一点一滴地教导和讲解。

（3）注意理论和实际相结合。如在设备检修或维修时，为青年职工讲解设备结构、工作原理等，这样对照实物讲解，可让青年职工对炼油装置的认识更加深刻，印象也更为牢靠。

（4）培养青年职工的兴趣。俗话说得好，“兴趣是最好的老师”，有了兴趣，才会有学习的动力，师傅教起来也会更加省力，效果当然也会更加好。

（5）要有耐心。老职工的丰富经验也不是一天两天就得来的，是靠多年工厂操作的实际经验一点一滴积累而来，因此在培养青年职工的过程中也要有耐心，对于他们不理解不明白的地方应多讲解几遍，而不是一味斥责。

（6）更要细心。要善于发现青年职工的优缺点，对于优点要进行表扬，对于他们的不足要有针对性地进行指导，对于技术上的难题要因材施教，有侧重地进行讲解。

（7）与青年职工交朋友。对于青年职工，工作中的技能培养要重视，生活中的思想动态也不能忽视，应深入贯彻“以人为本”的指导方针。培养青年职工并不是一朝一夕的事情，因此要经常关心青年职工的思想动态和了解青年职工

李广民

带徒传技“六法”

培训新员工是公司对现场班组长的基本要求，也是一个班组长义不容辞的责任和义务。经过多年的带徒传技，我个人总结了一些经验、方法和技巧，与大家一起分享。

一、思想教育法

新员工是一个企业的新鲜血液，如何让新鲜血液融入机体组织，为企业可持续发展注入动力，必须充分利用公司积淀的企业文化，通过多种渠道让新员工学习公司成长历程，了解当前形势任务和未来发展目标，从而在思想上获得认同，进而转变观念、凝聚力量、坚定信心，提升新员工的敬业精神和团队精神，促进新员工自我成长、自我成才。同时促使他们时刻以公司发展为己任，以维护班组荣誉为工作出发点，勤字当头、苦练技能，从根本上提高班组的凝聚力和战斗力。

二、师徒友情法

在对新员工培训和指导教育过程中，师傅要懂得如何与徒弟沟通交流，理解并尊重他们，体谅与关爱他们，在工作和生活上给予关心和鼓励，充分考虑他们的利益，满足他们的合理要求，切实解决他们的困难。在保证安全生产的同时，积极营造融洽的班组内部环境，从根本上减

工作生活中的困难，只有感情培养好了，青年职工才会无后顾之忧地讲出心里话，这样才会利于沟通，出现问题时才能够及时解决。

（8）单位要给青年职工搭建学习交流的平台，使青年职工可以互相交流工作经验并在交流中感悟学习的技巧。随着网络科技的更新发展，现今大型企业中都会有职工自己的交流平台，大家互相交流经验和工作技巧，这样可以提高职工的工作热情。

（9）培养青年职工的竞争意识。企业应经常举办知识竞赛，操作技能比赛等，一来提高青年职工学习的主动性和自觉性，二来增强青年、职工的应变能力和适应能力，三来激励职工更快、更好地完成知识的学习和积累。

（10）增强青年职工的社会责任感。现在的青年职工多为80后甚至是90后，不仅要让他们懂得遵守职业道德，重视社会责任，更要培养他们对于企业的认同感和归属感，同时也要给予他们充分的信任和尊重。

在培养青年职工成长的过程中，我深刻地体会到时代的发展和青年职工自身的变化，因此在“传、帮、带”的工作中，师傅也要随时更新思想、改变思路，并继续加强自己的理论知识储备。随着科学技术的发展，我们不能完全吃老本，也要学习新的技术，比如计算机控制等，否则我们也将很快被工厂淘汰。要“身先士卒”、“鞠躬尽瘁”，发挥好一个工人技师在企业中应该发挥的作用。

（作者：大庆炼化公司炼油二厂，硫黄回收装置操作工，技师）

轻徒弟的心理压力，使师徒之间尽快形成默契，使徒弟尽快完成从学徒工到一名合格岗位工人的角色转变，尽快以极佳的工作状态投入工作，尽职尽责做好岗位工作，满足岗位职责要求。

三、岗位培训法

立足岗位要求，将徒弟的学习内容与工作任务联系起来，取得效果与考核指标联系起来，理论与实际相结合。师傅要有耐心地言传身教，从设备和仪器的工作原理、性能、安装及保养的方法以及一般性故障排除进行讲解，让徒弟循序渐进地掌握操作要领，真正做到“四懂三会”，即“懂原理、懂性能、懂结构、懂用途，会操作、会维护、会故障排除”，并严格按照操作规程操作，才可以进行下一个技能点的学习，保证岗位培训的质量。

四、角色换位法

俗语说“推己及人”，从徒弟的位置思考问题，按徒弟的能力安排工作，以徒弟的角度处理问题，逐渐使之快乐工作、快乐生活和快乐学习，并建立独立完成工作的信心，从而成为一个好徒弟。通常我的做法是采取戏剧中的AB角形式，即师傅做A角、干主要工作，徒弟做B角、当助手。当徒弟熟悉了录井工作的基本工作程序和要求，并独立顶岗后，再逐步培养徒弟完成各项录井技能，进而使其能够独立开展工作。这时做师傅的应主动让徒弟做A角，师傅做B角，把徒弟推到工作的前台，自己仅做好监督指导，为进一步提高徒弟的综合技能水平保驾护航。

五、目标培训法

充分利用“五型”班组和“五型”员工创建活动、“青工岗位技校”创建活动、“学习在石油·每日悦读十分钟”全员读书活动等载体，结合活动目标要求，为徒弟量身制定每月必须达到的具体量化目标。当然，师傅在活动中应身体力行、率先垂范。为了确保目标实现的质量，在实际工作中做到“教和考”分离，对于没有实现的目标，师傅要跟踪辅导，同时为了不影响下一阶段目标实现，师傅有必要为徒弟顶班，腾出更多时间让徒弟加快学习，进而以情感人、拴心留人。

六、技艺切磋法

师傅要经常跟徒弟交流综合录井理论知识和实际技能。通过提问、交流、切磋和经验分享等方式，在现场积极开展班组内部的技术比武，进而提高和巩固徒弟的理论知识和专业技能。

总之，通过耐心细致的培养，使徒弟尽早胜任岗位工作要求，尽快完成由徒弟到师傅的转变。几年来，经我培训的多个徒弟都已成长为公司新一代的技术骨干，这也是我作为一名老员工、老班组长最快乐的事！

（作者：西部钻探公司吐哈录井工程公司，综合录井工，技师）

张洪斌

浅谈“传、帮、带”

“传”是指传授、传承，“帮”是指帮助、帮教，“带”是指带领、带动。大量实践证明，“传、帮、带”是一种既简便、又有效的培养技能人才的方法。现在很多企业，真正掌握高技能的工人还在少数。一名合格的石油工人，很多东西是在学校中无法学到的，比如实际操作在学校里是没法学习的，必须在实践中学习。

一、“传、帮、带”的形式

（1）个别带动，主要是导师带徒。当新员工进入岗位工作以后，首先要为他确定导师，由导师主要负责他的理论知识、实际操作的学习，进行一对一的培训。

（2）小组互动，主要是指班组学习、技术讨论、技能竞赛等活动时，所在班组成员通过这种形式得到学习和锻炼，技能水平和理论知识得到提升。

（3）全体联动，主要是指基层单位领导或者兼职教师与本单位的员工之间各种形式的培训。

二、“传、帮、带”的不同阶段

做好“传、帮、带”，我认为最重要的就是让新员工觉得导师有很丰富的专业知识及专业技术，这个时候他们就愿意去学习，愿意去钻研专业知识及技术。另外，导师又是先行者，可以让新员工看到前进的方向，让他们觉得从导师那里可以学习到很多他们不知道的东西以及知道下一步的工作要点和方向是什么。具体操作可简单分为以下几个步骤：

（1）入门阶段：先做给他看。在做给他看之前先进行详细讲解，告诉他你要做什么、怎么做、做完之后达将到一个什么目标，让他知道大概思路，然后再做给他看，当他看完后询问他在刚刚过程中学到了什么，然后让他讲叙如果是他来做，他该如何去做，让他在工作前对这项工作有一个大概的了解。

（2）学习后阶段：让他做给你看。在他做给你看时，在旁边观察他是如何做的，在观察过程中，要保持观察者的身份，绝对不可以“进场参与”，做完后要对他的工作进行评价，若有些地方他做得不好而本人又未发现时，导师要指出，要以鼓励为主，以激发新员工的学习积极性。

（3）巩固阶段：再做给他看。导师再做给新员工看时先对他详细讲解如何可以做得更好的方法，进一步巩固辅导的效果，让新员工加深学习的效果。

（4）复习阶段：让他做给大家看。再次复习之前学习的知识，请其他同事一起在旁边观察，看他如何操作，也有利于大家发现自己的不足及学习对方的优点，使员工的学习积极性同步提升。

（5）独立工作阶段：让他自己做。经过多次的培训学习与现场操作，导师要放手让他自己做，给他足够的机会！经过一段时间的学习和锻炼，要让新员工写学习心得，通过文字的形式把所学技术要点表达出来，心得里最好能够提出一些建议，这就说明他真正学到了知识，在以后的工作中他就可以将“传、帮、带”的优良传统传承下去。

（作者：渤海钻探公司第一钻井公司，石油钻井工，技师）

抓青工基本功培训促企业发展

当你走进机修车间钳工检修操作现场，就会被这里的场面所吸引，每一个操作台前都有一名青年员工挥汗如雨地进行着铲削、锉削和锯割等基本功训练，师傅在旁边进行着细心指导，手把手地传授着每一个动作的要领。如何搞好青年员工的培训工作，使他们在短时间内掌握本岗位操作技能和过硬的基本功，尽快具备独立操作能力，适应岗位生产的需要，是车间培训工作中的一个关键环节。

这些青年员工都是刚进车间一年左右的大中专毕业生，他们有知识、有文化，有青年人的朝气和热情，但是天天面对着单调乏味、简单枯燥、反反复复的基本功训练，这些青年员工有些犯难了，失去了昔日的热情。根据这种情况，我们根据车间的实际情况和青年工人的特点，制定了几项措施，有针对性地对青工进行培训。

第一，根据青工的特点和班组的情况，把青工安排到各个班组，每班抽一名经验丰富的老师傅和青工结成师徒对子，签订师徒合同。班长和班组成员协助，使青工尽快融入班组这个集体中，熟悉班组情况和工作特点，使其与班组成员融为一体。

第二，由班组根据实际情况，利用工作之余，安排基本功训练和其他工作训练。在这个基础上，车间抽出统一时间，由车间指定专人对青工进行统一培训，达到共同提高的目的。

第三，车间每周组织一次青年员工训练比赛，对比赛结果进行统一讲评，总结成绩，指出不足，对存在的问题给予解决。根据成绩排出名次，并在月考核中加以体现，促进青工的学、赶、超劲头。

第四，每两个月车间进行一次培训考核，将各班组总成绩综合在一起，排出班组考核成绩，由车间进行讲评，并将结果作为班组年终考核依据，使班组成员增强集体荣誉感，增强团结进取精神。

青工是企业的未来，如何尽快培养是企业的一项重要任务，青工培训过程中有各种各样的方法，如何掌握，要根据本单位实际情况和特点来确定。

（作者：哈尔滨石化公司机修车间，钳工，技师）

全面构建“三位一体”绿色通道 加强石油企业基层青年人才的培养力度

杨中正
吴　丹
宋伟光

“人才创造企业，企业造就人才”。近几年来，大庆油田公司第二采油厂非常注重优秀青年人才的培养，建立了以“营造人才成长氛围、搭建人才锻造平台、完善人才保障机制”为主要内容的“三位一体”人才培养体系，企业为人才的成长铺设了绿色通道，人才为企业的发展注入了活力，员工与企业走上了同步发展的“双赢”之路。

第一，以适应发展为引领，营造一种多维共振的人才成长氛围。

（1）以创建学习型企业、培养知识型团队、打造智能型员工为目标，以赤诚之心、智慧之光、创造之功在岗位上成才创业。

（2）以开展责任心大讨论为载体，在思想上渗透。责任心是青年岗位成才的前提。为此，从思想上、工作上、管理上、行为上四个方面找问题，开展了讲传统、讲荣辱、讲形势、讲大局为主要内容的“四讲”教育，进行了技能、责任、安全三个方面网上大辩论。引导青年把强烈的责任感体现在勤奋求索的信念之中，体现在追求知识的行动之中，体现在岗位技能的提升之中。

（3）以宣传先进典型事迹为载体，在行为上引导。先后培养和选树了各类先进典型，召开了表彰大会，下发了学习决定，并将他们的典型事迹刊登在单位报刊和网页上，发出了“练就一身过硬本领，掌握一门精湛技术，承担一个革新项目，争做一名优秀员工”的倡议，鞭策大家在工作中加强学习，在学习中增长才干。

（4）以总结提炼人才理念为载体，在文化上普及。几年来，青年员工结合工作和岗位实际，总结归纳出人才理念词条2000余条，经过甄选印制成《人才理念手册》，下发到每一名员工手中。同时，把人才理念配上员工个人照片，印制成了岗位文化胸卡，将文化胸卡佩戴在员工胸前，使员工把人才理念牢记在心中，落实在行动上。

第二，以岗位需求为导向，搭建一个多元推进的人才锻造平台。

（1）搭建“你能飞奔多远，就给你铺设多远的跑道”的人才成长平台。经过不懈的努力，一条条帮助各类人才成长的“跑道”赫然展现在青年员工面前。

（2）构筑“拜师学技”式平台。制订了“师带徒”活动方案，召开了“师带徒”动员大会。通过“能者为师、教学互动”这一小型学习组织的固化，有90%的初级工徒弟达到了中级工水平，60%的中级工徒弟达到了高级工水平，有6名师傅、10名徒弟被授予“育才奖”和“成才奖”荣誉称号。

（3）构筑“课题攻关”式平台。实施以科研、革新、技术论文、QC为中心，以青年为主体的研发课题制，进行课题组织、管理和研究试验。课题攻关的触角延伸到生产一线，有点的拓展，也有面的普及，实现由技术人员为主体向由青年广泛参与的转变，由小改小革操作领域向科研、技术革新、科技论文领域的升级。

（4）构筑“实践锻造”式平台。对经验缺乏的青年，重点培训生产经营和管理中一些常用的知识技能和方法技巧，不断增强他们解决实际问题、处理具体矛盾、抓思想强管理的能力；对经验丰富的青年，强化创新思维理论和现代管理体系的学习，增强他们驾驭发展形势和创新管理

刘小琴

“师带徒”之我见

自20世纪80年代后期开始，中国的新一代几乎都是独生子女。他们集两代人的宠爱于一身，没有经受过苦难和挫折，独立生活和社会适应能力不强，但他们大多经过了正规的学历教育，文化程度高，理解能力和接受能力强，这为新时期师带徒工作提出了新的挑战。

在近几年的师带徒过程中，我不断总结，悟出了一些“师带徒”的小经验。

一、关爱徒弟

“80后”“90后”独生子女刚走上工作岗位，肯定有诸多不习惯、不适应，为此，师傅首先就要在生活上多关心爱护徒弟，主动帮助解决生活上的小困难，多一些安慰的话语。当徒弟思想上有波动时，要帮助他分析，用工作目标、个人成长目标、个人生活目标来激励他，使徒弟在情感上有归属感。

2008年，公司给我分来6个技校生徒弟，他们都是独生子女，而且年龄都比较小，刚来时很懵懂，特别是年龄最小的胡景豪生活自理能力很差，每天吃饭都要人督促，正餐不吃，饿了就吃零食。我像带自己孩子一样，耐心地教育他，让他养成了按时吃饭的好习惯。广安区块大上产量的时候，由于人员少、配送任务繁重，搬运工不够，我带领徒弟自己装车。徒弟们干这种又苦又累的活，思想上就有点波动情绪。看到这种情形，我及时找他们交流，通过沟通，让他们随时保持一种平和的心态和一颗感恩的心。仓储管理看似简单，要想干好却不

能力。几年来，青年人推出了十几项门类齐全、自成体系的管理方式和方法。

（5）构筑“协会培育”式平台。成立了读书写作和摄影两个协会。从协会筹备到创建，从章程的起草到组织机构的确立，从培养宗旨到发展目标的形成，进行了全方位的策划，并为会员制作了会员卡，创办了《绿野油情》报。协会的成立和运作，陶冶了会员的情操，唱响了发展的主旋律。

第三，以“人企双赢”为目标，建立一套多措并举的人才保障机制。

为赋予素质提升持久不衰的生命力，细化了人才培养的评价、监督和奖惩办法，建立了资源整合、目标激励、整体联动管理机制。

（1）建立资源整合机制，为人才培养提供有利条件。建立了采油工实用技能培训基地、集输工技能培训基地、模拟仿真培训基地，完善了与培训基地相配套的声像教学室、实物教学室和资料阅览室，形成声像、实物、模拟和阅览“四位一体”的教学培训体系。

（2）建立目标激励机制，为人才培养提供动力支持。为使企业与青年同频共振、和谐发展，从培养的计划、组织、实施进行跟踪考核，实施目标激励，营造了有知识、有技能就有身份、有效益的成才光荣氛围，让学知识、练技能、上水平成为青年人的自觉行为。

（3）建立整体联动机制，为人才培养提供组织保障。完善了以职业能力为导向，以工作业绩为重点，包含品德、知识、能力等内容的人才评价体系，按不同层次、不同职务的特点和要求，建立起合理流动、各尽其能的优化配置人才机制。通过合理调整和使用，使青年走上了符合本人意愿、最能发挥其优势的工作岗位。

（作者：大庆油田第二采油厂）

容易，需要极强的责任心和耐心。在这个世界上，从来就没有卑微的工作，只有卑微的工作态度，而工作态度完全取决于我们自己。我们要努力把握自己，不要把工作所得的报酬看成第一位，而是首先要想怎么把工作做得更完美，尽心尽力、带着热情去完成自己的工作。如今，这批技校生已经能独当一面，有些已经成为骨干力量。

二、因材施教

要带好徒弟，让他们快速成长、充分掌握岗位工作技能，首先就要重视与徒弟的交流和沟通，形成亦师亦友的良性互动氛围。从徒弟们的成长经历、学习经历中，可以了解他们每个人的个性，掌握他们的特长和缺点。掌握了这些，在工作和学习中，师傅就可以针对不同个性，采用不同教学方法，同时还可以充分发挥徒弟的特长，使他们在工作学习中获得成就感。

三、以身作则

名师出高徒，道出了师傅对徒弟的重要影响力。作为师傅，凡事要以身作则，树立良好的榜样，发挥自身的榜样作用，因为榜样的力量是无穷的。师傅要求徒弟做到的，自己要首先做到，应身先士卒、率先垂范，且要始终如一，在实践中做实实在在的事。我时刻严格要求自己，以勤勤恳恳、踏踏实实的态度完成好每项工作；严格执行仓储管理制度，强化安全生产管理；每日坚持巡回检查，及时清理发料现场；当天的事情当天必须完成，每天坚持盘点重要物资；遇到发急料时，总是冲在第一，及时备料，配送到现场。这些都深深影响了每个徒弟，特别是邓军，在独立走上工作岗位后，虽然没有了师傅的严格要求，但邓军仍然保持严谨的工作作风，工作积极主动，多次出色地完成重要物资的配送任务，获得了同事的认可和领导的肯定，现已经成长为代理部的业务骨干。

四、角色互换

有了师徒间良好的沟通交流，加上师傅的榜样作用，并辅以合理的教学方法，培养徒弟会事半功倍。在实际的教学工作中，我主要用岗位培训和角色互换的方法，来帮助徒弟快速熟悉工作流程、掌握工作技能。

岗位培训，就是根据岗位具体职责和工作内容，全面培训工作流程，使徒弟了解工作的具体内容，并对本岗位的工作流程获得整体性认识。从单据的填制、汇总、传递流程，到信息系统的操作流程，从仓库物资报表的制作流程、物资保养流程、盘点流程、收货和检验流程、仓库的定位管理流程，到物资的备料和装卸流程、安全生产管理流程、日常巡查工作流程，我逐一讲解，消除徒弟对工作流程和工作内容的陌生感，帮助他们树立胜任岗位工作的信心。

当然，仅有岗位培训是不够的，针对具体工作内容，就需要角色互换的方法。角色互换，简单讲，第一次师傅干主要工作，徒弟当助手。师傅手把手地把具体工作步骤和要领传授给徒弟；在以后的同性质工作中，由徒弟干主要工作，师傅当助手，把徒弟推上工作前线，师傅对其进行指导，为徒弟做好工作保驾护航。

2008年分来的研究生傅宁，本来就有一年的财务工作经历，再加上有较高的文化水平，通过岗位培训，他很快就熟悉了我们的工作流程。他认真学习，积极主动地承担一些又脏又累的工作，特别是现场物资的收发工作和库存物资的盘点工作完成得很出色，同时，他个人也很快找出了工作规律，不到半年时间，就全部掌握了代理部的工作流程和所管辖的物资，工作技能得到极大的提高。

了解关爱徒弟是基础，加强师徒间充分的沟通和交流是重要方式，师傅的榜样作用是重要影响因素，合理的教学方法是重要保证。这四方面相互影响和促进，可以保证徒弟能够在一个良好互动的氛围中快速掌握工作技能，为早日独立走上工作岗位打好基础。

（作者：西南油气田公司物资公司，仓库保管工，技师）

现场疑难分析与处理

江津天然气净化厂低处理量操作方案探索

◆ 陈文龙 毛 汀 李 开 曾 旭 陈宏伟

一、前言

江津天然气净化厂于2006年12月建成投产，设计处理量为$40\times10^4m^3/d$，处理来自同福场、铁厂沟的含硫天然气。生产出来的天然气供江津地区使用，不与大管网相连通，调峰能力差，处理气量随着用气量大小波动频繁，装置投产初期处理量达到$30\times10^4m^3/d$。近年来，随着气田气量递减，目前装置的处理量仅为$10\times10^4m^3/d$左右，脱硫装置、硫黄回收装置运行参数与设计参数差异甚大，装置安全生产压力增大，环保方面，SO_2排放难以保障。

二、装置简介

江津天然气净化厂工艺装置包括脱硫装置和硫黄回收装置。脱硫装置采用MDEA工艺脱除原料气中绝大部分H_2S和CO_2，硫黄回收装置采用直流法常规克劳斯（Claus）二级转化工艺，设计硫收率93%，SO_2通过60m高的烟囱排放，排放量小于30kg/h。

（一）装置主要设计参数

操作压力：2.11～5MPa；

H_2S含量：0.5%～1.5%（体积分数）；

CO_2含量：0.2%～0.8%（体积分数）。

（二）装置操作参数及控制指标

装置操作参数见表1。

（三）近年天然气处理量及酸气变化

近年天然气处理量及酸气变化见表2。

表1 装置操作参数表

序号	设备名称	参数		设计值	控制指标
1	吸收塔	压力，MPa		2.11～2.5	2.11～2.5
		循环量，m^3/h		6.3	5～6.3
		气液比，m^3/m^3液		2400～2700	2400～2700
		贫液H_2S含量，g/L		<0.5	<0.5
2	再生塔	压力，MPa		0.06～0.08	0.06～0.08
		塔顶温度，℃		95～105	98～102
3	重沸器	温度，℃		118～122	115～122
		蒸汽压力，MPa		0.40	0.40
		蒸汽用量，t汽/m^3液		0.11～0.12	0.12～0.16
4	燃烧炉	理论配风比（k值）		1.975	尾气中H_2S/SO_2值为2
		燃烧温度，℃		1189	1100～1250
		进口压力，MPa		<0.06	0.05～0.06
5	反应器	温度℃	一级入口	285	279～310
			一级出口	334.5	330～370
			二级入口	220	200～250
			二级出口	247	210～260
6	冷却器	温度℃	一级管入口	285	220～285
			一级管出口	170	145～170
			一级壳入口	151	151
			二级管入口	250.6	210～260
			二级管出口	155	135～155
			二级壳入口	151	151
		液位%	一级	50	30
			二级	50	30

表2 近年天然气处理量与酸气变化对照表

变化量	年份				
	2007年	2008年	2009年	2010年	2011年（截至7月份）
天然气处理量，10^4m^3	11674	8447	7194	5539	2423
日均处理量，$10^4m^3/d$	35	26	21	17	11
酸气量，m^3/h	127	115	107	83	60
硫化氢含量，g/m^3	16.702	16.193	16.726	16.210	16.136
CO_2含量，g/m^3	7.039	7.221	8.842	8.693	9.04

三、低负荷生产存在的问题

（一）对脱硫装置的影响

由于低气量生产，吸收塔气液接触不充分，气相负荷下降，致使上升气体通过阀孔的动压不足以阻止流体经阀孔流下时，便会出现漏液，此时，塔盘效率严重降低，影响脱除效果。再生塔亦如此，原料气处理量降低，酸气量减少，气相动压不足导致漏液，塔盘效率降低，塔内气液接触不充分，再生效果不佳。由于脱除H_2S效果较差，给出厂净化气的合格率造成影响。

（二）对酸气处理装置的影响

由于原料气处理量低，酸气量降低，回收装置各点温度不能正常维持，远低于各点设计温度，特别是催化床层温度难以达到设计温度。酸气量下降后，原本的酸气孔板流量计计量不准确，导致空气配比滞后和不精确，回收装置内H_2S和SO_2比例失衡，回收率下降，并且不能严格控制$H_2S:SO_2$为2：1的比例。这一后果，造成了回收装置安全生产问题，以及SO_2排放超标引起的环保问题。同时，由于各点温度降低，为了防止液硫凝固堵塞，将增加保温蒸汽的用量，使能耗增大。

（三）低负荷生产下脱硫装置、回收装置的运行方案及试验

2009—2011年，隆昌天然气净化厂组织生产技术人员对脱硫装置和硫黄回收装置进行低负荷运行试验，并且调整了低负荷生产运行方案。

1.脱硫装置低负荷生产的调整方案

脱硫装置以两种方案低负荷生产：

方案一：进行设备结构改造，使设备适应目前的生产量，同时降低设备能耗。

方案二：不改变设备结构，采取调整生产参数的方法，保证生产安全、环保，并且尾气在允许的范围内排放，保证产品合格、净化度合格。

江津天然气净化厂处理同福场、铁厂沟的天然气，没有新的气源补充，新投入资金改造装置不经济，因此主要采用第二种方案来调整生产。

对于第一种方案，主要通过以下措施：

（1）对吸收塔、再生塔塔盘进行堵孔，提高气体动能因数。

（2）如果不进行堵孔，可拆掉塔盘，减少塔盘数量，降低压降，提高气体动能。

（3）对MDEA循环泵加装变频器，改变循环泵转速，降低循环泵能耗。

对于第二种方案，主要通过以下措施：

（1）保持脱硫吸收塔、系统循环输送用气的最低压力生产，低于该压力装置保压生产。

（2）满足回收装置最低酸气量的方式对原料气进行脱硫，适当提高循环量增加酸气量的方式进行生产。

（3）适时提高贫液循环量，防止因漏液导致接触不充分，影响净化度。在提高循环量时，保持各点压力、温度均在正常的范围内，精细调整，防止操作调整过猛，影响各点压力和温度，贫液循环量的突然加大很可能导致淹塔。

（4）加强与作业区的联系，根据气量、气质及时调整脱硫气井的配气。

目前，江津天然气净化厂脱硫装置采用的是第二种方案生产，生产情况基本良好，但装置长期处于低负荷运行，能耗增加，设备运行不经济。

2.硫黄回收装置低负荷生产的调整方案

低处理量时硫黄回收装置总热量将会降低，各点温度随之下降，转化反应的速度下降，转化率降低，影响环保。同时，各点温度降低，容易造成液硫凝固堵塞管道。为了避免装置堵塞，装置的操作需做出适当的调整，以应对低负荷运行。

（1）主燃烧炉操作：当酸气量低于$5m^3/h$时，适当提高空气配比，以增加热量，主燃烧炉温度不低于1050℃为限，并且保证后端过程气没有过制氧。高温掺和阀的操作在尽量满足余热锅炉出口温度不低于125℃、掺和后温度不高于300℃的情况下增加开度，以有效提高过程气进入后端系统温度。

（2）转化器操作：回收装置转化器之间设置有旁通蝶阀，该蝶阀可对二级转化器进行温度调节，控制一级转化器上部温度（280℃以上），一级冷凝冷却器出口温度不低于125℃，二级转换器上部温度不低于200℃时，可尽量增加开度，提高二级转化器进口温度，二级转化器温度最低不低于170℃。

（3）冷凝冷却器的操作：低负荷运行时，温度低于125℃时，关闭主蒸汽阀，打开暖锅蒸汽，对一、二级冷凝冷却器进行保温，在保持好蒸汽正常压力的前提下，打开排空阀，保持热量平衡。

（4）尾气灼烧炉的操作：炉膛温度600～700℃，烟道温度420～450℃，烟囱二平台温度330℃以上，灼烧炉压力15～20mmH_2O，并且在观察尾气烟囱顶部烟气情况下操作。

（5）酸气量低限为30 m^3/h时，立即关闭酸气进回收装置阀门，同时关闭空气进气阀，将酸气燃烧放空。放空时应根据火焰燃烧情况配气，禁止纯酸气燃烧。停进酸气后余热锅炉和一、二级硫黄冷凝冷却器采用暖锅蒸汽保温，密切观察回收装置各点温度，如主燃烧炉温度低于1000℃，气量未恢复时则改用燃料气对回收装置保温；气量恢复正常后，按正常操作进行。

（6）K值（配风系数）的调整：酸气量过低时，根据各点温度适当提高K值；酸气量过高时，根据各点温度适当降低K值，但不低于2.2。K值按尾气分析数据进行调整，防止尾气排放SO_2超标，并注意防止各点温度超高，造成设备损坏。

以上各操作均需相互结合，各项条件均要满足。通过上述的调整，解决了酸气量低于设计值时的生产问题。

四、调整后的生产情况及效果

（1）在最低外输压力下，保证脱硫、再生最低循环压力，脱硫装置处理气量降至（10～15）×10^4m^3/d时，能保证装置安全连续生产，净化气气质合格。

（2）对回收装置，当酸气量低于55m^3/h时，适当提高空气配比，以增加热量，以主燃烧炉温度不低于1050℃为限。酸气量低于30m^3/h时，立即关闭酸气进回收装置阀门，同时关闭空气进气阀，将酸气燃烧放空。放空时应根据火焰燃烧情况配气，禁止纯酸气燃烧。

（3）高酸气量或高酸气浓度下，回收装置的回收率达到97%以上，高于设计值（93%），提高了4%；低酸气量或低酸气浓度下，回收装置的回收率达到95%以上，高于设计值（93%），提高了2%；SO_2排放量均在23kg/h以下，低于重庆地区60m烟囱允许的32kg/h以下的控制指标，达到了安全、环保、效益的统一。

表3给出了江津天然气净化厂回收装置酸气量变化与回收装置各参数的相互关系。表4给出了脱硫装置及回收装置控制指标变化情况。

表3　装置酸气量与回收装置主要温度变化情况对应表

酸气量 m^3/h	主燃炉温度，℃	废锅出口，℃	转化器1上部，℃	转化器1下部，℃	冷却器1出口，℃	转化器2上部 ℃	转化器2中部，℃	冷却器2出口，℃
120	1201	158	309	349	138	220	231	140
100	1180	152	304	343	135	216	226	139
80	1148	143	300	339	132	209	219	135
70	1120	138	298	333	130	198	215	133
60	1089	134	292	326	128	182	189	130
55	1067	130	283	322	126	173	179	128

表4　脱硫装置及回收装置控制指标变化情况

序号	设备名称	参数		设计值	控制指标
1	吸收塔	压力，MPa		2.11～2.5	1.62～2.50
		循环量，m^3/h		6.3	5～6
		气液比，m^3气/m^3液		2400～2700	2400～2700
		贫液H_2S含量，g/L		<0.5	<0.5
2	再生塔	塔顶温度，℃		95～105	98～102
3	重沸器	温度，℃		118～122	115～122
		蒸汽压力，MPa		0.40	0.40
		蒸汽用量，t汽/m^3液		0.11～0.12	0.12～0.16
4	燃烧炉	理论配风比（K值）		2.2～2.4	2.2～2.8
		燃烧温度，℃		1189	1100～1250
		进口压力，MPa		<0.06	0.05～0.06
5	反应器	温度，℃	一级入口	285	279～310
			一级出口	334.5	320～370
			二级入口	220	170～250
			二级出口	247	170～260
6	冷却器	温度，℃	一级管入口	285	170～285
			一级管出口	170	125～170
			一级壳入口	151	151
			二级管入口	250.6	160～260
			二级管出口	155	125～155
			二级壳入口	151	151
7	捕集器	温度，℃	入口	134	125～155
8	灼烧炉	温度，℃	烟气	<600	400～450

从以上各表能看出，气量的逐步减少，对装置运行影响较大，但通过调整操作后，基本能满足安全生产要求。

如何解决浮顶罐排水装置排油问题

◆ 陈祥玉

大庆油田有限责任公司第一采油厂东油库始建于1960年4月，东油库现隶属于第七油矿，油库有精度0.2级的腰轮流量计16台，五级、六级外输泵各3台，20000m^3储油罐4座，设计最大储油量80000m^3，日最大外输能力为24000t，日最大接收能力为25000t。油库中的外浮顶式储油罐（以下简称“浮顶罐”）是储存净化原油的大型容器，浮顶罐的罐顶设有排水装置，排水装置主要由浮船中央的集水坑、罐内的排水折管和罐外的排水阀组成，其作用是排放浮船顶部的雨水，防止发生浮船沉没和翻船事故。浮顶罐排水操作是油库操作者必须要做好的一项工作，作为在油库从事多年工作的老输油工，下面就浮顶罐排水装置排油问题谈一点自己的认识和做法。

一、存在的问题

东油库共有4座20000m^3浮顶罐，有1座浮顶罐投产使用已经25年，其他3座浮顶罐投产使用都超过10年，在浮顶罐排水操作中，往往出现排出的水带有原油现象，少则几十千克，多则上千千克。这些原油排放到地面，不但污染环境、增加员工的劳动强度，也时刻威胁油库安全生产。

二、排油原因分析

造成浮顶罐排水装置排油的原因主要有工艺因素、原料因素、设备因素、管理因素及其他因素。

（一）工艺因素

浮顶罐进出油管口距罐壁仅有0.5m，在进出油操作时，原油中的气体没有缓冲过程，首先从管口

五、总结

原料气量下降、酸气量降低对江津天然气净化厂脱硫装置、回收装置的影响很大，通过近年的摸索调整，效果是明显的。

（1）经过摸索调整，低负荷处理量下装置的开工率达到了99.7%，脱硫装置运行安全，净化气质量合格，有效保证了同福场后期开发，为今后边远气田的后期开发提供了技术支持。

（2）回收装置低负荷处理量下的回收率达到95%以上，高于设计值（93%）；SO_2排放量在23kg/h以下，低于重庆地区60m烟囱允许的32kg/h以下的控制指标，达到了生产安全、环保、效益的统一。

参考文献

[1]曾旭．江津净化厂硫黄回收装置运行的探讨．石油与天然气化工，2008.

[2]彭晓林，李琦，李开．无调功能天然气净化装置运行探讨．石油与天然气化工，2008.

（作者：陈文龙，西南油气田公司蜀南气矿，助理工程师；毛汀，西南油气田公司蜀南气矿，助理工程师；李开，西南油气田公司隆昌天然气净化厂，工程师）

技术点评：作者对江津天然气净化厂的现状了解清晰，提出的调整方案符合现场实际，具有可操作性。对今后同类装置的优化运行具有一定的指导意义。

（审稿人：巴玺立）

周围的浮船密封处排出，形成管口周围的浮船顶部和罐壁的积油较多。另外，集水坑内排水口没有设收油装置，浮在水面上的油直接排到罐外。

（二）原料因素

在浮顶罐接收未稳定原油和气体扫线原油时，原油中含气量大。这些含气原油通过高压管道输送到油库，进入浮顶罐后突然泄压，原油中气体迅速释放，并携带部分原油从浮船密封装置和呼吸阀中排出，造成浮船顶部积油。

（三）设备因素

浮顶罐漏油点主要有以下几个方面：罐内排水折管泄漏、浮船密封装置不严、浮船单盘砂眼等。另外，罐体保温效果不好，罐周边原油温度较低，浮船随液面上下运行时原油黏附到罐壁上，造成罐体积油。

（四）管理因素

没有对浮顶罐进行有效的检修维护，不及时回收浮船顶部的积油，造成原油积少成多。

（五）其他因素

浮顶罐即使设备完好，即使接受正常生产来油，在长期的生产运行中，也会有少量的原油从呼吸阀、浮船密封或其他部位排出。这些原油虽然很少，也很分散，但当雨季来临时，这些油也会浮在水面上，通过排水装置排到罐外。

三、解决方法

解决浮顶罐排水装置排油问题，我们采取了以下措施：

（一）技术创新

（1）将进油管口向罐内延伸5m。

原油通过延伸的进油管进入罐内，原油中的气体在罐内释放，通过缓冲降压后到达罐壁，减少了气体对浮船密封装置的冲击。

（2）安装集水坑收油装置。

进行技术革新，在集水坑内安装了收油装置。浮船顶部雨水进入集水坑，水通过收油装置后进入排水口排到罐外，水中的原油在收油装置内，通过重力分离存到收油装置内。收油装置可存放50L的原油。应及时收回装置内的原油，防止原油和水一起排到罐外。

（二）正确判断和处理排水折管渗油和漏油

（1）罐内排水折管在长期生产运行中，会出现渗油或漏油现象，那么怎样判断排水折管是否渗油和漏油？其操作方法是：在非排水操作情况下，关闭罐外排水阀，定期观察排水折管的放油量。如果每月放油量在1L以内，可以判断排水折管基本完好，无渗漏；如果每周放油量达到1L以上，可以判断排水折管出现渗漏；如果每天放油量达到1L以上，可以判断排水折管出现漏油现象。

（2）排水折管内原油处理方法：用清水（最好是高温热水）将排水折管内原油顶到浮船上，再通过集水坑内收油装置将原油收回到罐内。

（三）加强浮顶罐的运行管理

（1）在接收扫线或未稳定原油时，尽量选择亟待检修的浮顶罐，并要求操作人员死看死守。

（2）及时回收浮船顶部的积油，保持罐顶的清洁。

（3）对于出现的浮船密封不严、排水折管和盘顶漏油等问题，要及时进行停产检修和维护，使浮顶罐在完好的状态下运行。

四、效果分析

通过一段时间的实际操作，取得了预期的效果。原来每年一到雨季，都要投入一定人力物力进行罐底收油工作，通过采取上述措施，避免了排水折管出现的排油现象，降低了员工的劳动强度，避免了环境污染，提高了油库的生产管理水平。

（作者：大庆油田公司第一采油厂，输油工，高级技师）

技术点评：本文介绍了大庆油田第一采油厂东油库建设现状，详细分析了浮顶罐排水装置带油的多种成因，包括管理、设备、工艺、原料等因素，并提出技术解决方案以及运行管理经验，减轻了工人劳动强度，避免环境污染，确保油库安全平稳运行。

（审稿人：白晓东）

角管式热水锅炉停电应急处理及改进措施

◆ 瞿朝成

吐哈油田哈密石油基地供热系统由2座锅炉房10台14MW角管式热水锅炉和16个换热站组成。角管式热水锅炉为强制循环，锅炉房一旦发生突发性停电，将造成循环中断，如果不能及时将锅炉内的热量带出，锅炉会因水汽化而产生水击事故。如果处理不及时，轻者造成锅炉损坏、管网断裂和人员伤害，严重时会发生锅炉爆炸事故，机毁人亡。因此，在发生突发性停电时，应及时采取合理、有效的应急处理措施。

一、现状及存在问题

由于石油基地外部电网主要依赖于哈密二电厂，但遇到恶劣气候或冬季锅炉负荷高峰时，经常发生基地大面积停电事故，进而影响锅炉房的正常供电。锅炉在满负荷运行状态时（冬季运行锅炉出水温度为110～125℃，炉膛温度为650℃以上），一旦中断循环7～8min，锅炉水就开始发生汽化。1#、2#锅炉房虽然分别备有300kW和75kW发电机各一台，但锅炉房发生突发停电后，从备用发电机启动到拖动负荷需要15～20min。按锅炉房突发性停电事故处理预案要求，司炉人员和维修电工必须在6min内快速启动应急发电机和补水泵，并迅速对锅炉进行强制补水降温。据观察，操作人员从发现并报告停电事件、各岗位人员到达指定位置、打开炉门通风、进行5个较大阀门的启闭操作、完成停电故障识别、启动应急发电机、合闸送电、启动应急补水泵，到调节紧急泄水阀等工作程序至少需要10多分钟。发生突发停电后，锅炉炉膛及炉排存在大量的蓄热，造成炉水不断升温，加之补水不及时，锅炉压力逐渐下降，达到饱和状态时锅炉水就会发生汽化，极易造成难以控制的局面，严重影响生产。如：1#锅炉房在1998年2月发生停电锅炉水汽化，造成出水母管DN500伸缩器失效，5#、6#、7#炉出水管偏移700mm。

由于电网不正常，锅炉房自建成投运以来，每年平均发生突发性停电3～4次，突发性停电造成安全阀起跳、大量蒸汽排泄，锅炉、管道剧烈振动，司炉人员感到高度恐慌。同时，发生汽化后，只能从锅炉顶部的排气管（DN25）采取边排水、边进水的方式，事故处理时间长、危险性大。如：2#锅炉房在2003年11月，从早晨5点开始停电应急处理，一直到12点才将炉内高温热水替换，出口水温才达到80℃的启动运行条件，2#锅炉房$45\times10^4m^2$供热区域停止供暖达7h。事实证明，采用原有这种操作方式防止锅炉水发生汽化有许多弊端，存在很大安全风险和隐患，在规定时间若不能完成全部操作，或任何一个环节配合不当延误时间，都会导致处理失败。要实现防止锅炉由于停电而造成循环中断的汽化事故，最直接、最有效的办法就是在停电后尽可能短的时间内使锅炉循环继续，使炉内的热量能够及时置换出去。

二、解决方案

为寻求较为理想的安全措施，确保锅炉设备和司炉工作人员安全，根据两个锅炉房配套的锅炉设备，通过多方查找资料和研究论证，分别为1#、2#锅炉房各选用一台75kW和34kW全自动柴油循环水泵，作为事故应急循环设备，加装在锅炉房一次热网系统进回水总循环管路上。其目的是：一旦发生停电，锅炉循环中断，通过全自动柴油循环水泵的自动或手动功能，使其快速启动，保证锅炉循环的连续进行，从而在最短时间内置换出锅炉内的热量，保证锅炉的安全和处理的时效性。锅炉停电应急处理系统见图1。

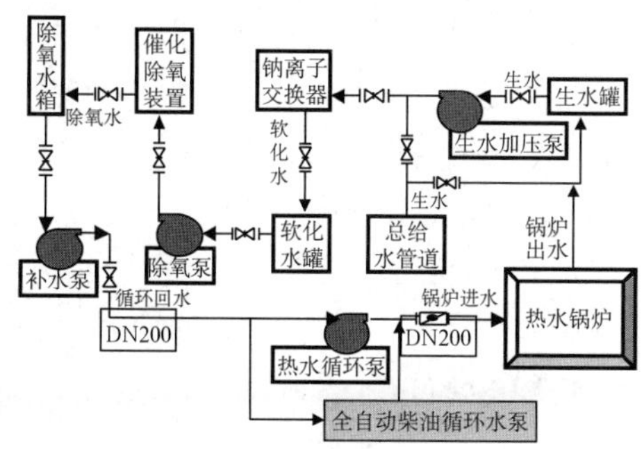

图1 应急处理系统工艺流程图

全自动柴油循环水泵机组配套有可靠完善的自启动控制系统，具有以下功能：

（1）自动启动。全自动柴油循环水泵接到管网启动信号后，在15s内能自动启动并投入满负荷运行，使锅炉水保持继续循环，每台锅炉循环量可达到60m^3/h，这样完全能将锅炉余热带走，防止锅炉水发生汽化。这种事故应急方式迅速可靠，简化了处理过程，省去了锅炉阀门的操作，各岗位人员只需监护设备和参数变化即可。原配套的应急发电机设备继续用于系统补水和照明供电。

（2）手动启动。该设备安装投运后，当班人员发现锅炉房（循环泵）停电信号后，可迅速启动柴油循环水泵，延续锅炉水循环，防止锅炉水发生汽化。

三、使用效果

该设备安装后，首先根据现有工艺修订了《锅炉突发停电应急处理程序》、《全自动柴油应急循环水泵操作规程》，对值班干部、值班电工、司炉班长进行了培训，并进行现场模拟操作，要求当班全体人员熟练掌握。由电工负责该设备日常维护、保养和电瓶的充电，确保设备处于完好备用状态。

2009年12月12日中午2点30分，1#、2#锅炉房同时发生突发性停电（运行锅炉出水温度在120～125℃，炉膛温度750℃以上），当班人员立即启动停电应急处理预案，迅速关闭均压管，全自动柴油循环水泵启动。2点35分，锅炉出口水温由125℃降至80℃。锅炉房来电后，迅速启动锅炉投入正常供热。通过实践证明，应用改进后的停电应急处理方式，完全达到了安全、快速、有效的处理要求。

（作者：吐哈油田公司哈密物业管理公司，热力司炉工，技师）

技术点评：解决实际问题。

（审稿人：苏汉杰）

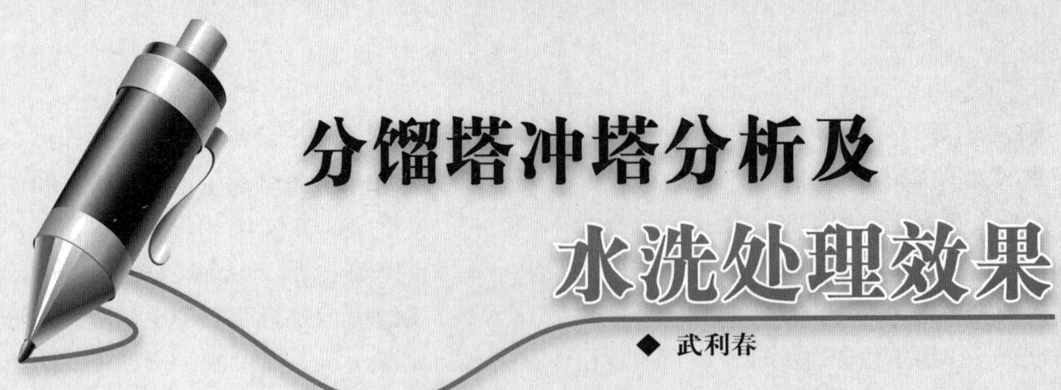

分馏塔冲塔分析及水洗处理效果

◆ 武利春

在操作无任何大的变动的情况下（进料量、反应温度、反应压力、塔底气相温度等未作调整），从2011年11月2日，分馏塔出现频繁冲塔事故，致使粗汽油干点不合格。车间对操作参数做了调整，但仍无法控制冲塔现象。就操作波动现象分析，判断为分馏塔顶部结盐导致。在处理结盐方面我们没有经验，上报公司后，聘请专家到我车间指导，最后研究确定解决方案为从塔顶部注水洗掉盐类。通过塔顶回流注水处理，从操作的各个参数对比，有所好转，产品质量也较容易控制；但从产品质量、产品分布上看，操作还没有完全恢复到正常，只是起到了缓解作用。

一、现象

每次冲塔时TI2202（顶部循环抽出温度）升高速度较快，涨幅较大，约升高100℃；TI2205（柴油抽出温度）、TI2206（柴油抽出温度）升高约20℃。分馏塔顶部温度缓慢上升约5℃，富气冷后温度快速升高约10℃。塔底气相温度几乎无变化。在中上部温度上升过程中，柴油量降低直至无量，汽油量加大，V202液位上升很快。冲塔后粗汽油干点化验分析不合格，最高达260℃。

二、初步原因分析

据查相关资料，在催化裂化反应中，进料中的有机氮化物可发生分解生成氨；原料中的有机氯和无机氯可发生分解生成HCl、NaCl、$CaCl_2$、$MgCl_2$等；遇到环境中的水或结晶水发生水解反应生成HCl。NH_3和HCl反应生成NH_4Cl。NH_4Cl的分解温度为337.8℃，只要低于这个温度就有NH_4Cl存在。分馏塔顶温度较低，塔顶循环回流返塔温度约80℃，低于水蒸气的露点温度，塔顶循环回流在下流的过程中由于传热不均匀，肯定有液相水出现，水迅速溶解气相中的NH_4Cl颗粒而生成NH_4Cl水溶液。在下流的过程中，随着温度的升高，NH_4Cl水溶液失水浓缩而生成为一种黏性很强的半流体，这种流体与铁锈、催化剂粉末一起沉积附着在塔板及降液管处，以致堵塞降液管，导致顶循抽出以下塔盘内回流减小，造成顶循抽出以下几层塔盘液层很薄，当气液相负荷不平衡时，就会引起冲塔。

在多次发生冲塔现象后，极有可能冲翻塔盘，有待在停工期间检查。

三、具体处理方法

配设了水洗专线：酸性水控制阀放空至冷回流控制阀放空新加一条DN25管线。

间断性水洗：从2011年12月8日开始多次间断性注酸性水水洗分馏塔，每次注水时间约1h，控制塔顶温度105℃，密切注意TI2205（柴油抽出温度）不低于140℃，以防冷凝水下到中段抽出层以下。在停水后，缓慢提高塔顶温度至109℃，将塔内存水蒸出，同时P204备泵放空脱水，以达到带走盐类的目的。水洗期间对酸性水做了化验分析，跟踪结果显示氯离子含量先升高然后有下降趋势，说明水洗有效果。操作虽然有转好现象，但是不能维持较长时间，一般在一周左右操作又会出现冲塔现象。

连续水洗：从2010年2月开始对分馏塔进行了连续水洗，水洗时间较长，分馏塔顶温度、压力、顶循环回流抽出温度、装置处理量变化不大，这主要是因为控制带水在顶循抽出以上几层塔盘之间。采取连续水洗操作以后，效果较好，

天然气分输站放空系统阀门内漏判断与处理

◆ 杨 波 屠明刚

天然气分输站放空系统一般包括以下设施：放空管线、放空阀、火炬点火系统、阻火器及放空立管。西气东输天然气分输站放空系统主要包括ESD自动放空系统和工艺流程操作中的手动放空系统两部分。

一、放空系统功能

ESD自动放空系统主要功能是：当分输站启动ESD命令时，全站进出站阀门及调压橇安全截断阀全关到位后，立即开启ESD放空阀，将分输站站内天然气放空，最大限度保护分输站人员生命及设备财产安全。手动放空系统主要分布在进站区、分离区、计量区、调压区和出站区，主要功能是根据输气设备的调试、测试、维护以及维修工作需要，分区域放空管段天然气。

二、放空系统组成

分输站放空系统主要分为中压、低压放空系统，各部分放空系统汇集到一起连接到放空管，直通大气，放空系统末端一般不设置流量计等设备。若放空系统阀组存在内漏，问题不易被发现，会造成天然气输损。

ESD放空系统阀组由手动球阀和电动旋塞阀组成（图1）。

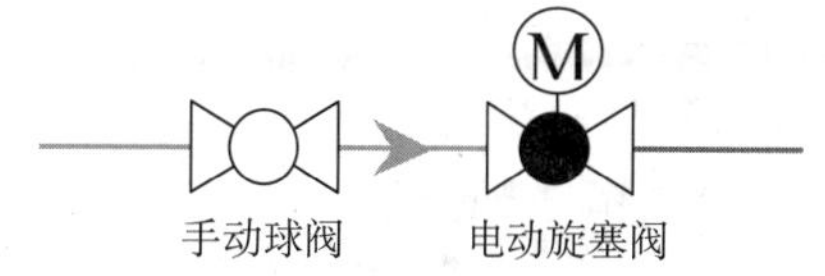

图1 ESD放空系统阀组组成

手动放空系统阀组由手动球阀和手动节流截

操作较平稳，产品质量也较容易控制。偶尔仍有冲塔迹象，也比较容易控制。

四、总结

（1）水洗时顶部温度98～100℃、中部温度（TI2205）下降至150℃，然后开始提各部温度蒸水，效果较好。

（2）连续水洗比间断水洗效果好，但二者均存在不能维持较长时间的问题，通过分析判断，分馏塔上部除存在结盐问题，可能还存在部分降液管堵塞现象。

（3）目前水洗后脱水是问题，光凭提顶温、P204备泵脱水无法彻底将盐类带走，不能解决长期问题。

（4）长期水洗会造成塔盘、降液管腐蚀的问题。

（5）如何稳定原料含盐量是解决分馏塔结盐的关键。

（作者：呼和浩特石化公司第一联合车间，催化裂化装置操作工，技师）

技术点评：问题有代表性，可分享经验。

（审稿人：张彦）

止放空阀组成（图2）。

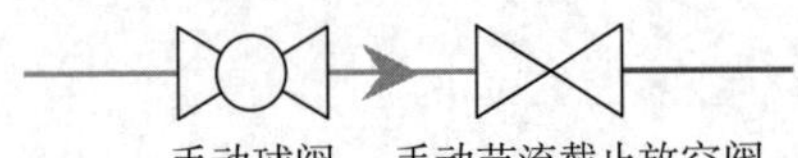

图2　手动放空系统阀组组成

三、阀门内漏判断方法

（一）目测观察法

根据焦耳—汤姆逊效应原理，天然气经过阀门节流后，导致气体温度下降，通过对节流截止放空阀（或旋塞阀）阀后管线是否存在冷凝水或结霜、结冰现象，判断该段放空管线阀门是否存在内漏。此方法适用于站场放空系统小于或等于DN50的小管径放空管路，且阀门内漏量较大的情况。

（二）接触观察法

通过用手触摸放空管线判断。正常情况下，放空阀后的管线温度应与环境温度相近，若某段放空管线温度过低，则该段放空管线阀门存在内漏。此方法适用于所有管径放空管路，且阀门内漏量较大的情况。

（三）气流声音判断法

此方法利用的是当管段上下游存在压差时，向管段充压会有气流流动的声音。

单路放空管路由一个球阀和一个节流截止放空阀（或旋塞阀）组成，两个阀门之间形成一个直管段。首先判断球阀是否内漏（开启球阀排污阀，观察阀腔气体是否可以排空，若无法排空，则球阀存在内漏，应对阀门进行内漏处理）。判断球阀无内漏后，全关节流截止放空阀（或旋塞阀），全开球阀，对两个阀门之间管段充压，待压力平衡后，全关球阀，观察8～24h后，全开球阀。若听到气流流动声音，则判断节流截止放空阀（或旋塞阀）存在内漏问题。通过气流流动声音的大小和逐步缩短观察的时间间隔可判断管段上下游压差（粗略判断），即可判断节流截止放空阀（或旋塞阀）内漏量的大小。此方法同样适合分输站单路排污管路阀组内漏的判断。

如果球阀内漏，先更换或者维修，解决球阀内漏问题后按照上述办法判断节流截止放空阀（或旋塞阀）是否内漏。

气流声音判断法需注意操作前后球阀前的管线压力变化情况，最好选择球阀前管线压力相近时进行开阀充压试验。尤其是出站放空系统的判断，应考虑到分输压力的前后变化。

四、阀门内漏的处理

（一）球阀内漏的处理

球阀内漏可采取对阀门注清洗液、加注润滑脂或者密封脂的方法进行初步处理，若内漏较严重，应更换阀座密封或者阀门。

（二）旋塞阀内漏的处理

旋塞阀内漏一般采用加注专用的润滑密封脂或者采用调整阀芯方式解决。

（三）节流截止放空阀内漏的处理

节流截止放空阀内漏一般有两种简单的处理方式：一种是采用球阀与其之间的管存气再吹扫的方法吹扫出脏污物；另一种是采用离线更换阀座密封进行处理。

五、阀门内漏判断方法的应用

目测观察法和接触观察法在分输站放空系统阀门内漏判断实际应用广泛，曾准确判断出常州站3107#、南京站1206#等放空阀内漏故障。对于当全站放空系统出现内漏，内漏量小且无法通过目测和接触观察法判断故障阀门时，气流声音判断法极其有效，成功判断出南京站6205#（DN100）阀门内漏故障。这些放空系统阀门内漏判断方法简单，可操作性强，已在西气东输苏浙沪管理处各场站推广应用，得到了一致好评。

（作者：西气东输管道公司苏浙沪管理处，技术员）

技术点评：本文提出的判断阀门内漏的方法，是生产运行经验的一般性总结。

（审稿人：吴忠良）

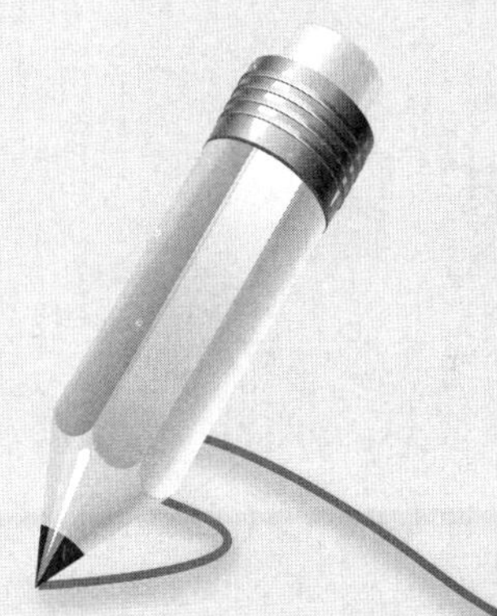

闸板防喷器及控制台常见故障判断与修理

◆ 朱芦平

无论是溢流、井涌甚至是井喷，只有在保证关井的前提下，才能实施循环钻井液、压井等措施来控制井底压力，防止发生井喷失控。为此，现场作业人员必须保证防喷器及控制台的灵活可靠，确保在发生险情时能够从容应对。

一、闸板防喷器常见故障分析与排除

闸板防喷器密封件失效是井队经常遇见的问题。通过井控培训，大家都知道闸板防喷器的四处密封原理，通过表1能够更加直观全面地对闸板防喷器常见密封失效造成的故障进行判断与排除。

表1 闸板防喷器密封失效常见故障及排除方法

序号	故障现象	产生原因	排除方法
1	侧门有井内介质渗出	防喷器侧门密封圈失效	更换侧门密封圈
2	闸板关闭到位后封不住压力	闸板胶芯损坏、闸板腔上部凸台密封面失效	更换闸板胶芯、修复凸台密封面
3	锁紧轴露出部位沿缸盖渗油	锁紧轴密封机构失效	更换锁紧轴密封圈
4	观察孔内有井内介质（或液压油）渗出	闸板轴密封机构失效	更换闸板轴密封圈
5	铰链座、油缸外壳、油管座等其他部位渗油	相应的密封圈失效	更换相应密封圈
6	控制系统正常，闸板无法开关或开关超过规定时间	活塞密封圈失效	更换活塞密封圈
7	闸板开关时，活塞运行速度不均匀	油路有空气	反复开关闸板，排出空气
8	控制油路正常，但闸板开关不到位	闸板腔有异物，阻隔闸板运移	清洗闸板腔或增大液控压力

注：其中闸板轴密封机构失效包含了闸板轴的双向密封，一般只要观察孔出现渗漏，则更换闸板轴与侧门之间所有密封圈。

二、控制系统故障判断与排除

由于远程控制台长期处于工作状态，相关故障发生率也较高，常见的有：（1）电泵电动机无法启动；（2）电泵启动，蓄能器压力表不升压；（3）控制台打压慢，如从7MPa升至21MPa超过规定时间15min；（4）蓄能器达到额定压力21MPa后，稳不住压，压降过快。表2至表5分别为相应故障原因及处理方法。

表2 控制台电泵电动机无法启动原因及处理方法

故障原因	处理方法	故障原因	处理方法
柱塞密封圈压得过紧	放松压紧螺帽	热继电器脱扣	电路排查，确保电路没有问题之后，进行复位
现场电压低	调整现场电压（高于380V）、加粗供电电缆	电器元件烧坏	更换电器元件

表3 电泵启动，蓄能器不升压原因及处理方法

故障原因	处理方法	故障原因	处理方法
进油阀关闭	全开进油阀	泄压阀全开	关闭泄压阀
吸入滤清器堵死	更换或清洗滤清器	油量少	加油

表4 控制台打压慢，超过规定时间原因及处理方法

故障原因	处理方法	故障原因	处理方法
电泵密封填料过松或磨损	上紧压紧螺帽或更换密封圈	泵头阀体没有复位	重新复位阀体
吸油滤清器堵塞	清洗或更换滤清器	管路刺漏	检修
单流阀密封失效	维修或更换单流阀		

表5 蓄能器达到额定压力后压降过快原因及处理方法

故障原因	处理方法	故障原因	处理方法
控制台内管路活接头、弯头泄漏	检修	外部连接液压管线漏油	检修或更换管线接头
泄压阀、减压阀、溢流阀等内部阀件漏油	换修阀件（从油箱侧面的观察孔观察漏油）	防喷器油缸蹿油	检修防喷器

控制台常出现压力低于18.5MPa不自启，达到21MPa不自停的故障。此时可先调节压力控制器；若调节无效，则应检修电路，并检查油路，电路、油路没有问题，则换修压力控制器。

三、其他常见故障

（一）防喷器无法打开或关闭

发生这种情况，可先检查远程控制台是否正常，各压力表参数是否正常。控制台处于正常工况

水平井筛管段固井质量评价现场疑难分析

◆ 安素玲

水平井固井质量检测的目的是检查套管段（非目的层段）能否有效地封堵非目的层，阻止非目的层对目的层的干扰；检查筛管段（目的层段）是否在套管段固井时漏进了水泥浆而堵塞了油气通道。但是，在最初的资料分析处理时，由于缺乏经验以及对筛管固井质量的响应特征认知的不足，很难对资料作出准确的评价。本文一方面通过搜集相关的资料以及对几口井进行分析对比，另一方面在声波变密度测井反映套管段固井质量不好或反映筛管段漏入水泥浆时，加测水泥密度测井曲线，对套管段的固井质量和筛管段有无水泥进行综合评价。

一、问题分析

常用的筛管有孔眼和割缝两种，不同的筛管测井资料响应特征有所不同。孔眼筛管声波变密度测井资料特征及评价方法与常规套管基本相同，这是由孔眼成排规律排列和声波沿最短距离传播所决定的。

A井是一口水平分支井，在2457m以下，声幅和声波变密度特征与分级接箍和盲板之间的光管特征基本相同，声幅值在450mV左右，声波变密度呈明显的套管波特征，接箍处有清晰的人字纹，首波到时没有延迟，偶见地层波显示（孔眼处声波沿地层传播，与后续套管波的叠加效

后，可判断防喷器油缸是否出现蹿油，应打开控制台油箱观察孔，观察对应防喷器的换向阀，处于相应开位或关位时，若出现持续回油的现象，则可判断油缸蹿油；没有回油，则逐一排查各液压管线及接头，判断是否出现接头损坏或管线堵死。各项排查检修完毕后，仍未消除故障，则应打开防喷器侧门，查看闸板室是否被泥沙卡死。

（二）遥控装置的检修

遥控装置包括司钻控制台及辅助控制台，常见的遥控方式为气控。现场常出现遥控装置二次压力显示与控制台压力表相差过大，超过规定值。此时应采取从两头至中间的排查检修方法，先检查司钻台的压力表是否损坏、压力表进气管线是否通畅，再检查压力变送器及气路是否通畅，最后检查气管束有无堵漏。

综上可以看出，对于防喷器及控制台的检修，就像中医给人把脉，把电、气、油三路理顺理通，便可保证其灵活好用，确保险情发生时，快速准确进行关井作业。当然，现场作业人员也可采取一定的预防措施：（1）低温时更换防冻液压油，防止管线堵死；（2）定期检查电路，消除电路故障，对相关电器元件做防腐防潮处理；（3）严格按照中国石油井控装置检修标准，有条件的应定期进行井控装置的回厂检修。

（作者：长城钻探公司钻具公司，钻井地面装修工，技师）

果），评价为管外无水泥；2310~2440m井段，声幅值出现明显下降，声波变密度套管波变弱且不连续，地层波较为明显，Ⅰ、Ⅱ界面评价为中等偏差胶结，管外有水泥；在盲板以下至2310m井段，声幅值略有下降，声波变密度套管波较强且连续，接箍处人字纹明显，有弱的地层波显示，Ⅰ、Ⅱ界面评价为差胶结，管外有水泥（图1）。

后经证实，在分级接箍注水泥固井时，盲板处封隔不好，致使发生井内水泥泄漏。在重力作用下，水泥浆从斜井段下沉，堆积在水平段始端，从而证明了固井质量评价结果的正确性。

割缝筛管声波变密度测井资料特征与常规套管有所不同，这是由于割缝密度大且交错排列，使声波传播速度降低，声波能量衰减增大。

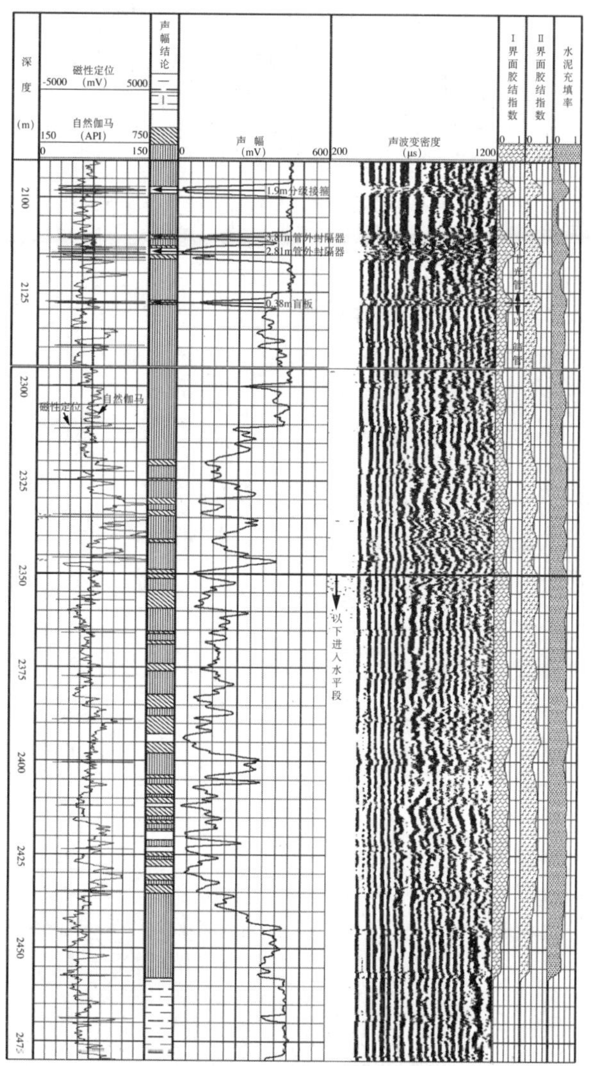

图1　A井声波变密度测井解释成果图

图2是B井声波变密度测井解释成果图。在两个管外封隔器之间为光管，套管波清晰，接箍处人字纹明显，无地层波，为典型的自由套管特征，说明第一个封隔器封隔效果好，套管段固井时未发生水泥泄漏；声幅曲线受套管偏心、仪器偏心影响，幅度下降，不反映真实情况。第二个封隔器之后为筛管，首波存在且清晰，接箍处有明显的倒人字纹显示；后续波为套管波与地层波的叠加波，为典型的无水泥特征，评价为筛管段无水泥。

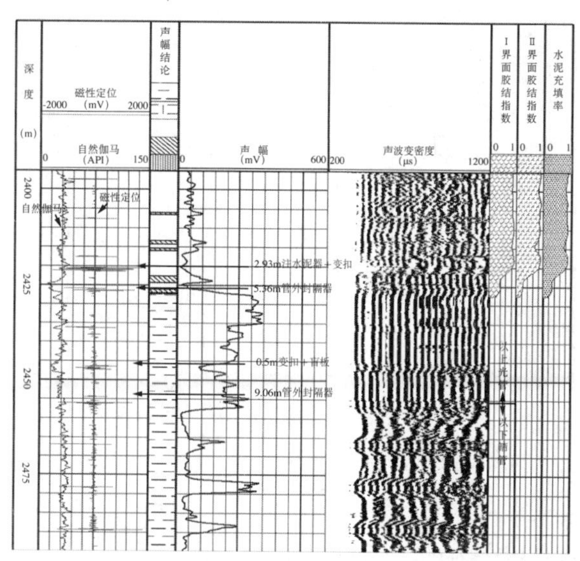

图2　B井声波变密度测井解释成果图

图3是C井声波变密度—水泥密度测井综合解释成果图。该段钻头程序为ϕ241.3mm×1750.0m，套管程序为ϕ177.8mm×1746.37m，固井水泥浆为高密度水泥，声波变密度测井仪器为ϕ43mm声波变密度仪。该井固井质量测井施工时，由于进入水平段前井眼的狗腿度大，若采用ϕ89mm声波变密度测井仪，仪器损坏和落井的风险太大，所以采用ϕ43mm小井眼变密度测井仪。小井眼测井仪在大井眼中测井，液体对声波能量的衰减较强。在管外封隔器以下，由于受井眼和仪器偏心的共同影响，套管首波完全被衰减掉，筛管后续套管波很弱，筛管接箍的倒人字纹也不够清晰，只从声波变密度的响应判断，评价为筛管外有水泥。实际

上，在这种情况下是不能判断筛管外是否有水泥存在的。而后加测水泥密度，从水泥密度计算结果分析，管外封隔器以下充填介质密度呈下降趋势；进入筛管段，充填介质密度下降到1.5g/cm³以下，比水泥浆最小密度1.84g/cm³低0.34g/cm³，评价筛管外无水泥。

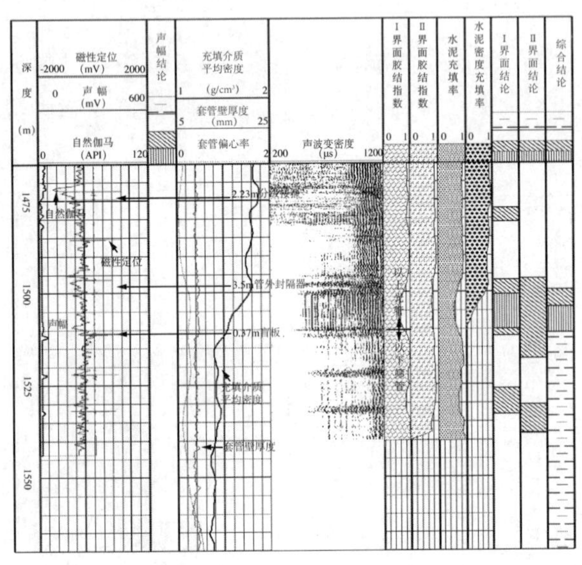

图3　C井声波变密度—水泥密度测井综合解释成果图

图4是D井声波变密度－水泥密度测井综合解释成果图。该段钻头程序为φ241.3mm×1780.0m，套管程序为φ177.8mm×1774.75m，固井水泥浆为高密度水泥，测井仪器为φ73mm声波变密度测井仪。

在管外封隔器之下光管段，套管波首波缺失或较弱，可见明显的地层波，Ⅰ、Ⅱ界面评价为中等偏好胶结，说明管外封隔效果不好，管外封隔器之下漏入了水泥；筛管段套管波明显，可见清晰的倒人字纹特征，看似筛管外无水泥。后加测水泥密度，从水泥密度计算结果分析，管外封隔器之下1482~1557m井段充填介质密度几乎都在1.7g/cm³以上，比水泥浆最小密度1.82g/cm³低，1557~1586m井段充填介质密度在1.82g/cm³左右，评价为管外封隔器之下漏入水泥。1557~1586m井段，充填介质密度较高，是由于该段是水平井段的始端，漏入的水泥浆在重力作用下在该处产生堆积；声波变密度在该处套管波强，且倒人字纹清晰，不是因为管外无水泥，而是因为在该处钻水泥塞，钻具震动使水泥环与套管分离。

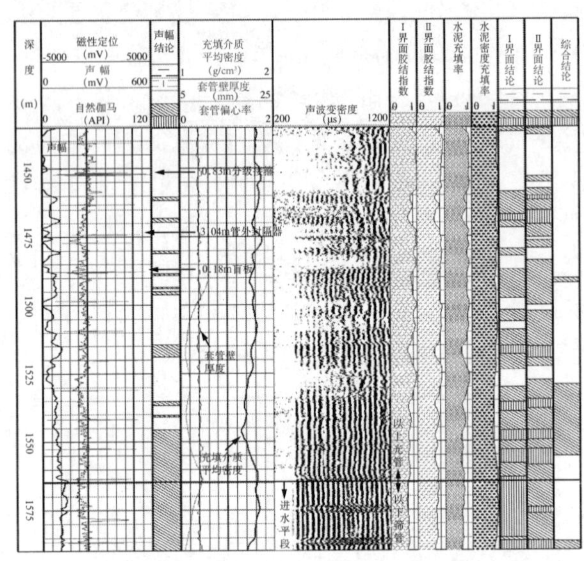

图4　D井声波变密度—水泥密度测井综合解释成果图

二、结论

（1）割缝筛管和孔眼筛管在声波变密度测井资料上有不同的响应特征，实际解释评价中必须加以区分。

（2）使用与套管尺寸相适应的声波变密度测井仪，减少环空对测量结果的影响；当声波变密度测井资料不能判断筛管外是否有水泥时，加测水泥密度测井资料进行综合评价。

（作者：长城钻探公司测井公司，测井绘解工，高级技师）

技术点评：该文是一篇关于水平井固井质量检测的经验交流文章，对现场疑难问题进行了详细的分析，给出一些很好的建议。对合理使用声波变密度测井和水泥密度测井方法评价水平井固井质量有借鉴意义，可以为同行分享经验。

（审稿人：王环）

加油站油闹行为的防范

◆ 龚辉明

在学校闹事为学闹行为，医院闹事为医闹行为，其实加油站也存在一种闹事行为——油闹行为。什么是油闹行为？我认为油闹行为就是某些人以加油站某一点为借口，为达到个人目的，不通过正常渠道投诉，私自在加油站争吵、打闹，甚至封堵加油站的行为。

一、油闹行为面面观

顾客在加油站闹事，总有某种借口，最多的是以加油站油品数量、质量为借口闹事。

我曾经遇到一个客户，开一辆丰田轿车进站，手拿100元让加油员先加50元的油，然后到车内看一下行走里程数，再要加油员加50元的油，又记下行走的里程数，两次加油显示的里程数不同，并且与别的油站的里程数略少，他就在加油站闹事，认为加油站短斤少两。油站工作人员解释也无济于事。最后买两个相同的塑料壶，不同加油站打相同数量的油，两个比对，发现我们比另外一家加油站油品数量略多才罢休。

我曾经遇到一辆摩托车进站加油，油加完了，车子怎么也打不着火，顾客当时就说加油站油有问题，横竖要求赔油赔车。后来修理师傅说火花塞烧坏，油没有问题。

还有以加错油为借口闹事的。加错油当然是员工没有规范操作，没有确认所加油品的数量和品种。出现这种情况，加油站当然要妥善处理。可是现在有这么一种倾向，如果加错油，顾客就狮子大开口，要挟加油站。

也有以服务质量为借口闹事的。只有几十秒钟的功夫就加一部摩托车，加油员就近加油也无妨。有的客户认为没有按先来后到加油而大打出手；有的客户为加油站工作人员没有及时回答他们的问题就破口大骂；有的因为没有及时开发票就恶语相向。

还有以影响居民生活环境为借口闹事的。诸如发电机噪声，或者是进站加油车刹车声影响了他们的睡眠，加油站挡住了他们的视线等借口。

二、油闹行为危害多

顾客到加油站来加油，有意见有疑问本来就是正常现象，完全可以向加油站及其上级主管部门投诉，加油站内部启动相应的顾客投诉处理程序来处理。顾客还可以向政府相关职能部门投诉，请第三方处理。如果客户不按正常程序来处理，私自到加油站闹事危害很多。

加油站属危险化学品经营场所，经营的汽油、柴油易燃易爆易挥发，顾客在加油站外面敲敲打打一般没有大的问题，而在加油站就可能引起火灾；加油站的消防器材的摆放有一定规律和科学性，不得随意挪动，顾客到加油站闹事就可能乱动消防器材，形成一个安全隐患； 一群人到加油站来打闹，打手机，吸烟，场面最容易失控；若情绪过激的人纵火，后果不堪设想；私自封堵加油站，会影响加油站的正常工作秩序，害得别人有油不能加，望油兴叹，间接影响别人的正常生活秩序。

三、怎样防止油闹行为

医院、学校、深宅大院，四方有围墙，一个小门进出，并且还有保安把守，而加油站敞开门营业，相较于医闹行为、学闹行为，油闹行为更

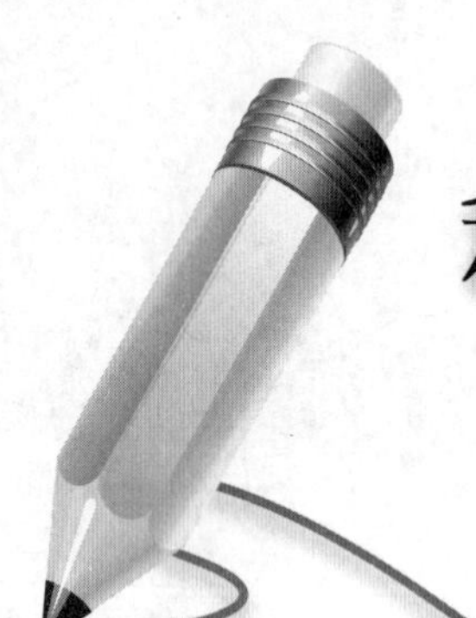

利用普通钻具钻磨水平井多级套管TAP压裂球座

◆王 江 张 武 张国元 李 龙

一、水平井压裂工具现状

目前，国内水平井压裂主要是利用油管带封隔器实现各个水平层段的分层压裂，这种技术虽然能够实现压裂，但是水平井封隔器坐封效果难以保证，压裂后由于各种原因造成地层出砂，如不及时提出，很容易造成封隔器和管柱遇卡，严重时还有可能造成油气井报废。

为了解决这个问题，有的水平井采用TAP式套管滑套完井。该工艺是目前分层压裂的新工艺，是将多个针对不同产层的阀体与套管入井，并一起被固井的完井工艺。简单说，就是在钻井完井时，将用于后期压裂的工具提前入井。TAP压裂新工艺具有施工快速高效、不受压裂层级限制、层数越多优势越明显等特点，能达到快速完井、提高气井单井产量的目的，同时可减少多层射孔费用，有效降低整井射孔费用。由于我国的油气产层具有层多而薄的特点，该技术在这方面有广阔的市场。近几年来深穿透、分层压裂技术的发展，几层甚至十几层同时作业，极大地提高了低渗层的可采储量和产量，有力地提高了低渗产层的开发效益。

但是由此又带来一个新的问题。由于套管球座较多，若地层出砂及地层压力的作用造成下部球座压裂球上返堵塞上一级球座，则会造成井筒

加防不胜防。油闹行为难防难控，但如果措施得当，也能大事化小，小事化了。

防止油闹行为，要对症下药。打铁还需自身硬，首先加油站要履行服务承诺，做到质量达标。加油站要做好油品的接卸工作，不合格的油品不得入库、入罐。做好油品的保管工作，不能让杂质混入油罐，使库存油品变质。总之不得有半点劣质成品油流入市场，坑害顾客，简言之就是要油好。

要履行服务承诺，还要做到计量准确。为此加油站要诚信经营，自觉接受政府职能部门对加油机的强检，保证加油机付油误差在国家法定范围之内，不短斤少两，简言之就是要量足。

当然加油站还要履行环境整洁、健康安全、方便快捷的承诺。站在消费者的立场，想顾客之所想，急顾客之所急，为顾客搞好服务。

加油站还需完善顾客的投诉渠道，即应有加油站系统内的投诉渠道和政府职能部门的投诉渠道，使顾客有苦能够诉。

还有一点也很重要，油闹行为危害多，加油站是闹不得的地方，全社会要对油闹行为给予谴责，政府要对油闹行为给予必要的打击。如此通过全民的共同努力，方能遏制油闹行为的发生。

（作者：湖南销售公司岳阳分公司，加油站操作工，中级）

堵塞，影响油气产量。如何顺利地疏通通道，恢复油气井产量，是亟待解决的问题。本文结合岐61-6H井研究多级套管压裂球座的处理技术。

二、研究意义

对于水平井多级TAP球座的处理，以前也应用过连续油管带螺杆钻钻磨铣，并收到良好的效果。然而连续油管作业有先天不足：一是作业成本高；二是由于水平井钻磨铣卡钻风险非常大，连续油管若遇见卡钻，难以处理，造成不必要的损失。如何应用常规方法钻磨水平井多级套管球座是一个新课题。岐61-6H井是大港油田在应用常规磨铣技术钻磨水平井多级套管球座的第一次尝试，能否成功，对以后类似井作业以及水平井套管完井方式具有重要指导意义。

三、试验井的基本情况及修井目的

（一）基本数据

岐61-6H井是大港油田采油五厂2011年在天津大港周青庄实施的一口水平井，完钻井深3480m，人工井底3450m，造斜点2220m，从3070m进入水平井段，水平井段长410m，最大狗腿度10.66°，深度3072m，油套直接连接套管压裂球座完井，具体套管完井数据见表1。

表1　岐61-6H井套管完井数据

名称	套管型号，mm	钢级	壁厚mm	扣型	内径mm	深度，m	水泥返深，m
表层套管	339.70	J55	9.65	短圆	320.40	254.78	0
技术套管	244.50	J55	8.94	长圆	235.56	1897.52	935
油层套管	139.70	P110	9.17	长圆	121.36	3471.71	2035

（二）生产情况及修井目的

该井于2011年7月17日至7月28日压裂,压裂后关井压力扩散1.5h,套管压力28～25MPa,分别用2mm、3mm、5mm油嘴放喷至27日，套压25～26MPa,累计出油448.76m^3,出液637.1m^3。该井于2011年10月2日欠载停产后，小修换小泵（70m^3/h降至30m^3/h电泵），生产2d液面测不到，不能正常生产，关井。关井18d后于11月2日开井，正常生产18d后出现过载停机关井，连续监测静液面，一直测不到。分析原因，可能是下部球座上返或是地层出砂堵塞水平井段，造成产量下降。为重新疏通通道及方便以后修井作业，决定磨铣掉3164.452～3380.546m井段的三个TAP Lite球座。

四、难点及风险分析

（一）钻具组合选择

水平井的套磨铣作业，由于存在造斜井段及井眼狗腿度大，使井口扭矩无法有效传递到水平井段，施工中钻具摩阻较大，存在蹩钻问题，增加钻磨铣的施工风险。为解决扭矩传递问题，可以采用螺杆钻接磨鞋实现磨铣。但是对于单纯的螺杆钻磨铣，其他钻具长期处于静止状态，磨铣屑返出沉积在钻具周围，易造成卡钻。

考虑到由于水平井段磨鞋一直贴近套管底部，磨铣过程中会造成偏磨，损坏套管，按常理下入减阻扶正器能够有效解决这个问题，但是下入扶正器又带来两个问题：一是扶正器本身直径较大，环空体积小，磨铣过程中碎屑堆积在环空，极易造成卡钻；二是由于是带扶正器进行的磨铣，形成的是非自然通道，造成以后作业中也必须使用同样规格的扶正器才能进行正常作业，增加卡钻风险，给以后作业带来不便。

综合考虑，初步拟定采用ϕ73mm、18°坡正扣钻杆+ϕ95mm螺杆钻+ϕ114mm三翼磨鞋的钻具组合，实行复合钻磨铣。

（二）地层砂及磨铣屑上返

由于该井较深，且水平段较长，自然状态下井下砂子及其他固体颗粒容易很快沉积在水平井段套管底部，给作业带来困难的同时，也造成底部流动阻力增加。钻磨铣作业时，压井液自然往水平井段套管上部流动阻力小的部位流动，造成需要及时清理的部位得不到有效清理。为了增加压井液的携砂能力，必须提高修井液的黏度和磨铣时的排量。但是黏度过高又会增加流动阻力，造成泵压升高，泵压高又容易压漏地层，造成地层污染。综合考虑，采用密度1.02g/cm^3、黏度49s、添加瓜尔胶的压井液。

（三）卡钻

该井主要有以下几方面的原因可能造成卡钻：

（1）地层出砂沉积卡钻。

（2）地层漏失造成上返速度较小，堆积卡钻。

（3）TAP球座处理不彻底，存在毛刺，或磨铣过程中鹭钻鹭掉的大块铁片上返不及时、不能返出造成卡钻。

（4）大直径工具在狗腿度大的地方卡钻，或下井工具没有做倒角处理直接下入水平井段造成挂卡。

五、施工过程简介

该井于2012年1月12日搬迁安装。

（1）压井。1月17日至19日清水反循环压井三次，泵压：8～16MPa，排量：400L/min，累计漏失清水63m^3。

（2）起原井管柱。20日起出原井电泵管柱（排量30m^3／h）。

（3）冲砂。20日，下ϕ73mm正扣钻杆底带ϕ73mm斜口笔尖×0.93m，探得砂面深度：3163.07m，无砂。

（4）通井。28日，下ϕ73mm正扣钻杆，底带ϕ116mm通井规×1.28m；通至3164m，清水正循环洗井，泵压4MPa，排量500L/min，洗井深度3164m，漏失清水2m^3，起出通井规完好。

（5）螺杆钻钻球座。2月3日，下ϕ73mm正扣钻杆，底带ϕ95mm螺杆钻+ϕ114mm三翼磨鞋，探得鱼顶深度：3163.07m，修井液正循环洗井试螺杆钻，泵压2～13MPa，排量600L/min。后正循环磨铣2.5h，泵压2～13MPa，排量600L/min，钻压5～50kN，无进尺，起出ϕ114mm三翼磨鞋，磨鞋边缘有轻微磨铣痕迹，中间无痕迹。

（6）探球座：为确认球座里的球是否还存在，5日下ϕ73mm正扣钻杆，底带ϕ60.3mm油管1根×9.36m（油管底部为笔尖结构），下放至3163.07m遇阻，加压20kN通过，继续下放至3171.27m（全方入），起出笔尖完好。

（7）钻磨第四级球座。7日，下ϕ73mm正扣钻杆，底带ϕ114mm磨鞋×0.23m，8日钻压5～10kN，转盘转速35r/min，泵压6～8MPa，排量550L/min，井段3163.07～3163.22m，至3163.22m钻穿，继续下放管柱至3168m，无遇阻，在3162.07～3164.22m多次划眼，直至上提下放无阻挂显示；修井液正循环洗井2h，泵压4MPa，排量600L/min，洗井深度3163.07m；起ϕ114mm磨鞋，起至3163.22m遇卡，超原负荷100kN，起出磨鞋，边缘有轻微磨铣痕迹，中间无痕迹。

（8）冲砂。9日，下ϕ73mm正扣钻杆，底带ϕ73mm收口笔尖，硬探砂面深度3208m，无砂。正洗井3h，笔尖起至3093m遇卡，最大负荷380kN（超原负荷60kN）无效，继续下钻至3208m，反洗井3h，修井液反循环冲砂，泵压15MPa，排量600L/min，冲砂至深度3208.4m；修井液反循环洗井3h，泵压13MPa，排量600L/min，洗井深度3208m，冲洗彻底，洗出压裂砂0.2m^3，起出笔尖，笔尖有砂子冲蚀过的痕迹。

（9）通井。12日，下ϕ73mm正扣钻杆，底带ϕ112mm×1.2m通井规，下至井段3001～3096m有遇阻显示，加压20～50kN通过，起出ϕ112mm通井规，通井规变形（最大直径115mm，最小直径103mm）。

（10）磨铣第三级球座。14日，继续下ϕ73mm正扣钻杆，底带ϕ114mm×0.32m平底磨鞋，至井深3163.07m遇阻（第四级TAP Lite

深度）；接方钻杆，修井液正循环洗井，泵压8MPa，排量600L/min，洗井深度3160m；继续修井液正循环磨铣，钻压5～10kN，转速35r/min，泵压8MPa，排量600L/min，井段3163.07～3163.17m，至3163.17m钻具放空，洗井一周；继续下φ73mm正扣钻杆4根，接方钻杆至井深3208.4m；修井液正循环磨铣第三级TAP Lite球座，钻压5～10kN，转速35r/min，泵压8MPa，排量600L/min，井段3208.4～3208.8m，至3208.8m钻具放空，在井段3207.4～3209.8m反复划眼多次，直至上提下放无挂阻显示，继续下放至3113.8m（接钻杆1根）无遇阻；修井液反循环洗井，泵压12MPa，排量600L/min，洗井深度3208.8m；起钻至3163m遇卡，下钻反洗后，正常起出φ114mm磨鞋。

（11）冲砂。16日，下底带φ73mm收口笔尖至井深3265.35m遇阻，加压40kN未过；修井液正循环冲砂，泵压8MPa，排量600L/min，井段3265.35～3278m，冲砂过程再无遇阻，返出压裂砂$0.2m^3$；倒管线，修井液反循环洗井，泵压12MPa，排量600L/min，洗井深度3278m，漏失修井液$10m^3$。

（12）通井。19日，下φ112mm橄榄形通井规×1.28m，通井过程无遇阻，起出通井规（通井规完好）。

（13）磨铣第二级球座。20日，下φ114mm×0.32m磨鞋（第二次使用）+φ73mm正扣钻杆，1h修井液正循环磨铣，泵压8MPa，排量600L/min，钻压10～20kN，转速35r/min，井段3278m～3278.1m，钻穿，继续下放至3283.1m，无遇阻，划眼8次后无显示；起钻至3108m遇卡，下放钻杆2根后再上提至3108m，无显示，正常起出磨鞋，磨鞋无太大变化。

（14）冲砂。24日，φ73mm收口笔尖冲砂，修井液正循环冲砂，泵压8MPa，排量600L/min，井段3298.35～3306.13m、3320.4～3327.51m、3365.41～3379.15m、3383.2～3406.37m，各处均为砂桥，不加压即通过，继续下钻3450m至人工井底；修井液反循环洗井4h，泵压8MPa，排量600L/min，深度：3450m。

（15）完井。25日至27日，下入抽油泵完井。

六、施工问题分析

本井施工初期使用螺杆钻进行磨铣，螺杆钻强度有限，加压至50kN无进尺，磨鞋几乎无磨损，原因分析：

（1）这可能是水平井的摩阻导致压力并未传递到磨鞋处。

（2）由于是第一次磨铣此类球座，其强度未知，螺杆钻到底后是否真正转动也不好判断。

（3）如果长时间无进尺，则可能损坏套管。

（4）螺杆钻洗井不方便，若钻穿，需要在一个深度洗井，且需正洗和反洗，螺杆钻便不能满足要求。

综合以上各种原因，证明螺杆钻具在本井并不适合，进一步证明采用普通钻具组合可以解决钻TAP球座磨铣问题。

下钻中途有遇阻显示，分析为下钻时，钻具因自重沿着套管内壁下部运移产生的是推进力，而压裂砂在水平段堆积造成遇阻。而上提钻具时，在狗腿附近处钻具贴紧套管内壁上部，产生了向上的抬力，水平段的砂子再平铺在套管底部，造成环空截面积减小，加大水平段管柱的摩阻，抬力加剧，卡钻将不可避免。

针对以上情况，上提管柱遇卡，最大上提活动负荷不要超过原负荷100kN，解卡不开应立即进行反洗井；首先证明通道未堵死，再进行大排量反洗井，尽可能减少井内沉砂；当出口无返砂时，活动管柱，直至解卡成功。

磨铣过程中，要试钻，检查反转是否正常，方可开始正常钻进。

施工中主要风险来自地层出砂以及磨铣产生的碎屑，主要防治措施是选择合适的高黏度压井液，及反复划眼的方式，以减小风险。

七、结论与建议

（1）优选18°坡钻杆，其他工具进行倒角处理。

（2）二级或者三级钻杆内部腐蚀严重，容易掉渣，不利于磨铣和返出，且容易堵塞水眼。此类井应使用一级钻杆。

（3）单一正冲砂的方式返砂效果极差，建议采用先正冲到底再大排量反循环洗井的方式进行冲砂，并且勤活动管柱。出口罐建立隔板有利于沉砂，保证入井液体的清洁。

（4）选择携砂性能好、黏度50s的压井液。控制泵压，在保证排量的基础上泵压越低越好。因此建议扩大磨鞋水眼直径，并采用双泵车同时工作。

（5）起下钻控制速度，特别是在水平段和过球座阶段时，下钻速度控制在每分钟10m以下，起钻速度控制在每分钟6m以下，可以有效减少卡钻现象。

（6）一旦卡钻，切不可冒险大力上提，防止卡钻恶化。应采取向下划眼的方式，反复上提下放，尝试解卡（水平段起钻时备双水泥车，一旦卡钻活动无效，立即进行大排量反洗井）。

（7）必须做到井下无落物。

（8）本井洗出大量的压裂砂，说明电泵对套管附近的砂拱破坏巨大，建议改用管式泵，保护地层砂拱，防止出砂，防止油层过早水淹，有利于长期稳产。

（作者：王江，渤海钻探公司井下技术服务公司，管理人员；张武，渤海钻探公司井下技术服务公司，技术员；张国元，渤海钻探公司井下技术服务公司，技术员；李龙，渤海钻探公司井下技术服务公司，井下作业工，高级技师）

技术点评：本文有参考价值，对同类作业有指导和借鉴意义。

（审稿人：黄生松）

浅谈时控器节能技术在数字化作业区的应用

■张 华

2010年，长庆油田第四采气厂作业一区在苏里格气田率先完成11座集气站数字化改造，集气站运行方式实现了从“有人值守”向“无人值守、人工巡站”转变。由于人工巡站的特殊性，集气站夜间照明系统的启、停不再科学合理，时常出现夜间未开灯、白天未熄灯的现象，一方面造成夜间视频监控盲区，另一方面造成了探照灯开启时间过长、能源极大浪费的现象。为了进一步完善数字化前端设施的配套建设，我们以探索集气站工业照明自动控制技术为突破口，进行深入地研究，延伸时控器在多个领域的应用，大力开发节能技术，力求达到节约能源、降低生产运行成本的目的。

一、市场调研

按照工业照明自动控制思路，进行了相关产品的市场调研。目前，较成熟的照明控制装置主要有四种：时控器、光控器、经纬器、智能多路器。通过对各种控制器性价比的综合比较，按照苏里格气田低成本开发的要求，决定选择时控器在数字化无人值守集气站应用为最佳方案（表1）。

二、时控器的工作原理

时控器即时控开关，它以单片微处理器为核心，配合电子电路等组成一个电源开关控制装置，能以天或星期循环且多时段控制用电设备的启、停。其工作原理（图1）是：市电经100kV·A稳压柜稳压后输至低压配电柜抽屉开关，由变压器隔离、降压后，再经D1～D4桥式整流、C2滤波，一方面为控制电路提供直流工作电压（时控开关开启时为12V，关闭时为15V），并使LED1发光，指示时控开关已经接入市电；另一方面再经R2限流、R3分压、VD1稳压，在C4两端形成3.6V的稳定电压，再经D5降压、R4限流，为电脑电路和液晶显示电路提供3V工作电源。内附电池E保证在停电时设定的数据不丢失和电脑计时的不间断，长期供液晶显示时钟和微电脑电路运行。电路中D5在时控开关不接入电源或停电时起隔离作用，防止内附电池经R3耗电。

当时控开关设定为“自动”状态，电脑计时到达设定的某组“开”的时间时，电脑控制输出端（XGDZ-2板排线端子⑧）输出接近3V的高电平，送往XGDZ-2板端子④，经R5驱动Q1饱和，

表1 控制器优缺点比对表

仪器名称	定义	单价，元	优点	缺点
时控器	一种根据用户设定的时间，自动打开和关闭各种用电设备的电源	25	（1）直接控制功率高达6kW；（2）不怕停电，内部自动充电；（3）可设置12路备用开关，不需要维修，且成本低廉	在冬季和夏季的时差上需要重新设定时间
光控器	当光照度达到设定程度时，通过光感作用自动接通电源或关闭电源	300	（1）工作稳定、可靠性高；（2）自带时钟备用电池，更换方便	由于灵敏度高，在雷雨天气稳定性差，产生误动作开启；维修成本较高
经纬器	根据各地经纬度的不同，自动调节开关灯的时间	240	（1）液晶显示并带有背光，方便夜间观察和操作；（2）既有手动操作又有自动开关灯功能，方便检修	安装复杂，不便于调试；成本较高
智能多路器	拥有时控器、光控器、经纬器的一切功能	320	（1）智能型数字式LED数码管显示；（2）接点晶体管输入控制	安装复杂，受安装场地的限制；投入成本高

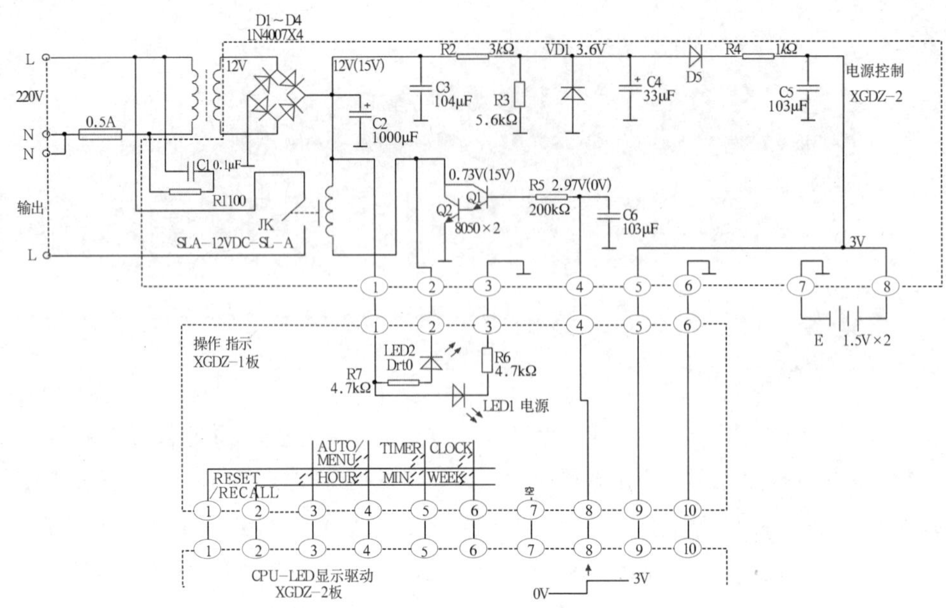

图1 时控器工作原理图

继电器线圈中流过电流，常开触点吸合，时控开关处于“开”状态。同时继电器线圈两端的压降使LED2点亮，指示目前处于工作“开”状态。

当电脑计时到达设定的某组“关”的时间时，微电脑控制输出端变为0V低电平，Q1、Q2截止，继电器释放，时控开关转为“关”状态，同时，由于Q1、Q2截止，继电器线圈两端变为等电位，LED2熄灭，指示目前时控开关处于“关”状态。当选择手动操作将时控开关设定为“开”或“关”的状态时，电脑控制输出端子分别输出高电平或低电平，控制、指示电路工作过程与设置为“自动”时相同。

三、时控器在集气站的应用现状

（一）安装成本

2010年，为了有效解决数字化采气厂无人值守模式下工业照明人工启、停所造成的延时性用电浪费，我厂率先在该领域引用了时控器控制技术，取得了显著的效果。以数字化集气站为例进行计算，安装时控器费用合计86.2元（表2），安装后每座集气站每天节约电量19.5kW·h，工业用电按0.83元/（kW·h）计算，节约电费16.185元，6天可收回成本。

表2 时控器在1座集气站投入费用明细表

材料	数量	单价，元	费用，元
时控器	3个	25	75
安装盒	1个	10	10
铜芯线（$2.5mm^2$）	0.6m	2	1.2
合计	–	–	86.2

（二）节约电量

节约电量如表3所示。

表3 时控器在1座集气站节约的电量对比表

名称	改造前	改造后	节约量
探照灯，个	14	14	–
总功率，kW	3.9	3.9	–
工作时间，h	15	10	5
耗电量，kW·h	58.5	39	19.5

注：以天为单位计算。

（三）节约费用

节约费用如表4所示。

表4 时控器在13座集气站节约费用对比表

项目	改造前	改造后	节约量	项目	改造前	改造后	节约量
耗电量 kW·h／d	760.5	507	253.5	耗电量 kW·h／a	277582.5	185055	92527.5
费用，元／d	631.215	420.81	210.405	费用，元／a	230393.475	153595.65	76797.825

注：按0.83元/（kW·h）计算。

四、拓展应用

由于该技术具有小投入大产出、操作简单、安装方便等特点，我们对目前生产办公区域的各用能单元进行深入的现状调查，发现作业区生活倒班点的办公区域及增压泵供热区，均存在着定时段用能、全天候“待机”的现象，主要表现在：（1）办公区域26台计算机和5台打印机在23:40至7:30为人员离岗休息时段，各办公用能设备始终处于待机耗能状态，极大浪费了电能；（2）生活倒班点热水增压泵的最佳工作时间比是1:3（平均8h/d），改造前每天的工作时间在18h，耗电量不可小视，同时设备的机械损坏率很高，热水的损耗也很大。

为了解决这两个区域用能的无用功损耗，我们在办公计算机电源的上游和热水增压泵控制电源上各安装了一款时控器。办公计算机时控器的时间设置根据工作人员上、下班时间，在23:40关闭电源，次日7:40自动接通电源，全天节约8h耗电量，有效节约了能耗；热水增压泵的时控器按照集中供热水的方式，分别在6:30—9:30、11:30—12:30、19:30—23:30不同时段的热水用量高峰期合理设定增压泵的工作时间，全天节约10h耗电量，提高能源的有效利用率，达到了降低运营成本、节能降耗、实现经济效益良性循环的目的。

五、节能效果分析

（一）办公区域

目前办公区域有26台电脑和5台打印机，安装1个时控器后，平均每天可节约电量70.4kW·h，全年共节约电量25696kW·h，节约电费21327.68元，如表5所示。

表5 时控器使用前、后用电量及费用对比表（办公区域）

名称	改造前	改造后	节约量
计算机，台	26	26	—
打印机，台	5	5	—
总功率，kW	8.8	8.8	—
工作时间，h/d	24	16	8
耗电量，kW·h/a	77088	51392	25696
费用，元／a	63983.04	42655.36	21327.68

注：以0.83元/（kW·h）计算。

（二）生活区域

生活区域现有热水增压泵1台，采用1个时控器控制后，平均每天可节约电量11 kW·h，全年共节约电量4015 kW·h，节约电费3332.45元（表6）。平均每天可节约热水4m^3，全年共节约热水1460m^3。

表6 时控器使用前、后用电量及费用对比表（生活区域）

名称	改造前	改造后	节约量
增压泵，台	1	1	—
总功率，kW	1.1	1.1	—
工作时间，h/d	18	8	10
耗电量，kW·h/a	7227	3212	4015
费用，元/a	5998.41	2665.96	3332.45

注：以0.83元/（kW·h）计算。

六、下一步打算

（1）在其余三个作业区全面推广时控器节能技术。

（2）按照标准作业程序要求，我们对时控器操作制定了相应的岗位标准作业程序操作卡，并将该项装置作为今后数字化集气站初设的标准配置，提交公司设计研究院审核。

（3）按照数字化应用趋势，对时控器进行自动操控功能的深度开发，实现时控器在天气变化下的自动控制，进一步发挥时控器的自动化应用水平。

参考文献

[1] 刘冬梅．PLC在随动控制系统中的应用．电工技术，2007（9）：42-44．

[2] 李翰荪．电路分析基础．4版．北京：高等教育出版社，2006．

[3] 史仪凯．电工电子应用技术．北京：科学出版社，2005．

[4] 陈国联．电子技术．西安：西安交通大学出版社，2002．

[5] 王佩珠．电路与模拟电子技术．南京：南京大学出版社，1999．

[6] 虞鹤松．可编程序控制器原理与应用．南京：东南大学出版社，1995．

（作者：长庆油田公司第四采气厂，采油工，高级技师）

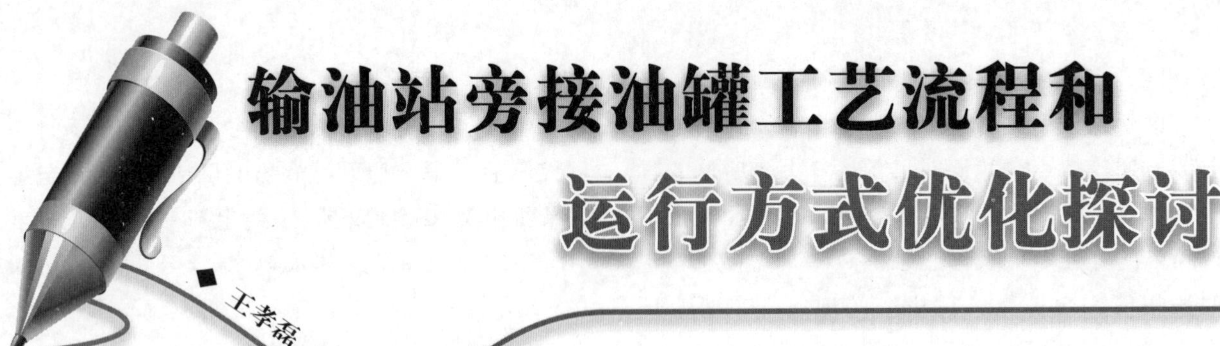

输油站旁接油罐工艺流程和运行方式优化探讨

王孝磊

一、实施背景

曙光输油站为盘锦线首站，接收曙采、欢采、坨子里输油站来油，外输盘锦线，其中曙采、欢采来油为高黏油，收、发油量经常调整，导致油品物性变化较大，来油量大小、外输量大小等因素都会影响输油平稳，特别是冬季抽罐内冷油补外输量时，存在升温难、干线压力高等现象，导致设备、管道参数波动大。以往为保证冬季生产，开启站内51$^{\#}$阀门（外输油部分进罐）进行暖罐，但存在阀门开大影响外输、阀门关小罐温上升慢的矛盾。

原油黏度随温度降低而升高，黏度增加，泵扬程、流量都减小，输出功率增大，泵效降低，输油成本大大提高；原油黏度增加，也将导致泵需要的汽蚀余量增加，泵易抽空且泵入口到叶轮处的流动损失增大，对于泵体损耗较大。原油温度变化导致干线压力波动较大，对盘锦线输油管道有较大冲击，特别是个别地段管材存在质量缺陷、焊接存在砂眼及腐蚀等问题时，易造成管道破损漏油，同时管道所受应力大小变化频繁，对安全平稳输油带来重大隐患。

坨子里稀油量也影响整条盘锦线平稳输油。坨子里来油一部分掺外输保证生产，一部分返曙一联保曙采产量，但在高罐位运行时，很难既保证坨子里来油充足还接收曙采、欢采来油，如果导致曙采、欢采关闭井口，对油田就是重大生产事故。

二、实施内容

（一）改造热油循环流程

冬季外输量大于来油量时，需抽罐内冷油补外输量。针对冬季生产升温难、干线压力高、管道运行风险大等现象，2010年冬将罐区60$^{\#}$、67$^{\#}$、12$^{\#}$、13$^{\#}$管线联通，实现外输原油站内二次加热。首先启用1$^{\#}$换热器，通过热油循环泵将罐内原油进1$^{\#}$换热器进行一次加热，一次加热的原油出换热器到罐区，但不进罐，而是通过67$^{\#}$联通阀和12$^{\#}$联通阀与各家来油混合后进2$^{\#}$、3$^{\#}$、4$^{\#}$换热器进行二次加热，既保证外输温度，又满足换热器负荷，减少蒸汽浪费。通过摸索发现，外输量为480m^3/h，室外气温为−20℃，罐内冷油100m^3/h，外输温度能在短时间内从65℃提高至71℃，泵机组单耗由1.22kW·h/m^{3}降到1.06kW·h/m^3，干线压力从2.6MPa降到1.8MPa。

（二）优化站内管网

在不改变站内流程的基础上，利用现有站内管线实现坨子里稀油单独进6$^{\#}$罐，将这部分稀油储备。通过摸索发现，日常坨子里稀油量为160m^3/h，扣除返曙一联80m^3/h，外输量在480 m^3/h时掺稀油60m^3/h左右，可保证外输压力在正常范围。通过站内流程调整，将20m^3/h稀油掺进6$^{\#}$罐。这样可以满足以下生产调整：配合公司管道内检测项目顺利实施，在通球过程中欢曙、坨曙停止来油，及通球后欢曙、坨曙来油（全为欢采高黏油）过程中，启运6$^{\#}$稀油罐（与其他运行罐分开运行）、热油循环泵、1$^{\#}$换热器，将稀油升温提压后掺入外输，保证管线平稳输油。

鉴于坨子里稀油对整条盘锦线的重要性，一旦坨曙线出现问题停输，启运6$^{\#}$稀油罐，正常输量下至少可以维持盘锦线7d平稳输油。

如果曙光—凌海段管线出现问题停输维修，特别是在冬季，停输时间稍有延长，启输时管线存在非常大的安全风险，这时可以单独启运6#稀油罐外输，缓解干线压力。在应急和生产调整方面，为输油站及整条盘锦线带来很大的调整空间。

（三）加强站间联系，合理分配资源

针对输油站高罐位运行风险大、隐患多的工况，将已停用的排量$180m^3/h$、扬程80m的离心泵（原为返输泵）替换排量$50m^3/h$、扬程250m的齿轮泵作为热油循环泵。

曙光站高罐位运行时，为避免采油厂关井停产，欢采油直接输往坨子里油中，启6#稀油罐和热油循环泵，利用现有站内设备和管线实现一部分稀油掺外输、一部分返曙一联。

三、技术创新点

从油品物性、设备损耗、安全输油、输油成本等方面综合考虑，在现有站内流程基础上做最小的调整、最少的投资，充分利用现有站内管网结构，将公司西部管网作为整体分析，充分利用各输油站储油能力和资源设备优势，加强各输油站间联系与协调，达到输油效益最大化。

四、应用推广情况及经济效益

（一）安全平稳输油

该调整提高了泵入口原油温度，降低了泵必需汽蚀余量，降低泵体损耗；解决了外输升温难、干线压力高等现象；减小因外输温度变化产生的输油管道应力集中，降低了管线压力变化产生的对输油管道的冲击，将漏油的可能降到最低，大大削减了管道输油风险。

（二）提升生产调整空间

曙光站内管网优化调整解决了管道内检测项目实施过程中盘锦线和采油厂的多个问题，在此过程中启运6#稀油罐、热油循环泵、1#换热器将稀油提温降压后掺外输，保证管线平稳输油。

曙光站高罐位运行时，欢采油直接输往坨子里，启动6#稀油罐和热油循环泵，利用现有站内管线，一部分稀油掺外输，一部分返曙一联，既保证安全平稳输油又避免采油厂关井停产，同时在不影响盘锦线正输系统情况下完成返输坨子里流程。

如果坨曙线出现问题停输，启运6#稀油罐掺外输，在正常输量下至少可以维持盘锦线7d平稳输油。

同时解决了曙光—凌海段管线停输维修可能产生风险的问题。

（三）降低输油成本

我站每年冬季热油循环约5个月，如图1所示，比较一下优化后的热油循环与51#阀门带热油循环的耗电。

外输带热油循环：

$$50\times24\times30\times5\times1.22=21.96\times10^4\ (\mathrm{kW\cdot h})$$

稠油泵带热油循环：

$$75\times24\times30\times5=27\times10^4\ (\mathrm{kW\cdot h})$$

优化后比优化前的热油循环流程多耗能$5.04\times10^4\mathrm{kW\cdot h}$。

泵效降低后节电计算：

$$460\times24\times30\times5\times(1.22-1.06)=26.50\times10^4\ (\mathrm{kW\cdot h})$$

改造后比改造前节电：

$$(26.5-5.04)\times10^4=21.46\times10^4\ (\mathrm{kW\cdot h})$$

每度电价格为0.6758元，节约金额为：

$$21.46\times10^4\times0.6758=14.5\ (万元)$$

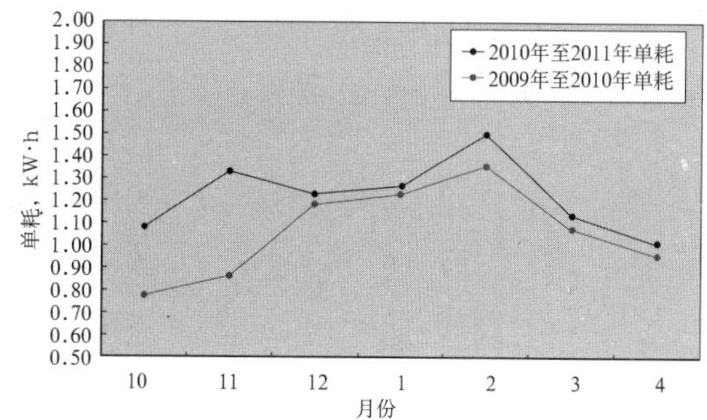

图1 曙光站流程改造前、后单耗对比图

（作者：辽河油田公司油气集输公司，助理工程师）

技术点评：本文重点介绍了曙光输油站通过站内旁接油罐工艺流程改造和优化生产运行方式，每年冬季可节省运行费用14.5万元的生产经验，同时实现了灵活调度。

（审稿人：白晓东）

联合站注水泵常见故障原因分析及处理

◆李　杰

我所在的北十三联合站现有注水泵7台，2台运行，5台备用。从泵的整体运行情况来看，使用前景并不乐观：一是油田注水井的吸水压力较高，泵压达 16.6MPa（正常生产值是15.5 MPa），泵的运行始终处于高负荷状态；二是回注污水时，水质较差，腐蚀性强，水温高，容易造成阀体、阀片、泵头、密封总成等易损件的损坏，使泵处于高机会损伤状态；三是检修人员经常性维修、更换部件，使泵处于不连续工作状态。本文针对以上情况，对泵的一些常见故障发生的原因进行分析。

一、注水泵工况分析

（一）注水泵结构及工作原理

北十三联合站选用的是D400型多级高压离心式注水泵。注水泵基本参数：型号D400-150×11，实际泵压为16.5MPa，管压16.0MPa，额定排量400m^3/h，扬程1650m，泵效率80%。

工作原理：当泵内灌满液体后，叶轮在原动机的带动下高速旋转，叶片之间的液体被迫做离心运动，以很高的速度和压力从叶轮进口向出口甩去，汇集在泵体内，成为具有一定压力和速度的液体，从泵的排出口排出。同时，由于叶轮内液体被甩出去，在叶轮中心部位的吸入口形成负压，因而水池或大罐内的液体在液面和大气压的作用下，沿进口管路及泵的吸入室流入叶轮。叶轮在旋转过程中，一面不断地吸入液体，一面不断地给吸入液体以一定的能量（包括动能和压能）后排出泵体。

（二）注水泵工作现状

注水泵投入运行以来，随着运转时间的延长，各个部件相继出现老化，原始的工作条件也发生了很大变化。

首先，由于油田开发需要注水强度的不断提高，泵压也不断上升，部分注水泵运行压力已达到16.6MPa，已超过注水泵额定压力（15.5MPa）。这些超压运行的注水泵容易发生设备安全事故。

其次，注水泵运动部件可能发生疲劳损伤，五副曲轴连杆瓦及曲轴承受着周期性重负荷作用，随着运转时数的增加，易出现连杆瓦瓦面掉块、曲轴轴颈磨损等现象。

再次，注水泵各运动副间隙增大，由于长时间的运转，十字头和十字头铜套、连杆大头瓦和小头瓦会加剧磨损，间隙增大导致泵振动加剧，泵运行噪声也明显增大，机油温度升高，曲轴箱润滑油温度基本在50℃左右。

二、污水水质对注水泵的影响

（一）污水的危害

在油田生产中，为了节约用水并减少污染，往往将从原油脱水过程中分离出的污水经油水分离、脱氧和脱菌等处理后回注油层。虽然经过一定的处理，但所注入水源仍是含油（聚合物）污水，一般偏碱性，硬度较低，含铁少，矿化度高，水质达标率较低；而且由于污水的反复利用，其悬浮物、人工添加剂等含量也会比较高，普遍会造成泵腐蚀、结垢和堵塞等问题，其中腐蚀危害最大。

再结合油田特殊的地理环境（盐碱、沼泽地区）、油藏特征（低孔低渗凝析油藏）和产出液特性（高矿化度），油田的各种金属管线及设备的腐蚀较为严重，特别是联合站含油污水处理系统的腐蚀更为突出，有的管线设备投产两个月就出现腐蚀穿孔，严重影响了正常生产。

（二）污水对注水泵零部件的腐蚀

用注水泵输送污水时，污水中的矿物质及添加剂往往会在密封装置上析出，降低了密封效果，其固体颗粒也会使密封装置过度磨损，使注水泵的泄漏概率增加，寿命缩短，所以污水水质是柱塞泵密封失效的主要原因。污水不仅对泵本身，还会对其他注水设施造成腐蚀，比如使管线出现穿孔现象。

污水腐蚀原因大致归结为以下几个方面：

（1）在高矿化度的水中，溶解氧起着阴极去极化作用，激化污水对钢铁的腐蚀。（2）污水中含有大量的硫酸盐还原菌（SRB）和硫化氢，其对钢铁的局部腐蚀产生较大的影响。（3）当悬浮物和油污含量较大时，它们互相黏结在一起，吸附沉积在管线系统内壁，造成更有利于硫酸盐还原菌生长繁殖的条件。同时污垢会增大对杀菌剂的吸附，使杀菌效果变差，助长细菌的腐蚀。钢铁表面污垢沉积处，电位较低，成为阳极，没有污垢处为阴极，形成垢下腐蚀。

现场经常采用红外温度探测仪对泵液力端缸体温度进行检测，回注污水的泵容易出现温度过高状况，因为污水本身温度过高，发热量大，如果散热不良易造成密封填料和柱塞间的异常磨损，不但增加密封填料更换频率，同时也会导致油田注水压力出现逐渐升高现象，导致注水能耗增加。

三、注水泵常见故障及处理方法

（一）轴瓦温度升高的原因及处理方法

注水机组轴瓦温度过高（超过60℃）时，易引起轴瓦内润滑油润滑效果下降，严重时烧瓦，造成故障停机。

如果由于稀油站油箱缺油，润滑油泵供液不足，导致注水机组轴瓦温度过高，应及时补充润滑油。

如果由于润滑油不清洁，含有杂质或进水，导致注水机组轴瓦温度过高，应及时采用滤油机过滤润滑油或更新部分润滑油。

如果由于冷却水温度过高，导致注水机组轴瓦温度过高，应及时更换冷却水，并提高冷却水塔利用率。

如果因为轴瓦内有杂质、带油环卡死、轴瓦间隙过小等原因导致注水机组轴瓦温度过高，应立即汇报有关领导，由泵修队专业人员消除隐患、恢复生产。

（二）密封填料泄漏的原因及处理方法

注水泵的密封多采用软质的石棉类密封填料。这类材料一方面容易损坏，需要不断更换填料；另一方面由于处在高压介质输送状态下，压力的异常也会导致填料的受力不均匀，造成介质的喷漏现象。此外，密封盒压盖由于运行时间过长也会出现过松现象，造成密封泄漏。

处理方法：更换密封填料时反复调整，最后定型；为防止受力不均，要求压紧压好，并用扭力扳手测量；日常维护时需要适时调节压盖松紧。

（三）泵体及管线振动的原因分析

从现场注水泵的运行来看，整个泵体的振动情况比较严重，用手触摸管线更能强烈感受到振动，泵体上安装的温度计等仪表也处于不稳定状态，埋泵管线的水泥地面也出现裂痕并多次加固过，现场的高强度噪声也与振动超限有很大关系。

经过调查分析，大致原因总结如下：

（1）地基不牢。（2）某一缸或几缸水力损失大，造成泵头受力不均。（3）曲轴轴向窜动。（4）柱塞连接卡子松动。（5）曲轴箱内部故障等。

（四）小结

泵在运转过程中，除了易损件正常磨损需要

有杆泵抽油系统常见井下故障及改进措施

■ 郝永刚

一、常见井下故障原因

（一）地层开采条件的影响

1.油井出砂严重

耿83区块为强化注水开发期，某些地层疏松，油井出砂严重，油井的含砂量是开发初期的6～8倍，有42%的井含砂量超过0.3‰，有的高达3‰，使得井下设备磨损加剧而导致故障出现。

2.高含水强腐蚀

耿83区块开发已进入高含水期，有的区块综合含水已达94%以上，井液中含有腐蚀性介质，采出液矿化度高，由于化学腐蚀和电化学腐蚀的双重作用，造成泵筒、柱塞、阀、油管及抽油杆、光杆严重腐蚀，进而造成油井故障。作业区采出井液中水的溶解氧含量达0.02～0.2mg/L，硫酸盐还原菌含量达10^2～10^4个/L，总矿化度达10000～30000mg/L（有的高达100000mg/L），天然气中CO_2含量为0.2%～2%（有的高达10%以上），抽油杆在55%的井内服役时有明显的腐蚀形貌。

3.油稠

油稠、含蜡量高的油井占相当大的比例，而且随着油田的不断开发，原来含蜡量不高的井

更换维修外，最主要的是如何处理曲轴箱内部故障，这种故障会造成烧瓦、拉缸现象的发生，引起设备事故，严重时导致设备完全报废。烧瓦的原因是多方面的，主要有：润滑油黏度达不到要求；润滑油存在杂质；润滑油进水乳化等。当然曲轴与轴瓦间隙过大或过小、曲轴轴向轴承间隙过大或过小、连杆变形等，也可能造成曲轴箱内部故障。

四、故障分析的意义

如果注水泵发生故障，只能根据电动机及泵的超常变化情况及时修理，但这时已经造成很多损失。泵损坏后产生大修费用、运输费用、配件更换费用等，会导致更多经济损失。

注水泵的故障诊断和分析处理具有很重要的现实意义，目的在于保证设备的安全运行，避免造成严重的事故，确保工人的人身安全，同时从经济效益来看，可以大大节省各种维修费用。

五、结论

为了更好地开采现有地下储油，保证石油日产量，必须保证注水站设备长期、安全、可靠、高效地运行，因此，应对注水站的注水泵进行故障分析研究，并采用现场监控技术，实现现代化的设备管理，提高生产效率，保证设备的正常运转。同时，通过故障诊断，及时地报告注水泵运行状态，实现预防设备突发性事故，确保日注水量，这是实现注水站注水设备现代化管理的必由之路。

（作者：大庆油田公司第三采油厂，注水泵工，技师）

其含蜡量也在不断升高，如耿83区块含蜡量已达20%以上，其他稠油热采油井的含蜡量更高，从而使井下结蜡严重，导致蜡卡、杆下不去、抽油杆下行变形与油管之间产生严重碰磨、抽油杆或光杆超负荷，造成管漏、杆断、光杆断等事故。

4.供液不足

存在大量供液不足的井，有的甚至因供液严重不足而停产，如刘45-14井在油管外未见动液面，从而使抽油系统在欠载状态下工作，最终导致停井。

（二）井身结构因素

对于斜井和水平井，当采用有杆泵抽油系统采油时，如果抽油杆扶正器布局不合理，便会使抽油杆柱在增斜井段与油管之间产生碰磨，造成杆断和管漏；同时在增斜井段如果油管不进行锚定，也会造成油管与套管之间的碰磨，从而使油管损坏率增加。

（三）井下设备因素

1.井下设备的储存与运输

井下设备的储存与运输均有相应的技术规范，但是如果没有严格按照技术规范和操作规程进行，就会造成井下泵镀铬层剥落、抽油杆弯曲、螺纹损伤；设备下井后，恶劣条件致使井下泵严重磨损和腐蚀、抽油杆与油管之间的严重碰磨、杆箍及管箍之间螺纹连接强度降低，从而造成泵漏、杆断、杆脱、管漏等事故。

2.井下设备及工具的加工质量

有杆泵抽油系统井下设备及配套工具不同程度地存在着质量问题，而油管和抽油杆由于检测手段不完善，其修复后的质量很难保证。例如，泵阀、柱塞镀层质量差、耐腐蚀性能差，阀罩加工质量不合格，抽油杆和油管上存在缺陷或螺纹加工不合格，井下泵装配质量差，井下封隔器胶皮质量差等。

3.井下设备结构设计不合理

完善的结构设计是设备在良好状态下进行工作的前提和保证。经调查，井下设备及配套工具经多年的使用之后，其结构虽经一系列的优化改进，但由于井下工作条件的改变和进一步恶化，仍然不能适应开采条件的需要。例如，常规井下泵的防砂设计仅能起到挡砂和刮砂作用而对防砂槽存砂的清除没有进一步考虑，泄油器销子易被击穿，抽油杆扶正器滚轮轴易断等，从而导致井下泵及油管的严重磨损和井下配套工具的早期失效。

4.杆柱和管柱设计不合理

调研发现，有的井对抽油杆柱和油管柱没有按其实际承载能力和服役期限进行设计，或没有按油井实际设计抽油杆柱和油管柱，甚至大部分抽油杆柱没有配置加重抽油杆，造成抽油杆和油管之间的严重碰磨及杆管的早期失效。

（四）配套采油工艺措施不完善

（1）防砂治砂工艺措施不完善，油井出砂严重；井下工具不配套，适应能力差。（2）抽油杆扶正器没能根据油井实际进行分布间距设计，分布不合理，扶正效果差。（3）油管无锚定，使油管的变形蠕动加剧，当下泵深度较大时更为突出，在油管缺陷处早期失效。（4）井下泵、抽油杆和油管的修复工艺及检测手段不完善，致使质量不高的杆管入井，从而造成早期失效。

（五）操作及管理因素

（1）设备进货质量把关不严，入库后储存、日常管理与保养没有按要求进行，对入井工具及杆管没能根据实际情况进行分级分档管理，致使质量较差的设备下井。（2）修井作业中对井下工具强拔、强砸，人为碰击，造成损伤。（3）修井作业中不注重对抽油杆和油管螺纹处的保洁，紧螺纹过猛或上螺纹扭矩不够，导致杆脱、管脱或管漏。（4）修井中不注重对井口的保护，致使异物入井，造成堵泵或使固定阀密封性能变差，影响了泵的密封效果。（5）油管密封措施不当，密封脂涂抹不匀，甚至不涂，影响密封效果，导致管漏。

二、改进措施及应用效果

（一）结构及工艺改进

1.优选抽油泵的表面材料和表面强化工艺

对井下抽油泵的表面材料和表面强化工艺进行优选，提高泵对高含水、强腐蚀、出砂严重等恶劣工作环境的适应性。选用金属喷焊柱塞与38CrMoAl氮化衬套，推广应用渗硼防腐泵。试验证明，渗硼处理的泵，泵筒内壁硬度高，具有较好的耐磨性，且泵效平均提高11.7%，效果十分明显。

2.改进常规泵柱塞衬套副的结构

采用易排砂的泵体结构，在柱塞上设置螺旋防砂槽和导砂孔，提高防砂槽的排砂能力，减少砂卡、出砂刮伤柱塞和衬套的可能性。例如，应用长柱塞泵、改进衬套结构，使上下冲程中柱塞均能出泵筒，清除防砂槽内的存砂；将活塞两端的锥形结构改为柱形结构，防止砂粒进入柱塞和衬套之间的间隙。在胜利油区19口井中的试验表明，上述改进措施能够有效地减小柱塞衬套配合部位的磨蚀，延长了泵的使用寿命。

（二）对井下配套工具进行改进

（1）销钉泄油器改进。采用以硬密封为主、软密封为辅的密封结构，减小了恶劣工况下此处密封失效的可能性。（2）封隔器改进。采用碗状胶皮隔环，并相应改变胶皮形状，改进封隔器上下接头，使钢体外径大于胶皮外径，有效地避免了入井时胶皮与套管之间的接触磨损。

（三）提高系统设计质量

1.合理选择泵型、泵级

按照油井的地层条件、井身结构和介质环境、供液能力、出砂情况等进行合理选泵，积极推进扶正防砂杆式泵、长柱塞防砂泵和斜井泵等特种抽油泵的开发与应用。

2.优化杆柱和管柱设计

充分采用优化设计方法，进一步优化杆柱和管柱的结构，合理配置加重抽油杆，提高杆柱和管柱的适应性及抗弯能力，避免杆管之间的碰磨。

3.完善井下工具和配套工艺

提高抽油杆扶正器结构和材质的适应性及分布的合理性，积极开发新型扶正器，采用油管锚定技术，进一步减少油管蠕动和杆管之间的碰磨。

4.完善杆管修复工艺

进一步完善杆管探伤检测和综合性能测试手段，以及杆管的修复工艺，保证修复质量。

（四）强化采油工艺措施

（1）强化防砂工艺措施。根据油井区块出砂程度制定单井防砂措施，充分利用化学固砂、复合防砂和高效防砂管等新工艺、新技术，减少油井出砂，改善井下设备的工作条件。（2）强化降黏清蜡技术措施。全面掌握井液的含蜡状况，摸清单井结蜡规律，采取相应降黏清蜡措施，防止井内结蜡，提高井液流动性。

三、几点认识

（1）油田进入特高含水期后采出液介质质量差，系统工作环境恶劣，中低含水阶段的采油工艺已不能适应油田进一步开发的要求，需要用特高含水期的理论来指导工艺技术的配套发展。（2）长期以来，有杆泵系统三大件自成体系，单独发展，互不配套。就三大件的改进而言，也是“头痛医头，脚痛医脚”，未能从提高整体适应能力方面进行全面、系统的考虑。（3）在推广应用ϕ38mmG1型泵的同时，对柱塞结构进行改进，从抗磨转向防磨，形成ϕ38mmG2型泵。根据油井的具体情况，加大对特种抽油泵的研制和推广使用力度。（4）完善沉砂技术，并加以推广应用，在防砂设计中增加携砂速度的设计项目。（5）开展单井缓蚀试验，并对单井缓蚀与泵站集中缓蚀两种方式进行效益论证，探索单井缓蚀的方法。（6）完善井下工具质量管理体系，从检测手段上增大硬件投入，从管理上应建立“质量第一责任者”制度，将入井工具质量管理提到非常重要的高度去认识。

（作者：长庆油田公司第三采油技术服务处，井下作业工，技师）

管道阴极保护电绝缘装置失效检测与对策

◆ 曾刚勇

埋地输气管道大多采用了阴极保护加涂层对管道实施保护，而阴极保护则是给被保护管道施加电流，使管道表面不断得到电子产生极化，极化结果是使管道表面电位负向偏移到-850mV至-1200mV（CSE），从而抑制管道腐蚀。由于长距离的输气管道沿线设置有输气站场等不需要或不能保护的设备装置，为了防止阴极保护电流的漏失和管段与管段之间干扰腐蚀，在管道与设备装置之间、管段与管段之间采取了电绝缘措施。绝缘装置的作用就是阻断管道上的阴极保护电流流入与其相连的金属设备或构筑物上，阻断受干扰管段杂散电流流入其他管段。四川气田从20世纪60年代埋地输气管道实施阴极保护开始，管道沿线就采用了绝缘装置来阻断阴极保护电流的漏失，当时主要采用的是组装式绝缘法兰装置，其主要采用聚乙烯或环氧树脂胶木衬垫作为绝缘材料。由于绝缘法兰是多个绝缘散件组装而成，在大口径绝缘法兰组装好后，可能因受力不均匀或在运输过程中振动而造成法兰漏气，再就是因某个绝缘垫片挤压坏而造成漏电等问题。20世纪90年代初，开始采用了绝缘接头代替绝缘法兰，绝缘接头是采用绝缘密封件、绝缘填料和绝缘零件的形式实现密封绝缘的，绝缘接头具有绝缘性能好、整体性好、现场安装方便等特点，现在输气管网中大多采用的是绝缘接头装置来实现电绝缘，以达到提高管道阴极保护效率和隔断杂散电流干扰的目的。

绝缘装置安装后检测比较困难，出厂前通过了严格的绝缘检测试验。绝缘装置会受到安装位置、管输介质、管道外围金属构筑物等因素的影响，可能导致阴极保护电流增大、管道保护效率降低等绝缘装置失效的现象。下面以金山输气站为例阐述绝缘装置失效的检测分析。

一、绝缘装置的失效检测

（一）绝缘装置失效的现象

金山输气站是麻柳场气田进气的集输站，日输气量$1\times10^6m^3$，共有四条输气管线，建有一座阴极保护站，分别向威五三江、威五金粟、麻金线、金沙线四条管线送电，在各条管线的进、出站端安装有绝缘接头装置。从表1中可见绝缘接头失效后阴极保护系统的情况。

表1　绝缘接头失效后阴极保护测试数据统计表

项　目	威五三江	威五金粟	金沙线	麻金线
管线长度，km	15.7	21.5	37.8	48.6
投运年份	2003	2003	2003	2004
失效年份	2005	2005	2005	2005
装置失效前电流，A	1.50	1.10	0.30	0.80
装置失效后电流，A	7.50	6.60	1.0	5.20
保护端电位，V	1.25/0.60	0.85/0.63	1.15/0.68	1.10/0.73
非保护端电位，V	0.82/0.56	0.66/0.60	0.66/0.44	0.66/0.51
管线末端电位，V	0.89/0.80	0.83/0.76	0.90/0.81	0.80/0.72

注：装置为高压绝缘接头；电位为通电电位/断电电位。

（二）绝缘装置失效的原因

麻金线是一条矿区进气管线，由于管道输送的气体中带大量的卤水，在管道内壁表面形成以晶体盐为主的积垢物。图1是2008年麻金线在用绝缘接头隔除后，绝缘接头内壁形成积垢物的图片。这些积垢物都属强导电介质，它们吸附在绝缘接头两端的金属和绝缘环上，组成一个完整的电解质系统，将绝缘环两端的金属短接，致使大量的阴极保护电流漏失。

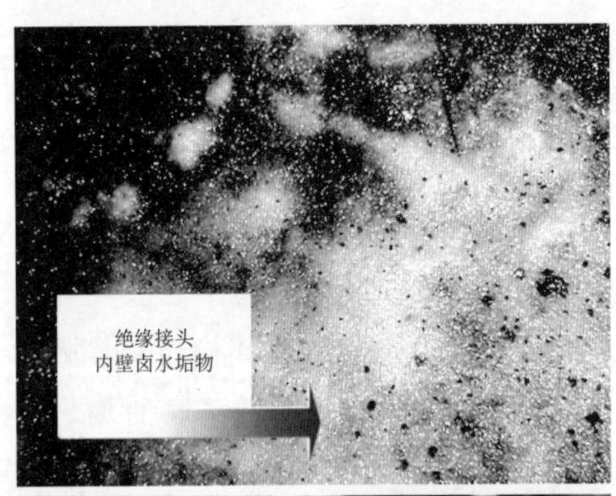

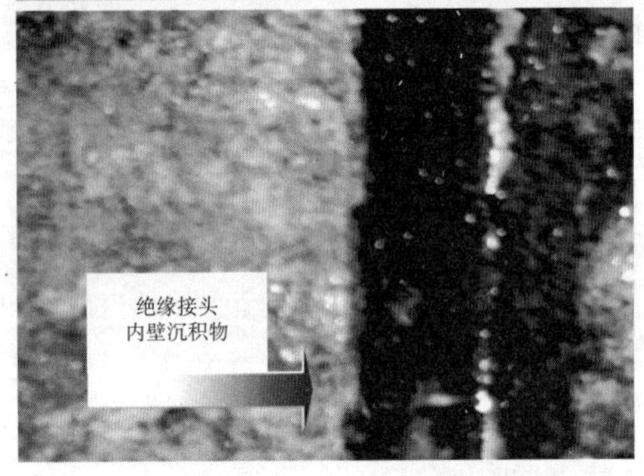

图1　绝缘接头内壁吸附的两种导电积垢物

（三）绝缘接头失效的检测判断

利用RD－PCM检测仪查找通电管线与站场管线（如排污、放空、用户等）是否存在交叉搭接情况。

采用RD－PCM检测仪测试绝缘接头的漏电比。将RD－PCM检测器的发射机架设在绝缘接头保护端，输送300mA的PCM电流，利用接收机检测出有很大部分PCM电流经绝缘接头流入非保护端，如图2所示。威五金粟线绝缘接头两端的PCM电流检测显示绝大部分PCM电流流入非保护端的站场。

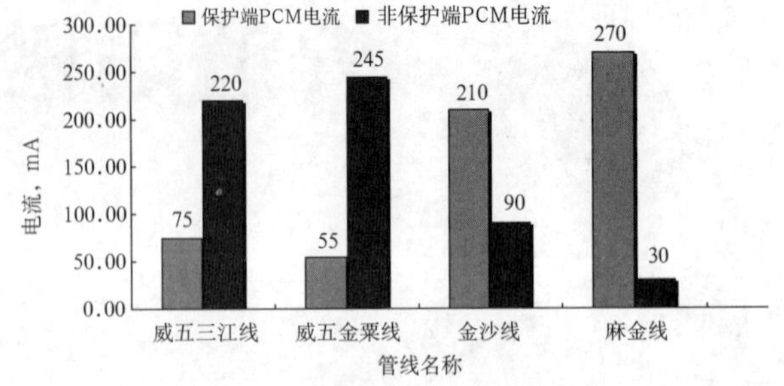

图2　绝缘接头两端PCM电流比较图

采用电位比较法判断阴极电流的方向。将数字万用表红表笔连接在绝缘接头非保护端处，黑表笔连接在距离绝缘接头5m以外的站场任意管线上，此时万用表出现一个负的电位值，可以判定有阴极电流由绝缘接头端流向站场内的其他管线。

采用《埋地钢质管道阴极保护参数测量方法》（GB/T 21246—2007）中测试在用绝缘装置的方法，通过测试绝缘接头两端的接地电阻值及总回路电阻值，利用$R=\dfrac{R_r(R_a+R_b)}{R_a+R_b-R_r}$（$R_a$为绝缘接头保护端电阻；$R_b$为非保护端接地电阻；$R_r$为总回路电阻）分别计算出四条管线的绝缘接头电阻值：威五三江线1.03Ω，威五金粟线0.16Ω，金沙线3.79Ω，麻金线9.64Ω。

通过以上的几种检测方法，判定了金山输气站阴极保护系统故障现象属绝缘接头失效所造成。

二、绝缘装置失效后的危害

2010年3月，威五金粟管线发生了建管以来第一次外壁腐蚀穿孔，腐蚀发生在绝缘涂层破损的管道底部。调查发现，泄漏点自2005年绝缘接头失效以来，管线的极化电位一直低于-850mV（CSE），整个管段处于欠保护状态，因而在管线绝缘涂层破损处发生了严重的腐蚀。由此可见，绝缘接头失效的后果是很严重的。这种失效通常有如下几种危害。

（一）管道阴极保护效率降低

由于输出电流的增大，造成地表电位增高，绝大部分阴极电流通过失效后的绝缘接头漏失到站场接地装置，流入被保护管道的电流却是很少的一部分，形成阴极保护电位测量参数*IR*降低、管道极化电位低、管道保护效率低的状况。

（二）对邻近金属构筑物造成干扰腐蚀

由于输出电流的增大，使周围其他金属电位发生更大的偏移，因而将造成干扰腐蚀。

（三）减少辅助阳极使用寿命

由于输出电流的增大，致使阳极每年消耗增大，缩短了阳极使用寿命。就金山站阳极为例，原设计寿命20年，由于绝缘接头失效，造成流过阳极装置电流增大数倍，从而使阳极使用寿命降低6年左右。

（四）增加维护费用

由于输出电流的增大，增大了设备的输出功率，致使设备经常出现故障需要维修；耗电量加大，保护站的维护费用增加。

三、绝缘接头失效的预防与对策

通过金山站绝缘接头失效所造成的危害事例，说明输气管道在输送含有卤水等导电介质的天然气时，会因为这些介质在管道内形成的积垢物（电解质），造成绝缘接头两端的金属导通，使大量的阴极保护电流漏失，给阴极保护系统、邻近金属构筑物和管道企业效益带来严重危害。因此，管道企业应从设计、安装、管理等方面采取相应对策，从根本上防止绝缘装置的失效。

（1）目前绝缘接头的安装位置普遍在站场进、出管线入地端低洼处，卤水易沉积在低凹的绝缘接头管段表面，形成积垢物导电体。设计部门在设计新建管道绝缘装置时，应根据输送介质状况选择采用绝缘接头或是绝缘法兰，同时应考虑将绝缘装置安装在不易积水的位置。

（2）修改完善阴极保护管道电绝缘标准。生产厂家在绝缘接头组装、管道短节焊接、试压完成后，应在绝缘接头及管道短节内壁涂敷绝缘涂层，使管道内的积垢物不能直接与绝缘接头两端金属接触而形成导电体。

（3）加强进气气质的管理和监控，尽可能将气田卤水清除干净，杜绝大量的卤水源进入长输管道。

（4）定期使用清管器对管道进行清管，及时清除管道内积水；若管道内已形成结晶盐积垢物，清管时采取注入淡水与清管器加钢丝刷相结合进行清管。针对天然气含卤水情况，向管道注入既能溶解卤水结晶盐又能减缓卤水对管道腐蚀的添加剂，解决管道内积垢物的形成和内壁腐蚀问题。

综上所述，管道输送天然气时，天然气中所含卤水及其他矿物质会在管道内壁形成导电的积垢物，造成管道绝缘装置严重失效和管道内壁的严重腐蚀。因此，将脱水装置、添加剂装置、管道绝缘装置等工艺设备设施统一纳入初期的规划、设计、建设，加强管道日常管理，定期排放卤水，定期使用清管器清除管道内积水和积垢物，才能有效提高管道绝缘装置的效率并延长管道的使用寿命。

（作者：西南油气田公司输气管理处，油气管道保护工，高级技师）

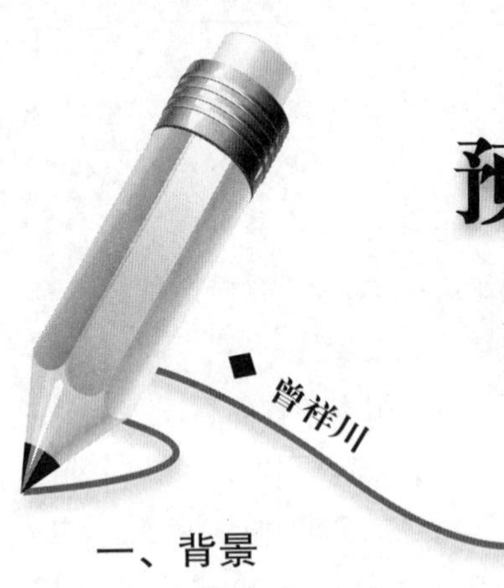

预冷器清洗除蜡方法探索和应用

◆ 曾祥川

一、背景

（一）简介

克拉作业区中央处理厂自投运后，低温分离器的运行温度按设计要求一直控制在-15℃（初期控制在-20℃），但产量提高后，轮南进站压力升高，该运行指标发生偏离。经过对进站压力的调整、单套装置处理量的优化等多方探索和实践，最终运行温度在-5℃波动，直接影响了天然气的水露点、烃露点指标。

经过对生产工艺、设备的认真分析和研究，认为预冷器换热效果变差，从而造成JT阀前温度达不到设计值，是低温分离器温度运行指标偏离设计值的主要原因。造成预冷器换热效果变差的原因是进站天然气的重组分（温度低于18℃时凝固，高于32℃后熔化）在预冷器的管程、壳程（管程进口温度40℃，出口温度-5℃左右；壳程进口温度-15℃，出口温度32℃）凝固聚集，附着在换热管表面，大大降低了换热效率。为了提高预冷器的换热效率，降低JT阀前的温度，采取对预冷器进行清洗的方法，去除附着在设备内的污物，这对保证产品质量有十分重要的意义。

（二）脱水脱烃装置工艺流程与预冷器结构

1.脱水脱烃装置工艺流程简介

脱水脱烃装置工艺流程见图1。

从集气单元来的湿天然气进入预冷器管程，与壳程的低温干气（产品气）换热，温度从40℃降到-5℃，经JT阀节流降温（-15℃）后进入低温分离器，分离出醇烃混合物后，干气返回预冷器壳程与管程的湿气进行换热（温度升至32℃），然后作为产品气外输。

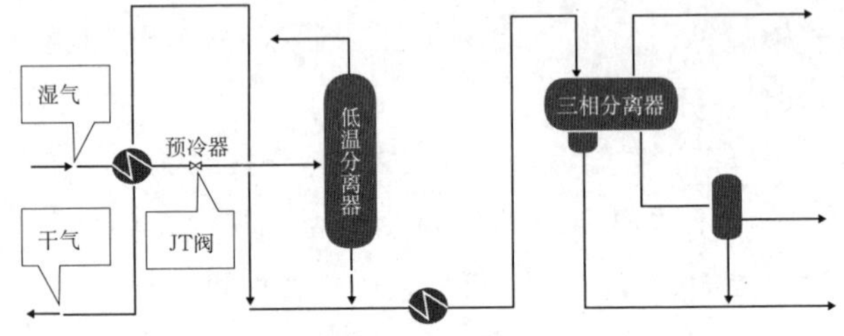

图1　脱水脱烃装置工艺流程简图

2.预冷器结构

（1）设备有关参数。

预冷器设计参数见表1。

表1　预冷器设计参数

换热器	管程温度 ℃	管程压力 MPa	壳程温度 ℃	壳程压力 MPa	管束 mm × mm
A	69	12.6 /14.7	45	9.9/10	ϕ 19 × 3
B	54	12.6/14.7	-5	9.9/10	ϕ 19 × 3
C	40	12.6/14.7	-20	9.9/10	ϕ 19 × 3
D	-15	12.6/14.7	-38	9.9/10	ϕ 19 × 3

（2）预冷器结构图。

预冷器结构图见图2。

（三）污垢性质

污垢主要成分是油蜡混合物，还可能含有氧化铁锈垢、尘垢、其他混合垢。油蜡混合物在温度低于18℃时凝固，高于32℃后熔化。

二、清洗除蜡方案确定、实施和效果评价

（一）方案制定依据

（1）针对之前的分析，我们对湿气的分离物取样进行化验。新疆机械研究院理化技术研究所对分离物进行取样分析，根据馏程测定结果，样品为重组分占57.5%、熔点大于45℃的蜡（图3）。

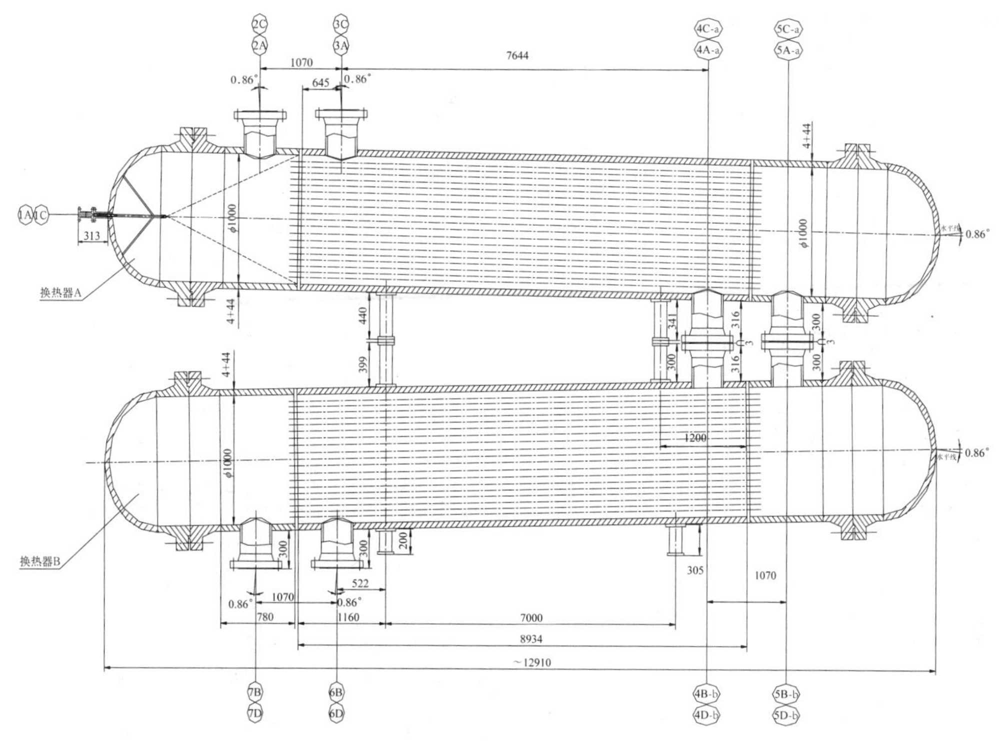

图2 预冷器结构示意图

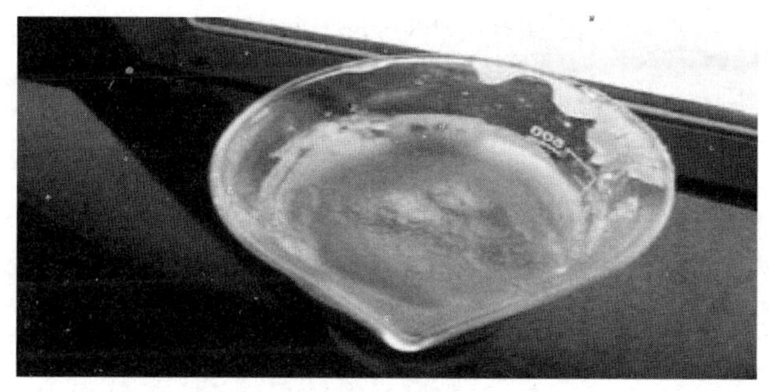
图3 凝蜡

（2）对预冷器封头进行了拆开检查。取样分析结论和拆开检查结果证明，预冷器换热管表面确实存在污垢附着问题，并且污垢成分可以确定主要为石蜡（图4）。石蜡熔点为30～70℃，由于其不含水分及其他液体物质，所以气体与水分不能透过，几乎呈不对流状态，有很大的蓄热性能，但导热性能很差，导热系数仅为0.00059W/（cm·K）。

（二）方案的确定

清洗一般有化学试剂清洗和热水循环清洗两种方案，清洗方案对比见表2。

表2 清洗方案对比

序号	方案名称	存在危害	清洗剂成本	人工成本	操作程序
方案1	化学试剂清洗	毒性，腐蚀性	60万元/（套×次）	配药工	拆装仪表/清水清洗
方案2	热水循环清洗	无	无	无	相对简单

根据污垢的性质，优选方案2进行清洗，采用热水循环、溶化除去预冷器中的油蜡混合物。

图4 预冷器管程结蜡

（三）方案实施和效果评价

方案1：在第一套装置清洗（图5）。用50m^3水罐从换热站引热水，同时采用蒸汽车对水进行加热至60℃。利用两台热水循环泵对预冷器管程、壳程进行热水循环，管程正向循环连续排水，壳程反向循环连续排水，最后从水罐排蜡。

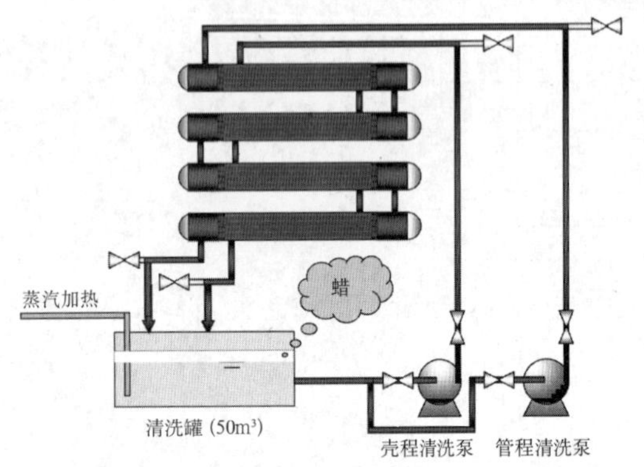

图5 方案1示意图

效果评价：（1）清蜡200kg；（2）耗时15个工作日；（3）主要参数有一定好转趋势，但波动较大（图6）。

原因分析：清洗热水温度太低。

方案2：提高热水温度（图7）。管程正向热水循环，壳程反向热水循环，热水温度80℃，管程间歇排水。

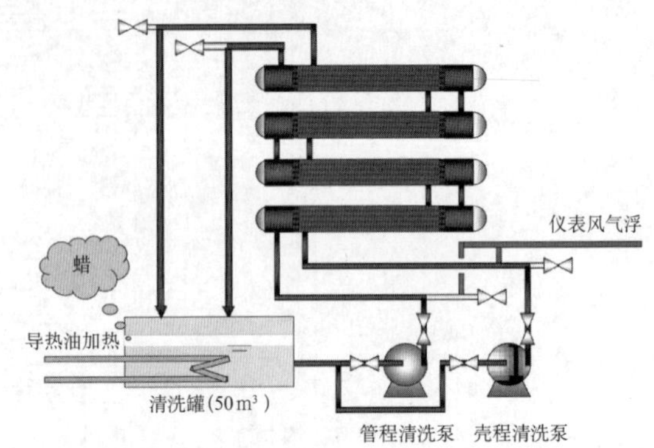

图7 方案2示意图

与清洗第一套相比，本方案采用了水罐内部加导热油盘管加热，并对水罐外部进行保温，使循环的热水温度提高到80℃。同时循环方式采用壳程一直循环、管程间隙排水的方式（启泵3min，用氮气对管程进行吹扫排水）对管程进行清洗。

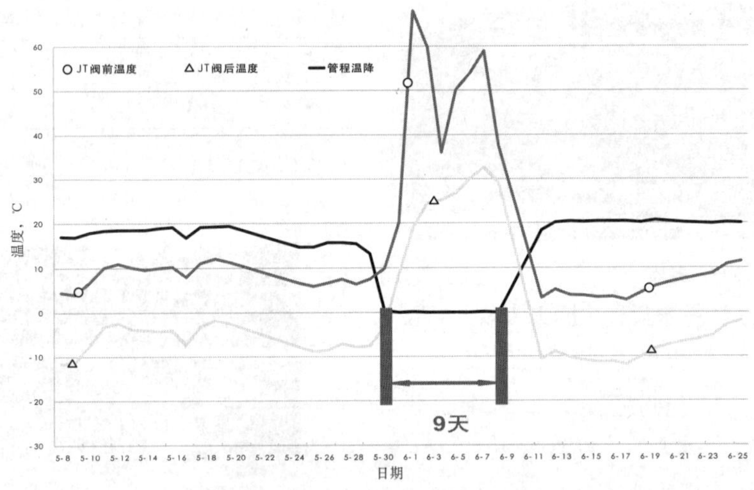

图6 方案1实施前后参数对比

方案实施前后参数变化见图8。

方案3：管程反向热水循环＋气浮，壳程正向热水循环＋气浮。

为了防止壳程中的液体经折流板和壳程的间隙中出现“短路”现象，达到全部换热管外壁均有液体流过的目的，清洗液体从底部的预冷器进入，从下至上流动，将所有的壳程中充满清洗液，即清洗时首先对壳程进行正向循环。将壳程温度升高至80℃，使管程积蜡熔化自流至预冷器与JT阀前的直管段，再用氮气加压从排污口排出。排蜡结束后对管程进行反向循环。为了防止管程中的液体经个别换热管“短路”现象，实现每个换热管均有液体流过的目的，选择清洗液体从底部的预冷器进入，从下至上流动，将所有的

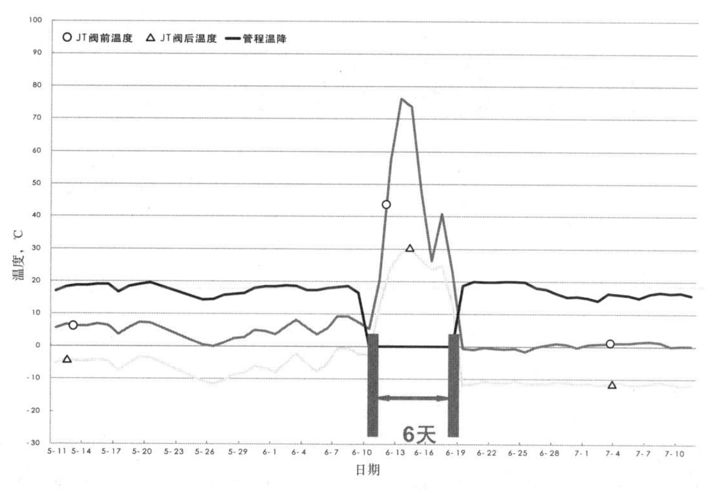

图8 方案2实施前后参数对比

换热管中充满清洗液。同时再进行壳程正向循环，并且在清洗的同时通入氮气，利用气浮原理将预冷器中的蜡和杂质排入清洗罐中。如此反复清洗3次，单次持续12h。

清洗效果见图9。

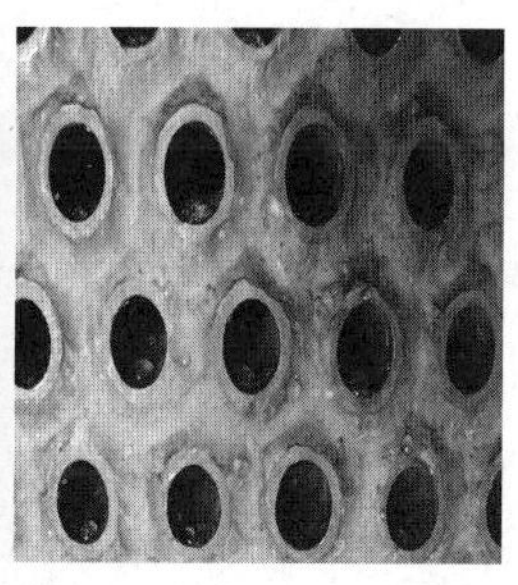

图9 方案3清洗效果图

效果评价：（1）在相同处理量下，管程压差明显减小，温降明显增大；（2）在相同的处理量和外输压力的条件下，低温分离器的运行温度明显降低，并且温控阀保持一定开度，说明该温度仍有下调空间。

结论：通过预冷器清洗，使其换热效果能够达到工艺要求，可以很好地解决水露点偏高问题。

三、社会效益和经济效益评价

（一）社会效益评价

预冷器经过清洗，使外输商品天然气水露点达到了–10.3℃的标准（表3），确保了外输天然气的品质，提高了输气管道的安全性。

表3 外输天然气水露点、烃露点检测值

检测日期，年.月.日	检测位置	水露点，℃	烃露点，℃
2007.5.16	外输首站	-3.1	-0.8
2007.5.17	外输首站	-2.7	-1.9
2007.6.20	外输首站	-3.8	-1.9
2007.6.21	外输首站	-4.7	-1.1
2007.10.8	外输首站	-10.2	-1.2
2007.10.9	外输首站	-10.5	-0.5
2007.10.16	外输首站	-10.3	-1.7
2007.10.19	外输首站	-10.3	-0.2

（二）经济效益评价

请外来清洗公司，若采用除蜡剂清洗，单套装置清洗一次，除蜡剂一项费用就为60万元。

采用“热水循环+气浮”法清洗，清洗周期按12个月计算，6套装置每年就可以节约360万元。

四、存在的问题和改进方案

（1）从装置运行情况看，预冷器清蜡周期可定为半年一次，清洗频率相对较高。如果采用临时清洗工艺，工作繁杂，操作成本高，存在很大安全风险。

改进方案：后期计划设计安装固定清洗流程，从而优化清洗工艺，降低安全风险。

（2）装置处理量和结蜡厚度的关系不明了。

改进方案：加强对装置运行参数的收集和分析，找到两者的对应关系，为下一步方案改进提供依据。

（作者：西南油气田公司蜀南气矿，天然气净化操作工，技师）

电力电缆故障分析与探测方法

■ 燕小辉

一、电缆故障的原因

（一）机械损伤

机械损伤引起的电缆故障占电缆事故很大的比例。有些机械损伤很轻微，当时并没有造成故障，但在几个月甚至几年后损伤部位发展成故障。造成电缆机械损伤的主要原因有以下三方面：

（1）安装时损伤：在安装时不小心碰伤电缆，比如机械牵引力过大而拉伤电缆，或电缆过度弯曲而损伤电缆。（2）直接受外力损坏。（3）因自然现象造成的损伤：如土地沉降引起拉力过大，拉坏中间接头或导体。

（二）绝缘受潮

（1）因接头盒或终端盒结构密封不良而导致进水。（2）电缆制造不良，金属护套有小孔或裂缝。（3）金属护套因被外物刺伤或腐蚀穿孔。

（三）绝缘老化变质

电缆绝缘介质内部气隙在电场作用下产生游离使绝缘性能下降。当绝缘介质电离时，气隙中产生硝酸等化学物质，腐蚀绝缘层，造成绝缘性能下降。过热会引起绝缘层老化变质。电缆内部气隙产生电游离造成局部过热，使绝缘层炭化。

（四）过电压

大气与内部过电压作用，使电缆绝缘层被击穿，形成故障。

此外，材料缺陷及设计和制作工艺不良，也会造成电缆故障。

二、电缆故障分类

电缆故障从形式上可分为串联故障与并联故障。串联故障指电缆一个或多个导体断开，通常在电缆至少一个导体断路之前，串联故障是不容易被发现的。并联故障是导体对外皮或导体之间的绝缘下降，不能承受正常运行电压。实际的故障形式是很多种的，导体断路往往是电流过大而烧断的，这种故障一般伴有并联接地或单相接地绝缘性能下降的情况。实际发生的故障绝大部分是单相接地绝缘性能下降故障。

（一）电力电缆故障类型

电缆故障按性质一般分为开路、低阻、高阻、闪络、短路。以上分类的目的是为了方便选择测试方法，根据目前流行的故障测距技术，开路与低阻故障可用低压脉冲反射法，高阻故障要用冲击闪络法，而闪络性故障可用直流闪络法测试。据统计，高阻及闪络性故障约占整个电缆故障总数的90%。现场是通过试验方法区分高阻与闪络性故障的。

（二）电力电缆故障分析

对闪络性故障来说，电阻较大，故障间隙两端电压可以增加至很高，当试验电压升至某一值时，故障点击穿放电，电流突然升高，电压突然下降。预防性试验中发生的故障多属闪络性故障。高阻故障的故障点电阻R_f较小，导致故障点两端所加电压不能升至高于故障点击穿电压，也就不能使故障点击穿。因此，可以从对电缆进行高压绝缘试验时有无故障点击穿现象判断电缆存在高阻还是闪络性故障。

三、电缆故障探测的步骤

电缆故障的探测一般要经过诊断、测距、

定点三个步骤。（1）电缆故障性质诊断，即确定故障的性质，是断路还是短路，是高阻还是低阻等。知道了性质后，测试人员才可以选择合适的电缆故障测距与定点方法。（2）电缆故障测距。电缆故障测距是在电缆的一端使用仪器确定故障距离，常用方法有电桥法和行波法。（3）电缆故障定点。电缆故障定点是按照故障测距结果，沿着电缆路径走向，找出故障点的大体方位。在一个很小的范围内，运用一些定点方法来确定故障点的准确位置。

一般来说，成功的电缆故障探测都要经过以上三个步骤，否则欲速则不达。

四、电缆故障性质诊断

诊断电缆故障的性质，就是指确定故障电阻是高阻还是低阻，是闪络还是封闭故障，是接地、短路、断路还是它们的混合，是单相、两相还是三相故障。可以根据故障发生时的现象，初步判断故障的性质。例如，运行中的电缆发生故障时，若只是给了接地信号，则有可能是单相接地的故障。继电保护过流继电器动作，出现跳闸现象，则此时可能发生了电缆短路故障。但通过上述现象不能完全将电缆故障的性质确定下来，还必须测量绝缘电阻和进行通路试验。测量绝缘电阻是为了判断电缆的绝缘状况、接地情况。测量时根据电缆的电压等级，选用合适的兆欧表来测量电缆线芯之间和线芯对地的绝缘电阻。进行通路试验时，将电缆末端三相短接，用万用表在电缆的首端测量芯线之间的电阻，以此来判断电缆线芯完整性和电阻性。

五、电缆故障探测方法

（一）测距方法

（1）电桥法。这是一种经典的测试方法。将被测电缆终端故障相与非故障相短接，电桥两臂分别接故障相与非故障相，通过仔细调节使电桥达到平衡，通过计算得到故障点到试验端的距离。电桥法的优点是简单、方便、精确度高，但它的缺点是当故障点电阻较高时，很难测量出故障距离，需用高压设备将故障点烧穿，使故障点电阻降到电桥可以测量为止。而故障点烧穿需要很长时间，十分不便。（2）低压脉冲反射法。低压脉冲反射法的原理，是通过观察故障点反射脉冲与发射脉冲的时间差来进行测距。低压脉冲反射法的优点是简单、直观。通过观察脉冲波形可以较直观地识别电缆故障点、中间接头和分支点。但它的缺点是不适合测量高阻故障和闪络性故障。（3）脉冲电压法。脉冲电压法是在电缆上加一高压脉冲，故障点在高压脉冲作用下击穿，通过观察放电电压脉冲在观察点与故障点之间往返一次的时间进行测距。脉冲电压法的优点是不必将高阻与闪络性故障点烧穿，直接利用故障点击穿产生的瞬间脉冲信号，测试速度快。但它的缺点是放电时，特别是进行冲闪测试时，分压器耦合的电压波形变化不尖锐，难以识别。（4）脉冲电流法。相比脉冲电压法，脉冲电流法通过一线性电流耦合器测量电缆故障点击穿时产生的电流脉冲信号，成功地实现了仪器与高压回路的电耦合，省去了电容与电缆之间的串联电阻与电感，且脉冲电流波形比较容易分辨。

（二）对测距方法选择的建议

低阻与断路故障采用低压脉冲反射法和电桥法，测量高阻与闪络性故障采用脉冲电流法。

（三）故障定点

电缆故障的精确定点是故障探测的关键，较常采用的方法是声磁同步法及主要用于低阻故障定点的音频感应法。

六、结束语

实际工作中，由于电缆故障点环境复杂，如噪声过大、电缆埋设过深、地下隐蔽金属物过多等，造成定点困难。这时就要通过测试人员丰富的经验来加以判断，测试人员要注重学习，不断积累经验，和其他同行经常交流，加强电缆故障探测技术的研讨，以促进技术水平的不断提高！

（作者：玉门油田公司炼化总厂，油田维修电工，技师）

浅谈沥青烟气的危害及防范措施

◆于平

2010年，我公司铁路专用线开通，结束了公司没有铁路的历史，解决了制约公司发展的问题，我公司沥青产品由此可以快捷、迅速地运往用户。随着铁路发运量的增大，沥青装车量也随之增加，由于沥青黏度大，低温流动性差，需要加温至145℃以上才能满足机泵和装车要求。高温沥青在装车过程中产生大量烟气，致使装车点周围烟气弥漫，空气质量下降，严重影响员工的身体健康。因此如何做好防护工作，改善工作环境尤其重要。本文谈谈沥青烟气的危害及车间所做的一些有益尝试。

一、沥青烟气的危害

沥青烟气的成分主要是多环芳香烃类物质及少量氧、氮、硫的混合物，主要有害成分为酚类、蒽萘类及苯并芘。沥青烟气是黄色气体，其中大部分是0.1～1μm的焦油细雾粒。经测定，电极焙烧炉排出的沥青烟气中含3,4苯并芘（1.3～2mg／m^3）。

沥青烟和粉尘可经呼吸道和皮肤而引起人员中毒，发生视力模糊、胸闷、心悸、头痛等症状。《中国工业医学》所刊登的《接触不同沥青类型工人的肺癌流行病学研究》（巩德田等著）的研究结果表明，接触煤焦沥青和石油沥青作业的油毡工，癌症是第一位死因，肺癌居首，混合组和石油组肺癌死亡率显著高于对照人群和全国城市居民。接触低、中、高沥青烟浓度和苯并芘浓度与作业工人肺癌呈梯度相关，并存在剂量—反应关系。这说明沥青作业工人的肺癌是特别高发的癌症，并具有职业因素，如表1所示。

表1　不同观察期内各类癌症SDR（1/10万）及位次

死因	混合组（同时接触焦油沥青和石油沥青）						石油沥青组		对照组	
	回顾		前瞻		回顾+前瞻		回顾+前瞻		回顾+前瞻	
	SDR	位次	SDR	位次	SDR	位次	SDR	位次	SDR	位次
恶性肿瘤	99.93		75.53		95.63		76.51		59.63	
肺癌	30.05	1	30.26	1	35.47	1	30.15	1	8.38	3
胃癌	17.70	3	7.79	3	15.15	2	15.11	2	19.92	1
食管癌	18.10	2	5.42	4	12.14	4	7.05	4	5.80	4
肝癌	13.23	4	5.25	5	12.50	3	13.83	3	16.04	2
肠癌	3.24	5	17.96	2	3.93	5	1.03	5	1.98	5

我国也有学者对小鼠注射焦油沥青和石油沥青，结果表明焦油沥青具有强致癌性，石油沥青尚不能肯定。国内外对石油沥青的致癌性意见还不统一，但对长时间接触沥青烟气对人体具有一定危害都有共识。

我国《大气污染物综合排放标准》（GB 16297—1996）规定了沥青烟和苯并芘的最高允许排放浓度、最高允许排放速率和无组织排放监控浓度限值，其中规定沥青烟“生产设备不得有明显的无组织排放存在”，见表2。

表2 苯并［α］芘和沥青烟排放标准

污染物	最高允许排放浓度 mg/m^3	排气筒高度，m	最高允许排放速率，kg/h			无组织排放监控浓度限值	
			一级	二级	三级	监控点	浓度，$\mu g/m^3$
苯并[α]芘	0.50×10^{-3}（沥青、碳素制品生产和加工）	15	禁排	0.06×10^{-3}	0.09×10^{-3}	周界外浓度最高点	0.01
		20		0.10×10^{-3}	0.15×10^{-3}		
		30		0.34×10^{-3}	0.51×10^{-3}		
		40		0.59×10^{-3}	0.89×10^{-3}		
		50		0.90×10^{-3}	1.4×10^{-3}		
		60		1.3×10^{-3}	2.0×10^{-3}		
沥青烟	280（吹制沥青）	15	0.11	0.223	0.34		生产设备不得有明显无组织排放
		20	0.19	0.36	0.55		
		30	0.82	1.6	2.4		
	80（熔炼、浸涂）	40	1.4	2.8	4.2		
		50	2.2	4.3	6.6		
		60	3.0	5.9	9.0		
	150（建筑、搅拌）	70	4.5	8.7	13		
		80	6.2	12	18		

因此，减少沥青烟的排放，改善周边环境，保障员工的身体健康，是我们义不容辞的责任。

二、采取的措施和对策

沥青烟气的治理是一个长期、复杂的过程，难度很大，目前的技术是生产或加热过程中进行烟气净化回收，主要采用冷凝法、吸收净化法、吸附净化法、静电捕集法等，根据现场实际情况多种方法合理组合，进行烟气治理。装卸中的沥青烟气由于点多面广，烟气比较分散，至今没有好的治理办法，主要还是加强个人防护，戴好防护用具、减少在沥青烟气环境中的工作时间。我车间针对此问题，主要从优化操作条件、提高自动化入手，以减少沥青烟气、改善环境、减少员工在沥青烟气中的工作时间来保障员工的身体健康。

（一）优化操作条件

1.根据风向确定火车罐车装车线

我车间沥青装车线在栈桥东西两侧，每条线有22个鹤位，对位时提前与企业站调度联系，确定罐车停在下风向的装车线，确保栈桥上操作工始终在上风向，如图1所示。

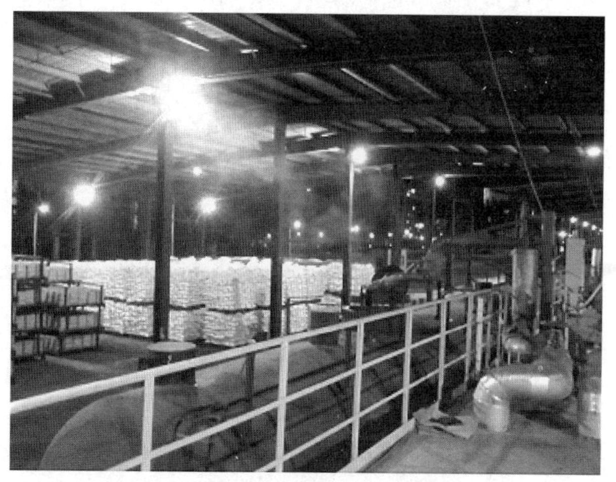

图1 确定火车罐车装车线

2.控制沥青温度

为保证沥青具有很好的流动性和满足螺杆泵的运行条件，装车时沥青温度一般在145～170℃之间。我们发现沥青温度在上限装车时，烟气量明显增大。如何在满足装车条件的情况下，控制沥青温度，我们查了对胜利沥青所做的有关调查，如表3所示。

表3 沥青在不同温度失重变化数据表

温度，℃	110	120	130	140	150	160	170
失重，g	0.010	0.017	0.020	0.023	0.025	0.031	0.066
失重百分数，%	0.029	0.049	0.057	0.066	0.071	0.088	0.189

可以看出，随着沥青温度的升高，沥青损失量逐渐升高，特别是大于160℃时，沥青失重明显增多，也是挥发量增大的原因。所以控制沥青装车温度是减少沥青烟气的有效途径。因此我们将装车温度优化控制在150℃左右。

3.装完车辆及时盖上罐盖

火车装沥青是敞口作业方式，据测算，平

均每小时装6辆罐车，装完22辆需要4h左右。如果装完的罐车不关罐盖，22节罐车合计将多挥发36h沥青烟气；如果关罐盖，22节车只挥发沥青烟气22h，如表4所示。

表4 开、关罐盖与沥青烟气挥发的关系

火车罐车，节	6	6	6	4	合计
装车时烟气挥发时间，h	6	6	6	4	22
停装时烟气挥发时间，h	18	12	6	0	36

（二）提高自动化，完善定量装车系统

优化操作条件只是在一定程度上减少了烟气的挥发，减轻了烟气对操作工的危害。但根本上并没有解决烟气挥发的问题，大气污染依然存在。大气污染的治理受现场情况、技术、资金等要素的制约，短时间内还无法解决。目前唯一的选择就是提高自动化水平，完善定量装车系统，有效缩短员工在沥青烟气环境中的滞留时间。

我车间沥青栈桥在初次投用时，已设计安装有批量控制仪与防溢开关、气动阀连接，主要目的是防止溢油事故发生，在操作室还可以对发油及报警情况进行监控。要想实现定量装车只有安装质量流量计。2011年车间对栈桥10个鹤位进行改造，安装了质量流量计并与批量控制仪连接，操作工只是监控，不用长时间站在罐车上在烟气浓度高的环境中观察液位，同时经过试验、数据比对等，对于沥青实现定量装车是可行的。2012年，我车间对其余34个鹤位进行改造，安装质量流量计，通过批量控制仪与质量流量计、防溢开关、气动球阀进行有效结合，通过网络实现各个批量控制器与操作站之间的数据交换，最终实现在操作站远程控制定量装车，使操作人员远离沥青烟气环境。工作原理如图2所示。

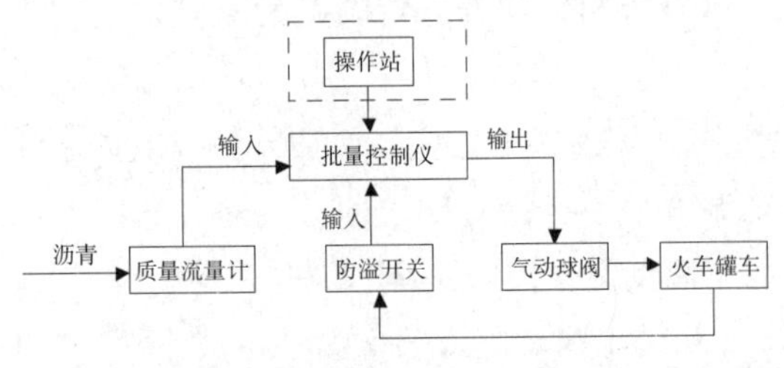

图2 远程控制定量装车原理图

（三）做好防护工作

沥青的烟气和微粒粉尘可通过呼吸道和皮肤进入人体，人体摄入过量，会引起中毒，所以车间要求在此环境中作业人员必须站在上风口，戴好个人防护用具，如防毒口罩、护目镜等。必要时上下班滴一次眼药水，用以保护眼睛。外露的皮肤涂上防护油膏，下班应及时用肥皂洗净皮肤，以避免烟气对人体的危害。

三、今后的工作方向及思路

车间对沥青烟气的防护目前还处于探索阶段，所采取的一些措施都是从保护现场员工身体健康出发，对大量挥发到空气中的沥青烟气尚没有很好的解决办法，只是从操作上做了一些减少沥青烟气挥发的措施，从根本上无法解决对空气和环境的污染。今后我们要对现有措施进一步总结、巩固和改进。目前沥青栈桥及固体沥青栈台上方建有拱顶大棚，沥青烟气易积聚，飘散缓慢，栈桥上三座休息室空气质量差，车间准备从远处连接管线，增加换气扇，改善休息室工作环境；根据实际情况、技术条件、资金状况，逐步对沥青烟气净化回收，组织人员对生产装置、包装和装车现场的沥青烟气净化系统进行可行性研究，考虑密闭装车等方案，彻底改善周边环境空气质量，保障员工身体健康。

（作者：克拉玛依石化公司销售一车间，油品储运调和操作工，技师）

技术点评：问题面窄，但分析较细，实施具体、实用。

（审稿人：张彦）

柴油改质装置高压换热器在线水洗情况分析

◆尤 峰 李 明

一、高压换热器水洗原因及目的

我公司柴油加氢改质设计处理能力为 40×10^4t/a，采用美国标准公司的改质、降凝工艺技术及催化剂，于2003年10月一次开车成功，装置加工的原料主要有焦化柴油、催化柴油，同时掺炼减一线、常二线、常三线。2006年10月，装置经过扩能改造，将降凝反应器切除。2010年4月，投用新的高压分离器，并将加工能力提高到 60×10^4t/a。

由于柴油加氢改质装置加工的原料性质比较恶劣，尤其是氯离子的含量比较高，反应产物在高压换热器管程结垢，形成阻塞。从操作数据分析看，基本可以断定，主要结垢部位在高压换热器E-102和E-103A管程，导致反应系统压降升高。铵盐结晶出现前，循环氢量41200m³、处理量70t/h、系统压力6.3MPa情况下系统压降1.82MPa；铵盐结晶出现后，系统压降迅速上升。2011年5月7日循环氢量35000m³、处理量50t/h、反应系统压力6.0MPa情况下，系统压降达到2.35MPa。同时，换热器换热效果明显下降。装置目前反应系统注水点在E-103B管程前，没有办法解决前路铵盐结晶堵塞管路问题。

由于装置高压换热器铵盐结晶严重，系统压降上升速度加快，加工量降低，影响装置安全平稳运行。铵盐等结晶物在液态水下易溶解，经会议研究决定，投用2008年改造新增加的反应器出口注水点间歇注水，目的是清洗高压换热器内结晶铵盐，使高压换热器达到理想运行状态。

二、高压换热器在线水洗处理过程

（一）反应系统换热流程

装置反应器生成物先后经三组四台换热器，与两种物料（包括混氢油和低分油）换热，再经空冷器F-101冷却后进入冷高压分离器R-101，换热流程详见图1。装置现设有两个注水点，注水点1为装置高压换热器注水，现为正常使用；注水点2为装置空冷器注水，已停用。

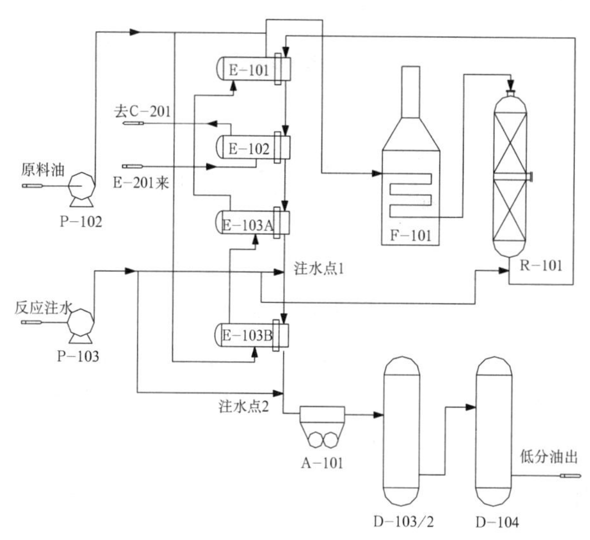

图1 反应系统换热流程

（二）水洗工艺条件

（1）反应器入口温度TI-3130由303℃降到235℃；

（2）反应系统压力PI-3114A为6.0MPa；

（3）注水量FIC-3117大于4.5t/h，水洗4h；

（4）高压进料泵P-102出口流量FIC-3105不小于30t/h；

（5）通过冷氢量控制，R-101出口温度TI-3131在220℃以下；

（6）注水开始每15min在低分酸性水采样一次，分析项目水中硫化物、氯离子含量；

（7）装置水洗后升温复产，需要6h。

（三）换热器水洗流程

换热器水洗流程见图2。

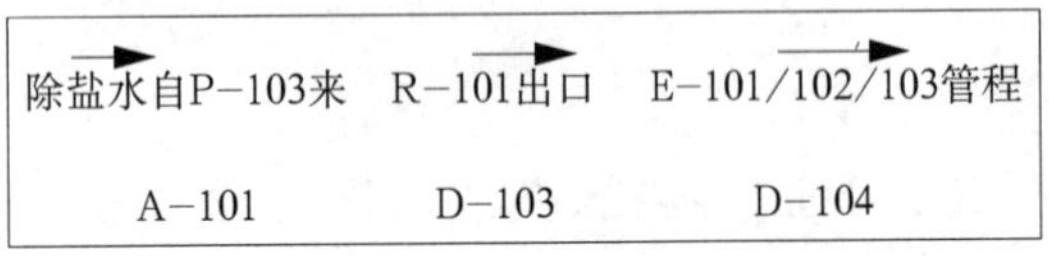

除盐水自P-103来 →	R-101出口 →	E-101/102/103管程 →
A-101	D-103	D-104

图2 换热器水洗流程

（四）换热器水洗具体步骤

2011年5月9日6:00开始，停P-101B，装置大循环，反应系统压力6.0MPa，R-101入口以（20～25℃）/h速度向235℃降温，出口温度降至220℃以下，循环量不小于30t/h。11:00，装置开始注水，15:00水洗结束。反应温度向308℃升温，20:00升到308℃，关装置循环线，产品全部改出装置。根据调度要求，调整处理量为50t/h，21:00提到要求值。

高压换热器在线水洗过程中的分析数据见表1。

经过循环水洗后，装置运行情况良好，在处理量50t/h、系统压力6.0MPa、循环氢量35000m^3情况下，系统压降下降到1.09MPa，同时换热器管程现场压力表压差明显下降，换热温差显著增加，换热效果明显提高，装置热能损耗明显下降。

三、结论

在整个水洗过程中，要严格控制好“两稳、一慢”，即升、降温速度要稳，水洗线切水的速度要稳，反应器出口的温度变化速度要慢，这样才能避免由于温度变化过快导致高压换热器出、入口法兰泄漏着火事故。水洗时的注水量应该尽量大，流速应该尽量慢，最好能产生扰动式的流速，这样能保证水洗的效果。在恢复生产时，应该尽量地升高反应加热炉与分馏加热炉的出口温度，先提温，再缓慢引油，逐步地将合格的产品改出装置。

表1 2011年5月9日水洗水样分析

次数	时间	硫化物，mg/L	氯离子，mg/L
1	10:15	943	1050
2	10:30	925	1449
3	10:45	612	1799
4	11:00	493	2299
5	11:15	505	1949
6	11:30	506	1524
7	11:45	463	1314
8	12:00	429	2349
9	12:15	429	2249
10	12:30	389	2449
11	12:45	296	1999
12	13:00	250	1549
13	13:15	230	1225
14	13:30	234	1150
15	13:45	255	1100
16	14:00	232	1150

通过此次对高压换热器的在线水洗，使装置的系统压降降低到了合理范围内，高压换热器管程中的铵盐结晶得到了缓解，换热效果明显提高，从而保证了装置的长周期稳定运行，同时也为今后装置的平稳运行积累了经验。

水洗只是暂时性解决了反应系统压降升高，要想真正化解必须从源头入手。因此生产过程中要严格控制好原料中氯离子含量，比如在上游装置采取电脱盐、加氢反应器后增设脱氯反应器等方法来去除氯离子，进而避免铵盐结晶现象的发生。

（作者：尤峰，辽河石化公司加氢车间，高级工程师；李明，辽河石化公司生产运行处，高级工程师）

SK－3Q04快速色谱仪主要故障排除方法

◆段小明

为了提高气测录井精度和资料质量，满足新时期油气勘探开发需求，自2007年以来，公司先后引进25台套SK-3Q04快速色谱仪。针对SK－3Q04快速色谱仪在运行过程中出现的主要故障，结合自己多年现场实践，在此介绍色谱仪现场维修经验，目的在于技术交流与经验共享，以提高现场人员排除色谱仪故障的能力，更好地为油气田勘探开发服务。

一、SK－3Q04快速色谱仪原理

SK－3Q04快速色谱仪是以气相色谱原理制造的仪器，它可以在线取得钻井液脱气器脱出的天然气样品，经过色谱柱的分离，在检测器中得到化合物的定量数据。

气相色谱仪是以气体作为流动相（载气），当样品通过注射器注入或通过样品泵导入定量管（进样器）后，被载气携带进入色谱柱。由于样品中各组分在色谱柱中的流动相（气相）和固定相（液相）间溶解系数的微小差异，在载气的冲洗下，各组分在两相之间反复多次溶解、挥发，使各组分在色谱柱中得到分离，然后经连接在色谱柱后的检测器，将各组分按不同的流出时间检测出来。

二、对快速色谱仪的电路、气路原理的理解

空气、氢气压力和流速由高降低（通过稳压阀、气阻的控制达到所需要的压力和流速）就形成了控制气路。

对气路检修时，首先检查供给SK-3Q04色谱仪的空气压力（0.35MPa）和氢气压力（0.4MPa）是否正常。气路流程及气阻参考值见图1和表1。

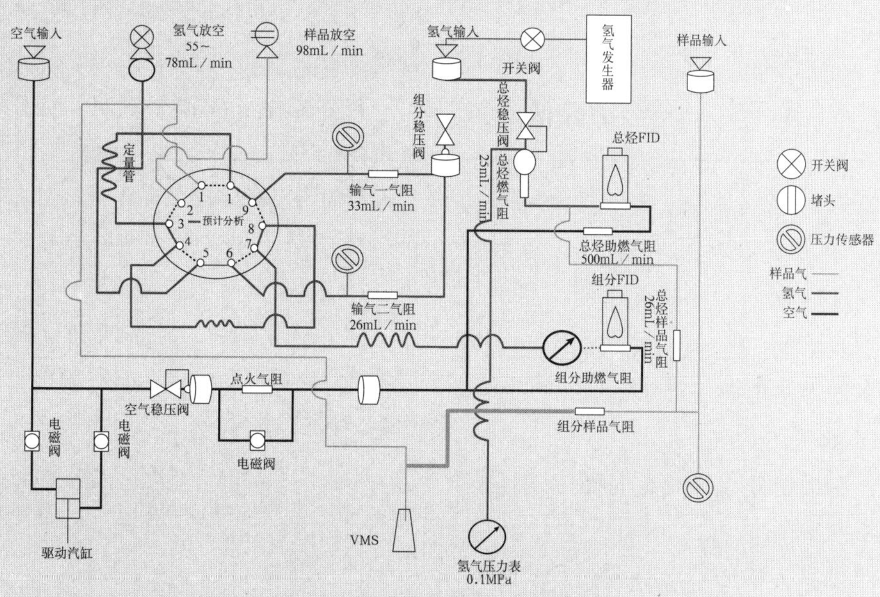

图1　SK－3Q04快速色谱仪的气路流程

表1 SK－3Q04快速色谱仪气阻参考值

序号	名称	空气压力，kgf/cm²	参数
1	样品气大排量放空	1	600mL／min
2	总烃样品气气阻	0.4	5mL／min
3	组分样品气气阻	0.4	200mL／min
4	总烃助燃气气阻	1	500mL／min
5	组分助燃气气阻	1	900mL／min
6	点火气阻	1	550mL／min
7	总烃燃气气阻	1	16mL／min（38s／10mL）
8	组分载气一气阻	1	33mL／min（18s／10mL）
9	组分载气二气阻	1	27mL／min（22s／10mL）
10	快慢速切换气阻	1	10mL／min（60s／10mL）
11	氢气放空气阻	1	30mL／min（28s／10mL）原为20s／10mL

空气、氢气流向控制、恒温控制、电信号的放大、信号采集、信号A/D转换处理、数据的记录与显示等，就形成了控制和转换电路。

快速色谱仪的简单理解：通过高载气流速、高恒定温度，样品气经高效色谱柱分离，达到一定的分离度。

三、SK-3Q04快速色谱仪电路故障及案例

电子元件受温度、湿度、静电、器件质量影响较大，因此在排除故障时，要认真分析原因，注意检查细节。

现场常见的电路故障有：死机、虚接、开关电源故障、板块故障等。

排除故障的具体步骤：

（1）检查仪器的工作环境，如环境温度（5～35℃）、相对湿度（45%～85%）、供电（220V/50Hz）、空气纯净度等。

（2）板块、线路是否有虚接。

（3）观察板块器件有无明显的损坏。

（4）测试供电电压是否正常。例如，极化电压200V，开关电源输出电压+5V等。

案例1　组分出峰不正常

故障现象：色谱组分出峰时有时无，现场检查后又出现总烃满量程。

故障检查及处理：检查组分、总烃FID检测器，点火正常，断开放大器离子线（图2中A、B两点），用人体电阻测试，组分出现刺状峰，总烃无波浪峰。测组分极化电压（DC200V）无，检查连接线，发现虚接，重新焊接后组分正常；取下总烃离子线，总烃曲线回零位，检查离子线，发现短路，重新焊接后，注样检查，总烃、组分出峰正常。

图2　断开放大器离子线

经验总结：人体电位可以快速简单判断放大电路以及A/D转换电路是否正常。

案例2　色谱仪频繁死机

故障现象：色谱仪死机，重新开启后约30min后又死机。

故障检查及处理：室内温度45℃，触摸机柜有烫手感。

现场空调由于热保护，不能有效降温，环境温度过高。采取应急措施，拉出SK-3Q04面板，取掉上盖，充分通风散热后，观察3h，无死机现象再出现。

经验总结：室温较高时，应满足仪器对环境温度的需求，采取通风降温。

反思：室温较低或仪器经过冬季长期停放再次启用时，一定要注意不要急于开机。原因如下：

（1）色谱仪、计算机在低温度环境中，受湿度影响，开机时可能产生静电，损坏电路板，引起故障。

（2）色谱图打印机在低温时，机械部件反应不灵敏或电路板有静电，容易造成机械部件和电路板损坏。

（3）氢气发生器在低温下，加水容易在电

解池内结冰。

综合以上原因，在冬休结束时，首先开启仪器的加热设备，使仪器房内的温度达到25℃，并保持8h。

案例3　触摸式LED显示屏死机

故障现象：触摸式LED显示屏不能操作。

故障检查及处理：测量触摸式LED显示屏供电电压为3.2V（正常为5V），检查开关电源，发现4个电容爆浆（图3）。更换开关电源后，仪器工作正常。

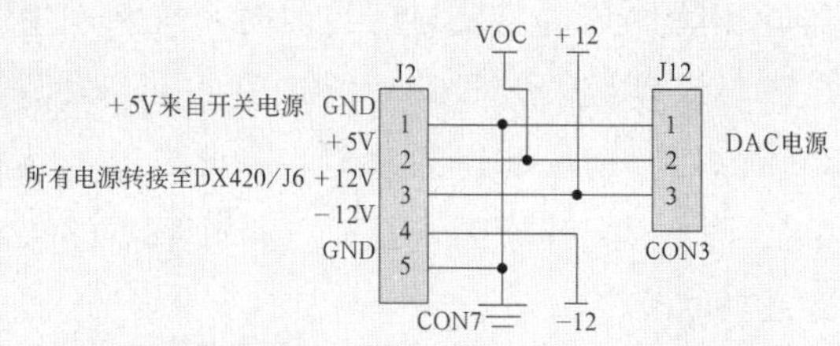

(a) 接线图

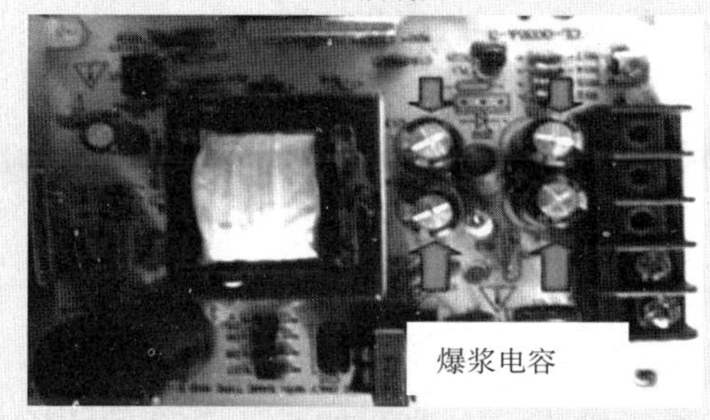

(b) 实物图

图3　开关电源接线图和实物图

经验总结：在对电路逐项（先源后载的顺序）检查时，首先嗅闻电气元件有无异味，再观察器件有无发烫、损坏等异常现象。

四、SK-3Q04快速色谱仪气路故障及案例

气路故障在现场发生较多，主要是管路堵、漏以及因切换阀不到位造成的堵塞、样品泵膜片破裂等。其他故障有：空气源的污染、空气压缩机汽缸本身受污染而引起的输出空气污染等。

案例1　组分基线不平稳

故障现象：组分基线不平稳，分析和反吹状态出异形峰。

故障原因分析：气路管线污染出现异形峰。

故障排除步骤：对仪器的气路管线、气阻等由外到内逐个用酒精清洗，用电吹风烘干；更换滤片及O形密封垫等之后，开机测试，发现出峰依然为异形峰，故障没有消除。仔细观察出峰，发现在关泵状态下，基线相对平稳，查看仪器停放环境，发现附近有一个废弃原油装卸台，空气中有很淡的油气味，意识到是空气源受到污染。对空气净化处理后，仪器基线恢复正常。

经验总结：空气纯净度问题不常遇到，所以一般意识不到空气洁净度对色谱出峰正常的重要性。通过本例，再次认识到检查细节的重要性。

案例2　组分出峰低，总烃不出峰

故障现象：组分出峰低于标准样40%，总烃不出峰。

故障原因分析：组分出峰偏低，样品气浓度被稀释。常见原因有：9G01阀漏气，样品泵膜片破裂，样品气管线漏气，气阻块漏气，气阻、管线漏（堵）气，阀芯漏（堵）气等。总烃不出峰原因有：总烃气阻堵。

故障排除步骤：由外向内，顺着样品气的气路流程查找漏气点，发现样品泵膜片破裂，更换后检测出峰误差仍达20%，继续查9G01阀、管线，发现样品气气阻块漏气，清洗气阻块、气阻，更换老化的O形密封垫，测量样品气流速正常。再次注标准气样，出峰正常，出峰误差小于3%，仪器恢复正常。

经验总结：现场对色谱仪进行保养前，对各气阻流速进行测量并记录数据，保养后再次测量、记录数据，将两次数据进行对比，并参照气阻参考值，查找气阻的堵、漏故障。

案例3　组分不出峰，总烃出峰正常

故障现象：组分不出峰，但总烃出峰正常。

故障原因分析：组分极化电压无、未点火、氢气压力过低、切换阀未切换等。

故障排除步骤：检查组分极化电压DC200V，点火、氢气压力正常。从面板下方观察汽缸工作状况，发现切换时，汽缸轴不动作。检查汽缸，汽缸内胶木破裂。更换汽缸后仪器

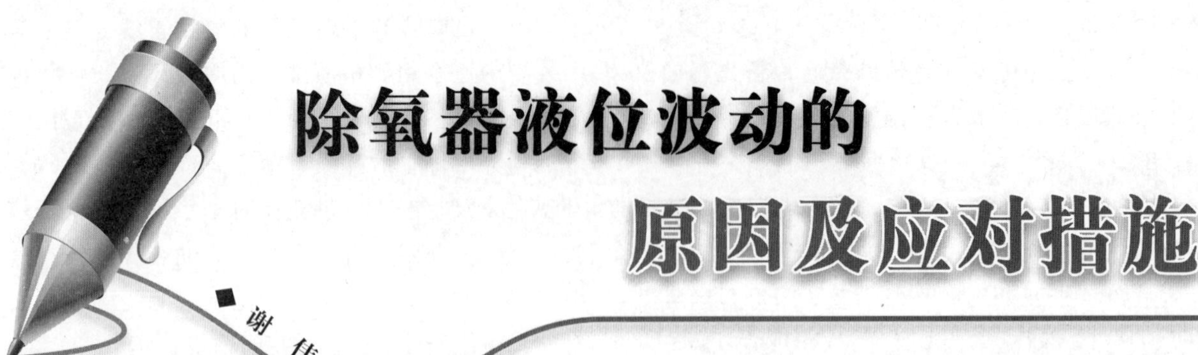

除氧器液位波动的原因及应对措施

◆谢 伟

我公司制氢装置的除氧器为大气式热力除氧器，工作压力为0.02MPa，除盐水补水压力为0.7MPa，温度为30℃左右，经中变气预热后入除氧器，单体运行。抽汽分两段，正常运行时由除氧器水箱本体下液与中变气换热提供。自投运以来，除氧器液位不时出现大幅波动失控现象（即使整合PID参数），除氧器压力升高，DCS具体表现为波动振幅宽、周期长短不一的大幅晃动，外部则表现为排气时断时续、时大时小，并伴有击穿现象，改手控也难以维持平稳。此问题尤其在冬季和生产负荷变化时表现突出，影响了装置的平稳生产。

一、原因分析

从除氧器本身固有的工作特性看，除氧器液位小幅波动属正常状态，但出现超范围大幅波动应归为异常。首先判断故障是否为除氧器水位调节系统，即仪表故障引起。从冬季生产中发现，除氧器液位波动的确受到过此原因影响。由于变送器导压管伴热过热使导压管内时有气泡产生，使之测量出现偏差，导致液位波动、自控失调，故障排除后，情况即得到改善。除此之外，就需从工艺上查找故障原因，及时分析除氧器的实际工作运行状态。

要使除氧器达到良好的热力除氧效果，就要为其创造良好的内外工艺条件：

（1）有足够量的蒸汽将水加热到除氧器压力下的饱和温度。

（2）必须把析出的气体及时排走，以保证水面上氧气及其他气体的分压力减至零或最小，防止水面的气体分压力增加，影响析出。

（3）被除氧的水与加热蒸汽应有足够的接触面积，蒸汽与水应逆向流动，增加水与蒸汽接触的时间，以维持足够大的传热面积和足够长的传热、传质时间，并保证有较大的不平衡压差。

正常。

经验总结：如果将上面的步骤反着做，就能够快速找到故障点，大大缩短排除故障时间。

综上所述，以上案例都是我在色谱仪维修中遇到的一些常见故障，解决问题容易，但找出问题发生的原因才是关键。所以在录井中遇到色谱仪出现故障，要沉着冷静，细心观察，注意细节，采用排除法、分析法等常用方法，找出问题之所在，然后按步骤逐步解决，使仪器尽快恢复正常工作。同时要掌握色谱仪各部件的原理、作用，注意积累经验，共享经验，达到举一反三，快速排除故障，更好地搞好录井工作，为油气田勘探开发服务。

（作者：西部钻探公司吐哈录井工程公司，综合录井工，高级技师）

然而从本装置除氧器发生水位波动大、排气不正常、击穿现象看，尤其是从运行中除氧器的压力突然升高、液位大幅波动现象判断，除氧器工况在运行中发生了逆转。根据除氧机理，在不同压力下水的饱和温度不同，较高的压力对应较高的饱和温度。当除氧器的压力突降时，水的饱和温度降低，而此时给水的温度几乎不发生变化，即给水的焓值较此压力下饱和水的焓值高。当给水汽化和排气产生的蒸汽与过量过热的回热抽汽共同作用，超过除氧器的用汽需要，使水箱给水发生汽化，这些汽化蒸汽和排气在除氧塔下部与分离出来的气体形成漩涡，使除氧器压力升高，高到一定程度，除氧器被击穿，这种现象即所谓的除氧器“自生沸腾”。

显然是除氧器发生了“自生沸腾”才导致除氧器水位大幅度振荡波动。至于排气异常，应判定为有“返氧”现象发生。当负荷上升时，除氧器内压力随之上升，而除氧器内的水温变化滞后于压力的变化，不能立即升高，变成欠饱和水。由于气体在不饱和水中的溶解度大于在饱和水中的溶解度，于是已经析出的气体又重新返回到给水中，除氧器表象为排气时断时续、忽大忽小。“返氧”使除氧效率下降。这些现象多发生在转化制氢生产负荷变化或季节变化时，说明由于工况的突然改变，除氧器原有的传质传热的动态平衡被打破，直至除氧环境趋势向恶，除氧效果变坏。

二、应对措施

通过以上原因分析可知，造成除氧器水位大幅度波动的原因主要是生产负荷或季节情况改变后，某些关键的工艺参数没有及时做相应的调整，特别是除氧器回热抽汽温度仍然按照原有的工况执行，没有响应除氧器新的负荷变化，除氧效果不理想。因此必须从工艺入手来解决除氧器的波动。本装置除氧器水位调节系统属简单控制，为流量挂控；除氧器温度和压力主要靠中变气差温系统控制，其中含两段抽汽加热温度控制（图1）。

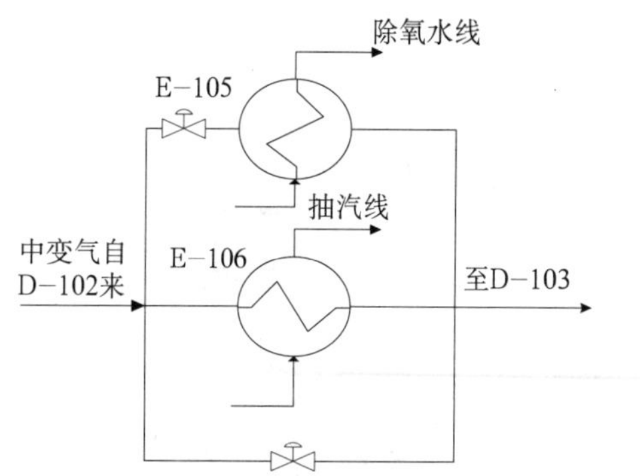

图1　除氧器水位调节系统

当生产负荷改变后，首要调节的就是回热抽汽温度，因为回热抽汽温度总体关乎除氧器深度除氧，同时也总体控制压力和温度，进而再用中变气差温系统微调节除氧器压力和除氧器水温。注意在调节时幅度不宜过大，应密切关注除氧器的运行状态，及时跟进。另外还要注意在调节时，中变气两路的温差不宜过大，温差过大意味着补水温度和抽汽加热温差大，热交换大，除氧器运行不平稳。这有利于调温和调压，控制除氧状态。总之，当工况发生变化，除氧器就要进行相应的调控，以适应和尽快建立起新的动态平衡。系统中压力与温度要保持好对应关系，使除氧器中的水始终处于饱和状态，这样才能使水中的氧气分压大大降低，从而降低水的氧气溶解度，进而达到深度除氧的目的。

三、结论

除氧器水位波动、压力升高，是除氧器运行过程中常见的现象，涉及工艺和外界环境因素，其中生产工况变化因素最突出，因此我们要根据实际生产状况，及时作出判断，并遵循热力除氧规律，采取有效措施解决问题。一年来，本装置几次生产工况改变，通过采取以上应对操作，都使除氧器工作状态平缓过渡，始终处于一个稳定的工作运行状态，取得了比较好的效果。

（作者：大港石化公司第二联合车间，制氢装置操作工，技师）

浅析油管漏失原因及治理措施

■唐桂玲

在油气田开发过程中，油管是出油产气通道，同时也是油田耗材中仅次于套管的第二大类钢铁材料。近年来，随着大港油田官A区块开发的持续深入，地层能量逐步下降，平均泵挂深度不断加深，井内管柱承受的生产压差也随之增大，生产中表现出油管漏失现象日趋严重。面对越来越严峻的油田开发成本压力，在用油管超期服役、修复次数增加，使得大部分在用油管被迫处于超期服役的警戒状态或者是多次修复循环使用，这都给油井的正常生产带来了诸多隐患。

一、油管漏失的特点

2012年以来，官A区块由于油管漏失造成的躺井井次大幅上升，2013年共躺井88口，其中由于油管失效造成躺井达43井次，占躺井总数的48.8%。油管漏失成为造成油井躺井的主要因素。

根据事故分析和统计，油管漏失具有以下特点：油管漏失多为在用的ϕ73mm×5.51mm N80修复油管，漏失部位主要为油管本体（占比为67.4%）和螺纹（占比32.6%）。对漏失油管的特征及原因进行分析，可以分为以下两种情况。

一是油管本体漏失，整体可概括为“穿”、“裂”两个特点。

油管穿孔（图1）占油管本体漏失的59%，主要分为油管本体腐蚀穿孔和油管质量差穿孔两种类型，其中油管本体腐蚀穿孔失效约占73.8%，多发生于腐蚀较严重的油井。

图1 油管穿孔

油管本体裂缝失效（图2）占油管本体漏失的41%，主要分为油管本体偏磨裂缝和油管质量差裂缝两种类型，其中油管本体偏磨裂缝约占68.7%，多发生于井斜较大的油井。

图2　油管裂缝

二是油管螺纹漏失，可分为以下三种情况：

（1）螺纹豁口：从统计情况分析，油管螺纹豁口（图3）占螺纹漏失的56.8%。按原因其主要分为油管腐蚀豁口和井斜偏磨豁口两种类型，其中油管螺纹腐蚀豁口失效约占52.1%，多发生于腐蚀较严重的油井。

图3　油管螺纹豁口

（2）螺纹缩径：油管螺纹缩径（图4）占螺纹漏失的25.8%，主要发生在长周期油井，油管螺纹因长时间使用而老化缩径。

图4　油管螺纹缩径

（3）螺纹刺漏：油管螺纹刺漏（图5）占螺纹漏失的17.4%，主要发生在修复油管中。

图5　油管螺纹刺漏

二、油管漏失原因分析

（一）油管螺纹老化严重

井筒内的油管主要承受轴向拉伸应力、径向挤压应力和环向应力的作用，通过理论分析，受力变形区的螺纹在拉力载荷的作用下产生变形，这种变形状态对新油管或磨损量小的油管不会产生漏失和脱扣现象。由于目前部分井下在用的油管螺纹老化严重，造成油管外螺纹和接箍内螺纹之间存在缝隙，虽然施工时使用了螺纹密封胶，但是在每天上万次交变载荷的作用下，会使螺纹的咬合出现缝隙，使油管螺纹渗水，最终导致油管漏失。

（二）油管动载荷影响

根据油管和油管接箍的API和相关标准，油管连接上扣后如果有凹槽或损坏点出现，则抽油机上行时液柱对螺纹凹槽处进行冲刷，以工作制度5/3（5个人倒班，保持3人在班上）计算，平均液击速度为15m/min，油管螺纹平均每月同时受刮擦、磕碰及液击冲刷12.96万次。底部油管在交变载荷作用下收缩弯曲，从而导致底部油管螺纹磨损漏失几率大。

（三）油管内外压差影响

油井生产过程中套管环形空间内动液面越深，油管螺纹和本体承受的液柱压差越大，薄弱地方会出现渗漏或穿孔或形成裂缝。

（1）漏失点部位基本在动液面附近。

2013年上半年，因油管本体漏失造成躺井的17口油井中，有2口井是因偏磨导致躺井，其余15口井平均泵挂2002m，漏失点平均位置为1698m，基本在动液面附近。动液面处承受的压差为17MPa左右。

（2）日产液量低于10m^{3}的供液不足的生产井，在井内管柱底部发生漏失几率较大。

（四）腐蚀影响

根据大庆石油学院的研究表明：溶液中的H_2S浓度、pH 值及Cl^-的浓度均影响着油管钢的腐蚀情况。三者对油管钢的腐蚀具有一定的联系：当酸性增强、H_2S浓度增大以及Cl^-的浓度增加，或增加其中某一项时，都会加速钢的腐蚀。

（五）偏磨因素影响

目前抽油机井75口，其中斜井（>5°）有49口，占抽油井总井数的65.3%。在油井井斜、方位、狗腿度变化大的情况下，会造成抽油杆柱在径向上产生分力，从而使抽油杆柱在运动过程中产生靠向油管的趋势，一旦接触就会产生管杆偏磨。

（六）油井管理因素影响

在油井作业过程中，残缺的油管入井，短时间内造成油管漏失；在油井正常生产过程中，因结蜡或其他原因造成油管内压力升高，憋压导致油管漏失。

三、油管漏失的治理

（一）针对油井腐蚀偏磨的治理

在生产实际中，偏磨和腐蚀并不是简单叠加，二者是相互作用、相互促进的，二者结合具有更大的破坏性。为此，对腐蚀与偏磨要结合在一起进行综合治理。

1. 应用聚乙烯内衬油管

聚乙烯内衬油管与配套防腐杆工艺技术，有效缓解了油井腐蚀与偏磨的发生，延长了油井免修期。聚乙烯内衬油管是由轧制设备将一定厚度的高密度聚乙烯材料内衬于普通油管中，通过衬管弹性涨紧，在钢管内表面产生过盈配合，形成一种钢塑复合管。该油管耐磨、耐腐蚀、不结垢、不结蜡，还可以使原油在井筒内保温降黏，从而大大改善油水井工作条件，延长油水井维修周期。但是聚乙烯内衬油管不适用于出砂严重的油井。应避免因选井不当导致油井短周期及低泵效生产。生产过程中一旦出现杆断脱，需及时停抽，防止断杆上下运行损坏内衬层。

例如，官×井历次作业均反映油管腐蚀结垢严重，平均检泵周期75d。2013年7月应用聚乙烯内衬油管后，已正常运转324d。

2. 规模实施加缓蚀剂

为治理杆、管腐蚀问题，自2013年1月开始，官A区块对32口腐蚀严重的油井采取了加缓蚀剂的治理措施，实践证明效果良好。缓蚀剂分子结构中含有对金属吸附性能较强的极性基。在腐蚀介质中添加缓蚀剂后，金属表面会形成保护膜，不仅能防止硫化氢、二氧化碳的腐蚀，还能抑制硫酸盐还原菌SRB和不均匀结垢引起的腐蚀，缓蚀效率高。据测定，缓蚀剂用量为80mg/L时，缓蚀率可达到75%以上。

加缓蚀剂方法：加药浓度为150 μg/g，在地面用25kg桶将药剂稀释；从套管加入，加完药后倒入地下掺水，将药剂冲入井底。对倒入的掺水量进行量化：装4.0mm的地下水嘴控制倒水5~7min，折合掺水量约100kg以上。

例如，官×2井生产历史中多次因井液腐蚀而出现油管螺纹缺口、泵杆断脱等导致频繁躺井，生产周期只能维持在150d左右。自采取每天加入一定量的缓蚀剂管护措施后，井液腐蚀状况明显好转，油井连续生产近500d，治理效果良好。

3.优化管柱设计

对于直井偏磨的治理，主要采用“底部加重+中和点以下连续扶正+接箍类工具延伸保护”的管柱设计方案。在垂直井眼抽油井中，下冲程时抽油杆柱中和点以上部分受拉应力，而中和点以下部分受压应力，抽油杆柱弯曲主要在中和点以下受压部分。防止杆柱弯曲的主要措施是合理使用加重杆和加装扶正器，以减少杆柱与油管偏磨。

对于斜井偏磨治理，主要采取防、治相结合的综合治理原则，采取“管柱底部减少加重+偏磨段连续扶正、上部延伸保护+井口旋转”技术，优化治理措施。

（二）针对动液面附近油管漏失的治理

针对动液面附近油管漏失的油井，一方面需要通过强化注水实现地层能量的补充，保持或提升动液面。另一方面鉴于严峻的生产成本形势，从控制成本的角度考虑，每一口井全部更换为新油管是不现实的，为此，现场实施在深井泵上400～500m应用新油管，既节省新油管投入数量，又能解决动液面附近油管漏失的问题。

（三）加强现场监督力度

油管从出库到下入油井的整个过程中，油管管理水平的高低也决定着油管的使用寿命。油管出库拉运到现场的过程必须要对螺纹进行有效防护，防止螺纹机械损伤。对入井油管，要重点检查油管螺纹清洁，油管螺纹要逐根用刷子进行清理，油管螺纹油涂抹均匀；目测油管有偏磨、腐蚀、结垢的需要及时更换，严禁带病油管入井；在后期试压环节，修井监督人员按设计标准，严格监理试压时间及打压情况，一旦出现不稳压的情况，必须将油管起出重新检查。

（四）加强油井日常管理

治理油管漏失的问题，不仅要从地下做工作，同时也要加强现场护理措施的落实和执行。规范对油井启停井的管理，确保油井生产参数稳定；对加缓蚀剂油井进行动态综合分析，不断摸索科学的加药制度，提高缓蚀效果；对供液不足的油井可适当下调冲次，减少液击现象，延长油管使用寿命。

四、结论

研究与分析油管失效原因与预防措施，不仅要依靠工艺技术的创新，更重要的是在生产管理过程中，及时准确地掌握影响油井变化的各种因素，不断地积累、总结与分析，促进油井管理水平的提高。

参考文献

万仁溥.采油工程手册.北京：石油工业出版社，2003.

（作者：大港油田公司第四采油厂，采油工，高级技师）

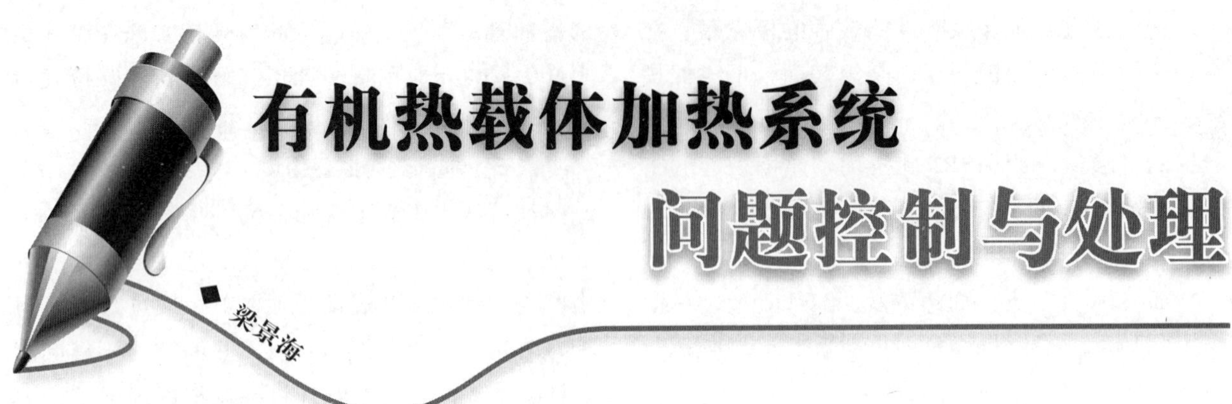

有机热载体加热系统问题控制与处理

◆梁景海

玛河气田天然气处理站采用YY(Q)W−2500Y(Q)3×2500kW有机热载体加热系统，以导热油为热载体，利用热油泵循环，泵压控制在0.5～0.6MPa，出炉温度为180～230℃；导热油输送给采暖供热器、轻烃稳定塔塔底重沸器、轻烃导热油换热器、乙二醇再生塔、轻烃闪蒸稳定区等用热设备，换热后返回加热炉。由于热载体炉和循环泵均安装在室外，冬季环境气温低，用热设备多，现场管理和操作难度增加，先后出现加热炉盘管裂纹损坏3次，导热油膨胀罐腐蚀穿孔2处，给采气现场管理、安全生产增加了风险和管控难度。

一、现状及原因分析

（一）现状

玛河气田天然气处理站3组有机热载体炉和热媒循环泵均安装在室外。进入冬季后，备用循环泵在启泵过程中需先将泵内、管线和炉膛中的冷油循环推出，因导热油黏度大，启动困难，切换泵流程投运准备时间较长。经过几年的运行，2011年开始先后出现2#、3#炉炉内盘管损坏，并且均为横向裂纹，都出现在直接和火焰接触的辐射段后部，裂纹周围轻微隆起（图1）。

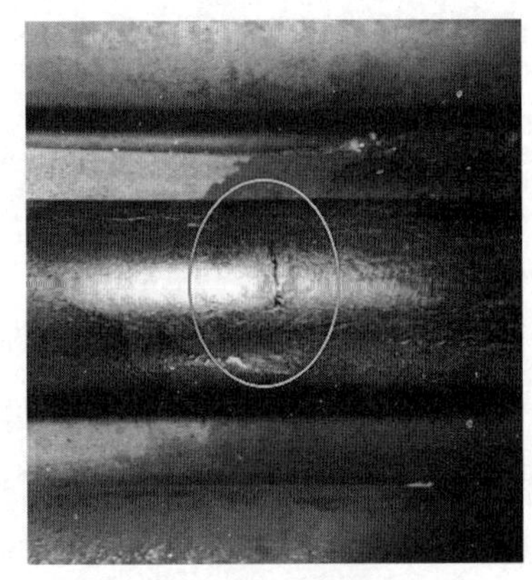

图1　炉盘管横裂纹

经新疆石油管理局机械产品质量监督检验站进行质量检测分析（2011年12月14日），报告结论：2个送检样品的6处厚度检测值均在3.1~3.4mm，已接近标准和技术要求的下限值（3.5±0.5）mm，但没有超标。锅炉盘管符合20#锅炉无缝钢管材质要求。

2#热媒炉运行时间仅9986h（1年多），远远低于效用年限14年（表1）。

新疆原油评价及石油产品检测中心油品检测检验报告如表2所示。

从表2可以看出，除2013年5月27日检测中残炭大于1.5%，微超标外，其余均合格。

表1　有机热载体炉盘管泄漏统计对比

序号	作业区	型　号	启用年限	生产厂家	累计运行 h	资产原值 万元	效用年限
1	玛河	YY(Q) W-2500Y(Q)	2007.11	常州新区能源设备有限公司	9986	63	14年
2	呼图壁	Y(B) W-1870Y(B)	2001.12	杭州特种锅炉厂	18416	56.5	
3		YYW-1740Y	2006.10	常州新区能源设备有限公司	17964	60.8	

表2　检验报告

日期	酸值 mgKOH/g	残炭 %	水分 %	倾点 ℃	闪点(开口) ℃	运动黏度（40℃） mm^2/s
2012.12.26	0.41	0.78	痕迹	<-42.0	186	24.60
2013.5.27	0.36	1.76	痕迹		186	
2013.6.2	0.46	1.48	0.23	<-42.0	192	26.30
2013.7.24	0.00	0.00		<-42.0	191	21.57

注：四项指标：酸值＞0.5mgKOH/g、残炭＞1.5%、闪点变化值＞20%、黏度变化值＞15%，以上指标中有一项符合，即判定导热油失效。

（二）原因分析

（1）热媒油品不合格。由于2010年检测热媒酸值超标，于检修期间将原导热油（翼龙KD320型）更换为道达尔S3120合成导热油，不排除残留的导热油，与新导热油发生了化学反应，这加剧了腐蚀。

（2）油品中含有硫化物，高温分解出H_2S，产生腐蚀。查相关文献分析，可能是导热油中含有硫化物，受热后硫化物会分解为H_2S，有水存在时（膨胀罐氮封缺失情况下，环境温度低时，水汽进入），会对金属设备产生严重的腐蚀。硫、盐共同存在的环境中，金属受到的腐蚀非常严重。H_2S是高温分解原油产品（导热油）中硫化物的主要产物，硫化物主要有活性硫化物与硫化铁两种形式。当设备温度超过250℃后，腐蚀开始加速，300~400℃低级硫醇可以与铁反应，而到达430℃以后，腐蚀是最强的，会造成金属的全面腐蚀、氢脆、氢腐蚀等。

（3）出现横向裂纹原因为管壁高温应力断裂。如图2所示，裂纹都出现在直接和火焰接触的辐射段后部（辐射段：直接和炉膛火焰接触加热部分，即炉体内部第一层炉管；对流段：高温烟气接触吸热部分，即第二、第三层炉管）。

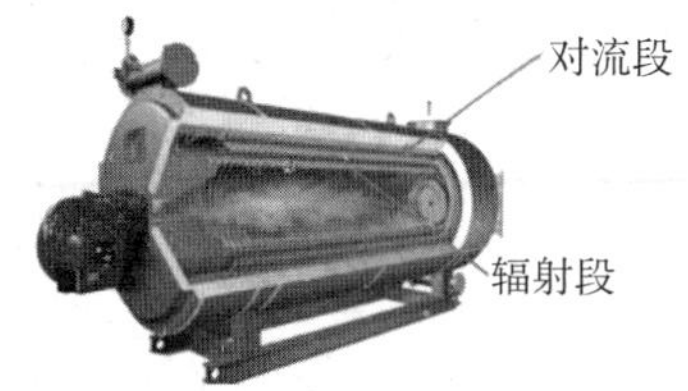

图2　加热炉

（4）热氧化反应。从图3、图4所示的两处腐蚀穿孔情况分析可以看出，因长时间的高温，加上开式膨胀槽内的导热油接触空气或参与循环发生热氧化反应，热氧化一旦发生会生成低分子或高分子的醇、醛、酮、酸等酸性组分，会加速热裂解和热聚合反应并进一步生成酸性物质，产生的酸性物质会造成设备腐蚀和泄漏。

图3　膨胀罐底部连通管腐蚀

图4　膨胀罐后部人孔腐蚀

二、建议措施

（1）以合理的工艺流程与生产参数控制腐蚀速度，比如脱盐防腐蚀技术。在进行系统设计时，采用合理的结构方式、流速、腐蚀余量，还可以采用阴、阳极保护措施，选用耐腐蚀材料等。

（2）和相关科研院所联合，定期利用超声波脉冲反射技术测量管道壁厚度，推测出腐蚀部位的位置、区域、受损程度及发展变化。

（3）和相关科研院所联合，对导热油进行模拟工况条件试验，查找腐蚀机理。

（4）新设备选型以降低硫化物浓度为主要出发点，使用不含铬的抗硫化氢钢种；可以使用不锈钢制造膨胀罐、缓冲罐、炉管道；同时对温度进行控制，来防止腐蚀。

（5）正常停炉和紧急停炉时，保持热媒泵运转一定时间，以防止炉管内静止的热媒因温升过高而汽化或结焦，并确保炉内的热油被置换出来。待热媒炉出炉温度降至80℃时方可停炉（极寒天气可考虑采取双泵运行）。

（6）冬季倒炉时，先启动备用热油泵，循环进口、出口温度，确保炉内的冷油被带出，再点火。

（7）膨胀罐液位过低时，应补充相同品牌、型号的油品，并重新对热媒进行脱水干燥。蒸煮脱水时间<72h，不宜过长，以防止热氧化反应腐蚀罐体。

（8）运行中应经常检查氮气对膨胀罐内的热媒覆盖情况，保证氮封系统有足够的压力及余量。确保热媒在高温下不发生氧化，延长热媒使用寿命。

（9）正常运行中应查看火焰在炉膛内的燃烧情况，火焰长度不超过炉膛长度的2/3，火焰不偏斜，尽量减少火焰接触炉管，否则及时调整火嘴位置及倾斜度。

（10）经常调整燃烧器的气风比，保持加热炉高效运行。

（11）增加油品检测次数及项目，入冬前进行一次油品监测（四项指标：黏度、闪点、残炭、酸值）。

（12）每年检修时对缓冲罐、膨胀罐内防腐涂层进行检测，补刷涂层。

三、总结

由于导热油性质特殊，在不同工况下其中的物质有可能变化，因此其对加热系统管道的腐蚀作用是较为持续性的。

控制腐蚀还需从日常精细化管理和平稳操作着手，还需要对加热系统管道进行有效的管理及检测，以便随时掌握管道被腐蚀的状态，并根据检测结果预测发展状况，提前对出现事故的概率较高的区域及时间实施预警措施，延长管道及热媒炉的使用寿命，保障其正常使用及其安全性，以达到较好的经济效益。

（作者：新疆油田公司采气一厂，采气工，技师）

泡沫排水采气对三甘醇脱水装置的影响

◆ 姜婷婷

四川油气田一般将天然气脱水装置设置于气井与集气干线之间，实现含硫天然气的干气输送，从而达到保护天然气输送管线的目的。

近年来由于地层压力下降，举升能量不足，带水能力减弱，使气井产出的凝析水和地层水不能被及时带到地面，导致气井积液，气井产量大幅度下滑，部分气井甚至水淹停产。为了减少气井积液对天然气开采的影响，排水采气是有效措施之一。常用的排水采气方式有优选管柱、泡沫排水、气举排水、机抽排水等。与其他排水采气方式相比，泡沫排水采气具有设备简单、应用条件需求低、效果明显等特点，因而得以大量应用。

由于脱水装置建成之初，未充分考虑后期开采的工艺特点，加之部分管理等原因，泡沫排水工艺采用后对三甘醇脱水装置运行产生了一定影响。下面就后期开采中泡沫排水采气对脱水装置的影响作一些探讨。

一、三甘醇脱水原理及流程简介

刚从井里采出来的天然气充满了饱和水蒸气。天然气被压缩或冷却时，水蒸气会转变成液态或固态冰。液态水的存在会加速设备的腐蚀，降低输气效率；固态冰则会堵塞阀门、管件甚至输气管线。为延长管线使用寿命，减少管线事故发生，天然气进入集输管网前必须除掉部分水蒸气。目前四川油气田广泛使用的脱水方法是三甘醇脱水（TEG）工艺。

（一）三甘醇脱水原理

天然气三甘醇脱水工艺属于溶剂吸收法，是目前天然气工业中应用最普遍的方法之一。其利用吸收原理，将甘醇类物质作为吸收剂，与天然气充分接触，使水被溶剂吸收，从而达到脱水的目的。

（二）三甘醇脱水工艺流程简介

天然气脱水装置按功能分为天然气脱水系统、甘醇再生系统、仪表风系统、燃料气系统、供电系统。下面主要对天然气脱水系统、甘醇再生系统作流程简述。

1. 天然气脱水系统

原料气（简称“湿气”）通过入口过滤分离器，除去液态、固态杂质后进入吸收塔；在吸收塔内通过塔盘或填料与甘醇贫液逆流接触，被甘醇脱水后的天然气（简称“干气”）经吸收塔顶捕雾网后，经过甘醇—干气换热器换热，然后经过计量、调压进入干气输送管线（图1）。

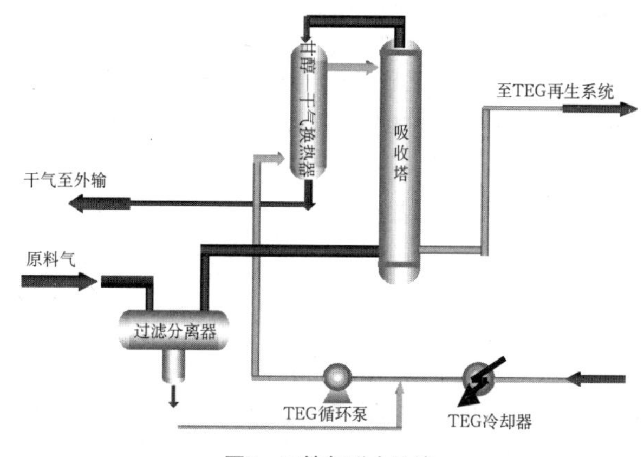

图1 天然气脱水系统

2. 甘醇再生系统

甘醇贫液（简称“贫甘醇”）被甘醇泵泵入

吸收塔顶部，在塔内经溢流管向下依次经过每一层塔盘（或填料），与天然气充分逆流接触，将天然气中水分吸收。吸满了水的甘醇（简称“富甘醇”）从塔底排出，经精馏柱顶、缓冲罐中的换热盘管换热后，通过闪蒸、过滤后进入重沸器完成甘醇的再生，再生气排至灼烧炉燃烧。

二、泡沫排水采气实施后气田水进入脱水装置的原因

泡沫排水采气工艺是往井里加入表面活性剂的一种助排工艺。表面活性剂又称发泡剂。向井内注入一定数量的发泡剂，井底积水与发泡剂接触以后，借助天然气流的搅动，生成大量低密度的含水泡沫，随气流从井底携带到地面，达到清除井底积液的目的。含水泡沫带出井口后，必须加注适量消泡剂与起泡剂发生化学反应，将携水泡沫液化。经过分离后，气体送入集气或输气管线，液体排出到污水池。但消泡不彻底会使含水泡沫通过下游管线进入脱水装置。消泡不彻底是由多种原因造成的。

（1）消泡剂加注量和药剂配置有偏差。一是由于对气井出水量监控不到位，未及时根据出水量调整消泡剂加注量。二是在中心站管理模式下，部分无人值守井站加注装置故障未及时修理。三是井站人员责任心不够，未按要求加注消泡剂。

（2）消泡剂雾化效果不好，消泡剂不能与天然气充分反应。一是由于雾化器与分离器距离短，起泡剂与消泡剂之间的反应还未完全进行，天然气已经携带部分泡沫进入下游。雾化器与分离器距离一般要求在10~20m，现场很多不满足要求。二是雾化器使用一段时间后，被消泡剂堵塞部分通道，消泡剂呈液态进入管道，接触面不够，反应不充分。

（3）消泡剂注入一般采用的是单柱塞泵，在吸液和排液间存在时间差，不能保证消泡剂实现完全的连续注入。

（4）脱水装置前设置的过滤分离器、原料气分离器等对携水泡沫分离效果差。

过滤分离器的工作原理是：天然气首先进入进料布气腔，撞击在支撑滤芯的支撑管上，较大的颗粒被初步分离，并沉降到容器底部。接着气体从外向里通过过滤聚结滤芯，固体颗粒被过滤介质截留，液体颗粒则因过滤介质聚结功能而在滤芯的内表面逐渐聚结长大。当液滴到达一定尺寸时，会因气流的冲击作用从内表面脱落出来，进入滤芯内部流道，而后流入出料腔。在出料腔内，较大的液珠重力沉降分离出来。在汇料出料腔，还设有分离元件，它能有效地捕集液滴，以防出口液滴被夹带。

从以上过滤分离器原理可以看出，其主要用于脱除天然气中的固体杂质和液态水，而对携水泡沫分离效果较差。

三、泡沫排水采气对脱水装置的影响

实施泡沫排水采气后，因消泡不彻底使泡沫进入脱水装置，对脱水装置造成了一定的影响。

（一）盐污染

气田水中的无机盐原先存在于富甘醇的液态水中，在重沸器加热过程中，甘醇中的水（作为溶剂）被蒸发，无机盐（作为溶质）逐渐形成固态结晶体，从甘醇中析出。无机盐结构致密且坚硬，逐渐存积在甘醇再生循环管路中，影响脱水装置运行。

一是无机盐在重沸器底部形成沉淀，时间较长，大量沉淀物挤压火管，造成火管变形。

二是细小的盐分随甘醇进入贫液管路，造成入泵前精细过滤器的堵塞，更为细小的盐分颗粒进入过滤器下游，使甘醇泵柱塞磨损加快，严重时堆积在贫液管路的内壁，使管径不断缩小，甚至造成堵塞，使甘醇循环中断（图2）。

图2　循环泵前的过滤器内壁有大量盐颗粒

三是盐垢在火管表面堆积，使火管传热性能下降，造成火管局部高温，严重时造成火管穿孔（图3）。

图3　甘醇从炉膛右上方穿孔处流出

（二）三甘醇循环系统中、低压窜压

起泡剂直接引起甘醇发泡，使甘醇的损失量加大。特别是冬季，因气温较低，甘醇发泡乳化，流动速度低，甘醇损耗更为明显。风险更大的是安装有雷达液位计的吸收塔，雷达探测在泡沫表面，显示虚假的高液位，其下端自动控制的液位调节阀将会迅速打开，导致中压窜低压，有引起低压设备超压爆炸的可能性。

（三）大量游离水进入装置，精馏柱翻塔

在进行清管作业时，由于含水泡沫密度较低，脱水装置前过滤分离器和原料气分离器即使排污也不能很好地清除含水泡沫，于是大量游离水在短时间内进入脱水装置。游离水进入装置造成甘醇浓度降低，干气露点不合格。同时游离水进入吸收塔后，甘醇迅速吸收液态水，浓度必然降低，甘醇浓度降低后，干气露点必然会大幅上升。浓度低的甘醇循环进入重沸器后，必然打破原有的水量和热平衡，在重沸器加热过程中，必须提供更多的热量用于蒸发富甘醇中的水，因此会造成重沸器内蒸气压上升，精馏柱内的甘醇下降受阻，大量甘醇从精馏柱翻入灼烧炉燃烧，引起灼烧炉着火。

（四）管理难度和风险增加

气田水进入脱水装置后，大大增加了脱水装置的管理难度和风险。

一是在管线，泡沫会携带部分小颗粒的腐蚀产物和固体杂质，在进入脱水装置前的过滤分离器时，这部分腐蚀产物不会形成自然沉降，而会黏附在过滤棒上，造成过滤分离器滤芯堵塞，滤芯更换周期缩短。

二是假液位引起中、低压窜压的风险。

三是盐和各类固体杂质堵塞管路和各级过滤器滤芯，盐垢引起的重沸器火管穿孔等，使设备故障率增加，设备检修周期缩短。

四是甘醇损失，增加装置的运行成本。

五是气田水使甘醇品质降低，缩短甘醇的更换周期。

四、结论及建议

经过以上分析可以看出，泡沫排水消泡效果不好、气田水进入脱水装置是造成脱水装置运行异常的主要原因。为保持稳定生产，建议如下：

（1）摸索合理的泡沫排水制度，消泡剂加注量与起泡剂加注量应匹配。

（2）消泡剂加注采取多点加注的方式；在集输气站、增压站、脱水站前安装消泡装置，根据气质情况进行调整，确保消泡的有效性。

（3）调整现场分离器与雾化器距离，定期清洗雾化器，提高雾化效果。

（4）现场的液位变送器采用机械式或差压式变送器，降低假液位引起的风险。

（5）加强各级排污，制定切实可行的排污制度。上游单井及脱水站针对污水情况制定出详细的排污制度，并严格执行。

（6）脱水装置生产参数监控细节化，重点对重沸器温度变化周期、pH值、各级过滤装置压差变化、悬浮物（周期化验）等几项参数进行监控，发现异常及时查找原因和制定措施。

（7）机械过滤器、活性炭过滤器、精细过滤器定期进行检查和更换，不允许开启这些设备的旁通进行生产。

（作者：西南油气田公司重庆气矿，采气工，技师）

使用质量管理工具分析隐蔽性故障

■ 罗蜀钧

莫7—莫11天然气处理站位于准噶尔盆地古尔班通古特沙漠腹地，于2006年6月建成投产，天然气处理建设规模$22\times10^4 m^3/d$，凝析油处理建设规模50t/d。在2013年9月新疆油田公司人事处组织采气技能专家开展“技能专家会诊”活动时，该站提出了空气压缩机（简称空压机）漏油及低温分离器液位计失灵两项长时间不能解决的设备故障问题。会诊技能专家针对这两项故障问题，进行攻关。

一、故障现象

（1）该站仪表风系统1#空压机在运行期间，精油分离器与油缸之间连接部分漏油，虽经多次更换密封垫、紧固仍无法解决，且漏油有加剧现象。该问题造成1#空压机无法正常投用。如果2#空压机发生故障不能使用，处理站将无备用空压机可用。一旦发生上述情况，将导致处理站仪表风供气系统瘫痪，引发安全事故或造成生产事故。

（2）低温分离器液位计经常出现假液位现象（分离器内有液，而现场及远传液位计均没有显示），导致分离器无法通过远传信号控制自动压液，操作员工只能凭借工作经验判断，进行人工现场压液。该问题既加大现场操作员工的劳动强度，又可能因人员判断失误造成液相窜气相或气相窜液相的严重生产事故。

二、故障原因分析

专家组发动头脑风暴，结合系统图，利用5M1E分析法（人、机、料、法、环、测）对这两项故障进行原因列举及预判。

（一）空压机漏油故障原因分析及处理

1. 空压机漏油故障原因分析

空压机漏油原因分析见图1及表1。

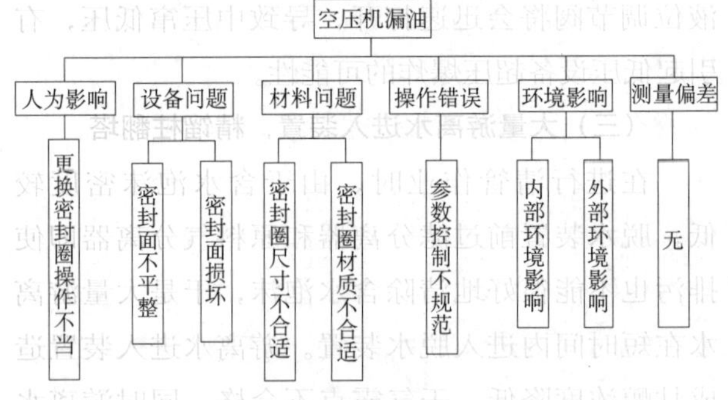

图1 空压机漏油原因分析

表1 空压机漏油原因调查分析

序号	原因列举		调查分析
1	人	更换密封圈操作不当	是否按标准更换密封圈，需现场验证
2	机	密封面损坏	空压机振动大，可能造成部件密封面损坏
3		密封面不平整	空压机振动大，可能造成密封面变形不平整
4	料	密封圈材质不合适	两个空压机使用同一型号密封圈
5		密封圈尺寸不合适	两个空压机使用同一型号密封圈
6	法	参数控制不符合规范	经查，两个空压机控制参数均一致
7	环	内部环境密封影响效果	经查，两个空压机运行温度、压力等参数均一致
8		外部环境密封影响效果	两个空压机安装于同一地点，外部环境一致
9	测	无此项	无影响

关于测量，本项目没有涉及，可不予考虑。分析环境影响，由于两台空压机内部、外部环境一致，因此可以排除环境的影响。分析材料影响，两台空压机使用同样规格、型号、材质的密封圈，因

此也可以将材料问题排除。分析操作人员影响，虽然现场操作员工没有按标准操作的可能性不大，但还要在现场实际验证。分析设备问题影响，由于空压机振动较大且处于长时间运转状态，所以因振动造成设备密封面不平整或损坏的可能性较大，这是专家组现场诊断检查的重点。

2. 现场验证确认

2013年9月23日，专家组到达莫7—莫11天然气处理站，要求处理站维修人员按照操作程序对空压机密封圈进行更换，当打开精油分离器与油缸之间连接部分时，发现油缸上平面密封圈槽有一小块发生断裂。询问现场维修人员，得知前几次更换密封圈时，油缸上平面密封圈槽完好无损坏。专家组再次对密封圈槽损坏部位进行检查，发现断裂部位中间为新断裂痕迹，两边痕迹较老且有红色密封胶遗留。经专家组现场讨论，一致认为：漏油的主要原因就是密封圈槽产生裂痕，但是由于早期裂痕不明显、位置隐蔽，在更换密封圈时没有发现，更换密封圈后仍然漏油，同时涂抹的密封胶在密封面挤压下渗入裂痕中，随着时间的推移，由于振动等因素造成裂痕扩大，直至造成密封圈槽断裂缺损（图2、图3）。

图2　现场渗漏情况

图3　密封圈槽断裂缺损部位

3. 处理

（1）建议处理方案。

A方案：增设平面密封垫，覆盖密封槽缺口，起保护密封作用；

B方案：对密封面O形槽缺损部分进行补焊修复；

C方案：更换新配件。

（2）方案优选。

A方案成本最少，处理时间最快，但新增密封垫的密封效果不能保证；B方案成本较少，但是补焊难度大，对补焊修复操作人员的技术水平有一定的要求，修复效果不能得到保证；C方案费用较高，等待时间较长，但效果能有保证，可彻底解决该问题。经专家组综合评价后，向处理站建议选C方案。在新配件到货前，2号空压机出现问题时，可临时采用A方案应急。

（二）液位计失灵故障原因分析及处理

1. 液位计失灵故障原因分析

液位计失灵故障原因分析见图4及表2。

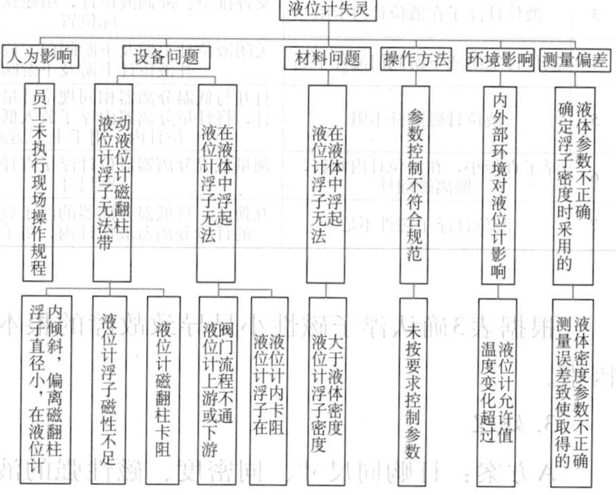

图4　液位计失灵故障原因

专家组经现场调查，发现该站所有在用的分离器液位计外部环境均一致，同时操作员工也严格执行了各项操作规程，各项控制参数也严格控制在要求范围内。因此将对应的环境影响、人为影响及操作方法因素排除在故障原因之外。材料问题、测量问题及设备问题对应的七项因素根据现有掌握情况无法排除，需现场验证。

2. 现场验证确认

2013年9月23日，专家组在莫7-莫11天然气处理站对低温分离器液位计失灵故障进行原因验证确认。方法、结果及结论见表3。

表2 液位计失灵故障原因调查分析

序号	原因列举			调查分析
1	人	员工现场操作影响	员工未执行现场操作规程	与当时现场负责技术干部沟通，员工操作中均严格执行操作规程
2	机	液位计浮子无法带动液位计磁翻柱	液位计磁翻柱卡阻	需现场实际验证
3			液位计浮子磁性不足	需现场实际验证
4			浮子直径小，在液位计内倾斜，偏离磁翻柱	需现场实际验证
5		浮子无法在液体中浮起	液位计浮子在液位计内卡阻	需现场实际验证
6			液位计上游或下游阀门流程不通	需现场实际验证
7	料	浮子无法在液体中浮起	液位计浮子密度大于液体密度	需现场实际验证
8	法	参数控制不符合规范	未按要求控制参数	查看生产日记录，发现处理站严格执行了参数控制要求
9	环	环境对液位计影响		现场调查，该站低温分离器与生产分离器、液态烃分离器采用同样的安装、保温措施，外部环境均相同；生产参数未变化，内部环境也未变化
10	测	选用确定浮子密度时，采用的液体参数不正确	测量误差致使取得的液体密度参数不正确	需现场实际验证

表3 液位计失灵故障原因验证确认

序号	可能的原因	验证方法	验证结果	结论
1	液位计浮子密度大于液体密度	用铁桶接满分离器液体；将备用同型号浮子放入桶内用比重计测试分离器液体	浮子能在桶中正常浮起；浮子相对密度为0.62，测出液体相对密度为0.63	浮子密度小于液体密度；本原因排除
2	测量误差使取得的参数不正确	用经检验在有效期内密度计测试分离器液体	与处理站自测结果相同	测量结果无误，本原因排除
3	液位计浮子在液位计内卡阻	交替排空、灌满液位计，用磁铁探测浮子实际位置	能用磁铁探测到浮子在液位计内随液位升降而升降	浮子未卡阻，本原因排除
4	液位计上游或下游阀门流程不通	关闭液位计上游及下游阀门，放空，分别微开液位计上游及下游阀门	微开上游及下游阀门后均有较大排量气（上游）或液（下游）从放空排出	上下游阀门流程畅通，本原因排除
5	液位计磁翻柱卡阻	打开与低温分离器相同规格计量分离器液位计，将计量分离器内浮子放入低温分离器液位计内，用手上下运动	液位计磁翻柱能随计量分离器液位计浮子升降运动而上下翻动	液位计磁翻柱未遇卡阻，本原因排除
6	浮子直径小，在液位计内倾斜，偏离磁翻柱	测量低温分离器液位计浮子直径及液位计内壁尺寸	两者差值符合标准	直径合适，本原因排除
7	液位计浮子磁性不足	互换法，将低温分离器的浮子放入一只正常的计量分离器液位计内，用手上下运动	磁翻柱不随浮子升降运动而上下翻动；计量分离器远传液位计同样无显示	浮子磁性小，不足以带动磁翻板及远传液位计

根据表3确认浮子磁性小是导致故障的根本因素。

3. 处理

A方案：订购同尺寸、同密度、磁性强的液位计浮子；

B方案：新浮子到位前，使用磁铁人工探测浮子实际位置，判断液位，指导压液，控制液位。

三、结束语

莫7-莫11天然气处理站的两项故障在采气现场较为罕见，处理站维修人员没有相关经验，两项故障根本原因也很隐蔽，现场很难发现。本次技能专家会诊活动中，专家组通过使用质量管理工具，将故障原因逐一列举，并逐项分析、排查、验证，最终找到故障的根本原因。这为使用质量管理工具进行现场故障的分析判断提供了有益的参考。

（作者：新疆油田公司采气一厂，采气工，技师）

生产中停电、晃电解决措施

◆朱 伟 李国华

自然灾害和网络故障引起的停电、晃电对生产影响很大。从统计情况来看，每年我单位天然气和化工生产过程因为停电、晃电造成的停产次数达4~6次，严重影响了正常生产，每次损失都在数十万元。如何解决供配电网络停电、晃电的问题，已经迫在眉睫。

一、原因分析

（一）低压电动机运转与生产的关系

在生产过程中，停电、晃电造成生产辅助系统的低压电动机停止运行，进而引起重要设备停运，导致全厂停产。但是低压电动机若能够在保护延时内重新运转，提供油润滑等，则不会影响高压设备运行，生产不会停止。晃电是瞬间发生的，毫无预警的，因此在发生晃电、低压电动机跳闸以后，人工操作所用时间远远超过保护延时的要求。因此，只有在保护延时内让电动机自己启动，才能保证联锁系统不保护动作，从而满足连续生产的要求。

（二）低压电动机控制回路分析

图1是一个典型的低压电动机控制电路图。当合闸按钮QA合闸以后，接触器动作，将电动机主回路接通，自身的辅助触点KM保持；则接触器一直接通，电动机正常运行。一旦发生晃电，接触器无法维持，即断开，电动机失电，停止转动，生产辅助元素丢失。当恢复供电以后，必须人为操作才能够重新启动，但是时间过长，生产流程已中断。大胆试想，如果采取措施，使合闸回路在晃电的时候不断开，那电动机岂不是可以自己启动？

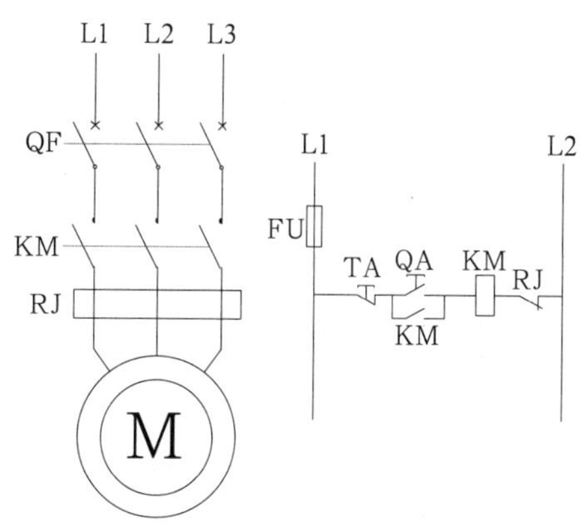

图1 典型的低压电动机控制电路图

（三）保护延时内重新建立合格电压

上面的分析固然可行，但是出现了另外一个问题，若发生长时间晃电乃至停电呢？停电晃电时间超过了2s，就算电动机后来启动了，但是生产过程工艺联锁保护已经动作，主生产过程已经停止，重新启动也没有任何意义了。

所在单位35kV变电站采用双电源供电，一用一热备。线路发生故障以后，备用电源自动投切装置自动切换至备用电源，但是切换时间较长，达到了4s左右，试想若能够在2s之内切换，这个问题不就解决了吗？通过了解，随着电气技术、计算机技术的发展，目前已经出现专用的电源快速切换装置，可以在很短的时间内将电源切换。

二、具体实施

（一）安装MRR–C型电动机再启动控制器

通过调查了解，最后选择了MRR–C型电动机再启动控制器。在电网失压低于设定值时，再启动控制器即判断电网发生晃电。一方面进行计时，另一方面不断检测电网电压是否恢复正常。

若失压时间已过设定值而电网尚未恢复正常，则退出自启动过程。若在设定时间内电压恢复正常，则进入自启动过程。这时再启动控制器即按预先设定的延时时间将受控电动机启动起来。

图2是低压电动机再启动的控制回路。当QA按下时，KM触点自保持，电动机正常运行。当发生晃电时，接触器KM失电，触点断开，但是电动机再启动控制器的触点在2s内将控制回路接通。若在2s之内电压重新恢复，控制回路自动将电动机启动，生产继续。

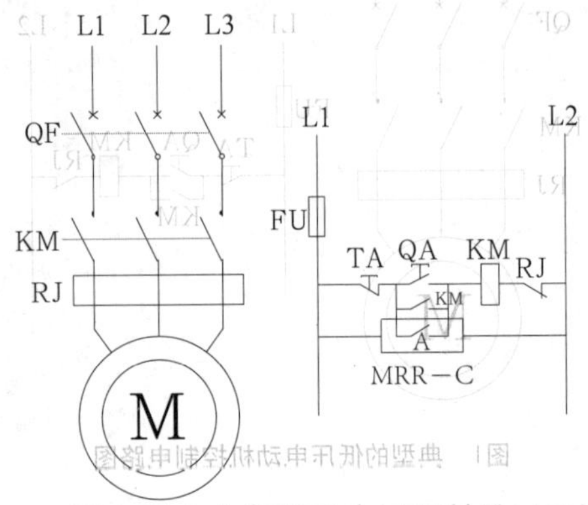

图2　电动机再启动控制器原理图

（二）安装电源快速切换装置

通过调研，针对电源失电时间较长问题，选择了ABB公司推出的SUE3000电源快速切换装置，对电源进行切换。SUE3000是ABB公司新一代厂用电源快速切换装置，采用了最新的快速切换理念及完整的保护逻辑，并首次将同期点切换、残压切换和延时切换等后备切换方式有机地与快速切换功能设计成一个整体，在正确动作情况下，能够在300ms内将电源切换，满足2s之内建立电压的要求。

图3为SUE3000原理图。正常工作时工作电源进行供电，SUE3000在线不断检测工作电源和备用电源的运行情况，一旦发现工作电源出现异常情况（如停电和长时间晃电），SUE3000立即发出跳闸命令，切断工作电源进线断路器CB.1，同时向备用电源断路器CB.2发出合闸命令，使母线重新带电运行。在快速切换装置的几种切换模式中，其中最快的残压切换能够在150ms内将电源切换到备用电源，最慢的延迟切换也能够在1s内将电源切换到备用电源。

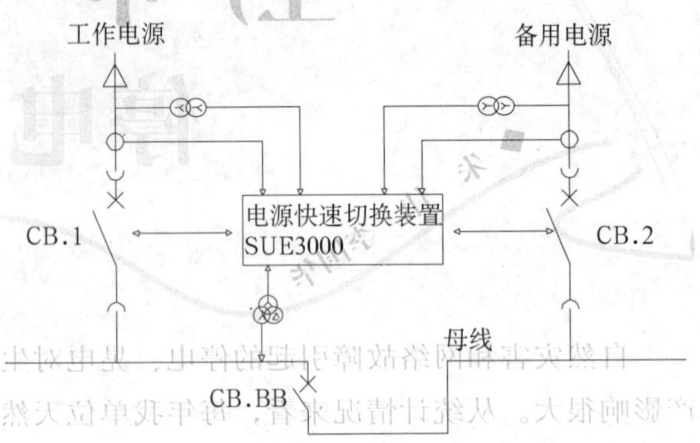

图3　SUE3000电源快速切换装置原理图

三、试验

为了检验电动机再启动控制器和电源进线快速切换装置联合使用的效果，我们制定了方案，进行了试验。

准备工作就绪以后，对35kV变电站主供电源进行了拉闸停电，停电瞬间，SUE3000动作切换至备用电源，切换成功，切换时间为160ms。我厂部分电动机安装了再启动装置，所以在切换以后，这部分电动机重新启动，生产正常进行；未安装再启动装置的电动机全部停转。

四、结论

天然气和化工生产过程对电力供应质量要求非常高，通过分析和试验，电动机再启动控制器和电源进线快速切换装置联合使用可以防止停电、晃电造成的停产，可以保证生产过程的连续。

参考文献

[1] 苏文成.工厂供电.北京：机械工业出版社，1999.

[2] 韩富春.电力系统自动化技术.北京：中国水利水电出版社，2003.

（作者：西南油气田公司川西北气矿，管理人员）

技术点评：对低压电动机的再启动技术做出了深刻论述，论述翔实具体，对解决问题有很大帮助。

（审稿专家：吕兴波）

实验室蒸馏装置使用中出现的问题及解决对策

■ 秦海燕

蒸馏在炼油工业中应用十分广泛，是分离液体混合物的典型操作。蒸馏操作就是根据油品沸点的不同，将混合油品分离成不同的组分，该操作常用作分析油品重要指标。实验室小型装置的简易蒸馏，常用于浓缩物料或粗略分离油料，可以考察目的产物的收率和性质。

一、蒸馏装置介绍

实验室使用的是符合GB/T 18611—2001《原油简易蒸馏试验方法》要求的2L快速蒸馏仪，如图1所示。

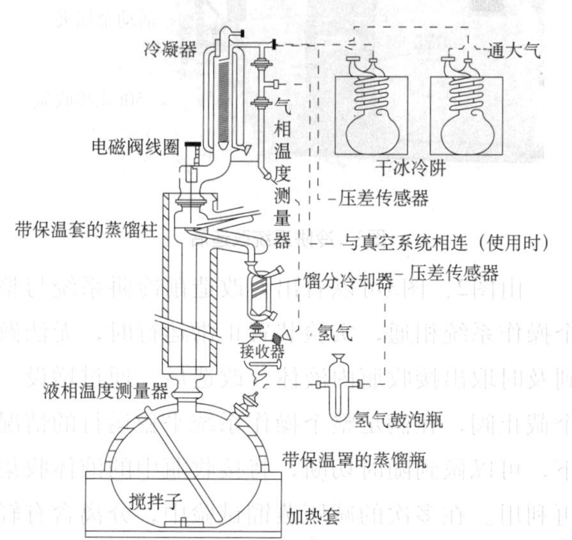

图1　实验室蒸馏装置示意图

整个仪器系手动操作，但可利用仪器内的微电脑设置多种蒸馏程序，自动进行升温。压力控制为自动。高精度PID控制表配合高灵敏度测压探头，可以很好地保证测量压力的准确性，所控制的高灵敏度压力衡定元件可以确保设定压力的平稳，因此简化了操作过程并提高了试验的质量。操作人员也可以全手动操作完成整个蒸馏过程。

操作压力范围为常压、减压0.1～10.0Torr❶；操作温度为常温至520℃(最高蒸馏温度与原料性质有关)，主要应用于分离原油或各种馏分油。

二、蒸馏过程中的问题及解决对策

（一）常、减压蒸馏中发生突沸的处理

对于含水较多的油品应分两步蒸馏。因为水有较大的汽化热，在温度较高时，少量的水回流到瓶内会发生突沸，物料体积骤然膨胀，会使蒸馏液冲出，严重时会使蒸馏仪器受震而损坏[2]。

对含水的油品在蒸馏时，主要采用先沉降、取上层的油样进行称量蒸馏，必须采取常压下缓慢加热的操作方式。当液相温度在80℃左右，也就是接近水的沸点时，适当将加热功率降低，缓慢蒸出油品中的水分。

（二）真空泵油稀释严重、压力不稳定

仪器在减压蒸馏分离含有轻组分的油品时，出现真空泵的油位快速上升、泵油稀释严重、真空压力不稳定、达不到试验需要的真空压力等问题。常规处理方法是先常压蒸馏至200℃，分出汽油馏分后再进行减压蒸馏。但对于需要快速分离的、特殊的油品，如润滑油馏分，从常压操作

❶ 1Torr≈133.322Pa。

开始、结束至降温，再进入下一段减压操作，整个过程耗时较长，无形中增加了快速分离的难度。这时只有采取非常规的蒸馏方法，在减压状态下快速分离。但往往连续分离两釜油品，泵的油位便急速上涨、泵油稀释严重、泵的噪声增大，无法满足试验所需要的压力。上述现象如表1所示。

表1 润滑油馏分油的收率分布

润滑油馏分油	组分1		组分2	
	HK-410	>410	HK-410	>410
收率，%	38.85	43.54	39.54	48.95
总收率,%	82.39		88.49	
轻烃损失，%	17.61		11.51	

从表1可以看出，润滑油馏分油总收率在82%～89%，其中轻烃的损失量在11%～18%，大部分轻烃被抽入真空泵中，导致泵油稀释、压力不稳，未改造前只能采用频繁地更换泵油的方法来解决。

如何保证蒸馏试验正常进行且改善试验效果?

1. 降低冷阱温度

从快速蒸馏仪制冷系统、安全保护系统的构造及作用进行分析。安全保护系统是由冷阱和真空泵构成，冷阱的作用是用于冷凝轻烃，所以首先解决制冷仪的制冷温度至关重要。将原有制冷仪冷阱温度（-30℃）降至更低（-50℃），可以更好地冷凝由蒸馏柱头出来的试样蒸气，以保护真空泵。

2. 增大接收瓶的体积，更换密封件

冷阱下方原有的接收瓶体积（25mL）过小，冷凝下来的轻组分装满后不能立即处理，必须等到整个试验结束、降到合适温度才能放空处理。但这时接收瓶内大部分轻烃已进入泵内，这种情况也是导致泵油稀释严重、无法满足正常试验的重要原因。所以应增大接收瓶的体积。

接收瓶接口采用真空脂密封，塑料小卡子固定。因磨口处黏性大，压力放空后取下较困难，稍用力过猛容易将接收瓶碰碎，不方便操作。如果将接口改为活动金属夹固定，操作起来会更加方便。

3. 增设截止阀

建议利用实验装置的现有空间，在冷阱出口增设一个截止阀，保证在装置运行的过程中可以随时切断截止阀，将接收瓶中的液体收集再利用。在和仪器厂家沟通之后，厂家认为这个改造方案可以实施。改造前后对比如图2和图3所示。

图2 冷阱系统改造前

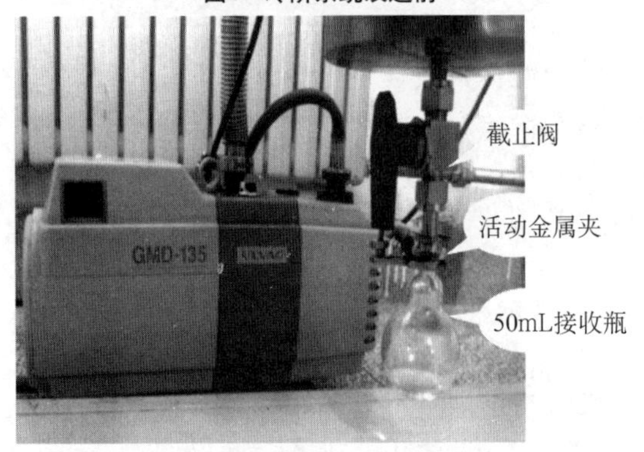

图3 冷阱系统改造后

由图2、图3可以看出，改造前冷阱系统与整个操作系统相通，实验装置正常运行时，无法做到及时取出接收瓶内液体。改造后，通过增设一个截止阀，在满足整个操作系统平稳运行的情况下，可以做到随时切断，将接收瓶中的液体收集再利用。在多次的减压蒸馏试验中，分离含有轻组分的各种油品时，油品中的轻烃被冷凝到接收瓶内，操作人员可以很方便地切断截止阀，及时处理接收瓶中的液体。

GE燃气压缩机点火和加载失败原因及处理

◆徐鹏庭

2010年7月，西气东输一线金昌压气站的1#GE燃气压缩机组在启机过程中，多次出现点火失败故障和燃气发生器（GG）转速在5300~6100r/min左右、不能继续加速的问题。下面针对这两种情况分别进行分析。

一、点火失败

1#机组正常启动过程中，出现机组降速至1700r/min、不能点火，其报警信息如图1所示。

故障处理过程如下：

（1）检查机组控制系统是否将点火指令发出。在Toolbox中，通过强制PDOA-48端子IGNITOR_ON，在箱体内能听到“嗒嗒”的点火声音。

（2）检查火焰探测器，通过用打火机在火焰探测器附近打火，机组HMI显示火焰探测器工作正常。

（3）点火进程中，燃料气橇快速关断阀和计量阀正常开关，计量阀开度17%，PIT-229（计量阀阀后绝对压力）明显增大。

（4）在处理1#机组点火失败的过程中，多次调整PIT-229和PIT-228（计量阀阀前绝对压力）的初始值，但经咨询其他几个站的情况后，发现其显示值与点火失败没有直接关系。咨询情况见表1。

表1　其他站PIT-229和PIT-228初始值

参数	金昌1#	金昌2#	古浪1#	酒泉2#	柳园1#
PIT-228，kPa	76	82.5	85.5	126.4	87
PIT-229，kPa	85	76	91	100.5	87

三、结论

（1）在蒸馏试验操作过程中，通过选择合适的蒸馏方式，解决了原油、各种馏分油在常压和减压蒸馏中出现的突沸问题。

（2）通过对蒸馏仪器的工艺改造，在冷阱下方附加一个截止阀，不仅解决了快速蒸馏仪分离含有轻组分的油品时导致的真空压力不稳、泵油稀释严重、频繁更换真空泵油的问题，还延长了泵的使用寿命、降低了泵的噪声、减轻了操作人员的劳动强度、节省了能耗，在保证蒸馏试验正常进行方面取得了良好的效果。

参考文献

[1] 林世雄. 石油炼制工程. 3版. 北京：石油工业出版社，2005.

[2] 甘黎明. 紧扣要点正确掌握减压蒸馏操作技术. 兰州石化职业技术学院学报，2002, 2（1）:12-14.

（作者：克拉玛依石化公司炼油化工研究院，石油化工科研试验工，技师）

技术点评：针对实验中出现的问题，进行分析，并改造实验设备。

（审稿专家：兰丽秋）

（5）检查火花塞火嘴和火焰情况。在更换3个火花塞火嘴和增加或减少其垫片数量的过程中，均出现过点火成功的情况，所以点火失败的直接原因与火花塞点火嘴及其垫片数量没有直接联系。

（6）1#机组两次故障停机都是因为提速过程中PIT–229值大于PIT–228值，现场检查PIT–228和PIT–229两个变送器，发现PIT–228变送器仪表盘阀组的放空阀阀杆损坏，阀门处于半关状态（图2）。于是将整个仪表盘进行了更换，之后，连续五次启动，均成功点火。点火失败的根本原因是PIT–228变送器因检测气体泄漏，导致测量不准确。

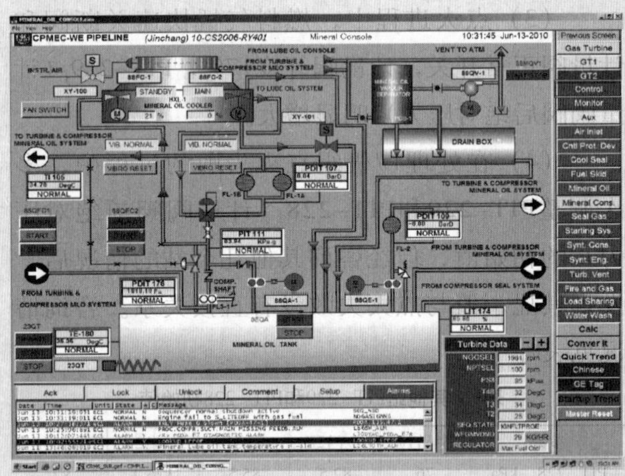

图1　1#机组报警

图2　放空阀阀杆损坏

原因分析：PIT–228仪表盘更换前、后，启动过程主要参数趋势见图3、图4。

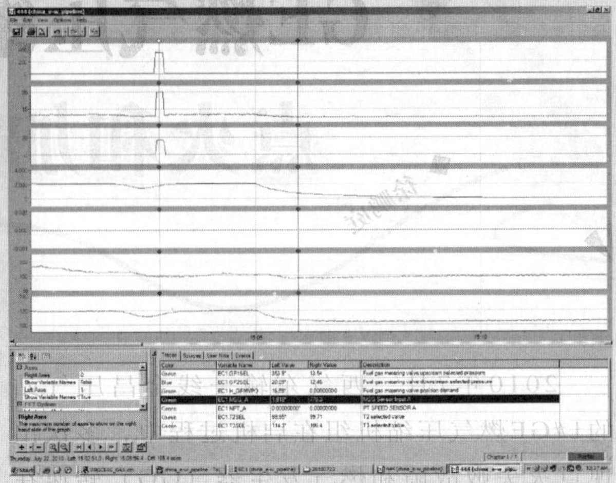

图3　PIT–228仪表盘更换前，点火过程中参数趋势

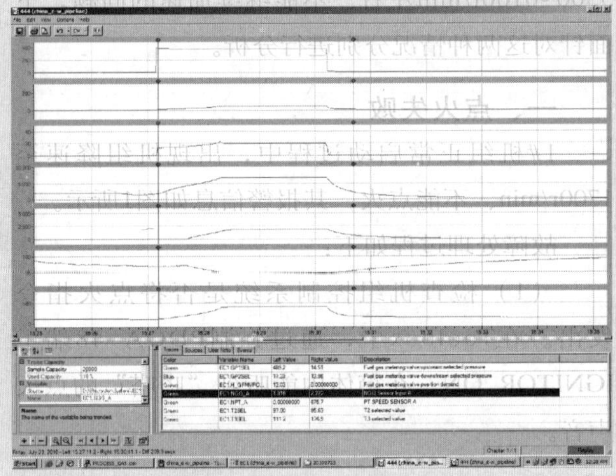

图4　PIT–228仪表盘更换后，点火过程中参数趋势

点火过程中，GG转速在1816r/min。点火失败和成功主要参数的比较见表2。

表2　点火失败和成功参数对比表

比较	PIT–228值psi①	PIT–229值psi	计量阀ZC–331开度%	GG转速r/min	动力涡轮（PT）转速r/min	GG加温度T2值°F	GG出口温度T3值，°F
点火失败	353.9	20.09	16.59	1818	0	99.95	114.3
点火成功	489.2	17.23	13.03	1816	0	97	111.2
差值	135.3	2.86	3.56	2	0	2.95	3.1

①1psi=6.895kPa。

从表2可以看出：点火成功和失败计量阀阀前压力PIT–228的差值为135.3psi，差值明显较大；而计量阀阀后压力PIT–229和计量阀开度，因PIT–228压力减小、控制系统相应将计量阀开度增大，使得PIT-229的值满足要求，但最后PIT-228和PIT-229压力仍不能满足点火要求，导致启动点火失败。

二、GG转速在5300~6100r/min左右，不能继续加速

启动过程中，GG转速经常在5300~6100r/min左右，无法继续升速，随后启动失败。报警信息见图5。

具体处理过程如下：

（1）校准VSV调节机构软件（图6），工作正常。

（2）通过强制ZC-331，比较反馈信号ZT-331，发现计量阀工作正常。

（3）在Toolbox中检查逻辑，在启动过程中，有120s的计时，如未达到怠速转速，则启动程序终止。将120s延长到150s，启动仍不能加速至怠速。

（4）怀疑GG本身的问题，效率下降。对GG清洗后，没有明显的改善。

（5）GG加速至5600r/min时，计量阀开度显示21%，不继续增加阀门开度。

（6）更换PIT-228压力变送器后，GG成功加载。

原因分析：

（1）PIT-228仪表阀组放空阀没有关闭，使得PIT-228测量的压力不准确，机组保护停机。

（2）火花塞的火嘴烧蚀情况和传焰质量，也是另一个点火失败的原因。所以机组在4000h和8000h维护保养过程中，需增加点火器的检查。

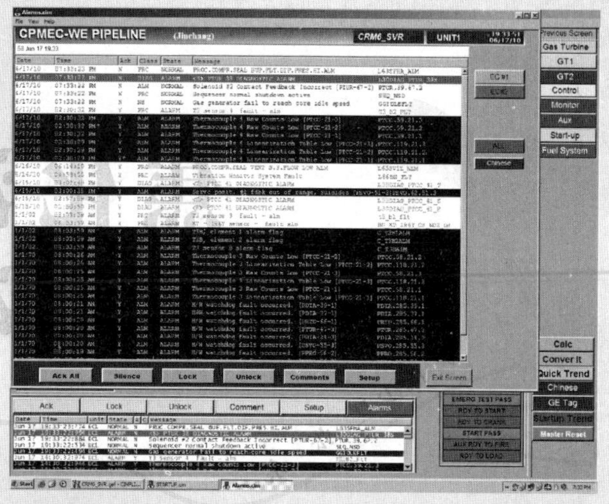

图5 报警信息

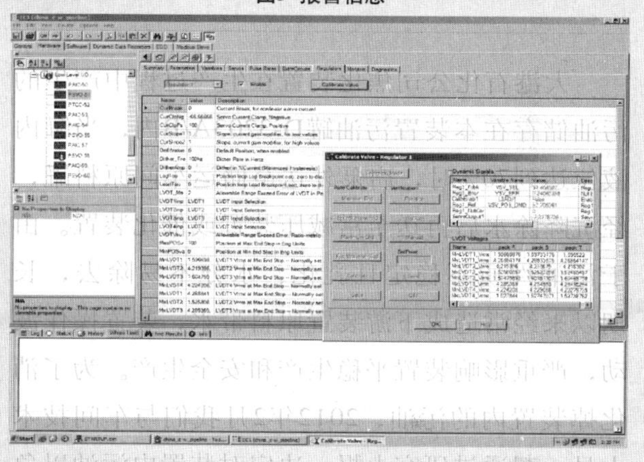

图6 调节机构软件

（作者：管道局投产运行公司，工程师）

技术点评：本文分析了GE燃气轮机点火失败和加载失败的故障原因，给出了解决办法，对同型机组的运行维护工作有指导意义。

（审稿专家：吴忠良）

焦化污油作急冷油回炼

■尚少卫 张 东

大港石化公司焦化装置在生产过程中产生的污油储存在本装置污油罐D-3203A/B内，当罐内液位达到70%时，启泵外送至储运车间原料罐，经沉降除水后再送至常减压装置或催化装置。由于污油性质不稳定且乳化、水分不易除去，长期以来经常造成下游装置原料带水，装置操作波动，严重影响装置平稳生产和安全生产。为了消化掉装置内的污油，2012年2月我们与车间技术人员一起通过研究上报，决定对装置内污油以急冷油回注的方式进行回炼。

一、污油作急冷油前期准备及条件确认

（1）污油急冷油线扫线贯通、试压。2月23日蒸汽扫线贯通、试压完毕，试验压力0.85MPa。工艺管线及静密封点检查无泄漏。

（2）污油作急冷油切换操作卡编制、审批。2月24日急冷油污油、中段蜡油切换操作卡（临时）编制完毕，并经过车间领导审核。

（3）污油罐D-3203A升温后静置除水，2月27日D-3203A污油化验分析含水1.5%，小于车间暂定指标2%。

（4）D-3203A液位53%，现场检尺空高5.8m左右，基本相符。

二、试验过程

焦化装置2月27日10:30左右污油作急冷油切换，抽D-3203A内污油，起始液位52.7%，投用后现场检查，无泄漏点。

10:50左右焦炭塔顶压力明显升高，北塔塔顶压力从0.187MPa升高至0.193MPa；同时分馏塔顶含硫污水外送量从9t/h升高至14t/h。约10min后，焦炭塔顶压力及含硫污水外送量恢复正常值。判断为扫线贯通后管线内存水在焦炭塔内汽化造成压力短暂升高。污油作急冷油流量控制在4~6t/h，分馏塔顶含硫污水外送量无明显变化。

由于中段回流量减少了8~10t/h，造成解吸塔底热源不足，解吸塔底温度从135℃降至125℃左右，同时造成稳定系统的温度波动。调整补充吸收剂量，系统逐渐恢复正常。

D-3203A液位送至30%左右，18:50左右切换回中段回流。

三、试验结果

初期含水量较大造成了反应系统、分馏系统压力迅速波动，证实污油作急冷油含水量是必须严格控制的指标。污油含水量不大于1.5%时作急

冷油，对焦炭塔顶压力及分馏塔顶压力没有产生较大影响。车间暂定污油作急冷油的含水指标为不大于2%。

试验期间工艺管线及静密封点没有发生泄漏。

污油作急冷油流量控制在4~6t/h，证实污油温度加热至80℃左右时，焦化入炉量165~168t/h的情况下，能够满足防焦器的设计流量下限指标（3.5t/h）。

污油流程分析：初馏点146℃，50%回收温度367.5℃，密度（20℃）为931.1kg/m^3。

共回炼污油约60t，当日加工量3478t，总液收率73.29%，蜡油收率17.57%，回炼量与总液收率增加量相符合，与蜡油收率增加量基本平衡，说明污油中大部分组分为蜡油组分，并能够充分回收。

四、待解决的问题

（1）污油回炼期间解吸塔底热源不足。污油回炼期间表现出解吸塔底热源不足，影响到稳定系统操作及产品质量的控制。该问题需要通过解吸塔底热源的技术改造来解决，需要相关部门和设计单位共同努力解决。

（2）污油脱水难度较大，时间长，效果差。车间提出建议，在污油罐流程合理的位置添加破乳剂，合理选型，实现短时间、高质量脱水。这需要相关部门协助解决。

（3）污油回炼期间中段、蜡油急冷油管线防冻凝。目前中段回流、蜡油作急冷油的管线没有蒸汽伴热，在投用污油作急冷油的期间，E-3107至10m平台的管线易发生凝线。该问题在检修期间车间可自行解决。

（4）加热炉进料量影响污油作急冷油流量。焦化加工量较低时，入炉量相应降低，急冷油量相应减少，入炉量降低至特定值后，污油作急冷油的流量将不能满足设计流量的下限指标，这会影响防焦器的防焦效果。所以要严格控制生产塔的安全高度，不小于3.8m。

（5）污油泵备用泵量不足。车间已联系维护部门进行处理，力图达到良好备用状态。

（作者：尚少卫，大港石化公司第一联合车间，常减压蒸馏装置操作工，技师；张东，大港石化公司第一联合车间，常减压蒸馏装置操作工，高级技师）

技术点评：工作有探索性，但污油物性波动、回炼间歇操作，风险大。

（审稿专家：张彦）

外取热器管束损坏原因分析及处理措施

■赵立群

催化裂化装置外取热器的作用是取走再生器内烧焦放出的多余热量，使再生器密相温度控制在690~720℃。为了提高掺渣量，提高催化装置的运行效益，1998年9月，我厂催化裂化装置增设了外取热器，掺渣比提高至20%。2001年6月，采用UOP技术对装置进行扩量改造后，使加工能力达到80×10^4t/a，掺渣最高可达38.5%，大大提高了装置经济效益。之所以能达到如此高的掺渣比，是因为再生器烧焦后的多余热量可以通过外取热器取出来，使装置达到热平衡。我厂采用的是下流管壳式外取热器，管束内侧走水和蒸汽，管束外侧走高温催化剂，这样内外介质通过管束换热。在外取热器壳体的出入口分别装有控制催化剂流量的滑阀，通过调节催化剂的循环量来达到控制取热量的目的。

外取热器一旦出现故障，不但影响装置平稳操作，更重要的是会威胁到人员及设备的安全。而要想彻底处理或更换炉管，就必须等停工卸料后才能实施，这给装置长周期稳定运行带来挑战。

该装置外取热器属于下流式外取热器，上滑阀控制催化剂循环量，下滑阀控制外取热料位，外取热采用密相操作，因此必须使用增压机输送外取热流化风进入外取热器底部进行流化。在密相操作方式下，必须开增压机，每年电耗130万元。1999年停用增压机，采用稀相操作，一直运行到2005年9月，发现外取热炉管泄漏。

一、操作分析

外取热器的热水循环量是其安全运行的一个关键操作参数。装置采用的是14组并联的炉管，必须保证有充足的上水量，使每根炉管都有充足的水量，防止出现炉管缺水造成炉管表面超温。我单位外取热器原设计外取热采用强制循环，热水循环倍率大于10。因此，外取热发汽量在18~26t/h，热水循环量在260t/h以上。在实际操作中，一直保持装置的热水循环量在操作范围内。具体热水循环量的显示见图1。

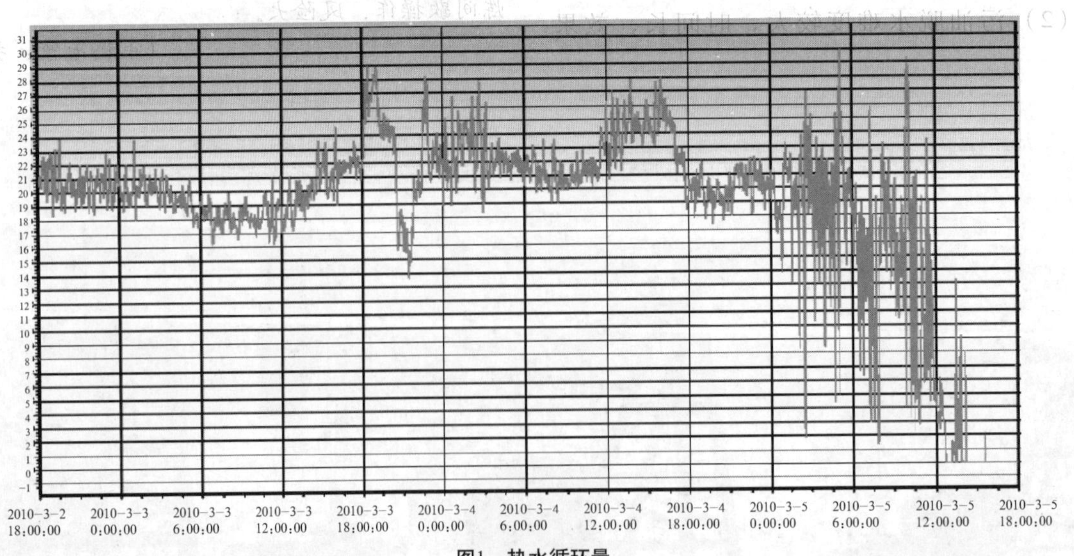

图1　热水循环量

热水循环量一直保持在300t/h，满足热水循环倍率要求。

综合以上分析，外取热器负荷在设计范围之内，操作参数运行正常。而炉管泄漏，与制造质量和安装质量有关，另外，催化剂在外取热器内部的旋流分布不均匀造成磨损也可能导致炉管泄漏。从以往泄漏位置看，均在北侧，磨损造成炉管泄漏的位置均靠前部。本次炉管泄漏在中后部，与历次炉管损坏的区域不同。

二、损坏原因分析

我厂外取热器采用稀相操作。稀相操作停用了增压机，节能效果显著，同时具有发汽量大、操作灵活等特点，避免了密相操作事故状态下，外取热大量催化剂进入再生器或反应器，造成这两器料位短时间升高，催化剂大量跑损到三旋、分馏塔，导致装置停工。但稀相操作催化剂循环量大、流速快，易造成管束磨损。

2006年5月大检修中，我们对更换的管束进行仔细观察，发现局部冲蚀破坏对管束的影响非常大，并且具有一定的规律性。下面对外取热器管束分布图（图2）做详细说明。

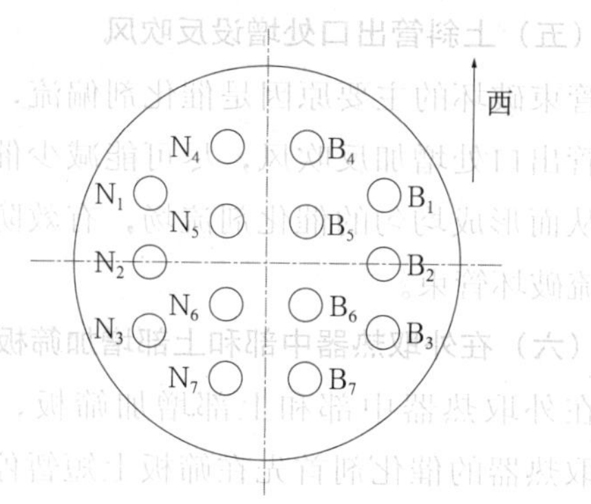

图2 外取热器管束分布图

2006年大检修时对管束进行了全面更换，表1为更换时管束局部冲蚀磨损区域统计表。

表1 管束局部冲蚀磨损区域统计

区域	B_1	B_2	B_3	B_7	N_7	N_3
冲蚀磨损长度 cm	0～20	45～115	325～385	400～445	525～565	610～630（最底部）

从表1看出，从上斜管进入外取热器的高速催化剂严重偏流并按照螺旋方向下降。图3中小箭头的方向表示了外取热器中高速催化剂的流向。在正常生产时，上滑阀的开度在20%左右，拥挤在滑阀上部的催化剂通过阀板后在重力的作用下发生变向，B_4、B_5、B_1、B_2都会受到不同程度的冲蚀磨损。当催化剂冲击到外取热器筒体时，高速催化剂开始沿筒体做螺旋运动。从外取热器筒体内表面反弹的催化剂相继对B_1、B_2、B_3、B_7、N_7、N_3部位产生冲蚀磨损。冲蚀磨损的位置有所不同，但是破坏现象大致相同。图4为催化剂冲蚀磨损管束局部图。

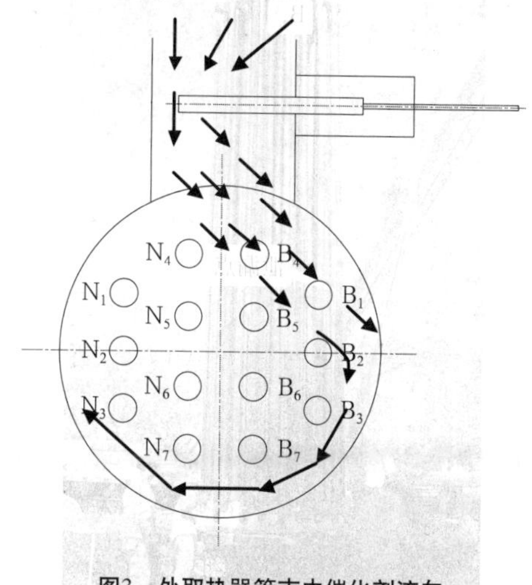

图3 外取热器管束中催化剂流向

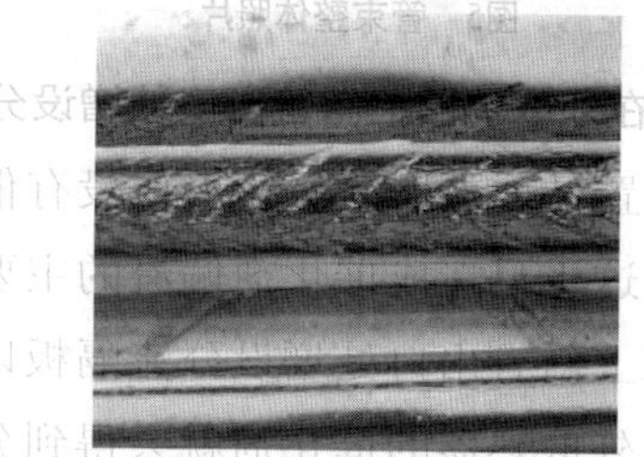

图4 催化剂冲蚀磨损管束局部图

2009年大检修，按检修计划对管束进行了更换，图5为更换管束的整体照片，泄漏的管束为B_3，泄漏处有明显的催化剂冲蚀现象，泄漏点在管束365cm处（2006年发现的冲蚀范围在325～385cm之间），并且泄漏点靠近外取热器筒体一侧。这与损坏原因分析完全吻合。

三、处理措施

高速催化剂偏流对管束的冲蚀是我厂外取热器管束损坏的主要原因，在这里提出以下几方面的解决措施。

（一）上滑阀采用双动滑阀

装置上滑阀为单动滑阀，使得催化剂下流时出现偏流现象。为了解决催化剂偏流，可以采用双动滑阀。由于双动滑阀的开度始终保持在滑阀的中央，这就使得拥挤在滑阀上部的催化剂在下流时不发生变向，高速催化剂从中央进入外取热器后不会发生螺旋流动，当然冲蚀现象就不会发生了。

图5　管束整体照片

（二）在外取热器上斜管出口处增设分流隔板

目前装置外取热器上斜管出口没有催化剂的导流装置，这也是造成催化剂偏流的主要原因。在外取热器上斜管出口处增设分流隔板以后，从上滑阀进入外取热器的催化剂就会得到分流，使得催化剂扇形铺开，会对解决催化剂偏流有很好的作用，如图6所示。

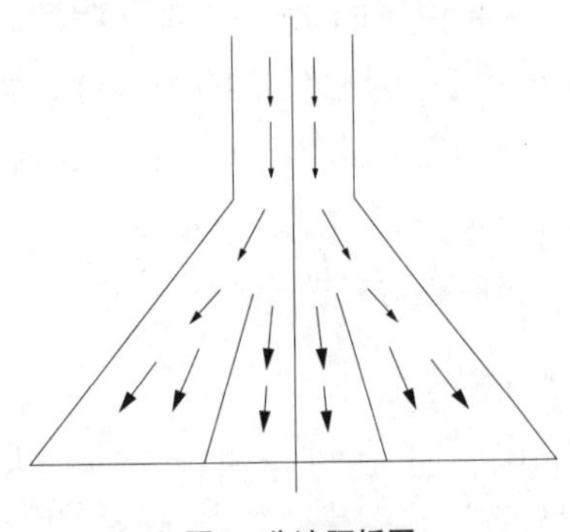

图6　分流隔板图

（三）在取热管束上增设翅片

如图7所示，在取热管束上增设翅片，不仅有利于防止管束外表面磨损，增强传热，还能防止催化剂偏流对管束的冲蚀。增设翅片后，有效地阻止了催化剂周向运动，从而减小高速催化剂对管束的冲蚀破坏。

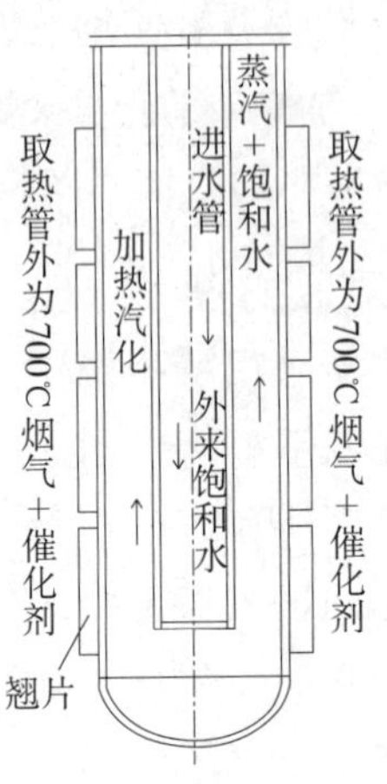

图7　翅片

（四）冲蚀区域局部加强防护

根据管束泄漏规律，对部分管束的特定部位进行加强处理，或者对部分管束设计制造加厚管，可有效防止管束冲蚀破坏。

（五）上斜管出口处增设反吹风

管束破坏的主要原因是催化剂偏流，如果在上斜管出口处增加反吹风，尽可能减少催化剂偏流，从而形成均匀的催化剂流场，有效防止催化剂偏流破坏管束。

（六）在外取热器中部和上部增加筛板

在外取热器中部和上部增加筛板，使得进入外取热器的催化剂首先在筛板上短暂停留，然后均匀分布下落，使得管束处于均匀“淋浴”状态，彻底杜绝催化剂偏流和炉管热负荷不均匀的问题。

（作者：克拉玛依石化公司炼油第一联合车间，催化裂化装置操作工，技师）

技术点评：问题有代表性，分析较细致。

（审稿专家：张彦）

氩弧焊产生气孔原因分析及处理方法

◆周 健

氩弧焊是以惰性气体"氩气"作为保护气体的一种电弧焊方法。氩气从喷嘴中喷出，在焊接区形成惰性气体保护层，隔绝了空气的侵入，从而对电弧及熔池形成保护。

氩弧焊焊接方法有很多优点：保护效果好，焊接质量高，不会产生飞溅，焊缝成形美观；焊接变形小，可实现单面焊双面成形，保证根部焊透，能进行各种位置的焊接；可以焊接各种金属和合金；电弧燃烧稳定，明弧操作，无熔渣，容易实现自动化。因此，氩弧焊在实际生产中得到广泛应用。但由于氩弧焊抗风能力弱，对铁锈、水、油污特别敏感，对气体的纯度、坡口清理、焊接工艺等要求严格，容易产生气孔。以下结合实际生产，对氩弧焊焊接出现气孔问题进行分析，并提出一些处理方法和注意事项。

一、氩气及焊枪的影响

（一）氩气不纯

焊接碳钢的氩气纯度不低于99.7%，焊接铝不低于99.9%，而焊接钛和钛合金用的氩气纯度需达99.99%。

检测氩气纯度的方法：在打磨干净的钢板或管子上不加焊丝进行焊接，然后在焊道上多次重熔，如果有气孔，则说明氩气不纯。

焊接时，电弧周围有非常小的火星也说明氩气不纯。

焊接时钨极端部为银白色，说明保护效果好，如果钨极发蓝，说明气体不纯或者保护效果差。

在镍板上点焊数点，焊点呈银白色，表面如镜面，则说明氩气合格。

（二）氩气流量

氩气流量过小，抗风干扰能力弱；流量过大，气体流速太大，经过喷嘴时形成的近壁层流很薄，气体喷出后，很快紊乱，而且容易把空气卷入，对熔池保护效果变差。所以氩气的流量一定要合适，气流要稳定。氩气流量=喷嘴直径×（0.8～1.2）。

（三）气带漏气

气带接口或者气带漏气都会造成焊接时气量过小、空气被吸入气带内，从而造成保护效果不好。

（四）风的影响

风稍大，会使氩气保护层形成紊流，从而导致保护效果不佳。因此，风速大于2m/s时要采取防风措施。焊接管子时，要把管口堵住，避免在管内形成穿堂风。

（五）焊枪喷嘴的影响

喷嘴直径过小，当电弧周围的氩气有效保护范围小于熔池时，就会造成保护不好而形成气孔。尤其是野外作业、焊接大管子时，更要用较大直径的喷嘴和气体流量。喷嘴直径（mm）=2×钨极直径+4。

（六）焊枪喷嘴与工件的距离

距离小，对侧风的影响敏感度小。距离大，抗风能力弱。

第一层焊接时，由于坡口的保护作用，不会

出气孔，但在盖面时，焊枪喷嘴与工件距离大就会出气孔。

（七）气瓶压力太小

气瓶内压力小于1MPa时应停用。

（八）焊枪角度太倾斜

焊枪角度太倾斜，一方面把空气带入，另一方面造成长弧侧保护效果不好。

（九）氩气瓶减压表影响

气瓶减压表出气不稳，忽大忽小，也会出现焊接气孔。

（十）焊枪配件不合适

钨极夹不配套、堵塞气路不流畅，保护气从喷嘴的一侧流出，不能形成完整的保护圈，造成气孔。

（十一）操作方法的影响

用带控制按钮的氩弧焊焊枪时，在焊接前要先放气，以免气带内憋的压力过大，在引弧时造成出气流量瞬间过大，造成气孔。

二、焊接材料、材质以及钨极的影响

（一）焊丝型号的影响

一般的碳钢用H08Mn2SiA焊丝，不能用埋弧焊用的H08A焊丝，否则会出现断续或者连续状的气孔。

（二）焊丝不干净

焊丝表面有铁锈、油污、水，都造成焊缝内出现大量的气孔。

（三）板材或管材质量问题

有夹层的板材，夹层中杂质引起气孔。沸腾钢（含氧量大，杂质多）不能用氩弧焊焊接。

（四）引弧时电弧上爬造成保护不好

使用高频引弧的设备时，刚引弧时钨极端部温度低，不具备足够的热发射电子能力，电子容易从有氧化膜的地方发射，沿电极上爬寻找有氧化物的地方发射，此时造成电弧变长，氩气对熔池的保护变差。当钨极的温度上升后，电子便从钨极的前端发射，电弧弧长相应变短。只要把钨极表面上氧化物打磨干净就可以排除这种影响。

（五）钨极端部的影响

钨极端部不尖，电弧漂移不稳定，破坏氩气的保护区，使熔池金属氧化产生气孔。

三、焊接工艺的影响

（一）坡口清理

坡口面以及坡口里外侧10mm都要打磨干净，避免焊接时电弧产生的磁性把熔池附近的铁锈吸入熔池。

（二）焊接速度的影响

焊接速度过快，由于空气阻力对保护气流的影响，氩气气流会弯曲，偏离电极中心和熔池，对熔池和电弧保护不好。因此焊接速度快时，同时应增大气体的流量。

（三）收弧方法的影响

收弧时采用衰减电流或加焊丝、把电弧带到坡口侧并压低电弧的收弧方法，不要突然停弧，否则会造成高温的熔池脱离氩气的有效保护，弧坑出现气孔或缩孔。

（四）电流的影响

电流太小，电弧不稳定，电弧在钨极的端部不规则漂移，破坏保护区。如果电流值超过了相应直径的钨极许用电流，由于电流密度太大，钨极端部温度达到或者超过了钨极的熔点，钨极端部熔化，并在钨极端部形成圆球形，此时电弧在钨极端部漂移，很不稳定，这不仅破坏了氩气保护区，而且容易形成夹钨缺陷。

（五）钨极伸出长度的影响

喷嘴离工件的距离越近，保护效果越好；钨极伸出长度太长，氩气对电弧和熔池保护效果变差。钨极的伸出长度应为5～6 mm。

四、总结

手工氩弧焊焊接时出现气孔的因素虽然较多，但只要了解氩弧焊的特点，根据实际情况逐一排查影响因素，搞清楚所有引起氩弧焊气孔的因素，就能在实际生产中提高焊接质量。

（作者：西南油气田公司输气管理处，焊工，技师）

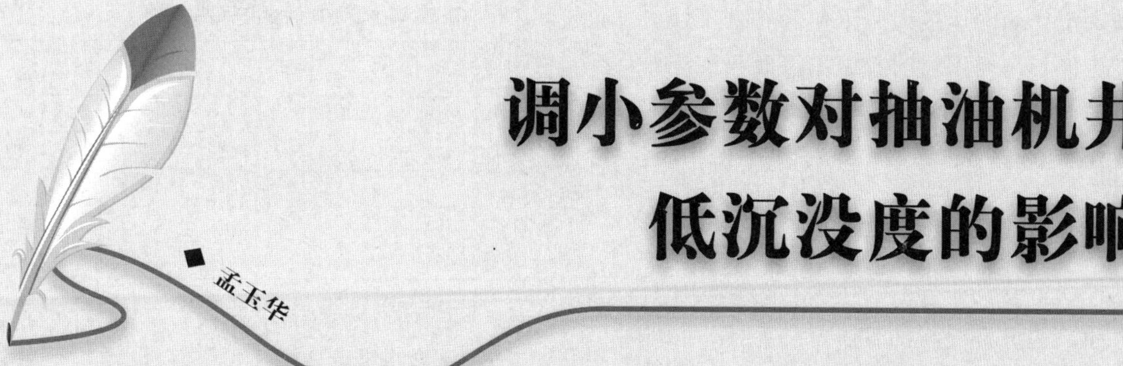

调小参数对抽油机井低沉没度的影响

◆ 孟玉华

一、低沉没度抽油机井调小参数的必要性

采用较大的地面生产参数，会产生较高的生产压差，从而在井底产生较低的沉没压力，导致泵效降低。特别是产气量比较高的井，更应提高沉没度来增加流动压力（流压），以防止在井筒地层附近形成脱气圈，导致流体黏度增加；同时，这些井沉没度较低，沉没压力与流压低，原油在地层提前脱气，产出液在井筒内甚至在泵内析蜡，从而造成杆、管甚至泵结蜡，严重结蜡会加大抽油杆柱下端的集中轴向压力，从而容易造成杆、管偏磨。调小参数可以改善这种状况，但调小参数是以降低生产能耗和设备损耗以及调整开发状况为目的的调整措施。抽油机井调小参数后产量和含水都会相应地发生变化，因此有必要对其原理进行研究。

2013年开始，我队抽油机调小参数25井次，平均单井日产液降低了3.2t，平均单井日产油降低了0.6t，综合含水上升了0.54%，平均单井沉没度上升了197.3m，数据见表1。

表1　调小参数井效果对比

时间	日产液 t	日产油 t	含水 %	泵效 %	沉没度 m	排量 m^3/h	平均冲程 m	平均冲次 次/min	平均泵径 mm	流压 MPa	单井日增液 t	单井日增油 t
调参前	1222	139	88.6	38.32	67.2	122.3	3.9	7	62	1.94		
调参后	1142	124	89.14	51.37	264.5	81.1	3.55	5.1	62	2.86		
差值	-80	-15	0.54	13.1	197.3	-41.2	-0.4	-1.9	0	0.9	-3.2	-0.6

调小参数后，示功图全部得到了改善。

二、调小参数是缓解低沉没度抽油机井供排矛盾的有效方法

理论研究表明，当抽油机参数过高、流动压力低于一定下限值时，流动饱和压差过大，由于气体的流度大于液体的流度，将会使油层严重脱气，在油井附近形成脱气圈。脱气圈内原油黏度大幅上升，采液指数降低，从而严重影响原油最终采收率。因此，为提高油井产量，井底应保持一定的压力。

对于受地层条件的限制，水井无法提高注水、油井供液能力小于产出能力的井，采取调小参数来缓解供排矛盾，是比较经济实用的办法。

三、参数优化

在满足产量要求的前提下，应尽可能先调冲次，因为冲次高时有以下缺点：

（1）增加了抽油机的动载荷。在负荷计算公式中，抽油机动载荷公式是：

$$p_{动}=p_{杆}Sn^2/1440$$

式中　$p_{动}$——动载荷，kg；

$p_{杆}$——杆柱在空气中的质量，kg；

S——冲程，m；

n——冲次，min。

由此可见，动载荷与冲次的平方成正比。冲次增加之后，动载荷将按平方的规律增加，这会引起杆柱和地面设备的强烈振动，容易造成损坏。

（2）如果活塞在工作筒中向上移动的速度

比液体进入工作筒的速度大，工作筒将来不及充满液体。这样，活塞下行时将撞击液面而引起杆柱振动。因此，冲次过高，不仅会降低泵的充满程度，而且容易损坏设备。

（3）如果冲次超过一定数值，即当光杆下行速度超过杆柱在液体中靠自身重力下降的速度时，抽油杆柱就受到相当的挤压力，极容易使杆柱发生弯曲，造成杆柱与油管内壁的摩擦，影响杆、管的使用寿命。

（4）冲次太高时，杆柱受到改变运动方向的影响次数太多，容易发生弹性疲劳，缩短抽油杆的使用寿命，产生断杆。

综上所述，抽油机调小参数时应尽可能先下调冲次；在满足产量要求的前提下，应尽量采用长冲程。采用长冲程有以下优点：

（1）可按比例地增加泵的排量。在井内液流充足的条件下，可以降低动液面以提高油井产量。

（2）冲程增加后，由于减少了防冲距与冲程的比值，因而减少了气体的不良影响，可以提高抽油效率。

（3）冲程增大，活塞移动速度高，对于已受到磨损的泵，可以减少液体的漏失量，可以在某种程度上延长抽油泵的使用寿命。

四、调小参数对油井含水的影响

随着调小参数后生产时间的延长，井底压力上升，全井的生产压差越来越小。大庆油田开采到现在，老区油田的主力油层基本全是高含水层。随着生产压差的降低，薄、差、低含水油层的压力可能与全井的井底压力相近，因而出油少甚至不出油；而高压层虽然产量有所降低，但所受影响不大，从而导致全井含水上升。

当调参完生产一段时间后，调参油井的井底压力尤其是高含水层的压力恢复到一定压力时，油井井底压力不再回升，水驱动力场趋于稳定，注入水在地层中的渗流速度降低，含水趋于稳定。根据我队25井次实际情况统计，这个时间大约为2个月（表2）。

表2　调小参数井调参前后数据对比

时间	日产液 t	日产油 t	含水 %	泵效 %	沉没度 m	排量 m^3/h	平均冲程 m	平均冲次 次/min	平均泵径 mm	流压 MPa
调参前	1222	139	88.6	38.32	77.2	122.3	3.9	7	62	1.94
调参后初期	1142	124	89.14	51.37	264.5	91.1	3.55	5.1	62	2.86
1个月后	1138	124	88.9	51.32	226.04	91.1	3.55	5.1	62	2.12
2个月后	1132	121	89.3	51.24	295.5	91.1	3.55	5.1	62	3.2
3个月后	1128	121	89.26	51.21	271.96	91.1	3.55	5.1	62	2.9

五、实际调小参数井分析

（一）按含水进行分析

统计分析2013年至2014年4月底调小参数的25井次，不同含水值调小参数前后数据见表3，含水变化曲线见图1。

表3　不同含水值调小参数前后数据对比

调参前含水 %	井数	时间	日产液 t	日产油 t	含水 %	单井日增液 t	单井日增油 t
70~80	4	调前	136	26	79.40	-0.25	-1.25
		调后	135	21	83.30		
		差值	-1	-5	3.90		
80~85	5	调前	209	36	81.34	-2	-0.8
		调后	199	32	83.12		
		差值	-10	-4	1.78		
85~90	7	调前	286	36	87.20	-3.6	-0.42
		调后	261	33	87.67		
		差值	-25	-3	0.47		
90~95	9	调前	591	41	92.58	-4.9	-0.33
		调后	547	38	93.00		
		差值	-44	-3	0.42		

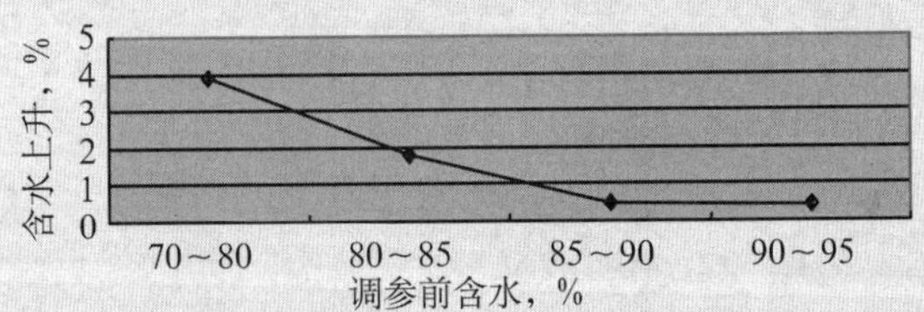

图1　不同含水值调小参数含水变化曲线

由表3及图1可以看出，按调参前含水的不同，含水上升值呈现有规律的变化，调参前含水越高的井，含水变化值越小，产液量下降得越多，产油量下降得越少。比如，调参前含水小于80%的井，含水上升3.9%，日产油降低1.25t。随着调参前含水的逐渐升高，调参后含水上升值逐渐降低，影响产油量逐渐减少。当调参前含水上升到85%以上时，调参后含水上升了0.47%，单井日产液降低3.6t，单井日产油降低0.42t，趋于稳定，也就是说，含水高的井调参前产油量是稳定的。

（二）按调参类别分析

按照调参类别即调冲程、调冲次分别统计日产液、日产油情况，如表4所示。

表4 调整冲程、冲次统计生产数据

项目	井数	时间	排量 m^3/h	日产液 t	日产油 t	含水 %	平均冲程 m	平均冲次 次/min	单井日增液 t	单井日增油 t
调冲次	18	调前	136.4	897	92	89.2	3.7	7.3	-3.33	-0.67
		调后	91.4	837	80	89.7	3.7	5.2		
		差值	-45.0	-60	-12	0.5	0	-2.1		
调冲程	7	调前	119.8	325	47	83.4	4.7	4.7	-2.86	-0.33
		调后	90.1	305	44	84.8	3.2	4.7		
		差值	-29.7	-20	-3	1.4	-1.5	0		

由表4可见，调冲次的井由于理论排量下降得较多，降液量和降油量都比调冲程井大。

（三）按调参前沉没度分析

由表5及图2至图5看出，按调参前沉没度的不同分区，日产液、日产油均随调参后沉没度升高而下降，沉没度回升得越小，泵效升高值也越来越小，含水回升较快。例如沉没度小于50m的井，调小参数后平均单井日产液、日产油分别下降了0.7t、0.3t，沉没度回升了224.7m，泵效升高了14.75%；而沉没度大于150m的井，平均单井日产液、日产油分别降了6t、0.9t，沉没度只回升了130.7m，泵效只升高了6.9%。由此可得出这样一个结论，沉没度低于150m的井应该调小参数，这部分井日产油降低很少，甚至部分井日产油增加。

表5 按调参前沉没度分级前后数据对比

调参前沉没度 m	井数	时间	日产液 t	日产油 t	含水 %	泵效 %	沉没度 m	单井日增液 t	单井日增油 t
<50	10	调参前	48.5	6.3	86.7	34.72	30.9		
		调参后	47.8	6.0	87.3	49.47	255.6		
		差值	-0.7	-0.3	0.6	14.75	224.7	-0.7	-0.3
50~100	8	调参前	49.4	5.5	89.2	39.86	80.7		
		调参后	46.9	4.9	89.9	50.71	270.9		
		差值	-2.5	-0.6	0.7	10.85	190.2	-2.5	-0.6
100~150	5	调参前	47.4	4.2	91.5	41.9	117.4		
		调参后	42.4	3.5	91.9	51.4	255.3		
		差值	-5	-0.7	0.4	9.5	137.9	-5	-0.7
150~200	2	调参前	52.5	5.5	89.9	45.5	153.4		
		调参后	46.5	4.6	90.4	52.4	284.1		
		差值	-6	-0.9	0.5	6.9	130.7	-6	-0.9

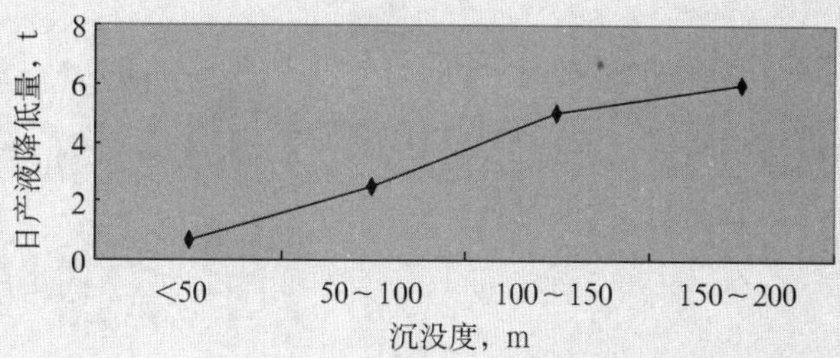

图2 调参前后日产液降低曲线

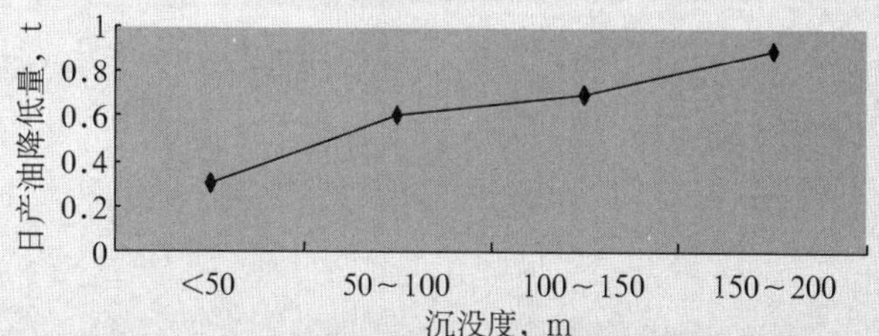

图3 调参前后日产油降低曲线

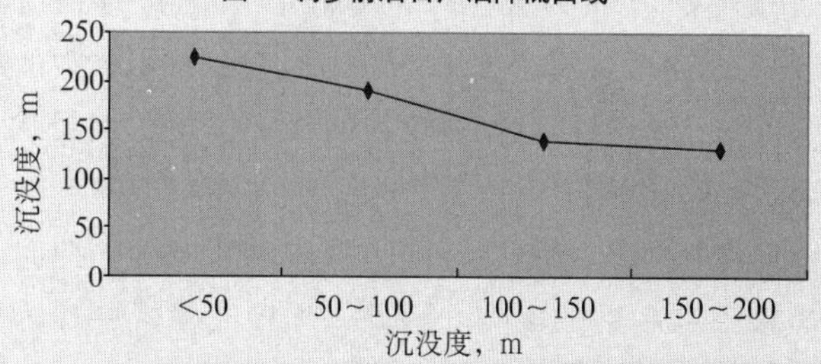

图4 调参前后沉没度恢复情况

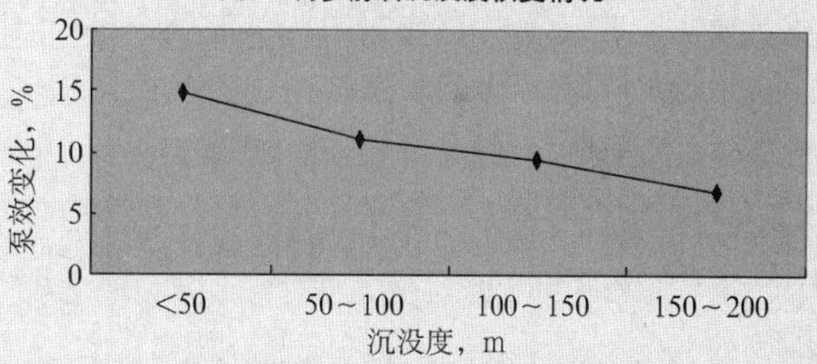

图5 调参前后泵效变化曲线

综上所述，调小参数应尽量选择含水大于85%、沉没度低于150m的井，这部分井在下调参数后产油量下降很小，部分井会稍有上升，而其他井调参应慎重。

六、几点认识和建议

（1）供液不足、沉没度和泵效都较低的井，通过调小参数来改善供排关系、达到供采协调是合理的。调后沉没度上升较多，泵效得到了提高，供排关系得到改善，产液量变化相对不大，但由于含水低的油层的静压比主力油层低，所以调小参数后，供给量下降较大，而主力高含

停气联头中纤维素焊条根焊的应用

◆王 帅 付雪松

输气管道停气联头（以下简称停气联头），是指输送介质为天然气的在役管道遇特殊情况需停止输送，并在空载状态下，用尽可能短的时间完成局部管道设施更换的施工作业。常规状态下，停气联头焊接工序会受管内残余气流、对口间隙不均匀、壁厚不同、管口椭圆度等一些对焊接不利因数的影响。因此，焊缝的根焊层最为关键，既要克服不利因素的影响，又要满足焊缝质量要求。它还是管道连接的首层焊缝，是停气联头中焊接难度最大的一层焊道，因此控制根焊质量是停气联头中保证焊接质量的重要保障。随着纤维素焊条在长输管道焊接中的不断推广及应用，其优良的焊接性、实用性、易操作性得到一致的认可，焊接合格率按目前实际使用的焊口统计达到了96%以上。纤维素焊条多次在停气联头根焊中的使用，证明其良好的适应性能满足停气联头中焊接质量的要求，其高效率的焊接速度保证了缩短施工时间的需求。

一、停气联头中影响焊接的不利因素

（一）管材因素

停气联头中，新旧管线的管材规格、型号偏

水油层供给量变化不大，因而下调参数后大部分井含水会上升。

（2）调冲次的井由于理论排量下降得较多，因此日产液量和日产油量都比调冲程井下降较大。

（3）调小参数后，井底压力回升，全井的生产压差越来越小，必然导致产量下降。理论排量下降越大，产量下降越多。

（4）冲程对悬点最大载荷和交变载荷的影响，相对来说比冲次的影响要小；另外，冲程大则冲程损失率变小，因此调小参数时尽量不要调冲程。

（5）参数调小后油井含水随原来数值逐渐增大而上升趋势逐渐减小，从而单井日增油逐渐增多。含水高特别是含水大于85%的井，调小参数后部分井产油量会上升；而含水低的井，调小参数产油量会降低。因此，含水较低的井调小参数要慎重合理，只要不是为了调整其供排关系，尽量不安排调参。

参考文献

[1] 王鸿勋，张琪，等. 采油工艺原理. 北京：石油工业出版社，1997.

[2] 李青，金东明，戈炳华. 机械采油技术管理方法. 北京：石油工业出版社，1994.

（作者：大庆油田公司第三采油厂，采油工，高级技师）

差，易造成管壁错边量较大、对口间隙不均匀等问题，在根焊过程中易产生未焊透、未熔合、裂纹等焊接缺陷。

（二）气流影响

停气联头施工中，根焊受气流影响较大。原管线中的天然气或置换的氮气与空气的密度不一样，同段管线多处施工点相对高度差较大以及切断阀关闭不严，根焊位置会因正压或负压状况而产生气体紊流，影响电弧的正常燃烧。严重时，管内存在残余天然气无法完全排空，会产生起火或打炮（指负压状况下外界空气进入管内与天然气混合爆炸）现象，从而导致根焊焊接困难，易产生气孔、夹渣等焊接缺陷。

（三）磁场影响

原天然气管线经过漏磁智能检测或其他因素导致管线自身被磁化，焊接时出现电弧磁偏吹现象，使焊接电弧偏斜，熔滴无法过渡到坡口根部形成熔池，严重影响根焊质量，易产生未熔合、气孔、夹渣等焊接缺陷。

（四）管内壁腐蚀影响

原天然气管线长期受H_2S腐蚀，在设备、管线上出现局部的腐蚀、穿孔、裂纹、管壁厚度减薄、坑(点)蚀严重等现象，S^{2-}的存在使钢中扩散氢量为无H_2S时的10倍，焊接低碳钢和低合金高强度材料时，焊缝熔敷金属中扩散氢含量是产生延迟裂缝的主要因素之一，此外，焊缝也易发生蜂窝状的密集小气孔。当焊缝中含硫量较高时，能形成硫化铁，以硫化铁形式存在于焊缝中的硫最为有害。在液态铁中，硫化铁和铁可以无限固溶。而冷却到固态时，其溶解度急剧下降，仅为0.015%~0.02%(质量分数)。因此，熔池结晶时，易发生偏析，形成低熔点共晶体。低熔点共晶体为Fe+FeS（熔点为985℃）或FeS+FeO（熔点为940℃），呈片状或链状分布于晶界。低熔点共晶体增加了焊缝产生裂纹的倾向，降低了焊缝金属冲击韧度和抗腐蚀性能，严重时还直接导致根焊焊缝产生结晶裂纹。

二、纤维素焊条特点

（一）使用特点

纤维素焊接适用于直径大于200mm以上的管道，焊接速度高，生产效率高，焊接质量高。焊接时，纤维素焊条所需焊接设备简单，易于搬运。

（二）电弧特点

纤维素焊条药皮成分中含有大量的造气剂，具有很强的造气功能。焊条燃烧时产生大量的气体，在保护电弧和熔池金属的同时，增强了电弧吹力与挺度，保证熔滴在全位置焊接时向熔池的稳定过渡，并阻止铁水和熔渣下淌，同时有较大的熔透能力。其抗风性能较强，四五级风以下不用保护措施也可施焊。综上所述，纤维素焊条电弧具有吹力大、挺度高、熔透性与稳定性好的焊接特性。

（三）工艺特点

纤维素焊条具有良好的焊缝成形能力和优异的填充间隙性能，对管道的对口间隙要求不是很严格，焊接的焊缝根部成形饱满，容易获得理想的背面成形；气孔敏感性小，还有较强的抗锈能力和抗潮性，只要包装良好，焊前一般不需烘烤，特别适合野外作业；熔敷金属的含氢量比较高，焊接时应注意预热温度和层间温度的控制，以防止冷裂纹的产生。

（四）操控特点

纤维素焊条焊接过程熔池清晰，便于全位置操作，操作技术灵活简单，焊工易于掌握，容易获得高质量的焊缝，是比较理想的根焊材料。

三、焊接工艺

（一）焊接材料

输气管线停气联头中使用的焊材一般为伯乐管道专用纤维素焊条E6010，其化学成分和力学性能见表1。

表1　E6010焊条化学成分及力学性能

焊条型号	全焊缝金属的标准分析			全焊缝金属的机械性能		
	C含量 %	Si含量 %	Mn含量 %	屈服强度 MPa	抗拉强度 MPa	伸长率 %
E6010	0.12	0.14	0.5	450	520	26

（二）焊前准备

（1）将管子内外坡口边缘两侧20~25mm范围内的油污、锈、水、切割氧化物和其他污物彻底清除干净，用角向砂轮机打磨出金属光泽，消除坡口内外两侧埋弧焊缝余高20mm以上。原管线内管壁受腐蚀的地方一定要先用丙酮清洗、打磨、加热去氢，减小焊缝产生裂纹、气孔等缺陷倾向。

（2）坡口技术参数见图1。修磨时坡口面一定要平整，否则容易产生未焊透等焊接缺陷。

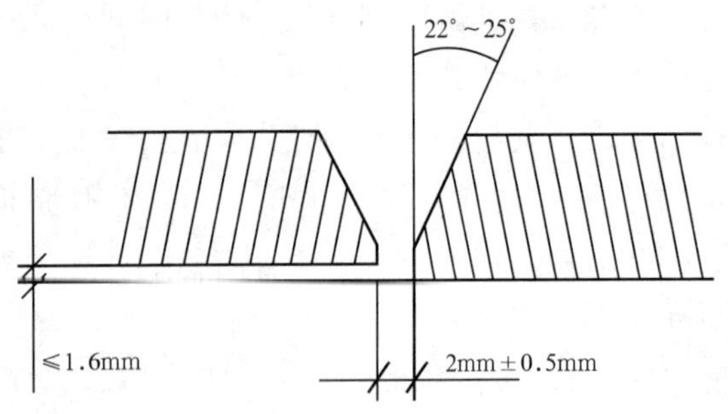

图1　坡口技术参数

（3）组对错边量应不大于1.6mm，对口间隙2mm±0.5mm，钝边应根据错边量大小适量调整。错边量大时适当增加间隙、减小钝边。螺旋焊缝管或直缝管对接时，两螺旋焊缝或直缝应错开100mm，以减小应力集中，确保焊接质量。

（三）焊接工艺参数

焊接工艺参数（以ϕ426mm×7mm的管道为例）见表2。

表2　焊接工艺参数

焊条型号	焊条直径 mm	电源极性	电弧电压 V	焊接电流 A	焊接速度 cm/min
E6010	3.2	直流正接	25~29	50~70	11~14
	4.0	直流正接	26~35	65~95	11~18

四、焊接操作

（一）预热、定位焊

如果管壁较厚、材质冷裂倾向大或者气温较低，焊前必须按规定进行预热。焊条应从坡口内引弧，不可以在母材表面上引弧。若管线带磁，可以采用引弧板上引弧再带入坡口间隙。定位焊缝应分布均匀，长度要大于100mm，保证焊透，无焊瘤，熔合良好，无焊接缺陷，并要求定位焊缝接头两端用角向砂轮机修磨成圆滑的U形，便于接好接头。

（二）焊接方向与顺序

采用水平固定手工电弧向下焊。管口组对情况较好、管径较大时，可采用两人对称同时施焊；若管口组对情况较差，可根据焊缝收缩情况来确定焊接顺序；管径较小时，焊接应尽量从平焊位或间隙较窄处开始。

（三）操作技巧与缺陷控制

纤维素焊条在平焊位起焊时，应超过12点中心处约10mm。焊条要求和管道轴线成90°夹角，并指向轴心，如图2所示。焊条与工件表面夹角随着焊接位置的变化而不断改变，如图3所示。正确的焊条角度是保证根焊背面成形和减少焊接缺陷的关键。焊条在燃烧过程中，作小的左右摆动或作小的反月牙运条，尽量保证每次引燃后一次焊完。运条时，电弧应在熔孔中，熔孔保持在焊条直径大小或控制在每侧坡口钝边熔化1~1.5mm左右为宜，速度要均匀。仰位焊接时，电弧应顶着铁水，不致产生内凹缺陷。当间隙过大或下拉过快、熔池温度过高时，可用往返运条或息弧焊操作。通过调整焊条角度、焊接速度等参数来控制熔池温度和熔孔大小，可消除部分焊接缺陷，见表3。焊接过程要注意是否有电弧击穿管坡口钝边所发出的“扑、扑”声以及正面熔池状态，据此来判断焊缝背面成形情况。在确保管内成形良好无未焊透、未熔合等缺陷的情况下，可加大焊接速度，以防焊道温度过高，背面焊缝产生焊瘤与塌陷。接头时，焊条运行到弧坑边缘根部时要将电弧尽量压低，稍停一会儿，随后恢复正常运条。焊条运行到定位焊交接处向里压，稍停后向前走，收弧时不能瞬间拉断电弧，应加快下移，并逐步拉长电弧，直至电弧熄灭，避免形成大的收弧坑和收弧缩孔。焊缝完成总长度一半后才可撤除外对口器，且焊缝厚度不能太小，防止产生裂纹。

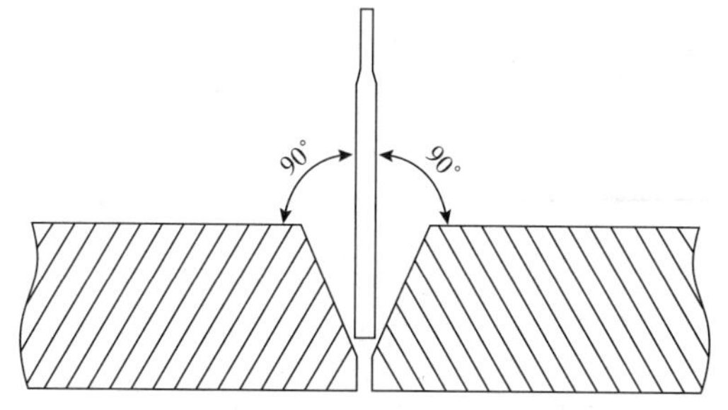

图2　焊条与管道的相对位置

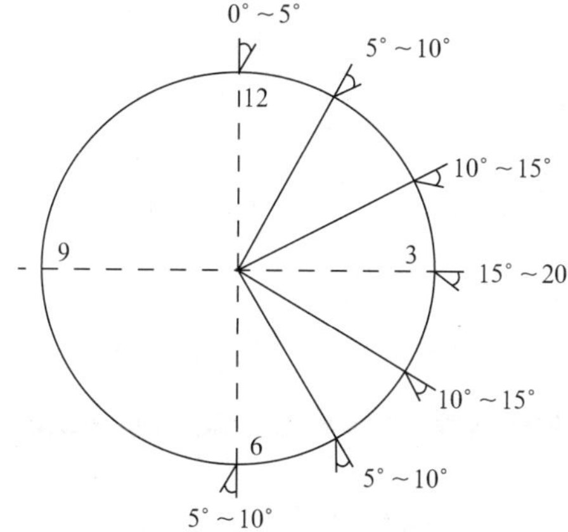

图3　焊条与工件表面的夹角

表3　焊接缺陷与焊接参数的关系

缺陷种类	焊接电流	电弧长度	电源极性	坡口间隙	坡口角度	钝边	错边
未焊透	增大	减小	正接	增大	增大	减小	减小
裂纹	减小	无影响	反接	无影响	无影响	减小	减小
缩孔	减小	减小	反接	增大	增大	减小	减小
内咬	减小	减小	反接	减小	减小	增大	减小

（四）特殊情况处理

若焊接过程中出现管壁带弱磁、坡口间隙或钝边不一致，可以利用纤维素焊条吹力强、挺度高、熔透性好的焊接特性，适当增加焊机推力电流输出，使熔滴过渡时有足够大的过渡推力，能有效减小磁场、气流对焊接过程的不利影响。仔细观察焊条电弧在管坡口内两侧燃烧状况，通过调整焊条与管道的夹角以及保持短弧，可以使焊条电弧正常穿透坡口钝边；否则，易发生内咬边、未焊透等焊接缺陷。此外，受气流影响时，除尽量压低电弧，还要求根焊最后收尾焊接段（即封口段）要合理，正压选择在上爬坡—平焊位置，负压选择在立焊位置；否则，易造成内凹、焊瘤、未熔合等焊接缺陷。

五、结论及建议

（1）纤维素焊条在停气联头施工中具有良好的根焊性能，尤其是电弧挺度强，具有一定的抗磁、抗气流等焊接特性，是其他焊条不具备的。

（2）纤维素焊条焊接质量好、速度高、生产效率高，与药芯半自动填盖或低氢焊条填盖相结合，同其他焊接方法相比能缩短焊接时间20%以上，符合停气联头要求速度高、质量好的特点。

（3）近几年输气处停气联头中多次使用纤维素焊条，一次合格率达到96%以上，如卧两线、北内环、赤水等停气连头施工中，根焊时均受到磁场或气流的影响，在采用纤维素焊条根焊的26道焊口中，X射线探伤Ⅱ级片以上一次合格达100%，取得了良好的效果，证明纤维素焊条根焊可提高生产效率，提高焊接质量，应在天然气管道停气联头中推广应用。

参考文献

[1] 机械工业技师考评培训教材编审委员会. 焊工技师培训教材. 北京：机械工业出版社，2001.

[2] 邱占和. 管道下向焊技术常见缺陷及预防措施. 神华科技，2007（4）：45-47.

[3] 吴立斌. 纤维素焊条根焊焊接技术，北京：机械工业出版社，2004.

（作者：王帅，西南油气田公司输气管处理，焊工，高级技师；付雪松，西南油气田输气管理处，焊工，高级工）

超稠油油藏地下与地面相结合治窜防喷实践

■ 毕海昌

曙光采油厂超稠油1999年年底试采成功，2000年投入规模开发。在开发过程中，由于受超稠油油藏条件、井网井距以及注采参数的影响，油井汽窜、出砂、套管损坏（套损）较为严重，并周期性加剧，严重制约了油田的高效经济开发。为了解决这些问题，在实际运作中，总结出“优化注汽设计做好汽窜的地下预防，强化现场管理做好汽窜的地面防喷”的综合治窜防喷方法，提高了油井开井时率，比较理想地控制了汽窜的规模及出砂和套损的速度，取得了较好的治窜防喷效果。

一、开发概况

兴隆台西杜84超稠油区块位于盘锦市东郭苇场境内，构造上位于辽河盆地西部凹陷西斜坡中段，是西斜坡背景下受杜32断层的牵引作用而形成的一个向东南倾斜的单斜构造。岩性为巨厚块状砂质砾岩、含砾砂岩、泥质砂砾岩。油层平面上连片分布，单层厚度大，单层平均厚度一般在3m以上，其中兴Ⅰ组单层厚度最大，平均6.8m。含油面积为0.47km^2，地质储量为556×10^{4}t。油藏埋深700～810m，平均渗透率1550mD，平均有效孔隙度31%。50℃时脱气原油黏度在10000mPa·s以上。

二、汽窜对开发的影响

超稠油开发采用71m及100m井距正方形井网布井，由于井距小，储层物性好，油层平面、纵向发育差异大，非均质性强，渗透率级差大，汽窜现象伴随开发的进行一直存在，且周期性增加，特别是馆陶组用水平井—直井开发，汽窜已成为影响开发效果的主要矛盾，并逐渐引发出砂、套损等一系列问题。（1）注汽井热量损失，影响吞吐效果，受窜井产量突降；（2）蒸汽单方向突进，造成油层动用状况不均，降低蒸汽热效率，影响区块整体开发效果；（3）高温蒸汽推进，容易导致油层激动出砂，造成井卡检泵，同时严重破坏砂岩层结构，提高套损概率和速度；（4）汽窜范围广、井数多，不可预见性强，同时汽窜快，窜后压力高，极易导致井喷事故。因此，治窜防喷是亟须研究和解决的问题。

三、超稠油油藏综合治窜防喷实践

兴隆台西杜84超稠油区块从投入热采开发以来，随着开发深入，区块油井高周期吞吐井数增多。该块累计注汽1015井次，发生汽窜787井次，汽窜比例为77.5%，累计影响产量2.8737×10^{4}t。汽窜的加剧直接影响了区块的开发水平。对此，在分析不同超稠油区块汽窜特征的基础上，通过“优化注汽设计做好汽窜的地下预防，强化现场管理做好汽窜的地面防喷”，汽窜影响产量同比减小982t，汽窜比例下降2.0%，未发生汽窜井喷事故。

（一）针对不同区块汽窜实际特点，“优化注汽设计做好汽窜的地下预防”

1.水平井区域实施集团注汽、同注同采

通过围绕水平井划分区域，以及直井的运行调整，在注汽过程中，一是大规模水平井区域集团注汽，对区域外围油井组织注汽，对区域内及有汽窜史井实施与水平井同注，减缓加热炉压力，提高油井生产时率；二是小规模水平井区域直接实施同注同采，年实施同注同采6井次，汽窜影响同比下降385t。

2.馆陶组污泥加返井实施井组注汽结合“补汽疏通”

部分油井出现高液量生产突然不出液现象，表现为测试无沉没度，供液能力差，而作业发现油井并未砂埋油层。通过不断摸索和分析认为，大量调剖后，污泥和干剂不能固结在地层，调剖水和污泥随压差窜动堵塞油层渗流通道；油井生产中后期，近井地带压力下降，污泥回返堵塞通道。对此，采取井组同注同时对周期未结束井降低注汽量的方法，达到疏通近井地带渗流通道目的。对12口井实施“补汽疏通”，8口生产井取得了较好效果，其中6口井周期结束单井采油1286t。

3.杜84区块边部实施区域整体吞吐

边部油井层间差异大，动用严重不均，高渗透层吸汽强度大，导致井间汽窜快、强度大（最高受窜压力达8.8MPa）。对此，根据汽窜井史、油层发育连通情况，利用测试资料划分区域整体注汽，共将汽窜严重区域划分为7个井组，井组吞吐过程中力争进行两口井成对注汽，年实施区域整体吞吐10井次，减少汽窜影响产量321t。

（二）从“人的因素”和“物的因素”两方面“强化现场管理做好汽窜的地面防喷”

1.强化“人的因素”现场管理

（1）强化汽窜分级预警机制。根据汽窜史，将汽窜井按周期、汽窜强度和速度划分为三级：一级防窜井，即必窜井，汽窜强度高，注汽前关井装防喷管；二级防窜井，即有汽窜史但关井可控的井，注汽前装防喷管箍，期间正常生产，受窜关井后如压力上升，直接安装防喷管；三级防窜井，即无汽窜史或2倍井距的井，注汽期间正常生产，加密巡检，如有受窜反应按二级防窜井处理。（2）强化防窜井的巡回检查。一是根据各采油站汽窜规模及形式，制订操作性强的防窜防喷预案，同时不定期举行防窜防喷演习；二是根据汽窜等级制订巡检制度，二级防窜井每2h检查一次，一级和三级防窜井每4h检查一次；三是强化夜间巡回检查，值班人员负责督促并参与重点井检查，随时落实采油站防窜巡回检查情况。（3）强化资料录取信息反馈。一是防窜井每天加密录取油压、套压、温度数据，每天计量取样；二是巡检人员详细记录检查情况，并建立台账，特别是汽窜方向、窜时注汽量及强度，指导下步防窜防喷；三是发现异常及时汇报，联系落实每口防窜井最近生产情况，制订下步防窜措施，必要时可先停井后请示。

2.强化“物的因素”现场管理

（1）强化井口防喷系统的使用。现阶段，在汽窜后常用的防喷方法：一是在预测汽窜压力相对较低（不高于3MPa）情况下，停井关闭阀门，紧固密封装置防喷；二是预测压力较高，在预计汽窜前安装防喷装置；三是突然压力高但未装防喷管，压井后装防喷装置。（2）强化井口配件，保证齐全好用。注汽前必须严格调查、更换超稠油井井口阀门。因腐蚀严重造成打不开、关不严或开关不灵活的井口油套阀门进行统一更换，保证井口阀门灵活好用，确保在发生汽窜后第一时间能够迅速关严采油树所有阀门。（3）强化防喷器材，专物专用。超稠油站设立防窜防喷工具架，做到防窜防喷迅速、及时。防窜防喷工具架主要配备防喷管、空心杆防喷短节、方卡子、卡瓦、压力表等防喷防窜专用工具，要求工具要定期维修保养，保持灵活好用，并严格要求专物专用。

四、结论

（1）超稠油井在蒸汽吞吐开发阶段，井间汽窜是不可避免的，但可以通过优化注汽设计，有效地预防和减少汽窜的发生概率。

（2）防窜防喷是在蒸汽吞吐开发过程中永远性的工作，应进一步摸索、研究，寻找更佳的治窜防喷措施。

参考文献

[1] 陶延今. 采油技术问答. 北京：石油工业出版社，1998.

[2] 万仁溥. 采油工程手册. 北京：石油工业出版社，2003.

（作者：辽河油田公司曙光采油厂，采油工，高级技师）

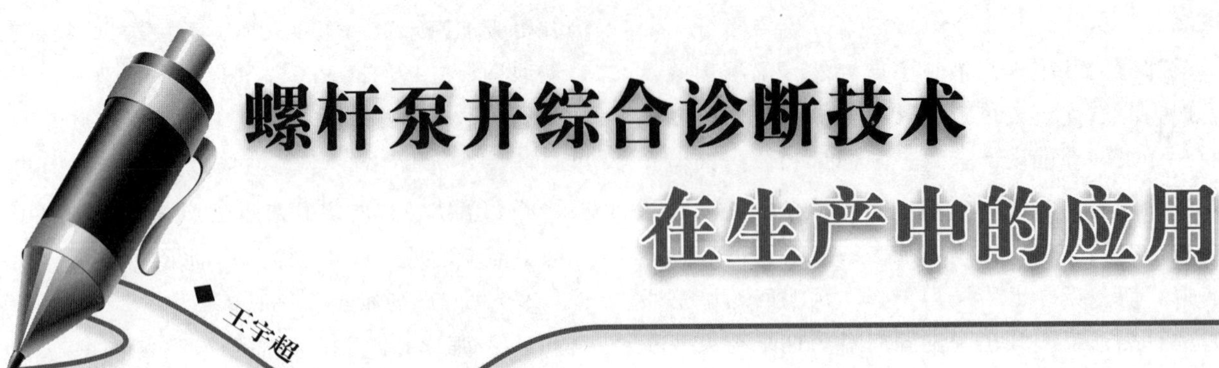

螺杆泵井综合诊断技术在生产中的应用

◆王宇超

随着油田开发时间的延长，油层出砂、出泥浆的井越来越多，井下螺杆泵对油层出砂、出泥浆井的适应性远远好于抽油泵，目前螺杆泵配套举升工艺技术也相当成熟。扶余油田采油十二队应用螺杆泵采油的井数日益增多，已经投产应用螺杆泵井达到69口。螺杆泵采油技术以其一次性投资少、能耗低、无污染、管理方便等优势，适用于稠油井、含砂井、高含气井，逐渐成为油田开采后期较为经济有效的开采方式。

一、螺杆泵井现场泵况综合诊断分析

根据螺杆泵井的工况特点并结合现场实践经验发现，大排量螺杆泵井应直接采用电流法诊断生产情况，而中小排量螺杆泵井应用电流法结合憋压法并根据产量、液面等参数的变化情况，可及时诊断螺杆泵井工况好坏。

（一）应用电流法对大排量螺杆泵工况进行诊断

当螺杆泵工况发生变化时，最直接的反映就是电动机电流的变化。根据电流变化的不同，现将螺杆泵各类工况特征分类如下：

（1）电动机工作电流低于正常电流下限的13%，则判断为：油管漏失、长期运转使螺杆泵定子橡胶磨损严重、失效螺杆泵举升高度不够、气体影响、泵严重漏失、油层供液不足。

（2）电动机工作电流高于正常电流的20%，则判断为：油井油管结蜡严重、定子橡胶胶皮脱落、地面输油管线堵塞等。

（3）电动机工作电流接近空载电流，则判断为抽油杆断脱、油管脱落。

（二）应用电流法结合憋压法对中小排量螺杆泵工况进行诊断

根据现场憋压情况的不同，将螺杆泵各类工况特征分类如下：

（1）若油压不上升（无变化），且套压与油压值不相等，则停机。若油杆无反向扭矩（反转），说明杆断脱；若油杆有反向扭矩，说明泵烧或泵严重漏失。

（2）若油压上升缓慢，且油压值上升到套压值时不再上升，则停机。若压力能稳住，且油杆有反向扭矩，说明油管漏失。

（3）如果油压上升缓慢，且油压不同于套压，泵的排量很小，动液面较低，则说明螺杆泵举升高度不够。

（4）如果油压上升很快，动液面在井口或动液面较高，泵排量正常，则说明该井产量较高，泵的排量不够。

（5）若油压不上升，但同套压接近，计量无产量，则油管脱落。

（6）若油压上升缓慢，但继续憋压油压值可大于套压值，停机压力下降幅度小，且油杆有反向扭矩，说明泵漏失。

（7）若油压上升正常，停机压力不降，且油杆有反向扭矩，只是产量下降，电流明显增大，说明油井杆管结蜡或生产管线堵塞。

（三）螺杆泵工况其他故障诊断方法

1.螺杆泵启动困难

（1）卡泵，包括砂卡或蜡卡，可根据该井生产的实际情况，按洗井周期进行洗井，判断事故类型。此时手动盘车盘不动，光杆反弹力较大，电动机电流过载。

（2）烧泵。因动液面低或进油部分堵导致井下螺杆泵无液体进入转子，干转造成泵筒烧毁。此时手动盘车费力，反弹力大，电动机电流过载。

（3）电源电压低、三相电压不平衡、两项电或其他配电故障。此时手动盘车正常，启动电流较平时大许多。

（4）驱动头机油凝固。此时手动盘车费力，电动机启动电流较大。

（5）采油树或管线生产阀门未开或地面管线堵塞。此时手动盘车比较费力。

（6）驱动装置电动机轴承、驱动头内齿轮损坏卡死。此时手动盘车费力，启动电流较大。

（7）电动机皮带松导致油井光杆不转动。

2.螺杆泵计量不出油憋泵不起压

（1）油杆脱落。此时电动机工作电流显著下降，手动盘车很轻，且盘车无反弹。

（2）油管漏失。此时电动机工作电流下降，手动盘车较正常轻，且盘车无反弹。

（3）油管脱落。此时电动机工作电流下降，手动盘车很轻，且盘车无反弹。

二、应用动态控制图直观分析螺杆泵井泵况

（一）沉没度是螺杆泵抽油系统的一个重要参数

油井沉没度过高，使液量供大于求，会影响油井产量；若沉没度过低，影响泵的吸入状况，使泵效降低，严重时可造成“烧泵”。

（二）根据螺杆泵井的不同流压和泵效作“星相图”

由于每口井的油层中部深度、下泵深度、含水的不同及气影响，同一口井的动态参数也不断在变化，即使是同一口井，流压和泵效曲线会有所变化，从而在平面上能够作出无数条流压和泵效曲线。这样众多的曲线就构成一个区域，从宏观角度来看，只要把这个曲线族的边界找出来即可。从大量井点分布统计，将“星相图”分为合理区、参数偏大区、参数偏小区、断脱漏失区、待落实区五个区域（图1）。

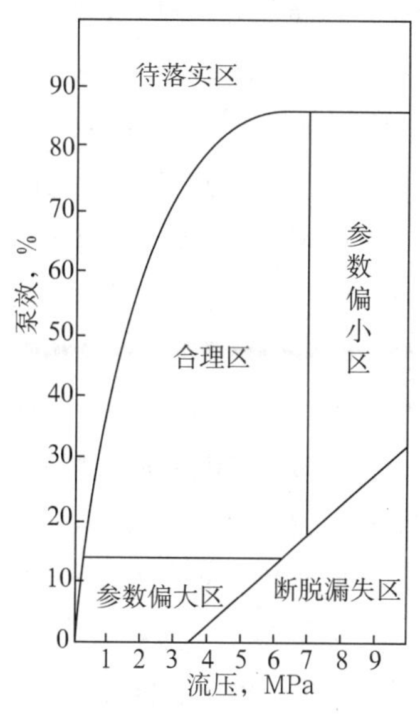

图1 星相图

三、螺杆泵井诊断现场应用情况

（一）应用电流法、憋压法对螺杆泵井进行现场诊断

通过应用电流法、憋压法，并根据螺杆泵井产量、液面等参数的变化情况，及时分析诊断螺杆泵井工况好坏。截至2013年8月，螺杆泵累计修井19口，与2012年同期相比减少4口井，节约费用6万元。免修期由2012年的624天延长到711天，延长了87天。

（二）控制图应用

对52口螺杆泵井应用控制图情况进行了统计

分析，见表1。

表1　螺杆泵井控制图应用分类表

分类	井数，口
合理区	34
参数偏大区	2
断脱漏失区	4
待落实区	2
参数偏小区	10
合计	52

将控制图的分析结果进行落实，以验证控制图的准确性。对参数偏小区的10口井进行了调参。对待落实区的2口井逐一进行核实，15-017.4井液面83m，经洗井后测液面为420m，原液面为假液面，从而导致流压过高；15-0014.4井报表转速35r/min，到现场核实用工频62转，导致泵效高。对断脱漏失区的4口井，FB2-21流压6.96MPa，泵效26.9%，修井时发现杆断；FB6-2泵效5.2%，流压4.36MPa，修井现场诊断定性为烧泵，将原来200泵换为80泵，转速由原来的150r/min调整为125r/min；12-16.4井泵效17.9%，流压4.94MPa，修井时发现管漏；8-014.4井泵效8.9%，流压4.01MPa，修井时发现管漏。控制图基本反映了每口油井的真实工况水平。

运用控制图对油井的生产参数进行了调整，使油井工况趋近合理。参数偏小区的10口井进行调大参数生产，其中有6口井调参效果较好，调参后6口井全部进入合理区，见表2。

表2　6口螺杆泵井调参效果对比

井号	转速 r/min	调参前		调参后		差值
		日产液，t	日产油，t	日产液，t	日产油，t	日增油，t
4-013.4	80-90-120	11.1	1.4	13.6	1.6	0.2
10-9.4	60-75-90	15.7	1.6	13.6	2.4	0.8
12-07.4	80-90	17.6	0.6	13.6	0.7	0.1
10-011.4	130-140	31	2.2	13.6	3	0.8
10-010.4	100-115	18.3	1.8	13.6	2.3	0.5
+14-10.4	140-150	16	1.2	13.6	1.5	0.3
合计		109.7	8.8	81.6	11.5	2.7

通过与实际情况相结合，使用控制图分析的准确率基本上能够做到随时监测螺杆泵井的工况，进行合理调整，较好地指导生产。管理人员可以根据不同区域的井提出相应的措施方案，做到有的放矢，提高油井管理水平。

四、经济效益

（一）减少问题井的躺井时间

通过使用螺杆泵井现场综合诊断方法，使螺杆泵井生产状况及时得到诊断，从而减少了问题井的躺井时间。单井减少躺井时间按2d计算，每口井产油按1t/d计算，油价按1000元/t计算，一口井减少躺井时间可节约费用0.2万元。截至2011年8月，应用螺杆泵井现场综合诊断方法，减少躺井时间23d，节约费用4.6万元，采油时率提高了2.3%。

（二）调大工作参数提高产量

应用螺杆泵井动态控制图调大工作参数6口井，日增原油2.7t，每吨原油按1000元计算，月创造经济效益8万余元。

（三）及时发现不正常井避免上修

通过使用螺杆泵井动态控制图，及时发现不正常井3口，通过热洗从而避免因蜡堵检泵。每口井按1.4万元计算，可节省4.2万元作业费用。

五、结论及认识

（一）针对不同排量井应用不同方法

大排量螺杆泵井现场工况诊断采用电流法，直观明了、简便易行；中小排量螺杆泵井采用电流法结合憋压法，并根据产量、液面等参数的变化情况，可及时诊断螺杆泵井工况好坏，掌握生产动态。

（二）综合诊断保证螺杆泵井正常生产

可随时监测螺杆泵井工况，通过调参、热洗等措施的及时运用，避免烧泵、蜡堵等故障的发生，降低螺杆泵井的故障率。

（三）科学运用动态控制图指导生产管理

螺杆泵井动态控制图可准确直观地指导生产管理，可操作性强，螺杆泵井长期工作在合理区内，供排合理，油井高效，有效延长检泵周期，提高经济效益。

（作者：吉林油田扶余采油厂，采油工，高级技师）

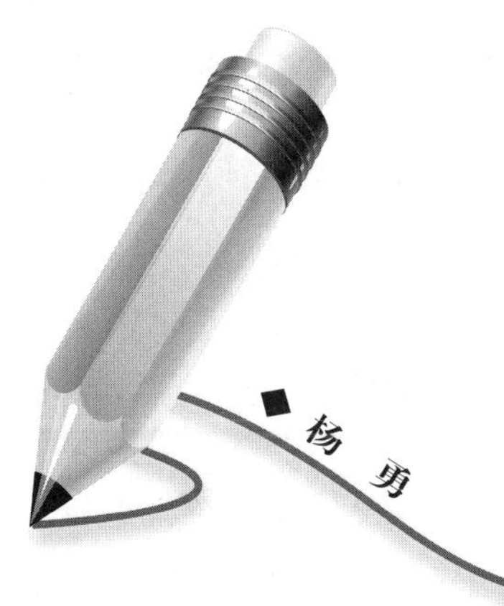

油田套管损坏原因及预防

◆杨　勇

一、油田套管损坏井调查

在注水开发油田，油水井套管损坏是一种极为普遍的现象。据统计（表1），花土沟油田共有油水井460口，其中采油井300口，注水井160口。截至2013年年底，共发现套管损坏井132口，占总井数的28.7%。其中，套管损坏采油井55口，占采油井总数的18.3%；套管损坏注水井77口，占注水井总数的48.1%。

表1　花土沟油田套管损坏井统计表

井别	数量，口	损坏井数，口	损坏比例，%
采油井	300	55	18.3
注水井	160	77	48.1
总计	460	132	28.7

调查分析花土沟油田132口套管损坏井，套管损坏类型分类如表2所示。

表2　套管损坏类型分类统计表

套管损坏类型	套管变形		套管错断		套管漏失		套管破裂		小计	
井别	采油井	注水井	采油井	注水井	采油井	注水井	采油井	注水井	采油井	注水井
井数口	37	53	4	15	14	4	0	5	55	77
占比%	67.3	68.8	7.3	19.5	25.5	5.2	0.0	6.5	100.0	100.0

由表2可知，该油田套管损坏形式主要为套管变形、套管错断、套管漏失和套管破裂。在这132口损坏井中，其中套管变形90口，占套管损坏井总数的68.2%；套管错断19口，占套管损坏井总数的14.4%；套管漏失18口，占套管损坏井总数的13.6%；套管破裂5口，占套管损坏井总数的3.8%。

二、套管损坏井分布特征

（一）时间分布特征

从发现时间上看，套管损坏井主要集中在2004—2008年。2003年及以前发现7口，2004年发现17口，2005年发现30口，2006年发现15口，2007年发现4口，2008年发现45口，2009年发现4口，2009年以后发现10口。

从套管的工作寿命看（图1），套管损坏井的套管工作寿命各不相同。因套管损坏井的发现时间主要集中在近几年，因此早期完井的套管就显得寿命长，而后期完井的套管就显得寿命短。1999—2009年共钻井306口，已发现套管损坏井70口（采油井套管损坏24口，注水井套管损坏46口），套管损坏比例为22.9%。

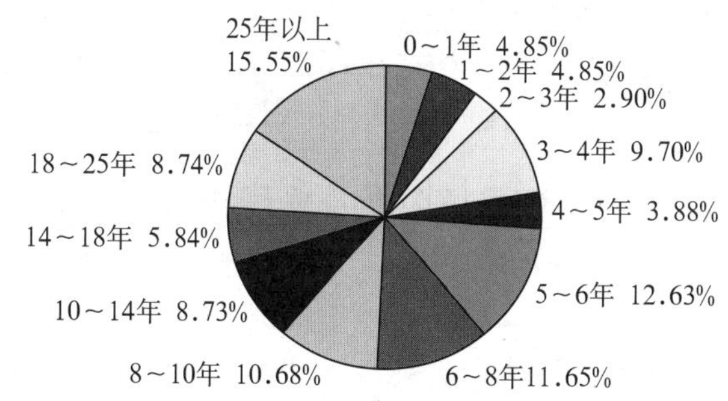

图1　套管损坏井套管工作寿命分布图

（二）剖面分布特征

从纵向上的分布看（表3），以射孔顶界为界面，套管损坏点位于界面以上的有52口，占套管损坏井总数的39.4%；套管损坏点位于界面以下的有55口，占套管损坏井总数的41.7%。套管损坏点位于射孔层段上部的有29口，占套管损坏井总数的22.0%；套管损坏点位于射孔层段中部的有10口，占套管损坏井总数的7.6%；套管损坏点位于射孔层段下部的有9口，占套管损坏井总数的6.8%。套管损坏点位于射孔层段底界面以下的有7口，占套管损坏井总数的5.3%。如果按射孔层段和非射孔层段来划分，套管损坏点位于射孔层段的占36.4%，而位于非射孔层段的占44.7%。

表3　套管损坏位置与射孔层段位置关系

套管损坏点位置	套管损坏井数口	占损坏套管比例%	备注
射孔层段顶界面以上	52	39.4	非射孔层段占44.7%
射孔层段底界面以下	7	5.3	
射孔层段上部	29	22	射孔层段占36.4%
射孔层段中部	10	7.6	
射孔层段下部	9	6.8	
损坏点不详	25	18.9	
合计	132	—	

从岩性剖面上看，套管损坏点主要集中在与注水井射孔层位相对应的泥岩层或砂泥岩层间交界部位。

（三）平面分布特征

从平面上的分布看，花土沟油田不存在成片套管损坏的情况，套管损坏井主要分布在注水井周围或本身就是注水井，相邻的几口井同时套管损坏的情况比较普遍。

从构造上看，构造核部、断层附近套管损坏井较多，套管损坏井主要集中在西5断层以西。

三、套管损坏因素及作用机理

套管损坏的类型是由套管损坏的原因所决定的，根据花土沟油田的地质特征，结合测井资料和生产动态资料进行分析，认为影响该油田油水井套管损坏主要有以下几种因素。

（一）套管损坏与泥岩吸水膨胀和蠕变有关

理论研究表明，注水开发油田的套管变形多数都是注入水诱发产生的。当注入水进入泥岩层时，将改变泥岩的力学性质和应力状态，泥岩吸水膨胀和蠕变，增加对套管的外部载荷，当套管的抗挤毁强度低于外部载荷时，套管就会被挤压变形乃至错断。

花土沟油田目前分7套层系开发，受注水井网的限制，采用1套注水系统，注水压力高。由表4可知：O至Ⅱ下层系都是超高压注水，加上该油田岩性为砂泥岩互层，储层具有薄、多、散、杂的特点，注入水很容易窜入泥岩层。花土沟油田发现的85口套管变形井中以缩径和椭圆变形为主，变形点大多位于泥岩层段。例如在同一井场的N1-8、N1-8-1下和N1-8-2下3口井的套管损坏部位均在720m左右，对比测井曲线可知：3口井的套管损坏点均在同一泥岩层段，分析认为是N1-8-2上井在该段砂岩层射孔注水，注入水窜入泥岩层引起泥岩吸水膨胀和蠕变，导致3口井缩径变形。同一井场的N4-2-4、N4-2-2上、N4-2-2下和新4-2-2这4口井均在730m处套管损坏，对比4口井的测井曲线，4口井的套管损坏点均在同一泥岩夹层段，分析认为是N4-2-2井在该层段射孔注水，注入水进入泥岩夹层，泥岩吸水膨胀、蠕变导致套管损坏。因此，泥岩吸水膨胀和蠕变是花土沟油田套管损坏的主要原因之一。

表4　各开发层系最大井口注水压力理论值

层系	O	Ⅰ上	Ⅰ下	Ⅱ上	Ⅱ下	Ⅲ	Ⅳ
注水压力，MPa	6.16	8.95	10.62	12.63	14.95	16.58	20.04

（二）套管损坏与局部岩层滑移有关

花土沟油田地下地质情况复杂，断层多，地层倾角大，岩性为砂泥岩互层，层内非均质性强，夹层多为成岩性差的泥岩或砂泥岩。岩层在原始地应力作用下保持稳定，在油田高压注水开发过程中，注入水很容易通过孔隙或裂缝窜到泥岩、软弱夹层，使之吸水，将改变其物理性能，岩层间的抗剪切能力降低，重力和注采压差的作用导致岩层失稳滑移，从而造成油水井套管损坏。例如在同一区块的N2-63-2下、N2-63-2上和新N2-63-2下3口井均在410m处套管错断，通过测井曲线对比发现，3口井的套管损坏点均在同一砂泥岩层界面，分析认为是邻井N2-63-1井在该层段射孔高压注水，注水窜入泥岩导致局部岩层滑移引起套管错断。对比19口套管错断井测井曲线发现：同区块的几口套管损坏井的错断部位均位于同一砂泥岩层界面。因此，局部岩层失稳滑移是花土沟油田套管损坏的主要原因之一。

（三）套管损坏与注水地层的变形有关

高压注水将改变原有地层压力的平衡，导致地层(或注水层)应力场的改变和重新分布。大量的理论计算结果表明：在高压注水时，地层在水平方向产生挤压变形，在竖直方向出现明显的张拉,整个地层会发生向上隆起变形，而地层的这种变形导致置于其中的油水井套管将出现不同形态的套管损坏。统计分析花土沟油田67口套管损坏注水井发现，有22口井的套管损坏部位在射孔层段，55口井的套管损坏部位均对应于相邻水井的射孔层段。目前油田分层系开发受地表地形的影响，油水井井位相对比较集中，结合套管损坏类型分析，初步认为高压注水引起地层变形导致套管损坏是花土沟油田套管损坏的主要原因之一。

（四）套管损坏与注水不平衡有关

花土沟油田储层具有严重非均质性的特点，水驱动用程度较低，因一部分注水井套管损坏无法分注。在笼统注水条件下，非均质油层的层间差异增大。高渗区块的吸水能力强，成为高压区；低渗区块的吸水能力弱，成为低压区。层间压差增大，分层注水的层间压差也变大。层间、区块之间注水不平衡，有的超压超注，有的低压欠注，超压注水区将促使进水域扩大，增大岩体不稳定性，造成套管损坏。

（五）套管损坏与大型增产措施有关

油井压裂和酸化是油田开发中用以改善低渗透、解除油层伤害、提高油层有效渗透率和单井生产能力的重要措施。花土沟油田绝大多数井都采取了酸化措施，降低了套管的抗挤毁强度。有的油井酸化由于排酸不及时造成套管腐蚀；有部分井因多次进行酸化施工，从而加快了套管的腐蚀，缩短了套管的使用寿命。

（六）套管损坏与套管材质有关

套管本身存在微孔、微缝，螺纹加工不符合要求，抗剪、抗拉强度低等质量问题，在完井后的长期注采过程中，将会出现套管损坏现象。花土沟油田目前发现有15口井出现漏失现象，但漏失点不清楚，初步判断与套管材质有一定的关系。

（七）套管损坏与水井泄压过快有关

水井洗井及作业时，泄压过快，管内与管外的压差突然增大，套管快速收缩，所受应力状态的突然变化引起套管疲劳，降低了抗挤毁强度，加快了注水井套管损坏。

（八）套管损坏与射孔有关

射孔时十几发甚至几十发射孔弹在一瞬间爆炸，产生的巨大冲击波作用在套管上，套管突然胀大，使套管在射孔井段中部或非射孔井段相交位置发生剧烈变形。特别是在射孔段上部或下部，由于应力集中，造成套管抗挤压强度降低。表3的统计结果表明，有48口井的套管损坏部位在射孔层段。结合地质、测井、开发动态资料分析认为：套管在射孔井段射了孔眼，降低了套管的抗挤毁强度导致套管损坏是花土沟油田套管损坏的原因之一。

（九）套管损坏与注水量有关

从1997年下半年开始，加强了油田井网调整工作力度，油田开发形势发生了深刻变化，油田进入高效注水开发阶段。随着注水量的增加，从2004年开始，套管损坏井数急剧增加，根据套管损坏井数和注水量的变化分析，可以初步定性认为该油田套管损坏井数的增加与注水量有关。因此，适当调整注水量、注水压力，调整油水井的分布位置，可以控制或延缓套管损坏，延长套管的使用寿命。

（十）套管损坏与腐蚀有关

井下套管腐蚀机理较为复杂，常见的是化学腐蚀、电化学腐蚀和生化腐蚀。套管腐蚀往往是几种腐蚀因素共同作用的结果。调查发现：在前期注水开发过程中，花土沟油田地下水总矿化度高达211000mg/L；回注污水中Fe^{2+}、S^{2-}含量大，水呈黑色，CO_2含量为300~500mg/L，溶解氧为0.2mg/L，水呈弱碱性。地层水和注入水的共同腐蚀作用，使套管壁逐渐变薄，降低了套管的抗挤毁强度，在复杂地应力作用下，套管发生变形、漏失甚至错断的可能性加大。花土沟油田有15口井漏失，其中采油井14口，初步分析腐蚀是引起油井套管损坏的原因之一。

（十一）套管损坏与微地震、断层、地层出砂和固井质量等的关系

通过花土沟油田套管损坏井的平面分布特征分析、套管损坏类型分析、套管损坏点的深度分布特征分析、套管损坏点的深度与套管损坏井钻遇断点的深度统计分析、出砂井与套管损坏井的统计分析和套管损坏井段固井质量核查等一系列工作，可以初步判断：微地震、断层复活、地层出砂、固井质量等因素对花土沟油田套管损坏影响很小，因油田地下地质结构复杂，许多套管损坏井分布在断层附近，可能与断层带应力集中有关。

四、预防措施研究

（1）高压注水引起泥岩吸水膨胀、蠕变和局部岩层失稳滑移等，是导致花土沟油田套管损坏的主要原因。套管损坏早期预防技术的切入点是防止注入水窜入泥岩层及软弱夹层，而受多种因素的影响和制约，注入水将不同程度地窜入泥岩层及软弱夹层，只是或早或迟。因此，控制好注水压力，减少注入水窜槽，采取措施防止泥岩吸水膨胀、蠕变及局部岩层失稳滑移，是防止套管损坏的重要手段。目前，花土沟油田采用一套注水系统，注水压力高。从表4可知，O至II下层系都是超高压注水，对套管损坏起到了决定性的作用。建议采用两套注水系统分层系注水，把井口注水压力严格控制在最大井口理论压力值之下。（2）针对该油田特殊的地下地质结构，应加强地质研究，提高地层精细对比。因花土沟油田储层具有薄、多、散、杂的特点，在射孔时一定要考虑夹层的影响，严控射孔层段，严把射孔质量关。（3）加强对水井的管理，控制好注水压力和配注量，防止注水压力大幅度波动，做到平稳注水，定期对注水井洗井、防膨和解堵等。（4）加大修井工作的力度，本着防修结合的原则，做到早发现、早治理，避免损坏程度加深、增大套管损坏井的修复难度。（5）在今后的井网完善过程中，认真研究区块和邻井的套管损坏情况，分析本井有可能出现套管损坏的部位，以便采取提高套管钢级和壁厚等措施来预防套管损坏。

五、认识及结论

花土沟油田在注水开发前期，注水井点少，井身结构较好，地应力变化小，套管损坏井数少；进入全面注水开发后，受高压注水、措施作业、射孔和腐蚀等诸多因素的影响，大量油水井发生套管损坏。套管损坏并不是由单一原因所决定的，往往是多种因素共同作用的结果。本文通过研究分析认为，引起花土沟油田套管损坏的主要原因有：（1）高压注水引起泥岩吸水膨胀和蠕变，造成油水井套管损坏；（2）高压注水引起局部岩层失稳滑移，造成油水井套管损坏；（3）高压注水引起地层变形，造成油水井套管损坏；（4）注水不平衡促使进水域扩大，增大岩体不稳定性，造成套管损坏；（5）大型增产措施、套管材质、注水井泄压过快、射孔和腐蚀等因素降低了套管的抗挤压强度，加快了套管损坏。

参考文献

[1] 王林发. 套管损坏的地质因素分析. 大庆石油地质与开发，1989，8(1)：53-56.

[2] 蔡国华，王先荣.高压注水对油田套管的损坏及防治分析.石油机械，2001，29(3)：32-34.

[3] 宋时权，黎亮.油水井套管的损坏机理和防治对策研究. 内蒙古石油化工，2008（10）：27-29.

[4] 梁卫东，姜贵璞.砂岩油田合理注水压力的确定. 大庆石油学院学报，2004，28（4）：42-44.

[5] 杜永军.注水地层的变形对套管损坏的影响.科学技术与工程，2008，8（23）：6212-6217.

（作者：青海油田公司采油三厂，采油工，高级技师）

HGSD/170k原料气精细过滤器在天然气净化装置中的应用

李春亮　李新宇

一、净化装置过滤器存在的问题

长庆油田第一净化厂天然气净化装置原有的原料气过滤分离系统由一级卧式重力分离器和两台原料气卧式过滤器构成。通常重力分离器起粗分离的作用，用于分离原料天然气液态烃、游离水滴和固体杂质；卧式过滤器起细过滤分离的作用，用于进一步分离原料气中液态烃、游离水滴和细微的固体微粒。原有的天然气分离过滤装置如图1所示。

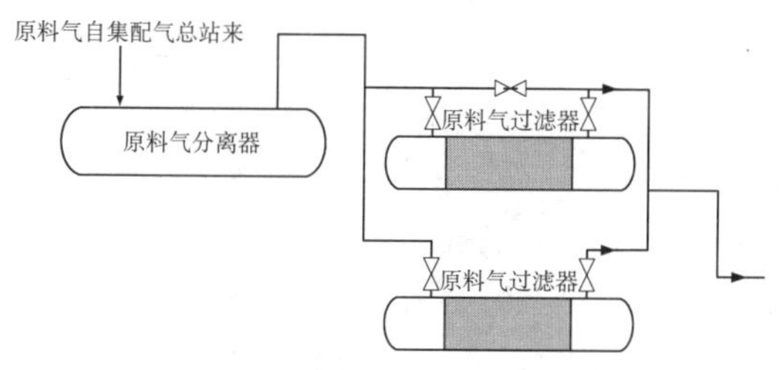

图1　原有的天然气分离过滤装置

该$400\times10^4m^3/d$净化装置自2003年10月投运以来，在正常生产过程中，原料气过滤器压差一直较低，滤芯从未清洗或更换过。在每年原料气过滤器检修时发现，只有器壁上存有少量的黑色物质，而内装的滤芯都比较干净，如图2、图3所示，说明原料气过滤器的过滤效果较差，过滤精度较低，没有充分起到过滤、分离气体中杂质的作用。

由于过滤器的分离过滤效果不佳，天然气中的杂质进入脱硫溶液，造成脱硫塔塔盘内浮阀结垢严重，塔壁及降液板上均覆盖着软性污物，检修打开人孔，塔盘内情况如图4、图5所示。

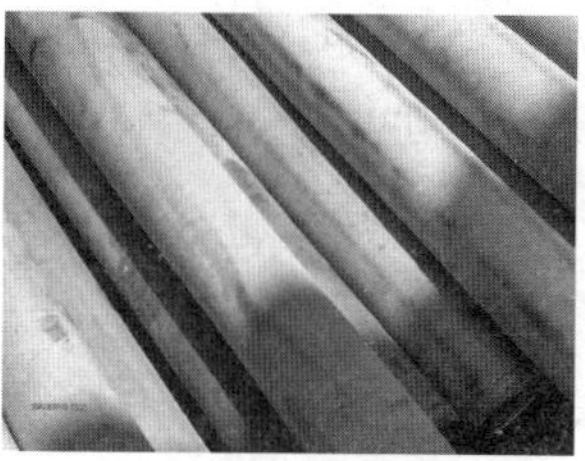

图2　原料气过滤器滤芯

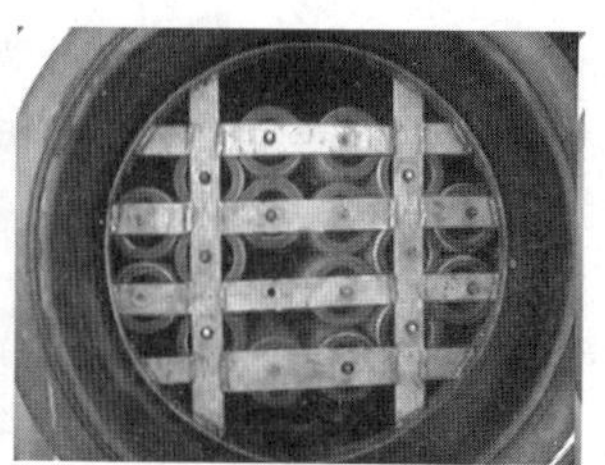

图3　滤芯装配情况

图4　脱硫塔塔盘

图5　软性污物近景

溶液内污物的增加，造成MDEA过滤器过液不畅，换热器管束内污物沉积，检修时换热器管束内可见大量污泥。溶液内杂质的积累甚至导致2010年11月贫富液换热器管束堵塞，不得不停产检修。打开封头发现，下端部分管束被污垢堵死，管束和管壳内有大量的污泥，如图6、图7所示。

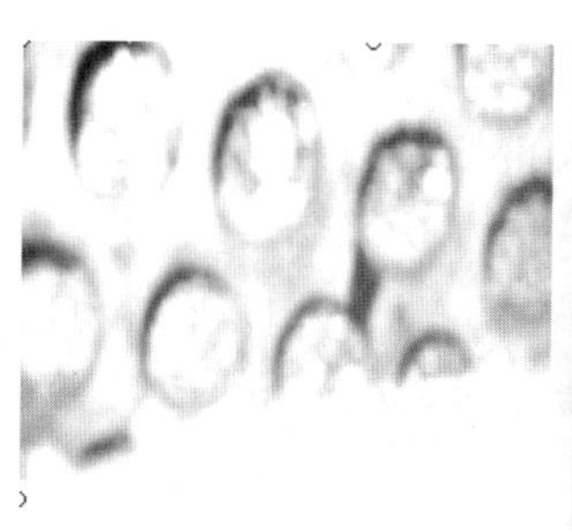

图6　MDEA换热器管束

图7　MDEA换热器清除物

二、国内天然气分离技术调研

目前进行气液分离常用的分离设备有重力沉降分离器、旋风分离器、过滤分离器三种。

（一）重力沉降分离器

这种分离器利用天然气和原油、轻烃、水、沙尘密度的差异进行分离，优点是结构简单、制造方便、操作弹性大；缺点是分离设备大、投资高、分离效果差，一般分离精度为100μm。

（二）旋风分离器

这种分离器的原理是：气液旋转运动时产生一定的离心力，密度越大，产生的离心力越大。旋风分离器一般分离精度可达到40μm。在油气田等气质气量波动较大的场合，旋风分离器并不常用，其原因是分离器的结构和采用的分离元件仅仅能使气液在一定速度下作旋转运动，不能兼顾含液量和流量波动的影响。

（三）过滤分离器

这种分离器利用精密的过滤元件进行精细分离，优点是分离精度高，可达到10μm左右；缺点是结构复杂、投资高。

三、净化装置过滤器改造

（一）HGSD/170k原料气精细过滤器引进

根据生产的实际需要以及对市场的充分调研，在研究大量资料的基础上，第一净化厂决定采用由上海化工研究院设计的HGSD/170k原料气精细过滤器作为天然气净化装置原料气的分离过滤器。在2011年检修时期，拆除了原有的两台卧式原料气过滤器，安装HGSD/170k天然气精细过滤器装置一套，改造前、后的天然气分离过滤流程如图8、图9所示。

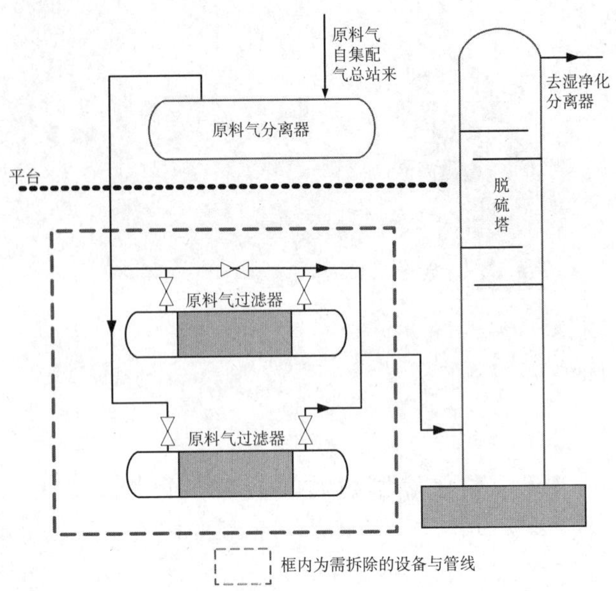

图8　改造前分离过滤流程示意图

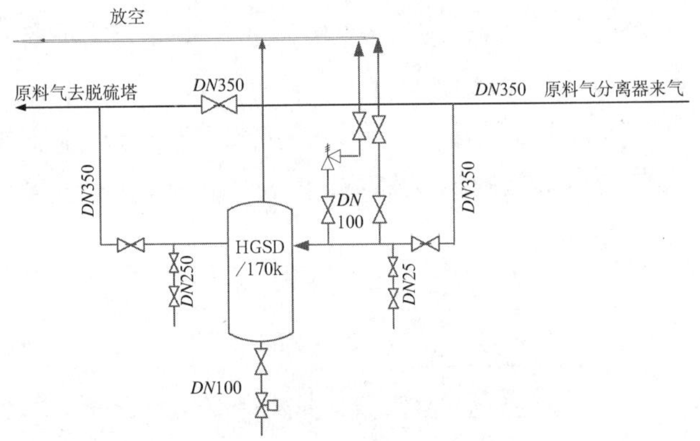

图9　改造后分离过滤流程示意图

（二）HGSD/170k原料气精细过滤器原理

HGSD/170k原料气精细过滤器采用三级净化技术路线，即第一级“重力沉降”+第二级“E-II型高效旋风分离”+第三级“HGSD高效气体过滤”，设计过滤精度达到1.0μm，总阻力$\Delta p \leqslant 70$kPa。

天然气在重力沉降室内流速较低，因此大型颗粒、粉尘等杂质由于重力沉降效应被分离出来，落入大筒体的下封头处。天然气经重力沉降室预处理后进入E-II型高效旋风分离器，分离出20μm的粉尘颗粒及油(水)滴，经旋风分离器下面的中间灰斗及时排放。第三级设置成三层过滤箱体，箱体内填装具有强吸附能力的特制SRI系列中空纤维作为滤料，由上至下按密度逐步从疏松到致密。其中，箱体内从上到下第一层装30片SRI 1号滤料及10片SRI 3号滤料；第二层装30片SRI 1号滤料、10片SRI 3号滤料、1片SRI 5号滤料及1片SRI 10号滤料；第三层装30片SRI 1号滤料、10片SRI 3号滤料、1片SRI 8号滤料及1片SRI 11号滤料。箱体在第一层与第二层、第二层与第三层之间各装有中间毛毡1片，使较大的尘粒等杂质在上层的较粗的滤料得到截留，而较小的尘粒等杂质在下层的较密的滤料得到捕集，即粉尘在多层滤料中呈立体分布，同时由于特制纤维的“中空”结构，纤维还具备“吸附”效应。箱体内部情况、中空纤维照片如图10、图11所示。

图10　箱体内部情况

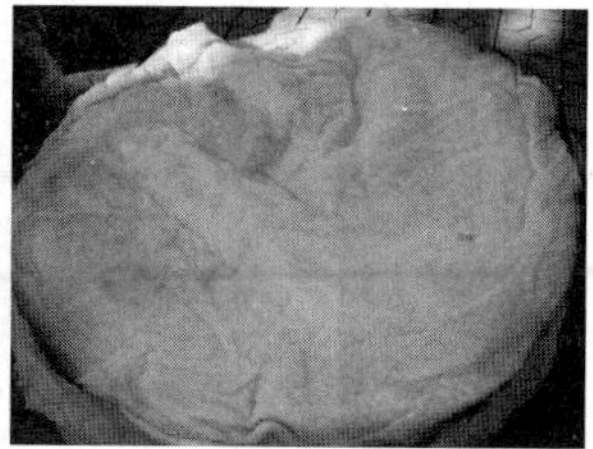

图11　中空纤维

四、改造后运行效果分析

（一）HGSD/170k原料气精细过滤器压差

HGSD/170k原料气精细过滤器在正常运行过程中压差在20~40kPa之间，随着处理气量的增加，压差增加。干线收球时，HGSD/170k原料气精细过滤器压差变化也不明显，能够适应原料气气质和气量的变化。

（二）HGSD/170k原料气精细过滤器内部检查情况

HGSD/170k原料气精细过滤器自2011年7月投产运行后，运行正常；10月打开人孔，对过滤器滤料过滤效果进行检查，发现顶部滤料附着大量的黑色粉尘和固体微粒，而第二层、第三层滤料都相对比较干净，这说明原料气中的杂质经第一层滤料就可被拦截下来，经过三层滤料过滤，过滤精度高，效果好，如图12、图13所示。

图12　第一层滤料

图13　第三层滤料

（三）HGSD/170k原料气精细过滤器排污情况

在正常生产过程中，对HGSD/170k原料气精细过滤器实施定期排污，在装置标定测试以及干线清管收球时加密排污，较改造前过滤器排污量明显增多，过滤效果较好，具体如表1所示。

表1　2011年精细过滤器排污统计表

日期	排污频次	排污时间 min	排污量 m^3	排出物描述	备注
2011.7.25	1	5	0.1	黑灰	
2011.8.10	1	10	0.1	黑灰	
2011.8.30	2	30	0.5	黑灰	干线收球
2011.9.15	2	20	0.2	黑灰	最大负荷测试
2011.10.5	1	10	0.1	黑灰	
2011.11.3	2	30	0.2	黑灰、油污	
2011.11.13	1	10	0.1	黑灰	

（四）脱硫系统运行情况

HGSD/170k原料气精细过滤器投产以来，脱硫系统运行平稳，MDEA富液浊度在17.44~71.17mg/L之间。经过对原料气系统改造和胺液净化后，在生产运行中脱硫塔压差正常，在12~15kPa之间，装置拦液频次较改造前明显减少，装置稳定性有所提高，具体如表2所示。

表2　2010年与2011年脱硫塔拦液统计

时间		8月	9月	10月	11月	12月
2010年	处理气量，$10^4m^3/d$	370	325	345	335	345
	拦液次数	3	5	3	4	3
2011年	处理气量，$10^4m^3/d$	325	320	340	330	340
	拦液次数	3	2	1	0	0

五、结论与建议

（一）结论

（1）HGSD/170k原料气精细过滤器过滤精度高，过滤效果较好，改善了原料气进脱硫系统气质，保证了脱硫系统溶液的清洁；（2）投用HGSD/170k原料气精细过滤器后，$400\times10^4m^3/d$装置运行平稳，拦液频次显著降低。

（二）建议

HGSD/170k原料气精细过滤器排污时需将中间灰斗隔离、泄压，灰斗泄压时天然气直接排至大气，对泄压作业人员和环境产生不利影响。建议中间灰斗泄压甩头同放空管线连接，排污泄压时将天然气排放至放空管线。

（作者：李新宇，长庆油田公司第一采油厂，管理人员；李春亮，长庆油田公司第一采气厂，天然气净化操作工，技师）

（审稿专家：巴玺立）

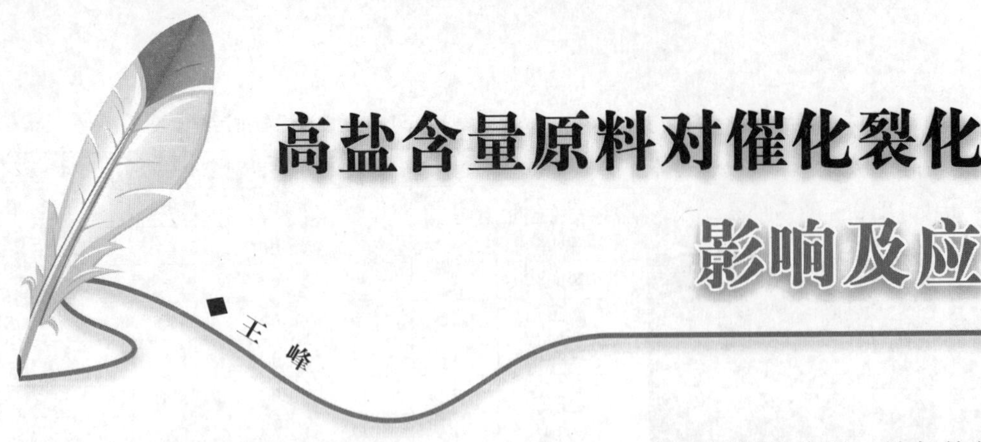

高盐含量原料对催化裂化装置的影响及应对措施

■王　峰

一、催化原料含盐量变化

2011年4月，大港石化公司500×10^{4}t/a含酸油改造开工后，由于电脱盐装置不匹配，造成催化裂化原料盐含量超标。提高加工负荷后，原料盐含量最高达到120mg/L以上，催化剂活性、选择性严重下降，对装置冲击较大。原料盐含量变化见表1。由表1可以看出，5、6月与1、2月相比，原料中Fe含量高14.16g/t，Ni含量高9.06g/t，Ca含量高15.23g/t。

表1　原料性质

日期	残炭 %	密度 g/m^3	Fe含量 g/t	Ni含量 g/t	Cu含量 g/t	Ca含量 g/t
1、2月平均	4.65	916	5.9	14.6	0.25	7.7
4.11	2.81	906.1	15.2	15.2	0.5	4.4
4.17	4.61	914.5	24.8	21.9	0.3	11.6
5.14	5.91	919.3	19.7	22.6	0.9	26.3
5.22	5.6	918.2	28.8	23.2	0.4	27.3
5.28	5.8	922.1	18.2	17.4	0.4	31.3
5、6月平均	5.26	918.45	20.06	23.66	0.40	22.93

二、高盐含量原料对生产的影响

（一）对催化剂的影响

以上原料含盐量高现象，不是单一组分高，而是重金属（镍、铁）和无机盐（钠、钙等）均大幅增加，产生了叠加效应。催化原料中镍含量较高，接近30g/t左右，平衡催化剂上镍含量最高达19248.5g/t，平均在15000g/t左右，远高于平均水平。镍造成催化剂的中毒失活快，选择性变差，脱氢反应加剧。4月11日开始，催化剂铁含量明显增加。有机铁基本沉积在催化剂颗粒外表面，与氧化铁、氧化钠、氧化硅一起，生成低熔点的共熔物，封闭催化剂表面孔穴，引起催化剂裂化性能下降。钙中毒后，催化剂发亮易结块，会堵塞流化线路。钠与催化剂生成低熔点化合物，直接破坏催化剂的晶格和筛孔，导致催化剂选择性变差。催化剂金属含量见表2。

表2　催化剂金属含量

日期	活性 %	Fe含量 g/t	Ni含量 g/t	Cu含量 g/t	Ca含量 g/t	Sb含量 g/t	Na含量 g/t
1、2月平均	62.5	4656	11905	72.4	15.9	1832	
4.4	63	2130	1520	108	0	4676	
4.11	60	8660	10850	107	149.6	1847	
4.18	61	9462.5	9300	78	80.3	1629	
5.16	62	7294.6	19248.5	323.1	14	5723.9	
5.26（1）	63	5729.6	14502	87.2	43.6	3222.1	
5.26（2）	68	5746	12830	52	54.5	2342	4820
5.30	62	11559.7	14172.5	387.7	9.6	1987.5	
5月平均	61.3	6804.6	14853.4	167.8	28.0	3142.0	

注：5.26（2）样品为兰州石化公司化验分析。

（二）对产品收率及分布的影响

5月26日后，反应温度平均520℃，回炼比达0.3左右，重油转化率仍较低，遂将催化剂单耗从1.8kg/t提至2.6kg/t。主风量增加，再生器线速较高，装置加工负荷多次下调。6月4日、5日、6日三天，将停工前约100t平衡催化剂置换进系统；同时，从5日开始，反应温度和回炼比开始下调。6月8日原料盐含量开始下降，反应温度为518℃，回炼比为0.28。表3为5月26日前后轻质油收率变化情况。尽管采取了提高反应温度、增大催化剂单耗等措施，但装置产品分布在变差，轻质油收率更是降低了约3个百分点。6月7日以后，电脱盐装置操作平稳，原料盐含量降低，同时系统催化剂置换了100t，产品分布恢复正常，轻质油收率达到之前水平。

（三）对产品质量的影响

由表4可以看出，催化稳定汽油95%馏出温度为192℃，催化轻柴油10%馏出温度为187℃，组分重叠。这是由于原料油盐含量增加后，分馏塔顶循环回流（简称顶循）系统氯离子含量增加，氯离子与顶循系统中氨离子结合生成大量氯化铵，在温度较低时结晶析出，堵塞塔盘，造成顶循波动，产品分离精度降低。顶循波动、催化稳定汽油干点较高时，硫含量也较平时增加，硫醇含量上升至0.0066%，给公司汽油加氢脱硫装置脱硫、脱硫醇带来压力，增加了生产成本。

表3　产品分布及轻质油收率变化

日期	5月21—26日	5月27日至6月7日	6月7日至7月7日
加工量，t	3820	3721	3675
干气，%	4.21	4.45	4.26
液化气，%	16.77	14.93	13.48
汽油，%	37.77	37.76	41.21
轻柴油，%	26.28	24.78	26.48
油浆，%	4.89	7.07	3.85
焦炭，%	8.88	10.5	9.33
损失，%	0.45	0.49	0.4
轻质油收率，%	80.76	77.35	81.16

表4　产品质量

项目	硫含量 %	10% ℃	30% ℃	50% ℃	70% ℃	90% ℃	95% ℃
催化稳定汽油	0.0246	54	67	92.5	118	166	192
催化轻柴	0.0534	187	195.5	239.5	215.5	302	328
催化重柴	0.1484	207	252.5	320.5	305	367.5	347.5

因原料盐含量高，催化剂失活较快。为提高反应深度，将反应温度提高至520℃左右，使得催化稳定汽油双烯值达到0.76，说明热裂解反应加剧，脱氢反应剧烈。催化稳定汽油双烯值增加，会加快汽油加氢装置催化剂结焦失活。

由于采用了降烯烃催化剂，汽油烯烃含量在40%左右，没有明显上升；研究法辛烷值保持在91以上，没有明显变化。这与原料中芳香烃含量较高有密切关系。

（四）对分馏系统操作的影响

5月17日开始，为提高反应深度，车间高控反应温度，油浆稠环芳香烃增加，黏度、密度增大，造成油浆蒸气发生器发气量下滑，分馏塔底温度上涨到350℃，结焦倾向明显。车间及时加大塔底补油，降低油浆密度。与此同时，顶循线出现结盐现象，塔顶温度调节不灵活，塔顶循多次抽空，汽、柴油组分重叠，严重时导致备用泵盘不动车，入口阀结盐卡死。

$HCl—H_2S—H_2O$腐蚀环境加快了设备腐蚀速率，顶循泵出口管线发生四次泄漏。经分析计算，汽油压干点时，应首先提高冷回流，塔顶温度应保持在该压力下水蒸气露点温度之上，避免液态水的存在而溶解铵盐，形成$HCl—H_2S—H_2O$的腐蚀环境。

车间和机动理化室加强了对顶循线的监测。电脱盐操作平稳后，分馏塔顶结盐、设备腐蚀影响操作的情况逐渐好转。

（五）对催化装置经济效益的影响

（1）6月1—7日，催化剂单耗由1.8kg/t提高到2.6kg/t，每天多消耗催化剂3t，按每吨17000元计算，每天损失5.4万元。（2）收率降低造成的损失。产品价格按汽油7637元/t、柴油6617元/t、液化气5602元/t、油浆3675元/t、干气2800元/t、催化料5266元/t、吨加工成本150元计算，每天加工利润损失约为78万元。（3）加工负荷降低造成的损失。正常加工负荷约4000t/d，现受催化剂污染影响，每天只能加工3700t左右，按吨油利润400元计算，每天损失12万元。综合以上计算，每天经济损失约在95.4万元。

三、小结

（1）催化原料盐含量升高，其中钠、钙等无机盐的存在会使镍、铁等重金属危害性增强，对装置冲击较大，经济损失较大。（2）及时置换系统内污染催化剂是行之有效的好办法，既节约成本，又可以在较短时间内使装置恢复正常生产。（3）根据油浆性质、干气产率，提高雾化蒸气流量，调整反应深度，可以避免系统结焦恶化。（4）催化原料盐含量高，易造成分馏塔顶结盐及塔顶系统设备管线腐蚀泄漏。原料盐含量高时，要加强塔顶温度的控制，防止低于水蒸气露点。总之，保证催化原料盐含量在指标范围内，对装置的经济效益和安全生产有着重要意义。

（作者：大港石化公司催化车间，催化裂化装置操作工，高级技师）

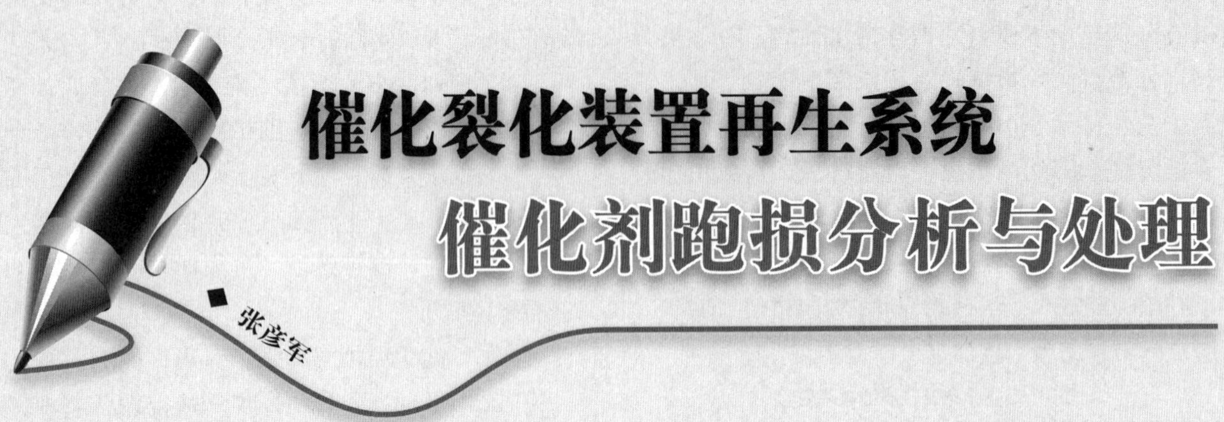

催化裂化装置再生系统催化剂跑损分析与处理

张彦军

在催化裂化装置的日常生产过程中，催化剂跑损的主要途径可以分为两部分：一部分是再生系统的跑损，即烟气携带部分未被旋风分离器收回的催化剂粉末经过烟道至烟囱后排到大气中，造成催化剂的跑损；另一种是反应系统的跑损，即被反应油气携带至分馏系统，然后由塔底部油浆外甩携带的催化剂粉末送出装置，造成催化剂跑损。由于一般的日常生产情况下，再生系统跑损的催化剂占催化剂跑损的主要部分，因此本文对再生系统催化剂跑损的原因进行分析，并探讨一些生产实际当中能够抑制催化剂跑损的具体措施。

一、催化剂跑损原因分析

（一）再生系统跑损催化剂的主要原因

1. 主风量分配不合理

密相主风和增压主风的分布以及风量的大小对催化剂的跑损影响较大。对装置的风量分析后认为：密相主风量过大，使密相床层扰动较大，也使旋风分离器入口催化剂密度较高，从而造成催化剂跑损量大。

2. 气相饱和携带量过大

再生器内有一定稀相沉降高度，催化剂沿此高度浓度逐渐降低，当达到输送沉降高度后，浓度基本不变。此时浓度为气体的饱和携带量，气体饱和携带量越大，旋风分离器入口烟气的催化剂浓度越大，即跑损越多。床层线速和催化剂颗粒密度对气相饱和携带量影响最大。稀相线速越大，颗粒密度越小，气相饱和携带量越多，即跑损越多，操作中主要表现在主风量增大，或松动风量增大，压力变化大，则稀相线速增加，稀相浓度增加。新鲜催化剂颗粒密度为800~900kg/m^3，平衡剂约为1100~1300 kg/m^3，当线速不变时，加入新鲜剂的气相饱和量是加入平衡剂的3倍。因此，开工时加入平衡剂损失小，但在生产过程中小型加剂补新鲜剂时，跑损量要不可避免地增大。国外已采用了一些高密度的催化剂，约比一般新鲜剂密度高200~300 kg/m^3，减少了催化剂的损失。

（二）旋风分离器的回收效率

旋风分离器的回收效率对催化剂损耗的影响十分明显。在气体出口线速、烟气浓度一定的情况下，高径比不同，分离效率不同的旋风分离器出口烟气浓度相差有的可达一倍。

（三）再生催化剂藏量的影响

再生催化剂藏量过高，使稀相沉降段缩短，增大稀相催化剂密度，同时也增大了旋风分离器入口浓度。在一定的回收效率下，入口浓度越高，催化剂跑损越大。若高密相段料位使一级旋风分离器料腿出口密相密度大于料腿内密度，出料阻力大，会引起下料不畅，使旋风分离器入口浓度大幅度上升，分离效率也急剧下降，催化剂大量跑损。

再生催化剂藏量过低，旋风分离器二级料腿翼阀在料位波动区，料腿中形不成足够的料封，

锅炉房输煤系统除尘器除尘状况分析及改进

◆洪继刚

一、现状概述

哈密石油基地2号锅炉房输煤系统除尘设备，自1999年12月投运以来，初期除尘效果就不好，厂家来人调试后仍无除尘效果。后经建议更换除尘布袋后，运行两次后就无除尘效果，并且在运行时，吸入除尘器的煤尘全部由底部空隙处飞出，造成粉尘飞散，起到反作用，致使现场卫生条件差，粉尘量大，工作环境污染严重（表1），无法保障职工的健康。根据设备运行观察和结构分析，对系统结构进行改造，以保证职工的身体健康。

表1　改造前粉尘浓度统计表

mg/m³

年度	2006		2007		2008		2009		平均	
粉尘量 项目	TWA	STEL	TWA	STEL	TWA	STEL	TWA	STEL	TWA	STEL
1号输煤廊	1.93	12	2.8	15	3.6	19	1.3	7	2.41	13.25
3号输煤廊	5.56	8	1.1	6	0.6	3.2	0.32	1.7	1.90	4.73

特别在稀相密度较低的情况下，很容易造成料腿窜气，增大催化剂跑损。对于催化装置再生器，由于其高度较高，旋风分离器料腿也大，当藏量达到30t时，其料位仍在旋风分离器灰斗以下，仍能保持一定的沉降高度。

二、降低催化剂跑损的措施

（一）控制第二再生器主风量

高低并列式催化裂化装置中的第二再生器流化环的风量是催化剂损耗的一个主要因素。流化风量不合理，造成稀相段旋分器入口线速增加，催化剂跑损加剧。通过调整，第二再生器流化环的风量由780~850 m³/min降至680~720 m³/min，从而减少旋风分离器的入口线速，以降低催化剂的跑损。调整第二再生器的藏量，由以往的35%提高至45%~50%，减小催化剂通过翼阀倒窜，保证第二再生器的翼阀料封。

（二）控制第一再生器主风量

在装置生产运行中发现，床层的流化状态不稳定，有时会出现偏流现象，主要表现在第一再生器的料位波动上。调节第一再生器大、小环流化风量，小环风量从280~320 m³/min减小到220~240m³/min，调整催化剂循环线路各松动点松动风量，改善床层流化状态趋于稳定，以减少催化剂的跑损。

（三）控制再生温度

应严格控制再生温度。高温造成新加催化剂热崩，使催化剂跑损，并破坏催化剂的物理化学性质，增加了焦炭的生成，加剧了超温。第一再生器密相段温度应不高于690℃，第二再生器稀相段温度应不高于730℃。

通过上述一些分析以及局部操作调整，现场生产中明显感到催化剂跑损有所减少，不但增加了操作稳定性，同时也降低了装置消耗。

（作者：中油国际（苏丹）炼油有限公司炼油事业部，催化裂化装置操作工，技师）

表1中，TWA（时间加权平均浓度）的上限值是4mg/m³，STEL（短时间接触容许浓度）的上限值是6mg/m³。

二、原布袋除尘器结构及原理

（一）结构

2号锅炉房所使用的除尘设备为PL-A1600型除尘机组。各部件都安装在一个立式框架内，如图1所示。

（二）原理

含尘气体进入箱体，由扁布袋过滤器进行过滤，粉尘被阻留在滤袋外表面，已净化的气体通过滤袋进入风机，由风机吸入，直接排入室内（也可接管排至室外）。随着过滤时间的增加，滤袋外表面黏附的粉尘不断增加，滤袋阻力也相应增加，从而影响除尘效果。采用自控清灰机构进行定时振打清灰或手控清灰机构，停机后自动振打数十秒钟，使黏附在滤袋外的粉尘抖落下来。落到集尘容积（抽屉）中的粉尘由人工拉出清灰或由灰斗经卸料器排出。

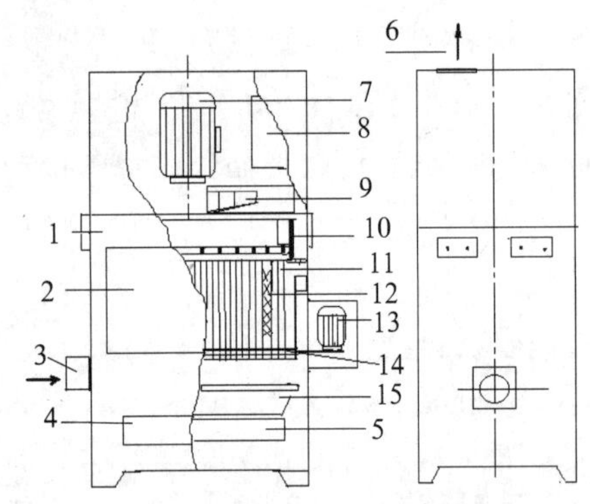

图1　PL-A1600型除尘机组结构

1—壳体；2—检修门；3—进气风口；4—出灰门；5—抽屉；6—净空气出口；7—电动机；8—电气控制装置；9—风机；10—过滤器紧定螺栓；11—扁布袋；12—钢丝网；13—振动清灰电动机；14—隔袋件；15—灰斗

三、原因分析

本除尘器吸入电动机功率为4kW，足够吸入落煤口及皮带的煤尘气体，但布袋位置离进风口及落灰屉太近，布袋前端空间小。当更换新布袋运行初期，布袋阻力小，效果还可以；但运行几次后，随着煤尘颗粒在布袋上的吸附，布袋阻力增大，含尘气体来不及通过布袋，在前端造成风压，连带灰屉中的沉灰一起从前端空隙中喷出。这种除尘方式如果除尘效果不好，只能除去煤尘中的大颗粒，而那些粉尘小颗粒就会进入室内，导致输煤廊内粉尘弥漫，工作环境恶劣，对员工身体健康危害严重。

四、改造方案

（一）原理

将过滤扁布袋、钢丝网、振动清灰电动机、隔袋件去除，经过除尘后的气体就可以直接排向室外，起到除尘净化的作用。

如图2所示，当风机运转时，箱体内产生负压，煤尘气体通过玻璃风管从进风口吸入，粉尘由风机吸入，再通过玻璃风管直接排放室外。

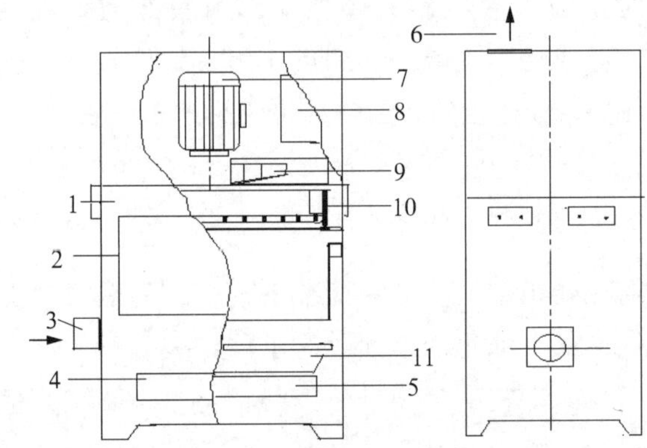

图2　改造后除尘原理

1—壳体；2—检修门；3—进气风口；4—出灰门；5—抽屉；6—净空气出口；7—电动机；8—电气控制装置；9—风机；10—过滤器紧定螺栓；11—灰斗

（二）输煤系统玻璃钢除尘器改造流程

输煤系统玻璃钢除尘器改造流程如图3所示，除尘流向见图4。

五、效果分析

改造前、后煤尘指标对比见表2。

输煤系统玻璃钢除尘器改造前、后输煤廊室内环境对比见图5。

表2　改造前、后煤尘浓度指标对比表

指标		TWA mg/m³	STEL mg/m³	TWA降低幅度 %	STEL降低幅度 %	评价
1号输煤廊	改造前	2.41	13.25	–	–	–
	目标值	1.93	9.27	–	–	–
	改造后	0	2	100	84.9	完成
3号输煤廊	改造前	1.9	4.73	–	–	–
	目标值	1.52	3.31	–	–	–
	改造后	0	2	100	57.7	完成

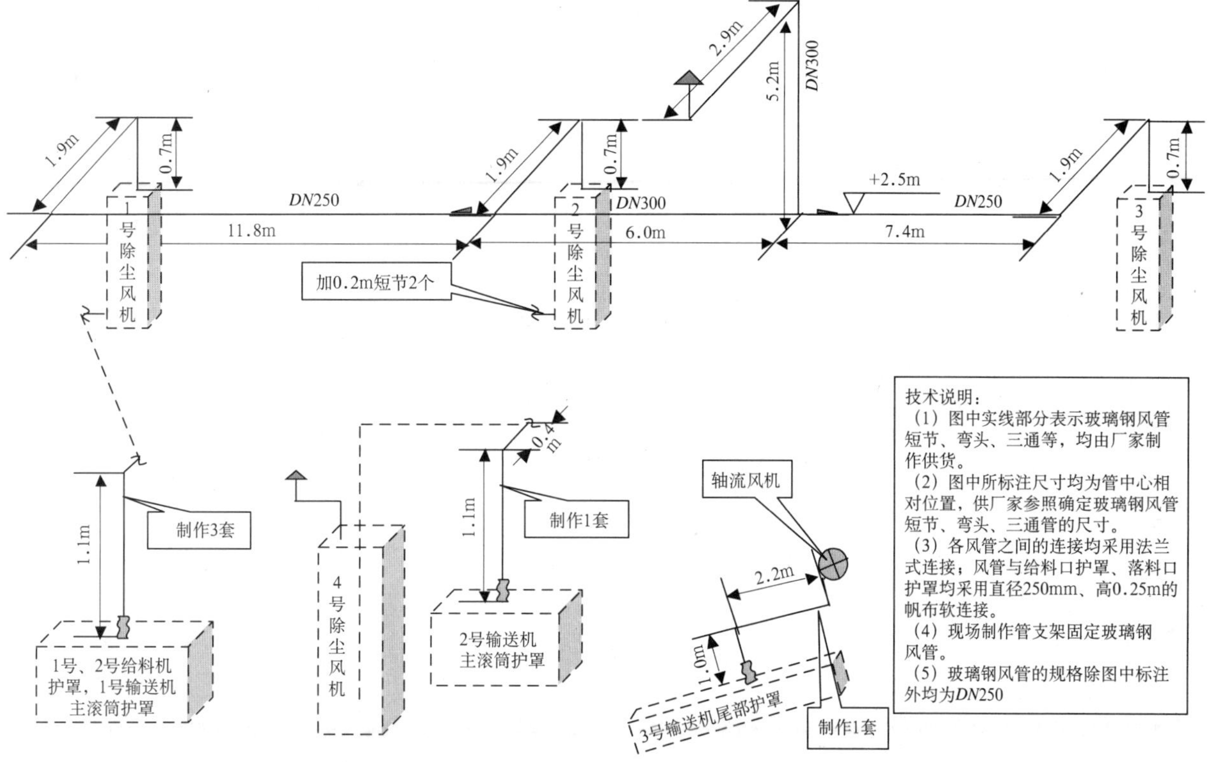

图3　输煤系统除尘器改造流程图

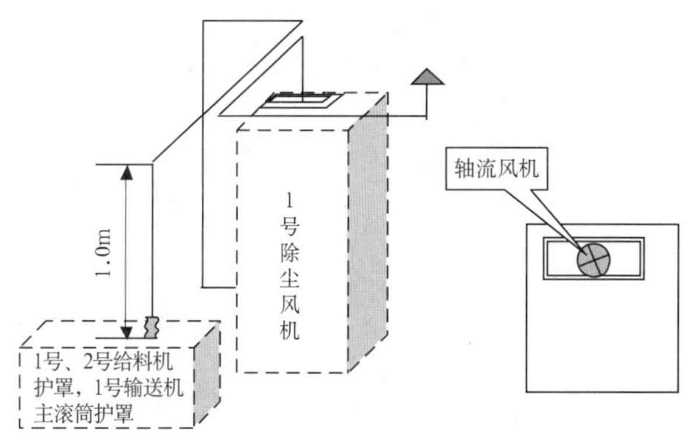

图4　改造后除尘流向

改造前

改造后

图5　改造前、后输煤廊室内环境对比

六、结论

对输煤系统除尘器的改造，使闲置的设备能够重新得到利用，净化了输煤廊的空气，极大地改善了工作环境，减少了员工的粉尘吸入量，降低了煤尘对环境的污染程度，保障了职工的身体健康，充分体现了吐哈油田公司以人为本的安全理念，社会效益十分显著。

（作者：吐哈油田公司矿区服务事业部，热力司炉工，技师）

技术革新

改进培训设施提高新员工培训效率

◆ 朱学峰

一、目的

近年来，公司新招聘员工多、培训任务重，且以往新员工培训中存在新员工经过入厂培训安排到作业队后，现场实际操作技能较差，不能立即胜任场地工岗位工作的情况，为了提高新员工现场实际操作水平，减轻作业队培训负担，使新员工能够尽快顶岗，培训中心QC小组根据场地工主要工作——场地拉送油管、上卸油管杆操作培训进行立项，改进培训设施，提高新员工培训效率。

二、培训方法中存在的问题

（1）需1人操作修井机上提滑车，带油管至简易平台，1人在小平台指导上扣、卸扣，1人指导拉送油管杆，共需3名培训教师在现场负责培训，占用师资多。

（2）使用修井机上提油管，操作耗时长、费用高，培训效率低。

（3）新员工平均实际操作时间少，经过测算每名员工平均实际操作时间为0.5h，操作6～8次，技能熟练度低。

（4）不适合学员较多情况下的培训。

三、制定对策

根据培训设施单一的问题，我们制定的对策是：通过模拟拉送油管时的工况，实现拉送油管操作练习；加工油管杆上、卸扣培训装置，实现增加上、卸扣培训工位的目的。要求设备操作安全、结实耐用，设备模拟操作练习与实际操作相似程度大于90%。具体实施时，首先设计图纸，图纸经过安全审核后委托加工，加工成品进行现场试用。该项工作指定专人负责。

四、对策实施

通过对拉油管实际操作的详细观察，我们设计制作了一套模拟练习设备（图1、图2、图3）。

图1　拉油管装置

图2　培训教师指导进行模拟操作练习

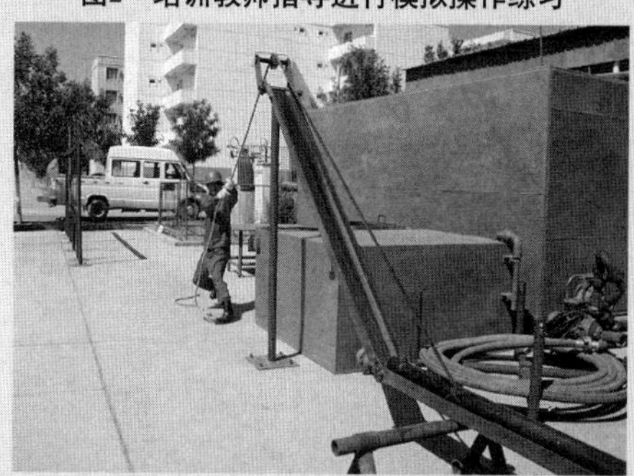

图3　无需动力设备，操作安全简便

五、新培训装置的特点

（1）1名培训教师即可指导两项技能培训，

防盗抽油机减速箱换油孔及测油尺的研制

◆ 梁仁杰

一、问题的提出、目的、意义

抽油机减速箱是抽油机的重要组成部件，由于减速箱齿轮油经常被盗，造成齿轮损坏，使抽油机不能正常运转，严重影响原油产量。

大庆油田的采油方式是以抽油机机械采油为主，每年因减速箱故障造成的抽油机不能正常运转，给企业造成了很大经济损失。

减速箱的主要故障有减速箱齿轮打齿、轴承损坏和窜轴等，通常需重新更换减速箱。而导致减速箱齿轮打齿和轴承损坏的主要原因是齿轮油被盗造成的缺油，盗窃分子将减速箱的上检查孔和底部排污丝堵打开把油盗走。为了防止齿轮油被盗，我们将抽油机减速箱上检查孔盖上的10个固定螺栓焊在孔盖上，排污丝堵焊在箱体上并将外露部分割掉，给盗油制造障碍，但同时也给维修保养更换齿轮油带来了麻烦。春秋季维修保养换油时，要把减速箱上检查孔盖的固定螺栓焊开，将螺栓卸下才能打开检查孔盖，更换完齿轮油后还要再焊上。更换一次齿轮油最快40～60min，既浪费了人力、物力，又影响原油产量。

另外，抽油机减速箱看油窗时间长了被油污遮挡，根本看不到油面，更不能判断油质，而上盖和放油孔被焊死，无法对齿轮油进行日常保养。

针对以上两个问题，我们研制了防盗油抽油机减速箱换油孔及测油尺。

二、设计、加工防盗换油孔及测油尺

为了既防止齿轮油被盗又不影响日常保养，我们在将减速箱检查孔盖焊死的同时，在孔盖上加装了一个短管。短管内径40mm并加工上螺纹（螺纹不到底,下端留有5mm），外径60mm呈八角状，长度110mm。在检查孔盖上打孔，将短管插入40mm并内外焊牢。安装短管前要找好减速箱内齿轮之间的空隙，以便换油管能够顺利插入箱底。短管封堵用20mm × 40mm厚的普通钢，顶

提高了培训教师实际培训效率。

（2）新员工实际操作能力大大提高，缩短了顶岗时间，减轻了作业队培训难度。

（3）可以开展20人班的培训，提高了培训效率。

（4）节省了修井机燃油消耗。

（5）练兵场可以同时进行其他培训，缓解了练兵场培训压力。

（作者：吐哈油田公司井下技术作业公司，井下作业工，技师）

（审稿人：黄生松）

面打3个直径8mm、深2~3mm的圆孔，封堵螺纹螺距与短管内的螺距相同。拆卸短管封堵的专用工具由丝杠、丝套、工具头、支架、卡子组成。丝杠和丝套的螺纹螺距要与短管及封堵的螺纹螺距相同。丝杠顶端留有四方或六方以便用工具扳动，下方留有10mm的长度以备连接工具头。工具头可用ϕ38mm、壁厚10mm的圆钢，下面装上3个ϕ7mm、高大于3mm的圆柱，三圆柱位置要与封堵上的3个圆孔相同，并且能够镶入封堵的3个圆孔内，与丝杠下端连接。同时要注意找好丝杠、工具头、封堵的三个中心点在一条垂线上，不能有偏差。支架是左右对称形，上端焊接在丝套上，下端焊接在卡子上。支架两端向下延伸部分不要太厚，要有一定的弹性，往丝套上焊接时要对好中心线，两肩膀要水平。卡子用4mm厚的钢片制作即可，要求有弹性。卡口处紧固螺栓要大于卡子半径以便于紧固。也可在丝杠和紧固螺栓顶部预制好扳手便于操作。

我们用白钢做成测油尺，经过查找数据，找到每种机型齿轮油在减速箱中高度值范围（表1），在测油尺上做上标记。

表1 各种机型抽油机减速箱齿轮油高度范围

序号	机型	厂家	高度范围，cm
1	CYJ10-3-37HB	大庆总机厂	18～24
2	CYJ10-4.2-53HB	大庆总机厂	24～28
3	CYJ14-5.5-89HB	大庆总机厂	30～36

图1、图2、图3分别是封堵、专用工具和测油尺的实物图。

(a) (b)

图1 封堵实物图

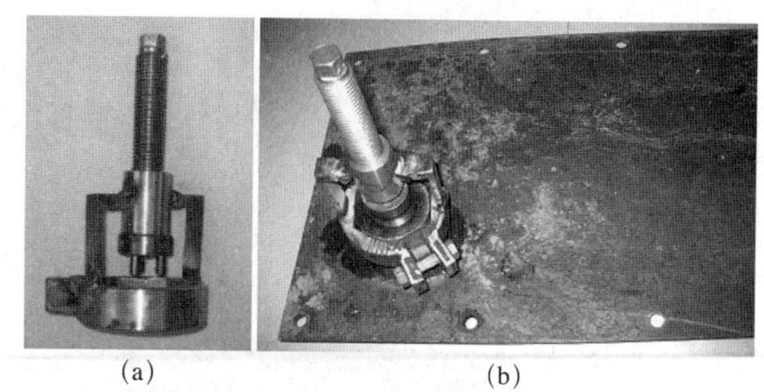

(a) (b)

图2 专用工具实物图

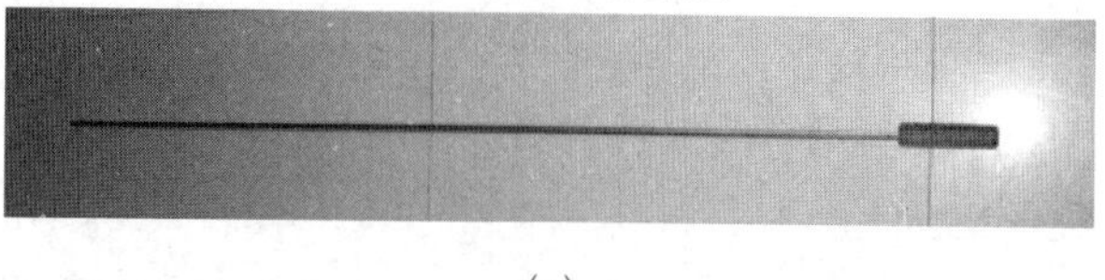

(a)

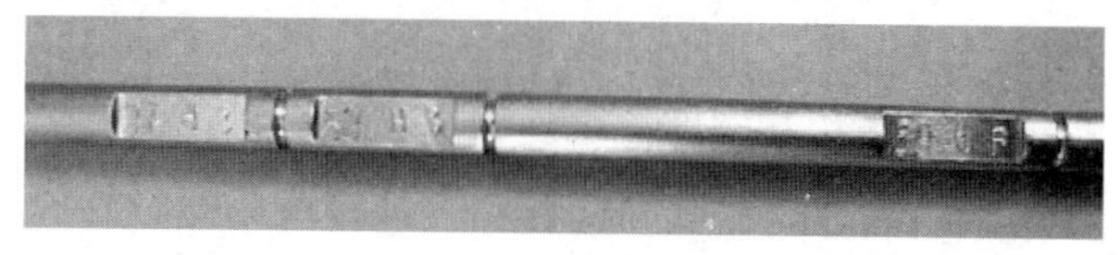

(b)

图3 测油尺实物图

三、实际应用情况

防盗油抽油机减速箱换油孔安装后，换油时只需维修工1人拿上专用工具爬上减速箱，将专用工具套在短管外旋下丝杠，使工具头牢牢卡住封堵后再把卡子上紧，使专用工具不能上下移动，旋转丝杠把封堵退出（如果丝杠螺纹间隙过大旋转费劲，可在封堵松动后将卡子卸松就可以了）。换完油后再将封堵用专用工具装回原位旋紧，再把短管上方口封好，防止进水生锈。

我所在区块现有抽油机1000台，每年需更换减速箱润滑油250口井，影响生产时间就是250h，约合10.5d，按一天5t的产量计算，一年因换油所损失的产量在50t左右。

防盗油抽油机减速箱换油孔及测油尺的安装与应用，有效地防止了减速箱齿轮油因被盗或缺油、油变质造成的减速箱损坏，减少了停机时间；避免了因齿轮油被盗、减速箱损坏的直接经济损失；春秋季维护更换齿轮油时，只需1人即可操作，无需电焊工种配合，方便快捷，省时省力。

（作者：大庆油田公司第二采油厂，维修工，高级技师）

小口径管道阀门解堵器的研制使用

◆ 惠怀志　张　鑫

原油从地下采出要经过钻井、完井、作业、采油和集输等工艺过程，在这些过程中投加的各种化学助剂包括钻井液、完井液、酸化解堵剂、破乳剂、反冲洗剂等13大类。这些助剂随采出液在管道输送过程中会发生各种化学反应，一部分物质凝结在输油管壁和阀门部位，使管道结垢、阀门堵塞。如果管径较小，极易堵塞管道；如果阀门是针形阀门或是截止阀门，阀门也极易堵塞。

针对上述问题，我们研制了小口径管道阀门解堵器，能疏通管径为15～50mm的管道和堵塞的阀门，且能实现带压解堵，避免停产影响正常生产。

一、小口径管道阀门解堵器的结构及原理

小口径管道阀门解堵器有两种类型：直杆式和液压式，直杆式主要应用在管径较大、控制阀门是球形阀门、闸阀等直杆能通过的管路；液压式主要应用在管径较小，控制阀门是截止阀门、针型阀门等直杆不能通过的管路。

（一）直杆式

直杆式小口径管道阀门解堵器由S形摇把、直杆旋进器、旋进器密封组件、高压铜质放空阀、可更换法兰或螺纹以及螺旋除垢器六部分组成（图1、图2）。

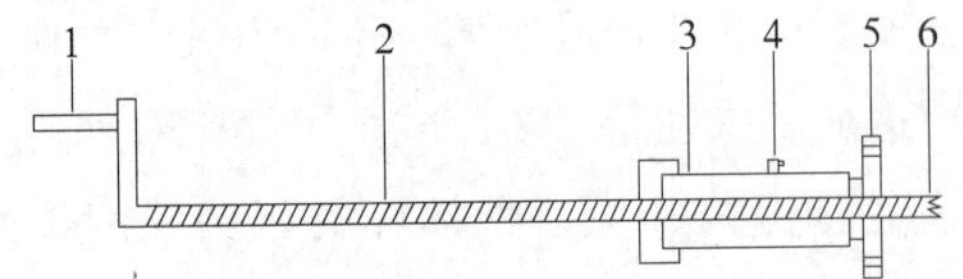

图1　直杆式小口径管道阀门解堵器结构图

1—S形摇把；2—直杆旋进器；
3—旋进器密封组件；4—高压铜质放空阀；
5—可更换法兰或螺纹；6—螺旋除垢器

图2　直杆式小口径管道阀门解堵器实物图

1—S形摇把；2—直杆旋进器；3—旋进器密封组件；
4—高压铜质放空阀；5—可更换法兰或螺纹；
6—螺旋除垢器

直杆式小口径管道阀门解堵器的工作原理是：首先将堵塞阀门一端的管线拆除；选择与管线阀门相匹配的螺旋除垢器、法兰或螺纹；将拆除端与直杆式解堵器相连接；检查旋进器密封组件是否松动，放空阀是否处于关闭的状态；检查无松动渗漏后，将摇把顺时针方向转动，直杆旋进器推动螺旋器刀头沿管线阀门方向前行；刀头与污垢接触后，污垢进入刀头导向槽，沿导向槽进入直杆旋进器函体内，污垢存留在函体内；当污垢过多时，旋进器可以退回函体内，关闭阀门，取出污垢。多次清垢可全部清除管线阀门内的污物。

直杆式小口径管道阀门解堵器具有以下优点：

（1）采用多杆调换，疏通距离可长可短；

（2）旋进器高压密封组件，确保高压无渗漏；

（3）在旋进器上安装铜质放空阀，疏通前后泄压放空，安全性高；

（4）采用法兰片或螺纹连接，既可以用螺栓固定法兰片，也可以用螺纹直接旋进固定，增加使用的灵活性；

（5）体积小、灵活，应用时省时省力，可在压力容器正常生产的情况操作。

（二）液压式

液压式小口径管道阀门解堵器结构由压力液箱、压力泵、压把、单向阀、压力表、解堵器放空阀和解堵混合器七部分组成（图3、图4）。

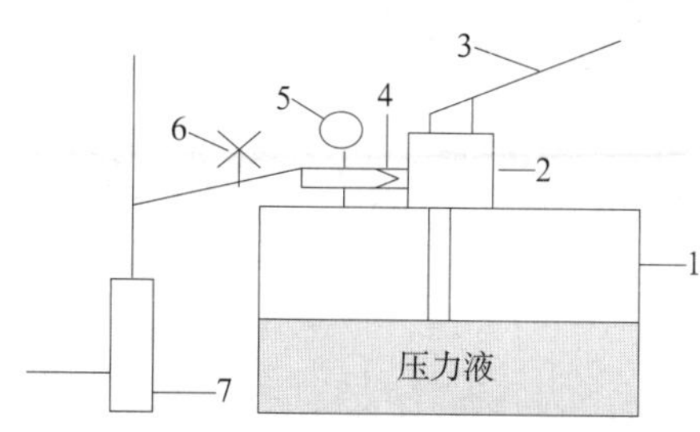

图3　液压式小口径管道阀门解堵器结构图

1—压力液箱；2—压力泵；3—压把；4—单向阀；
5—压力表；6—解堵器放空阀；7—解堵混合器

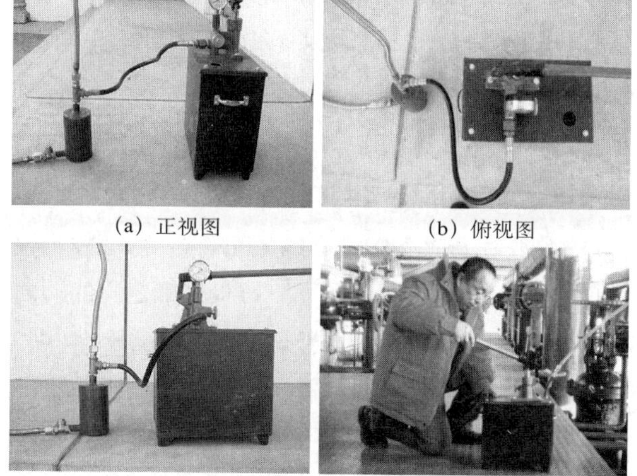

（a）正视图　（b）俯视图

（c）左视图　（d）现场使用图

图4　液压式小口径管道阀门解堵器实物图

液压式小口径管道阀门解堵器的工作原理是：根据污垢的性质配制不同的解堵液；压力液在压力增大时，压缩比变化较小，主要起压力传递作用；压力泵能产生最高6MPa压力，形成较大推力；单向阀阻止除垢系统泄压，保证解堵液与污垢充分反应。

具体操作方法是：首先将堵塞阀门一端的管线拆除；将该端与解堵器解堵软管相连接；将解堵液灌入软管中关闭阀门；解堵器升压，排出输液管中的空气，使压力液与解堵液控制阀门相接触；开启压力液与解堵液控制阀，继续加压；压力超过堵塞管线或容器的压力，缓慢开启堵塞管线阀门，同时解堵器升压；解堵液与堵塞物进行化学反应，污垢慢慢溶解，管线阀门逐渐畅通。

液压式小口径管道阀门解堵器具有如下优点：（1）有针对性地采用不同的解堵液，使解堵液与污垢充分反应，清除污垢较彻底；（2）解堵器压力可达到6MPa，高压作用下使污垢更易推进；（3）更适合管径小、堵塞严重的管线阀门；（4）可在不影响生产的情况下对设备进行清垢作业。

需要说明的是，结垢的物质可能是胶质、沥青质、石蜡、聚合物等，要有针对性地配制解堵液。常用的解堵液有盐酸、硫酸、醋酸等，每种解堵液要根据实际情况配制成不同的比例，达到既能清除污垢又不会对管线阀门产生腐蚀。在使用液压式小口径管道阀门解堵器解堵时，解堵器的工作压力不应高于阀门和管道的设计压力或最高运行压力。

二、应用效果

2008年8月，油田南二联合站开始使用解堵器，经过多次使用和改进，成功解堵管线阀门12次。

原来解堵一次需3人4h，现在只需1.5h，每人每天（8h）工时费按100元计算，则每次解堵可节约工时费93.75元，且一次解堵后2～3年内管线阀门不用疏通，污垢清理彻底。

目前，大庆油田及全国各油田小口径阀门管线堵塞现象时有发生，小口径阀门解堵器能在不影响生产的情况下简便、安全、高效、低成本地完成解堵任务，具有很好的推广应用前景。

（作者：惠怀志，大庆油田公司第二采油厂，集输工，技师；张鑫，大庆油田公司第二采油厂，技术员）

技术点评：本文重点介绍了直杆式和液压式两种小口径管道阀门解堵器的研制及应用情况，通过两种设备的使用，可实现物理和化学两种方式解堵，有效解决小口径管道和阀门清垢、解堵的生产实际问题，并可提高劳动效率，有很好的应用价值。

（审稿人：白晓东）

圆形机械产品径向等分钻孔通用夹具研发

◆ 高增志

螺杆钻具旁通阀钻孔、攻丝工作中，以往机械行业加工圆形工件径向孔画线采用手工等分圆周，存在画线不准确的问题。使用分度头画线效率低，钻孔找正困难且加工效率低，满足不了大批量、高精度的生产需要。为了提高圆形机械产品表面等分钻孔的精度和生产效率，降低工人的劳动强度，我在工作之余进行了圆形工件表面等分钻孔夹具的研制工作，并成功研制出了圆形机械产品径向等分钻孔通用夹具，申请了油田公司技术革新专利。

一、结构

此圆形机械产品径向等分钻孔通用夹具由六部分组成，分别是压紧螺栓、上挡板、压板、等分定位板、V形底座和下挡板（图1）。

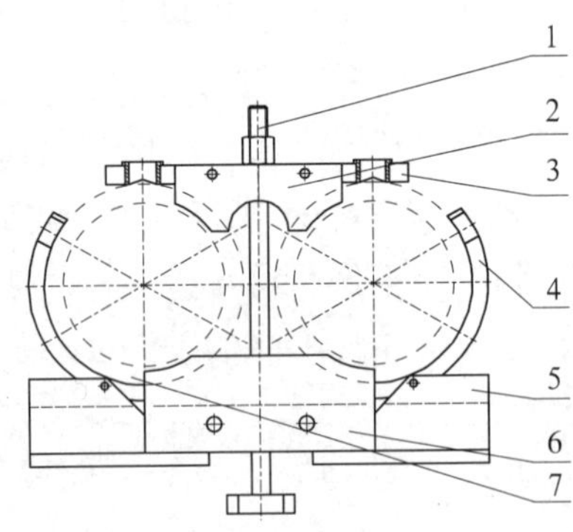

图1　圆形机械产品径向等分钻孔通用夹具结构图

1—压紧螺栓；2—上挡板；3—压板；4—等分定位板；5—V形底座；6—下挡板；7—圆形机械产品

二、工艺及参数

该夹具的加工范围为ϕ120mm～ϕ300mm的管类工件。具体工艺及参数如下：（1）上、下挡板：上、下挡板在整个装置中起到限位调节的作用，调节范围在100mm之内。（2）等分定位板：可加工等分孔数为3等分以上，定位孔与等分孔的加工角度要求达到2′。（3）V形底座：采用V形铁，底座上两孔孔距精度要求为±0.2mm，两V形铁要保持一致。（4）压板：加工压板孔时，需配厚10mm钻模，用钻床加工而成。（5）压紧螺栓采用45钢加工而成。

三、夹具的使用

（1）先将夹具固定在钻床工作台上；（2）根据图纸要求，通过调节上、下挡板来确定孔的轴向距离；（3）再根据等分孔数选择等分定位板；（4）将工件放在V形底座上，上、下挡板限制工件轴向移动，并将其定位；（5）通过压紧螺栓将工件用压板压紧，使其不能转动；（6）通过压板上的钻模导向加工出一个孔；（7）松开压紧螺母，旋转工件，使刚钻完的孔与等分定位板的孔对正，再加工下一个孔；（8）按此方法可加工不同等分数的多个加工孔。

四、优点及效益

用此夹具加工前不需画线，钻孔找正通过钻模，等分圆周通过等分定位板来完成。该夹具能加工外径不同、等分数不同的各类产品，具有结构简单、易制作、成本低廉、易操作的优点。

（作者：辽河油田公司总机械厂，钳工，高级技师）

机柜降温新方法

◆ 方 顺

大庆炼化公司纺织厂BCF纺丝装置的组分计量器是通过重量计量法来计量纺丝纱线各组分的。几年来，计量驱动控制模块频繁出现故障，影响生产平稳运行和纱线产品质量。

技术人员对驱动控制模块频繁出现故障做了认真分析，确定驱动控制模块频繁出现故障的原因是由于模块的工作环境温度过高，导致驱动程序紊乱。针对这一问题，技术人员积极探讨改善驱动控制模块工作环境的方法：一是采用传统的风扇降温方式，效果不明显，且造成模块板上堆积大量粉尘,不利于驱动控制模块的运行；二是考虑安装机柜空调，但安装空间不够，且一次性投入费用和运行维护费用较高。通过查阅资料，决定大胆尝试Nex Flow Frigid-X机箱机柜冷却器（以下简称Nex Flow冷却器），从目前的运行情况看，较好地解决了控制柜冷却降温的问题。图1是冷却器安装示意图。

Nex Flow冷却器的核心为中型涡流管，压缩空气在涡流管内冷却后，冷气流通过胶管导入机柜并均匀分配在柜内，实现机柜的冷却与降温，柜内热气则通过机箱冷却器内置安全排气口排放出去。同时冷却器能使机柜内部产生正压，有效地将外界气体与粉尘屏蔽在机柜外。

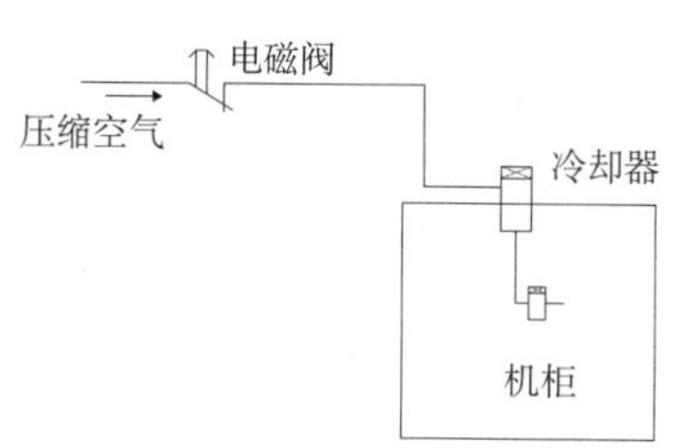

图1　冷却器安装示意图

Nex Flow冷却器的安装投用，有效改善了驱动控制模块的工作环境，保证了驱动控制模块平稳运行。从二十多个月的运行效果来看，彻底解决了驱动控制模块频繁故障的问题，杜绝了因驱动控制模块故障导致的纱线出现色差问题，减少了因纱线色差造成的客户投诉，且每年可节约因驱动控制模块频繁故障造成的费用和损失10万余元。

（作者：大庆炼化公司纺织厂，丙纶纺丝操作工，技师）

技术点评：机柜降温与制冷散热是工业现场一个大问题，传统方式采用风扇吹和安装机柜空调等存在很多不足之处。作者不拘泥于传统技术，能够将先进的机柜冷却和降温新技术引入生产实际中，技术革新意识较强。

（审稿人：史君）

DXSV-045B变频控制柜风扇电路技术改造

◆ 郭 勇

一、背景介绍

随着超稠油井的大规模开发，在超稠油井生产过程中的复产下泵初期，周期生产初期、中期、末期，以及油井发生气窜生产期间等，为保证油井正常生产，都需要动态调整冲次参数。老式抽油机控制系统采用的由空气开关、交流接触器、热继电器及按钮组成的配电装置已不能满足超稠油井生产的需要。随着新技术和控制设备的发展，变频器控制装置在油田生产中得到普及，大大提高了抽油机的控制性能和调速性能。我所在作业区目前抽油机上安装了DXSV－045B变频控制柜200余台，既强化了油井管理又减少了电能损耗，且动态调整冲次参数的可操作性强，但在使用过程中也发现了一些问题。由于厂家在变频控制柜电路设计上有缺陷，抽油机电动机在变频运行和工频运行间转换时，变频控制柜的冷却风扇没有随着变频和工频工况的转换而改变，只要变频控制柜有电，冷却风扇就一直在运转。而超稠油井生产周期内，生产参数是动态调整的，变频器有一半时间需要停止运转，因此变频控制柜冷却风扇不能随工况转换而停机，造成了电能浪费。

二、问题分析

图1是技术改造前变频控制柜控制回路电路图。当合上电源开关QF后，变频控制柜控制回路得电，转换开关SA转到变频回路，按下启动按钮SB2，抽油机电动机变频运转，冷却风扇处于运转状态；转换开关SA转到工频回路时，按下启动按钮SB2，抽油机电动机运转，冷却风扇也是处于运转状态；当按下停止按钮SB1，抽油机电动机停止运转时，冷却风扇仍然处于运转状态。冷却风扇的作用是，当变频器运行时产生大量的热能积聚在变频控制柜内，使变频器及控制柜内的电气元件故障率增加、寿命缩短，冷却风扇使变频控制柜内空气流通、温度降低，从而减少变频器及柜内电气元件的事故率并延长其使用寿命。当抽油机电动机工频运行或者抽油机电动机停机时，变频器不需要运行，不会产生热量，冷却风扇也不需要运行。冷却风扇一直处于运行状态，既浪费电能又造成风扇无谓的磨损。

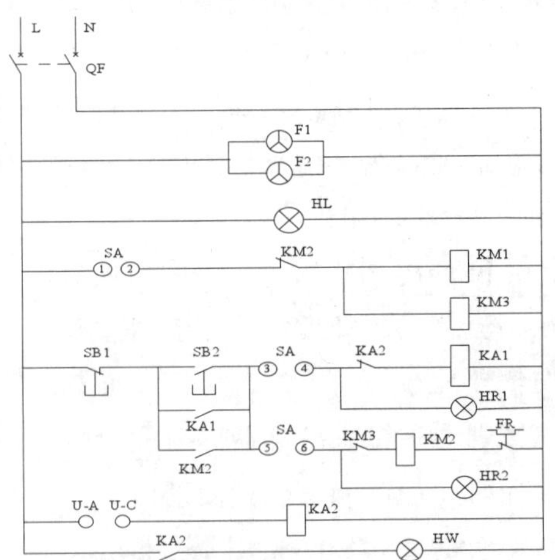

图1 技术改造前控制回路电路图

L—相线；N—零线；QF—电源开关；F1，F2—风扇；HL—电源指示灯；SA—转换开关；KM1，KM2，KM3—交流接触器；SB1—停止按钮；SB2—启动按钮；KA1，KA2—中间继电器；HR1，HR2—变频器运行指示灯；FR—热继电器；U－A，U－C—变频器内部常开触点；HW—变频器故障指示灯

三、技术改造内容

在变频控制柜内过转换开关SA接入一个由KA1常闭触点控制的线圈电压为220V的JSZ3型时间继电器KT，再并联一个由KA1常开触点控制的线圈电压为220V的JZ7型中间继电器KA3，在KA3线圈电路中串联一个KT的延时断开触点，然后在冷却风扇的相线L中间串联一个中间继电器KA3的常开辅助触点，这样冷却风扇就由中间继电器KA3控制运转。技改后变频控制柜控制回路电路如图2所示。

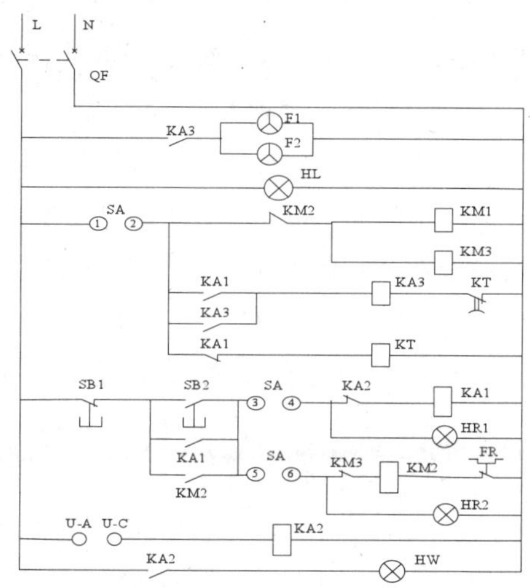

图2　技改后控制回路电路图

L—相线；N—零线；QF—电源开关；F1，F2—风扇；HL—电源指示灯；SA—转换开关；KM1，KM2，KM3—交流接触器；KA1，KA2，KA3—中间继电器；KT—时间继电器；SB1—停止按钮；SB2—启动按钮；HR1，HR2—变频器运行指示灯；FR—热继电器；U－A，U－C—变频器内部常开触点；HW—变频器故障指示灯

四、技术改造后的工作原理

（一）变频启动

冷却风扇采用中间继电器KA3控制，当变频控制柜得电后，合上电源开关，把工频、变频转换开关SA转到变频位置，交流接触器KM1、KM2吸合变频器得电；当按动启动按钮SB2，变频器运行信号继电器KA1吸合，变频器得到运行信号，变频器运行，抽油机电动机在变频状态下运转。KA1常开辅助触点吸合，中间继电器KA3线圈得电；KA1常闭辅助触点断开，时间继电器KT线圈不得电，KT常闭触点不动作，冷却风扇由中间继电器KA3控制运转。

（二）变频停止

当按下停止按钮SB1时，变频器运行信号继电器KA1失电断开，变频器运行信号消失，变频器停运，抽油机电动机停止，同时KA1常闭触点闭合，时间继电器KT线圈得电，使时间继电器KT延时断开触点延时动作，设定延时时间为3min，冷却风扇继续运转散热，3min后冷却风扇失电停止运转。

（三）工频状态

当工频、变频转换开关SA转到工频位置时，按动启动按钮SB2，变频控制柜内工频交流接触器KM2吸合，抽油机电动机在工频状态下运转，变频器运行信号继电器KA1不吸合，中间继电器KA3就不能同时得电吸合，冷却风扇处于停止运转状态。当按下停止按钮SB1时，交流接触器KM2断开，抽油机电动机停止运转，冷却风扇也是停转状态。

五、效果评价

通过电路改造，DXSV－045B变频控制柜冷却风扇由无控制一直运行变为与变频器同步运行，减少了电能损耗。DXSV－045B变频控制柜安装的冷却风扇两台共60W，24h耗电1.4kW·h，经过计算，电路改造后，全作业区年可节约电能6.4×10^4kW·h。

六、结论

DXSV－045B变频控制柜电路技术改造，成功解决了DXSV－045B变频控制柜无谓耗电问题，且通过生产实际检验，改造后的DXSV－045B变频控制柜运行可靠稳定，可持续使用。

参考文献

[1]韩安荣.通用变频器及其应用.北京：机械工业出版社，1995.

[2]柴敬镛，王照清.维修电工.北京：中国劳动社会保障出版社，2003.

（作者：辽河油田公司曙光采油厂，维修电工，技师）

（审稿人：苏汉杰）

软连接减缓振动对柱塞泵的影响

◆ 黄艳萍

一、存在的问题

对于老油田来说，注水不仅是保证地层能量、降低自然递减速度的有效举措，更是提高采收率、实现稳产增产的法宝。因此，注水工作日益成为被关注的焦点，注够水、注好水、精细注水、有效注水成为每个油田追求的目标。由于柱塞泵增压注水自身存在较大的机械振动，加之压力较高，更加剧了振动，造成压力表振动严重，指针波动大，压力值录取不准确。另外，柱塞泵进口闸板阀的手轮有时也会因为振动而使阀门关小甚至关闭，造成柱塞泵供液不足甚至抽空产生汽蚀，损伤泵液力端的主要部件，影响柱塞泵使用效率，且增加了成本，加大了工人的劳动强度。

一直以来我们采用减振表接头来解决振动问题，但这种接头只能单一地解决因出口压力不稳定造成的压力表振动，对机械振动减振效果不明显，导致压力表平均使用寿命不足一个月，需频繁更换压力表，造成成本增加。

二、改进方法

（一）利用软连接改进进口流程减振

大港油田注水站现场注入泵进口流程均采用金属管线连接，金属管线材质硬度大，振动传递性能好，使管网和配件均随柱塞泵运动而振动；如果采用软管连接，就能减少振动传递，达到减振目的。

柱塞泵的进口端是低压，一般小于1MPa，选材比较容易，我们选用了承压为1.2MPa且内嵌螺旋钢丝骨架的PVC软管来代替原钢管并在港西、港东的注水泵上进行了试验。

具体做法是：将进口管线需更换的管段（300mm）用气焊割下，并将断口用砂轮机打出坡口，在坡口处抹上黏胶，再将准备好的长度360mm、工作压力1.2MPa、直径100mm的螺旋钢丝骨架PVC软管与切改好的进口管线连接。由于软连接的材质比钢管材质传递振动的能力小得多，因此保证了进口阀门和进口压力表的正常使用，避免了进口阀门因振动造成的关闭现象，经过6台柱塞泵试验，成效显著（图1）。

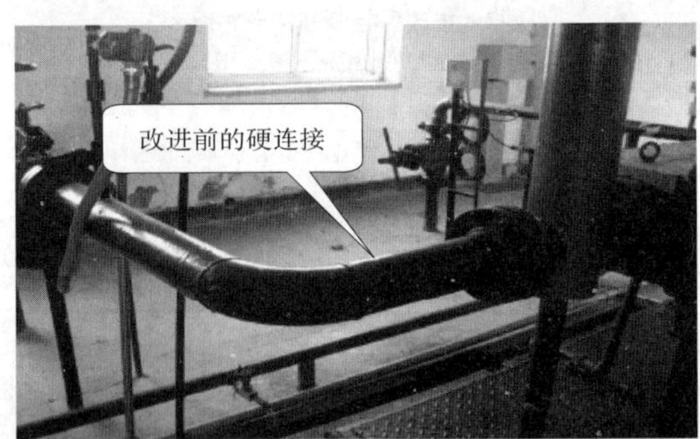

图1　改进前、后柱塞泵进口连接

（二）利用软连接制作减振表接头

为进一步解决振动对压力表的影响，我们又对低压表接头进行了改进。具体做法是：将低压引线接头简单打磨加工，用长5cm的氧气胶管与控制阀门（天然气阀门）连接作为引水管，外部套内径为20mm硬管作强度支撑，胶管与外套硬管间的环形空间灌入硅酮密封胶（起连接作用）。这样，一个自制的低压表接头就做好了（图2、图3）。先后在7台柱塞泵上进行试验应用，消除了压力表表针波动现象。

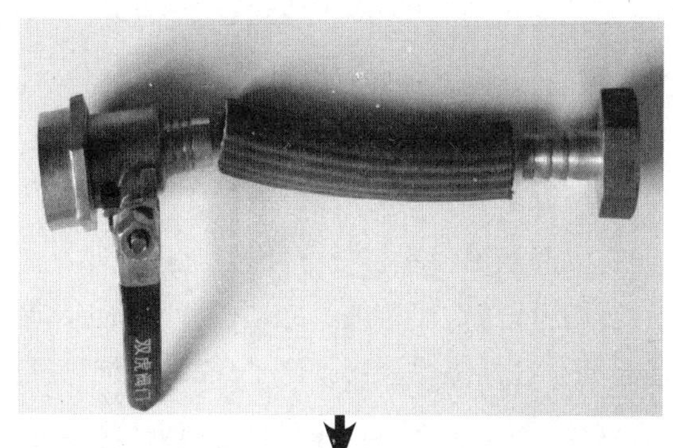

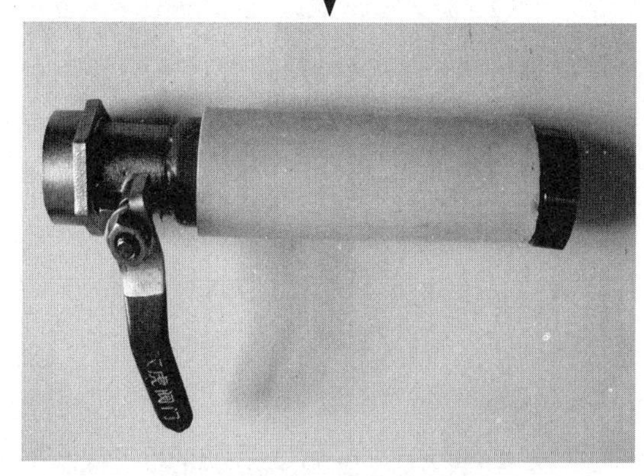

图2　低压表减振接头制作过程

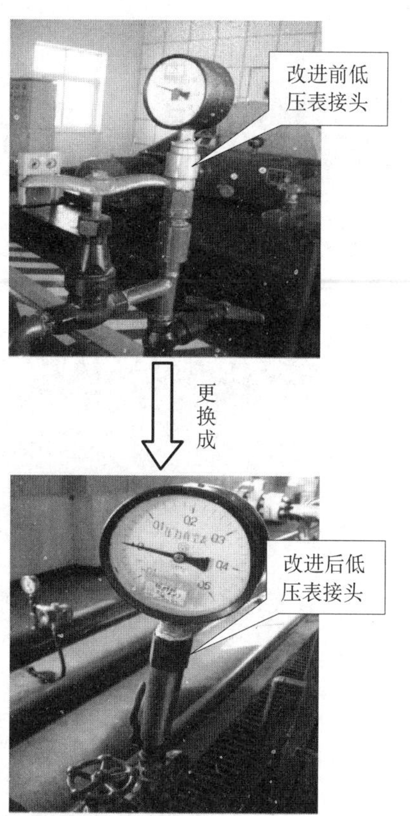

图3　改进前后低压表接头

三、效果评价

（1）采用软连接延长了真空压力表的使用寿命，使更换压力表由原来的1个月延长到1年；改进前1台泵1年需要12块左右的真空压力表，改进后只用1块，按一块压力表100元计算，一台泵一年可节约1100元。

（2）原来使用的减振不锈钢表接头每个280元，改进后自制的减振不锈钢表接头成本不到10元，日后更换表接头的费用也大大降低。

（3）提高了柱塞泵的运行时率和注水执配率，减轻了员工劳动强度。

目前柱塞泵在我油田得到广泛应用，仅我们第一采油厂柱塞泵就达到了70多台，该项技术的应用可大大降低真空压力表的用量，具有极大的推广价值。

（作者：大港油田公司第一采油厂，注水泵工，技师）

巧改客车制动管路管线清除冻堵顽疾

◆ 赵克业

抚顺石化公司矿区服务事业部运输服务中心共有客车173台，承担着抚顺石化公司员工通勤任务，其中2005年以后投入使用的DD6103K06、DD6124K01、DD6129K61黄海客车136台，每当进入冬季，经常发生制动管路进气主管线冻堵现象，严重影响车辆安全行驶。

一、汽车制动管路冻堵危害

（1）制动管路冻堵被称为汽车的血栓，在秋冬和冬春换季时，由于温差变化较大，制动管路进气主管线内极易结冰堵塞，导致气压不足，无法保证制动，是威胁客车安全运行的重大隐患。

（2）管路冻堵发生没有先兆，有时客车晚上入库时是正常的，早晨却发动不了；有时早上刚上路气压不上，在路边抛锚；有时载客时坏在途中。类似的情况时有发生，影响了正常的生产秩序。

（3）为了解除冻堵，驾驶人员和维修人员通常采用火烧烤气路及有关部件的方法，经常不慎将气管烤坏、线束烧损；个别人员强行将车开回，在气压不足的情况下，客车丧失正常制动能力，存在重大安全隐患，并造成制动部件严重损坏。冬季气路冻堵频发，造成客车维修量明显加大，客车维修费显著增加。

二、原因分析

冻堵形成跟气温有关，冻堵位置不固定，疏通后还会冻，经常是冻了烤、烤了又冻，反反复复，成为汽车维修行业冬季面临的多发疑难故障。

针对这一问题，我们认真进行了梳理分析。以DD6129K61黄海客车为例（图1），由于原车设计上的不足，空气干燥器没有将空气压缩机产生的高温水气完全分离出去，水分存在进气主管线内，并没有完全进入贮气筒，所以贮气筒放水阀无水可放，而残留在管线内的水分却越聚越多，温度低于零度时，水结冰堵塞管路。

三、改进与应用

我们对该系统进行了改造（图2），将原从空气干燥器到四回路保护阀的进气主管线改为从空气干燥器出来的进气主管线不先到四回路保护阀，而先到手制动阀贮气筒，将压力气中的水分和杂质去除。这样，该贮气筒起到预排水作用，然后将清洁、无水分的气体通过四回路保护阀分配给各贮气筒，实现气路无水。

四、效果

从当初设计时，我们就立足改进不增加配件，在原车基础上，只改变制动管路进气主管线

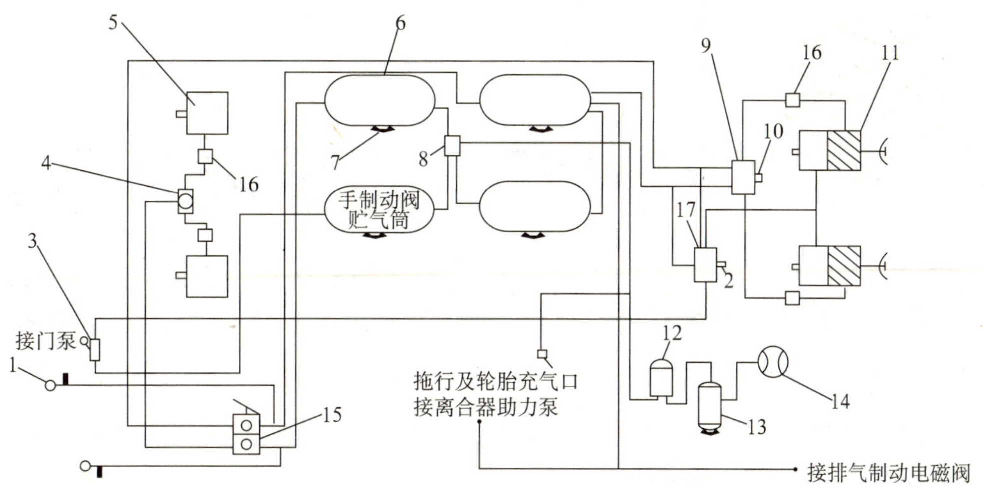

图1 DD6129K61客车改进前制动管路示意图

1—气压表；2—低压报警器；3—手制动阀；4—快放阀；5—前制动分室；6—贮气筒；7—放水阀；8—四回路保护阀；9—继动阀；10—制动灯开关；11—后制动分室；12—空气干燥器；13—预排水贮气筒；14—打气泵；15—制动总泵；16—ABS电磁阀；17—差继动阀

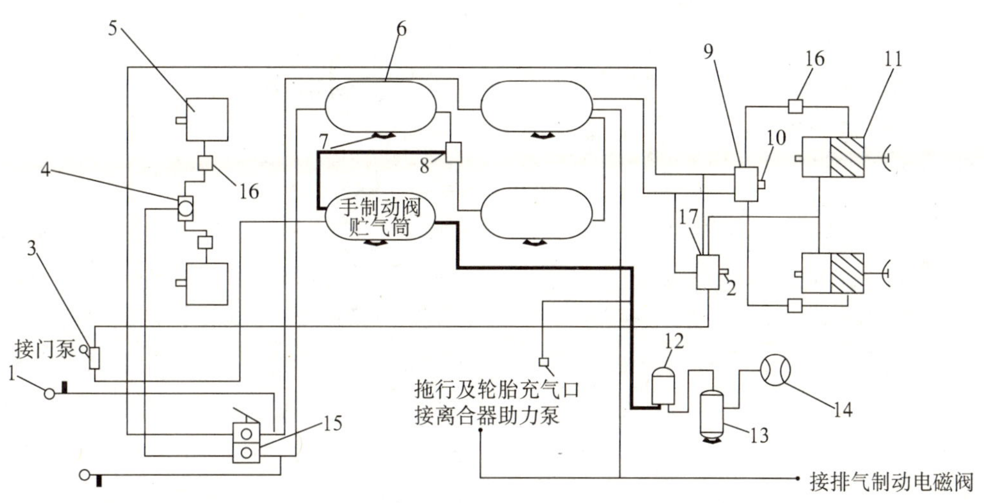

图2 DD6129K61客车改进后制动管路示意图

1—气压表；2—低压报警器；3—手制动阀；4—快放阀；5—前制动分室；6—贮气筒；7—放水阀；8—四回路保护阀；9—继动阀；10—制动灯开关；11—后制动分室；12—空气干燥器；13—预排水贮气筒；14—打气泵；15—制动总泵；16—ABS电磁阀；17—差继动阀

走向，达到气水分离、杂质沉淀的目的。此法简单易行，改进费用低，对汽车制动系统无任何不良影响。改进后，经过冬季运行，取得令人满意的效果。

（1）解决了制动管路进气主管线冻堵，提高客车完好率，保证员工正常通勤。

（2）消除车辆制动隐患，保证客车安全行驶。

（3）降低客车冬季维修费用，延长制动部件使用寿命。

（作者：抚顺石化公司矿区服务事业部，汽车修理工、技师）

1751变送器智能化改造

◆ 王静梅

智能变送器又称数字变送器，它具有遥控设定功能，可用手持终端在1500m范围内对变送器进行量程、阻尼时间、输出形式等的选择，而无需拆下变送器进行参数修改，对于危险场所或高塔上的变送器参数变更十分方便。智能变送器还有自诊断功能，能及时诊断变送器自身的故障。如果一台1151智能变送器的膜盒损坏不能再使用，我们可以取下它的电路板，然后装到一台同型号的1751非智能变送器上，通过特征化、数字微调等一系列操作，就可以将一台非智能变送器改造为智能变送器。

一、准备

改造所需设备、材料和工具分别见表1、表2。

表1 改造所需设备、材料

序号	名称	规格、型号	单位	数量
1	校对好的1751差压变送器	1751DP4E	台	1
2	稳压电源	AC220V，DC24V	个	1
3	过程仪表校准器	FLUKE744	台	1
4	标准电阻箱		台	1
5	手持终端	268	台	1
6	压力校验仪	FLUKE718	台	1
7	1151智能差压变送器电路板	1151DP4S	块	1
8	中间退火的紫铜管	ϕ6mm	m	1
9	信号线		m	5
10	仪表连接头	1/2NPT	个	1

表2 改造所需工具

序号	名称	规格	单位	数量
1	螺丝刀	一字	把	1
2	螺丝刀	十字	把	1
3	扳手	10in	把	2
4	钳子		把	1

注：1in=0.0254m。

二、校对

校验差压变送器接线图如图1所示。

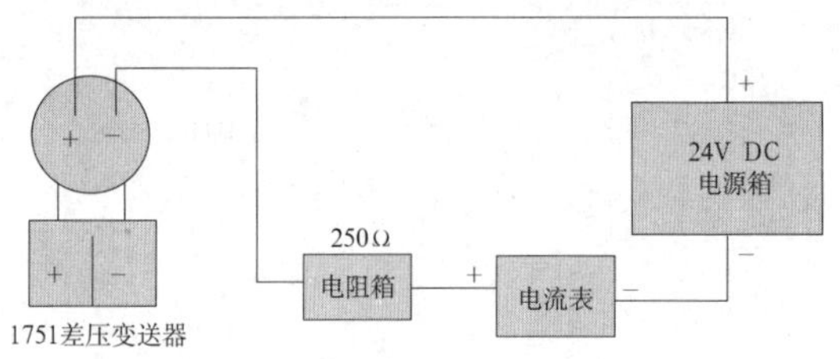

图1 校验差压变送器接线图

三、特征化

图2、图3分别是1151和1751变送器的工作原理图。从图中可以看出，1751非智能变送器和1151智能变送器的敏感元件、振荡器和解调器部分是相同的，也就是原理是相同的，测量部分的作用都是把被测差压的变化转换成电容量的变化，即电容量的变化与被测差压Δp的变化呈线性关系，且解调器、振荡器是相同的。转换部分的作用都是将差动电容的相对变化值转换成直流4～20mA标准输出信号。这两种变送器的主要性能指标近似，差异主要集中在电路板上，所以我们可以通过对换上智能电路板的非智能变送器进行特征化、数字微调等操作，将其改造为智能型。

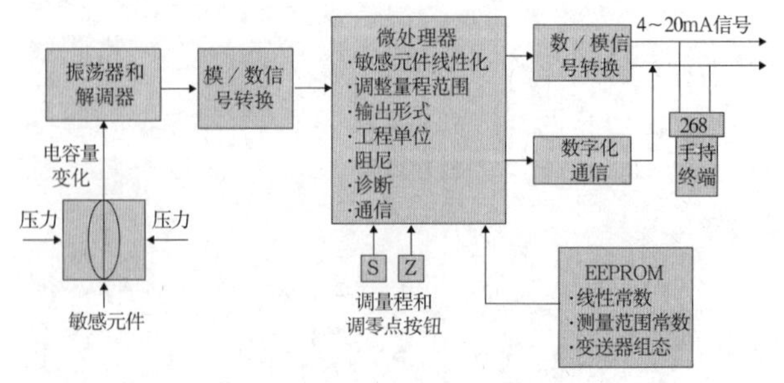

图2 1151智能变送器工作原理图

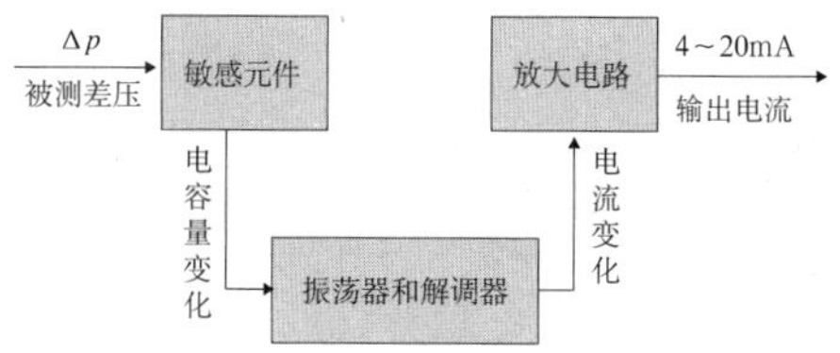

图3 1751变送器工作原理图

所谓特征化，即对变送器敏感元件进行一次性调整，将一已知的压力加到敏感元件上后得到一相应的数值，将该值储存到位于智能变送器电子线路部件的EEPROM（非挥发性存储器）中。该值通过微处理器进行线性校正，然后通过数/模转换器将校正后的数字值转换为4～20mA标准输出信号。普通的1751变送器换上同型号的智能板后，便可以开始进行特征化了。具体步骤是：

（1）按校验时的接线方法接好线，打开268手持终端，按顶层格式画面中的“CHARIZE”键输入“XMTR TYPE”（即变送器的品种代号），如果是差压变送器，就输入DP（变送器有6种品种代号：AP，绝对压力变送器；DP，差压变送器；DR，微差压变送器；GP，压力变送器；HP，高静压变送器；LT，液位变送器）。

（2）输入变送器的量程代号。有9种代号可供选用：2（0～1.49kPa）、3（0～7.46kPa）、4（0～37.29kPa）、5（0～186.45kPa）、6（0～689.5kPa）、7（0～2068kPa）、8（0～6895kPa）、9（0～20.68MPa）、0（0～41.37MPa）。此表的量程代号为4，输入4，按“ENTER”键。

（3）输入变送器的工程单位。有14种工程单位可供选择，此表的单位是“kPa”，键入“kPa”，按“ENTER”键。

（4）输入压力值。首先输入零点压力，此表为0kPa，输入“0.00”，然后按“ENTER”键。接下来输入压力值，按最高测量值的60%输入，将压力源连到变送器的高压侧，此表量程代号为4，60%为22.37kPa，故输入压力值为22.37kPa（如果由于测试设备原因，所加压力值不能正好等于最高测量值的60%时，可以在最高测量值的50%～70%范围内取值，但应尽可能接近60%）。按“CLR”键清掉随机值，输入所加压力对应的值，然后按“ENTER”键。接下来输入最高测量值压力，此表量程代号为4，最高测量值为37.29kPa（如果由于测试设备原因，所加压力值不能正好等于最高测量值时，可以在最高测量值的95%～105%范围内取值，但应尽可能接近最高测量值）。按“CLR”键清掉随机值，输入37.29kPa，按“ENTER”键。

现在变送器正压区的特征化已完成，然后对负压区进行特征化，方法与在正压区操作相同。

（5）输入变送器编号SMTR S/N。变送器编号就是打印在变送器铭牌“SERIAL No.”之后的数字。变送器编号输入后，按268手持终端上的“RESTART”键，在出现的画面中按“PROCEED”键，在接下来出现的画面中按“SAVE”键，将特征化信息存入工作寄存器里。这样，一台普通的模拟变送器就改成了一台智能变送器。

四、数字微调

特征化后的数字微调很关键，数字微调与普通变送器的调校相似，但它是通过微处理器的电子元件去实现的。对零点、量程进行数字微调，检查各点对应的输入、输出是否一一对应，如输出电流超出精度要求，需重新对变送器格式化，直到调至合格为止。数字微调分两个步骤进行，第一步为敏感元件微调，使变送器输出的数字读数与输入的精密压力值相一致；第二步称为4～20mA微调，对输出极电子部件进行调整。

在改装中特征化、数字微调缺一不可。通过特征化、数字微调可以把一台换上1151智能变送器电路板的非智能1751变送器改造为智能变送器。改为智能型后，根据现场需要输入组态数据，变送器可以充分发挥智能作用，更好地为生产服务。

（作者：锦州石化公司仪表车间，仪表工，高级技师）

新型防弹自锁式吊卡销的研制

◆金　广　徐焱林

一、传统吊卡销存在的问题

在油田井下作业施工中，提升设备系统包括钻机（修井机、通井机）井架、钢丝绳、天车、游动滑车、吊环、吊卡、吊卡销等，其中吊卡销是防止吊环从吊卡两侧滑脱的重要保险装置。目前油田施工中所用的吊卡销普遍都不具备自锁功能，在特殊工艺施工中钻具解卡异常、正常提下作业中井口挂管柱、螺纹未卸彻底上提管柱而挂扣等情况下，都会导致强大拉力在瞬间释放，此时吊环、吊卡、管柱、吊卡销会产生力的相互作用，而吊卡销会受到一股向上的弹力，当弹力大于作用在吊卡销上的重力和摩擦力之和时，吊卡销会瞬间弹出吊卡，导致吊环与吊卡脱开，造成钻具损坏、吊卡坠落等安全事故和工程事故。

实际运用中，固定吊卡销使其不易从吊卡插孔弹出的方法有两种：绳索捆绑法与磁性吊卡销。

（1）绳索捆绑法：就是用绳索将吊卡销捆绑在吊卡上。这种办法虽然解决了吊卡销从吊卡中掉出的问题，但是频繁地捆和解绳索严重影响施工进度，实际应用中，捆、解绳索时间超过正常起下作业时间。

（2）磁性吊卡销：此种吊卡销是靠吊卡销本身的磁力吸附在吊卡销孔内。为了保证吊卡销不弹出，其磁力必须超强，因此在拔出时比较费力，频繁地拔销操作使井口作业人员劳动强度很大，极易疲劳。

二、防弹自锁式吊卡销结构及工作原理

针对以上问题，我们研制了新式防弹自锁式吊卡销。

图1、图2分别是防弹自锁式吊卡销结构图和实物图。

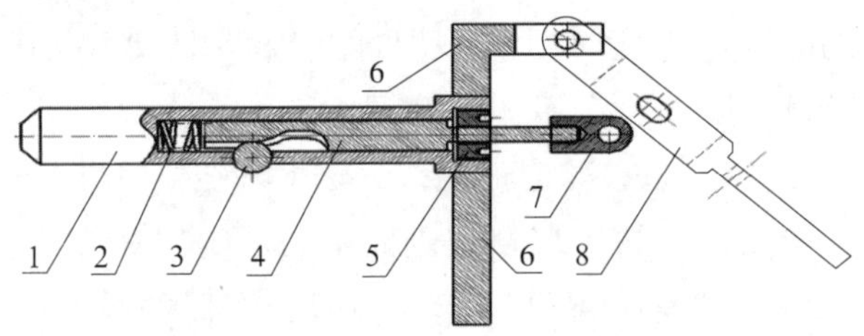

图1　防弹自锁式吊卡销结构图
1—吊卡销销体；2—复位弹簧；3—限位防弹钢珠；4—芯轴；5—芯轴压帽；6—手柄；7—连接附件；8—工作手柄

图2　防弹自锁式吊卡销实物图

使用时，操作人员将吊卡销插入吊卡销孔（图3），并顺势按下工作手柄（弹簧选配以弹力为芯轴重量的3倍即可）。此时芯轴克服弹簧作用力向吊卡销销体内滑动，当到达预定行程时，芯轴上的腔体位置正好对应于钢珠位置，此时钢珠由倒锥孔内滑动到吊卡销腔体内，吊卡销便可插入吊卡销孔中。当吊卡销插放到位后，工作人员松开工作手柄，芯轴受弹簧作用力向销体上方滑动（直至芯轴顶住芯轴压帽），钢珠因受到芯轴圆弧坡面挤压而向外顶出，直到彻底将钢珠限位在销体倒锥孔内，从而达到自锁的目的。当吊卡销受外力欲弹出时，

钢珠外圆弧面受力，作用于吊卡销孔下孔端面，此时钢珠承受挤压力，向吊卡销内挤压，而芯轴对钢珠又起到了很好的限位作用，钢珠受力，牢固地作用于吊卡销孔下孔端面，阻碍了吊卡销销体向上移动，起到了有效的限位作用，防止吊卡销弹出。

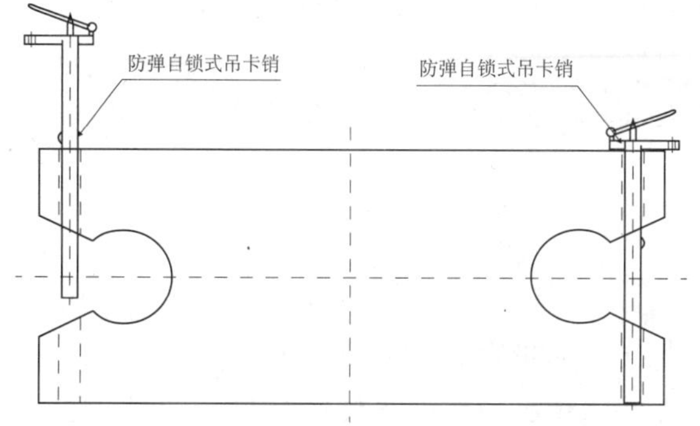

图3　防弹自锁式吊卡销实际应用原理图

三、防弹自锁式吊卡销现场应用

图4至图6是防弹自锁式吊卡销的现场使用情况。

图4　吊卡销插入吊卡

图5　吊卡销快捷地插入吊卡、实现自锁

图6　取吊卡销的过程

四、效果分析及应用前景

防弹自锁式吊卡销经过在多口井起下管柱作业中使用，没有一起吊卡销弹出或有弹出迹象的事故发生，吊卡销和吊卡整体结合得十分稳固，不易弹出，大大提高了起下管柱作业的安全性，与传统吊卡销相比优势明显，具有很好的市场前景：

（1）能有效防掉、自锁，保证作业安全。在作业过程中，吊卡悬吊在空中，无论是吊卡受到震动还是受力剧烈变化发生弹跳，防弹自锁式吊卡销均能有效防止弹出，防止了安全事故和工程事故的发生。

（2）操作简便、省时省力。在抽取吊卡销时，操作人员只需用拇指顺势按压工作手柄，吊卡销便解锁拔出，大大提高了工作效率，降低了操作人员的工作强度。

（3）工艺简单，成本不高。

需要说明的是，不同规格的吊卡因其大小及吊卡销孔径不同，需要选配不同规格的防弹自锁式吊卡销。

（作者：金广，西部钻探公司试油公司，井下作业工，技师；徐焱林，西部钻探公司试油公司，井下作业工，高级工）

技术点评：本文有参考价值，对同类作业有指导和借鉴意义。设计有创新，建议申请专利，并推广应用。

（审稿人：黄生松）

DO系列电动机耦合器传感器支架的改进

◆ 王振军

我厂生产的DO系列电动机耦合器机组与传统的柴油机机组相比，节约成本40%左右，且降低了钻机噪声，无废气排放，极大地改善了钻井工作环境。

但DO系列电动机耦合器在使用中出现了一些问题。DO系列电动机耦合器运转速度较高，进行设计时在耦合器输出端增加一个测量转速的传感器，以便于操作人员直观读出耦合器的输出转速（图1）。由于支撑传感器的支架使用2mm厚钢板，太过单薄，支架在耦合器上的定位孔为单孔，定位不稳，在使用中支架易发生变形及移动。调节传感器与测速盘之间距离的孔为直径20mm的光孔，不便于精确调距，在现场使用期间由于输出轴高速运转，易使传感器与测速盘产生摩擦而导致传感器损坏。此故障时有发生，对机器的可靠性和我厂的声誉造成了一定的影响。

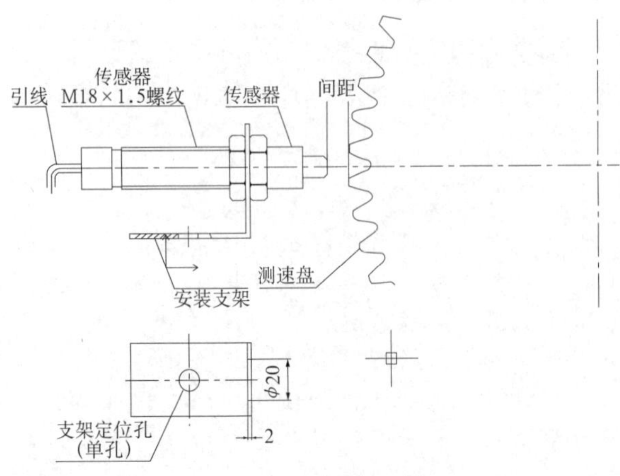

图1 DO系列电动机耦合器

针对上述问题，我们进行了改进。将支架用钢板由原来的2mm厚改为5mm厚（图2），与耦合器的定位孔也由原来的单孔改为双孔，并在两孔之间焊接一根支撑筋增加其强度；另外，将调节传感器与测速盘之间距离的光孔改为M18×1.5的螺孔，传感器M18×1.5螺纹旋入螺孔中，精确调节传感器与测速盘之间距离后，两端用螺帽紧固。改进后的传感器支架在使用中牢固可靠，不易发生变形及移动，大大减小了传感器损坏的可能性。

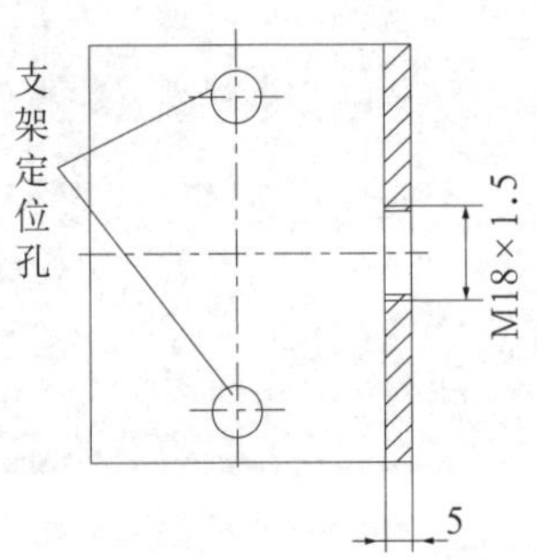

图2 改进后的支架

目前，经改进的传感器支架已广泛运用于DO系列的750、875耦合器产品中，对提高整机质量具有重要意义。

（作者：济柴动力总厂车船事业部，钳工，技师）

催化裂化装置MGD工艺技术改造总结

◆ 武利春　沈　兴　刘　建　夏建平

呼和浩特石化公司催化裂化装置改造设计加工能力为90×10^4t/a，原料以常压渣油为主，另掺杂罐区蜡油和部分减压渣油。反再部分采用两器为同轴式设计，再生器形式为单段逆流高效CO助燃剂完全再生。根据公司500×10^4t/a炼油扩能改造项目建设的需要，溶剂脱沥青装置拆除后，催化裂化原料性质将明显变重，催化汽油烯烃含量上升，出厂汽油无法长期稳定达到国Ⅲ质量指标要求。为了能更好地降低汽油烯烃含量，最大限度地提高装置经济效益，公司研究决定，在停工检修期间对装置提升管反应器喷嘴部分进行改造，采用MGD工艺技术。

一、MGD工艺技术的反应原理

MGD工艺技术以重质油（包括减压馏分油、焦化蜡油、常压渣油和减压渣油等）为原料，采用配套催化剂，在提升管反应器中进行催化裂化反应，达到提高液化气和柴油产率、降低汽油中烯烃含量的目的，并可根据市场需求灵活调节产品结构。该工艺技术是将催化裂化反应的平行—顺序反应机理、渣油催化裂化的反应特点、组分选择性裂化机理、汽油裂化的反应规律以及反应深度控制原理多项技术进行有机结合，从而对催化裂化反应进行精细控制的一项新技术。

二、改造内容及运行参数

在原有设备的基础上对提升管反应器原料喷嘴部分进行了改造，将上喷嘴拆除，保留原料油下喷嘴，并将原料油下喷嘴上移，增加了预提升段长度。另外，在原料油喷嘴下方新增加2个改质汽油喷嘴，以满足降低汽油烯烃含量的目的。装置改造后具体的运行参数见表1。

表1　装置改造后的运行参数

项目	指标数值
新鲜原料量，t/h	105
回炼油量，t/h	15
回炼比	0.14
提升管出口温度，℃	495
沉降器顶压力，MPa	0.22
再生器顶压力，MPa	0.25
再生器密相温度，℃	690
原料油预热温度，℃	180
选择性裂化的粗汽油量，t/h	20
蒸汽流量，t/h	0.2

三、投用后运行情况

改造后，喷嘴流量为20t/h，保护蒸汽流量为0.2t/h，投用条件达到了MGD工艺要求。设备投用后，催化剂流化正常，操作平稳，汽油烯烃含量明显下降，可控制在34.0%（体积分数）以下，产品分布较好。

四、混合原料性质

表2、表3、表4、表5为改造前、后相关参数的对比。

表2 改造前、后混合原料性质对比

项目	改造前	改造后
密度，kg/m^3	891.2	894.5
残炭，%	4.47	5.67

表3 改造前、后油浆性质对比

项目	改造前	改造后
密度，kg/m^3	986.0	989.5
黏度，mm^2/s	15.10	19.46

表4 MGD改造前、后物料平衡数据对比

单位：%

项目	改造前	改造后
干气	3.40	3.57
液化气	13.10	16.28
汽油	41.69	36.02
柴油	28.11	28.25
油浆	4.50	6.07
轻液收	69.8	64.27
总液收	87.4	86.62
焦炭+损失	9.20	9.80

表5 投用MGD前、后汽油性质对比

项目	改造前	改造后
汽油密度，kg/m^3	711.2	714.5
研究法辛烷值	90.17	89.60
苯含量，%	0.22	0.28
烯烃，%（体积分数）	40.5	34.0
芳烃，%（体积分数）	11.8	13.4
饱和烃，%（体积分数）	47.0	52.56

由表2可见，投用MGD工艺前、后，原料性质变化很大，混合原料密度上升3.3kg/m^3，残炭上升了1.2%，说明在投用MGD工艺后原料性质变重、变差。

由表3可见，投用MGD工艺后，油浆密度上升了3.5kg/m^3，黏度上升了4.36mm^2/s，这主要是由于原料油性质变重、变差引起的。

由表4可见，改造后柴油和液化气产率分别上升0.14%和3.18%，液化气产率上升较多，干气稍有上升，汽油产率下降5.67%，油浆产率上升1.57%，总液收略有下降，焦炭产率加损失上升0.6%，考虑原料性质变重的实际，产品分布达到技术承诺值。

由表5可见，MGD工艺可明显降低汽油的烯烃含量，降低幅度达到6.5%，说明MGD工艺技术在降低汽油烯烃含量方面具有明显的作用；在反应温度不变的条件下，研究法辛烷值降低0.57，芳烃比改造前的11.8%略有上升，饱和烃升高5.56%。

五、总结

（1）MGD工艺能明显降低汽油的烯烃含量，汽油烯烃含量可降低6.5%（体积分数），满足了汽油质量升级的要求。

（2）改造后柴油和液化气产率分别上升0.14%和3.18%，汽油产率下降5.67%，油浆产率上升1.57%，焦炭产率加损失上升0.6%，总液收略有下降。

（3）在装置其他部位都未做改造的情况下，投用MGD工艺后，催化剂线路流化正常，操作运行平稳。

（4）由于原料油性质变重，残炭偏高，比改造前高1.2%，加工量受到了限制，对MGD工艺的生焦量考评有影响。

（5）芳烃含量略有增加，烯烃降低，研究法辛烷值降低0.57，汽油烯烃过剩，有待今后进一步优化汽油质量。

（作者：武利春，呼和浩特石化公司第一联合车间，催化裂化装置操作工，技师；沈兴，呼和浩特石化公司第一联合车间，工程师；刘建，呼和浩特石化公司第一联合车间，工程师；夏建平，呼和浩特石化公司第一联合车间，高级工程师）

技术点评：改造前后对比较全面。

（审稿专家：张彦）

电缆马笼头的革新

◆ 王停武

油田测井现在使用的电缆马笼头弱点设计，是利用压紧帽将裹有电缆外铠的卡锥压紧在上接头处，遇卡时，利用测试绞车提供的机械拉力将电缆在卡锥处拉断，实现电缆与马笼头分离。这种利用机械拉力预留弱点的马笼头存在以下问题：当测试井较深且井况复杂，或者电缆本身存在相对弱点时，测试绞车提供的机械拉力会造成电缆（在中间弱点处）断裂，而不是在马笼头预留弱点处断裂，造成马笼头顶端留有一段电缆，给打捞工作造成很大的困难和阻碍，也制约了打捞的成功率。

为解决上述技术问题，我通过试验，制作出电缆酸腐弱点式马笼头。改造后的马笼头在发生测井遇卡事故时，能够顺利将电缆自马笼头内脱出。

改造后的马笼头如图1所示，由上接头、固定支架、酸管、剪切销钉、可移动滑块、硅脂孔螺钉、绝缘护帽、香蕉插头、下接头、螺钉、卡锥、压紧帽、外筒、O形胶圈、导线和护帽等组成。其中，上接头、可移动滑块、下接头、卡锥和压紧帽中间沿轴心线均开有电缆孔；上接头与固定支架用螺钉固定连接，上接头与外筒对扣连接；固定支架为2～4个，沿上接头内端面圆周均布，在每一个固定支架内对应卡接一支酸管，酸管内装强酸；可移动滑块用剪切销钉固定在外筒中部；下接头与外筒对扣连接；下接头与护帽对扣连接；压紧帽固定卡锥于可移动滑块内靠近下接头一端带有螺纹的锥腔中；香蕉插头、导线、香蕉插头依次焊接在一起，并置于下接头内腔中，且两个香蕉插头分别固定在下接头两端；绝缘护帽套在香蕉插头（图1“8”）外；外筒在下接头和上接头之间筒壁上开有一孔，该孔有硅脂孔螺钉封堵；香蕉插头（图1“8”）、外筒、护帽与下接头之间分别设置有O形胶圈。

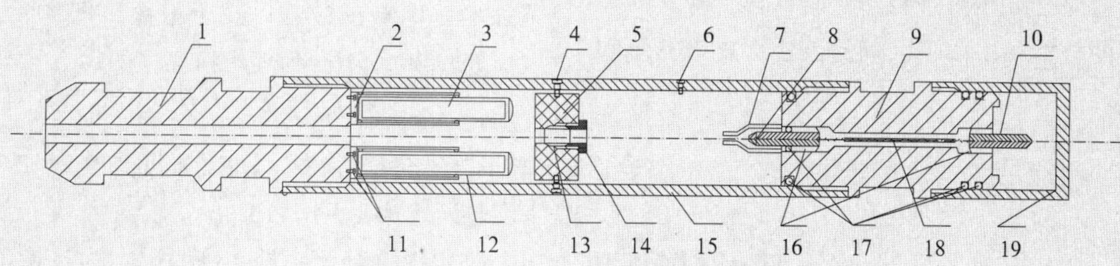

图1　电缆酸腐弱点式马笼头结构示意图

1—上接头；2—固定支架；3—酸管；4—剪切销钉；5—可移动滑块；6—硅脂孔螺钉；7—绝缘护帽；8,10—香蕉插头；9—下接头；11—螺钉；12—网状橡胶套；13—卡锥；14—压紧帽；15—外筒；16—绝缘垫；17—O形胶圈；18—导线；19—护帽

作为改进的核心，外筒内壁、上接头内壁、下接头内壁、可移动滑块表面和固定支架均镀有特氟龙氟树脂E-CTFE涂层，下接头内腔中香蕉插头（图1“8”）和另一香蕉插头（图1“10”）末端分别安置绝缘垫，酸管外套网状橡胶套，外筒内注入适量的硅脂，导线外部套有

便携式抽油机皮带松紧度检测仪研制

◆ 宋颜生

一、皮带松紧度对抽油机井能耗的影响

皮带是游梁式抽油机的重要组成部分，它与齿轮减速器一起构成抽油机的减速传动装置，以实现从电动机到曲柄轴的动力传递和减速。皮带松紧度调节得是否合适，直接影响抽油机系统的效率和耗电量。

国内目前针对抽油机皮带松紧度对抽油机井能耗影响的试验结果表明，皮带从最松到最紧，有功功率先下降到最低后逐步上升，即皮带过松或过紧都会造成系统能耗的增加。

结合现场经验及试验结果可知，皮带松紧度对于抽油机井系统能耗及生产成本都具有重要意义：皮带调节过紧会造成电动机轴承加速磨损，电动机耗电量上升，同时还会导致皮带应力超过范围，易拉伤皮带，皮带的使用寿命缩短；而皮带调节过松会发生皮带打滑丢转，导致冲次损失增多，使传输效率降低，同时会使小皮带轮急剧发热，磨损严重，严重时会烧毁皮带，增加皮带的使用费用。因此，对于抽油机皮带松紧度的检测十分必要。

二、抽油机皮带松紧度检测指标及方法现状

（一）抽油机皮带松紧度检测指标的确定

皮带的松紧度是用预紧力来衡量的。预紧力是用外力使环形皮带拉紧而形成的一种弹性应力，可通过在皮带与两皮带轮的切边中点处加一垂直于上下皮带内面的胀力载荷及其产生的拉伸度来计算。在日常生产中，最直观、最易操作的是测量皮带的拉伸度。试验研究表明，一组传动皮带轮的预紧应力为18kgf/cm^{2}最为理想，每一根传动皮带上的垂向载荷为2.5～3.0kgf。目前应用的皮带大多数为V5380-5、V5960-5、V6300-5等型号，一般一组皮带用4～5根，所以施加的垂向载荷应乘以皮带根数，即10～15kgf（1kgf=9.80665N）为理想情况（图1）。

绝缘管，固定支架为两个，沿上接头内端面圆周均布，上接头外设有蘑菇头和外扣。

该装置在使用中腐蚀效果好，易于从腐蚀处拉断抽出电缆，且装配简便，可重复使用，安全可靠，维护简单，不增加测井施工难度，使马笼头拥有安全的抗拉能力，既能保证测井工作中连接的仪器安全，又能保证在测井发生遇卡死事故时，将电缆自马笼头处顺利脱出，为打捞工作创造有利条件，并降低仪器损失，减少因无法打捞仪器而进行的修井打捞作业费用，获得了很好的经济效益。此革新已获得专利。

（作者：大港油田公司测试公司，采油测试工，高级技师）

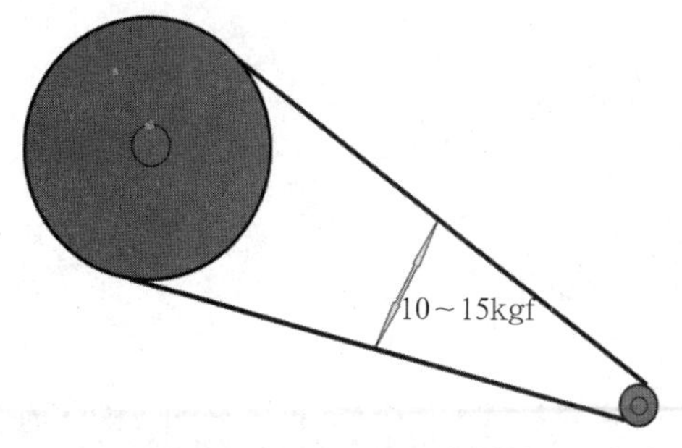

图1　皮带轮理想垂向载荷范围

（二）抽油机皮带松紧度检测方法现状

目前对于运转的抽油机皮带松紧度的检测，一是用肉眼观察（皮带有稍松现象，一般不会留意，也不易看出）；二是停机后，用手掌下压皮带的内侧来判断皮带的松紧，用手下按时，大约按下二指的拉深度（约35mm，见图2）为合格；或者用手翻皮带检测，将一组皮带背面水平上翻90°，松手后即恢复原状态为合格。因为使用的皮带有不同型号与新旧之分，使用力量的大小也不一样，力度很难掌控，全凭感觉和经验，所以采用上述方法判断皮带的松紧度，不准确、不科学。

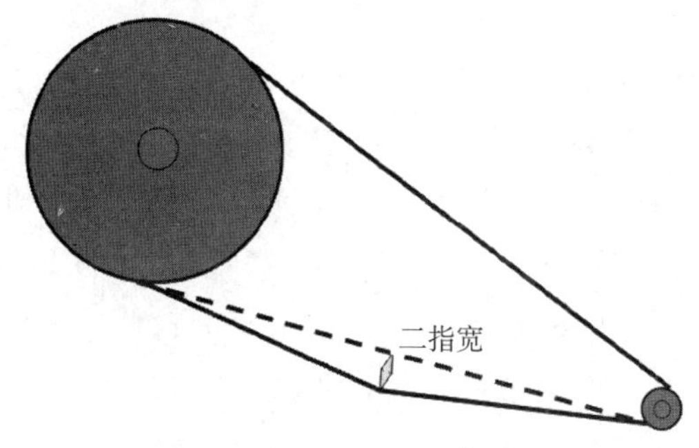

图2　皮带松紧度经验检测方法

三、便携式抽油机皮带松紧度检测仪简介

为了解决抽油机皮带松紧度不能实现量化测量，导致传动效率降低、系统能耗增加的问题，研制了这种便携式抽油机皮带松紧度检测仪，可以精准、直观、简单、方便地检测皮带的松紧度。

（一）便携式抽油机皮带松紧度检测仪结构

本检测仪由皮带挡管、螺纹调节杆、松紧度指示管、弹簧腔、内置压缩弹簧、加长管、测量管等部件构成（图3）。

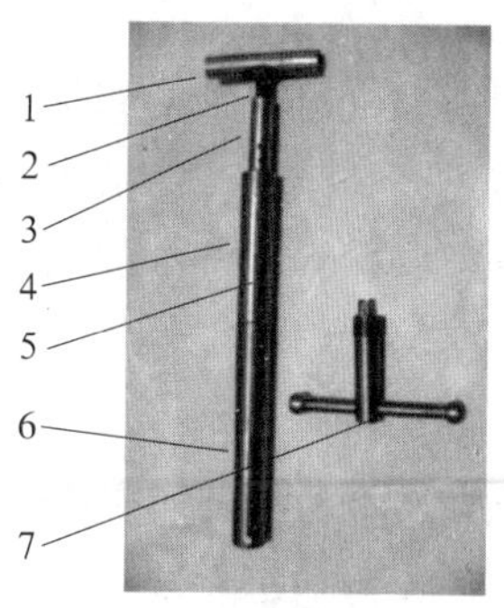

（a）实物图

（b）结构图

图3　便携式抽油机皮带松紧度检测仪

1—皮带挡管；2—螺纹调节杆；3—松紧度指示管；4—弹簧腔；5—内置压缩弹簧；6—加长管；7—测量管

检测仪的螺纹调节杆一端与皮带挡管中间焊接，呈丁字形。松紧度指示管上端口有内螺纹，下端开口有外沿，在管的中部设两个上下位置的指示孔；弹簧腔上端口有内沿，下端口有内螺纹，松紧度指示管上端可穿过弹簧腔上端口，松紧度指示管下端开口的外沿被弹簧腔上端口的内沿挡住，松紧度指示管下端与压缩弹簧接触，置于弹簧腔内；加长管上端有外螺纹，下端有内螺纹，由加长管上端的外螺纹与弹簧腔下端的内螺纹连接，堵住弹簧；测量管一端有外螺纹，其下端口有两个凸爪，测量管可在加长管下端口内旋进旋出，携带方便，测量管设计长为70mm。

（二）便携式抽油机皮带松紧度检测仪技术关键

1. 指示管指示孔位置的确定

根据抽油机皮带松紧度检测指标，抽油机皮带垂向载荷在10～15kgf范围内较为合理，故预先测量设备内压缩弹簧在10kgf和15kgf载荷下的缩短量，并在设备组装好后，在松紧度指示管上标定15kgf和10kgf两个上下指示孔的位置，同时还可以在指示管上标注0~20kgf的刻度标尺，精确计量。

2. 测量管长度的确定

根据抽油机皮带松紧度常规检测方法，抽油机皮带内侧一面在施加了10～15kgf的垂向载荷时其拉伸度在35mm左右为宜，则上下两侧皮带总拉伸度应为70mm左右，故将测量管长度设计为70mm。

3. 螺纹调节杆的确定

由于各种机型所使用的皮带的上下联之间的垂向距离不同，确定皮带上下联内侧的垂向距离采用螺纹调节杆进行长度调节。螺纹调节杆总长度与本检测仪整体长度大致相同，并与指示管内螺纹连接。

（三）便携式抽油机皮带松紧度检测仪使用方法

测量皮带松紧度时，竖直本仪器，置于电动机轮边缘与减速箱输入轮边缘之间的最近距离中间位置，使加长管下端口放置皮带下联内侧（图4）；在皮带上做好标记后，再调节钢柱，使其上端的皮带挡管正好与皮带上联内侧接触，同样，在皮带上做好标记（图5）。用此仪器测量好皮带的上下垂向距离后，将测量管接于弹簧腔下端，使设备整体长度增加了70mm后，将本仪器放回原标记处，使仪器的两端内胀皮带的上下联，这样松紧度指示管将被压缩进入弹簧腔，以指示管被压进弹簧腔的长度判断皮带的松紧度。重点观察弹簧腔上端面是否进入松紧度指示管的两个孔眼之间，如果在两个孔眼之间，说明皮带松紧正合适，受力在10~15kgf之间；如果能看到两孔眼，说明皮带已松，皮带拉力小于10kgf；如果看不到两个孔眼，说明皮带过紧，皮带的拉力超过15kgf。

图4　测量皮带间距离

图5　安装测量管后测量

（四）应用效果对比分析

应用本仪器与功率计两种设备对皮带松紧度与有功功率进行测试试验（以6型抽油机为例）。结果表明，当施加10~15kgf之间的垂向内胀力，电动机有功功率的数值普遍较低，变化波动不大，而皮带处在不松不紧的状态，为最理想状态；当施加4kgf垂向内胀力（皮带较松状态）与18kgf垂向内胀力（皮带较紧状态）时，电动机有功功率的数值均较高，即随着皮带垂向内胀力的增大，有功功率先变小后变大，与理论相符。在皮带垂向内胀力从4~18kgf的变化过程中，有功功率的最大差值为0.24kW，表明皮带松紧度对抽油机能耗具有一定的影响。表1与表2是垂向内胀力与电动机有功功率变化情况的对比。

表1　垂向内胀力与电动机有功功率变化情况
（18.5kW电动机，V5380皮带）

垂向内胀力 kgf	4	6	8	10	11	12	13	15	16	17	18
有功功率 kW	7.34	7.32	7.29	7.26	7.22	7.23	7.25	7.27	7.30	7.33	7.37
功率对比结果	高			低					高		

表2　重向内胀力与电动机有功功率变化情况
（30kW电动机，V5960皮带）

垂向内胀力 kgf	4	6	8	10	11	12	13	15	16	17	18
有功功率 kW	8.07	8.04	8.00	7.94	7.90	7.89	7.95	7.99	8.04	8.09	8.13
功率对比结果	高			低					高		

四、结论及认识

目前使用这种便携式抽油机皮带松紧度检测仪，对各种型号的抽油机皮带进行了1000多次不同油井现场的检测与标定，操作方便，准确度高，应用效果好，适用于油田上各种型号抽油机井皮带松紧度的现场检测。

（1）对使用皮带的松紧度进行量化标定。使用便携式抽油机皮带松紧度检测仪检测皮带松紧度，能够准确直观地反映出皮带间垂向载荷大小是否在10~15kgf之间，排除了操作工人凭经验感觉判断的误差。

（2）减少皮带打滑磨损，节约皮带用量。使用便携式抽油机皮带松紧度检测仪检测皮带松紧度，将皮带松紧调整至合适范围，可以减少皮带过松导致的皮带打滑发热烧毁，以及皮带过紧导致的皮带应力超过范围而被拉伤，节约了皮带用量，一台抽油机年可节约一组或两组皮带。

（3）减少冲次损失，提高抽油机运转效率。使用本仪器可以显著减少皮带打滑现象，减少抽油机冲次损失，提高抽油机运转效率，提高了单井原油产量。

（4）降低系统耗电，提高系统效率。抽油机皮带松紧度调节至合适范围，可以减少电动机轴承磨损，降低电动机耗电量，提高系统整体效率。

五、经济效益及社会效益评价

便携式抽油机皮带松紧度检测仪操作简便、快捷，实用性强，显著提高了抽油机皮带松紧度调整的速度及准确度，降低了操作工人的劳动强度，具有较高的社会效益。

从经济效益看，加工一台便携式抽油机皮带松紧度检测仪的费用是300元；一台抽油机年可节约一组皮带，节约皮带费用300元。皮带松紧度调整后，冲次损失减少，按减速轮1h少丢转1min计算，一台抽油机年可提高有效抽油时率146h，可多出油1t左右，增加产值约3000元。皮带松紧度调整后可降低有功功率消耗，按平均有功功率降低0.12kW计算，年节电1051kW·h，年节约电费670元。应用便携式抽油机皮带松紧度检测仪，对一台抽油机而言，年直接、间接经济效益约为3670元，如能全面推广，经济效益相当可观。

（作者：大庆油田公司第五采油厂，采油工，高级技师）

小功率管道泵缺相保护装置的改进

◆ 李晓东

我所在作业区现有100余台小功率管道泵运行，冬季时常因电动机缺相运行发生绕组烧毁事故，每年因电动机烧坏更换新管道泵30台以上，影响了油气生产，增加了员工劳动强度，且造成浪费。

一、电动机缺相的危害

通过调查发现，管道泵三相异步电动机烧毁绝大多数是由于电动机缺相运行造成的。所谓三相异步电动机缺相运行，是指三相供电电源缺少一相而造成的一种电动机故障运行的状态，也称断相运行或单相运行。据统计，三相异步电动机绕组烧毁事故，80%以上是由于电动机缺相运行造成的。在负载功率相同的情况下，缺相运行电流比三相运行电流高1倍以上，此时电动机绕组严重过热，若不及时处理，电动机就会烧坏。如果电动机在启动前就有一相断路，则在接通电源后只发出嗡嗡声而不能启动，此时必须立即切断电源，否则也会烧坏电动机。

另外，由于电动机功率与所带负载大小差异，其过电流能力也有所不同，缺相运行时间长短也有所不同。大功率电动机（如抽油机常用的37kW、45kW电动机）绕组导线较粗，过电流能力较强，相对来说能在较长的时间内缺相运行，但会缩短电动机的使用寿命；如果缺相运行时间过长，也将造成电动机烧毁。小功率电动机绕组导线较细，过电流能力较弱，发生缺相后，在很短时间内电动机会迅速烧毁。我所在作业区常用的管线循环伴热管道泵所使用的电动机，由于功率过小（2.2kW）且满载运行，当发生电路缺相时，在10s时间内就能烧毁，就算巡井工人在现场及时发现缺相，但还来不及拉闸断电，电动机就已经烧坏了。因此，如果小功率管道泵电动机没有良好的缺相自动保护措施，发生缺相故障时极易烧毁。

二、电动机缺相自动保护箱的研制

为此，我通过调查分析和研究，在不增加生产成本的情况下，就地取材，利用配电箱内常用的废旧电器元件，自行研制了电动机缺相自动保护箱，有效避免了管道泵电动机烧毁事故。

（一）原控制管道泵配电装置

原配电装置，一种是用小型断路器直接控制（这种方法完全没有缺相保护功能），另一种是用缺相保护控制箱控制，但原来的配电箱缺相保护存在一定的缺陷。

原缺相保护控制箱的设计初衷是，将三相电源全部接入控制回路（图1），无论L1、L2、L3任意一相电源缺相时，电路都会断电，达到缺相保护的功能。但实际情况是，当电源L1相断电时，中间继电器线圈KA与交流接触器线圈KM通过电源L2与L3构成回路。根据串联分压原理，只有当KA线圈上分得的电压低于额定电压40%时才能断开，因此，当电源L1断电时不能可靠地切开电源。

（二）改进后的管道泵配电装置

我对原缺相保护控制箱进行了改进，改进后的管道泵缺相保护控制箱原理图如图2所示。

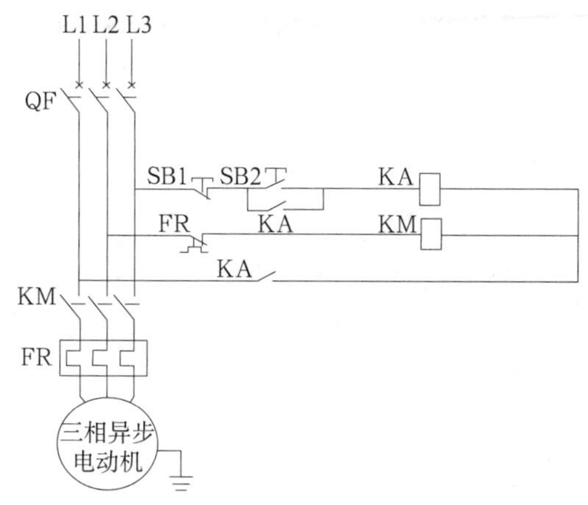

图1　原缺相保护控制箱原理图

L1，L2，L3—电源；QF—断路器；
KM—交流接触器；FR—热继电器；
KA—中间继电器；SB1—停止按钮；SB2—启动按钮

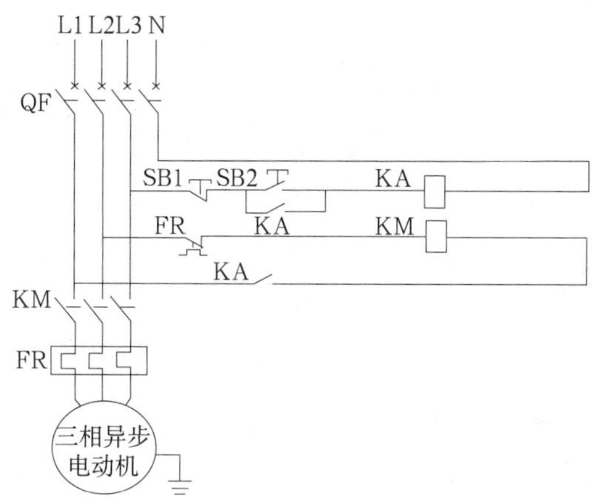

图2　改进后的管道泵缺相保护控制箱原理图

L1，L2，L3—电源；N—中性线；QF—断路器；
KM—交流接触器；FR—热继电器；
KA—中间继电器；SB1—停止按钮；SB2—启动按钮

改进后的管道泵缺相保护控制箱工作原理是：

启动时，合上断路器QF，按下启动按钮SB2，中间继电器KA得电吸合，中间继电器两对常开触点同时吸合，第一对常开触点吸合完成中间继电器自锁功能。中间继电器第二对常开触点吸合使交流接触器KM得电吸合，电动机运转。按下停止按钮SB1，KA失电，中间继电器KA回路与交流接触器KM回路失电，电动机停止运行。

当L1或L2断线时，交流接触器KM回路失电，电动机停止运行。当L3或中性线N断线时，中间继电器KA回路失电，常开触点断开，使交流接触器KM回路失电，电动机停止运行。

三、改进后的使用效果

改进后，无论电路中任何一相断电，都会使交流接触器KM失电，电动机停止运行。并且当中性线N断电时，电动机也会停止运行，间接地增加了中性线断线保护功能（中性线断线会使接零设备的外壳带电，使星形连接的两相设备串联，会烧毁其中一相设备）。

电路改进后的缺相保护控制箱在现场实际运用中效果良好，经测试，能有效地切断电路，达到缺相、短路、过载、中性线断线的保护功能。

四、效益分析

（一）经济效益

该成果均是利用废旧配电箱及其元器件对原控制箱进行改造，投入成本几乎为零，每年能少烧坏管道泵30台，每台管道泵价格按700元计，年经济效益为2.1万元。

（二）社会效益

（1）减少了更换烧坏管道泵等的工作量，降低了岗位工人的工作强度。

（2）加强了电气设备的安全性，保障了员工的生命安全。

（3）提高了配电装置管理水平，强化了全员精细管理意识，有效地推动了修旧利废、降废减损等活动的开展。

参考文献

[1] 于绍友.一种简单实用的水塔电机控制器.安

四堡输油站生活供水恒压改造

◆ 王惠光　黄　余　冯　云　郭新伟　张灵军

一、改造原因

原四堡输油站的供水系统由水箱、水泵、阀门、稳压罐、电接点压力表等组成。当泵出口压力达到电接点压力表设定低值时，水泵启动；当泵出口压力达到电接点压力表设定高值时，水泵停止。该系统中的稳压罐经过长年使用，内部气囊漏气，压力降低很快，每次充气后只能维持几天的时间，稳压效果急剧下降，导致生活水泵频繁启停，严重降低了水泵的使用寿命。供水压力波动加剧，员工一般用水时水流或大或小，洗澡时水温忽冷忽热，存在烫伤的隐患。同时该套系统运行时间较长，稳压罐里的滤料没有清洗流程，容易导致细菌滋生繁殖，影响生活水质。针对上述问题，我们决定对供水系统进行变频恒压改造。

二、变频恒压供水的优点

（1）变频恒压供水能自动维持恒定压力，无级调整压力，供水质量好，与传统供水比较，不会造成管网憋压及开水龙头时的共振现象。

（2）避免了泵的频繁启停，而且启动平滑，减少了电动机水泵的启动冲击，增加了水泵的使用寿命，也避免了传统供水中的水锤现象。

（3）传统供水中设计的稳压罐不但浪费资金、占用较大空间，而且水压不稳定、水质易污染，而采用变频恒压供水，无需稳压罐，这些问题也就迎刃而解了。

（4）采用变频恒压供水，系统自动检测供水压力，控制水泵电动机转速，达到节能效果，且延长了水泵的使用寿命。另外，变频恒压供水系统保护功能齐全，具有欠压、过流、过载、过热、缺相、短路保护等功能，使电动机的安全可靠运行有了保障。

三、改造方案及参数设置

（一）采用变频器控制水泵的转速

改造需要增加一台变频器、一台压力变送器，而站内热水循环泵房里有西门子420变频器和压力变送器闲置，可拆卸下来使用，这样可以节省很大一笔资金。同时，变频器安装在供水控

徽技术师范学院学报，2001，15（4）.

[2] 王建伟.一种简单合理的电动机缺相保护电路.电机技术，2000（3）.

[3] 秦曾煌.电工学.5版.北京：高等教育出版社，1999.

（作者：辽河油田公司欢喜岭采油厂，维修电工，高级技师）

（审稿专家：苏汉杰）

制配电箱内即可，不占用其他空间，甩掉了稳压罐，避免了稳压罐长期使用导致细菌滋生的问题。

（二）相关设备参数

水泵：扬程32m，额定电压380V，额定电流3.32mA，额定频率50Hz，额定功率1.5kW，额定转速2848r/min。

变频器：输入电压380～480V，额定功率1.5kW。

压力变送器：测量范围0～1MPa，反馈电流4～20mA。

可见变频器、压力变送器参数与给水泵参数相吻合，满足改造需要。

（三）恒压供水控制电路

恒压供水控制电路图如图1所示。

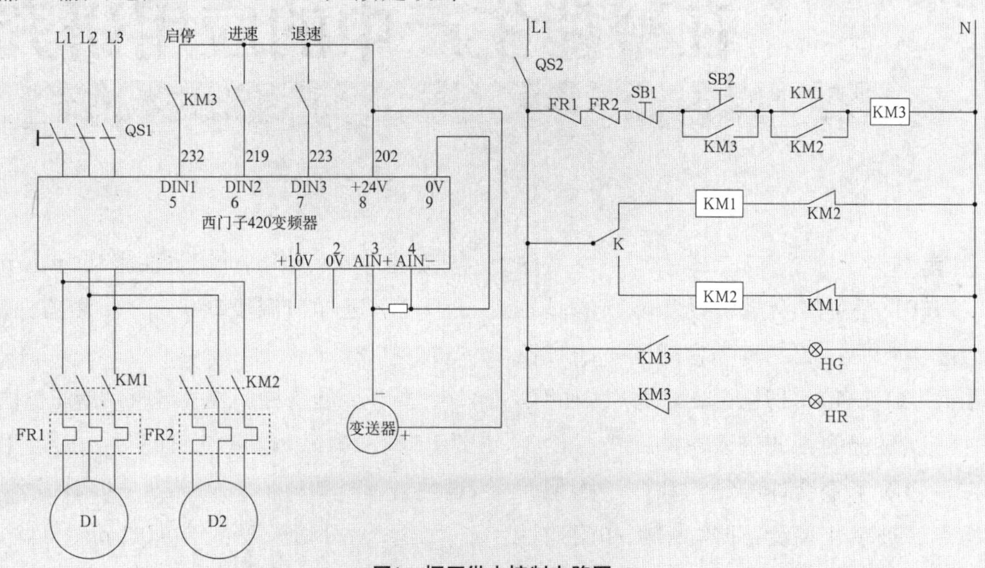

图1　恒压供水控制电路图

L1，L2，L3—380V交流三相电源；QS1—主电源空气开关；QS2—控制回路空气开关；D1，D2—2.5kW离心式水泵；K—水泵运行转换开关；KM1，KM2—交流接触器；DIN1，DIN2，DIN3—变频器控制开关接口编号；1，2，3，4，5，6，7，8，9—变频器接线端子排编号；232，219，223，202—变频器线路编号；KM3—中间继电器；FR1，FR2—电动机保护继电器；SB1,SB2—停止、启动控制按钮；AIN＋，AIN－—4～20mA模拟量输入端子；HG，HR—水泵运行状态指示灯；N—零线端子

四、改造过程

在实际改造中，为了不影响生产和生活用水，采用了先组装电路和外接电动机进行参数设定与运行调试，在各项指标达到要求后，再利用夜间进行安装。通过调整模拟输入的分压电阻使水压稳定在0.25MPa，满足了给水压力的需要。

五、改造后的效果

改造完成后，对供水系统进行了试运行，并一次成功，实现了恒压供水。

使用效果：水泵启停平稳，减少了轴承的磨损，延长了使用寿命；甩掉稳压罐，避免了稳压罐对水质的二次污染，改善了生活水供水质量；消除了洗澡时被热水烫伤的隐患。

经济效益：更换一个稳压罐气囊约需2000元，更一个泵轴承约1000元（包括人工费等），原来每年需更换4次左右，自改造至今未进行过更换（预计可以使用4年）。

（作者：王惠光，西部管道公司新疆输油分公司，电工，中级工；黄余，西部管道公司新疆输油分公司，助理工程师；冯云，西部管道公司新疆输油分公司，工程师；郭新伟，西部管道公司新疆输油分公司，助理工程师；张灵军，西部管道公司，助理工程师）

技术点评：利用闲置设备解决了生产生活问题，值得推广。

（审稿专家：苏汉杰）

聚酯中二甘醇的甲醇降解快速检测法在聚酯生产中的应用研究

◆ 梁丽霞

一、引言

聚酯（PET）是生产合成纤维和薄膜的基本原料，在聚酯生产中，乙二醇缩合成为一缩二乙二醇即二甘醇（DEG），这是聚酯生产中的副反应。二甘醇以醚键的方式进入聚酯链中。由于醚键的存在，影响了聚合体的结构和分子构型，从而引起熔点、玻璃化温度下降，耐热和耐光性变差，黄色增加。本文选择了用甲醇降解聚酯，用PEG–20M（20000相对分子质量聚乙二醇）作色谱柱、1,6–已二醇作内标，快速方便地测定了PET中的DEG。

二、方法和原理

在适当的反应温度和反应压力下，甲醇可在醋酸盐作为催化剂的情况下将PET解聚为DMT（对苯二甲酸二甲酯）和EG（乙二醇），同时以醚键结合在聚酯链中的二乙二醇上，也同时从聚酯链中分解而游离。在进行冷却后DMT结晶出来经过滤除去，对滤清液进行分析。该滤清液中主要成分为过量的甲醇、乙二醇及二甘醇。采用固定液为PEG–20M的极性毛细管柱，在试液中加入内标物1,6–已二醇对二甘醇进行分析。

三、仪器和设备

（1）气相色谱仪：HP5890带有氢火焰离子化检测器。仪器条件：氮气流速25mL/min；氢气流速35mL/min；空气流速350mL/min；柱温180℃；进样口温度260℃；检测器温度280℃；进样量0.8μL。

（2）色谱柱：毛细管柱或填充柱，固定液为PEG–20M，也可使用同等分离效果的其他色谱柱。

（3）分析天平：精度0.1mg。

（4）加热装置：恒温加热器，温度控制为（220±10）℃。

（5）反应管：50mL。

（6）台虎钳、扳手。

四、试剂

（1） 甲醇：GR。

（2） 内标物：1,6–已二醇（色谱纯）。

（3） 醋酸锌。

（4）酯交换液：称取约400mg 1,6–已二醇，60mg醋酸锌，用甲醇溶解并稀释至2L。此溶液内标物浓度为0.2mg/mL，醋酸锌浓度为0.03mg/mL。

五、测定步骤

称取1g试样（精确至0.1mg）放到反应管中，精确加入30mL酯交换液（酯交换液中已包含内标物、催化剂、甲醇），用扳手将反应管拧紧，放入加热装置中，在220℃下反应2h后取出，用自来水冷却至室温，过滤至三角瓶中，吸取0.8 μL滤液用气相色谱仪进行测试。

六、实验部分

标准切片经降解后，用微量注射器吸取0.8 μL滤液注入气相色谱仪。测定谱图如图1所示。

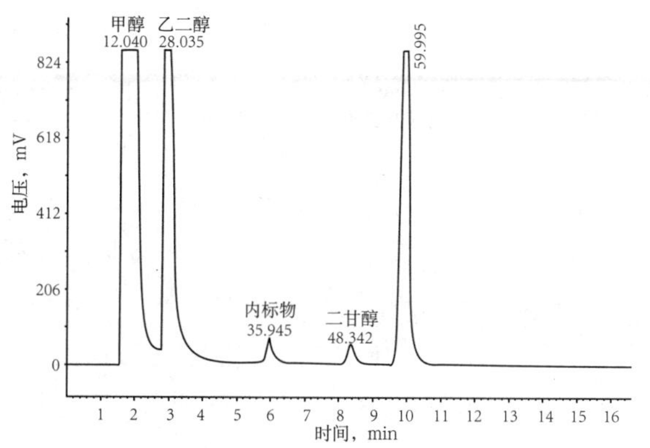

图1　标准切片经降解后的色谱图

（一）影响实验结果的因素

1.加热时间

反应温度为220℃时于密闭容器中加热，标准切片中二甘醇含量与加热时间关系如图2所示。

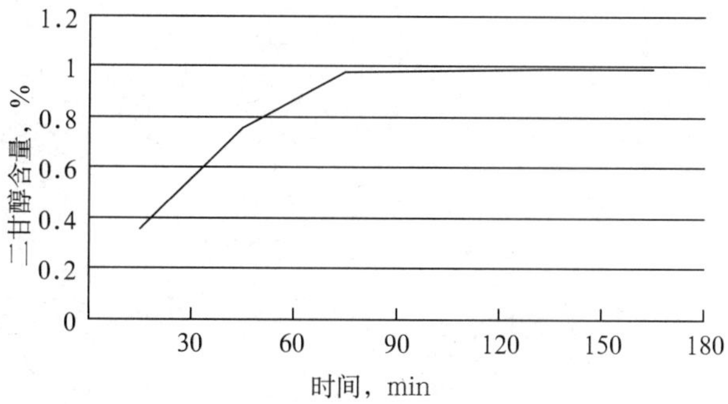

图2　二甘醇含量与加热时间关系图

从图2中可以看出，试样分解程度随时间的延长而趋于完全，至100～120min后即达到完全分解，测定值与标准样品的标称值吻合，因此反应时间定在120min。

2.冷却速度

分解完成的产物中有DMT和EG，以醚键结合在聚酯链中的二乙二醇也同时从聚酯链中分解而游离。在反应完成后需要冷却促使DMT结晶析出，即可通过过滤除去溶液中的DMT。DMT的结晶时间与冷却速度相关，当冷却速度较低时，DMT结晶缓慢，会将溶液中的待测组分以共结晶的形式包含于DMT结晶中，导致测定结果偏低。因此，反应完毕后需通过大量的水冲洗加热管，使反应管温度迅速降低。

3.聚酯切片的粒度

切片粒度小，则反应速度快，为保证反应完全，样品须剪碎。

4.反应管密封性

反应管在加热过程中由于甲醇的挥发会在反应管中形成一定压力，如反应管密封不好，则甲醇挥发，反应产物形成糊状物难以分离。因此，在反应管内衬聚四氟乙烯密封圈，并使用台虎钳将反应管完全上紧。

（二）校正因子的计算

标准样品采用仪征化纤公司生产的标准切片。

二甘醇校正液的制备：称取2g二甘醇与98g乙二醇（精确到0.1mg）充分混匀，待用。按照表1配制二甘醇校正液。

表1　二甘醇校正液制备表

序号	称取校正液质量，g	含二甘醇质量，mg	二甘醇含量，%
1	0.4	8	0.8
2	0.5	10	1.0
3	0.6	12	1.2
4	0.7	14	1.4
5	0.8	16	1.6

在配好的各测试液中加入30mL酯交换液和100mg对苯二甲酸二甲酯，充分摇匀，过滤至三角瓶中，吸取0.8 μL滤液用气相色谱仪进行测试。测定结果按置信度95%取舍，求出平均值。应定期校准校正因子。

二甘醇的相对校正因子f_i按以下公式计算：

$$f_i=\frac{A_s m_i}{A_i m_s}$$

式中　f_i——二甘醇与内标物的质量相对校正因子；

丝杠防锈计量保养护套的研制

◆ 张荣奇

在石油企业，中转站、联合站、计量间每年都进行岗位责任制大检查，在样板站的验收中，阀门丝杠的光洁度和保养的好坏是一个重要的规格化指标。阀门丝杠经风吹雨淋时间长了表面就会氧化生锈，使阀门操作起来不灵活，影响正常使用，甚至丝杠和铜套锈死造成工艺流程不能正常运行，企业每年都要花费很多人力、物力对丝杠进行除锈，也就是常说的“打丝杠”。成千上万的阀门要用砂纸进行除锈打亮，一个阀门丝杠用砂纸进行除锈需要约15min，一座小型中转站约有1000多闸阀，需要250h才能完成除锈保养工作，岗位工人需要花费很多时间和精力，劳动强度大。如果把阀门丝杠有效地保护起来，给裸露的阀门丝杆带上一个保护套，可以延长阀门的使用寿命，有利于设备的规格化，所以有人设计制作出了丝杠保护套。但是却出现了一个新问题，加上保护套后阀门开关时看不到丝杠，无法判断阀门的开启程度。于是有人想出了在丝杠头部螺纹上连接一个长杆，长杆从保护套头部的一个圆孔伸出，露出的长度表示丝杠阀门的开度。但这种设计依然存在着不足，就是阀门开大的时候长杆伸出过长容易被剐蹭，有安全隐患且从整体看不美观（图1）。

---

m_i——二甘醇标准样品的质量，mg;

A_i——二甘醇峰面积，cm^2；

m_s——内标物的质量，mg；

A_s——内标物峰面积，cm^2。

（三）该实验方法的测定精密度

经过20次反复测试，测定结果见表2。测定标准偏差为0.012%，远远小于国家标准中规定的0.06%的要求。

七、结论

该方法在分析中试剂用量少，数据准确可靠，保证了产品质量，为生产快速准确地提供了数据支撑，适用于聚酯生产分析。

表2　标准切片中二甘醇含量表

单位：%

序号	结果	序号	结果
1	0.983	11	0.993
2	0.999	12	0.997
3	1.011	13	0.980
4	1.005	14	1.000
5	1.001	15	0.977
6	0.998	16	0.986
7	0.980	17	1.005
8	0.972	18	1.012
9	1.000	19	0.976
10	1.007	20	0.983

参考文献

孙静珉. 聚酯工艺. 北京：化学工业出版社，1985.

（作者：乌鲁木齐石化公司研究院，化工分析工，高级技师）

（审稿专家：兰丽秋）

图1　原丝杠保护套实物图

综合以上几种情况，我研制了一种多功能的保护套，不但具有防锈的作用，而且还可以对丝杠进行加注黄油润滑保养，同时能直观地显示阀门的开启程度。

我设计的丝杠防锈计量保养护套由护套、背帽、标尺、刻度、标尺固定滑块、滑块推拉调整组合和注油黄油嘴七部分组成（图2）。

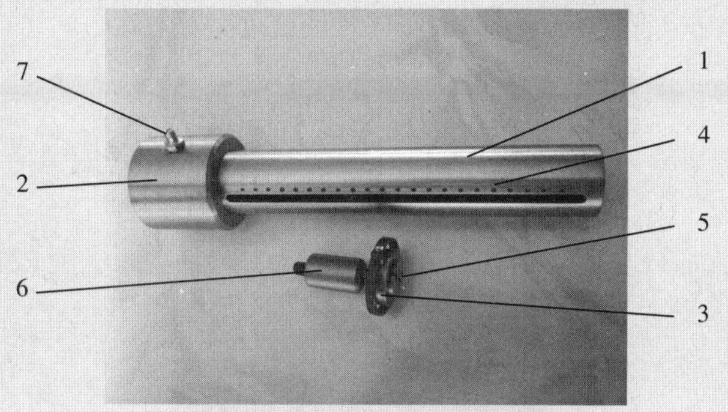

图2　丝杠防锈计量保养护套结构图

1—护套；2—背帽；3—标尺；4—刻度；5—标尺固定滑块；6—滑块推拉调整组合；7—注油黄油嘴

保养护套的原理是：背帽固定住手轮，护套与背帽螺纹连接，标尺固定在滑块上，滑块推拉调整组合与丝杠是螺纹连接，护套与标尺固定滑块和滑块推拉调整组合之间可相对旋转，这是革新的技术关键。滑块既随推拉调整组合同步位移，也与护套同步旋转，带动标尺在护套上做直线运动，标示出阀门闸板的开度（图3）。

图3　丝杠防锈计量保养护套现场应用

保养护套的优点：防锈——在背帽处有一个加注黄油的黄油嘴，可以加注黄油对丝杠和铜套进行保养；计量阀门闸板的开度——护套的外径上有一个可以随丝杠轴向移动的标尺，护套上有刻度，每一个单位刻度代表丝杠上的一个螺距，等于阀门手轮旋转一圈丝杠的位移量，可以计量阀门闸板的开度；美观——在中转站、计量间等需要搞规格化的场所能发挥一定的作用；节约——节约了大量的人力、物力对阀门进行除锈保养，减轻了岗位员工的劳动强度。

目前丝杠防锈计量保养护套已在我单位推广应用，效果非常好，已申报国家专利。

（作者：大庆油田公司第八采油厂，集输工，高级技师）

技术点评：本文重点介绍了丝杠防锈计量保养护套的研制，以及在中转站、联合站、计量间等站场中阀门丝杠防锈及规格化中的应用情况，具有一定的革新性，该产品对于推行标准化设计站场、减轻工人劳动强度有一定的积极作用。

（审稿专家：白晓东）

GJC40-17型水泥车操作台的改造

◆ 张 玮

国内某厂生产的GJC40–17型水泥车，在实际生产使用中发现存在如下问题：在行驶及施工操作过程中，要对操作台的电脑、仪器和仪表及其他精密部件进行保护，减少震动。厂家新研发了在操作台底部边缘和设备台面之间用4个钢丝弹簧减震器连接的方法，起到上下缓冲减震作用。但由于钢丝弹簧的柔韧性，仅靠4个弹簧连接，造成操作台在行驶中出现摇摆幅度大的安全隐患。

我公司所处地区山多路陡、路面颠簸，这种路况使操作台大幅度摇摆，与设备台面上其他部件碰撞摩擦，螺丝脱落松懈，造成钢丝弹簧不同程度的磨损断裂、失去弹性，操作台倾斜不稳定，电路、气压管线和液压管线表皮磨损，电脑、仪表、仪器和精密组件及操控组件出现异常，影响生产和工作效率。如果钢丝弹簧减震器在行车过程中断裂，还会造成操作台与车体失去连接掉下，甚至伤到路上车辆或行人。

厂家的减震设计思路很好，但没有考虑到操作台摇摆和螺丝松懈问题，这种设计不适于在经常移动的车载设备中使用，也不适于安装在体积大、质量重的部件上。

为了尽快解决隐患，经过仔细研究，我们制定了合理的操作台连接改造方案。具体做法是：首先，选购尺寸合适的厚壁空心方形钢管，也称方管，特点是：耐腐蚀，抗压、抗拉、抗弯性能好，不变形。把方管加工成四段与钢丝弹簧减震器相等的长度，在原来固定螺丝的位置钻孔用于螺丝固定；选择加厚耐磨的橡胶垫于操作台和方管之间，起密封、减震以及避免摩擦的作用；然后拆卸操作台下面的护板，用枕木垫在大泵壳体上，保持水平状态；分别用4个千斤顶顶住操作台底部适当位置，松动4个钢丝弹簧减震器和操作台的连接固定螺丝，用千斤顶慢慢顶起操作台，取出钢丝弹簧减震器。这里需要注意，为了安全起见，防止操作台倾斜倒塌，需用拆一个装一个的方法进行拆装。装好方管之后校正方位，落放千斤顶使操作台平稳坐落在方管上，紧固所有螺丝；安装操作台下面的护板；由专业焊工进行方管与设备台面的焊接，使方管与设备台面成为一体，增加了牢固性（图1）。

图1　方管连接图

之所以采用局部分段安装方管连接，而不是整体在操作台底部边缘安装方管连接，是为了让操作台和设备平台间留有一定的空隙，使操作台自身的重量只作用于四个方管上，减少震动和噪声。

相比钢丝弹簧减震器，方管连接方式要牢固稳定，在后来长时间的使用中没有出现断裂磨损的现象，消除了安全隐患，保证了设备在行驶和操作中的安全。

（作者：渤海钻探公司第一固井分公司，固井工，技师）

（审稿专家：黄生松）

1000kW以上天然气压缩机组预润滑改造

◆蔡　葵

我厂制造的DTY系列、RTY系列分体式天然气压缩机，属于1000kW以上的大型机组。工作特点是转速高、强制润滑点多，目前都采用手动泵油预润滑，在环境温度低时，由于润滑油黏度大，造成手动泵油困难，有时还出现难以泵油的情况。针对这种情况，我们对预润滑系统进行了改造。

一、改造目的

（1）改善因环境温度低造成的预润滑不充分。

（2）让润滑油能顺利进入到压缩机轴瓦、十字头等零件工作表面。

（3）迅速提升机油温度，改善在低温环境下机组启动温度难以满足启动条件的状况。

（4）机组停机后，能够及时产生后润滑，让压缩机轴瓦、十字头等零件工作表面得到良好的清洗和后冷却。

二、改造思路

（1）我厂配套的大型压缩机组都配有电加热系统。系统中有供机油循环的机油泵，该泵的排量和压力满足压缩机组机油系统的需要，并且工作压力可调整。

（2）原电加热是从机组油箱到机组油箱的大循环加热，1000kW以上机组油箱机油容积大，依靠大循环电加热方式即使能加热润滑油，单机组的润滑表面也不能得到有效润滑，并且机组本身的温升很慢，不容易达到启动前充分润滑的效果。而我厂设计的压缩机组润滑系统中有原用于润滑系统的ZG3/4in排放口可以利用，可将原加热泵出口改在压缩机润滑油路的接口上。

（3）改造前、后系统流程如图1所示。

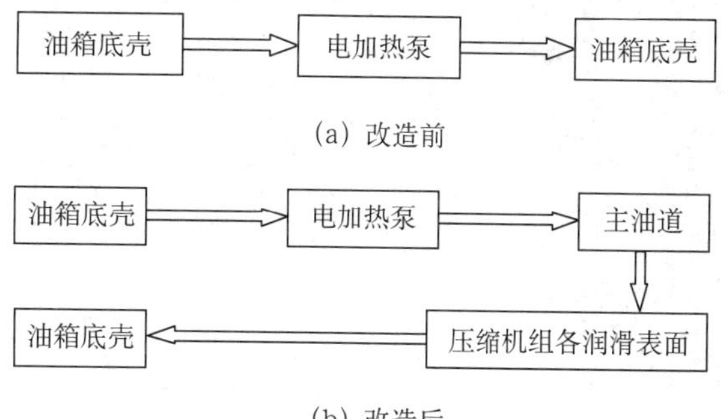

图1　改造前、后系统流程图

三、实施改造

（1）选择注油口在润滑系统过滤器前。利用原机组的电加热系统，让电加热系统中的循环泵出口接在机组系统的过滤器前预留接口上，改变原来电加热系统的循环路径，达到代替手动预润滑的作用。

（2）在注油管路上安装单向阀，阀的开启压力为0.015MPa，防止因机组启动后主油泵工作而产生的润滑系统短路径回流现象。

（3）原手动泵油回路保留。

改造系统实物图如图2所示。从图3可见，机组改造后，系统压力和电加热泵出口压力同步。

(a)

(b)

图2　润滑油管路改造系统实物图

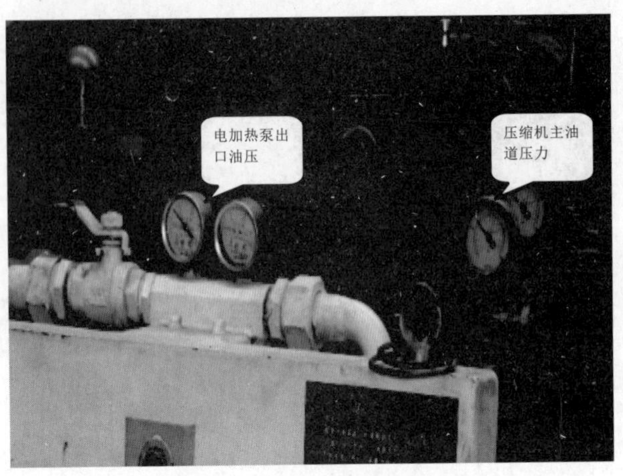

图3　改造后机组预润滑时压力

四、结论和建议

这项改造已经在RTY1030、RTY1250、RTY2500、RTY3360得到实施，且在机组实际运行中证实这种方法是可行的。改造后，大大改善了因预润滑不充分而造成的事故，同时降低了工人的劳动强度。如果能将改造后的预润滑系统并入机组自控PLC系统，就更完善了。

（作者：济柴动力总厂成都压缩机厂，柴油机修理工，技师）

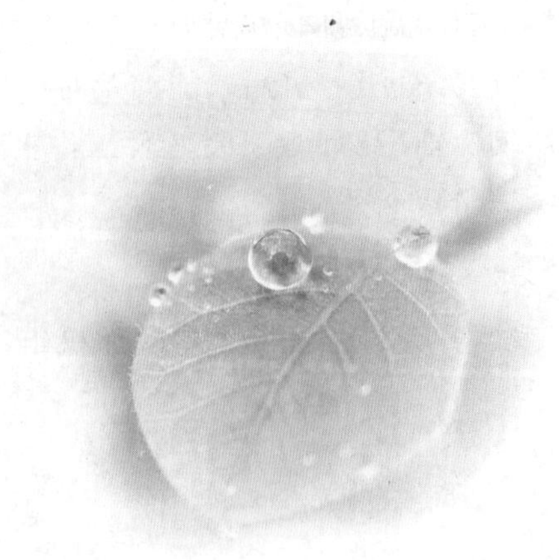

合理化建议

利用油井修井作业期间对低压线路及电气设备进行检修

◆ 宁立军

目前采油厂电力线路检修和维护主要依赖每年的春（季）检和秋（季）检，有的地区由于种种原因每年只对线路进行一次检修，而且也是有选择地进行，覆盖面较小，因此经常发生停电故障。故障统计结果显示，造成停电的原因除有限的几次是由自然天气引起的，大部分原因是由于低压线路和油井电气设备故障引起的，如电缆、设备老化，施工不规范，检修不到位等。

油井因线路故障停井后再启井需要一段时间，这对油井的影响非常大。油井每经历一次停启井，会对井下杆管造成冲击，缩短杆管的寿命，对于稠油井、出砂井和结蜡井，很容易造成抽油机载荷增大，增大抽油故障概率。另外，油井停井后，恢复产能需要一定的过程，影响油井稳产，所以要尽量减少油井的停井次数。

油井线路故障造成的停井主要来自油井电气设备故障。油井电气设备主要由电动机、电缆、启动柜、开关箱及变压器等低压设备与线路组成，这些线路在往年的例行检修时，往往由于检修工作量大、停电检修时间有限而不能得到全面细致的检修，造成部分油井低压线路及电气设备存在安全隐患，不但影响安全生产，而且还容易造成突发性故障停电，甚至可能造成上级线路跳闸停电，致使大面积油井停井。

通常，油井修井作业时间一般在三四天左右，这期间只要保障夜间照明供电即可，生产用电可以停电，我们可以充分利用这段时间对低压线路进行检修。这样既不影响油井日常生产，而且还有充裕的时间对线路及设备进行检修、更换，使油井可以长期安全稳定运行。做法如下：

（1）利用油井作业期间逐步更换、淘汰高耗能老旧设备。（2）对电动机、电缆进行绝缘测试；检查连接端子是否紧固、接地或接零保护连接情况是否完好以及电缆与线路的连接绑扎情况；更新绝缘低、耗能高的老旧电动机；更换绝缘低和破损电缆。（3）对启动柜、开关箱、计量箱等电气设备进行除尘、紧固以及防雨情况检查，查看有无虚接及电气元件损坏、接地或接零保护装置连接是否完好、启动柜内的电动机保护器整定值设置是否合理等，发现情况及时处理。（4）检修变压器，如有无漏油、渗油，油位是否正常，配置的高压熔断丝是否匹配合理，高、低压端子连接是否松动，避雷器是否完好，接地或接零保护装置连接是否完好，变压器支架周围是否存在安全隐患等，如发现问题，及时排除；将S7型高耗能变压器更换为S11型节能变压器。

（5）检查低压架空线路，包括线路拉线是否缺失、线路垂度是否过大、接线有无断股、绝缘子固定及绑扎是否完好，以及电杆是否倾斜等。

（6）测量电压，对电压偏差及时进行调整。

（7）记录变压器、电动机铭牌，建立设备档案。

在油井作业期间进行低压线路及设备检修，必须认真、细致、负责，保证检修后的电气设备及低压线路在开井后能够长期稳定运行。对线路、井号及检修的负责人、检修项目、处理情况等进行详细记录，对变压器、电动机型号、铭牌登记建立档案，以利于日后开展各项工作时有据可查。

表1　修井作业井电力线路及电气设备检修登记表

井号		站名		负责人		实测电压	
线号		站长签字		检查日期		抽油机类型	
变压器		控制柜		电缆		架空导线	
型号及容量		控制柜/保护器厂家及型号		是否有破头、腐蚀、龟裂		线路拉线是否缺失	
高压熔断丝额定电流 A		空气开关/接触器检修		电缆头有无护套		导线垂度是否过大	
一缆绝缘/截面		过载值及不平衡度	SP:　SC:	一缆/二缆绝缘/截面		线路长度/导线截面	
变压器油位/是否渗油		接地、前后门及防雨		电缆埋深		有无接线、断股	
避雷器/接地装置		元器件除尘及紧固		电缆与导线绑扎长度		绝缘子瓷/硅胶是否完好	
平台周围是否有杂草及安全隐患		保护器过载延时，s	st：	其他		绝缘子固定及绑扎情况	
其他		保护器来电自启的时间 s				水泥电杆是否倾斜，是否完好	
电动机		开关箱		计量箱		放置启动柜房子	
电动机铭牌/接地或接零		开关箱型号及类型	智能/普通	箱体是否腐蚀，是否防雨		房门是否完好及防雨情况	
接线盒盖有无防雨措施		箱体是否腐蚀，是否防雨		元器件除尘紧固/壳体接地		房子是否倾斜、基础是否牢固	
电动机绝缘数值 MΩ		箱内除尘及接线端子紧固情况		计量表	好　坏	有无防动物进入措施	
电动机类型/功率 kW		外壳接地线			倍率：	有无杂物	
风扇及防护网		电缆头是否外露		电缆头是否外露		低洼地势是否需要架高	
电泵接线盒高度 m		安装高度，m		安装高度，m		其他	

利用油井修井作业期间进行电力设备及线路检修，不仅不影响油井的正常生产，而且有充裕的时间对设备及线路进行细致的维护，将故障隐患消除在萌芽状态。经过一年多的实践，油井线路、电气设备隐患点逐渐减少，因低压线路故障造成高压线路停电的情况很少发生，高耗能电气设备得以更新，低压线路得到了有效维护，部分老化线路重新架设。不但保证了线路长期稳定运行，同时对油井的正常生产起到了积极的作用。

油井修井作业看似与电力单位无关，往往容易被忽视，但恰恰是这无关的事情给我们创造了有利的检修时间。如果各采油厂都能利用这个时段对低压线路进行检修，将会对油田稳产、线路的安全稳定运行起到极大的保障作用。最后我将检修项目和详细内容绘制成表（表1），供大家参考。

（作者：大港油田公司第三采油厂，维修电工，高级技师）

（审稿人：苏汉杰）

复杂井测井施工风险削减建议和方法

◆ 董宪明

一、复杂井及其给测井施工带来的问题

测井所说的复杂井是对井身结构复杂或井下情况复杂的井的统称。井眼轨迹特殊、有特殊地质岩性的井和钻井过程中发生工程事故，测井过程中多次遇阻、遇卡的井都归类为复杂井。常见的复杂井有定向井、老井开窗、水平井、欠平衡井，等等。

随着油田勘探开发的深入，钻井工艺技术的飞速发展，以及油田公司降本增效节约挖潜的发展战略的实施，钻井方为了追求效益最大化，在满足甲方设计要求的前提下，尽量快打井、多打井，致使复杂井增多，给测井施工带来很多问题：一是测井过程中遇阻、遇卡情况频发，增大了安全风险；二是测井周期长，无效工作量增加，测井成本增大；三是由于复杂井况条件限制，导致部分测井资料品质相对较差；四是增加了员工劳动强度，缩短了仪器设备的使用寿命。另外，钻井队的多次通井拖延了建井周期，增加了钻井成本。

二、复杂井测井的风险削减建议

针对以上问题，提出以下复杂井测井施工风险削减建议。

（一）加强生产准备工作可削减测井风险

测井人常说“七分准备三分测井”，充分说明了生产准备工作的重要性。测井准备工作包括地面和井下仪器的配接和刻度，深度系统、张力系统、车辆及绞车液压系统检查保养，电缆连接器、电缆通断绝缘的检查保养，井口工具的检查保养，以及各个弱点的检查更换等工作，可避免因准备不充分而延长测井时间（时间过长，井筒中钻井液性能会发生变化，不能很好地保护井壁）。例如，弱点拉力棒根据不同井深、不同仪器有不同要求，井深在3000m之内和在5000m以上深井施工使用的是不同的拉力棒，要提前做好准备。

（二）积累复杂井施工经验提高风险削减能力

经验积累及分析是进行测井风险削减的重要手段，它包括不同区块地质特征的了解，不同岩性剖面测井的风险识别等。如冀中油田留楚区块、鄚州区块地质特征复杂，定向井较多，容易发生遇阻、遇卡情况，必要时应提前与甲方、钻井方沟通，调整钻井液体系，减少井筒风险因素，或直接采用钻具传输方式进行测井。对于特殊的岩性要进行充分认识，了解其特性，如泥岩、油页岩、盐岩易垮塌，大段砂岩容易缩径吸附，石膏岩容易吸水膨胀缩径，等等，这些特殊岩性的分析有助于我们提前做好准备，正确规避风险。

（三）沟通交流是风险削减的有效途径

沟通是达成共识的有效途径，针对特殊井复杂井的施工，我们需要与甲方、钻井方积极交流，达成共识，确保录井资料质量优等、录井设备安全。

生产技术科是测井方与甲方、钻井方进行交流沟通的窗口，应当充分发挥作用，针对每一口复杂井的前期钻井设计、测井设计进行分析，积极向甲方提出测井施工过程中可能遇到的风险，针对风险提出合理要求及风险削减措施。施工过程中积极了解现场作业小队的动态及井下情况，必要时进行现场指导，与甲方、钻井方充分沟通，按录井要求处理井筒、更换钻井液体系，并积极推介测井新工艺、新方法。

测井小队到达现场后第一个任务就是了解井筒参数，如钻井液黏度、失水、密度、岩性剖面及定向井所测的井斜方位数据等，以更优化的测井组合方式进行施工。如一口井井壁不稳定，要靠钻井液黏度和密度提升来保护井壁，但在测井过程中很容易造成仪器电缆黏卡，所以测井过程中电缆和仪器不能在井中停留；如果井眼轨迹不好，方位变化大或增斜、降斜快，测井时就需要调整仪器串的长度，在仪器串中串接柔性短节，合理地在仪器关键部位加装扶正器，避免仪器在狗腿肚处发生遇阻或键槽卡死等风险。目前各油田为了保护油气层，开始欠平衡钻井，所以后续测井必须实施欠平衡测井施工。为了给甲方提供各种有效施工手段，必须完善新工艺、新方法测井技术及配套工具。所有这些，都建立在充分沟通的基础上。

（四）常见复杂井风险削减对策

（1）井身结构复杂。井深一般在3000m左右，表层套管下深浅，在200～400m左右，包括探井、水平井一般都不下技术套管，裸眼段长，砂岩完井钻头216mm、灰岩完井钻头152mm，老井改造用178mm套管开窗，钻头118mm。如廊固地区兴9区块，井深4400m，井斜不大，一般在20°～30°之间，但井身结构复杂，三开井非标准井眼结构，灰岩完井，岩性不纯，以灰质砾岩为主，钻井液性能相对不稳定，地层在外力作用下容易剥落。测井过程中易造成仪器遇卡；穿心打捞时钻具下压仪器不解卡，上提时轻者三球打捞器滑脱，严重时仪器在大吨位提拉下断裂落井。风险削减对策是，建议该区块采用无缆测井。

（2）井眼轨迹特殊。多是定向斜井，斜度大、位移大，多靶点且造斜浅、增斜快，稳斜段长、狗腿度大。如鄚州地区鄚51x井，井深深，裸眼段长，斜度大，井漏，绕障，大小井眼，钻井过程中键槽卡、黏卡钻具随时都有可能发生，测井多次遇阻、多处挂卡。鄚51x井因井下情况特殊，复杂裸眼测井无法进行，下套管后进行过套管电阻率测井。风险削减对策是，建议该区块采用随钻测井。

（3）特殊地质岩性。岔河集地区南部家字号井特殊岩性为膏盐地层，钻井液矿化度高，地层盐溶性强，井壁垮塌严重，井眼不规则，形成大小井眼交替，多发生遇阻、挂卡现象，尤其是带推靠器的仪器挂卡严重。风险削减对策是，建议该区块采用钻具传输测井或无缆测井。

三、复杂井测井经验分享

根据多年复杂井施工的经验，总结出一些复杂井施工的要点，与大家分享。

（1）大斜度且稳斜段较长井测井施工过程中，加装旋转短节，绞车下放电缆要减速控制在1000m/h左右，一般以仪器和电缆运行同步为原则，太慢易遇阻，太快易造成电缆扭结。根据现场实际情况掌控临界速度状态，使仪器受到克服摩擦阻力后的自由下滑力和绞车电缆的推力双重作用。

（2）大小井眼交替遇阻，在这种情况下遇阻情况较多，可增加仪器重量，适当加装扶正器和柔性短节，尽量使仪器居中。遇阻后多上下活动，快慢结合效果较好。

（3）放射性测井不要安排在第一趟，也不应放在最后一趟。第一趟测井的主要目的是摸清井下施工情况，以便确定测井方案。放在最后一趟也不可取，因为随着测井时间的延长，钻井液稳定性发生变化，井壁的稳定性也随之发生改变，遇阻、遇卡的风险增大。进行放射性测井时，如遇工程挂卡严重，可把补偿密度仪器推靠器收回，继续完成补偿中子及其他仪器主曲线测量，不要擅自做主补测放射性挂卡曲线，防止仪器遇卡。如泽37－5x、京50x、兴9－11x、晋105－36x都是主曲线完成后，重复补测挂卡曲线，造成放射性仪器遇卡打捞的情况。

（4）钻井液性能不稳定，井壁虚滤饼过厚，渗透层在钻井液压差的作用下极易产生对仪器和电缆的强力吸附，造成黏卡。预防黏卡的措施是尽量缩短仪器或电缆在井内的停留时间，除需要停留完成的作业项目外，井径推靠时可多下放几米电缆绞车慢起仪器，或下到井底慢起仪器同时推靠，切忌电缆静止进行井径推靠、收回。

（5）分析岩屑剖面，针对特殊岩性把握特征，如大段油页岩容易破碎、泥岩易垮塌、膏岩易吸水膨胀缩径等，这些都容易造成遇阻、遇卡。建议不要在此类裸眼段检查、排除仪器故障，必要时应把仪器起进套管，降低遇卡的风险。

（6）正确使用扶正器及辅助工具，必要时带旋转短节防止电缆扭结。

（7）发生工程遇卡后，应及时判断遇卡类型，收回推靠器，使用好最大安全拉力解卡。最大安全拉力等于“测井时的正常张力＋拉力棒额定值的75%－仪器在井口刚进入泥浆时的张力”，活动三次后仍不能解卡，请示下一步处理措施。

（8）加强岗位风险识别，坚持巡回检查，发现问题及时整改，强化责任，提高安全意识，严格操作规程，防范各类事故的发生。

（作者：中油测井公司华北事业部，测井工，高级技师）

技术点评：本文呈现了复杂井测井过程中遇阻、遇卡原因分析，主要从管理上提出测井建议及事故预防措施。

（审稿人：杨超登）

建立一套体系　塑造培训文化
——关于培训管理的几点建议

◆黄　粮

一、销售企业培训管理存在的问题

（一）硬件方面的问题

（1）加油站点分散；（2）缺乏配套的培训场所和设备；（3）需要培训的人数多；（4）新设备、新工艺的上线；（5）单站运作人员偏紧，很难长时间离站培训。

（二）软件方面的问题

（1）培训需求不清晰，但培训需求量大；（2）培训缺乏系统性和计划性；（3）培训资源缺乏；（4）培训资料急需整合；（5）员工素质参差不齐；（6）培训职责不明确，与培训实施、过程未实现统一。

二、关于销售企业培训管理的几点建议

要有效发挥培训的积极作用，必须建立一套统一、适合的培训体系，保证培训效果的一致性。

（一）归口管理，角色定位

培训工作由指定部门统一管理，各级部门参与实施，兼职培训师执行复制。

1.责任部门（人事部门或培训中心）

（1）以公司战略为导向，着眼于核心需求，充分考虑员工个人发展需求，制定培训政策和制度。（2）根据各部门、各层面的培训需求和培训计划，合理整合，制订培训计划。（3）协调各处室、各分公司、各油库的各项业务培训。（4）实施培训过程监督，组织开展培训效果评价。（5）制定并监督培训费用预算，统一开支，确保不超预算。

2.实施部门（处室、分公司、油库）

（1）根据行业标准、企业要求，依据《加油站管理规范》、《油库管理手册实施细则》、职业技能鉴定教材，切合公司实际，组织人员编制岗位技能标准和培训教程，同一时间、同一岗位，公司上下只许存在一个版本。（2）根据业务需求、岗位需求，编制全年教学计划。（3）培养和推荐兼职培训师。（4）抓好培训过程管理，包括培训实施、效果评价等。（5）实施过程中，如发现与新业务不相符时，及时向人事处提出变更申请。

3.兼职培训师

（1）全面掌握岗位技能标准，熟悉培训教程。（2）根据自己授课习惯，编制课件。（3）培训方式允许创新，培训内容必须全面复制，“一灌（输）到底”。（4）培训是全公司的事，培训也是业绩的一部分，将培训工作的落实列入绩效考核范畴，考核干部、考核员工、考核兼职培训师。

（二）需求调研，项目设计

需求调研必须深入一线、细至岗位，确保培训有针对性。需求调研是验收员工以往培训效果的有效途径，能为培训项目设计提供可靠依据。准确的培训项目设计，能保证培训实效性，同时有效地节约资源。

1.重视调研，更要重“实”调研

一部分需求属于基本需求，比如新员工入职前培训，新业务开展、新工艺上线、新流程实施

的培训等，这些培训项目都是既定的。另一部分需求则随时在变化，比如错误的操作习惯、不规范的作业流程、不熟悉的岗位技能，以及老员工的回炉培训等。因此，培训需求调研最好是实地调研，不走过场，并做实需求信息评估，为敲定培训项目提供准确依据，也是制订培训计划必不可少的前奏，做到理论联系实际、学以致用。

2.建立岗位培训销项制

以岗位为单元，明确该岗位必须具备的技能和业务水平，从而设计岗位培训项目和课程内容，建立岗位培训销项制度。每位员工都有一个培训档案册，经过培训并通过考核者在培训档案册上确认，通过岗位要求培训考核后，方可从事本岗位工作。

（三）强化师资，进阶管理

1.发展兼职培训师，最终提高的是整体素质

（1）原则上，兼职培训师由各处室、分公司、油库推荐，主要对象是优秀管理者、业务骨干、岗位能手，不局限部门和岗位。其实，只要在某一方面技高一筹，人人都可以当培训师。当然，良好的职业道德、积极认真的态度、较强的执行力是必须具备的素质。（2）各处室、分公司、油库要为推荐的兼职培训师负责。一是推荐的人确实具备业务特长，能顺利完成某方面的培训任务；二是要支持兼职培训师的工作，营造良好的培训环境。（3）公司建立兼职培训师队伍人才库，按兼职培训师具备的业务特长，分课程、分岗位、分环节、分层面建立数据库，提高培训管理效率，提升培训实施效果。（4）安排培训师跟岗学习，直观了解和掌握新技术、新工艺，从而迅速提高实际业务水平。

2.兼职培训师的管理

（1）员工被聘请为公司兼职培训师，公司应授予资格证书，使之成为有“身份”的人，签订“绩效合同”，明确聘请期限，同时开始享受相应津贴，但兼职培训师必须完成规定的培训课时。（2）建立兼职培训师管理台账，对其教学情况进行详细记录，相关教学课件及时归档，一是作为考核依据，二是建立培训资料库。（3）实行进阶管理，兼职培训师分为初、中、高等级，培训师在教学技巧、业务水平、教学质量上不断进步，通过考核，可以取得更高级别的培训资质。（4）兼职培训师的教学业绩和评估结果作为评选先进、提职晋升、职称评聘的依据之一，拓展其职业发展通道。

（四）过程管理，效果评估

在集中培训的基础上，采取有效措施，建立培训管理的长效机制，加大培训工作的管理、监督、检查力度，培训重心往下移，培训效果往上提。

1.主管领导走上讲台

每期培训班都安排一堂主管领导授课。一是让领导主动学习新业务，掌握业务流程，便于今后的管理决策；二是体现培训的重要性，领导重视是做好培训工作的坚实后盾。

2.培训组织者做好课程的导入、导出

课前介绍是动员行为，让学员大概了解培训内容，引导学员关注本课程，带着问题和思考进行学习，激发学员学习兴趣，另外也是对授课教师的尊重。

课后总结，简要说明培训主要内容，帮助学员理清思路，对教师授课类型特点进行评价，概括地讲学员听课后的作用，对工作的影响甚至是做人、做事的影响，谈点启发和思考，对授课教师表示感谢。

3.多实施现场教学，少做“填鸭式”培训

岗位技能培训，教室里讲流程，现场讲操作，更要注重实际操作。培训师复制培训内容的同时，避免“填鸭式”教学，必须解释“为什么要这样做”。

4.培训考核方式多样化

广泛采取答辩验收、操作考核、提前结业等方式，激发学员学习的主动性，充分挖掘学员内在潜力，增强培训效果转化。

（作者：青海销售公司黄南分公司，加油站操作员，高级工）

热镶嵌技术在直联离心泵轴上的应用

◆ 窦晓东

在供热系统中，离心泵起着非常重要的作用。由于离心泵轴的机械密封部件腐蚀严重，漏水现象时有发生，需经常更换密封件，既增加了维修成本和工人工作量，又影响了正常的供热、供冷工作。

离心泵所输送水氯离子含量较高，原装的泵轴是碳钢材质，水中的氯离子腐蚀碳钢金属，在其表面形成许多凹陷，造成机械密封不严，发生泄漏。直联离心泵的泵轴与电动机转子是一体式的，生产厂家在设计过程中考虑电动机磁场的工作原理，因此在泵轴材质选择方面，不能采用不锈钢，材质选择受到一定限制。

针对上述问题，我们通过解体离心泵，对腐蚀部件进行多次分析，制定了几套防止泵轴局部腐蚀的改造方案。

（1）从根源上解决水中氯离子含量高的问题。这种方案看似完美，但在具体实施过程中造价甚高，可操作性差。

（2）采用热喷涂技术。热喷涂技术的特点是涂层厚，与基材配合牢固，但是热喷涂修复工艺极易对成品轴造成热应力变形，使电动机转子弯曲，影响设备的动平衡，并且修复成本较高。

（3）采用电刷镀技术。电刷镀技术虽然维修成本较低，但刷镀金属材料与基材的附着能力较低，极容易造成刷镀层脱落，影响机器使用寿命，达不到改造目的。

（4）电动机转子及泵轴改为轴套的配置。这种技术的特点是方便更换被腐蚀的轴套，对泵轴起到保护作用，但在原轴径与机械密封内径配合尺寸的基础上，其泵轴外径没有切削量，同时对泵轴的机械性能及轴功率影响较大。

（5）采用热镶嵌技术。热镶嵌技术是机械维修行业多年来应用的一种修复工艺，其工艺技术成熟，修复成本较低。将泵轴密封段外径单面车去0.25mm（保持加工的粗糙度，增加两体的附着力），钢套内径加工到与轴加工部位达到过盈配合的尺寸后，加热不锈钢套，套入相应的泵轴加工部位，待冷却后两件形成过盈配合，再进行精加工。这项修复工艺对轴材局部修复效果更好（图1）。

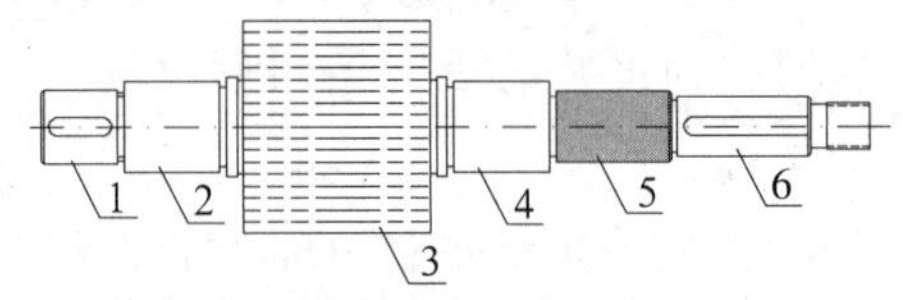

图1　热镶嵌技术在离心泵轴上的应用

1—电动机风扇叶安装部位；2，4—电动机转子轴承安装部位；3—电动机转子；5—机械密封部位（即实施热镶嵌改造部位）；6—叶轮安装部位

综上所述，考虑到实际要修复的泵轴数量，不难看出，采用热镶嵌技术是最优方案。该技术既能保证泵轴机械密封部位具有良好的外形尺寸和表面光洁度，同时也具备可靠的复合附着力，延长了泵轴的使用寿命与机械密封的使用寿命，建议使用。

（作者：大港油田公司矿区服务事业部，热力司炉工，技师）

（审稿专家：苏汉杰）

机泵、风机应大力提倡变频控制

◆ 闫喜军

炼油化工企业生产过程中，机泵、风机的应用量较大。在物料输送及排放过程中经常需要调整出口压力和物料流量，以往都是采用调节出入口阀或者在出口加回流的办法来实现，这些做法既浪费能源又使设备的特性曲线变坏（效率降低，偏离机泵的最佳工作点）。如果能通过改变电动机的转速来达到以上目的，问题就会变得简单。变频技术就可以通过改变电源的频率而达到改变电动机转速的目的，而且变频器还能实现远距离传输控制及故障监测等。特别值得一提的是，变频器是容性负载，大量使用还可提高整个电网的品质因数。

炼油化工企业机泵、风机使用的驱动设备大部分是感应式异步电动机，感应式电动机在启动时电流可达额定电流的4～6倍，造成启动时电压下降，后果是降低了启动扭矩，使被驱动设备不能达到正常转速，电动机严重发热，影响设备的使用寿命。而使用变频调速的电动机，启动时就没有这些问题，且可根据设备的要求实现软启动和软停车。因此，我认为机泵、风机应大力提倡使用变频调速电动机作为驱动设备。

下面以炼油化工企业几种常用设备为例，对两种驱动电动机的利弊进行详细分析。

一、离心泵

离心泵的工作原理是把喷射流体的离心能变为静压能，若离心泵的叶轮直径和转速一定，在泵的出口节流，就可以获得不同的流量和压头。图1是典型的离心泵性能曲线，包括泵的流量、扬程、吸入正压头（*NPSH*，又称汽蚀余量），以及所需电动机功率间的关系。通常离心泵流量的控制方法有四种。

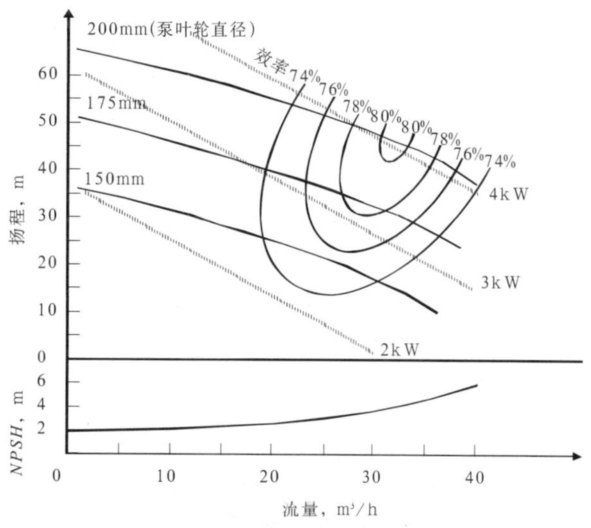

图1　离心泵性能曲线

（一）开关控制

开关控制即泵间断运行，这种控制方法虽然能使泵在较高的效率下工作，但会造成拖动设备（电动机）的频繁启动，使电动机发热，影响电动机的使用寿命，而且还需要配套的储罐及启停联锁装置（图2）。

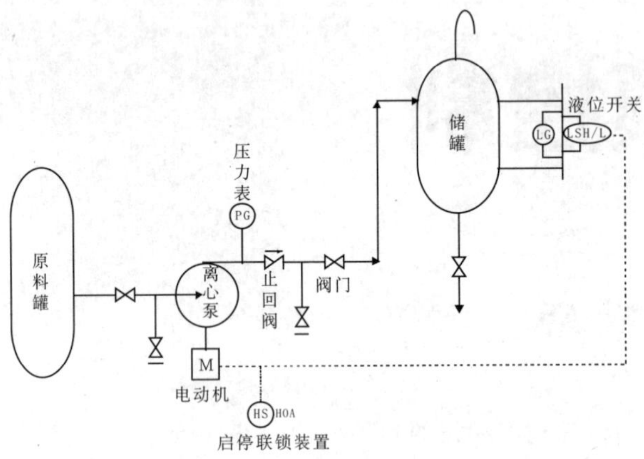

图2　开关控制示意图

（二）压力控制

压力控制是控制离心泵流量的最常用方法，通过调节泵出口管线上调节阀的开度，从而改变泵的流量（图3）。从泵的特性曲线可见阀门的开闭对泵流量的影响（图4）。当泵出口的阀门关小时，出口阻力增加，流量下降，泵的工作点由正常工作点A移到B。在调节阀打开时，正好相反，工作点由B滑到C，这样一来泵的工作效率明显降低，而且很容易使泵工作在小于泵特性的最小流量区。

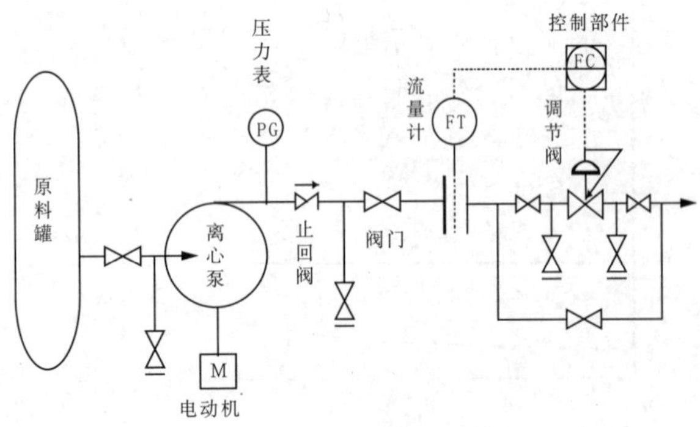

图3　排出压力控制

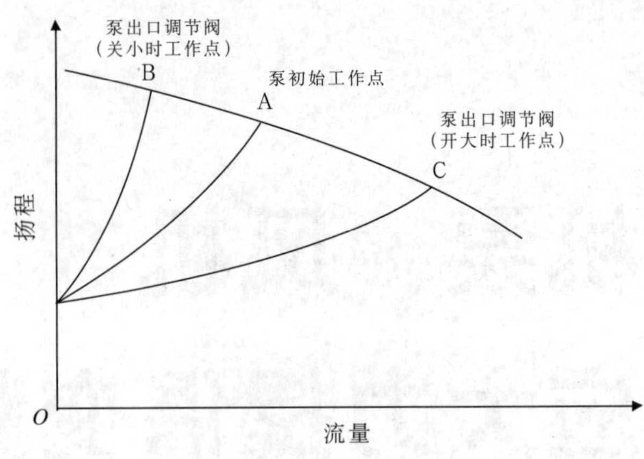

图4　压力控制时工作点的变动

（三）最小再循环控制

由于工艺的需要，有时泵的流量需要小于泵特性的最小流量，这就需要设置最小流量循环线。最小流量循环线可用一个自动再循环阀，取流量或压力反馈信号进行回路控制（图5）。自动再循环阀控制循环，当泵的流量减少时，在泵的特性曲线上工作点上移，随着泵出口压力的增大，自动再循环阀开度逐渐增大，循环流量增加，反之流量减小，从而保证泵出口流量不小于泵特性的最小流量。

这种控制方法能保证泵的工作点，但却消耗大量能量，同时再循环闭环控制以及输出流量控制、仪表布线和管路复杂，而且造价高。

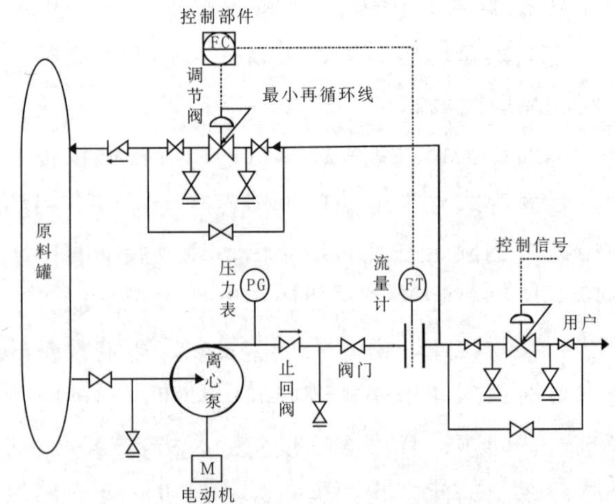

图5　最小再循环控制——流量控制

（四）变频控制

变频控制即拖动设备转速变化，泵的流量和压头也会随之变化，在新的转速下形成一条新的特性曲线，使泵的工作点保持在最佳状态下。变频控制方式通过变频器改变拖动设备电动机的转速来改变泵的工作曲线，从而改变泵的流量和扬程。相对来说这种控制方式最节能也最平稳，而且也最容易实现，特别是远距离传输及自动化监测非常方便。

过去，变频调速一次性建设投资大，但随着电子技术的飞速发展，变频调速器的价格直线下降，一次性建设的投资甚至比压力控制还低，采用这种控制方式还可减少仪表布线以及工艺管线铺设的工作量。图6、图7分别是变频控制示意图和转速变化对泵工作性能的影响。

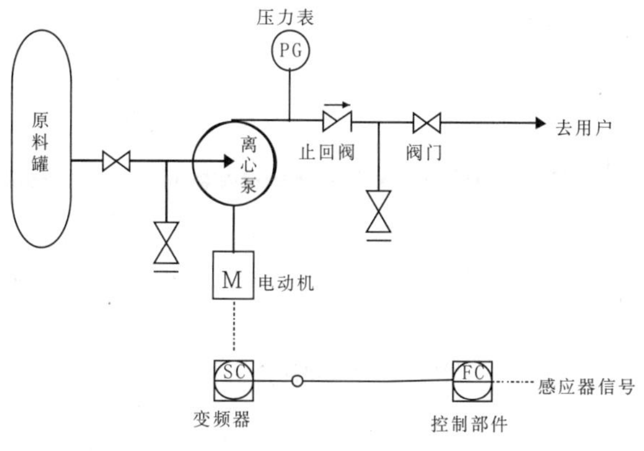

图6　变频控制示意图

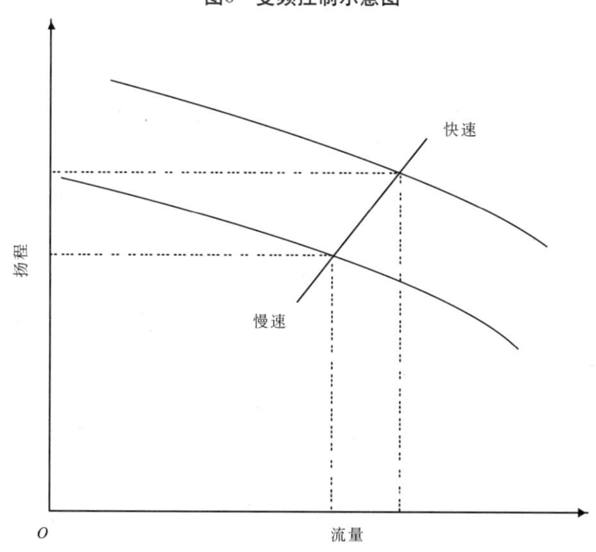

图7　转速变化对泵工作性能的影响

二、容积泵

齿轮泵、转子泵、螺杆泵及柱塞泵等称为容积泵。容积泵有个共同的特点，就是每转或每一冲程的排出液体量基本相同，排出口压力很高，一般不允许用出口节流的方法调节流量，通常采用齿轮或皮带变速以及回流的方法调节流量（柱塞泵改变冲程长度）。图8是典型齿轮泵安装图。

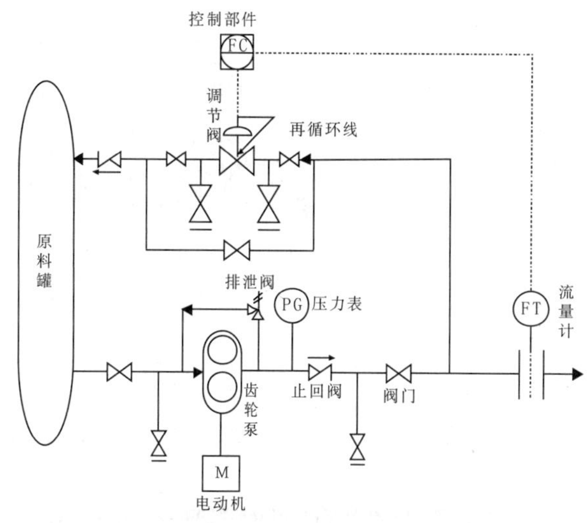

图8　典型齿轮泵安装图

前面所讲前三种方法不是操作复杂不易实现，就是调节范围窄。如果使用变频控制，就可克服上述缺点，特别是在输送黏度较大的物料时，低速启动、低速运转，对泵的正常运行更有利，而且根据变频的速度还可以准确计量物料输送量。图9是齿轮泵变频控制安装示意图。

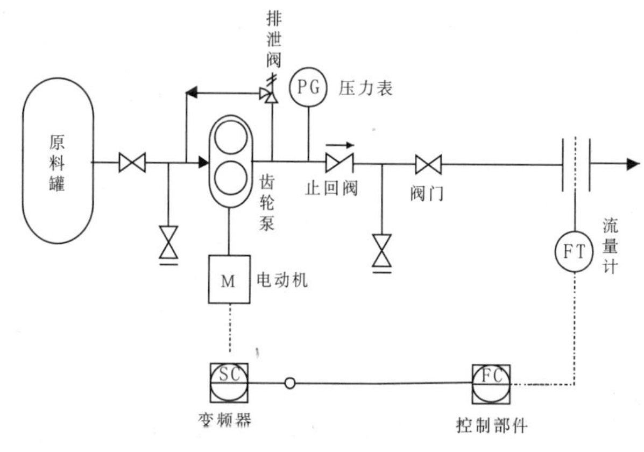

图9　齿轮泵变频控制安装示意图

三、风机和压缩机

风机和压缩机分为叶片式和容积式两大类。它们的特性曲线和泵有很多相似之处，这里不再重复叙述。图10至图17是几种风机和压缩机在不同控制方法下的特性曲线。

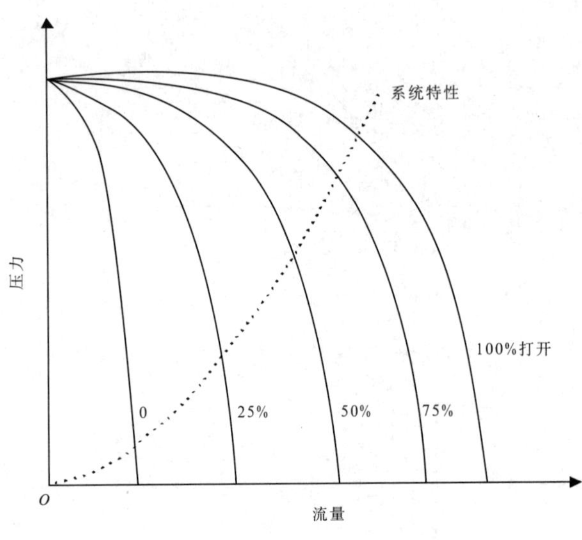

图10　调节风机入口叶片的效果

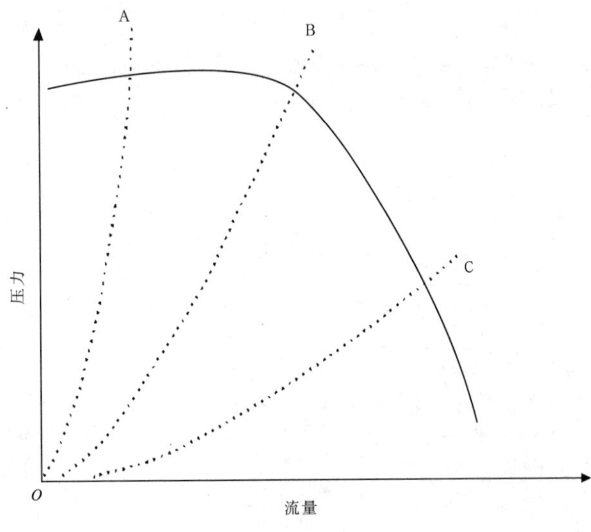

图11　调节风机出口叶片的效果

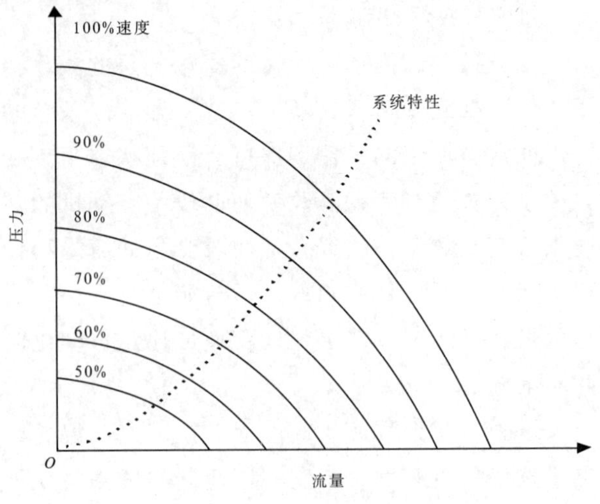

图12　风机变频控制效果

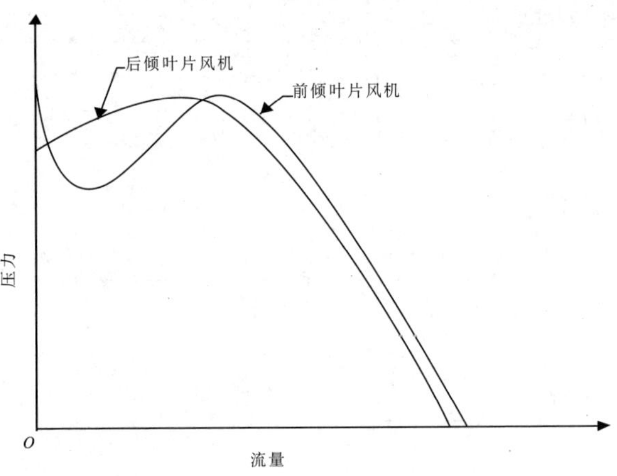

图13　叶片风机的特性曲线

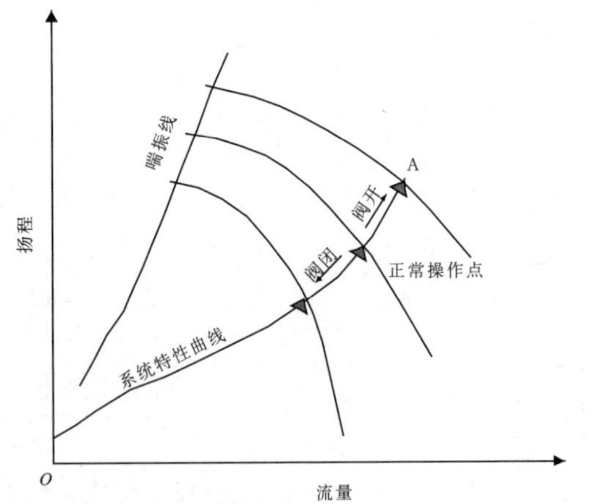

图14　离心式压缩机入口节流的效果（压降变化大的系统）

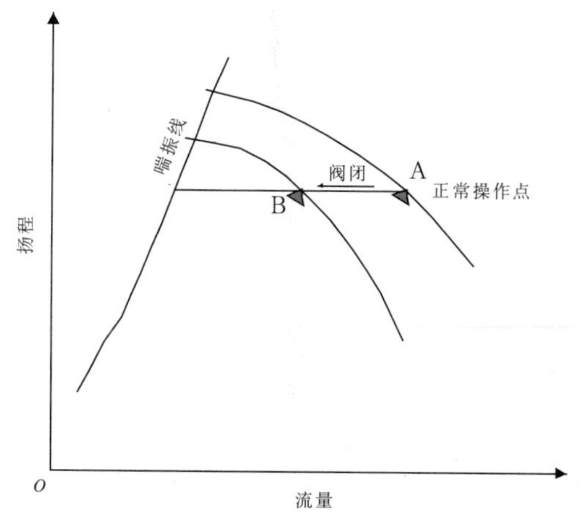

图15　离心式压缩机入口节流的效果（压降变化小的系统）

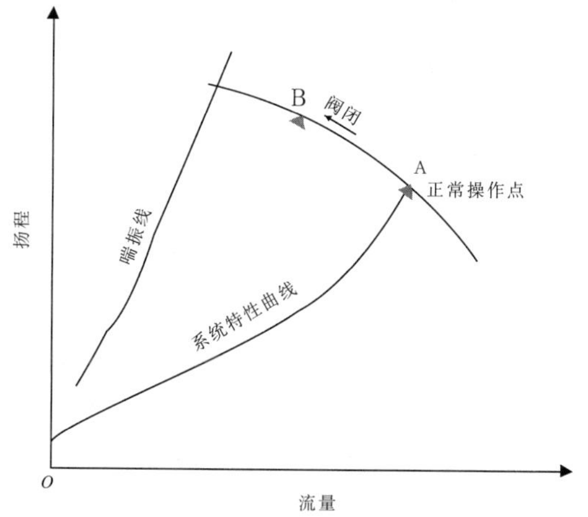

图16　离心式压缩机出口节流的效果

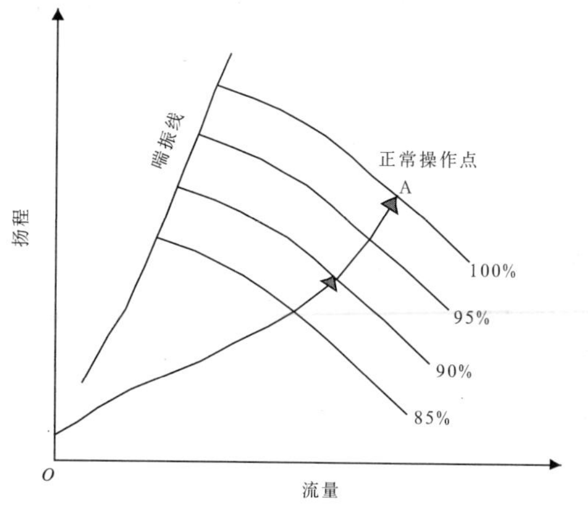

图17　离心式压缩机变频控制效果

四、总结

通过以上对机泵、风机、压缩机的特性曲线分析可以看出，采用变频控制节能效果最明显，设备工作最平稳，工艺管线最简单，仪表控制及自动化最易实现，从目前的市场走向看，一次建设投资也不是很大。变频控制还可以简化操作过程，减轻操作工的劳动强度。另外，由于工艺管线简单，安装检修过程的找正、对中的难度降低，也可以降低设备在运行过程中管线应力对其拉拽。综上所述，建议在以后上新设备或旧设备改造过程中优先考虑变频控制。

（作者：锦州石化公司研究院，钳工，技师）

专家工作室

梁东平技能大师工作室

◆ 长庆油田公司劳动工资处　长庆油田公司第二采油厂

为全面落实新时期人才发展与培养的战略思想，以服务油田发展需要为宗旨，以有利于人力资源有效开发利用为基础，以技术攻关创新和高技能人才培养双赢为目标，整合资源、协同攻关、辐射带动、稳步推进，形成管理科学、特色凸显的高技能人才培养、管理一体化模式，2012年末，经国家人力资源和社会保障部批准，长庆油田公司成功申报了梁东平国家级技能大师工作室建设项目。2013年9月，工作室初步建成并正式挂牌运行。

一、工作室基本情况

本着“贴近现场、突出实用实效、方便交流”的原则，工作室以长庆油田第二采油厂员工实训基地为依托，以现有资源为基础，总体按照“一室三区”规划建设，即专家活动室、教学示范区、成果展示区和加工试验区。在建设中采取整体规划、分步实施的思路，边建设、边运行、边配套、边完善。

专家活动室主要用于工作室成员集中办公以及技术交流、工作研讨等；教学示范区主要用于技能人才实地培训；成果展示区主要展示工作室发明、革新、创造成果，以及专家工作室成员获得的荣誉；加工试验区重点开展修井作业技术创新试验。

工作室以梁东平等集团公司、油田公司两级技能专家为项目牵头人，吸纳各采油采气单位井下作业专业优秀技术和技能人才为骨干。现有井下作业工程师以上技术人员4名，井下作业技能专家、高级技师4名，带动培养对象5名，支撑保障人员5名，形成高低搭配、相互支撑、合作共赢的工作团队。

二、学习研究，找准定位

为技能人才建立独立的工作室，是近年来国家在探索和创新高技能人才培养模式方面的一项重要举措，各省、市、企业借鉴这一模式不断推进，拓宽了操作员工的发展途径。但由于现有工作室都处在运行初期，所处行业差别较大，管理和运行上没有统一的规范和标准，不同行业间可以借鉴的方法非常有限。为了切实发挥工作室价值和作用，前期我们积极搜集相关资料，观摩学习、借鉴其他工作室建设经验和思路，并结合油田实际，合理界定了梁东平国家级技能大师工作室定位，即与专家技术技能特长或优势相吻合，以解决井下作业过程中的瓶颈问题、开展技术技能创新攻关、带徒传技和员工队伍教育引导为主要目标，实现资源有效整合，把个人技能特长转化为团队成员的优势互补，进行团队攻关、相互协作、带动培养，形成“1+1>2”的工作学习团队。

三、组织推动，自主活动

管理组织与管理机构建设，是管理的基础和保障。工作室由长庆油田公司和第二采油厂共同管理。油田公司从战略层面规划设计、协调管理、指导运行，定期了解工作室建设和运行情况。第二采油厂负责建设和日常管理，依据油田公司相关要求，确定工作目标，制定阶段性任务，按制度组织开展工作，与工作室项目牵头人签订年度目标任务责任书，并实施考核。第二采油厂员工培训站主任兼任工作室主任，同时在培训站设兼职协调岗，负责组织召集成员定期或不定期开展交流学习活动，研究解决现场实际问题，带动培养新人。第二采油厂采油工艺研究所、修井大队负责人兼任工作室副主任，采油工艺研究所负责技术支撑；第二采油厂修井大队作为实践基地，负责为工作室技术攻关、创新，技艺传承，技术交流等方面提供现场实践场地。

日常活动采取协会组织模式，由工作室项目牵头人负责，根据工作进展情况，与相关成员相互沟通，录取现场信息资料，协作配合，研究攻关；定期或不定期开展集中学习、技术交流和重点研究课题攻关活动。活动结束，工作室成员返回各自岗位工作。第二采油厂员工培训站负责项目的组织协调，并根据阶段性工作任务和每个成员的责任，定期跟踪进度，指导撰写项目总结报告。

四、完善制度，强化激励

没有科学的管理制度，不可能有规范有序的发展。针对工作室运行机制灵活、人员组织结构相对松散、日常工作不在同一现场等特点，为了使工作室工作管而不死、放而不乱，具有充分的活力，制定了学习攻关、带徒传技、定期技术交流、调查研究和经费使用管理等5项管理制度和相应的工作流程，确保工作室制度的设计与目标实现的过程、运行管理模式与相关联的工作任务相匹配。

同时，加强政策激励，定期监督考核。通过政策鼓励有为青工申报带动对象，经考核合格后确定带动关系，参与工作室的活动。工作室成员的工作考评纳入单位评先选优。每季度对工作室成员的工作进行分析、督导；每年度对成员参与的工作项目、承担的工作任务、参加的各类活动、开展的培训工作以及取得的成果进行综合考核评价，并将考核情况书面汇报公司主管部门和成员所在单位上级主管，作为优先参与职业技能鉴定的依据。对工作室成员及带动对象实行动态管理，年度综合考评不达标或违反管理制度者予以退出。

五、平稳运行，初显成效

自2013年9月正式挂牌运行以来，工作室运行平稳，已初显成效。已设计制作了直杆外钩、滑块卡瓦捞矛打捞筒、大直径开窗打捞筒、大直径套铣筒、内外组合钩等5件井下作业工具；总结形成《水源井打捞工具研制》技术成果、《水源井打捞技术研究》技术论文、《技能大师（专家）工作室建设探讨与实施》管理成果；2013年，工作室成员、集团公司采油技能专家丁巨龙主创，刘美萍、刘红玉、白金娥等参与项目《一种新型曲柄销子撞击筒》获得了国家知识产权局颁发的实用新型专利。完成集中办班25期，培训员工1026人次；组织召开技术交流座谈会3次，研究了水源井大修打捞技术和实用性工具研发，规范了水源井井下作业过程和下井电缆固定方式，预研了水平井冲砂及作业难点。

工作室的建立，为技能领军人物发挥自身特长，实现自我价值，参与技术攻关、技术创新、技术交流，推进技术、技能创新成果推广和绝技、绝活传承创造了一个新的环境，提供了一个平台，实现了高技能人才从个人研发到集体攻关的跨越，有利于汇聚企业人才资源，形成队伍合力，为企业发展作出更大的贡献。

崔启福技能大师工作室

◆ 辽阳石化公司人事处

为充分发挥高技能领军人才在带徒传技、技能攻关、技艺传承、技能推广等方面的重要作用，建立高技能人才技术、技能创新成果和绝技、绝活传承机制并加以推广，根据实际需要，2012年8月，辽阳石化公司制定了《技能专家工作室建设方案》，决定建立崔启福（炼油专业）技能大师工作室。同年9月，崔启福技能大师工作室获批国家级技能大师工作室。2013年7月，工作室顺利通过辽宁省技能大师工作室建设项目检查组验收。

一、组织机构

工作室实行辽阳石化公司管理，人事处及相关部门协调的组织原则。组织机构成员职责清晰明确：人事处负责对技能专家工作室的具体管理，负责审核年度工作计划的编制，监督年度工作计划及考核目标的完成情况；机电仪研修中心具体负责提供工作场所、办公地点、办公设备、专业工具、仪器和实训设备以及相应的物质保障支持；技术处 、炼油厂负责提供相应的技术和工作支持。

工作室现有成员14人，包括炼油专业常减压装置、加氢裂化装置、制氢装置、延迟焦化装置、加氢精制装置、脱硫装置等11套生产装置的技术骨干。其中集团公司技能专家2人，辽阳石化公司技能专家2人，高级技师2人，技师7人，高级工1人。

确定了技能大师工作室主任——崔启福（集团公司加氢裂化装置技能专家），副主任——薛勇（辽阳石化公司延迟焦化装置技能专家）。大师工作室设立技术攻关组和技能培养组，每个组6名成员，技术攻关组组长——秦洪涛（辽阳石化公司常减压装置技能专家），技能培养组组长——张海献（集团公司延迟焦化装置技能专家）。

工作室另设技术支持组，成员包括炼油厂生产厂长、总工程师、生产科和各装置的生产负责人，为大师工作室提供强大的技术支持。

二、制度建设

为确保工作室有效运行，工作室制定和完善了《技能大师工作室管理办法》《年度工作目标考核制度》《技能大师工作室日常管理制度》《工作室职责》《工作室主任职责》《工作室副主任职责》《技术攻关组组长职责》《技能培养组组长职责》《工作室成员职责》等工作制度。

工作室的成员实行动态管理，三年为一考核周期，每周期量化考核结果不合格者调出工作室，同时吸纳有发展潜力的新成员进入工作室工作。用各种制度和职责来约束和激励工作室成员努力工作，使每个成员为工作室尽全力。

三、业绩成果

工作室的任务以解决工作中遇到的实际问题为主，注重创新、实效。工作计划中的技术攻关、技术难题解决项目面向公司广泛征集。

（1）结合公司炼油专业生产实际，提高装置操作水平。

一是解决加氢一车间空冷凝堵难题。针对炼俄罗斯蜡油后脱丁烷塔顶空冷冬季频频出现的凝堵问题，崔启福提出是铵盐含量增加造成的空冷凝堵，原设计的注水量已经不能满足要求。装置采取了加大反应注水这一措施后，空冷凝堵现象再未发生，保证了装置的高负荷生产，每年可节约装置的加工费用约60万元。

二是完善加氢一车间加氢裂化装置第二分馏塔开车操作法1项。崔启福和车间技术人员共同努力，完善1项操作法，并在2012年和2013年装置开车中实施，开工时间缩短了4～6h，极大提高了加氢一车间加氢裂化装置的开车效率。

三是完善加氢一车间加氢裂化装置开车操作法1项。在2013年检修后开车过程中，崔启福和车间技术人员齐心协力，采用催化剂接触蜡油3天后，可作旧催化剂处理，重新开车时直接进蜡油的操作方法。减少了开工时间，而且还对新旧催化剂的定义作出了全新的探讨。

四是完善加氢三车间紧急开停工操作法。“7·14”紧急停工后，郑重在装置开工方案制定过程中提出关于反应器降温的建议；大修后开工过程中，提出硫化末期直接进蜡油的建议，取得了令人满意的实践效果。

五是对脱硫车间现场工艺管线泄漏情况全面检测。魏勇负责脱硫装置现场堵漏、消漏工作，确保装置静密封点泄漏率在指标（0.2%）范围内，经过2013年大修更是全面消除装置漏点。

六是完善常减压一车间流程设置。秦洪涛在厂开展的挖潜增效活动中提出常压塔增加侧线抽出，提高轻质油拔出率，降低减压塔减压炉负荷，降低渣油收率的方案，被炼油厂采纳，在2013年检修过程中已实施，并取得了满意的效果。

（2）以技能培训为重点，完善基层技能培训教材。

一是组织员工积极开展课件开发工作。组织开发了炼油专业11套装置巡检标准课件的制作，冬季防冻、防凝要点课件的制作；配合车间技术改造，开发了循环氢压缩机干气密封操作法、高危泵辅助密封改造、电动螺杆泵操作等6个课件，为新知识、新技术的应用，装置的安全生产提供了保证，为炼油专业各生产装置的“安、稳、长、满、优”生产保驾护航，其中薛勇的课件《焦化装置巡检注意事项》获2013年辽阳石化公司课件大赛一等奖。

二是积极参与车间操作规程的修订工作。延迟焦化车间张海献积极参与了焦化装置操作规程和题库的重新编写工作，对以往操作规程中的误点进行修改，增加了一些操作要点，对装置中的各项操作重新进行规范，使各项操作都有规可循。

三是积极参与技能鉴定与仿真培训等工作。专家工作室成员作为公司技能鉴定考评员，主动承担了炼油专业各装置的技能鉴定前培训、3D仿真培训等工作，为炼油专业各装置员工素质的整体提高作出贡献，受到车间和员工的好评。

四是做好兼职培训师，服务基层。专家工作室成员作为技能骨干人才，承担了基层车间大量技能培训任务，崔启福更是积极参与公司新入厂大学生、退伍军人和班组长培训工作，为辽阳石化公司员工素质的整体提高贡献力量。

五是积极参与基层培训教材开发工作。开发完成了《炼油厂常减压装置事故案例选编（1995—2012）》一书。作为基层培训教材，书中收集了60个事故案例，详细介绍了事故的经过、原因分析和防范措施，已印刷成册；开发的《炼油厂加氢裂化装置事故案例选编（1995—2013）》一书，收集辽阳石化公司两套加氢裂化装置的128个事故案例和国内外同类装置的82个典型事故案例，对加氢裂化装置操作有重要的指导意义。

（3）以培养系统化操作员为目标，加强技艺传承。

为充分发挥技能大师工作室在技能传承和推广等方面的重要作用，2011年，工作室成员共带徒18人，其中培养技术骨干7人；2012年，共带徒19人，其中培养技术骨干8人。2年来，所带的徒弟中，走上车间专业管理岗位4人，培养班组运行工程师6人，预备班组长2人，班组长1人。

工作室成员的带徒标准以能胜任本装置班长为主要依据，以提高徒弟的技能操作水平和处理突发事件时的应急反应能力等为主要内容。师傅每月要对徒弟进行考核，每季度要有总结。培训结束时，由各车间领导和相关技术人员联合评定徒弟能力，并出具考核意见。考核意见分为优秀、合格、延期出徒和不予出徒四种，并依据此意见对师傅进行相应的考核。

2013年，工作室人员根据车间队伍实际情况，选取了16名青工作为大师工作室重点培养对象，并制订了详细的年度培训计划和阶段工作进度表，计划通过1～2年的时间将其培养成优秀的系统化操作工。

（4）积极参与科技攻关，解决现场难题，工作室建设结硕果。

2013年，工作室成员共撰写技术论文15篇，其中崔启福撰写的《高压分离器实际液位与测量值不同的原因》在《科技创新导报》发表。另2篇获辽阳市自然科学学术成果三等奖。

在2013年炼油厂大检修工作中，工作室全体成员积极参与所在装置的停工扫线、开工流程设定、反应器装卸催化剂和项目改造等工作，与技术人员一起提方案、想办法、采集数据，始终奋战在第一线，并在各装置开车过程中及时发现26项生产隐患，保证了各装置的一次开车成功。崔启福在加氢一车间检修过程中发现脱丁烷塔的提馏段浮阀90%左右锈死，并且发现降液管内杂物堵塞严重，及时督促施工人员将锈死的浮阀撬开，并且将塔内FeS等大量杂物清除，解决了困扰装置多年的产品硫含量超标问题。

四、技术交流

大师工作室实行月例会、季度例会和年度例会制度，会上每个成员汇报自己一段时间内所完成的工作，同时确定下阶段工作目标。会上成员们积极交流工作中所遇到的问题，互相启发，共同提高。

大师工作室主动参与集团公司技师交流平台的建设工作，并积极参与海川在线网络交流活动，与国内同行高手进行技术交流，相互切磋，使成员开阔视野，提高自身的能力。同时，承担了各自所在装置的技能培训任务和指导沈阳工业大学等高校学生的实习培训工作，协助车间解决装置操作中存在的实际问题。专家工作室人员的工作能力和培训效果得到车间和炼油厂的充分肯定。

工作室成员郑重和陶贵金分别在加氢裂化装置和加氢精制装置工作20余年，有着丰富的操作经验和扎实的理论基础。2014年1月，二人远赴四川石化指导协助装置开车工作，深得兄弟单位好评。

五、工作室建设情况

工作室的办公场所设立在辽阳石化机电仪研修中心，由办公室、多媒体交流和成果展示室、仿真培训室、培训教室、会议室等组成。工作室现已拥有炼化企业常减压蒸馏装置、加氢裂化装置、加氢精制装置、硫黄及硫回收装置、延迟焦化装置等9套仿真教学装置，8个仿真培训室，可同时容纳240人进行仿真培训。大师工作室办公室实行“5S”规范管理，工作室电脑、打印机、照相机等设备配备齐全，各类技术档案、资料齐全完备，各种软件也正在积极准备中。目前公司正委托有关单位对技能大师工作室所需工作办公场所、多媒体交流和成果展示室等进行初步设计，并选取供应商，待签订技术协议后履行招投标程序。

李桂库技能大师工作室

◆ 辽河油田公司人事处

为助力企业有质量、有效益、可持续发展，不断提升岗位员工技能素质、充分发挥高技能人才整体技术优势、加快技术成果转化与现场应用，辽河油田公司（以下简称“油田公司”）于2010年10月，依托兴隆台工程技术处培训中心实训基地建立了“李桂库技能专家工作室”。工作室以全国技术能手、中国石油天然气集团公司技能专家李桂库为核心，组建技术培训和技术研发团队，立足生产现场，大力开展技艺传承、技能攻关、技能推广、技能专家巡诊，已成为集员工培训与解决生产现场疑难问题于一体的活动平台。2012年10月，工作室被授予“辽宁省李桂库井下作业技能大师工作室”。2013年10月，工作室被授予国家级“李桂库井下作业技能大师工作室”，是油田公司继束滨霞技能大师工作室之后的第二个国家级技能大师工作室。

一、工作室基本情况

工作室成员由两级技能专家、高级技师等技能骨干和部分技术人员构成。油田公司和兴隆台工程技术处本着立足现有、节俭高效、共同投入、分项承担的原则，先后投资25万元用于工作室创建。现有集工作、会议、研讨功能于一体的综合性办公室1间、标准培训教室3间，主要有实训教学井4口、XJ90Z修井机1部、修井地面工具1套、修井井下工具236件及井控装置等，能够满足室内教学、模拟教学和实际操作训练。

油田公司和兴隆台工程技术处根据年度任务计划和费用预算，拨付专项资金，用于工作室技术研究、课题开发、技术推广和后备人才培养，确保了工作室正常运转和良性发展。

二、健全管理机制，确保规范运行

规范完善的管理机制是确保技能大师工作室扎实稳步推进的有力保障。工作室在建立和运行过程中，逐渐摸索出了一套行之有效的运行方式。

（一）统筹规划，实行归口管理、分工负责

工作室在油田公司人事处、机关专业部门的指导下开展工作，并由各单位培训主管部门归口管理。人事处主要侧重工作室的宏观环境建设和工作室设立、人员组成、业绩考核等组织工作，多方帮助解决其建设与发展中遇到的实际问题；公司机关专业部门主要侧重工作室专业建设和专业指导工作；工作室所在单位培训主管部门负责工作室的日常管理，对所属工作室的建设和运行进行定期了解、监督和考核；工作室领衔人负责工作室成员的考核管理，有权定期召开季度、月

度工作会和不定期的经验交流。逐步形成全方位、深层次、立体化、上下纵横、联合互动的管理模式。

（二）统一标准，规范管理制度和软件资料

工作室利用双休日及工余时间轮流值班、立项攻关、定期交流研讨、深入基层开展现场调研、进行专家巡诊和技能培训。油田公司制定和完善了《工作室运行管理制度》《工作室轮流值班制度》《工作室咨询服务制度》《工作室研讨攻关制度》《工作室生产现场服务制度》等相关管理规定十余项。统一制作了咨询服务记录本、交流研讨记录本，建立了工作室工作档案。人事处在油田公司主页发布工作室成员办公电话、手机号、邮箱地址、QQ号等联系方式，每年进行一次工作总结，组织1～2次技能专家巡诊活动。工作室成员对电话或网络咨询实行首问负责制和限期回复制，对咨询者姓名、单位、事由及咨询时间进行登记备案，能解答的立即解答，不能立即解答的要在三日内进行回复；通过QQ、电子邮箱、“中国石油技师交流平台”等网络平台进行技术交流，在线答疑技术难题，并及时更新技术、技能知识；发挥技能专家团队优势，与油气生产单位密切配合，积极开展科技立项和技术攻关；承担油田公司和各二级单位安排的员工培训、教材开发、题库建设等工作任务；开展名师带徒活动，加快技术、技能创新成果和绝技、绝活传承、推广应用的步伐，努力培养一批青年技术、技能骨干。

（三）动态考核，实施任务管理运行机制

人事处对工作室实行任务目标管理，工作室领衔人结合考核内容在每个聘期开始前编制考核期任务计划书，同时根据考核期任务计划书分解制订年度任务计划书，所在单位培训主管部门审核；工作室领衔人与成员签订工作任务书；工作室考核期任务计划书、年度任务计划书和每名成员工作任务书报人事处备案。工作室每月月初召开一次例会，由工作室负责人安排部署当月工作，开展业务交流和技术研讨；每季度末召开季度例会，汇报工作进展情况，下步工作计划，存在的问题，研究讨论解决方案；每半年召开一次总结会议，分享成功经验，探讨存在问题，明确下步工作思路；每年召开一次全年总结会议，工作室成员针对全年任务完成情况进行述职，并对一年工作成果进行展示。人事处根据工作室的成果要求和考核期及年度工作计划，对工作室及其成员的任务完成情况进行量化考核，考核结果与工作室成员职业资格晋升、推先评优、津贴享受等挂钩。

三、发挥技能优势，不断创造价值

工作室成立以来，一直把答疑解惑、传授技艺、技术革新与推广作为工作的重点，不断促进井下作业质量提升，为辽河油田千万吨稳产作出积极的贡献。

（一）专家巡诊，帮助解决现场实际问题

井下作业俗称“油井医生”，是油田勘探开发过程中保证油水井正常生产的技术手段，井下作业的好坏直接影响油井产量的高低和寿命的长短。为了帮助井下作业队伍准确判断井下情况，准确制定工艺措施，工作室成员成立了巡诊团，通过电话及网络答疑、生产现场服务等多种方式开展技能专家巡诊活动。3年来，累计电话答疑800余次、网络答疑500余次、生产现场服务218次，赴施工现场解决疑难问题80余井次，研制出了“油井快装井口”“多功能井口试压防喷器”“强排负压解堵工具”“活节式抽油杆吊钩”“偏心式定位封堵连续撞击器”等22项已获得国家级专利成果，参与油田公司、处级科技立项17项，撰写《带压作业油管接箍检测器的研制与应用》等技术论文31篇，重点解决了带压作业技术应用过程中，设备与油田公司油井不相匹配和使用连续油管处理井下事故时钻、铣、磨效率低等一系列难题。目前，这项中外结合的带压作业技术和带压解堵技术在油田公司发挥着巨大作用，且已推广到集团公司的8个地区公司及苏丹输油管线的清理作业，得到了国内外专家的一致好评。

为解决井下作业类培训教材不全不细、针对性不强的问题，工作室结合岗位需求，编制了《井下班组操作训练》《井下作业基本知识》《各类施工工序操作》《井下工具使用》《地面工具正确使用》《修井机性能及使用》等培训课件55个。几年来，工作室完成培训项目100余项，培训学时2000余课时，培训学员2000余人次。

（二）深化带徒，助推企业人才快速成长

开展师带徒活动是加快企业人才快速成长的重要手段之一。李桂库不仅是“油井神医”，还是油田公司兼职教师。多年来，他已带出120多名徒弟，现在他们有的已走向领导岗位，有的成为技术、技能骨干。工作室培训的参赛选手在各级技术比赛中摘金夺银，仅集团公司级比赛中就有4人获得金牌、7人获得银牌、3人获得铜牌。

工作室成员严格带徒标准，坚持“三进四不出”的原则，即：培训时要求徒弟“进井场、进教室、进心脑”；考核时“理论不及格不出徒、技能不提高不出徒、态度不转变不出徒、同行不认可不出徒”。工作室成员把井下作业的设备、工具、危险点源拍成照片，加注说明；把井下作业技能、操作规程、安全要点，制成真人操作视频，逐项讲解。李桂库主编、工作室成员参编的《井下作业工艺》系列课件被评为油田公司标准化课件，《井下班组操作训练》获中国职工教育和职业培训协会年度优秀科研成果二等奖，同时还参与了集团公司《井下作业工》《作业机司机》诸多教材的编撰工作。

（三）致力革新，增加井下作业科技含量

技术上的革新在生产方法和工艺的提高过程中起着举足轻重的作用，井下作业技术革新也是如此。在生产实践中，工作室注重捕捉井下作业领域的需求信息，坚持把解决井下作业技术和现场安全生产作为出发点，让科技成果以最快的速度转化为生产力，不断提升科技成果的市场影响力。

油井出砂是石油开发的一大难题，既降低产量又增加成本。油田公司大部分油井都存在砂患，为解决砂患，工作室查井史、进现场、取砂样、做工具、勤实验，经过反复论证，最终总结出了极具实用性的“探、冲、压、转、滤”“五步冲砂法”，使单井冲砂时间为12h，仅此一项可使单井增油10t。

油田公司是全国最大的稠油生产基地，稠油井开采难度大、工艺复杂，要经过射孔、下管、注汽、起管、下泵、抽油、再注汽、再抽油的循环过程，才能源源不断地把稠油抽到地面。由于油稠，经常会把井下管柱固死在井内，按照常规方法只能上大修，但成本高、耗时长。经过摸索，工作室设计了稠油井内管柱解卡工艺，用小修的设备完成了大修的工艺，单井节约成本20多万元。

李桂库技能大师工作室的科技立项和成果均已在企业得到广泛的推广与应用，多项工艺研发与科研成果填补了一项又一项井下作业生产的技术空白。水平井作业是世界级难题，目前还没有成熟的工艺技术，尤其是井下作业工具还满足不了工艺需要。工作室根据水平井井身结构、井眼轨迹和三维剖面，设计了滚动扶正器、旋流冲砂器、安全脱节装置，经过实验应用，解决了水平井作业时钻具进出、脱手等难题。

赵辉技能大师工作室

◆ 中国石油天然气第六建设公司职工培训中心

为发挥高技能领军人才带徒传技作用，创新高技能人才培养模式，提升高技能人才培养能力，中国石油天然气第六建设公司依托公司作为第一批国家高技能人才培养（企业）示范基地、全国职工教育培训示范点的品牌和资源优势，2010年在公司职工焊接培训中心建立了以中国石油天然气集团公司电焊技能专家、国家职业技能竞赛裁判、集团公司优秀教师赵辉同志为主要负责人的技能大师工作室。工作室根据行业特点和项目施工内容，持续开展焊接技术攻关和革新，钻研国际、国内先进焊接技术并引进消化，形成完整焊接工艺评定报告，进一步发挥高技能领军人才的带徒传技作用，创新高技能人才培养模式，提升了高技能人才培养能力。

2013年9月，赵辉技能大师工作室获得国家人力资源与社会保障部批准，这是广西壮族自治区首批批准成立的焊接技能大师工作室。

一、建立技能大师工作室的优势

（一）内部优势

中国石油天然气第六建设公司是中国石油所属大型骨干施工企业，全国500家最大建筑企业和广西10强建筑企业之一，首批全国文明单位，多次荣获全国优秀施工企业、全国用户满意施工企业、全国施工企业管理优秀奖、全国优秀焊接工程奖等荣誉。拥有国家化工石油工程施工（一级）、房屋建筑、电力工程三个总承包资质和管道工程、海洋石油等六个专业承包资质，拥有压力容器制造、安装等多项特种设备许可证和安全生产许可证。公司在现代规模的大型炼油、大型乙烯、大型LNG、大型化肥、大型压缩机组、油气储运设施、海洋石油平台工程建设、设备制造和技术服务、大型设备吊装以及无损检测等业务领域具有国内一流的施工技术和项目执行能力，同时具备为广大客户提供物资采购、仓储物流、项目管理、开车、检维护等工程项目全过程服务的综合能力。公司年综合施工能力达60亿元以上。

公司现有职工4600人，其中经营管理和工程技术人员1300人，中高级职称以上518人，建造师118人，取得国际项目管理资格证16人，技师及高级技师103人，集团公司技能专家4人，集团公司、广西壮族自治区技术能手12人。

公司以工程项目为载体，以技术人才为骨干，加大研发投入，大力进行科技攻关，加强科技管理制度建设，加大科技创新激励力度，取得了丰硕的科技成果。近五年来共获得专利2项，国家级工法3项，省部级工法6项，省部级以上科技进步奖4项，专有技术或技术专长38项。焊接是公司的优势专业，参加自治区、全国技能竞赛多次荣获第一名。涌现了一批全国劳动模范、全国技术能手、自治区十大金牌工人等模范人物和先进集体。

职工培训中心是中国石油天然气第六建设公司的培训教育产业基地，是员工培训、学校办学的极佳场所。培训中心占地面积140多亩，其中焊接培训车间面积2340m^2，技校实习车间面积4020m^2，集专业理论学习与实际操作培训于一体，是一个功能齐全的技能培训机构。现有专业技术人员和专业教师78人，拥有各种教学设备400多台套。培训中心以培养石油工程建设技能人才为起点，努力拓宽与各个行业的交流，采用“订单式”办学和培训方式。公司职工培训中心已日渐成为公司和行业内外高级技能人才的培训基地，是名副其实的技师摇篮。

（二）专业优势

公司焊接培训中心是中国焊接学会定点培训单位，是中国石油的焊接培训中心。具有铝镁合金、钛合金等有色金属的焊接能力；具有管道自动焊、储罐和球罐自动焊、下向焊等十多种焊接技术，30多项工程获全国优秀焊接工程奖。

培训设施设备先进。焊接培训中心建筑面积2340m^2，工位数64个，可同时容纳400人进行培训。焊接培训中心按照现代化企业生产车间标准建设，设置原材料区、下料区、冷作加工区、焊接加工区、成品区，配套有管道自动焊接工作站、自动焊培训车间、大型LNG储罐气体保护自动立焊机等，共计设备360多台（套）。建有多媒体教室、焊工理论考试计算机室、炉管焊接模拟实训场，可针对石油、石化、电站锅炉等焊接难度高的材料和焊接位置模拟练兵。焊接培训中心不仅可以满足电焊专业各层次人才教学、实训需要，同时有能力面向社会开展初级工、中级工、高级工和技师职业培训。

师资力量雄厚。经过多年的建设，已形成了一支结构合理、作风过硬、素质较高的优秀培训团队，在人才培养、技术革新、技能攻关、传承技艺、培训研究等方面发挥了引领、示范和带头作用。

培养、培训高技能人才效果显著。公司现有焊工600多人，公司注重焊工技能训练，常年开展岗位练兵、劳动竞赛、技能比武活动，培养出全国劳动模范欧信南，“电焊状元”陈君龙、农华科等一大批技术能手和技能专家。

二、雄厚的财力和物力全方位支持工作室开展工作

公司为技能大师工作室提供充足的资金支持。随着公司深入实施国家级高技能人才培训基地、国家级技能大师工作室等项目建设，对高技能人才队伍建设的资金投入逐年增大，公司每年都为技能大师工作室提供充足的资金支持。

从工作室成立伊始，公司投入650万元用于焊接培训中心和工作室的升级改造，努力构建完善的高技能人才培训体系，提炼培训基地建设工作经验，进一步把焊接培训中心建成功能齐全、设备一流、管理一流的综合性实训基地，为技能大师工作室提供良好的场所、设备，满足技能大师工作室人才培养与职业技能培训的需求。

实行专款专用，确保资金真正用在技能大师工作室建设上。

三、技能大师工作室基本情况和规划目标

技能大师工作室以集团公司技能专家、技术能手赵辉同志为技术攻关核心，技术攻关团队成员共9人，包括欧信南、陈君龙、谢勇、黄晓春、罗勇、甘露、郑一斌、谭安清等全国和广西壮族自治区技术能手、劳动模范、技术骨干、技术革新能手。技能大师工作室团队根据自身技术特点，采取“师傅带徒弟”的方式，对徒弟传绝技，培养技能骨干人才。通过提升技术攻关能力，突破石油、石化等领域工程焊接关键技术。整合高技能人才资源，在高技能人才培养和技术攻关创新方面，形成团队优势，实施重点攻关、重点突破。深入研究专业技能，承担新技术、新工艺、新产品的研究开发等任务，及时总结绝技、绝活和技术、技能创新成果。承担和参与行业性、区域性技术、技能交流活动。

培养一流焊接教师和高技能焊接人才。注重

以“培、练、赛”和“传、帮、带”培训过程为依托，以技能大师为带头人，带高徒，传绝技，优化师资队伍结构，提高师资队伍整体素质，规划每年为集团公司、自治区及公司培养技能专家、技术能手、优秀培训教师2～5名。

开展焊接技术攻关活动。立足公司行业特点和项目施工内容，持续开展焊接技术攻关和革新；钻研国际、国内先进焊接技术并引进消化，形成完整焊接工艺评定报告。三年内，在大型LNG储罐9%Ni钢各种位置焊接有突破焊接技术成果；攻克中、厚铝板、铝管（20～50mm）熔化极焊接难点，突破不同规格铜镍合金钢管焊接技术瓶颈，掌握全套成熟焊接技术；开展不锈钢管道气体保护自动焊研究并在2014年内取得成果，在公司项目推广应用。

不断增强服务公司项目能力。充分发挥技能大师及其团队的专业优势，选派技术专家到公司各关键施工项目开展技术攻关、技能研修和员工培训，为公司项目解决生产技术难题，培养高技能焊接人才。

四、天道酬勤，硕果累累

赵辉技能大师工作室成立后，承担起公司技术攻关、成果转化的重任，对公司多项实际生产过程中存在的重点、难点、关键点进行立项，充分发挥了大师在总结创新成果、创新工艺技术、新产品试制研发等各个方面的核心带头作用，为公司创造经济效益、提升效率作出了突出贡献，起到了以点带线、以线带面的能动效应。同时，工作室的成立也推动了大师的“传、帮、带”作用，为企业技能人才的培养和技术创新提供一个技术交流的平台，不断提高技术人员和技术骨干的学习力、创造力和战斗力。

2013年，工作室组织完成铝合金大厚度板MIG焊接技术攻关课题，攻克了中、厚铝板熔化极焊接难点，突破不同规格铜镍合金钢管焊接技术瓶颈，掌握全套成熟焊接技术，开发了10项焊接工艺，该成果在大连、唐山LNG项目应用成功。

2013年，工作室组织完成了中国最大LNG储罐“20万立方米LNG储罐焊接技术开发”课题，通过集团公司专家组评审，该成果在江苏LNG项目中得到了应用。

工作室成员撰写的论文《铝合金单面焊双面成型技术》获得第十二届中西南十省区（市）焊接学术年会优秀论文二等奖；《技能操作培训的几点认识》《大型塔器空中组对环缝无加固状态下热处理实践》《药皮焊丝在不锈钢管道打底焊中的应用》《电动机控制采用双电流表显示的接线方法新尝试》等多篇论文在省市、行业专业杂志上发表。

2013年，工作室选派两名成员参加为期40天的德国DVS焊接技能教师培训考核，取得了DVS资质并获相应资格证。2014年3月，工作室选派的成员参加了国家级焊接技能裁判员培训并取得了相应资格。

近年来，工作室在提高团队自身能力素质、培训高技能焊接人才方面也作出显著贡献。工作室在大型储罐自动焊接、合金钢管障碍焊接的培训方面颇具建树，所培训的焊工考试一次合格率达到了98%以上，他们中的大多数都成为公司的焊接骨干，有20多人荣获技师、高级技师、集团公司技能专家、自治区和全国技术能手等称号。工作室培训的技能大赛焊工选手也屡屡获得佳绩：在自治区第四届职工职业技能大赛获团体第一名，选手包揽个人前三名；2014年3月，首届“海油杯”焊工技能大赛，获团体第五名，欧潮、卢永旺两名选手获集团公司技术能手荣誉称号。

赵辉国家级技能大师工作室的创建、发展得到了广泛关注，技能大师的示范引领作用发挥明显，取得了较好的经济效益和社会效益，已经成为中国石油天然气第六建设公司职工素质提升的“大课堂”、技术创新的“孵化器”和成果转化的“中转站”。

肖刚技能大师工作室

◆ 燕文军　卢红艳　祁明业

一、工作室基本情况

肖刚技能大师工作室是以集团公司输气技能专家肖刚为核心而搭建的技能人才团队，以人才培养和技术革新为目标，以技能人才孵化、技术成果推广、疑难杂症会诊、规程标准起草为工作定位。2013年5月工作室被授予“新疆维吾尔自治区技能大师工作室”，同年7月被新疆维吾尔自治区推荐并通过“国家级技能大师工作室”，是新疆油田公司首个储运技能大师工作室。

工作室建在新疆油田公司油气储运公司总站，拥有成员16名，专家5名，均采用兼职任职方式。工作室下设输油、输气和综合计量三个工作组。工作室采用首席专家制，设首席专家一名，首席技师一名，成员均为储运行业技术能手、企业生产骨干。为吸纳更多的人参与到工作室项目上来，工作室还成立了项目组，由基层单位项目负责人担任项目组成员。

（一）工作室定位

肖刚技能大师工作室在推进初期，针对工作室今后发展方向及应该发挥的作用进行了定位，力争工作室达到四个平台作用。

（1）技能人才孵化平台。为保证工作室可持续发展，充分发挥工作室成员的技能优势，在企业内部开展“传、帮、带”导师带徒活动，达到培养和锻炼接替型领军人才的目的。

（2）技术成果推广平台。工作室承担新技术、新工艺培训重任，对工作室成员的创新成果及时进行总结，并创造条件进行技术交流，最终达到成果推广的目的。

（3）疑难杂症会诊平台。针对生产现场存在的疑难杂症，组织工作室成员定期进行会诊活动，对诊断过程中总结出来的有效方法进行汇总交流，并将活动成果推广到生产过程中，达到解决难题的目的。

（4）规程标准起草平台。对操作规程进行修订和完善，对好的工作方法和经验进行总结，形成新的操作标准，达到推广的目的。

（二）工作室硬件建设

工作室设办公室一间，集办公、展览、会议、培训活动等功能于一体，并共享总站多功能会议室。在办公区域内，工作室配置了台式计算机和办公桌，以利于工作室成员课件制作、交流学习；展览区展示了工作室成员立足岗位生产需求开发出的部分专利产品及获得的专利证书；为方便教学培训活动，工作室还专门配置了两台高仿真螺杆泵模型，工作室成员通过两台高仿真螺杆泵可以培训学员螺杆泵工作原理等理论知识。为了增加工作室成员之间的技术交流和及时掌握项目进展情况，工作室还充分利用网络信息平台，开通了储运技能大师工作室技术交流QQ群，建立了储运技能大师工作室网站，进行工作室成员间的定期技术交流和项目进展情况过程管理。

二、健全组织机构，倾力打造工作室专业人才队伍

工作室队伍的建设以取长补短、互通有无为出发点，专业人才队伍建设充分考虑到工种、专业、技术特长。成员聘用采取个人申请、单位推荐、人事部门审核批准的方式，工作室16名成员均来自生产一线，在本单位及行业有着一定的影响力和技术专长。为便于管理，工作室成员实行分组方式，由首席专家肖刚统筹负责，三大专业组具体负责本工种内的工作室运行管理事务。采用轮班的模式，每季度设一名工作室技师值班，负责收集各专业组的工作情况，进一步加强了工作室的日常管理。

三、完善管理制度，推动技能大师工作室科学规范运行

工作室成立以来，立足新疆油田公司生产现状和生产特点，在新疆油田公司人事处的宏观指导下，由油气储运公司全面管理。

（1）完善管理制度，确保有效运行。工作室先后制定和完善了《工作室成员管理制度》《工作室项目管理制度》《工作室经费管理制度》《工作室考评管理制度》等管理制度，规定了工作室成员加入和退出机制，约定了工作室成员在“带徒传技”“解决难题”“技术革新”“品牌管理”等方面聘期内工作业绩量化目标，对各组分别约定目标，制订年度计划，对技术攻关、导师带徒、技能培训、业务开展实施全面过程管理。

（2）定期召开例会制度，加强沟通交流。根据工作室成员工作性质，定期组织交流活动，交流的方式采用远程在线交流和碰头会等多种方式。各项目组每月召开一次交流会议，交流项目进展、项目过程中碰到的问题、项目进展过程中的经验和方法；工作室每季度召开一次碰头会议，对上一阶段工作进行总结，协调下一阶段工作重点，了解和通报项目进展情况，确保活动开展过程有督促、有管理、有落实。

四、集中技术优势，围绕企业发展开展工作

（1）立足生产现场，开展技术攻关。将现场生产活动中的高作业强度、高能源消耗、高生产成本的“三高”现象作为技术攻关方向，确保技术攻关不走弯路、不流于形式；针对每个项目制订计划，明确内部分工，高效有序开展技术改进、现场试验、效果跟踪、信息反馈、总结评价等工作。开展的《库伯压缩机进口配件国产化》技术攻关项目打破了进口设备配件技术垄断、维修成本高的现状，累计节约成本近400万元。

（2）围绕解决难题，开展巡回诊断。肖刚技能大师工作室将巡回诊断活动作为一项固定工作项目，进行了制度化管理。规定每年开展巡回诊断活动不少于两次，每次进行巡回诊断活动后要及时将诊断内容、诊断结果进行总结，并形成总结性成果。在2014年第一次巡回诊断活动中，工作室就完成诊断项目8个，并将这些诊断活动成果推广应用到生产现场，为基层单位预防、避免和解决此类生产难题提供了依据，开拓了处理问题的思路。

（3）开展技师讲堂，服务技能员工。在公司范围内开展技师大讲堂，内容立足解决生产过程的常见问题、基础知识培训，采取送技能下基层、集中授课等方式，将工作室成员组织起来，

解决基层单位由于远离基地、培训条件受限等原因造成的培训矛盾。培训过程中注重开拓思路，灌输创新理念，使技能专家们的绝活服务于广大操作员工。

（4）坚持“师带徒”，建立人才梯队。为了使工作室建设步入可持续发展的快车道，根据工作室定位，明确提出开展“师带徒”活动，突出技术上的“传、帮、带”，思想上的“引、领、帮”，将培养一批胜任工作室发展需求、充实工作室人员作为活动目标，着力锻炼工作室骨干接替力量，进而培育更加科学的合格人才梯队。

（5）发挥技术优势，实现创新效益。工作室成员立足生产需求，从质量管理、技术创新、经验总结等方面开展成果汇集工作。截至2014年7月，肖刚技能大师工作室实现了油田公司以上质量管理活动成果6项，其中国优QC成果2项，省部优QC成果2项，取得国家知识产权局专利授权6项；在各类期刊上发表专业论文14篇，其中国家期刊5篇；开发培训教材2套；在节能挖潜和管理创新方面，获得新疆油田公司及以上奖项6项，实现创新、创效600余万元。

工作室的建立和工作推动，实现了新疆油田油气储运高技能人才从单枪匹马到集团作战的跨越，吸引了一大批热衷技术学习、创新攻关、追求上进的基层操作员工；工作室平台的搭建也为这些人提高技能和发挥特长提供了宽阔的舞台和契机。工作室运行效果明显，产生了基层操作员工争相开展技术创新、提高技术水平的蝴蝶效应，为新疆油田“三基”工作的开展、加快高技能人才队伍的建设、提升技术创新水平注入了新的动力。

新疆油田公司油气储运公司将继续依托肖刚技能大师工作室这个有效平台，树立起石油行业的一面旗帜，进一步引导技能人才立足生产实际，开展技术研讨、技术攻关和技术创新，不断提升高技能人才队伍综合素质，提高广大员工学知识、学技术、学本领的热情，切实履行好新疆油田对外窗口、北疆地区经济枢纽、石油天然气资源掌控三大责任，为新疆油田跨越式的发展再立新功。

孙青先技能大师工作室

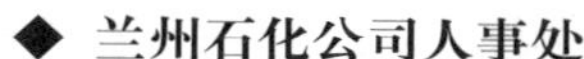

◆ 兰州石化公司人事处

孙青先，乙烯装置操作工高级技师、中国石油天然气集团公司技能专家。1999年，孙青先被中国石油天然气集团公司授予“技术能手”称号；2001年，他带领的“实施注硫技术、稳定工艺生产”QC小组被评为全国质量管理优秀小组；2005年，他实施的“中小乙烯挖潜技术改造”获得中国石油天然气股份有限公司表彰；2007年，他被聘为国家职业技能鉴定高级考评员和兰州石化公司内部高级培训师；2008年，荣获第九届“全国技术能手”称号，被聘为兰州石化职业技术学院兼职副教授；2011年享受“国务院政府特殊津贴”；2012年，荣获“中华技能大奖”。

兰州石化公司24×10^4t/a乙烯装置投产初期，由于初馏塔的裂解重油黏度较高，且塔釜液面不易控制，致使油洗塔负荷始终达不到设计能力，这成了制约整套装置生产的“瓶颈”。由于国内没有成功经验可借鉴，孙青先在查找大量资料数据的同时，经过一系列的分析比对和摸索实践，大胆提出往裂解汽油中注入急冷水来改善油洗塔的操作。经过实施，油洗塔塔顶温度很快从120℃降至104℃，重油黏度降低了，各项技术经济指标在短时间内达设计值，这为乙烯装置全面达标奠定了基础。

近年来，兰州石化公司为了适应油品多元化，提高了裂解原料的轻质化率，由此，裂解炉炉管结焦现象也日趋严重；频繁切换炉子，还严重影响到后系统分离工序的操作。孙青先通过各项工艺数据对比，查阅相关资料后，发现“石脑油中的硫含量比设计值低，导致裂解气中组分发生变化，同时，一氧化碳含量超标，又造成甲烷化经常飞温”的原因。他和技术人员一起提出向原料中注硫，并成立了QC质量攻关小组，有效地改善了原料的质量，实现了裂解炉和后系统分离工序甲烷化的平稳操作，该QC小组被评为“全国质量管理优秀小组”。

随着裂解原料的轻质化，提高原料综合利用率势在必行，孙青先和工程技术人员一起对原裂解炉流程进行改造，增加乙烷进料流程并保留原流程。改造后的裂解炉既可裂解石脑油也可裂解乙烷，每年增加产值约770万元。该合理化建议荣获兰州石化公司“金牌奖”，并获得兰州市总工会组织的“全市百万职工合理化建议”一等奖。

孙青先通过观察摸索，提出将返回水洗塔顶部的两股急冷水调节阀移位，有效地控制了急冷水的循环量，提高了水洗塔釜温，提高了丙烯精馏塔再沸器加热用急冷水温度。该技术应用后仅低压蒸汽每小时节约8~10t，装置每年可节约生产成本192万~240万元。

孙青先多次在装置停电、晃电、DCS失灵等情况下，沉着冷静地对紧急状况进行分析，凭借丰富的生产经验和高超的操作水平，成功避免生产事故的发生。

孙青先对乙烯裂解炉和急冷系统的操作具有独到的见解。他提出原料注硫、油改气等多项建议，累计创造效益八千万元以上。解决了生产过程中的诸多“瓶颈”问题和节能降耗问题。

近年来，孙青先所负责和组织的QC项目多达15项，并先后获得国家级、省级、地市级、集团公司级QC成果奖，完成攻关项目20余项，提交合理化建议并被采纳46条。

孙青先积极参加公司和车间组织的技能培训工作，每年集中授课达80多课时。2009年参与《烯烃装置操作规程》的编写及审查工作，参与《烯烃装置应急操作卡》的编写工作。他负责修改《乙烯装置操作工》和《热力司炉工》国家职业技能鉴定题库的理论题库，重新编写了3万多字的技能操作习题，使技能鉴定题库更加符合现场实际。

孙青先深知要想开好一套装置，光靠一个人的力量是不够的，必须要想办法提高全体员工的实际操作技能。于是，他充分发挥自身的技术优势，带头备课、授课，积极开展技术交流、技术讲座，带领大家深入学习化工基础知识。

孙青先围绕生产实践活动，勇于探索、善于总结，不断地对所学、所想、所干进行梳理，他撰写的《油品减黏剂在乙烯装置油洗塔中的应用》等多篇论文在杂志上公开发表，受到了行业内专家的一致好评。

孙青先技能大师工作室成立后，孙青先计划以三年为周期，制订切实可行的培养方案和教育计划，通过方案和计划的实施，有效推动培养对象的专业成长。通过开展技术攻关、技术改造、科技创新等活动，解决专业上、行业上的技术难题，形成一支技术力量雄厚的破解难题团队。通过传艺授业，培养一批高技能人才，成为行业内技术上的领头人，在破解技术难题上成为领军人物，形成一支技术力量雄厚的技能人才团队，带动石化行业技术创新。

（1）工作室的主要任务。

重点解决本单位生产、经营、管理、科技、工作实践中遇到的技术难题，确立完成5~10项重大难点攻关课题。

通过工作室成员的学术交流，消化吸收国内外先进科研成果，每年形成2~3篇有价值的技术论文，推动企业实现技术进步和转型升级。

制订名师带徒计划，定期对徒弟进行考核，结果直接与师傅的对应收入挂钩。力争每年带出5名高徒，3年内为企业培养3名以上行业内技能专家，3年内为企业培养5名以上高端技能人才，形成人才成长进步梯队。

（2）工作室的管理模式。

利用企业信息资源优势，搭建工作室教育管理网络，及时传递行业内最新技术信息，交流工作研究成果，使网络成为动态工作站、成果辐射源和资源生成站。

利用教育网络定期开展行业内的技术成果交流，本着“高效、互动、传递、互补”的原则，将国际、国内同行业专家的先进经验、最新成果、重要技术进步等，通过多媒体、PPT课件等形式在企业传播交流，吸引更多技能人才将先进成果汇集，实现重要资源共享，使教育网络成为企业技术交流、管理创新、技术革新的有效阵地，发挥出工作室在企业发展战略中的重要地位。

鉴定技术

整合资源 发挥优势

打造专业技能人才队伍建设平台

——中国石油东北销售职业技能鉴定站建设纪实

◆ 东北销售公司总经理 刘宪华

职业技能鉴定作为当前人力资源开发的重要环节，是企业探索完善多元化技能人才的主要评价体系。东北销售公司职业技能鉴定站自成立以来，始终围绕企业生产经营大局和技能人才队伍建设的中心任务，积极整合优势资源，不断加强鉴定质量管理，逐步建立了与企业发展相适应的鉴定工作管理与运行模式，走上了"以鉴促建、以培养站、鉴培结合"的良性循环发展道路。2013年11月，东北销售公司职业技能鉴定站顺利通过了国家人力资源和社会保障部质量管理体系认证。

立足企业实际，服务生产经营

东北销售公司作为中国石油销售系统的大区销售公司，是目前国内最大的成品油物流中心，年成品油调运量7000多万吨，资源辐射全国26个省市，约占中国石油成品油年产量的60%，占全国成品油市场表观消费量的1/5。点多、线长、面广、业务量大、作业环境复杂是东北销售公司经营工作面临的主要特点。按照集团公司建设世界水平综合性国际能源公司的工作目标，东北销售公司瞄准建设国际水准物流公司的奋斗目标，始终为直属炼化企业和地区销售企业做好服务工作，为炼化企业和销售企业之间搭上了一座"金桥"。在工作中，油品质量、计量是物流过程的重要环节，关系到客户的利益，关系到东北销售公司乃至中国石油的企业形象。而质量计量工作人员的业务素质和操作人员的技能水平成为做好工作的重要因素。目前，东北销售公司在职员工2376人，其中计量质量操作人员共932人，占员工总数的39.23%。东北销售公司通过扎实推进职业技能鉴定，全面加强鉴定质量管理，在调动员工提高技能的积极性和强化人才评价选拔上发挥了不可替代的导向示范和激励作用。

东北销售公司职业技能鉴定站目前鉴定工种主要为油品分析工、油品计量工、油品储运调和操作工。为高标准地做好职业技能鉴定站的建设工作，东北销售公司把提升职业技能鉴定质量列入公司发展规划。特别是新一届领导班子成立以来，以前所未有的力度推进职业技能鉴定站的建设工作。充实完善了公司鉴定站组织机构，总经理担任最高管理者，特设专业技术顾问，抽调业务能力较强人员组建了鉴定站工作队伍，为工作开展提供了组织保证。按照质量管理对鉴定站的要求，东北销售公司不断拓宽鉴定站的建设渠道，加快了鉴定站的基础设施建设与更新步伐。在鉴定站体系建设过程中，多次邀请集团公司职业技能鉴定中心专家进行现场指导把关，做到了高标准、严细化。同时，把高质量做好鉴定工作作为重点，严格按照鉴定站质量管理体系要求，在"鉴定前、鉴定中、鉴定后"三个环节严把质量关，全面提升了东北销售公司职业技能鉴定的工作质量和工作水平。8年来，东北销售公司累计开展油品分析工、油品计量工、油品储运调和操作工鉴定500余人次，为东北销售公司建设国际水准物流公司提供了强有力的人才保障。

整合优势资源，助力站点建设

2012年，东北销售公司紧紧结合企业实际，不断审时度势，积极整合优势资源，将职业技能鉴定站设在所属的油品监督检测中心。该单位是东北销售公司所属质量计量专业分公司，是集团公司5家成品油质检机构之一，承担着东北、华北13家炼化企业和10家销售企业的成品油质量监督检验工作。油品监督检测中心的质量计量专业队伍素质、专业技术水平、设备设施建设在中国石油销售系统处于前列。

目前，油品监督检测中心建有1200余平方米的油品分析实验室和三项计量器具检定实验室。建有培训教室，教学用立式、卧式金属模拟罐。其中，油品分析实验室有仪器设备166台套，可进行汽油、柴油全项分析。三项计量器具检定实验室现有仪器设备 8 台套，可进行量油尺、温度计、密度计检定。有油罐检定设备 8 台套，可进行立式、卧式油罐容量标定，部分设备设施有较多台套，既可满足初、中、高级鉴定任务需要，也可同时满足其他检验任务、培训等工作开展的需要。中心实验室于2004年通过了国家实验室认证认可，连续10次通过了实验室管理评审和监督评审，设备设施的检测能力得到保障，确保了鉴定结果科学、有效。

油品监督检测中心除了一流的“硬件”，还具有一流的“软件”，那就是得天独厚的人才优势。油品监督检测中心现有质量计量专业技术人员28人。其中，5名人员具备国家认可委实验室认可的评审员资质，9名人员具备国家认监委资质认定的评审员资质，5名人员具备国家职业技能鉴定高级考评员资质，22名人员具备考评员督导员资质， 5名人员具备集团公司计量主考员资质。这些人员先后参与了国家标准、集团公司科研课题、企业标准等的制修订，以及集团公司组织的销售系统计量工、分析工职业技能鉴定教材及题库编写和修订等工作，同时具有二十多年销售企业成品油质量检验员、计量员培训教学经验，累计培训学员万余人次。东北销售公司职业技能鉴定站通过充分利用这一专业队伍的经验和技术优势，结合业务工作实际和专业技术发展趋势，科学制订培训鉴定计划，通过鉴定前培训解决业务工作中实际问题，提高理论水平，通过鉴定提升了操作人员业务技能，不断满足了企业发展对技能人才的需要。

东北销售公司通过将职业技能鉴定站与油品监督检测中心优势资源紧密结合在一起，既提高了鉴定工作开展的针对性，又进一步延伸了企业的业务职能，实现了“1＋1＞2”的良好效果。

坚持优质服务，打造特色品牌

特色品牌是企业核心价值的集中体现。东北销售公司职业技能鉴定站通过依托油品监督检测中心，不断发挥其在培训鉴定、技术服务等方面的品牌优势，走出了鉴定站的一条特色发展之路。

坚持培训、鉴定一体化发展。几年来，由油品监督检测中心组织培训、职业技能鉴定站开展鉴定，成为了东北销售公司特有的鉴定工作管理与运行模式，有效实现了培训、鉴定一体化、规范化开展。油品监督检测中心每年开展的系统内计量员培训规模在400人次左右。培训前，油品监督检测中心都积极主动与受培单位联系沟通，了解培训人员岗位、工作年限、培训目的等，制订切实可行的培训方案并开展培训、考核工作，并将考核结果及时反馈受培单位，促进了培训考核结果的应用。油品监督检测中心连续6年承办了销售企业11期成品油质量检验员、10期成品油计量检验员的上岗培训任务，累计为中国石油销售企业培训计量质量员6970人次。在为系统销售企业做好计量质量员培训的同时，按照中国石油销售公司有关部门的委托，东北销售公司职业技能鉴定站除了做好公司内部人员的鉴定，还将满

夯实鉴定基础工作 筑建高标准鉴定环境

——中国石油云南销售职业技能鉴定站标准化建站历程

◆ 云南销售公司人事处

云南销售公司职业技能鉴定站始终把高技能人才的创新创效能力培养摆在突出位置上，坚持把职业技能鉴定与高技能人才培养、技能竞赛和技能培训相结合，通过完善质量管理室、考务管理室、现场管理室、题库管理室等职能部门设置，充分发挥鉴定站在人才评价中的特有优势。目前已具备销售企业加油站操作员、油品储运调和操作工、油品计量工、油品分析工等四个主体工种的初、中、高三个职业资格等级鉴定资质，年鉴定能力2000人，较好地履行了云南销售公司5000余名基层一线操作员工的职业技能鉴定任务。几年来，累计完成15000余人次的理论操作考核鉴定工作，7500余名员工通过技能鉴定获得岗位晋级和技能津贴。近年来，通过完善网络远程视频教学、“张本荷”式服务法示范队下基层等多样培训方式，结合分公司竞赛、年底通报鉴定通过率排名等多种激励形式，促使鉴定通过率从2011年57.1%，2012年73.1%，提高到2013年82.2%，大大提升了基层员工操作技能和业务素质，充分发挥了操作技能人才在销售业务发展中

足系统内其他销售企业有鉴定需求的计量质量工种人员的鉴定工作，这将充分发挥了东北销售公司职业技能鉴定站的最大潜能，使优势资源得到高效利用。

职业技能鉴定工作离不开强有力的技术支持。几年来，东北销售公司职业技能鉴定站人员先后参与了中国石油销售企业油品计量工、油品分析工职业技能鉴定教材及配套题库编写、修订工作。该套教材已广泛应用于销售系统职业技能鉴定工作中，促进了销售企业操作人员技能鉴定工作的开展；同时，积极推进职业技能鉴定站的信息化建设，引入在线智能考试、无纸化考评，加强评价分析；积极探索在鉴定队伍建设和培训上，理论部分将试行远程视频培训，考评员和管理人员全部参加，实操部分将在鉴定前集中组织培训。紧跟销售系统职业技能鉴定工作进程，积极推进技师培养和考评鉴定，全面了解销售企业操作人员培训、鉴定需求，进一步发挥综合优势，将东北销售公司职业技能鉴定站逐步打造成高技能人才队伍建设平台，服务于东北销售公司和中国石油销售企业的工作需要。

东北销售公司通过开展职业技能鉴定站建设工作，深刻体会到只有紧紧围绕企业生产经营大局，服务人才队伍建设中心任务，鉴定工作才具有存在的基础和发展的动力。只有积极整合优势资源，强化各项技术支持，才能使鉴定工作得以深入持续发展。

的创新创效作用。

一、打造高仿真模拟设施，提升鉴定“硬”实力

在以往油库工种鉴定实操考核过程中发现，考评人员和参考人员进出罐区频次很高，组织管理难度大，存在较大安全风险。为避免鉴定人员进入油库重点安全防范区域作业和鉴定对企业安全生产运营带来影响，利用油库安全防控区域外的闲置空地，建造微缩油库仿真模拟设施设备。按照完善标准、规范设计、完备设施、服务训练的原则，建设完成储油罐、管线、铁路栈桥、汽车发油、司泵、中央控制系统等全套模拟工艺，与真实油库现场作业环境仿真度达97%，符合油品储运调和操作工和油品计量工初、中、高、技师四个等级全部实操试题鉴定场地及设施设备需求，以及日常油库工种岗位技能练兵和高标准职业技能竞赛环境要求，为企业开展员工培训、技能水平评价、业务素质提高提供了有力的硬件保障。

二、标准化运作鉴定流程，提高鉴定“软”实力

2010年，鉴定站以“科学规范、公平公正、优质高效、持续改进”为质量方针，以“科学规范的管理体系，公平公正的鉴定过程，优质高效的组织服务，通过持续改进，实现顾客满意，确保企业与员工鉴定需求和期望得到满足”为质量宗旨，参照职业技能鉴定机构质量管理体系标准要求，结合云南销售公司职业技能鉴定工作实际，建立了云南销售公司职业技能鉴定质量管理体系，并通过国家人力资源和社会保障部认证。

以体系建设为契机，对鉴定整体工作流程进行了一次彻底梳理，注入了先进的管理理念和管理方法，主要取得三点显著效果：

一是完善了管理体系，增强了全员鉴定质量意识和服务意识。体系的建设要求全员共同参与，通过体系的创建、贯标培训和体系试运行全过程的参与，使员工认识到鉴定质量就是鉴定工作的生命，以顾客为关注焦点是我们鉴定工作的出发点和落脚点。

二是规范了鉴定过程，保障了鉴定质量。质量管理体系确立了鉴定工作的标准和流程，在报名资格审查、试卷印制、阅卷评分、证书发放等关键环节，都建立了质量控制程序，实行交接制度和表格记录，有效杜绝了鉴定过程的盲目性和随意性。顾客投诉反馈机制的配套建立，使鉴定工作更加公开透明、科学规范，鉴定质量得到有效保障，牢固树立了鉴定工作在考生心目中的公信力。

三是明确了工作职责，提高了工作效率。通过对鉴定工作流程的梳理，使鉴定工作的每个环节都得到明晰，每个岗位和人员的职责都得到明确，鉴定工作人员各司其职，鉴定工作的时限要求得到量化，大大提高了工作效率。

三、严格鉴定关键环节把控，守住质量生命线

通过严格管控命题、考核、人员与设备管理四个关键环节，推动鉴定质量整体提高。

一是严控命题质量。按照“严细认真，封闭管理，严守秘密，确保安全”的原则，由专人专职专机对当前批次鉴定工种与等级内容进行命题、组卷、印制和封装，命题内容力求贴近实际生产运营所需技能技术和主要操作，坚持命题审核和测试“双人、双岗、双复核”。

二是严控考核质量。考核是鉴定工作的核心内容，由质量管理室牵头，全程有效监控考前准备、过程实施和考后记录等关键控制点。考核前做到“三检验、一明确”，即检验考核场地环境、器材准备与考核内容的符合性，检验评分表、试卷内容与当日鉴定计划的一致性，检验人员配备的充分性，明确各职能人员所司职责，做到分工合理，衔接有序。考核中做到“严监督、速纠错”，加强监控考核过程中可能出现的质量

问题，如有发生，分析原因，现场采取纠正措施，避免连锁次生质量问题。考核后做到“存资料、可追溯”，对鉴定的原始资料妥善保存，做到所有考生记录都有可追溯性。

三是严控考评人员和质量督导人员工作纪律。在聘任考评人员时，坚决执行“回避制度”，即当前鉴定批次内所属分公司的考评员回避，与员工有亲属关系和直接管理上下级关系的考评员回避。在考核过程中，对考评人员的工作行为进行规范，做到独立评分、三角站位、礼貌接待。现场督促质量督导人员对鉴定考核全过程及考评人员考评行为进行监督，对考评人员的工作能力进行评估。

四是严控鉴定场所管理。采取合理有效的管理办法，做好设施设备、标志标牌的日常维护保养及损坏部件的修理与更换，完善日常保洁、人员出入登记和使用记录等管理措施，健全场地突发事件的应急处理预案。

四、提升鉴定技术成果应用，坚持创新强本领

为持续完善鉴定质量管理工作，不断提升鉴定工作管理水平和技术，主要采取以下做法：

一是建立体系持续改进机制。通过日常检查，每年定期组织体系内审和管理评审，不断查找问题，并采取纠正和预防措施，实现体系持续改进。

二是探索智能化鉴定技术在质量管理体系中应用的可行性。智能考试系统在快速解决理论命题、组卷、评分、统计分析等问题，实现“无纸化”，简化操作流程的同时，也存在着缺失部分体系标准所要求质量记录的风险，为防患于未然，及时变更了体系文件对质量记录的控制要求，重新设定记录留存方式方法，使新鉴定方法符合体系标准规范。

三是建立具有云南特色的鉴定模式。针对公司鉴定业务覆盖地域广、参与人员多、鉴定工种少的特点，特别针对加油站操作员集中难、工学矛盾突出的问题，采取了“服务下基层、流动式鉴定”的方式，坚持“环境变，管制区域不变；人员变，组织流程不变；试题变，考评原则不变”，以“三不变”原则开展流动式鉴定，让职业技能鉴定成为“云南销售公司的高考”。

四是不断促进鉴定成果使用。为激发基层一线操作员工自觉成才的活力和动力，推动企业用工管理从数量管理向质量管理转变，从身份管理向岗位管理转变，在员工竞聘上岗、岗位绩效、津贴发放等方面紧密结合鉴定结果，创造培养、选拔、评价、使用、薪酬整体联动的政策配套环境，促进鉴定对员工技能培训和职业技能竞赛的导向作用。2013年，在借鉴中国石油销售公司理论试题库的基础上，公司组织内部考评员进行了5大信息系统、10个竞赛项目的操作项目命题，创新性地制定了针对信息系统技能竞赛的操作标准，成功举办了首届信息系统应用技能竞赛。

面对建立有质量有效益可持续发展的世界水平销售企业的机遇与挑战，云南销售公司职业技能鉴定站将始终坚持以顾客为关注焦点，以鉴定政策法规为导向，以确保鉴定质量为核心，以过程方法为手段，不断提升鉴定能力与工作水平，努力为公司发展提供坚强的人才评价支持。

加强质量管理 扎实开展职业技能鉴定工作

◆ 长城钻探公司技能鉴定中心　谷　丽

一、加强基础工作建设，建立规范有序的职业技能鉴定工作保障体系

一是开展鉴定需求调研。鉴定需求调研对于技能鉴定工作的具体实施起着至关重要的作用，只有摸清情况，才能做到有的放矢。长城钻探公司技能操作人员用工区域分布广泛，遍布海外与国内市场，涉及技术工种较多。公司成立初期，技能鉴定中心下大力度对所有从业人员及其技术工种进行了调查摸底，在掌握基层队伍人员和技术等级结构的基础上，摸清了企业现有技术工种情况，编制了《长城钻探技术工种目录》，确定了鉴定工种范围。通过鉴定需求调研，掌握了鉴定申报人员用工区域及申报鉴定工种、等级等情况，灵活、合理编制年度《技能鉴定考试运行计划》，为顺利开展技能鉴定工作奠定了扎实的基础。

二是建立和完善技能鉴定试题库。为建立一套符合公司生产实际、满足技能鉴定工作需要的技能鉴定试题库，技能鉴定中心多年来一直把"建立科学合理的技能鉴定试题库"作为重点工作来抓。通过采取征订集团公司题库、开发和修订企业题库，以及对集团公司新题库进行修订三种形式，建立了一套高质量、实用性强的技能鉴定试题库，为顺利开展技能鉴定工作提供了保障。

三是加强技能鉴定信息化建设。在集团公司技能鉴定考务管理系统软件功能基础上，我们组织专业技术人员，开发了一套"长城钻探技能鉴定考务管理系统"软件，规范了鉴定申报、考务管理、成绩管理与查询、证书管理等工作流程，提高了工作效率，保证了质量。按照集团公司建立"规范化、制度化、信息化、科学化"的技能人才评价体系要求，作为集团公司首批无纸化考试试点单位，长城钻探配备了无纸化考试系统和设备，对智能化平台软件和题库进行了维护和测试，并利用智能化考试平台，逐步开展石油钻井工、钻井柴油机工、钻井液工、钻井地质工等工种的无纸化考试工作。通过运用无纸化考试，减少了命题、试卷印刷、封装、保管、阅卷等环节和工作量，提升了鉴定工作效率，达到了科学便捷地开展技能鉴定工作的目的。

四是建立技能鉴定质量管理体系。技能鉴定机构质量管理体系认证是国家人力资源和社会保障部对鉴定机构资质的认定。技能鉴定中心按照集团公司和长城钻探公司的统一要求，于2010年组织编写了技能鉴定质量管理体系文件，并进行了体系试运行，开展了体系内审与管理评审。2011年，顺利通过国家人力资源和社会保障部职业技能鉴定机构质量管理体系认证专家审核组的现场审核，成为全国第85家、集团公司工程技术服务企业首家通过该认证的单位。这标志着长城钻探公司的技能鉴定工作按照国家质量标准，在健全体系、规范秩序、完善机制、夯实基础、提高质量等方面取得了实质性突破，具备了国家技能鉴定资质。

五是建立技能鉴定激励机制。公司成立初期，技能操作人员学习技能、参加技能鉴定的积

极性不高，导致技能鉴定合格率偏低。为调动广大技能操作人员学技术的积极性，公司相继在2010年和2013年出台了《长城钻探工程公司技能操作人员管理暂行办法》《长城钻探工程公司钻修井队员工职业晋级管理暂行办法》，明确了技能鉴定职业资格等级与员工岗位技能工资待遇挂钩政策，同时加大技能鉴定相关政策的宣传力度。通过出台这几项激励政策，极大地调动了技能操作人员参加技能鉴定的积极性，岗位技能培训工作也得到了很好的促进。

六是加强考评人员队伍建设。职业技能鉴定工作是一项关系到技能人才队伍评价质量的系统工程，评价结果对技能人才队伍建设和员工职业生涯有着较强的导向作用与示范效果，参与鉴定组织实施人员的工作水平与鉴定质量的高低，不仅决定着技能鉴定的成败与形象，而且最终影响技能人才队伍整体质量与素质的持续提升。多年来，我们注重鉴定管理人员职业道德、业务能力的培养，牢固树立“为基层服务，为职工服务”的思想，组织开展“学业务、懂程序、明责任、创品牌”活动，教育引导鉴定人员认清形势、明确任务，不断增强使命感和责任感，进一步激发工作热情，以每个人的工作质量保证鉴定质量。在考评员队伍建设方面，严把素质与能力关，将企业内“业务精、能力强、素质高”的人员选拔到鉴定考评员队伍中来，并按照集团公司要求对其进行技能鉴定政策理论与技能鉴定考评技术、技巧培训以及训练与指导，建立健全考评员选拔、培训、使用与考核制度，强化聘任与管理。截止到2013年底，长城钻探公司在聘技能鉴定考评人员579人，其中高级考评员97人，充分满足了技能鉴定工作的需要。同时，强化监督机制，将“懂鉴定、会管理、精指导”的优秀管理人员和考评员吸纳到质量督导员队伍中来，紧紧围绕公司鉴定工作质量目标，分期分批开展质量督导员培训。公司共有质量督导员19人，其中7人具备国家级质量督导员资格，为确保技能鉴定工作质量提供了保障。

二、加强鉴定组织、实施管理，不断提高鉴定工作质量与管理水平

一是加强政策宣贯，严把报名资格审查关。按照集团公司规定的技能鉴定申报条件，我们采取个人自愿申报，基层队审查，二级单位人事（培训）部门审核，技能鉴定中心审批的申报程序，严肃认真地做好技能鉴定报名资格审查工作。每年年初发布技能鉴定报名公告，将技能鉴定申报政策与申报条件以文件形式下发，并加大宣传力度。6年来共完成23809人的技能鉴定报名资格审查工作。

二是坚持标准，严把命题质量关。职业技能鉴定命题是职业技能鉴定考试的技术基础，命题质量直接关系到鉴定结果的可信度。我们始终坚持以国家技术等级标准为依据，结合公司生产实际进行命题。理论试卷在保证题量和难度的基础上，增加新工艺、新技术知识；技能操作试题以集团公司操作题库为依据，以生产操作工艺流程为重点确定考试项目，重点强调试题的实用性，提高命题质量。同时在试卷封装、交接等方面加强管理，确保试卷的保密性。

三是严肃考试纪律，加强鉴定过程中的质量监督。考场纪律历来是职工考试的一大难题，也是鉴定质量好与坏的关键。每次鉴定前我们都组织召开考前会，对考评人员、监考人员和鉴定管理人员进行考评准则宣讲，同时对参加考试人员进行“考场规则”与“违纪考生处理规定”告知，对他们进行考风、考纪教育，使他们能够用正确的态度对待考试，有利于技能鉴定考试工作的顺利进行。在技能操作考试期间，技能鉴定中心都派遣内部质量督导员到各鉴定站考试现场进行现场督导，规范了各鉴定站的鉴定行为，保证了鉴定结果的客观、公正，提高了鉴定工作质量。

四是加强考试过程管理，确保鉴定质量。抓好命题、考试、阅卷、证书核发等环节的管理是保证鉴定质量的关键。在命题、制卷、阅卷、成绩录入方面，制定了严密的制度与审核程序，

由专人负责，责任明确，确保鉴定成绩的严肃性与真实性。在证书管理方面，严格按照集团公司有关职业资格证书核发管理规定，从空白证书领取、打印、验印到发放都必须经过严格的审核、审批程序，杜绝乱发证现象，维护了职业资格证书的严肃性与合法性。在考试组织方面，我们首先加强对考评人员及鉴定管理人员的业务培训与指导，充分利用考前会或考评小组会议进行落实。考试结束后进行总结与讲评，发现问题及时调整。在派遣考评员执行考评任务时，严格遵守回避制度与考评纪律，并在每一阶段考评工作结束后对考评员进行工作业绩考核评价，对于违反考评纪律或考评业务不达标的考评人员，下一阶段的考评工作不再继续派遣使用。年终在技能鉴定工作全部结束后，对参加考评的考评人员进行年度考核，考核不合格者不再继续聘用。严格的考核与聘任管理制度为长城钻探培养了一支业务能力强、考评技术过硬、责任心强的考评队伍。在重视鉴定场地、设备设施等硬件建设的同时，更加注重鉴定质量的管理，每年技能鉴定工作开展前，技能鉴定中心都与各鉴定站签订“职业技能鉴定质量管理责任书”，对各鉴定站提出了质量责任目标，每个岗位工作输入、输出明确，责任落实，为开展技能鉴定工作提供了强有力的质量保障。

三、增强服务意识，创新工作思路，不断提高技能鉴定工作水平

一是更新观念，改进工作方式。传统的鉴定考试模式是年初报名、年中集中组织考试、年终核发证书。长城钻探工程公司成立后，针对生产队伍分散，外部市场人员多，集中鉴定难度大等实际情况，打破了陈旧模式，以公司生产需要为中心，以鉴定为职工服务为宗旨，以鉴定需求调研为依据，采取集中与分散相结合的方法，制订年度《职业技能鉴定考试运行计划》，精心编制切实可行的理论知识与技能操作考试运行计划，充分利用生产淡季、倒班休息、回国休假、队伍冬休等时机，采取小规模、多批次的办法，增加技能鉴定考试批次，为参加鉴定人员提供了极大的便利条件。

二是增强服务意识，坚持送考到基层。长城钻探技能鉴定中心多年来一直坚持为基层服务、为员工服务的思想，围绕公司的生产实际开展技能鉴定工作。每年鉴定申报人员中有很大一部分人员常年在国内或国外市场施工作业，尽管每年采取多批次鉴定考试安排，仍然有不少职工不能按时参加常规鉴定批次的考试。为解决这一棘手的工考矛盾，我们在经过鉴定需求调研、落实鉴定条件的前提下，组织考评人员到国内外部市场部分项目部、基层队为职工提供现场技能鉴定服务，6年间足迹遍布长庆、吉林、大庆、冀东、新疆、青海、榆林等地区，共安排鉴定200余场次，鉴定人数5000余人次，基本上解决了工考矛盾，得到了基层单位和员工的好评。针对在国外市场施工的鉴定报名人员，我们采取提前申请、单独安排的灵活方式，利用其回国休假时间安排考试，最大限度地满足了国外市场用工人员的鉴定需求。

三是因地制宜，创造性开展现场技能鉴定工作。技能鉴定操作考试通常是在设施、设备齐全的固定鉴定场所进行，但是野外工作流动性强，长城钻探公司绝大多数工种不适合建立固定的操作考试场所。为方便远离公司基地的国内其他外部市场的一线职工参加技能鉴定，我们根据实际情况，制定了一套“技能笔试考核”与“工作业绩考核”相结合的考评方案，把平时的工作业绩纳入到实际操作考核中，既能按照技术等级标准对考生进行专业技能知识考核，又能客观综合地对其平时的工作表现与岗位操作水平进行评价，很好地解决了部分工种野外无法进行实际操作的问题。这一创新鉴定模式得到了基层队领导与职工的赞同，也取得了很好的鉴定效果。

长城钻探技能鉴定中心将继续高标准、严要求，不断创新进取，扎实运作，为长城钻探工程公司的发展提供更多的技能人才。

坚持技能竞赛驱动 加强技能人才培养

◆ 管道局人事处 王 沙 裴克光 张 凯

2014年4月18日至20日，首届全国石油石化系统“海油杯”焊工职业技能竞赛在中海油黄岛公司成功举行，管道局代表队经过奋力拼搏，从来自中国石油、中国石化、中国海洋石油、延长油矿共19支参赛队中脱颖而出，取得了竞赛“团体第一名”的好成绩，4名参赛选手分别获得第4名、第6名、第10名和第16名。这是我局首次在国家级职业技能大赛中捧回“团体第一名”的奖杯，为中国石油在本次竞赛中团体、个人双夺冠作出了积极的贡献，展示了中国石油、管道局焊工队伍的整体实力和技能水平，为中国石油、为管道局争得了荣誉。

一、技能竞赛是提高技能操作队伍素质的有效方法

举办技能竞赛，为技能操作人员搭建快速成长的平台，激发了技能操作人员岗位成才、苦练技术的积极性，不断提升技能操作队伍的整体素质。在集团公司关于加强高技能人才队伍建设的意见指导下，2010年管道局提出大力加快实施人才战略的意见，建立了经营管理、项目管理、专业技术、技能操作四条人才成长通道，确立了高级技能专家、技能专家、高级技师、技师、高级工、中级工、初级工7个层级技能人才成长体系，大力开展技术比武和技能竞赛活动，按照举办一个工种的技能竞赛，培养一批技术能手，建立一个高技能团队的技能人才培养方法，积极认真开展技能竞赛活动；按照管道局人事部“人才就在我们职工中间，只要加以培养，个个都是人才”的人才培养思路，从基础着手，开展局、二级单位和基层站队各个层次的职业技能竞赛活动，实行了技能竞赛工作常态化和制度化。通过层层举办技能竞赛和技能培训，以技能竞赛为契机，以技能竞赛检验技能培训效果，培养了一大批技能骨干人才，建立了各管道主体工种的高技能人才团队，提升了技能人才队伍建设的整体素质，促进了技能操作队伍整体技能水平的提高，技能竞赛工作亮点纷呈，每年都有新突破。2010年， 管道局代表队首次在集团公司技能竞赛中获得金牌，获团体总分第二名，实现了在集团公司以上级别的技能竞赛中金牌零的突破；2012年，在集团公司电焊工技能竞赛上，管道局5名参赛选手获得了2金、3银的好成绩，并首次获团体总分第一名，管道局电焊工实现了在集团公司技能竞赛中个人和团体双摘金；2013年，在全国工程建设系统第十一届技能竞赛上，管道局的8名选手参加了电焊工、石油金属结构制作工、无损探伤工比赛，获得了6银、2铜的历史最好成绩，管道局代表队代表河北省获得团体第三名的佳绩，实现了由单一工种到三个工种同时取得佳绩的新跨越；2014年3月，在“海油杯”全国石油石化焊工技能竞赛上，管道局代表队更是团体一举夺冠，取得了历史性的突破。通过参加各个级别的技能竞赛，培养出了参加国家级、集团公司级、管道局级等各个层级参赛选手和教练团队。在各类技能竞赛中，我们重奖获奖选手和教练组成员，晋升获奖选手的职业技能等级，对优秀技能人才进行大力表彰。通过获奖选手的示范效应，大批技能操作人员树立了苦练技术、岗位成才的目标和决心，技能人才队伍呈现了比学赶帮超、积极向上的良好局面。

二、加强参赛选手培养是提高竞赛效果的根本基础

管道局高度重视技能人才队伍建设和技能竞赛工作，坚持做好每次竞赛的参赛准备工作。为选拔出优秀选手参加“海油杯”首届全国石油石化系统焊工职业技能竞赛，我们参照全国技能竞赛规则，首先要求局所属单位抽调优秀的技能骨干进行集中培训，在不影响生产的前提下，组织多层次的选拔赛，选拔赛第一名被授予管道局“技能状元”和“管道局技术能手”称号，按照规定晋升职业技能等级的同时，对技能状元给予重奖。通过层层选拔，真正选拔出了一批技术全面、作风过硬的优秀选手，为参加全国技能竞赛取得好的成绩奠定了坚实的基础。

三、聘任优秀教练团队是取得理想成绩的必要手段

高素质的教练团队是参赛选手取得理想成绩的关键因素，没有技术高超的教练班子就无法培养出优秀的参赛选手。在教练班子配置上，我们在全局范围内对责任心强、有参赛经验、有绝招绝技的技能专家人才进行筛选，按照年龄、技能、特长、互补的原则择优聘任教练班子，按照全国技能竞赛规则，研究参赛选手的培训方法。全国电焊工技能竞赛项目、规则和评分标准是参照世界电焊工技能竞赛规则制定的，有些方面比世界电焊工技能竞赛规则的标准还要严格，选手要达到要求非常不容易。教练组成员根据竞赛规则，运用自己掌握的绝招绝技首先进行研究，摸索适合的操作手法，逐个攻克和掌握每个技术难点，在保持技术稳定和成熟的基础上，规范了达到标准的操作手法，强化规范动作，杜绝自选动作，克服选手的不良习惯，达到规则要求。在参赛选手培训中，教练提高了选手技能，塑造了选手品质，锻炼了选手意志，培养出技能骨干，教学相长，提高了管道建设技能操作水平整体稳步提升。

四、注重技术交流学习是补齐技能短板的高效途径

管道局拥有从管道科研、勘察、咨询、设计、采办、施工、防腐、管件制造到检测、维抢修、通信电力、投产运行完整的管道建设产业链及其核心技术，能够为客户提供“一揽子”解决方案和“一站式”服务。管道局的主营业务是建设长距离、大口径、高钢级的油气管道建设工程以及储罐、站场的设计、施工工程，全自动焊和半自动下向焊是管道局建设的主要施工技术。除我局自己举办的技能竞赛外，无论国内国外，无论级别高低，电焊工技能竞赛都是以传统手工焊接方法为主，这是我们的弱项。2014年的不锈钢管焊接项目，我们在生产上基本没有应用，虽然拥有很大的电焊工人才队伍，但熟练掌握手工焊机技术的人才很少，掌握不锈钢管焊接这项技术的人才几乎没有，我们的教练团队对这项技术掌握得也不全面。为全面提高参赛选手的技术素质，我们以参加“海油杯”全国技能竞赛为突破口，聘请了国内相关技术顶尖专家作为外聘教练，与教练团队共同指导参赛选手培训；同时我们还带领教练班子和参赛选手到兄弟单位交流学习，补齐了不锈钢管焊接的不足，并在我局传承和光大了这种焊接方法，使参赛选手掌握全面的技能。根据集团公司安排，2014年2月集中组织参加本次竞赛的

8个参赛队和教练班子人员到中国石油第七建设公司参加为期1个月的集中强化集训，各参赛队的参赛选手和教练人员互相学习、取长补短，提高技艺，技能操作水平都有了明显的提升。集团公司提供的这次难得的学习机会，近距离与集团公司各位技术高超的焊接专家进行交流沟通，对参赛选手技能水平的提升起到了不可估量的作用。

五、确保设备资金投入是建立科学培训机制的关键因素

2014年的电焊工竞赛技能操作部分包括3个技能操作项目，需要新购置松下焊接设备，每名焊工的培训成本每天达到上千元。管道局领导高度重视技人才队伍建设，对参赛选手培训工作在人力、物力、财力上给予了全方位的支持，在抽调精兵强将进行培训的同时，确保了设备和资金投入的及时到位，保证了参赛选手培训工作的顺利进行。同时，建立科学合理的奖惩制度，大大激发了教练和选手的积极性。教练班子认真摸索培训规律，参赛选手每天按照3个比赛项目规定顺序进行训练，教练每天对每个焊件进行考评，公布评件成绩，共同学习，共同提高。培训团队每天班前会讲解上次的焊件考评情况，有针对性地安排每个选手当天的培训重点，定期进行考核，根据综合考核成绩对考核前3名进行奖励，并将培训成绩通报所在单位。通过建立科学的培训考核机制，使参赛选手做到了每天都有进步，每天都有提高。

六、技能队伍建设目标是人才强企战略的重要途径

焊接技术要达到国内较高水平不是一蹴而就的，需要教练和参赛选手付出大量的劳动和汗水。在培训工作中，我们从选拔赛选出的选手中再次优选出13名选手，给他们按周制定培训目标，完成周培训目标的人员作为正式选手，按计划继续参加培训，达不到周培训目标的参赛选手，作为预备选手继续参加下一阶段的培训，连续4周仍然达不到培训目标的予以淘汰。经过多轮培训和淘汰，按照目标管理的方法，经过数月的集中强化培训，参赛选手的技术技能水平都有了非常大的提高。我们在参赛选手的选拔和培训工作中，以学习和掌握先进焊接技术为出发点，以焊接技术的绝招绝技传承和培养电焊工技能骨干人才为抓手，以提高技能操作队伍整体素质为目标，着眼于技能操作队伍梯队建设，服务于企业、回报社会，为建设国际能源通道提供技能人才支撑。

“海油杯”首届全国石油石化系统职业技能竞赛是国家一类比赛，我局是第一次参加这样高规格的大型国家级技能竞赛，在参赛过程中我们也取得了很大的收获：技能竞赛为参赛选手、参赛队伍提供了展示才华、展示技能的平台，锻炼了选手、锻炼了队伍；在培养技能操作骨干、提升技能操作队伍素质的同时，也向兄弟参赛队学到了好的经验、好的作风。我们一定要以参加本次技能竞赛为契机、为起点，努力拼搏，加强技能人才队伍建设，为攀登焊接技术的新高峰继续努力。

抓好职业技能鉴定 促进企业人才发展

◆ 华北石化公司人事处

华北石化是集团公司下属的一家中型炼化企业，是河北省重要的石油炼化基地，拥有常减压、催化裂化、催化重整、柴油加氢、气分、聚丙烯、制苯等炼化装置，现有员工1900余人，其中高级工已占到技术工人的60%。公司技能鉴定工作从1996年起步，2010年集团公司批复成立中国石油华北石化职业技能鉴定站，从此开启了公司炼化工种自主鉴定的历程。自开展技能鉴定工作以来，技能鉴定站视鉴定质量为生命，紧紧围绕鉴定质量体系开展工作。这些年，我们不断总结、学习和积累鉴定工作中的成功经验和做法，使职业技能鉴定这项工作成为企业技能人才发展不可缺少的一环。

一、广泛宣传，提高认识，变被动为主动

实行职业技能鉴定，是国家在新的历史时期赋予企业技能人才开发与管理的一项新任务。由于是新生事物，上至公司领导，下至普通员工，对职业技能鉴定的性质、内容、程序和职业资格证书的权威性、重要性知之甚少，认识不足。针对这种情况，我们充分利用广播、内部刊物、网络媒体等各种宣传工具，广泛宣传《中华人民共和国劳动法》《关于贯彻落实中共中央国务院关于进一步加强人才工作 决定做好高技能人才培养和人才保障工作的意见》（劳社部发〔2003〕37号）《关于进一步加强高技能人才工作的意见》（中办发〔2006〕15号）等相关政策；宣传职业技能鉴定工作的性质、内容、工作程序；宣传技能人才对公司发展的重要性，使公司领导和广大员工都认识到推行职业技能鉴定是提高公司经济效益的迫切需要，是提高职工素质的有力措施，是安全生产的有力保证，是理顺和拓宽技能人才的成长通道，是提高技能人才地位的重要途径。推行职业技能鉴定，克服了人才培养和使用上存在的重理论、轻操作，重知识、轻技能，重文凭、轻水平的弊端，使员工在不同层次和不同方向上发展，实现了自身价值。公司领导对职业技能鉴定工作进行重新定位，摆上了重要的议事日程，公司主要领导亲自过问职业技能鉴定工作安排，每逢职业技能鉴定理论考试和实际操作考核，都亲临现场监督指导，广大职工对职业技能鉴定的重要性也有了新的认识，从而激发了参加职业技能鉴定的热情和积极性。

二、先培训后鉴定，鉴定质量有保证

专业技术理论培训是知识转化为技能、技能转化为生产力的重要环节，是技术工人掌握新知识、新工艺、新技术、新设备的有效途径，也是提高职业技能鉴定质量的重要前提。我们在开展鉴定前的做法是：一是充分利用各二级单位的培训教室、场地及仪器设备开展培训；二是依据各工种的职业技能鉴定技术标准、职业技能鉴定考核规范，编制了详细的教学计划，计划中明确了培训内容、重点、培训课时，要求参加初级工、中级工鉴定的员工培训不少于30个课时，参加高

级工、技师鉴定的员工培训不少于60个课时；三是聘请具有较高理论水平和丰富实际操作经验的专业技术人员授课；四是从职工培训教育经费中划出专款，为参加鉴定的员工购买培训教材；五是采取多种培训形式，除必要的集中脱产培训外，还有自学、学习小组、“每日一题”“每周一课”等形式；六是针对炼化行业职业技能鉴定教材开发滞后的情况，组织有关专家编写了60个工种的公司内部员工培训教材及习题集，并印刷成册，为每名员工配备一套。对于培训不合格、不过关的员工，一律不得参加鉴定考试。通过这一系列的措施，使参加鉴定的员工有教材、有教师、有时间、有提高，夯实了理论基础，确保了鉴定质量，提高了综合素质。

三、规范考试过程管理，保证鉴定工作良性发展

（一）坚持标准，统一命题

理论考试试题一律从国家职业技能鉴定题库石油石化分库中提取，统一评卷；实际操作试题由鉴定站聘请公司各专业技术专家统一制定评分细则，经专家组审批通过后，方可实施考核，从而保证了职业技能鉴定按标准执行。

（二）鉴定程序规范化

严格按集团公司要求的规范程序进行工作。首先向集团公司职业技能鉴定指导中心提出鉴定申请，得到批准后，向鉴定单位发出鉴定通知或公告。各二级单位根据鉴定通知的要求，组织申请鉴定的职工报名，填写《职工职业技能鉴定申请表》，然后进行理论培训。不培训不鉴定，培训结束，进入考务阶段。鉴定站按要求从国家鉴定题库系统中抽取理论试题，同时组织各工种技术专家根据国家职业标准、结合公司装置运行实际进行实际操作命题，并向各二级单位分发鉴定工作任务安排表和准考证，组织理论考试、实际操作考核。组织报名、资格审查、提取试卷、理论考试、实际操作考核、阅卷、登分、办证全过程，严格按鉴定质量体系要求的程序办理，规范有序。

（三）严格资格审查

在报名资格审查中，层层严格把关，防止不够条件的职工申报上一等级的技能鉴定。工作程序是：职工个人申请—二级单位初审—公司鉴定站复审。报名中我们要求申报鉴定的职工提交身份证、毕业证、原《职业资格证书》（或《技术等级证书》）原件，不要复印件，二级单位初审后，将符合申报条件的职工花名表、工龄证明等资料报公司鉴定站，由公司鉴定站进行复审，复审无误后，方可准许其参加鉴定考核。

（四）严格考场纪律

为严肃考风、考纪，我们对鉴定站的工作人员制定了纪律。如保密方面，绝对不允许出现泄题现象；试题要当众拆封；考评员、监考员实行回避制度。无论是理论考试考场还是实际操作考核场地，都要求做到“三严”“六统一”：“三严”即严密组织、严肃纪律、严格考核，“六统一”即统一编排考场、统一考试时间、统一考场纪律、统一组织协调、统一领交试卷、统一组织评分。在鉴定中保证单人、单桌、单行、单独操作，每个考场派3名监考人员，并在开考前5分钟宣读考场纪律。对考试中出现的作弊行为，按照考场纪律予以处理，绝不姑息迁就，确保考试的严肃性。同时还加大监督检查力度，每个考点都派专人进行督考，及时处理和解决考试中出现的问题。考试完毕后，集中考评员、监考员召开专门会议，评判各考场纪律，对不负责任的考评员或监考员，轻则提出批评，重则取消其考评员资格，并按相应的纪律进行处罚。

（五）注重实际操作考核

实际操作考核是炼化行业职业技能鉴定的重点和难点，是“软肋”。由于炼化生产的特殊性，绝大多数炼化装置都是24小时连续运转，所以炼化工种要进行实际操作考核，只有通过现场模拟仿真操作才能实现。为确保实际考试考出实

效，我们组织具有丰富现场经验的3名考评员进行考核，3人独立评判员工的操作。对关键项目或步骤采取一票否决制，即否决项目不合格，整个考试即不合格；否决步骤没有正确描述，整个项目即不合格。同时，我们在考核内容上紧紧与现场实际结合，不考偏题、怪题，以促进生产、提高员工现场操作技能水平为第一原则，既考核生产实际中关键性的问题，又考核其分析、判断、处理问题的能力。

四、抓聘用、重实效，技能人才有用场

对于鉴定合格，取得技师、高级技师职业资格证书的员工，公司根据其所在岗位从业人员的多少，确定聘用职数，并不是所有取得证书的职工都能受聘。受聘后，按不同资格等级享受相应的津贴待遇。对于取得初、中、高级工职业资格证书的职工，由各二级单位根据其在日常工作中的劳动纪律、劳动态度、工作任务完成情况等，经考评通过，才能对其岗位技能工资进行晋级。我们还建立了技能人才跟踪制度，对受聘的技师、高级技师进行年度考核，实行动态管理，把实际工作中的表现和成效作为主要考核依据，注重其在实际生产中的作用。对不合格的人员，采取强制培训、解聘措施，不能享受有关津贴待遇，不搞一劳永逸，提高技能人才的含金量。这些措施建立了能上能下、能进能出的竞争机制，为技能人才搭建了展现自己才智的舞台，坚定了技术工人走“技术改变命运，岗位成就事业”之路的信心和决心。

五、抓基础、促发展，鉴定工作展新颜

（一）加强鉴定站软件、硬件建设

在软件方面，制定完善了《职业技能鉴定管理制度》《职业技能鉴定考评员管理制度》《职业技能鉴定实施管理办法》《技能人才管理办法》等一系列规章制度，这些制度和政策的建立完善，使职业技能鉴定工作更加科学化、合理化、规范化。

在硬件方面，逐年配置了鉴定所需的考务软件系统，编制了企业内部试题库系统，购置了鉴定所需的仪器设备和检测工具，为保证鉴定工作顺利开展创造了条件。

（二）注重考评员、管理人员队伍建设

一是考评员队伍建设。考评员是经单位推荐并参加上级鉴定部门组织的考评员培训学习、取得考评员资格证书的人员。在考评员的聘用过程中，我们坚持能力与道德并重的原则，加强对考评员的监督与管理，注重对考评员进行考风、考纪教育，坚持鉴定前培训、鉴定中考核、鉴定后评价的制度，建立考评员准入和淘汰制度。对素质低、能力差的考评员予以解聘，把有知识、有能力、有经验，在本工种、本岗位有突出表现，职业道德高尚的高技能人才充实到考评员队伍中来。

二是鉴定站工作人员队伍建设。为建立一支思想、技术、作风都过得硬的队伍，做到科学、严谨、开拓、进取、务实、高效、清正、廉洁，既要有积极的工作态度，又要有扎实的工作作风和较高的工作素质，我们每周抽出两个下午进行业务学习，提高业务素质、提高管理水平，为搞好鉴定工作打下坚实基础。

从这几年开展职业技能鉴定的实际工作中，我们深深领会到职业技能鉴定是提高职工素质最直接、最有效的好办法、好途径。今后我们要进一步完善运行机制，提高鉴定工作质量，扩大鉴定范围，力争用三至五年时间形成较为完善的技能人才培养机制，不断推进企业高技能人才队伍建设。到2020年，努力实现80%的技术工人达到高级工水平，技师、高级技师占技术工人总数的5%以上。

总之，我公司在开展职业技能鉴定、促进技能人才发展方面做了一些工作，也取得了一定的成效，但还存在不足和差距，希望兄弟单位和上级领导批评指正，我们将继续努力，为搞好炼化企业职业技能鉴定工作作出积极的贡献。

大力实施体系推进、平台推进 不断提升技能开发工作水平

◆ 川庆钻探工程公司职业技能鉴定中心

2008年企业重组以来，随着川庆钻探工程公司（以下简称川庆钻探）工程业务的不断扩展，技能操作员工的培养压力也逐年增大，每年技能操作员工鉴定量在7000~8000人。尽管面临“工作量大、区域分散”等困难，但是作为工程技术服务企业，川庆钻探始终把技能员工的培养作为企业生存壮大的根本，在工作中大力实施“两个推进”，即推进鉴定质量管理体系建设，推进技能员工成长平台建设，取得了显著成效。目前已有89名两级技能专家，150名高级技师，928名技师，12727名高级工，技能人才结构日趋合理，技能人才成长通道逐渐完善。

一、推进质量管理体系建设，牢牢把握职业资格证书生命线

以建立职业技能鉴定质量管理体系为契机，完善各项规章制度，规范工作流程，升级更新鉴定场所和设施设备，提高鉴定管理人员队伍素质，努力实现从粗放式管理向精细化管理转变，以制度保障来推动技能员工培养。

(一)加强规章制度建设

结合自身工作特点，对工作环节进行梳理，建立了一套较为完整的职业技能鉴定质量管理体系，从点到面，从人到物，初步实现精细化管理。完善修订规章制度20余项，新建制度、管理办法8项，特别加大技能鉴定过程中的透明度和监督，建立投诉、查卷等制度。制度上的完善，工作流程的规范，岗位职责的明确，权利的约束，营造了一个公平、公正的能力测评环境，保证了鉴定质量。质量管理体系在2010年通过了国家人力资源和社会保障部审核认证，公司也成为首批国家人力资源和社会保障部示范鉴定机构。

在制度建设的同时，公司还重视对员工激励机制的研究，结合实际，细化集团公司政策，加大激励力度，鼓励员工参与技能培训鉴定和技能竞赛，激发员工提升专业技能水平的热情。

(二)加强培训鉴定配套设施建设

紧密联系生产，对鉴定场所和设施设备进行升级更新，不断投资，重点打造了一批公司主干专业现代化实训鉴定基地，购买全新的专业设备、工器具用于教学；配备专业教学人员，坚持员工培训鉴定实地、实物模拟操作，避免培训鉴定与生产脱节，做到“只要培训鉴定后，员工上岗就会操作”。目前拥有钻井、井下作业、测井、工程建设、运输、建筑安装六大专业实训鉴定基地，专（兼）职教学人员60余人，不仅能满足员工日常技能培训鉴定，也能满足特殊技能如井控、硫化氢防护等安全培训鉴定。

除了硬件上的升级，还加强软实力的提升。搭建职业技能鉴定内部网站，对员工技能鉴定成绩公示，公示5个工作日无异议后正式下文；开通远程培训网，满足员工“足不出户就能学习”的培训需求。公司还对鉴定考试模式进行了改革，推进理论知识考试无纸化，分别在川渝地区、长庆油田和新疆地区设立考点，采用计算机智能化平台考试。对个别偏远地区施工队伍，公司技能鉴定中心服务到基层，组织现场鉴定，使

用平板电脑组建移动考场进行考试，一定程度上缓解了生产工期和员工技能提高之间的矛盾。无纸化考试的运用，避免人为因素干扰，提高了工作效率，也增强了鉴定结果的权威性。

公司认为，员工能力评价应来源于且高于员工生产工作内容，坚持高标准、理论联系实际。2013年，组织专家编写和修订了具有川庆钻探特色的15个主干工种技能操作试题集，其内容的实用性受到了广大员工和基层领导的一致好评。

（三）加强管理队伍建设

坚持以制度管人，明确岗位职责，建立各项监督机制，对管理人员权利进行约束。建立交叉督导机制，选派管理人员到不同单位进行现场督导，相互交流、相互促进。鉴定中心坚持每年召开质量体系管理评审会议，举办一到两期管理人员学习班，加强职业技能鉴定政策、管理体系等学习，持续提高管理水平和业务水平。

完善考评员管理机制，对考评员权利和义务进行规范，严格考评员资格审查和考评工作流程。要求各单位推荐工作认真、技术过硬的技术技能专家参与鉴定考评工作。鉴定工作结束后由现场督导员、鉴定站管理人员和基层管理人员共同对其考评表现打分，一次考评不合格者警告，二次不合格者诫勉谈话，三次不合格者取消其考评员资格，避免了由于考评员因素导致的人员能力评价失真。

二、推进技能员工成长平台建设，搭建技能人才成长通道

公司打造“技能竞赛、兼职培训师、技能专家工作室”三大平台，为员工提供施展才能的舞台，选拔培养人才，缩短成才周期，发挥人才的主动性、能动性和带头作用。

（一）完善技能竞赛选拔和激励机制

公司出台了技能竞赛管理办法，明确了各个工种竞赛时间间隔、竞赛规模、命题范围、奖励措施、职业资格晋升条件；规范了参赛选手的人选条件，采取单位推荐一部分，随机抽取一部分的方式，达到以赛促练、发现人才的目的。对在两级技能竞赛中涌现出来的优秀选手，不拘一格地放到重要岗位或者多岗位，破格使用锻炼，重点培养，促其成才。近年来，已有30余名竞赛中涌现出的优秀选手经过培养锻炼成长为企业基层技术人员、管理人员和各级技能专家，成为了技能员工中的骨干力量。例如2008年集团公司井下作业工技能竞赛优秀选手，川庆钻探长庆井下公司的田军，目前已成长为高级技师、集团公司技能专家。

（二）充实兼职培训师队伍

结合新形势，公司不断改革“一师一徒，一师多徒”的传统“师带徒”模式，建立兼职培训师队伍。制定了《川庆钻探工程有限公司兼职培训师管理办法（试行）》，选派优秀高技能人才参加兼职培训师培训班，教授培训技巧、课件制作等知识；对兼职培训师建立业绩档案，开启“技能人才—兼职培训师—技能专家”的培养成长通道。目前公司专、兼职培训师有106人。为了把培训与岗位工作更好地结合起来，川东、川西钻井公司还抽选高技能人才组建教导队，到现场开展技术支持和人员培训，这些都取得了很好的效果。通过企业培养人才，人才再参与培养工作，进一步提高了高技能员工培养效率。

（三）发挥技能专家工作室引领作用

充分发挥技能专家的龙头作用，出台了《川庆钻探工程公司技能专家工作室管理暂行办法》，对具备条件的单位创建工作室给予政策、技术和财物上的支持，以工作室为支点，带动一批技能员工，培养一批骨干技能人才。目前已经创建了六个公司级技能专家工作室。

这些工作室成立以来，在技术攻关和传、帮、带上都发挥了显著的作用。2014年6月，冉鹏工作室还被重庆市授牌“冉鹏技能专家工作室”。

职业技能开发是企业人才战略的基础性工作，任重而道远，只有坚持科学发展观，围绕企业人才发展战略目标，实事求是，脚踏实地，才能形成高技能人才不断涌现的生动局面，打造出一支高水平的技能人才队伍。

四新技术

工业锅炉供水泵调速自动连续闭环控制系统的应用

◆ 刘晓金

供水系统采用间歇供水会使水泵产生“水击”现象。当水泵再一次启动时，水泵的供水量不能与锅炉的蒸发量成比例，导致频繁的停炉和开炉，使锅炉烧不起压力，影响到锅炉的安全性和日常生产的用汽质量，影响到燃烧器和水泵的使用寿命，加大了电能损耗和器材损耗，增加了维修费用。工频全电压连续控制的供水泵使泵在节流状态下运行，耗电量大、水量不好控制。为了提高锅炉供热系统的安全性，推广工业锅炉供水泵调速自动连续闭环控制系统，将原设计中的“间歇供水”改为目前的“连续变频调速供水”，使供热系统平稳供汽，节约了能源，提高了安全系数，也提高了经济效益。

一、工频控制供水泵存在的问题及对锅炉供汽品质的影响

（一）供水泵转速与控制电源频率

锅炉房供水系统的原设计中，供水泵的流量很少采用转速控制，大多数是采用鼠笼式异步电动机来拖动，运行时恒速运转（即频率为50Hz的工频全电压运行）。要调节流量时，通常人工调节阀门或使用节流阀进行控制。这种控制办法虽然简便，但是给操作人员带来不便，加大了劳动强度，而且浪费能源。这对降耗节能、提高经济效益是非常不利的。主要原因是：

原供水系统中基本上都是用三相异步电动机。三相异步电动机的定子三相对称，绕组空间相隔120°。当通入三相对称电流后便产生了旋转磁场。

$$n_1=60f_1/p \tag{1}$$

式中 f_1——定子绕组电源的频率，Hz；

p——磁极对数；

n_1——旋转磁场转速，r/min。

异步电动机的转差率：

$$s=(n_1-n)/n_1$$

$$n=n_1(1-s)=60f_1(1-s)/p \tag{2}$$

式中 s——转差率；

n——异步电动机转子转速理论值，r/min。

由以上公式可知，当转差率变化不大时，$n\propto f_1$，改变电源频率则能调节异步电动机的转速。

（二）间接供水控制线路分析

这几年在锅炉上已经采用了UHM-B水位显示控制器，此仪表主要用于对工业锅炉的水位模拟显示及自动控制高、低水位报警和低水位联锁保护停炉。该系统主要由传感器、控制信号盒和显示信号盒、显示控制器组成。当锅炉低水位时，利用显示控制器内的联锁触头进行“开”或者“关”来控制水泵电源的启动及停止，从而使供水系统只能有“间歇”供水的功能。“间歇”供水在蒸汽锅炉上使用会造成许多安全隐患，影响

锅炉运行的连续性和可靠性，同时也直接影响到供汽的质量。

（1）锅炉上水管线上截止阀使用后，当供水泵停止运行时，炉内的高压水蒸气将会倒流，使泵产生“水击”现象。当泵再一次启动时，运转的水泵不能及时补水，造成锅炉因缺水而停炉次数增多。频繁的停炉和开炉，直接影响燃烧器的使用寿命，而且锅炉的蒸汽压力烧不起来，也影响锅炉的安全性和用汽质量。

（2）当锅炉需要供水，已启动的泵来不及补水使水位低于传感器的取样范围时，传感器就不能正常工作，自动上水系统失灵。此时操作人员需要将自动上水系统切换到手动上水系统，约需10min的时间，锅炉水位才能恢复正常。这时将供水系统从“手动”切换到“自动”，按常规程序点炉。因点炉时鼓风机要进行吹扫，使炉膛内温度降低，给稳定锅炉压力带来困难，这样很容易出现烧干锅炉的严重后果。

（3）当水泵启动时，电动机将用50Hz全电压进行补水，额定转速下的泵的压力较高，使生水来不及预热，这就会给锅炉内的蒸汽中掺入一些生水，直接影响供汽质量。锅炉在正常供汽时，6～7min要启动一次供水泵。因电动机启动时需要的电流特别大，如此频繁的启动和停止供水泵，不仅耗电量大而且对电动机和泵体磨损严重，影响电动机和泵的使用寿命。

（4）工频全电压控制供水泵时，供水泵在额定转速下运行无法实现调速。但较为理想的蒸汽量应随生产单位的用汽量大小、天气因素和季节的变化而进行供汽量的调节。工频控制的供水泵很难达到此理想状态。

二、变频调速控制的组成及应用

经过调查分析，利用锅炉上已装设的UHM-B水位显示控制器和锅炉房原有的变频器进行改进，安装在老君庙某锅炉房的两台10t/h锅炉供水系统中。

（1）主电路分为顺变器电路和逆变器电路两部分：由二极管整流模块和高压大电量的电容器组成顺变器电路；由高速大功率晶体管模块组成逆变器电路。顺变器电路把工频电源的三相交流电变换成直流电，再由逆变器电路把直流电变成频率可调的三相交流电输出。

（2）保护电路是通过霍尔效应电流传感器、电压传感器及监测温度的温度传感器形成完整可靠快速的保护。如果电源或负载出现故障，变频器能够及时报警。如过电压保护显示（OU）、过电流保护显示（OC）、电动机过载保护显示（OL）等，出现这些报警显示时，必须进行手动复位，变频器才能进行正常运转，以便有足够的时间分析和排除故障。

（3）计算机数字控制电路由专用的大规模集成电路、两个16位CPU芯片以及专用基极驱动厚膜电路组成。当CPU接收到输入电路的控制信号后，经过数据处理等环节完成控制指令，生成正弦PWM波形，供给基极驱动电路，控制逆变器的管子开通或关断。

（4）数字显示和故障诊断电路是通过触摸式面板来操作的，可以进行功能码、数字码的数字设定、故障复位。发光二极管（LED）不但可以显示频率、输出电流电压以及各种故障，而且还能检索、查询并分析各种故障、某些运行状态及技术数据。

（5）数字与模拟量输入、输出电路可对每个用户的控制水平和控制手段通过变频器采用数字或者模拟输入数据方式运行操作，也可以向用户提供数字量的指令或者模拟量的指令。

利用一台变频器，在控制器的指令下，切换两台供水泵分别给锅炉供水（实际上，在增加设备安装的基础上，变频器使一台供水泵按比例实现多台运行锅炉上水，使节约电能的效果更加明显，有很大的应用和推广价值），如图1所示。

变频器的利用使原设计中的间歇供水改造为目前的连续自动变频调速供水。

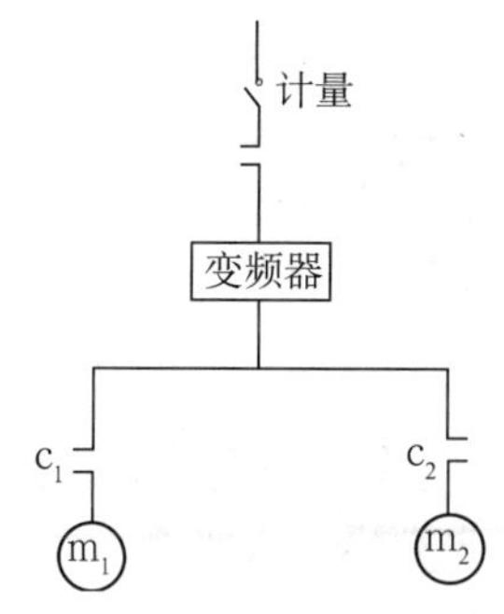

图1　一台变频器控制两台供水泵的一次接线图

c_1、c_2—接触器；m_1、m_2—电动机

三、社会效益和经济效益分析

（一）节约生产成本

根据蒸汽用量自动调节频率改变泵的转速，大大降低了供水泵因启动和停止过于频繁而造成的机械磨损，延长了设备的使用寿命，降低了维护费用。

通过安装变频器，使用变频技术，可以动态地控制供水泵的供水状态，使供水量和需求量达到平衡，很好地解决了截流运行状态下的耗能问题，节约了电能。

（二）增加锅炉供水系统的连续性、平稳性、可靠性和安全性

变频器的调节分为手动开环调节和自动闭环调节（自动闭环调节是推广应用的方向）。我们利用UHM-B水位控制显示器所给的模拟信号来进行自动闭环调节，利用变频器的一次频率来给锅炉供水，正好使供水泵的供水量与用汽量成比例，使供水系统保持平衡。当用汽量增加导致锅炉内的水位低于正常水位时，锅炉内急需供水，水位显示器可监控到并同时发出指令，使变频器自动切换为二次频率，从而提高泵的转速，给锅炉及时补水。水位一旦恢复正常，变频器又会自动切换到一次频率，不间断地继续为锅炉供水。这样利用变频器的一、二次频率及变频器的上限值和下限值等功能，大大提高了锅炉供水系统的自动化程度，解决了原来间歇供水系统中诸多隐患。应用变频控制技术，在运行中做到了锅炉供汽量随用户、气候、季节等因素的变化而调整，达到比较理想的效果，从而提高了供水系统的可靠性和安全性。

（三）提高生产效率，保证供汽质量

由于自动化程度的提高，减轻了操作人员的劳动强度，提高了劳动效率，确保锅炉安全平稳运行，使水位波动保持在±20mm，供汽压力波动控制在±0.1MPa，保证了供汽质量。

四、结论

若能在锅炉房的供水系统中推广应用变频调速技术，将会大大提高系统的安全系数和经济效益。采油生产过程中对油温的要求比较严格，油温直接影响到原油的加工质量和集输的安全，而原油处理站内的各类油罐、阀门、管汇等的热源，目前主要依靠蒸汽锅炉供给的过热蒸汽。为了提高该系统工作的可靠性、连续性、平稳性、安全性和经济效益，可以在供水泵电动机的控制电源上改装变频器。如有条件，可以利用电脑、智能性执行器、打印机等现代化的设备组成闭环控制系统，随时进行监控和分析，充分发挥设备的效能，这样将会大幅度提高经济效益，可使锅炉的热效率由当前的84%提高到95%以上，为锅炉供热系统的安全、经济运行提供良好的保证。

该技术在玉门老君庙油田得到实际应用，并且取得了巨大的经济效益，取得国家专利局实用新型专利。我们认为，有必要在油田其他锅炉房推广应用，使变频技术在油田生产经营中发挥作用。

参考文献

[1] 王伦.热工仪表工.北京：机械出版社，2009.

[2] 中国石油天然气总公司装备局. 变频调速应用技术. 北京：石油工业出版社，1994.

（作者：玉门油田公司老君庙油田作业区，油田维修电工，技师）

技术点评：本文论述翔实，技术性强。

（审稿人：吕兴波）

焦化装置耗能分析

◆ 冯 健 郫宇明

延迟焦化工艺技术相对成熟，是提高原油加工深度，促进重质油轻质化的重要热加工手段，它又是唯一能生产石油焦的工艺过程，是任何其他过程无法代替的，因此焦化在炼油工业中一直占据着重要地位。

焦化是以贫氢重质残油（如减压渣油、裂化渣油以及沥青等）为原料，在高温（400～500℃）下进行的深度裂解反应。通过裂解反应，使渣油的一部分转化为气体烃和轻质油品，由于缩合反应，使渣油的另一部分转化为焦炭。一方面由于原料重，含相当数量的芳香烃；另一方面焦化的反应条件更苛刻，缩合反应占很大比重，生成焦炭多。因此，该装置既有大量的高品位能量消耗，又有许多的低品位能量消耗存在，节能降耗成为直接影响企业经济效益的一个重要环节。

辽河石化公司100×10^4t/a延迟焦化装置于2003年4月开始建设，2004年9月一次开车成功。设计是以辽河油田超稠油为主要原料进行加工的装置，年处理能力为100×10^4t/a。2006年10月增加了吸收稳定系统，装置主要产品为汽油、柴油、石油焦、液态烃、蜡油，副产品有干气。主要特点：采用优化的换热流程，有效降低了加热炉的热负荷；加热炉(F-59101)炉管采用了双面辐射形式排列，并采用多点注汽技术。2006年装置检修时增加了富气吸收稳定部分。本文结合辽河石化公司焦化装置的实际情况，分析了目前装置能耗的现状，并对装置节能降耗的途径进行了初步探讨。

一、辽河油田超稠油的性质

从表1数据可以看出，辽河油田超稠油密度大，黏度大，金属含量高，酸值高，残炭、胶质、沥青质含量高，轻油收率低，重油组分含量很高。工业装置实际的数据与设计数据相差不多，只是较设计值略轻了一些，酸值降低较多。

表1 焦化原料(超稠油)性质

项目＼名称	设计值	实际值
密度(20℃)，g/cm³	1.0698	0.9996
黏度(80℃)，mm²/s	3648.04	2997
灰分，%	0.16	0.198
凝点，℃	32	34
硫含量，%	0.38	0.37
酸值，mg（KOH）/g	12.80	5.50
残炭，%	13.92	13.70
水分，%	2.73	1.8
盐含量，mg（NaCl）/L	16.2	11.3
闪点（开口），℃	176	155
胶质+沥青质灰分，%	26.05	27.7
馏程，℃		
10%	361	358
50%	530	500
重金属含量，μg/g		
Ni	99.7	80.3
Fe	51.2	50.3
Na	22.7	23.2
Ca	268	250～300

二、延迟焦化装置流程简介

辽河油田超稠油延迟焦化装置工艺路线与常规的减压渣油延迟焦化装置存在很大的差异。从表1可以看出，超稠油含盐、含水、含Ca量较高，要求延迟焦化装置必须有电脱盐装置，其简易流程见图1。从图1可以看出，原油进入装置后首先与塔顶循环油、柴油换热，达到145℃后进入电脱盐，注水、注破乳剂、注脱钙剂进行脱水、脱盐、脱钙，进而达到降低灰分的目的。经电脱盐后换热进入原料缓冲罐，该罐相当于蒸馏装置的

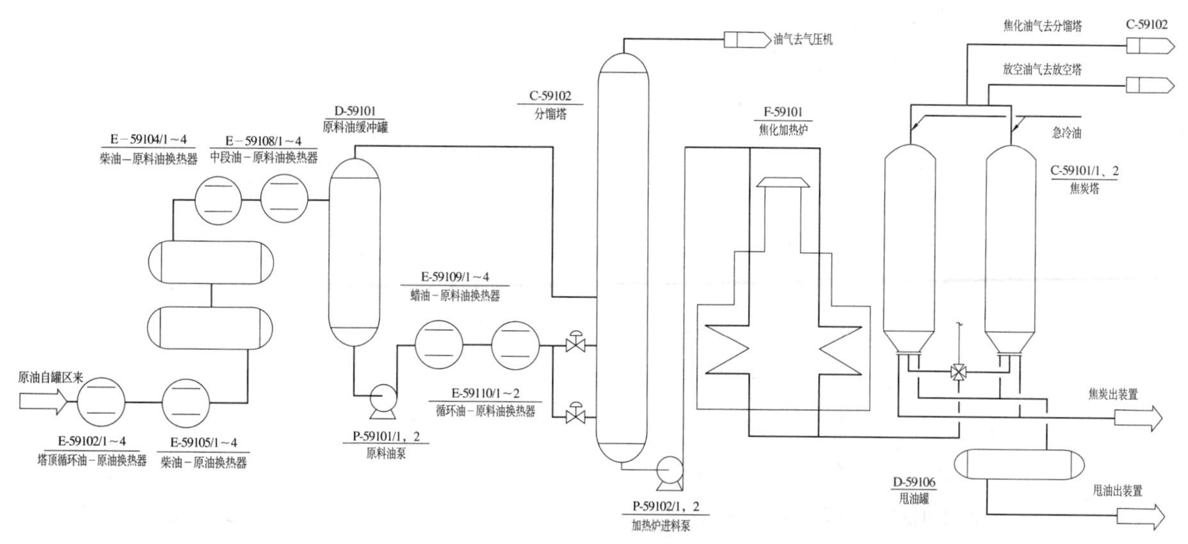

图1 超稠油延迟焦化简易流程图

闪蒸塔，脱除较少的轻组分，防止原料泵抽空。经原料缓冲罐后再经过换热进入分馏塔，之后经加热炉的对流段、辐射段进入到焦炭塔。该工艺热利用率较高，从原料进入装置到入分馏塔共有22组换热器。设计采用0.74的高循环比，而实际操作采用0.53的循环比。为了便于开工，柴油、蜡油换热器有走甩油的开工循环加热流程。

三、装置能耗情况

辽河石化延迟焦化装置设计规模为加工100×10^4t/a辽河油田超稠油，设计循环比为0.74，生焦周期为24h。开工至今，不仅实现了安全、平稳、长周期运行，而且做到了优质、高效。焦化装置增加吸收稳定部分后，设计综合能耗为43.5kg／t。自2009年焦化装置运行到检修后期，综合能耗为35.23kg／t，2010年焦化装置综合能耗为35.51kg／t，相关数据见表2，创下了国内同类装置运行的一流水平。

从表2中可以看出，延迟焦化装置的能耗主要是燃料消耗、蒸汽消耗、电耗和水耗。因此，降低装置的能耗必须从节省燃料消耗、蒸汽消耗、电耗和水耗入手。

四、装置用能因素分析

（1）燃料消耗分析。2009年装置燃料气折合能耗20.89kg／t，2010年装置燃料气折合能耗22.02kg／t，稍有上升。原因主要为装置运行检修后期，空气预热器和加热炉外壁保温效率下降导致。为保证加热炉的平稳操作，延长开工周期，加强了对加热炉的管理,认真开展加热炉平稳操作竞赛,控制好炉出口温度和炉膛温差，勤调炉火，保证炉火不舔炉管，燃烧均匀，炉膛明暗一致，炉管壁温度在工艺指标范围。

表2 装置能耗情况

项目	2009年		2010年	
	实物消耗	折合能耗 kg／t	实物消耗	折合能耗 kg/t
新鲜水，t	25432	0	18092	0
循环水，t	10408795	1.02	11281683	1.11
除盐水，t	23377	0.05	41312	0.09
凝结水，t	45189	0.32	30861	0.22
电，kW·h	25250256	5.1	26522516	6.11
低压蒸汽，t	22403	1.67	22639	1.69
中压蒸汽，t	71453	6.18	49158	4.27
燃料气，m^3	22715	20.89	23931	22.02
加工量，t	1069498		932361	
综合能耗 kg/t		35.23		35.51

注：2010年焦化装置加工量根据公司生产计划安排，虽未达到100×10^4t，但是已经超过计划处理量。

（2）电耗分析。2008年装置检修期间，装置部分机动泵和空冷电动机增加变频控制，总耗电量较前期有明显下降。2009年电量单耗较2010年电量单耗低的主要因素为2009年装置加工原料以渣油为主，2010年装置加工原料以超稠油为主，加工超稠油时装置投用电脱盐系统，加工渣油时停电脱盐系统，而整个装置的用电主要有电动压缩机、电脱盐系统、高压水泵和机动泵空冷电动机，因此装置加工原料的变化对装置的电量消耗影响较大。

（3）蒸汽分析。2009年装置蒸汽消耗与2010年相比主要突出体现在中压蒸汽降低，2009年中压蒸汽耗量为71453t，单耗为6.18；2010年中压蒸汽耗量为49158t，单耗为4.27，其原因为焦化装置配合公司平稳低压蒸汽管网压力，装置内中压蒸汽减温减压器串低压蒸汽管网，而装置的低压蒸汽耗量2009年和2010年比较接近，由此可见减温减压器消耗中压蒸汽用量很大。

（4）用水分析。装置的新鲜水用量较设计值有显著差别，主要原因为装置节能减排改造后，污水全部回收至冷、切焦系统再利用，减少了系统补充新鲜水用量，并实现了污水零排放。

五、装置节能降耗措施

通过对装置能耗分析，提出相应的节能方案和措施。

（一）优化操作条件，节能降耗

（1）在节约燃料气方面，努力调节好分馏塔上下部回流量，提高换热终温，以提高加热炉入口温度，降低加热炉燃料气消耗。目前我们严格考核加热炉的操作，排烟温度控制在165℃，氧含量严格控制在3.5%左右，保证加热炉的效率在91%以上，128个火嘴燃烧正常，不出现火嘴结焦、火焰舔炉管等不正常现象，加热炉运行非常平稳。

（2）在节约蒸汽方面，装置通过对水伴热系统进行改造和可停伴热的增加、冷油泵房加玻璃、割除盲肠死角及减少加热炉注汽量等措施，使装置减少消耗蒸汽约15000t/a。进一步降低加热炉注汽量，不但有利于降低装置能耗，而且有利于提高焦化反应给热，降低焦炭产率。2008年装置检修开工后，我们继续摸索加热炉操作条件，逐步降低加热炉注汽量，加热炉注中压蒸汽量由设计的2.4t/h降至1.5t/h，适当延长油品在炉管的时间，保证焦化反应所需的热量，减小油气出焦炭塔的线速，减少焦粉携带,节约中压蒸汽用量约3000t/a。

在保证产品质量的前提下，调节好分馏塔各回流量，尽量多产蒸汽。

焦炭塔老塔处理的过程中，减少小吹汽提的蒸汽量，将小吹汽提的蒸汽量由7～8t/h减少到4t/h，既减少了焦粉携带量，延缓挥发线结焦速度,又节约低压蒸汽约500t/a。

（3）在节电方面，通过改变反应系统控制方案，停凝缩油、水封泵、自启泵及优化运行等措施，每年节电1200万kW·h。我们大胆提出修改反应系统压力控制方案（充分利用好压缩机的变频调速作用），使压缩机的入口压力由设计的0.04MPa升为0.08MPa，每小时节电815kW·h以上。根据气体负荷变化调节气压机转速，如在焦炭塔切换、放空时系统压力较低，适当降低气压机转速，达到减少用电的目的。通过修改吸收系统的操作温度和能源的综合利用（蒸汽热源改为分离塔侧线油），焦化装置每年比设计节省蒸汽30000t；通过修改吸收稳定系统压力和取消解吸塔顶调节阀等措施，每年可节电200万kW·h；吸收稳定系统，全年可比设计节省动力费400万元左右。另外，优化了电脱盐的操作，将电脱盐的操作压力提高，降低了电流。部分电动机变频器的安装使降低电量消耗成为可能。

（4）在节水方面。

节约新鲜水的措施：通过对新鲜水流程优化改造，减少了长流水现象，降低了新鲜水耗量；切焦水回收至冷焦水，减少了向冷焦水罐补充新鲜水量；通过系统改造，回收部分污水（如焦场冲地水，通过增加一套沉淀池及泥浆泵，进行回收利用），减少了水的浪费；取消排污扩容器，节约了原来用于排污扩容器冷却的新鲜水；回收外排水至焦池，再补充至切焦水罐，减少了新鲜水补水。通过以上措施，节约新鲜水60000t/a。

节约软化水的措施：改造除氧器的软化水水封为新鲜水水封，节约了软化水；加强对高压水泵冷却用软化水的管理，减少水的浪费；冷油泵房内的机泵，原来都设计有软化水冷却，现在部分不需要冷却的都已将冷却用软化水停用，减少了水的浪费；加强对汽包连排的管理，减少软化水及除盐水的用量。通过以上措施的应用，节约软化水及除盐水共计10000t/a。

节约循环水的措施：停用部分换热器，如压缩机中间冷却器彻底停用，减少了循环水的用量；放空塔后冷却器上、下水线上加蝶阀，间歇投用，减少循环水的用量；废除循环水线上的盲肠死角，减少了循环水的浪费；根据季节的不同，调节各冷却器的用水量，减少循环水的浪费。

（二）搞好外甩油回炼

由于炼厂外甩的污油加工困难，装置进一步完善了甩油进焦化回炼工艺，为回炼奠定了基础。甩油流程原来需要启动两台蒸汽往复泵，同时还要经过水箱冷却器，用循环水冷却至低于90℃后才能出装置。现在外甩油用新增设的电动螺杆泵（排量为$20m^3/h$）直接回炼至装置原料缓冲罐，可节省原来用于甩油冷却的水用量，又因为不用启动原来的蒸汽往复泵而节约了大量蒸汽。

（三）装置含油污水零排放

装置继续投用好含油污水回用措施，用污水泵回收装置外排污水，打入焦池后集中到沉淀池，再用除焦水提升泵P-59131打入切焦水罐，作为除焦水的补充。沉淀池中的水同时还打进冷焦水罐，补充冷焦水，对节约新鲜水量起到了显著效果。目前，焦化装置已经实现了污水零外排和冷焦水系统不用新鲜水补水。

（四）提高机泵设备的运行效率，节能降耗

机泵的流量应尽量与工艺实际需要相匹配，避免长期处于低负荷运转。加热炉进料泵扬程过高，使动力白白消耗于阀门的节流，造成电力浪费。可通过切削叶轮，降低加热炉进料泵扬程，节省电耗。加热炉F-59101鼓风机和引风机开好调速电动机，以优化机泵的运行状况。优化压缩机操作，减少使用反飞动流程，控制偏低的出口压力，提高压缩机的效率，尽量减少电的消耗。

（五）加强保温、伴热管理

设备及管线的散热损失是生产过程能量损失的主要形式之一。目前装置的散热量较大，因此有必要对一些散热量大的设备和管线重新保温。我们主要对一些高温管线，如加热炉出口管线、3.5MPa蒸汽等介质温度大于200℃的管线进行保温，并确定适当的保温厚度，提高施工质量。

加热炉F-59101散热量大、表面温度高，利用检修期间对加热炉F-59101衬里进行维护，以减少散热量。对看火窗、防爆门附近的炉墙进行修补。今后，我们还将通过技术改造，如采用新型衬里材料等，进一步减少加热炉炉墙散热损失，提高加热炉热效率，降低装置综合能耗。

（六）加强日常节能管理，杜绝浪费

要降低装置能耗，不但要投用好各项节能措施，而且要坚持不懈地做好日常管理工作。通过加强日常管理来杜绝长流水、长明灯等现象。在生产管理中，要根据气温、负荷的变化及时调节空冷风机、循环水等。工艺管线吹扫完后及时停蒸汽，减少不必要的浪费。对部分效果差的疏水器进行更换，降低蒸汽排凝排汽量。利用好装置水伴热系统，代替部分蒸汽伴热，达到节能降耗的效果。

提高装置自动化控制率，加强对加热炉火嘴的维护，也是日常管理降低用能的重要环节。

六、结束语

通过优化操作、投用好各项节能措施、加强管理，对降低装置能耗起到一定作用。但同时也应看到，焦化装置降耗目前已达到了较好的水平，进一步节能的难度将更大，要依靠技术进步和节能改造才能从本质上降低装置能耗；提高装置的自动化水平，也对降低能耗起到推动作用。

（作者：冯健，辽河石化公司延迟焦化车间，技术员；邹宇明，辽河石化公司延迟焦化车间，技术员）

技术点评：对节能措施分析得较全面，具有参考价值。

（审稿人：张彦）

石油钻井作业现场压井液密度确定方法

◆ 张发展

钻井过程中，做好井控工作的目的是防止地层液体侵入井内，为此需保持井底压力略大于地层压力，即实现近平衡钻井。这时的关键问题就是研究怎样最合理地确定压井液密度。

井眼的裸眼井段存在着地层孔隙压力（地层压力）p_p、压井液柱压力p_m和地层破裂压力p_f。三个压力体系必须满足以下条件：

$$p_f \geqslant p_m \geqslant p_p$$

即

$$\rho_{ef} \geqslant \rho_{my} \geqslant \rho_{md}$$

式中 ρ_{ef}——井眼的裸眼井段地层破裂压力当量密度，g/cm^3；

ρ_{my}——井眼内压井液密度，g/cm^3；

ρ_{md}——井眼的裸眼井段地层液体密度，g/cm^3。

压井液密度的确定应以钻井资料显示最高地层压力系数或实测地层压力为基准，再加一个附加值。中国石油天然气集团公司对附加值的规定如下：

（1）附加当量密度油水井为0.05～0.1 g/cm^3，气井为0.07～0.15g/cm^3；

（2）附加压力油水井为1.5～3.5MPa，气井为3.0～5.0 MPa。

具体选择附加值时应考虑：地层孔隙压力，油、气、水层的埋藏深度，钻井时的钻井液密度，井控装置等。

所确定的压井液密度还要考虑保护油气层、防止黏卡、满足井眼稳定的要求。为确保钻井过程中的施工安全，在各种作业中，均应使井底压力略大于地层压力，这样可达到近平衡钻井和保护油气层的目的。

但是怎样最合理地确定压井液密度，各种材料上介绍了多种方法，这些方法如何使用，各种方法计算结果差异又较大，往往使工作人员无从着手。本文试图对此问题进行分析，希望对读者有所帮助。

一、确定压井液密度的几种方法

（一）常规压井液密度确定方法

1.附加当量密度计算法

根据中国石油天然气集团公司《钻井井控技术规程》（Q/SY 1552—2012）的规定可知：

$$\rho_{my}=\rho_p+\rho_e \tag{1}$$

式中 ρ_{my}——常规压井液密度，g/cm^3；

ρ_p——地层压力当量压井液密度，g/cm^3；

ρ_e——附加当量压井液密度，g/cm^3，油水井为0.05～0.1g/cm^3、气井为0.07～0.15g/cm^3。

2.压力倍数计算法

$$\rho_{my}=\frac{102Kp_p}{H}$$

又因为：

$$p_p=0.0098\rho_{md}H$$

所以：

$$\rho_{my}=0.9996K\rho_{md} \quad (2)$$

式中 H——油层中部深度，m；

p_p——地层压力，MPa；

ρ_{md}——地层液体密度，g/cm³；

K——附加系数，对于一般作业K=1.00～1.15，对于修井作业K=1.15～1.30。

3.附加压力计算法

$$\rho_{my}=\frac{102(p_p+p_e)}{H} \quad (3)$$

式中 p_e——附加压力，油水井为1.5～3.5MPa；气井为3.0～5.0MPa。

4.压井液相对密度计算法

压井管柱深度不超过油层中部深度时，压井液密度计算公式为：

$$\rho_{my}=\frac{102[p_p+p_e-G_p(H-h)]}{h} \quad (4)$$

式中 h——实际压井深度，m；

G_p——地层压力梯度，MPa/m。

（二）根据实测地层压力确定压井液密度

根据实测地层压力理论计算公式可知：

$$\rho_{my}=\frac{102p_p}{H}+\rho_e \quad (5)$$

其中：$p_p=0.0098\rho_{md}H$

代入式（5）得：

$$\rho_{my}=\rho_{md}+\rho_e \quad (6)$$

（三）根据实测溢流关井立管压力确定压井液密度

根据钻井过程中发生溢流时关井立管压力确定压井液密度公式（考虑附加密度）为：

$$\rho_{my}=\rho_m+\frac{102p_{gl}}{H}+\rho_e \quad (7)$$

式中 ρ_m——井筒内原来液体的密度，g/cm³；

p_{gl}——发生溢流后的关井立管压力，MPa。

（四）根据起钻时的井底压力计算压井液密度

在钻井或者井下作业的所有工况中，起钻时的井底压力最低，如果在起钻时能够保证井口不发生溢流，这时井内压井液密度应当是安全的。

起钻时井底压力p_b为：

$$p_b=p_h-p_{sb}-p_{dp}$$

因此，考虑到附加密度，压井液密度为：

$$\rho_{my}=\frac{102(p_h-p_{sb}-p_{dp})}{H}+\rho_e \quad (8)$$

式中 p_h——井内液柱压力，MPa；

p_{sb}——起钻抽吸压力，MPa；

p_{dp}——起钻未灌液体井底压力的减小值，MPa。

二、压井液密度计算过程中的几个问题

（一）附加密度和附加压力的关系

许多人把附加密度和附加压力认为是等同的关系，这是认识上的误区，实际上，到底采用附加密度，还是采用附加压力，要根据具体情况来定。

图1是井深与附加压力关系图，图2是附加压力为3MPa、5MPa时井深与附加密度的关系曲线。

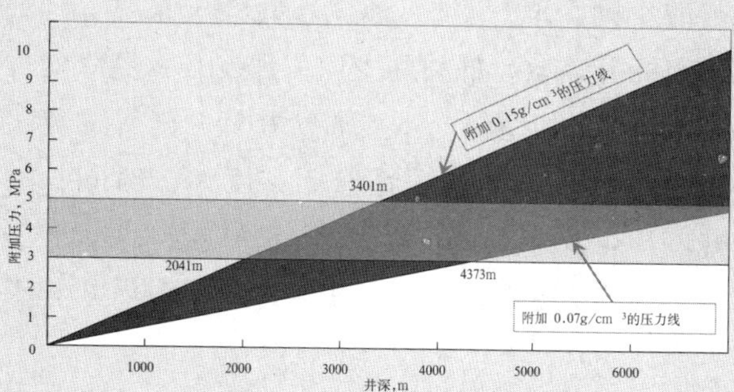

图1　井深与附加压力关系图

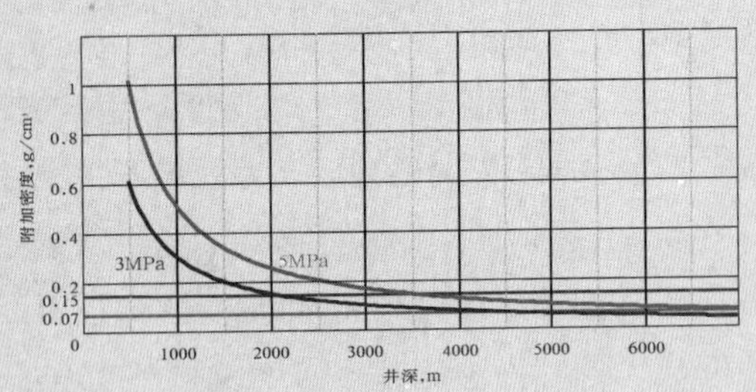

图2　附加压力为3MPa、5MPa时井深与附加密度关系图

从图2可以看出，采取当量密度附加法，气井附加密度为0.07～0.15g/cm³。对于浅井，此法确定的液体密度值小，安全底线是液体密度足以平衡环空压耗和起钻抽吸的共同作用，保证起下钻安全。

采取井底压力附加法，按气井井底压力3.0～5.0MPa确定当量液体密度。这种方法对于浅井设计出的液体密度值大，足以抵消环空压耗和上提钻具的抽吸力，但是要防止液体密度过大压漏地层，造成先漏后喷。

（二）常规法计算压井液密度应考虑的问题

常规法计算压井液密度计算的四个公式中，参数附加当量密度ρ_e、附加系数K、附加压力p_e都有一个取值范围，在这个范围中如何取值，要遵循如下五个原则，否则对压井液密度计算也有很大影响。

（1）油气井能量的大小：产能大则多取，产能小则少取。（2）油气水井生产状况：气油比高的井多取，低的井少取；注水开发见效的井多取，反之少取。（3）油气井修井施工内容、难易程度与时间长短：作业难度大、时间长的井多取，反之少取。（4）井深结构：大套管多取，小套管少取。（5）井深：井深多取，井浅少取。

（三）根据地层压力确定压井液密度的影响因素及其他表示方法

根据地层压力确定ρ_{my}误差的大小取决于地层液体密度ρ_{md}的准确与否。一般来讲，ρ_{md}为1.00～1.07g/cm³，影响ρ_{md}的因素有：地层液体中溶解的固体（盐类）的多少，地层液体中溶解的气体的多少和地层温度梯度的高低。一般来讲，地层液体中溶解的固体（盐类）越少、气体越多、地层温度梯度越低，地层液体密度ρ_{md}越小；反之，地层液体密度ρ_{md}就越大。

地层压力还有三种表示方法：

（1）用地层压力梯度来表示。

$$G_p = 0.0098\rho_{md}$$

式中　G_p——地层压力梯度，MPa/m。

（2）用地层压力当量压井液密度表示。

$$\rho_{ed} = \rho_{md}$$

式中　ρ_{ed}——地层压力当量压井液密度，g/cm³。

（3）用地层压力系数表示。

$$K = \frac{\rho_{md}}{\rho_{H_2O}}$$

式中　ρ_{H_2O}——地面淡水的密度，g/cm³；

K——地层压力系数。

因此，我们得到如下三个计算压井液密度的公式（考虑附加密度）：

$$\rho_{my} = 102G_p + \rho_e \tag{9}$$

$$\rho_{my} = \rho_{ed} + \rho_e \tag{10}$$

$$\rho_{my} = K\rho_{H_2O} + \rho_e \tag{11}$$

（四）如何确定发生溢流后的关井立管压力p_{gl}

根据发生溢流后关井立管压力p_{gl}确定ρ_{my}的误差的大小取决于发生溢流后关井立管压力p_{gl}确定的准确与否。

井筒发生溢流后确定关井立管压力p_{gl}有两种工况。

（1）发生溢流关井后钻柱内没有装回压阀（如钻进工况等），这种情况确定关井立管压力p_{gl}分两步进行：

首先消除关井时间对关井压力的影响。方法是发生溢流关井后，根据关井时间连续记录立管压力和套管压力，并做立管压力、套管压力与时间的关系曲线。一般情况下，当曲线变化平滑时，其拐点处即可读为关井立管压力与关井套管压力。

但是，对于低渗油气藏或井眼不稳定情况，关井后立管压力（立压p_{gl}）与套管压力（套压p_{gt}）较长时间不出现平稳段及拐点，对这种情况可根据早期压力恢复曲线趋势读取最高压力值，并适当考虑压力安全附加值，以实现快速获取关井立管压力与套管压力，从而达到快速井控的目的。

不同性质的套管压力、立管压力与关井时间的关系见图3。

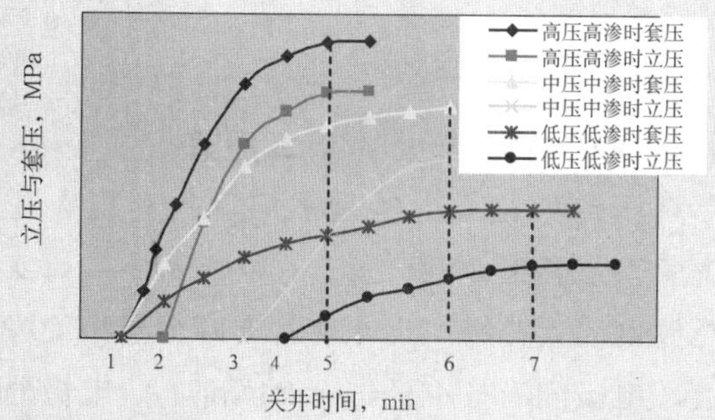

图3　不同性质的套管压力、立管压力与关井时间的关系

通过大量数据统计，渗透性好的地层10～15min可以稳定，渗透性差的地层25～30min压力可以稳定。

其次是准确判断并消除圈闭压力对关井压力的影响。方法是从节流管汇处放出40～80L液体后观察p_{gl}和p_{gt}，如果p_{gl}无变化，p_{gt}略有上升，说明无圈闭压力；如果p_{gl}和p_{gt}均有下降，说明有圈闭压力；继续两次放出40～80L液体后观察，直到消除了圈闭压力为止。

经过上述两步后就可获得准确的关井压力。

（2）发生溢流关井后钻柱内装有回压阀（如起下钻工况等），这种情况确定关井立管压力p_{gl}有两种方法。

方法一：已知压井排量Q_y（正常钻进排量的1/2～1/3）和相应的泵压p_y（正常钻进过程中实际测量）时，根据如下步骤确定：

①记录关井套管压力p_{gt}；

②缓慢开泵和打开节流阀；

③控制节流阀，使套管压力p_t等于关井套管压力p_{gt}，并保持套管压力不变；

④当排量达到压井排量Q_y时，p_t也等于关井套管压力p_{gt}时，记录此时的循环立管压力值p_l；

⑤停泵、关节流阀；

⑥计算关井立管压力p_{gl}。

$$p_l = p_{gl} + p_y$$

$$p_{gl} = p_l - p_y$$

式中　p_y——溢流前压井排量下立管压力；

p_{gl}——关井立管压力；

p_l——记录的循环立管总压力。

因此，考虑到附加密度，压井液密度为：

$$\rho_{my} = \rho_m + \frac{102(p_l - p_y)}{H} + \rho_e \qquad (12)$$

方法二：未知压井排量Q_y（正常钻进排量的1/2～1/3）和相应的泵压p_y（正常钻进过程中实际测量）时，根据如下步骤确定：

①记录关井套管压力p_{gt}。

②缓慢开泵，向井内注入压井液。

③当套管压力p_t由关井套管压力p_{gt}升高到某一值时停泵（超过关井套管压力p_{gt}0.5～1MPa），同时记录停泵时套管压力p_t'和停泵时立管压力p_l'。

④计算关井立管压力p_{gl}，则：

$$p_{gl} = p_l' - \Delta p_t$$

$$\Delta p_t = p_t' - p_{gt}$$

式中　Δp_t——套管压力的升高值；

p_t'——停泵时的套管压力；

p_l'——停泵时的立管压力；

p_{gl}——关井立管压力；

p_{gt}——关井套管压力。

因此考虑到附加密度，压井液密度为：

$$\rho_{my} = \rho_m + \frac{102(p_l' - p_t' + p_{gt})}{H} + \rho_e \qquad (13)$$

（五）根据起钻时井底压力计算压井液密度的影响因素

根据起钻时井底压力计算压井液密度的计算数据准确与否，取决于起钻抽吸压力p_{sb}准确与

大功率天然气发动机火花塞安装与维护

◆ 康嗣博　王勇虎

我厂190系列天然气发动机中，工作混合气是用电火花点燃的。火花塞电极之间产生电火花的全部装置，称为点火系。它的功用有两点：首先将电源的低电压转换成高电压，这种高电压能在发动机气缸内的火花塞上产生火花；其次将“火花”适时、按次序地送到各个气缸，点燃被压缩的工作混合气，使气体机工作。火花塞作为点火系的重要部件，正确安装火花塞对提高我厂发动机质量有重要意义。

一、火花塞点火的基本原理

高压电火花点火的基本原理是利用火花放电现象来点燃工作混合气。在燃烧室中装有实现火花放电的火花塞。火花塞具有两个互相绝缘的电极，电极间有标准的0.5mm间隙，两电极分别接到电源的正、负极。电极间的空气本来是不导电的绝缘体，但在两电极的高电压作用下，发生

否。由于影响抽吸压力p_{sb}的因素很多，包括管柱的起下速度、压井液黏度、压井液静切力、井眼和管子之间的环形空隙、压井液密度、环形节流（如封隔器等），因此，要确定准确的抽吸压力p_{sb}还有一定困难。

三、结论与认识

（1）根据附加压力或附加密度确定压井液密度时，要根据井的深浅进行选择，常规压井液密度计算公式中的附加系数的选择要遵循一定的规律，力求准确，确保钻井施工的安全。

（2）根据地层压力确定压井液密度的准确性主要取决于目前地层压力来源可靠与否，应当采取一定的手段，利用精密仪器，严格测试地层压力。

（3）根据发生溢流后关井立管压力确定压井液密度是现场常用的方法，其误差的大小取决于发生溢流后关井立管压力计算的准确与否。

（4）根据起钻时的井底压力确定压井液密度的方法并不实用，理论分析还可以，主要是因为对抽吸压力目前还难以准确确定。

参考文献

[1] 《石油与天然气钻井井控》编写组.石油天然气钻井井控.北京：石油工业出版社，2008.

[2] 孙振纯，等.井控技术.北京：石油工业出版社，1997.

[3] 刘凯.压井计算方法的改进.西南石油学院学报，1989（2）.

（作者：长庆油田培训中心）

电离现象。随着电极间电压的增高，气体电离程度不断增大，当电压增大到一定值时，电极间便产生电火花，火花又转变成电弧，使温度急剧升高，进而点燃工作混合气。

二、研究火花塞安装方法的意义

对于大功率天然气发动机来说，每一根火花塞都价值不菲。零件的质量固然重要，但是正确的装配方法也是减少成本、提高发动机整体质量的关键。正确的安装方法可以减少火花塞及其螺纹处的积炭所引起的“失火”现象发生，避免发动机运转不稳、停车，避免不必要的损失。火花塞正确的安装是使火花塞处于最佳工作状态并维持最长工作寿命的关键。

三、火花塞的安装

（1）从包装中取出新火花塞（图1），确认新的密封垫圈在火花塞头上，并校正电极间隙。火花塞标准间隙为0.5mm，现场可根据天然气的不同成分等实际情况适当放大间隙。发动机工作一段时间后，火花塞间隙会有所放大，这是正常现象。当间隙值增大到0.89mm时，火花塞将出现失火现象，使发动机运转不稳，甚至停车。现场使用时要定期检查和调节，同时消除火花塞及其螺纹处出现的积炭。如果是安装旧火花塞，应先将原来的旧密封垫圈更换为新的密封垫圈，密封垫不能装反。

图1 火化塞

（2）将火花塞旋入缸盖。正常情况应该能一直旋入至座垫上。如果旋入时感到很费力，应按下面所述方法重新清理和修整螺纹孔。

（3）不能使用防卡死润滑剂。如果有时必须要使用，要选择高温型（980℃以上）防卡死润滑剂。只需将一小滴分三处点在（电极端）第二个螺纹上。不要用刷子刷，也不要将防卡死润滑剂涂到电极或绝缘体上。

（4）如果安装火花塞时发动机是热的，则在拧紧力达到要求的扭矩前，先等一下，待火花塞温度达到内燃机的温度后再做最后拧紧；如果此时发动机是凉的，则火花塞可直接拧紧到所要求的扭矩而不必等候。这是因为拧紧前使火花塞与内燃机等温，可大大降低火花塞在内燃机工作时松动的机会。

（5）将火花塞旋入缸盖时，应使用扭矩扳手，以便精确掌握拧紧力。如果仅凭感觉旋紧火花塞，则无法保证火花塞的正常工作。特别是如果扭矩过大，会造成火花塞内部结构的损坏，影响火花塞的热传导，造成内部漏气，从而严重影响发动机的正常工作；扭矩过小，也会影响火花塞热量的传导，造成火花塞过热，损害发动机。安装火花塞时，使用指针式扭矩扳手比定位销式（带咔哒声）扭矩扳手效果更好。如果使用定位销式扳手，要将所要求扭矩设置好，然后拧紧，直到发出咔哒声，不要拧到发出咔哒声后仍不停止。根据火花塞螺纹规格，各种螺纹尺寸的火花塞的扭矩要求见表1。

表1 火花塞扭矩要求

火花塞螺纹规格	扭矩，N·m
14mm × 1.25mm	35～40
8mm × 1.5mm	43～53

四、火花塞的拆卸

（1）从火花塞孔中清除所有碎片及杂物，确保火花塞拆卸后无杂物掉入燃烧室。

（2）用扳手将火花塞松开。将火花塞取出时应特别注意取出时的情况。如取出时火花塞非常紧，则说明安装火花塞时可能扭矩过大或缸盖上的火花塞螺纹孔有问题。如果火花塞无法用扳手拆下来，需向火花塞的垫圈处喷渗透油，把螺纹浸泡起来，这将有助于拆卸火花塞。随着火花塞开始松动，也许需要喷更多的渗透油，或用指定的工业润滑剂。禁止在松不下来的情况下靠蛮力拆卸，以免损伤缸盖上的火花塞螺纹孔。火花塞拆卸下来后用专用的工装防护罩将火花塞护套开口封好。

（3）检查一下螺纹端，看看螺纹是否磨损或断齿，垫圈是否压坏，这些都可说明螺纹孔是否有问题。操作者必须认真检查，否则会影响新更换的火花塞的使用寿命。

（4）取出火花塞后，应确认旧的垫圈也一起取出。如果没有，在装新的火花塞之前，切记将旧垫圈从火花塞孔中取出。

（5）检查所有高压线路部件，如高压线、连接火花塞及点火线圈的接头，看看是否有电热损伤，是否有油、润滑脂或水造成的污染等，如有上述情况，需要清洁或更换其部件。

五、火花塞螺纹孔的清理、修整

（1）火花塞螺纹孔在做清理时应将缸头拆下或将火花塞护套拆下。刷子、螺纹修理器都可以用来做清理工作。

（2）火花塞拆卸下来后如发现螺纹已经损坏，需先用刷子将孔里的污物清除，然后用螺纹梳刀修复磨损的螺纹。多数螺纹梳刀都有一个基孔清理器，可以将缸盖上火花塞螺纹孔中的碎屑等污物清理干净。

（3）如果刷子和螺纹修理器不能解决问题，就需要用丝锥了，应该采用对应螺纹尺寸的标准丝锥。

（4）用螺纹梳刀和丝锥修整螺纹后，再用刷子清理。这样可以抛光螺纹并清除剩余的碎屑（图2）。

（5）使用“通/止规”检测清理后的火花塞孔是否在公差范围内。

图2　清理好的火花塞螺纹

六、结语

正确安装火花塞是使火花塞处于最佳工作状态并维持其最长工作寿命的关键，而安装过程中最重要的一步就是使用可靠的扭矩扳手，照相应的扭矩要求拧紧火花塞。如果仅凭感觉拧紧火花塞，特别是如果扭矩过大，则在安装时就会造成火花塞的损坏，从而严重影响发动机的正常工作。

参考文献

刘峥，王建昕.汽车发动机原理教程.北京：清华大学出版社，2009.

（作者：康嗣博，济柴动力总厂总装分厂，助理工程师；王勇虎，济柴动力总厂总装分厂，内燃机装试工，技师）

浅谈电力电缆故障测寻技术

◆ 袁　滨

随着油田城市化建设的快速发展，电力电缆供电以其安全、可靠、稳定、不影响环境美化等优点被广泛应用。虽然电力电缆供电有着显而易见的优点，但由于电缆敷设于地下，一旦发生故障，如果不能较快地测寻出故障点的确切位置，不能及时排除故障、恢复供电，往往会造成停电停产的重大经济损失。如何能在电缆线路发生故障后，采取有效的技术手段，迅速查找到事故点，为电缆故障的抢修工作赢得时间，使电缆线路尽快恢复供电，是我们亟须解决的问题。

事故案例1

2006年春节前夕，我公司港西变电所一条6kV电缆发生故障，造成居民生活区大面积停电。当时没有电缆故障测寻设备，恰逢事故发生前期西安四方集团来我公司推销该类设备，与该公司联系后，该公司第二天就派了专业技术人员携带测寻设备来到了现场，对故障电缆进行测寻，很快就找到了故障点。

事故案例2

2007年5月中下旬，滨海变电所为新港假日四期居民供电的6kV电缆线路发生故障，造成大面积停电故障。当时负责维护该线路的某矿区服务公司没有故障电缆的测寻能力，委托我电力公司天水安装工程处进行抢修，因天水安装工程处没有电缆故障测寻设备，经过3d仍然未查出故障点，随即求援线路分公司。我们接到增援任务后迅速对电缆故障进行了测寻，当时使用电缆故障测寻设备，很快查找到了故障点，为电缆修复工作赢得了时间。

通过上述两起电缆故障的处理，我们看到了电缆故障测寻技术、设备在缩短寻找电缆故障点的时间、减少地下电缆修复时的土方开挖、降低土方开挖对周边环境影响等方面的便捷性，也充分认识到了电缆故障测寻技术在电缆线路运行维护中的重要性和重大意义。

目前我国很多现场使用的电缆故障测寻设备多为分散式的，一套系统由多个设备组合而成。以我公司曾经使用的西安四方集团的设备为例，该测寻系统由高压电容器、升压变压器、放电球、测试主机等八件组成，该套系统在使用中存在着设备连接繁琐、需人工调节球间隙大小、不能准确控制冲击电压的幅值、精度误差较大（误差在1~3m）、测寻距离短等问题。

后来，经过多方对比、论证，我公司引进了北京埃德尔公司销售的XF28型电缆故障测寻定位仪（图1）。该仪器集成了上述分散式设备的所有组成部分，设备体积小、搬运便捷；一次有效放电冲击便可测出故障距离；测寻距离长，1000~16000m长度的电缆均可测寻，而且配合精确定位设备，可准确完成精定位工作，定位测试误差仅在0.5m。

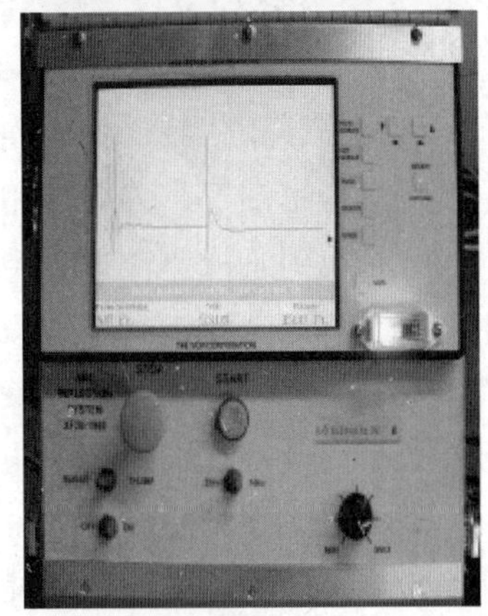

图1　XF28型电缆故障测寻定位仪主机及操作界面

事故案例3

2011年4月21日，我公司红旗路35kV变电所35kV电源电缆线路故障，造成大面积停电事故。油建公司采用传统的人工巡查的方法，历经3d未能寻找到故障点。4月25日，我线路分公司接到抢修命令后，携带XF28型电缆故障测寻定位仪到现场配合故障测寻，仅用半天时间即准确定位故障点，经土方开挖，证实现场故障点位置与仪器定位位置相符。

自2007年引进第一台电缆故障测寻设备以来，通过电缆故障测寻设备的大量使用，我们不断积累经验，逐步摸索出了一套完整的电缆事故判断、预定位、路径测寻、精定位等的工作方法，为电缆事故的抢修提供了有力的技术支持。

（1）电缆故障处理过程见图2。

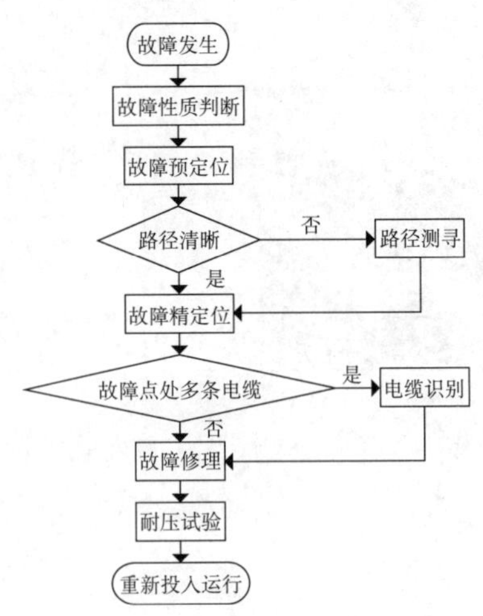

图2　电缆故障处理过程

（2）电缆故障性质的判断。当电缆线路发生故障后，首先应根据电缆故障的性质进行初步的分析和判断，使用高压绝缘摇表（2500V）对电缆的各相线芯进行绝缘阻值测量，根据电缆线芯不同的绝缘阻值，电缆故障可分为开路、短路、低阻、高阻和闪络性故障等。我们通过测量结果来判断电缆是属于高阻故障还是低阻故障。不同性质的故障采用不同的测寻方法，这对使用仪器采取何种方法进行精确定位起着关键性的作用。

电缆故障性质及测寻方法分类见表1。

表1　电缆故障性质及测寻方法分类

故障性质	绝缘电阻	绝缘的击穿情况
开　路	∞	在直流或高压脉冲作用下击穿
短　路	0	已形成导电通道
低　阻	小于Z_0	绝缘电阻不是太低时，可用低压脉冲测距
高　阻	大于Z_0	高压脉冲击穿
闪　络	∞	直流或高压脉冲击穿

注：（1）电缆故障分类方式颇多，此处按脉冲反射测量法分类。
（2）表中Z_0为电缆的特性阻抗。

（3）电缆预定位。如果是低阻故障，一般采用低压脉冲法，也称时域反射法。这种方法是利用脉冲反射仪，在不通过高压冲击器的情况下，独立测量电缆的开路、短路及低阻故障。据统计，此类故障约占整个电缆故障的10%。基本上一次就能测寻出电缆故障的距离和电缆线路的总长度。它的工作原理是根据雷达原理而产生的，如图3所示。

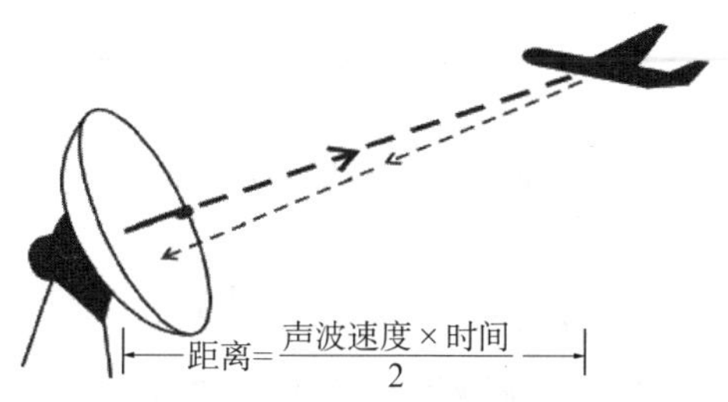

图3　雷达工作原理

高压弧反射法也称二次脉冲法，指脉冲反射仪配合高压冲击器在电容放电的模式下进行故障预定位。此种方法的一个重要优点是不必将高阻与闪络故障烧穿（此类故障约占整个电缆故障的90%），直接利用冲击器冲击放电后，在故障点产生电弧，脉冲反射仪的测量信号在故障点形成短路反射，并指示故障距离。此方法提高了测试速度，也使测试过程得到简化。

（4）电缆路径的确定。如果知道电缆路径，就很容易找到电缆故障的确切位置。但由于近几年油田发展建设非常迅猛，地表环境变化较大，加之各工程施工单位缺乏保护意识，随意破坏电缆路径上的标示桩，造成电缆路径不明的尴尬局面。在不知道电缆路径的情况下，可利用电缆路径测寻仪（图4）对电缆的路径进行测寻，来确定电缆在地下的确切走向。

（5）电缆故障精定位。电缆路径测寻完成后，沿电缆走向，按照预定位测出的距离，找出故障点的大体方位。利用S-DAD双音频精确定点仪（图5）确定故障点位置，实现对电缆故障点的精准定位。

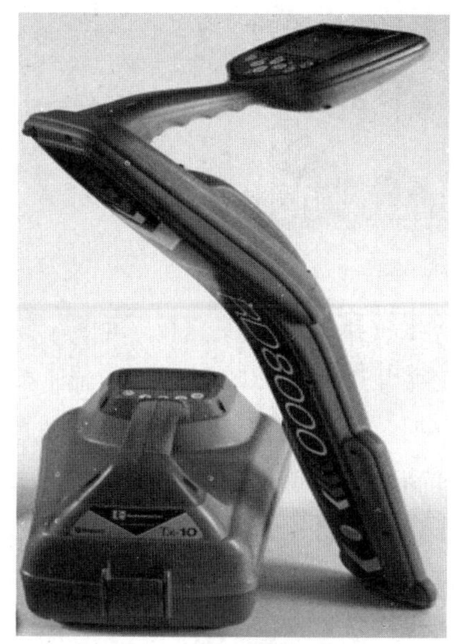

图4　RD8000电缆路径测寻仪

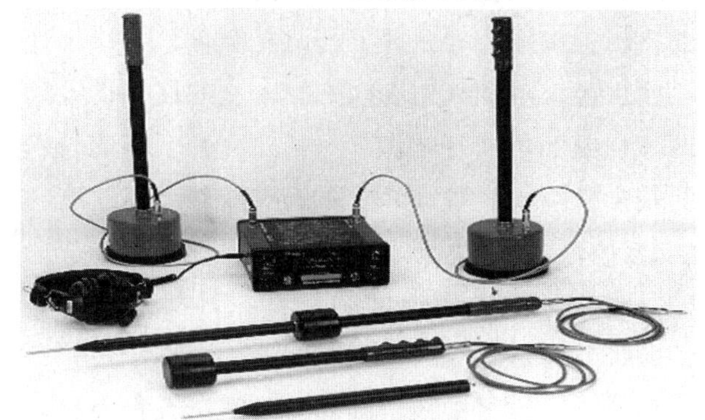

图5　S-DAD双音频精确定点仪

通过对故障电缆持续的冲击放电，配合精确定位仪就能准确确定故障点。以上就是历年我们对电缆故障测寻的经验。

（作者：大港油田公司电力公司，配电线路工，高级技师）

技术点评：本文电缆故障精确查找技术设备比较先进，值得推广应用。

（审稿专家：苏汉杰）

油气上窜速度计算方法分析

◆ 郭　虹　张发展

在钻井和井下作业施工中，油气上窜速度是衡量油气井井下安全和确定下一步施工方案的重要技术依据。开井状态下，油气侵入钻井液后上窜速度过高，往往使现场施工人员来不及控制，将很快导致井涌甚至井喷事故的发生，造成对地下油气资源、地面环境的破坏，对钻井和作业施工安全造成严重威胁。关井状态下，油气侵入钻井液后滑脱上窜，将会使井筒内各点的压力发生变化，很可能会导致井下情况复杂化，井口出现二次失控。各油气田勘探开发区域的逐年扩大和地下状况的不断复杂化，对钻井和井下作业技术的安全性提出了更高的要求，对油气上窜速度的测量计算也要求更准确、更方便。

对于油气上窜速度的计算，目前开井状态下的计算方法主要有迟到时间法、容积法、钻井液顶替法、全烃曲线法和相对时间法五种方法。毋庸置疑，这五种计算方法在理论上都是正确的，但是由于各种方法的出发点不同，都有一定的局限性。一方面，这五种方法都存在一个致命的问题：没有考虑气泡或气柱在上移过程中体积变化对上移速度的影响。应当讲气泡或气柱上移是一个变速而不是匀速的运动，速度是越来越高的，按照匀速计算出的速度必然是偏低的，应当进行必要的修正。另一方面，钻井或作业过程都实行发生溢流后立即关井的办法进行井口控制，关井后气泡或气柱上移速度会对井筒内各点压力带来很大的影响，甚至会导致重新失控，因此对关井状态下气泡或气柱上移速度的研究具有现实意义。本文对目前使用的开井状态下计算气泡或气柱上移速度的各种方法进行分析，指出其局限性，方便现场使用。另外，提出了一种在关井状态下计算气泡或气柱上移速度的新方法，并对现场应用进行了探讨。

一、开井状态下油气上窜速度计算方法分析

（一）常规法计算油气上窜速度

对于油气上窜速度的计算，传统的常规方法包括迟到时间法和容积法两种。这两种方法计算油气上窜速度涉及的关键参数——迟到时间、钻井泵排量的准确性问题，对计算的准确性会带来很大影响。

（1）迟到时间法。

$$v_{上} - \frac{H_{油} - (t_1 - t_2)\dfrac{H_{钻}}{t_{迟}}}{t_0} \qquad (1)$$

$$\Delta t = t_1 - t_2$$

式中　$v_{上}$——油气上窜速度，m/h；

$t_{迟}$——钻头所在井深的迟到时间，min；

$H_{钻}$——循环时钻头所在的井深，m；

$H_{油}$——油气层的深度，m；

t_1——见到油气显示的时刻；

t_2——下到井深$H_{钻}$时的开泵时刻；

Δt——从开泵循环至见到油气显示的时间，min；

t_0——井内钻井液静止时间，h。

（2）容积法。

$$v_{上} = \frac{(t_1 - t_2)Q}{t_0 V_0} \qquad (2)$$

式中　$v_{上}$——油气上窜速度，m/s；

Q——钻井泵的排量，L/s；

V_0——钻具外径和井径的单位环空容积，L/m。

使用常规法计算油气上窜速度时要考虑如下问题。

1. 迟到时间（$t_{迟}$）的确定

造成迟到时间（$t_{迟}$）很难确定的因素有：（1）钻井液排量不稳定；（2）迟到时间的测量计算受到钻井液运载比和钻具内部下行时间的影响；（3）迟到时间的测量计算与油气上窜速度的测量计算是在不同的下入钻具次数和状态下进行的，数据一致性差；（4）没有将油气侵段的显示时间引入上窜速度计算中，缺乏全面性；（5）用钻屑的迟到时间计算油气上窜速度不合理；（6）没有考虑复合井眼情况。

因此，考虑到以上因素，$t_{迟}$的确定按下列原则进行：（1）若在循环测量后效期间钻井泵的排量稳定，则$t_{迟}$用经过校正的相应排量和井深的实测迟到时间；（2）若在开泵循环至见油气显示的时间段内泵排量发生了变化，则根据实际情况，考虑排量变化对迟到时间的影响，使用校正后的平均排量所对应的迟到时间；（3）若在开泵循环至见油气显示的时间段内有停泵发生，就要从开泵循环至见油气显示的时间中减去停泵的时间。

容积法现场应用较少，主要是由于钻井泵排量的具体值精确性差，井眼容积也不容易准确确定，因此计算精度低。

2. 油气层深度（$H_{油}$）的确定

一般每口井都要钻开多个油气层，而每个油气层钻开的时间和深度有时相差很大。对此各油田没有确定影响后效显示的油气层深度的统一规范要求，全凭现场人员的经验来判断，导致计算的油气上窜速度与实际相比误差较大。另外，现场人员的读值精度、中途停泵时间的扣除与否等因素都会影响油气上窜速度计算的准确性。

油气层的深度$H_{油}$以油气层的顶界深度为准，分以下几种情况：

（1）只有单个油气层的井，油气层的顶界深度即为$H_{油}$。

（2）对于揭开多个油气层的井，若后效全烃曲线表现为1个峰(图1)，$H_{油}$的确定要根据实际情况，以对本次后效有主要影响的油气层的顶界深度为$H_{油}$。分两种情况：①若多个油气层的间隔较大，不属于同一套层系，且先揭开的浅油气层一直对后效显示有主要影响，则以该层的顶界深度为$H_{油}$，否则以最新揭开的、油气显示最好或气测异常最高的油气层的顶界来确定$H_{油}$；②若多个油气层的间隔较小或属于同一油层组，则以井深最浅的第一个油气层的顶界深度为$H_{油}$。

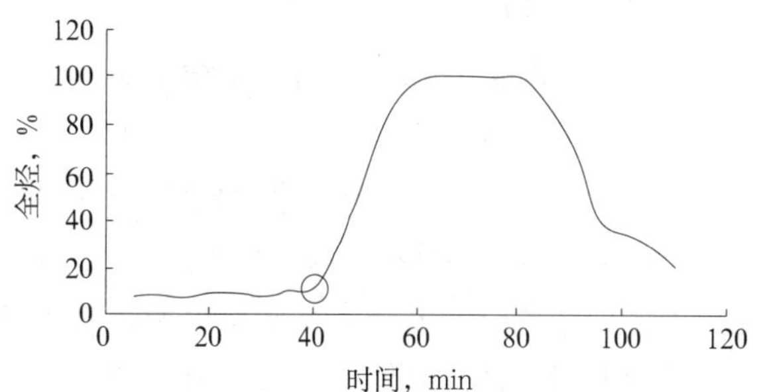

图1　表现为1个峰的后效全烃曲线

（3）对于揭开多个油气层的井，若后效全烃曲线表现为多个峰（图2），则根据油气层的分布情况确定所对应的油气层，再根据本次后效前的实际显示基值情况，来确定对本次后效有主要影响的最浅的油气层顶界深度作为$H_{油}$。

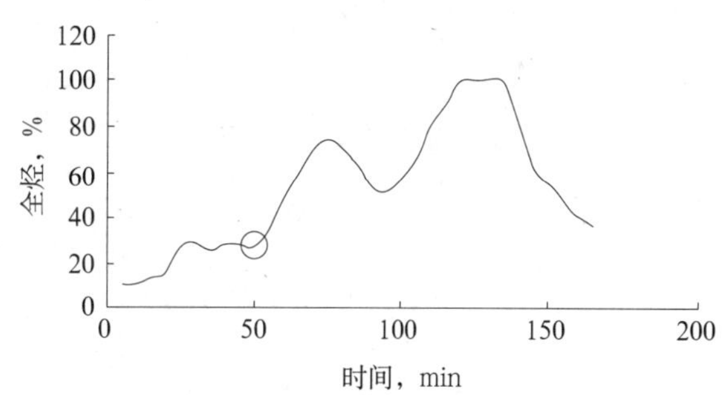

图2　表现为多个峰的后效全烃曲线

3. 从开泵循环至见到油气显示时间（Δt）的确定

通过调查发现，施工现场确定显示时间的方法各不相同，有人以显示最高峰的时间为显示时间，也有人以显示出峰的拐点时间为显示时间，没有统一的规定。

为了贯彻积极的井控理念，确保井控安全，建议取显示刚刚出峰的位置(即拐点)作为油气显示时间Δt的确定点。分以下两种情况：

（1）后效全烃曲线表现为1个峰，则该全烃曲线出峰的拐点所对应的时间即为见油气显示时间Δt，如图1所示，Δt应取40min。

（2）后效全烃曲线表现为多个峰，则要根据本次后效前的实际显示基值来确定对本次后效有主要影响的、出峰最早的一个峰，其出峰拐点所对应的时间为见油气显示的时间Δt，如图2所示，Δt应取50min。

（二）钻井液顶替法计算油气上窜速度

实际录井过程中，在井下正常情况下，一定时间段内钻井泵泵入井内钻井液体积V与井内经外环空返出地面的钻井液体积V_0相等。

V_0等于油气已经上窜高度所对应的钻具到井口钻具与井身间的环空体积，进而可以通过计算V_0来计算出实际油气已经上窜的高度H，计算出油气上窜的速度。这种间接计算油气上窜速度的方法称为钻井液顶替法计算油气上窜速度。

从开泵到出现后效的时间段内用钻井泵泵入井内钻井液的体积：$V=AL$。

计算油气的上窜速度的基本公式为：

$$v_{上}=\frac{H_{油}-H}{t_0} \tag{3}$$

$$H=H_1+H_2+\cdots+H_i$$

$$H_i=\frac{V-K}{S_i}$$

$$V=AL$$

$$K=V_1+V_2+\cdots+V_{i-1}$$

式中 $v_{上}$——油气上窜速度，m/h；

$H_{油}$——钻井过程中油气层显示的深度，m；

H——开泵测量时油气层已上窜所至的深度，m；

t_0——钻井液静止时间，h；

A——从开泵到出现后效的时间t_0内钻井泵的总泵冲数；

L——钻井泵每冲的实际排量，m³/冲；

H_1，H_2，…，H_i——各外径钻具的有效长度，m；

V_1，V_2，…，V_{i-1}——各外径钻具所对应的环空体积，m³；

K——1至$i-1$不同外径钻具所对应的环空体积之和，m³；

V——油气上窜高度H到井口钻具的环空总体积，m³。

现场i值的确定方法：

液面在第i钻具和第i-1钻具之间。

如果$V>V_1$，则说明第一种钻具到井口环空体积小于油气上窜高度到井口的环空体积，则需要进行下一级比较。

如果$V>V_1+V_2\cdots$

直到$V<V_1+V_2+\cdots+V_{i-1}$，此时说明油气上窜高度在第i-1和第i钻具之间，工作中通过钻具组合可以得到i-1前钻具对应的长度。

运用此种方法计算油气上窜速度必须考虑影响泵排量的很多因素，如泵的缸套直径、泵的上水效率等。因此在录井之前我们必须校验每一个泵的实际排量，利用单位时间实际泵入井内的体积来校验实际排量和上水效率，另外需要校验泵在单位时间的泵冲数，这样计算出来的总泵冲数比较准确，最后计算的总的顶替体积就准确。经过实际排量校验后，此方法计算的油气上窜速度比较准确。

（三）全烃曲线法计算油气上窜速度

全烃曲线法计算油气上窜速度的公式为：

$$v_{上}=\frac{Q(t_{fj}-t_j)}{V_c t_0} \tag{4}$$

式中 $v_{上}$——油气上窜速度，m/h；

Q——排量，L/min；

t_{fj}——在全烃曲线上油气显示峰值开始下降的时刻（图3中B点对应时刻），min；

t_j——见油气显示时刻（图3中A点对应时刻），min；

V_c——裸眼环空每米井深理论容积，L/m；

t_0——上次起钻停泵至本次开泵钻井液静止时间，h。

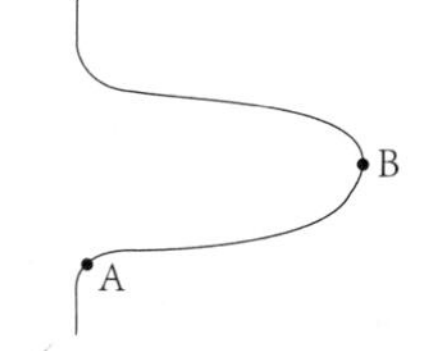

图3　一般情况下全烃曲线

特殊情况下，建议使用如下全烃曲线法公式：

$$v_{上}=\frac{Qt_{fk}}{V_m t_0} \tag{5}$$

式中　Q——油气侵钻井液返出期间的泵排量，L/h；

t_{fk}——全烃曲线上油气显示峰宽时间（如图4中所示的E点与D点之间的走纸时间），min；

V_m——裸眼每米理论容积，根据油气上窜高度的裸眼规则与否，可适当地附加1%~10%，L/m；

t_0——井内钻井液静止时间，h。

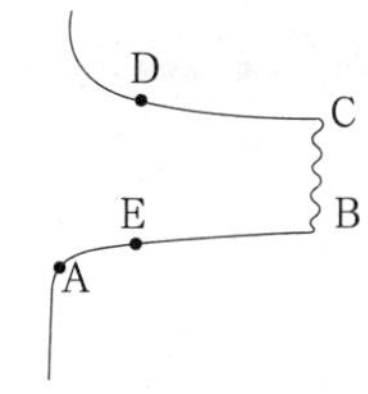

图4　特殊全烃曲线

用全烃曲线法计算油气上窜速度也不是什么情况下都适用，如果有一次后效气侵显示，在全烃值还未达到最高时，出现了井涌，立即关井，通过节流管汇进行节流循环排气，气测无法再进行，在这次后效油气上窜速度的计算中全烃曲线法就不再适用了，当然这是极少数的特殊情况。

二、关井状态下井筒内各点压力分析及油气上窜速度计算

（一）气体上升高度和速度计算

发生天然气溢流关井，天然气在关井状态下滑脱上升。目前学术界预测气体运移速度的模型太复杂，在现场难以应用。为了指导井控作业，可根据地面压力的变化，近似预测井内气体的运移速度，其前提是气体体积和温度保持不变。

如图5所示，气柱在井底时：

$$p_t=(H-h)\rho_g=p_d$$

气柱上升H_1高度后：

$$p_t+\Delta p+(H-h-H_1)\rho_g=p_d$$

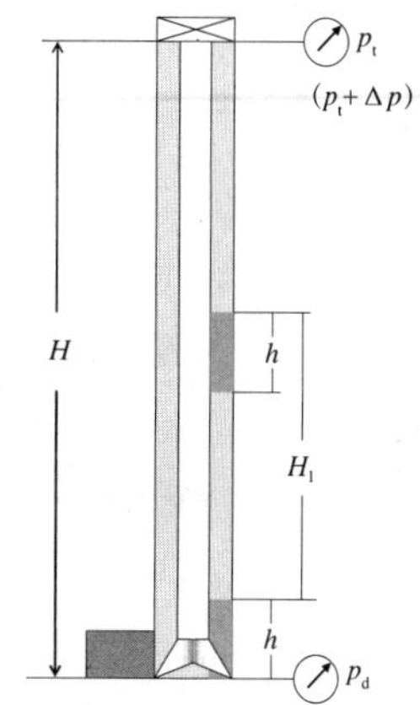

图5　关井状态下井筒内压力分析模型

对于气柱而言，根据气柱方程$\frac{pV}{T}$=常数可知，由于关井状态下气柱上升时，气柱体积不变，温度基本也不变，故气柱压力也不变，故可得：

$$p_t+(H-h)\rho g=p_t+\Delta p+(H-h-H_1)\rho g$$

化简得：

$$\Delta p=H_1\rho g$$

$$H_1=\frac{\Delta p}{\rho g} \tag{6}$$

气柱上升速度v为：

$$v=\frac{H_1}{t}$$

带入H_1得到：

$$v=\frac{\Delta p}{t\rho g} \tag{7}$$

式中　p_t——关井后气柱在井底的套压，MPa；

Δp——关井后气柱上升H_1后套压增加值，MPa；

h　关井后侵入的气柱在环空高度，m；

H_1——关井后气柱在环空内t时间上升的高度，m；

p_d——井底压力，MPa；

H——井深，m。

这就是关井状态下计算气柱上升速度的基本公式。

上述公式是在假设气体为单一体积单元的前提下推导出来的，而事实上，某些情况下气体常是以气泡的形态存在的，因此，运移高度和速度的计算值是近似值。

关井状态下，井内容积固定，假如钻井液未发生漏失，气体就不能膨胀，所形成的气柱会始终保持原来的井底压力值不变。从上面的公式可以看出，气体滑脱上升过程中，气柱以上的液柱压力减小使井口压力增加，气柱以下的液柱压力增加使井底压力增加。所以在关井状态下，气体的滑脱上升会导致整个井筒的压力不停地增加。

（二）井筒内各点压力分析

假设井内钻井液密度1.20g/cm^3，井深3000m，0.26m^{3}气体侵入井内关井，此时的井底压力为35.378MPa。大然气滑脱上升时，井底压力和井口压力的变化情况如图6、图7所示。

为了说明问题方便，引入临界深度和井筒强度的概念。

井筒强度=min（井口预测最高压力$p_{预测}$，套管抗内压强度$p_{内压}$的80%，套管鞋处井筒内的压力$p_{鞋}$）。

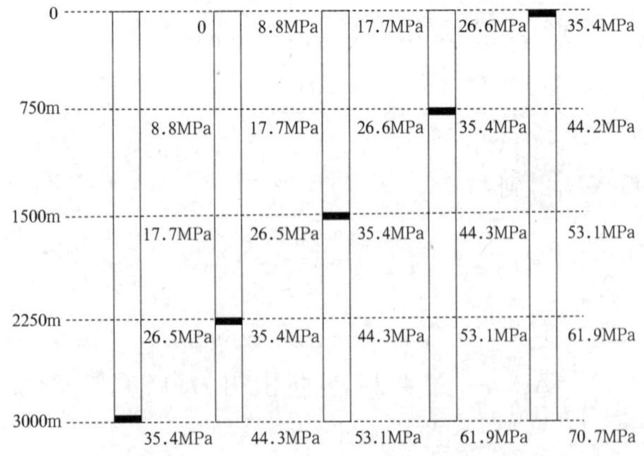

图6　关井状态下不同时刻气侵钻井液作用于井筒的压力变化

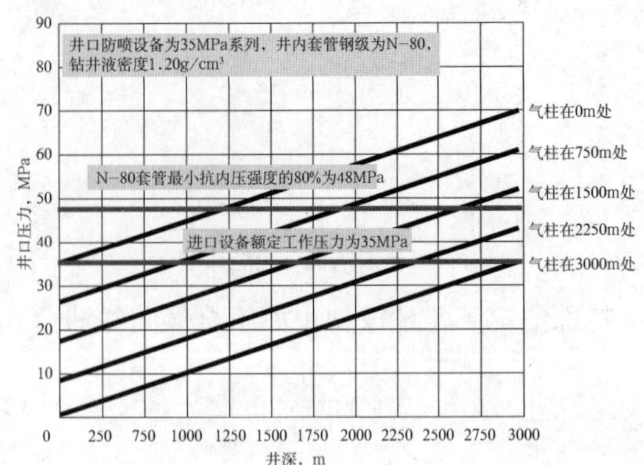

图7　气柱在不同位置井口压力变化曲线图

$$[p]=\min(p_{预测}, 0.8p_{内压}, p_{鞋}) \tag{8}$$

$$p_{预测}=\frac{p_{地层}(1-0.018H)}{304.8} \tag{9}$$

$$p_{内压}=\frac{1.75\sigma_{min}\delta}{d} \tag{10}$$

式中　$[p]$——井筒强度，MPa；

$p_{预测}$——井口预测最高压力，MPa；

$p_{内压}$——套管抗内压强度，MPa；

$p_{鞋}$——套管鞋处井筒内的压力，MPa；

$p_{地层}$——油气层压力，MPa；

H——套管深度，m；

σ_{min}——钢材最小屈服强度，MPa；

δ——套管壁厚，mm；

d——套管外径，mm。

所谓临界深度，是指关井条件下，随着气柱在井筒内的上升，井筒内各点压力也都上升，当井底压力达到井筒强度$[p]$时气柱在井筒中的深度。很明显，在井眼深度$H<H_{临}$的井段内，井筒强度是不够的；在井眼深度$H>H_{临}$的井段内，井筒强度是足够的。

临界深度的计算公式如下：

$$H_{临}=\frac{[p]-p_t}{\rho g}+h \tag{11}$$

式中　$H_{临}$——临界深度，m；

$[p]$——井筒强度，MPa；

p_t——关井时的套管压力，MPa；

h——侵入气体的高度，m；

ρ——钻井液密度，g/cm^3。

通过上面的例子可以得出以下结论：

（1）在关井状态下，气体在带压滑脱上升过程中，关井立管压力、套管压力不断上升，作用在井眼各处的压力均在不断增大。也就是说，一口关井后井内存在钻井液液柱而天然气不断在井口聚集的井，比喷空的井在井内不同深度处的压力更高。

（2）随着气柱从井底到井口的上升，临界深度越来越大（图8），也就是说，关井后，随着关井时间的延长，会有越来越多位置的套管强度将不能满足要求，并且套管强度不能满足要求的位置将首先出现在井底或气层位置。随着气柱不断上升，套管强度不能满足要求的位置将逐渐上移，距离井口越来越近。在井下作业中，全井筒关井后首先可能会挤毁下部套管；在钻井作业中，全井筒关井后可能会挤毁的位置有可能在套管鞋处。

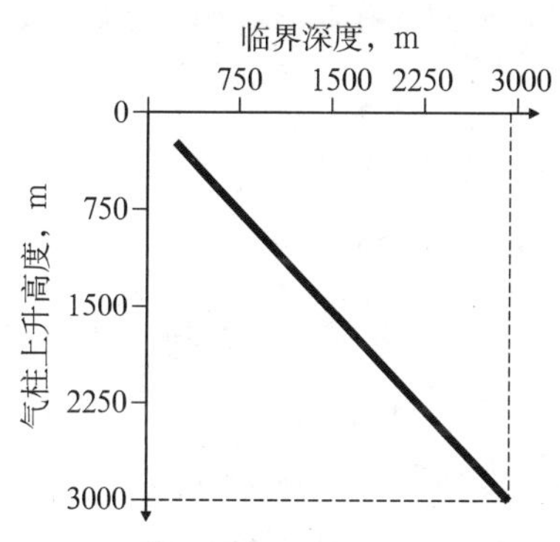

图8　气柱上升高度与临界深度关系曲线

（3）关井时，天然气上升至地面，井口要承受原作用于井底的压力，所以要求井口防喷装置有足够高的工作压力。

（4）气体滑脱上升引起井口压力不断升高，这个压力与天然气以下的钻井液静液柱压力造成过高的井底压力，不能认为地层压力也在增大，不能录取这时的井口压力计算地层压力。

（5）发生气体溢流不应长时间关井，避免超过最大关井套管压力，造成井口、套管损坏，或套管鞋以下地层破裂，最终导致井内与地面天然气窜通。此时在气柱未上升到临界深度前，就应当将后续压井准备工作做好，立即组织压井或通过节流阀释放部分压力。气井发生溢流以后立即关井，但是严禁长期关井，避免井下情况复杂化。

三、结论与建议

（1）计算油气上窜速度有五种方法，常规法比较简单，但是计算的误差大，钻井液顶替法和全烃曲线法相对来讲较为准确，实际使用时要根据具体情况选择使用。

（2）相对时间法计算油气上窜速度较为准确，而且通过一次下钻就能将油气上窜速度计算出来，解决了迟到时间测量误差和开发井一般不测量迟到时间的问题，在钻井和井下作业现场具有更广泛的适用性，是一种方便、准确的计算方法。

（3）五种方法都不能用于关井状态下计算油气上窜速度，要用本文推荐的方法。

（4）气井突然发生溢流关井后，应立即组织压井，杜绝长期关井。

参考文献

[1] 李富强. 气体钻井条件下迟到时间的计算与校正. 录井工程，2011（4）：24-27.

[2] 应维民，胡耀德. 油气上窜速度的现场计算. 海洋石油，2002（2）：63-65.

[3] 宋广健，严建奇，王丽珍，等. 油气上窜速度计算方法的改进与应用. 石油钻采工艺，2010，32（5）：17-19.

[4] 赵勇，邓章华. 钻井液顶替法计算油气上窜速度. 中国科技信息，2010（16）：40-41，52.

[5] 《石油天然气钻井井控》编写组. 石油天然气钻井井控. 北京：石油工业出版社，2008.

[6] 孙振纯，夏月泉，徐明辉. 井控技术.北京：石油工业出版社，1997.

（作者：郭虹，长庆油田公司培训中心，工程师；张发展，长庆油田公司培训中心，工程师）

复杂套损井修复新工艺初探

◆ 陈全柱

一、概述

老君庙大修井套管变形严重，井下情况复杂，部分井出砂异常严重，使修套作业效率和成功率较低。例如，2009年老君庙施工的大修井中，有近一半井由于套管严重变形或因严重出砂而没有正常完井。从近两年修井情况来看，修井难点主要表现在套损通径较小的井、落物与套管错断重合井、严重出砂井、大段弯曲变形井。目前，对这些套损井尚无成熟的修复措施，修复率很低。上述几类套损井修复的关键是打开套管通道，这是实施修井措施的基础。通过对复杂套损形态和相应修井工具的研究，使这几类难以修复的套损井得到修复，是修井工作亟须解决的问题。

二、复杂套损井修复新工艺初探

（一）套损通径较小的井

1.套损形态

这类井主要以套管错断损坏为主，分为活动型错断和非活动型错断两种，在老君庙待修井中占相当比例。这些套损井通径一般小于80mm，错断口上下套管轴线错开50～120mm，修复的难度很大。例如2009年，老君庙619井套管在982.01m通径为ϕ77mm，G247井套管在538.44m通径仅为ϕ55mm。

2.修井工艺

1）ϕ70mm以上非活动型错断井

这类井采用恒钻压探针式铣锥组合钻具进行修复，以便打出通道。钻具结构如图1所示。

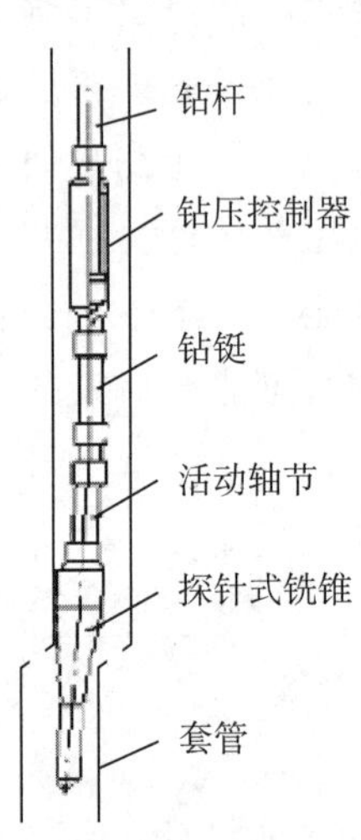

图1　铣锥管柱结构

该钻具主要由探针式铣锥、活动轴节和钻压控制器组成。探针式铣锥主要由铣锥主体和导引杆构成，其特点是导引杆能始终引导铣锥处于错断通道内，不致造斜磨铣出套管。活动轴节是一种既能传递扭矩又能在10°范围内偏转的万向节，主要特点是能够解决旋转磨铣过程中探针式铣锥与钻杆不同心而蹩断探针式铣锥的问题。

钻压控制器相当于一个能够传递大扭矩的伸缩短节，它主要由外工作筒和芯轴组成，有效行程1.8m，其特点是能够保证恒定钻压，有效地避免因指重表和手工操作因素造成的钻压忽高忽低的问题，提高磨铣效率，延长磨铣工具使用寿命，同时大大降低司钻操作刹把的频次，减轻劳动强度。

2）ϕ 70mm以下活动型错断井

这类井采用偏心胀管器扩径组合钻具，施工目的在于预处理出一个小的通径。钻具结构如图2所示。

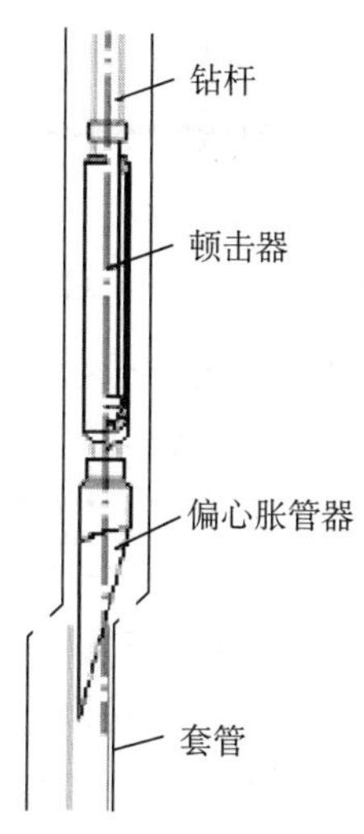

图2　胀管器管柱结构

该钻具主要由偏心胀管器和顿击器组成。偏心胀管器的下部是一个圆锥体，上部是一个圆柱体，其圆锥体的轴线与圆柱体相交，同时圆锥体的一条母线与圆柱体的一条母线重合，这样就构成了一个偏心的长锥面胀管器，其特点主要是利于插入小通径错断口。顿击器主要由外工作筒和锤头组成，其特点主要是在找错断通道过程中传递扭矩，保证偏心胀管器插入错断通道；在顿击胀管过程中，能将钻杆的冲击力传递给偏心胀管器，又不致偏心胀管器在胀管过程中因上提钻具而脱离错断通道。

3）ϕ 70mm以上活动型错断井

这类井采用恒钻压活动式导引磨鞋组合钻具。该钻具主要由钻压控制器、活动式导引磨鞋组成。活动式导引磨鞋由导杆、芯轴、锥形磨鞋主体组成，其主要特点是：只有导杆插入错断通道内，磨鞋主体才能随钻具旋转，才能起到磨铣作用，能有效地防止磨铣出套管。

当钻具下到错断口时，上提钻具使钻压控制器工作，开泵循环，并开始磨铣。如果磨铣进尺以正常速度增加，证明活动式导引磨鞋的导杆已插入错断口，锥形磨鞋主体的内六方孔与芯轴上的六方杆拟合，导引磨鞋正常磨铣错断口，直至磨铣到设计深度；如果磨铣无进尺，证明活动式导引磨鞋的导杆未插入错断口，锥形磨鞋主体未到达芯轴上的六方杆部位，没有起到磨铣作用，也就防止了磨铣出套管。

（二）落物与套管错断重合井

1.套损形态

老君庙有相当一部分打捞井，由于落物位置同时存在套管损坏，造成打捞或修套施工比较困难。例如老君庙L248井，在打捞油管至982.01m时遇阻卡，没有下到鱼头深度，活动解卡成功脱手，起出钻具检查发现，倒扣接头一侧有明显刮痕；后打印证实套管错断，最小通径为102mm。

2.修井工艺

首先磨铣处理错断口上部附近的套管，使其通径大于120mm。然后用扩铣钻头磨铣错断口下部套管及落物，长度0.5～1m。再探错断口，如果落物已下移，则用探针式铣锥等磨铣组合钻具分步铣通套损井段。如果落物仍夹持在套损井段，则继续用扩铣钻头向下扩铣，直到铣通套损井段。采用密封加固工具将处理的井段加固。

（三）严重出砂井

1.套损形态

这类套损井出现得较多，并且很难修复。井内返出物主要为地层砂、红泥块，由于这些井内物质上返，掩埋了套损部位，用清水循环不清，或出砂较快导致加不上单根和产生卡钻，造成卡钻风险较大。由于修井工具无法达到变形点，这样的井很难修复。例如，G238井打捞修套时返出大量红泥土、地层砂和小石块，且上返较快，循环不清，无法加单根。

2.修井工艺

这类井可以按以下六个主要步骤进行修复：

(1) 用高密度井液将井压稳，防止错断口以下井内液体上返和断口继续出砂；

(2) 用高密度井液循环冲砂,将砂面冲至错断口;

(3) 将速凝水泥浆或者更好的堵剂注入错断口防砂,将坍塌的地层封固住;

(4) 用钻水泥塞工具钻至错断口以下0.5 m，然后用清水将井筒冲洗干净，并打铅印落实下部套管鱼顶;

(5) 用扩铣钻头向下扩铣，直到铣通套损井段;

(6) 用密封加固工具将处理的井段加固。

（四）大段弯曲变形井

1.套损形态

由于岩层整体位移，套管在岩层上下界面上两点受力，产生弯曲型变形损坏或弯曲型错断损坏，出现大段弯曲变形的井段，损坏长度基本与岩层的厚度相同。

2.修井工艺

首先对弯曲部位进行整形，使通径达到施工要求，然后用模拟加固管通井。如果通不过套损井段，则用扩铣钻头铣掉偏离套管中心线的部分套管。最后用密封加固工具将处理的井段加固。

对于有一定施工条件的变形井，可采用滚压整形组合钻具扩径技术。该技术主要应用钻压控制器、滚动扶正器、滚珠整形器等工具。滚珠整形器由芯轴、锥形外筒、珠套组成，多个合金滚珠球以一定导程的多头螺纹线的形式分布在锥形外筒上，随钻具旋转合金滚珠球自转。该钻具整形原理主要是在钻具旋转过程中，滚珠整形器锥形外筒上以一定导程的多头螺纹线的形式分布的合金滚珠球对套管损坏井段的旋转碾压，靠钻压控制器保持恒定钻压，靠滚动扶正器和钻铤强制扶正钻具，通过滚珠整形器的旋转、碾压，对套管损坏井段整形、修直，整形级差大（5~10mm）、效率高，对水泥环伤害小。

三、结论

（1） 在以上几种难以修复的严重套管损坏井中，关键技术是打开套管通道，这是采取下步修复工艺的基础。

（2） 在采取修复措施之前，分析和搞清套管损坏形态是非常重要的，是采取针对性修复措施的关键。

（3）套管损坏原因和状况不同，决定了修井工艺的难度。只有不断研究和发展修井工艺技术，才能满足油田修井工作的需要。

（4）井下作业工具和作业装备也是制约修井的重要条件。配备必需的作业设备，如循环设施、固控设施和先进工具，对于修复复杂井有很大帮助。

参考文献

[1]吴志义，等.修井工程.北京：石油工业出版社，1991.

[2]金岩松，刘合.几种高难套损井的套损形态及修井工艺.大庆石油地质与开发，2004，23（1）：46-47.

[3]聂海光，王新河.油气田井下作业修井工程.北京：石油工业出版社，2002.

（作者：玉门油田公司作业公司，井下作业工，高级技师）

（审稿专家：黄生松）

管道工程建设管理PCM系统的应用及展望

◆ 王　晔　张福坤　袁少山

一、PCM系统简介

PCM系统为工程建设管理子系统，其目标是覆盖工程建设项目管理和控制的内容，提高项目管理水平和工作效率，对项目进行高效、有序和可预见性的管理。PCM系统涵盖管道工程项目的管理、决策、技术等相关环节，包括过程控制管理、技术数据管理、竣工资料管理、可视化展示等功能（图1）。

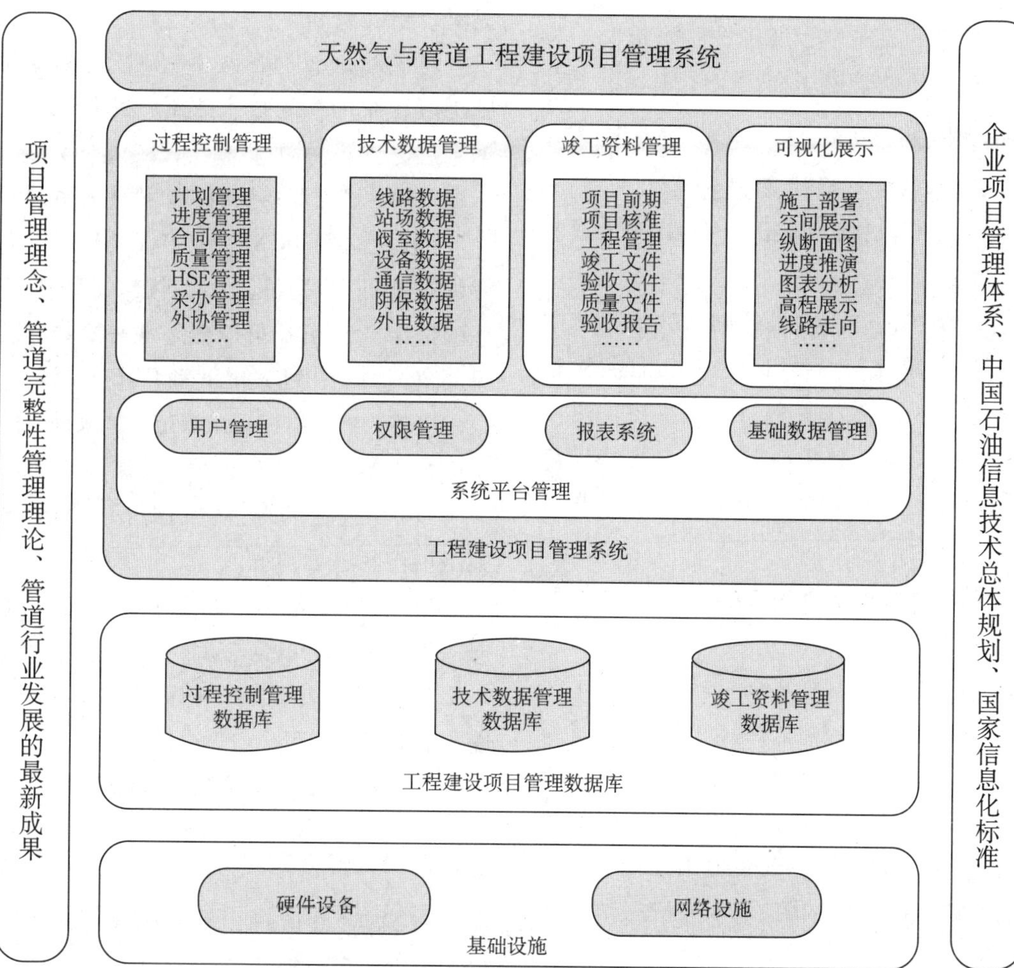

图1　PCM系统的功能

二、PCM系统的优越性

（1）有助于掌控施工进度；

（2）可对施工过程中的资料进行有效管理；

（3）可对过程管理中的数据进行有效管理；

（4）能够提供线路走向的形象化展示；

（5）为工程项目管理和运营阶段的完整性管理提供决策和数据支持。

三、PCM系统的管理和维护

公司购置两台服务器用于搭建PCM系统，为PCM系统的建设与运行提供良好的硬件条件，安排专门的网络管理员和PCM系统管理员，以确保PCM系统能够安全、有效地运行。

为规范管道工程建设信息化工作，确保PCM系统建设中数据的真实性、准确性、完整性、及时性，建设高品质的管道工程，公司还制定了专门的系统管理办法。

四、PCM系统应用成果及经验

（一）建立PCM日报、周报、月报定期上报制度

为加强对施工进度的有效控制，PCM系统中添加了过程控制模块，主要用于收集工程各类报表。例如，江都—如东天然气管道工程提交进度日报信息共13003条，其中线路承包商共计4277条，定向钻穿越承包商共计3801条，站场共计1350条。

（二）建立物资管理与PCM系统数据库的对应联系

在PCM系统中，中转站在系统上给施工单位发货，施工单位在系统上接收，中转站把管材的详细信息录入系统。这样通过物资建立起了施工单位与中转站的沟通联系，加强了对物资的管理。其中，江都—如东天然气管道工程物资单位总量16家，施工承包商共16家，录入管材信息共19615条数据。

为了更好地考核施工单位上报数据的准确性，系统建立了焊口间距与管材长度的对应关系，通过计算焊口间距长度并与管长对比，可以看出施工单位上报数据的准确性。

（三）建立数据测量现场旁站与坐标复测相结合的方法

数据是数字化管道的生命。为能够得到第一手准确的数据资料，公司制定了坐标测量现场旁站与坐标复测相结合的办法。

首先，每条定向钻的出入土点坐标、返平段与线路连头点的坐标测量现场要有监理旁站，保证了数据不作假、更准确。

其次，线路的坐标测量采取坐标复测法，先检查线路和定向钻连头点坐标有无焊口重复、交叉、错位及对接不上的情况，并按比例随机抽取一定数量的坐标进行现场复测，最终为竣工资料提供合格的数据。

基于此，PCM系统要求施工承包商定期上报施工过程中产生的技术数据，完善项目过程的数据采集。

（四）建立起培训机制，确保人员持证上岗

公司建立了PCM系统培训机制，PCM系统工程师须持证上岗。通过培训建立起一支专业能力强的数字化队伍，可以更好地完成数字化工作，保证工程数字化建设能够顺利开展。

（五）建立数据采集规范，加大采集的数据量

1. 线路工程需要采集的数据

（1）进度信息：管道开挖、布管及焊接等施工项目的进展情况。

（2）焊口编号：施工单位、管子编号、焊口三维坐标、补口信息。

（3）钢管信息：钢管号、防腐号、钢管长度、防腐等级。

2. 站场工程需要采集的数据

（1）阀门信息：阀门号、三维坐标、工艺编号、日期。

（2）管件信息：管件编号、三维坐标、标号、日期。

（六）采取多种严格限制，减少数据的错报

（1）系统规定了非本单位的管材在系统上是不能被使用的。施工单位在上报焊口数据时，PCM系统限制非本单位的管材录入，这就杜绝了管材混乱情况的出现，为后期工程完工后的对料以及数据审核把关。

（2）在竣工坐标点数据的上报方面，当施工单位上报的坐标点偏离设计中心线15m时，PCM系统会提示信息，施工单位需要根据反馈情况整改。

在管道工程项目建设PCM系统中，强化了过程管控，在工程报表报送、物资管理与PCM系统对接、数据准确采集、人员培训上岗等方面取得了良好的应用效果，为管道的建设和管理工作提供了一个良好的平台。

五、PCM系统应用展望

（一）PCM系统展示向三维方向发展

根据上报的焊口、阀门、管件等的三维坐标情况，在三维场景中展示线路施工和站场各种设备信息，建立管道、站场的三维模拟模型，在三维场景中全程再现管道位置、走向，多视角了解观察任意区域内管道三维关系，实现地形、地貌状况与管网选线的综合分析，并模拟完成管线走向设计。同时，建立管件、阀门的站场三维平台，可实现管道信息的查询。

（二）PCM系统向管道生产运营管理发展

在管道建设过程中，PCM系统起到了很重要的作用；同时，PCM系统在生产运营管理方面潜力巨大，可为管道运行提供有力的保障。

首先，PCM系统可通过获取和分析管道及附属设施运行状态的监控数据，实现对突发事件的追踪、定位与应急处理；同时，通过动态监测数据的综合分析，合理部署管道巡线、检修人员，编制管道防腐处理和设备检修计划，为运行管理部门提供决策支持。

其次，PCM系统纳入自然灾害预警系统后，可通过对灾害地质与地震数据的空间分析，对自然灾害易发频发的地点和相应措施组织编制沿线自然灾害动态监测方案，监测数据实时进入相应的动态数据库。PCM系统通过对监测数据的处理和分析，可对管道沿线可能发生的自然灾害进行预警，并启动相应的应急预案，以最大限度地预防并减少自然灾害对管道安全造成的危害。

六、结束语

PCM系统在管道工程建设中的应用，不仅强化了过程管控，在工程报表报送、物资管理与PCM系统对接、数据准确采集、人员培训上岗等方面也取得了良好的应用成果。

PCM系统的稳定运行，为管道工程建设和管理提供了一个良好的平台，也为系统延伸到管道运行管理方向提供了数据支持，为做好PCM系统与运行管理的衔接奠定了基础，为将来生产运行的安全、平稳提供了更有效的保障。

（作者：西气东输管道公司管理人员）

（审稿专家：吴忠良）

班组管理

班组管理与安全生产

◆ 吕春霖

班组是企业发展的基础，班组安全管理是企业安全文化建设的重要组成部分。搞好班组安全管理也是企业安全管理的一项重点内容。一个项目的完成，最终是依靠班组员工的辛勤作业，项目再好、效益再高，没有班组的努力也只是一张设计图纸、一个构想。同样，企业在班组安全文化建设上确立了正确的方向，但没有员工推动，班组安全文化建设也只是空谈。班组管理的关键是班组长，要求工人做到的事情班组长也必须做到，而且要干在前头，带领工人完成企业交办的工作任务。

一、选好班组长，强化班组长核心地位

班组长有着职位不高，决策不少的特点。麻雀虽小，责任不小。班组是企业的基本组成单位，抓好班组管理是加强企业管理、搞好安全生产的基础。企业安全管理中的办法、措施，都要依靠班组长来组织成员具体落实。班组长作为“兵头将尾”，对减少事故的发生起着至关重要的作用。如果班组长不善管理或责任心不强，对违章、违纪熟视无睹，发生事故的几率将会大大增加。所以班组长要做到以下几条：

（1）以身作则，做出表率。班组长能否以身作则，做出表率，直接影响到班组长安全职责的实现。要求别人做到的事，自己首先要做到，要求别人不能干的事，自己首先不干。一定要安全想在前、安全做在前、遵守安全制度走在前、安全生产干在前，做到嘴勤、耳勤、眼勤、手勤、腿勤，尽职尽责。

（2）要贯彻依靠班组成员的原则。安全生产工作是群众性的工作，不是班组长一个人就能搞好的，要相信员工、依靠员工、发动员工，实行群防、群治、群管、群控，做到全员、全面、全过程、全方位管理。只有使员工认识到安全生产的重要性，事故发生的几率才能降到最小。

（3）要搞好与员工的团结。安全生产工作从某种意义上说，是关心人的工作，在生产过程中要做到互相关心、互相帮助，才能避免事故发生。班组长要注意观察员工的情绪，对那些性格内向或孤僻的，更要主动接近、关心、帮助，以情感人、以德服人，加强团结。

二、加强班组安全建设，夯实班组基础工作

石油勘探是高风险行业，安全生产是企业的重中之重，其基础是强化基层工作。夯实基层基础，关键在现场、核心在班组、重点在班组长。抓好现场管理，重视班组建设，培养并使用好班组长，是企业实现安全可持续发展的最重要基础工作。

（1）要教育班组员工树立牢固的安全意识。坚持安全第一，当安全与生产任务发生矛盾时，坚决把安全放在首位，始终绷紧安全这根弦。

（2）要提高全班员工技能素质。作为生产一线的一名成员，只有工作本领过硬，遇事成竹在胸，在关键时刻才能够解决问题，才能安全、高效地完成生产任务。

（3）注重班组员工能力建设，提高班组整

体素质。建议建立以个人能力为核心的班组考核培训制度，制订月度培训计划和长远培训规划，做到因人施教、因岗施教，精密组织，务求实效。坚持理论培训与现场实践相结合、现场讲解与实际操作相结合、素质教育与岗位成才相结合，使培训效果确实达到提高班组全员综合素质的目的，固本强基，努力实现班组安全生产。

三、狠抓班组岗位落实制度

班组安全管理要“严”字当头。“严是爱，松是害，出了事故害几代”，班组要有严格的制度、严明的纪律，只有“严”字当头，员工的安全意识才能逐步树立起来，违章现象才有可能消除，事故才有可能杜绝。在实际工作中，我们经常会发现一些与安全生产管理脱节的现象：检查不落实、考核不兑现、制度不执行等，使很多安全管理制度形同虚设。“安全第一、预防为主”的口号虽然天天喊，但真正的预防却很少，安全生产没有成为习惯，反而一些的坏习惯、老毛病却形成了自然。没有规矩不成方圆，班组编制虽小，但规章制度是不可缺少的。奖励和处罚都是一种引导的办法，奖励是正面引导，处罚是告诫员工自觉地反对和制止不安全行为。班组长要敢于坚持原则，该奖励的就奖励，该惩罚的就惩罚，真正做到安全无小事，安全不讲情。正确的做法应该是处罚面小，教育面大，抓住典型，勤敲警钟。

四、发挥基层工会在班组安全建设中的作用，增加班组凝聚力

工会是协调劳动关系、维护员工权益的组织，我们通常会形象地把工会称作是员工的娘家，班组是员工的小家。一个优秀的基层班组长要学会灵活运用工会的组织效能，结合本班组实际和所在企业实际，针对目前基层班组管理粗放的现状，充分运用好工会这一组织，及时向工会反映本班组的情况，传递本班组员工的声音，展示班组文化的魅力。比如有的班组可以突出“家文化”建设，把班组建成员工的“第二家园”，营造家的温馨，让员工在班组工作、生活有家的感觉；有的班组可以突出“活力文化”建设，激发班组成员蓬勃向上的热情，使班组充满生机活力，彻底改变某些班组那种死气沉沉的局面；有的班组可以重点抓好“金牌文化”建设，事事争先创优，不管遇到什么艰巨任务，参加什么竞赛，都争第一、拿冠军，将班组安全文化建设与班组工会活动同步推进。发挥本班组群众安全监督员在班组安全生产中不可替代的作用，充分行使权利，做到敢于监督、善于监督。把现场安全管理做得严谨求实，注重把握现场管理的每一个过程、每一个细节，不折不扣地把各项制度和措施落到实处，解决现场隐患，把隐患消灭在萌芽状态，把本班组塑造成一个具有高强凝聚力和战斗力的团队。

五、总结

搞好班组安全生产工作，关键在于班组长要了解班组员工习惯性违章生产的心理，这样才能从源头上杜绝事故的发生。班组长时刻都要牢固树立“安全第一，预防为主”的安全指导方针，带领班组成员完成安全生产的内容，结合班组的具体情况按照“生产无隐患、个人无违章、班组无事故”的要求，在不同工作岗位上形成的一种文化风格，通过班组安全文化建设，充分发扬班组员工的创新精神，激发他们的积极性、主动性。要集思广益，广泛征求大伙意见，根据自己班组的特点，适当开展一些安全竞赛，如“百日无违章竞赛”“师徒安全对手赛”“安全知识口答竞赛”等等，把竞赛形式运用到班组的安全管理工作中，打开一个人人重视安全、关心安全的班组良好局面。

（作者：中油测井公司花土沟射孔项目部，射孔取心工，技师）

加强维修队伍建设 提高员工综合素质

◆ 冯永衡

自西部管道公司提出"站场区域化管理，实现运（行）检（查）维（修）一体"的目标以来，武威维修队通过转变技能培训思路、勇于实践探索、积极实施奖惩激励机制等一系列措施，加强了维修队伍的建设，提高了员工的综合素质，保障了安全生产。

一、组织多种形式的岗位培训，强化业务技能

在"站场区域化、运检维一体化"的要求下，武威维修队在以生产经营为重点的同时，把基本素质、执行能力、学习能力作为基点，开展多层次、多方面、多角度的贴近现场、贴近需要的培训活动，使员工能够学、用结合，并且要求做到"四个突出"：技术讲座突出针对性、现场培训突出实践性、领导讲座突出学习性、交流讨论突出全面性。

首先，组织开展现场轮岗培训。本着提前介入的原则，全面做好站场区域化、运检维人才队伍一体化、设备技术全面化等工作。维修队选派人员分批前往武威作业区驻站，全面学习站场工艺流程、巡检、设备管理、风险识别等，为强化个人综合素质奠定了基础。其次，进行专业授课培训。在公司"突出质量效益，深化改革发展，努力推进国际先进水平管道公司建设再上新水平"的精神指引下，武威维修队以提升维修员工业务技能素质为契机，开展维检修"经验共享讲坛"活动，让员工走上讲坛，与同事分享自己在设备维检修工作中的经验和见解。自2011年以来，为建设高素质的员工队伍，武威维修队从年初开始举办"作业回讲"活动，在此基础上，维修队又扩大讲学范围，让专业技术人员和在生产中有着丰富经验的老同志走上讲台，传授经验以及日常工作中遇到故障时的判断和处理方法，使员工在基础知识、故障排除方面都有很大提高。通过这种传、帮、带方式达到以点带面、整体提升的效果，提高员工的理论和业务水平，促进维修队整体综合实力的提升。最后，在推进中创新，加强技术革新。作为一个基层站队，维修队在日常维检修时会遇到各种情况，对于其中在技术方面的不足之处，维修技术人员积极开展技术革新活动。由维修队撰写的论文：《泵机械密封的维修方法改进》《过球指示器扭力凸轮改造》《阀门注脂的合理化研究》分别获得了公司一项科技进步三等奖和两项青年科技二等奖。另外维修队还在修旧利废方面取得了很好的成绩，为了降低成本，加快科技成果向生产力的转化，仪表组承担完成的"提高仪表检定合格率新方法"项目，每年在仪表检定方面就为公司节省了二十余万元。维修班承担完成的"Limitorque电动执行机构模式化维修"项目在武威成品油分输站应

用，节省了十七万多元，此两项成果也分别获得了公司青年科技进步二等奖和分公司QC成果三等奖。

二、夯实基础，全面推进“三基”工作

构建社会主义和谐社会，重心在基层。基层是各项工作的基础，是各项政策的最终执行者、落实者。维修人员是维修队的主体，直接从事着基层维修工作，维修队始终围绕“以运检维一体化为现场管理的核心”，积极推进基层建设、基础工作和基本功训练，分层次、有重点地加强员工培训，健全实训场地、培训教材等支撑体系，采取师带徒、现场授课、驻厂培训等多种形式的培养方法，培养高素质的技能型复合人才。

三、“两管”并举，全面提升管控能力

首先，为了使“三基”工作不断扩展延伸，实现持续发展和企业综合品质的提高，武威维修队组织在岗员工深入学习宁夏石化推行的“5S”管理[1]理念，并将其与精细化管理相结合，使员工的思想观念、安全意识、专业素养、操作技能综合提高，保障了站场区域化管理制度措施稳步推进。其次，武威维修队从日常管理入手，把健全完善规章制度、强化管理作为打牢发展基础、提升发展质量的根本，结合“突出运用、突出创新、突出解决”的思想，强化了全员执行能力，做到了按“制度”办事，按“程序”操作，按“文件”执行。第三，注意细节，精准要求。“天下大事，必作于细，天下难事，必成于精”。为此，维修队以精细化管理为载体，制定了一系列标准，用以规范作业行为，消除“差不多”“还凑合”的心理，倡导责任明确、措施准确、细节精确的工作作风，适应高标准、高精度、高质量的精细化管理要求。

四、传播企业文化，汇聚正能量

锐意创新的时代要求鞭策我们努力培植先进的企业文化。武威维修队坚持以大庆精神、铁人精神铸魂、育人，大力发扬“国门文化”的责任意识、“德令哈文化”的奉献精神，凝聚正能量，进一步强化以构建“平安管道、绿色管道、和谐管道”为重点的公司文化理念，形成了“反应迅速、保障有力、技术过硬、作业规范、思想合格、纪律严明”的武威维修队文化体系。同时，把安全文化、责任文化、执行文化作为执行重点，倡导员工做执行的先锋，做落实工作的表率，弘扬中国石油的光荣传统，强化员工的执行力、责任心、忠诚度。

五、加强“先锋党支部建设”，打造基层党支部战斗堡垒

第一，武威维修队党支部定期组织开展党员会议，深入推进党的群众路线教育实践活动，保证内容、人员、时间、效果“四落实”，更好地用“十八届三中全会”精神武装头脑、指导实践。第二，在加强领导、健全体制、认真落实党风廉政建设责任制的基础上，统筹安排、全面落实各项工作。在年末总结会议上，党支部组织民主评议考核，并将评议考核结果公示，做到透明化、公开化。第三，学习老党员严谨、踏实、高效的工作方法，重温党的教育，重燃进一步提高党性修养的热情，投身企业发展，使员工成为“在工作中能看出来，在需要时能站出来，在群众中能带出来”的人才。

“站场区域化、运检维一体化”建设任重而道远，武威维修队将继续为打造技术过硬的精英团队不断努力，为公司成为国际先进管道公司的“管道梦”增砖添瓦。

（作者：中国石油西部管道公司甘肃输油气分公司，机泵维修钳工，中级工）

---

❶ “5S”管理是针对现场管理的一种现代管理方法，5S即整理（SEIRI）、整顿（SEITON）、清扫（SEISO）、清洁（SEIKETSU）、素养（SHITSUKE）。

提素质 强巡检 细监盘 保安全

◆ 舒 兵

大港石化公司第一联合车间主要负责常减压、延迟焦化、电精制三套装置的生产运行。500×10^4t/a常减压装置是公司的龙头装置，起着承前启后的作用，其能否顺利完成各项生产任务对后续装置有着重要的影响，对公司全年生产任务能否顺利完成起着决定性的作用；19130×10^4t/a延迟焦化装置是全公司唯一一套间歇性操作装置，它采用20h生焦周期，工作强度较大，需要不断改变生产状态，稍有疏忽，极易发生安全事故，其操作好坏对原料轻质化、效益最大化也起着至关重要的作用；150×10^4t/a电精制装置的操作好坏影响柴油产品质量。因此，第一联合车间始终把安全环保和稳定生产放在首位，形成了具有特色的安全文化，保证了车间零事故、零伤害、零污染目标的顺利完成。

（1）对班组员工素质要求“四提高”，即提高安全意识、提高员工执行力、提高岗位技能、提高团队凝聚力。

提高安全意识：引导员工牢固树立“安全第一”理念，时刻把安全放在心上，对安全生产作出贡献的员工优先申报安全明星，对其进行表彰和奖励。

提高员工执行力：充分调动员工的积极性、主动性，提高员工的执行力；建立了严格的绩效考核办法，把工作态度和个人的利益挂钩，在月度奖金考核或年终评选先进时，优先对成绩突出的员工给予奖励。

提高岗位技能：组织员工一起学习、讨论生产中出现的问题，共同寻找解决问题的办法，着力提高班组每名员工的操作技能。

提高团队凝聚力：加强班组团队建设，调动每名员工的积极性。

（2）外操在日常巡检时实行“六勤”法，即勤走、勤看、勤听、勤闻、勤摸、勤测。

勤走、勤看可以及时发现生产异常现象并加以处理，以防事态扩大；勤听、勤闻可以及早发现设备运行异常现象并加以排除；勤摸、勤测是指对关键设备、机泵重点监测，及时了解设备运行状态，做到心中有数。

2010年1月，班组员工宋冬菊在夜班巡检时发现甩油泵房内油气弥漫，屋内情况不明，她立即通知班长。班长赶到现场后，根据情况立即启动了事故应急预案，对事故机泵进行了隔离。由于发现及时、处理得当，避免了一次重特大事故。待高温油气散尽，发现是由于甩油泵油缸的一个丝堵脱落造成泄漏。如果巡检不及时、不仔细，处理不果断，事故后果不堪设想。

（3）内操在进行DCS（分散控制系统）操作时实行“四多四不”法，即多演练不慌乱、多分析不盲动、多查看不懈怠、多沟通不推诿。

多演练不慌乱：平时对各种可能发生的事故进行预演，做到胸有成竹，才能在突发事故时进行正确处理，避免不安全事故的发生。

多分析不盲动：发现异常情况时，从不同角度去分析，查找造成异常的根源，从而解决问题。

多查看不懈怠：通过对DCS经常翻页查看，可以及时发现装置异常情况，降低安全隐患。

多沟通不推诿：操作异常时，及时与调度室、相关装置进行沟通，了解原因，正确分析并处理，避免不安全事故的发生。

以素质为基石　在创新中求发展　不断提高班站管理水平

◆王　勇

为实现油田公司目标，按照锦州采油厂的各项安排部署，我们中心站紧紧围绕经济产量这一中心，坚持以管理增效为着力点，内强队伍素质，外抓有效载体，在创新中寻求突破，连续三年实现油、气产量双超，安全、效益双赢佳绩。

（1）班组学习由重技能的“单一型”向重能力的“综合型”转变，员工综合素质不断提升。

日常工作中，我们坚持“用什么学什么、学什么精什么”的原则，大力实施“素质”工程，不断强化队伍的“硬件”建设。在一线建立培训基地，实施实物教学，深化“名师高徒”活动，增强员工学习兴趣和动手能力。在学习的基础上，有针对性地开展以“油水井动态分析能力、岗位技能操作”为主要内容的技术比武活动。举办“操作规程标准示范”活动，将各岗的操作规程进行标准演示，提高岗位技能。通过以上举措，员工的学习兴趣和争先意识明显提高，形成了比、学、赶、帮、超的良好态势。

言教不如身教，身教不如境教，我们在提升队伍“硬”素质的同时，更注重寓教于境的“软”素质提升，大力实施“文化”工程，增强员工的文化修养，使班组不仅是提高技能水平的阵地，更是提升综合素质、打造“复合型”人才的摇篮。在日常工作生活中，通过不断摸索、提炼，总结出“六合八法”班站文化理念，有效促进了中心站各项生产经营工作的开展。六合即

2012年3月5日晚21：21，班组内操刘海霞在监盘时发现碱洗装置来料量突然增大，由15t/h增大到40t/h，系统压力由0.33MPa增大到0.81MPa，卧罐压力也增大到0.51MPa，而卧罐定压为0.55MPa，这说明卧罐安全阀很快就会起跳，一起事故在所难免。这时，刘海霞并没有慌乱，而是根据以往的操作经验，分析、判断此情况应该是上游催化装置造成的，立即与催化班组长取得了联系，要求减小轻柴油输送量，21：23，装置又恢复到平稳状态。2分30秒，一起事故避免于无形，装置生产工序顺利延续。

通过班组持之以恒地开展安全文化建设，并不断加以总结、推广，带动班组各项工作全面开花：2011年9月，两人参加集团公司500×10^4t/a常减压装置操作技能大赛，取得了一枚铜牌；2011年11月，在公司第七届技能大赛上，取得了一、二、三等奖各一名的优异成绩。

提高班组员工的综合素质，抓好班组员工的巡检和监盘工作，对班组而言是最基础也是最重要的工作，只有切实落实班组巡检和监盘工作，才能确保公司和车间生产安全持续、经济效益稳步增长。

（作者：大港石化公司第一联合车间，延迟焦化装置操作工，高级技师）

"配合增默契、结合打基础、人合壮士气、心合促稳定、力合清障碍、融合谋发展"；八法即"决策事先有想法、不同观点听说法、组织运作讲章法、关键过程明做法、问题预测多办法、放手管理先约法、规范标准严律法、工作之中重方法"。通过不断丰富班站文化理念，营造出"一起共事是缘分，相互支持是情分，干出成绩是福分"的和谐之"家"的共识。

（2）班站员工由重局部"被动应付型"向重大局"自觉互动型"转变，团队凝聚力不断增强。

安全环保工作是我们班站管理的重点，员工对安全理念是不是真懂真信、安全知识是不是真学真会、安全措施是不是真抓真干、安全规律是不是真守真循，关键在领导。在班组安全生产工作中，我们中心站领导以身作则，把承诺体现在具体行动中，通过可闻、可视、可感的个人安全行为，切实让员工"听到"领导强调安全，"看到"领导实践安全，"感受到"领导重视安全，潜移默化地把员工从"他律"变为"自律"。工作中，我们对班组的周边环境污染因素进行科学分类，实行"一图、一表、一牌、一策"管理："一图"，重点管线、各井场、井围子地理图；"一表"，在表册中标明管线的长度、走向、投产年月及现状，井场、井围子标明数量、面积和目前状况；"一牌"，在控制点现场立环境保护牌，标明作业区的环境治理方针及施工方在该处应该注意的事项；"一策"，针对每一处重点环境部位制定不同的应对措施。通过实施各项措施，我们站多年来没有发生一次安全环保事故。

在做好安全环保工作的同时，各采油站还自觉地从影响产量的掺油、掺水、温度控制、套管气回收等管理细节出发，及时做好油井挖潜工作，维持油井生产的连续性和平稳性。如2012年，在开井数不降的情况下，确保了天然气自给自足，作业费下降了近20万元。

（3）班组管理由重表层的"执行型"向重实质的"创新型"转变，班组管理水平不断增强。

通过有意识的引导，班组参与创新管理的热情被充分激发，不再停留于单纯执行上级指令，而是敢于总结自身存在的不足，从制约班组发展和提升的薄弱环节入手，对症下药，制定有效措施，推动班组管理向科学化、规范化迈进。要把先进的管理理念融入员工日常工作的一招一式中，仅仅停留在对理念的认识层面是不够的，我们通过工作思路和工作方式的转变引导员工，让理念转化为生产力。中心站以"管理要有创新、形式要有突破、工作要有业绩"为目标，不断夯实基础工作，推动班站生产管理各项工作上水平。在油井日常生产管理上，结合我作业区所管区块油井油品复杂，管理难度大的实际，推出了"一井一策一工艺"的"三个一"管理法。根据不同油井的不同现状，制定了相应的油井增产措施、管理办法及不同的井口工艺，最大限度地发挥油井的能量，使我们中心站的油井管理水平有了大幅度的提高。我们还进一步完善各项工作标准，形成全方位标准化管理模式，在继续推行开井工作规范的同时，我们还制定并逐步完善了洗井、调平衡、碰泵、量油、调参、套管气回收、扫线等多个工作规范；推出录取资料标准、井口工艺标准、站内设备管理标准、油井日常管理标准等多项工作标准。在标准制定出来后，重点要求各班站在具体实施中不折不扣地执行，从而使油井管理工作逐步形成标准化、制度化。

我们还把创新观念引入基础工作各个环节，带领员工树立起企业所有领域都可以创新的观念，引导和鼓励他们开展"增一增、减一减、改一改、换一换"等各种基础创新尝试，并坚持鼓励创新、宽容失败的舆论导向，使广大员工养成了时时想创新、事事要创新的习惯。几年来，广大员工发挥才智，完成了螺杆泵加油器、目视化图标、自掺水流程改造等多项小发明、小创新，累计为企业创效135万元。

（作者：辽河油田公司锦州采油厂，采油工，技师）

抓细节　练技能　聚人心
全面提升班组自主管理水平

◆ 耿福新

近年来，我带领班组全体成员，积极推行杜邦安全管理模式，牢固树立“一切事故都是可以控制和预防的”安全管理理念，贯彻零事故、零违章、违纪的思想，从我做起，从细节入手，唱响班组自我管理、自我评估、自我评定、自我学习、自主排查隐患、自主整改的管理经，提高了班组安全管理水平。在我的带领下，班组全体员工心往一处想，劲往一处使，紧紧围绕公司和部门的工作重点开展工作，圆满完成了各项经营指标。我们班组连续三年在部门开展的班组劳动竞赛活动中名列前茅，被公司评为先进班组。

一、抓学习，练技能，素质教育经常化

在班组管理过程中，我们牢固树立“培训是长效投入，是发展的最大后劲，是员工的最大福利”的理念，做到一般人员普遍培训、骨干人员重点培训、紧缺人员抓紧培训、优秀人员奖励培训，坚持把技能竞赛活动与技术培训、岗位练兵等工作紧密结合起来，带动岗位操作人员走技能成才之路。我始终把提高员工素质作为班组管理的头等大事来抓，先从自身做起，坚持学习管理知识和专业技能，使自己成为学习型班长。在2008年公司举行的热力司炉工技能大赛中，我和本班的冯小龙分别取得了第二名、第三名的好成绩并代表公司参加了当年集团公司热力司炉工技能大赛，取得了团体第十名的好成绩，冯小龙获得了一枚个人铜牌，创公司参加同级别竞赛最佳成绩；2010年，我和崔智勇代表公司参加了宁夏回族自治区举行的锅炉操作工技能竞赛，取得了团体第一名的成绩，崔智勇和我分别获得了一枚个人金牌和铜牌，为公司争夺了荣誉。这些成绩的取得极大地激发了部门员工的学习热情，并在部门内形成了比、学、赶、超的良好氛围。

结合“创建学习型班组，争做知识型职工”活动，我班组制订了翔实的学习计划和制度，在内容上从现实出发，干啥学啥、缺啥补啥。一是在保证本岗位操作技能的基础上鼓励岗位之间轮岗学习，中控人员学现场知识、机组人员学中控技能、循环水人员学脱盐水操作，以适应人员合理调配。二是装置开停车前重点培训操作规程、正常运行时有针对性地进行事故预案的学习，做到了以学习促进工作。三是充分利用班前会，结合实际开展“班前学一题”“班前学一技”和经验分享活动，不仅让职工对重点、难点内容有了更深刻的理解，而且与岗位实际有机结合起来，使自主培训真正起到实学、实用、实训的效果。四是要求每位员工将应知应会知识熟记在心，在班组内部坚持开展岗位练兵和师傅带徒弟等活动，我负责每天对员工的学习笔记进行检查，做到严格奖罚。专项培训、岗位练兵、事故预案演习等培训相结合，提高了班组员工处理突发事故的能力，提升了员工的业务技能，为自主管理的实现打下了坚实的基础。

二、抓巡检，促规范，岗位操作程序化

为有效控制生产过程中出现的工艺波动、非计划停车，我和班组成员一道总结出了“跟、查、贴、对”生产受控办法，班组员工在操作过程中严格做到“只有规定动作，没有自选动作”。在日常工作中，我狠抓巡检，规范班组成员行为，杜绝习惯性违章，在巡检中严格执行各项制度，严肃各项工艺纪律，严格落实“跟、查、贴、对”工作法，加大岗位巡检的检查和监督力度。我始终坚持对各个岗位的巡检情况进行不定期抽查，及时对不认真巡检现象给予纠正，督促员工养成认真巡检的工作习惯。通过“眼随手动，手随口动，口随眼动”式操作，杜绝了习惯性违章，班组员工自觉上标准岗，干标准活、安全活，养成了良好的工作作风。从2006年至今，未出现 “三违”现象，仅2011年，我们通过精心巡检，发现了十余起重大设备隐患，为公司的安全生产作出了应有的贡献。

三、抓细节，严考核，班组管理精细化

自主管理只有建立在制度约束的基础上，才能够确保各项工作有章可循、规范有序，才能够实现预期的目标和效益。绩效考核是各项管理制度得以执行的有效手段和方法，也是员工奖金发放的依据，只有做到公平、公正和公开，才能达到考核效果。

多年来，我所在班组在公司和部门经济责任制的指导下，全面推行绩效考核，确保了各项管理制度的有效执行和员工奖金发放的公平、公正。实行当日考核、当日汇总、当日公开，员工有了疑问或者班组有了失误，都可确保在第一时间解决，完全消除了以往员工不能及时了解考核内容的现象，让员工看到“干好与干坏、会干与不会干、干与不干”的不一样，调动了全班员工主动参与班组管理和学习业务技能的积极性。同时，我们还采取多种激励措施，倡导“优质劳动、优质报酬；重要的岗位、优厚的回报及荣誉，只会给予那些超越合格、达到优秀、让班组放心的员工”； 坚持个人考评公开，奖金发放、使用公开，待遇、荣誉、评先树优公开，在班组内部形成了员工之间的“赛马机制”，“跑”得越快、奖金越高，班组内部自我提高、自我管理的积极性明显增强，班组管理逐步成熟。由于班组“赛马机制”的形成，班组内部产生了较强的工作动力，形成人人为班组争荣誉的良好工作氛围。

四、聚人心，促和谐，班组氛围亲情化

“视员工为兄弟姐妹，用亲情凝心聚力”，是我提升班组自主管理水平的又一法宝。在班组管理中，始终坚持严格制度约束的同时不忘亲情关爱，保持团结、和谐的工作氛围，时刻注意把握严与爱的“度”，善待每一位员工。注重把员工的冷暖放在心上，切实为员工解决一些实际问题，仅2011年，我们先后帮困10次，看望员工家属20次，参加各类社会公益活动10次以上。在创建班组文化、构建和谐班组工作方面，我们积极倡导“不让一名员工掉队，每名员工都是可塑之才；外树形象，内聚人心；班组创一流管理，个人创一流业绩”的班组文化理念，引导班组成员互助友爱，一人（家）有困难，全班人员伸出援助之手；一个岗位发生险情，其他岗位人员义不容辞参与处理。业余时间，我们积极开展班组内部和班组之间的文化娱乐活动，积极参加部门以及公司组织的各类文体活动，把关心员工、关爱员工作为增强班组凝聚力、提升班组自主管理水平的关键因素常抓不懈。

（作者：宁夏石化公司水汽部，热力司炉工，技师）

唯才是用　精细管理

◆ 李晓明

测井行业是一个高成本、高效益的行业，成本控制尤为重要。在长期的实践中，我们总结出了一些成本控制方法和措施，与大家分享。

一、成本控制存在的问题

（一）认识上存在的问题

部分员工认为测井材料控制只是单位管理人员的责任，与自己无关，造成使用材料时过于浪费。

（二）油料控制存在的问题

油料控制一直是测井成本控制的难点。首先是监督方式过于草率，没有完备的监督方法，让许多人成为漏网之鱼；其次监督的力度太弱，没有标准的测量记录，没有好的考核标准，制度执行起来就很难，导致最后无法执行。

二、成本控制的重点工作

（一）加大宣传，提高员工节约意识

充分利用宣传栏、黑板报、各种会议等形式，向全体职工讲形势、做动员、提要求、定措施，使大家全面了解经济形势的严峻性，让全员树立“节约成本就是创造效益”的意识。使每一位员工切切实实地把节能降耗贯穿在工作之中，自觉地落实在全员的日常行动上。

（二）科学监控，按章执行

制订项目部成本控制计划，定期进行成本分析。在油料管理方面，严格执行管理办法，重点抓单井油料、路单上缴和路码表临时抽查工作；月底对上报数据仔细分析，严格控制油料不超标，杜绝弄虚作假现象；积极在驻地附近联系加油点，降低车辆油耗。

（三）严格考核，重在控制

首先必须堵住漏洞。油料消耗是大头，为严格控制用油，杜绝弄虚作假现象发生，项目部制定了管理办法，重点抓好单井油材料成本的核算，并将作业队每月油材料成本纳入考核范围，对每月的油材料成本进行严格把关审核，对成本超标的班组和岗位予以提示和警告。发动每一名员工节约水、电，爱护公共设施，让大家从节约一度电、一滴水、一张纸、一卷黑胶布、一副手套做起，杜绝长明灯、长流水等现象的发生，人人自觉做到人走机关、人离灯灭；严格审核和控制作业队的个人领料，严禁虚报冒领，严密跟踪材料使用情况，杜绝铺张浪费、损公肥私。从一点一滴做起，层层把关，把节能降耗的措施切实贯彻到工作的各个方面，落实到每个员工的行动中。

三、成本控制实例

2009年，因工作需要启用双深度系统，当时LOG－IQ队电缆磁记号系统无法启用。马军和周子剑进行电路检查分析，发现差一个信号放大电路和一个有效的磁记号器。经过多方面参考、联系、试验，最后给信号通路安装一个放大电路，同时将以前使用的EILOG磁记号器改用为LOG－IQ原装系统磁记号器，顺利启用了设备。

虽然只是一个小小的改进，但这种学习创新的精神是值得赞扬的，在节约成本方面更是值得大家学习。

（作者：中油测井公司花土沟测井项目部）

班组长——优秀班组的心脏

◆ 郑红霞

班组是企业的基本单位，企业的各项工作任务和目标都要通过班组来实现。在公司体制改革不断深入、争创全国一流企业的新形势下，如何搞好班组管理，是班组长需要认真思考的问题。企业要争创一流，强化管理必须从基层抓起，从每个班组抓起，下面我就谈谈我对班组长在搞好班组管理中应做到的六个方面。

一、严格要求，以身作则

作为班组长，首先要严格要求自己，用实际行动来影响、感化班组内其他成员，任何事情都要起到模范带头作用。

二、不断学习，技术过硬

班组长应该既是技术上的骨干，又是业务上的多面手。班组长在工作中应努力学习、刻苦钻研、勇于探索，不断提高自己的业务技术水平，遇到问题能够及时处理、解决。

三、心态端正，心胸豁达

每个人的性格都有一定的差异，这些性格的差异在工作中往往会引起一些误会和冲突。班组长应该心态端正、心胸宽广，尽量避免发生误会，有误会时及时解释和沟通，心平气和地解决问题，不能把情绪带到工作当中。

四、客观公正，奖惩分明

班组长做事一定要公平、公正、公开，一碗水端平，按原则办事，不能感情用事，不能让老实人吃亏。看到班组员工有进步，班组长要多鼓励、多表扬；如果班组员工工作出现差错，班组长一定要批评、指正、考核。

五、谦虚谨慎，礼貌待人

班组长是领导与员工间的纽带，既要尊重领导的意愿，又要理解员工的心声，因此必须能够虚心听取其他员工的意见和建议，并能及时准确地向领导反映情况，好的意见和建议应采纳，不能采纳的意见和建议应和大家解释清楚，让大家理解。

六、有效沟通，合作共赢

班组长在日常管理中应该加强与班组员工的沟通，尽量避免因为沟通不及时、不准确而带来的不愉快。有效沟通可以提高工作效率，使大家看待问题的视野得到拓展，解决问题也能易如反掌。有效沟通也是提高工作效率的良好途径，是使大家共同进步的良好契机，更是营造和谐工作氛围的良好方法。通过沟通，彼此之间能相互理解、相互体谅，从而更好地合作，创造出更大的价值，实现合作共赢。

一个班组长如果能做到这六点，班组定会成为一个团结、和谐、积极向上的团队，会更加有信心去克服工作中遇到的种种困难，更好地完成各项工作，为公司的发展贡献更大的力量。

（作者：呼和浩特石化公司矿区运行维护中心，电话交换机务员，技师）

班组安全管理几点见解

◆ 郭新平

班组是企业的“细胞”。班组安全工作是整个企业安全工作的前沿，是整个企业安全工作的基石。班组安全建设的成效，取决于班组长对安全生产的认识程度及所具备的安全技术水平和实际的组织协调能力，为此，必须重视和加强对班组长的安全教育工作。

一、要切实抓好安全生产工作

班组长在抓班组安全工作中除切实加强班组建设、提高班组成员安全素质外，还应具备超前意识、监督意识、事后总结意识。

班组长要具备超前意识。所谓超前意识，是指班组长对班组安全工作要有预见性、敏感性、超前性。如果班组长没有这种超前意识，就抓不住安全工作的要害。班组长一要弄清上级对安全工作的要求，把握安全工作方向；二要掌握班组的安全状况，分析班组成员的思想动态，对容易发生事故的岗位、工种做到心中有数。

班组长要具备监督意识。一要加强对运行操作和设备状况的监督，一旦发现隐患要及时处理，把事故消灭在萌芽状态。二要加强对班组成员上岗前安全防护准备工作的监督，及时制止忽视安全的现象。三要加强对班组成员在生产过程中执行安全规章制度的监督。四要加强对重点人员、重点岗位的监督。

班组长要具备事后总结意识。班组长抓好安全工作，要总结成功的经验、找出成功的秘诀，还要总结失败的教训，找准失败的原因，并上升为理论，以指导今后的安全工作。

二、要以岗位安全操作为重点抓安全教育

岗位安全操作规程十分具体，明确规定了职工的安全操作规范，每一个职工不但要牢记，更应将其融入工作、指导工作。班组长要以此为目的持之以恒抓好安全教育，尤其应重视职工返岗与换岗的安全教育。班组长一定要统筹全局，确认上岗人员的体力、精神状态、作业环境及事故隐患整改情况，这是保证安全生产的前提条件。

三、要对危险因素进行预知、预防

班组长对班组每天工作中可能发生或导致危害安全的因素要有前瞻性和预见性，如进行复杂操作时，要对员工给出明确的提醒并布置防范措施。可以利用安全活动时间及班前班后会进行群众性的危险预知、预防活动。危险因素预知、预防是控制人为失误、提高职工安全意识和技术素质、落实安全操作规程和岗位责任制、进行岗位安全教育、真正实现“三不伤害”[❶]的重要手段。班组长只要抓好以上各项工作的落实，班组安全管理工作就能更上一层楼，就会有效控制各类事故的发生。

四、营造和谐团队氛围

我认为班组的和谐是安全工作的一个重要方面，因为只有班组和谐了，才有利于各项安全措施的实施，在班组中努力营造出一个“大家庭”的氛围，使每名班组成员在和谐的环境中工作、相处。当班组谁有困难时，鼓励班组成员都伸出援助之手，使班组成员感受到班组的一份温暖、

❶三不伤害是指不伤害自己，不伤害他人，不被别人伤害。

一份关爱，从而更加增强班组的凝聚力和战斗力。班组有了浓郁的和谐氛围，有利于班组的安全工作。

五、班组安全管理要克服形式主义

有少数员工认为，班组的安全活动就是读读有关的事故通报，然后编造学习记录，就算完成任务。这样一来，习惯性违章就不能根除；对危险点麻痹大意、视而不见；安全意识淡薄，甚至没有安全意识。为克服这样的形式主义，作为班组长要以身作则，认真对待班组每次安全活动，组织讨论安全事故，使员工真正认识到事故的根源和危害性，达到安全教育的效果；另外，要把反对形式主义作为一项长期的工作来抓，要做到经常抓、反复抓。

班组安全是企业安全的基础，班组长是班组安全的第一责任者。以上五点是我对班组安全管理的看法，在以后的工作中，我会不断创新，使企业的安全生产在班组扎实、有效开展。

（作者：乌鲁木齐石化公司热电厂，锅炉运行值班员，技师）

经验分享

蒸汽相变加热炉常见故障分析与处理

◆ 陈建新

随着油田生产的发展，大量新设备、新工艺投入使用，蒸汽相变加热炉便是其一。辽河油田公司引进的是广州迪森公司生产的ZQXBW-1.75-6.4/0.44-Q型蒸汽相变加热炉。相比以前使用的陶纤毡直接加热炉及水套炉，蒸汽相变加热炉具有加热效率高、热量损失小、单位效益比大、安全措施齐全（具有介质超压、超温，烟道超温，水位保护，电路故障等保护功能）、自动调节运行参数、降低操作人员劳动强度等显著特点，极大地提高了生产效率，节省了操作成本。但在使用中发现，ZQXBW-1.75-6.4/0.44-Q型蒸汽相变加热炉有一些特有故障，如不能及时处理，就会影响正常生产运行。虽然厂方技术人员给予了一定技术支持，但不能完全解决生产中出现的问题。经过本人在实际工作中的摸索，总结出了一些经验，与大家分享。

一、工作原理

蒸汽相变加热炉的本体由上下两部分组成。上部为蒸汽相变换热器，下部为卧式内燃湿背式三回程筒式加热炉。

燃料在外部管线经过过滤、调压后进入燃烧器。燃料从燃烧器喷出后在炉胆内呈微正压燃烧，燃烧产生的高温烟气在波纹炉胆燃烧室内发生辐射和对流换热，经过燃烧室进入第二回程烟箱，再经过前烟箱进入第三回程螺纹烟管到达后烟箱。后烟箱和烟道相连，烟气最终经烟道排入大气。

载体水的流程：波纹炉胆、第二回程烟管及第三回程烟管将热量传递给水，水吸收了这部分热量开始汽化产生蒸汽，进入高效相变换热器与温度较低的换热器管束相遇，发生冷凝释放出大量的汽化潜热，加热换热器内介质。蒸汽冷凝水在重力作用下回流到加热炉内，原油在压力作用下在换热管内流动，吸收蒸汽冷凝释放出的热量。

二、常见故障分析与处理

（一）智能温度控制显示仪表（AI708TDLL）偏差分析与修正

1.偏差分析

智能温度控制显示仪显示数据有来油温度、出油温度、烟道温度、出水温度（双盘管加热炉带采暖加热的蒸汽相变加热炉型有此温度仪表），同时显示仪表带有温度超高报警停炉及温度偏差修正功能，如图1所示。因厂方能给予的技术支持有限，带来的不利因素是在自动运行模式下显示值与实际温度值偏差大（通过水银温度计做对比）。当蒸汽相变炉达到内部设定值而自动停炉时，水银温度计实测值并没有达到温度上限值。举例说明，当HIAL上限报警值为“HIAL+DF”值，如（78+2）℃时，实测值也应

图1 智能温度控制显示仪

是80℃，而实测值却为76～77℃（与运行时长正相关），影响原油正常加热温度。等到测量值小于“HIAL-DF”值时，仪表解除报警，加热炉恢复正常运行，原油加热温度已下降至76℃以下。此种情况经常出现，需请厂方人员进行调整，既多支出了维护费用又影响到原油正常加热效果。

如果采取手动模式启动加热炉，又缺少了温度联锁保护功能，即加热炉燃烧器不能根据程序控制系统采集的数据进行自动调整，岗位人员只能让燃烧器处在满负荷状态下进行工作（手动只有满负荷和小负荷两种工作模式），当达到加热温度即手动停炉，以免加热炉出炉原油超温。岗位人员需守在加热炉旁监控，频繁启停炉，增加了岗位工人劳动强度。针对以上两点不利因素，通过现场实际操作摸索及不断观察对比，查找相关厂家设备型号、技术说明，逐渐摸清了智能温度控制显示仪上相关英文名词的含义及操作说明，见表1。

2.偏差修正及步骤

记下仪表显示的数值与实际数值的差值。按下功能键选择LOC选项，输入数值808解锁后，调出

表1 智能温度控制显示仪显示及操作说明

符号	含义及操作说明
HIAL	上限报警值
LOAL	下限报警值
DHAL	正偏差报警值
DLAL	负偏差报警值
DF	回差值
DOC	参数调节
CTRL	控制方式，CTRL=0，表示采用位式调节。（on-off）出厂设定
SN	选择输入规格，设定为21，表示选择的输入是pt100,出厂已设定
ALP	报警输出定义
CF	系统功能选择
LOC	参数修改级别，允许查看现场参数给定值；LOC=808，可设置全部参数，出厂设定为0

CF系统功能选择，在其子菜单中选择DOC选项，在原有数值基础上增减仪表与实际值的差值（显示值比实际值小增加差值部分，大则减去差值部分），设置完成后按功能键退出即结束操作。

通过对AI708TDLL智能温度控制仪表的操作，使岗位人员对蒸汽相变加热炉的温度控制更精确，随时可以对显示的数据偏差进行调整。此方面问题无需请厂方人员进行维护，节省了维护费用，也保证了蒸汽相变加热炉高效运行而不耽误生产。

（二）燃烧器启动过程中燃烧器侧部面板电路冒烟故障处理

燃烧器在启动过程中，燃烧器侧部面板内冒出黑烟，同时伴有刺鼻的焦煳味，中间继电器及底座烧毁，实施紧急停机。事后检查程序控制器内熔断器也一同烧毁。分析原因是，由于燃烧器处于室外，电路盖板与燃烧器连接处没有采取密封，机体上固定电缆卡箍松脱造成缝隙过大，潮湿空气进入（事故前几天持续下雾），使机体电路内断路器底座接线体导电，造成断路器烧毁。查明原因后更换损坏的断路器；紧固电源入机箱卡箍并进行通风处理；更换了程序控制器熔断器；侧部电路盖板与机体连接处用密封材料缠绕。经过以上处理，控制箱内电路运行正常，再

没发生类似故障。

（三）加热炉运行中烟囱冒黑烟故障处理

加热炉运行中，燃烧器在自动调节燃烧功率时，发生烟囱冒黑烟现象。从观火孔看，火焰发黄、火束偏长、火头发乌、燃烧无力。检查发现，伺服机构与风叶板连杆受力（正常情况下连杆两端球头径向有一定的活动余量），风叶板指示器处于小火位置，如图2所示。分析原因，燃烧器风箱进风叶板两端没及时进行润滑保养，致使两轴端发生锈死、卡滞现象，燃烧工况发生改变时，风箱叶板不能随伺服机构联动。停炉后，用工具拆卸掉风箱与伺服机构连杆，用螺栓松动剂或机油浸润生锈部位，转动连杆直至活动灵活，上紧连杆重新启炉，工作正常。

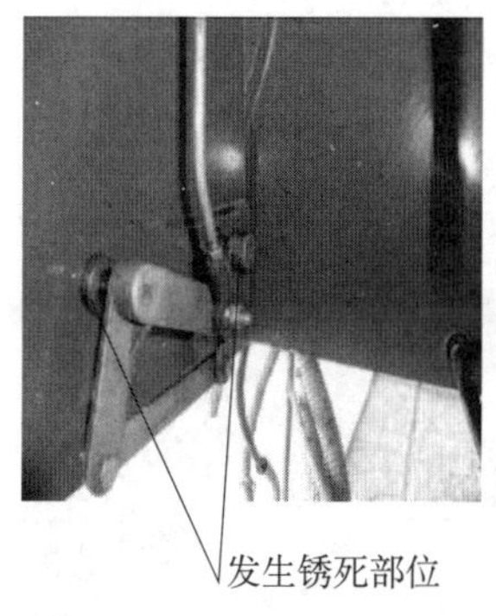

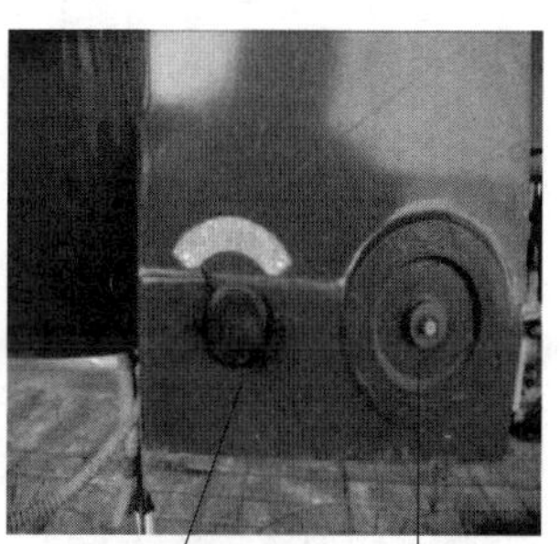

图2 风箱

值得注意的是，当发生加热炉冒黑烟情况时，应按风箱进口、风叶板、伺服机构（钢带调节器螺母）的顺序进行检查，以免影响故障判断处理。上述故障就是先从伺服机构找起，影响了故障的判断及处理。另外，对于燃烧器的风门与燃烧气的连杆机构应定期润滑。

（四）燃烧器启动过程中发生故障停机处理

（1）故障状况。燃烧器启动过程中执行完检漏、吹扫程序后发生故障停机，程序控制器显示窗故障状态为“1”，如图3所示。

（2）查找原因。根据故障位置经过对点火电路检查，发现点火电极导线与点火电极连接处松脱，接触不牢，造成电阻过大，不能正常放电（图4）。

（3）处理。松开燃烧器上端盖固定螺钉，取下盖板，拨出点火导线，调整铜卡箍位置后将点火导线重新插入电极接头处，保证接触良好，安装上盖板后启动燃烧器，运转正常。

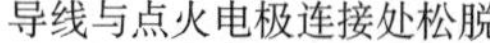

图3 程序控制器

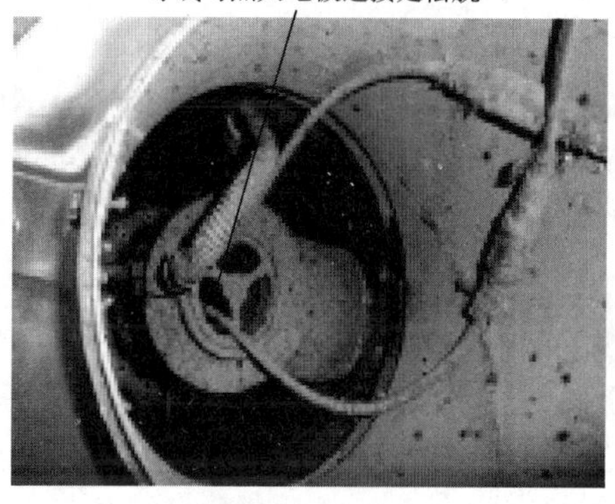

图4 燃烧器内部

通过对相变加热炉运行中发生故障的原因进行查找及解决，可以帮助岗位操作人员在短时间内使相变加热炉恢复正常运行，保证了整个输油系统的安全、平稳运行。

（作者：辽河油田公司油气集输公司，输油工，技师）

技术点评：本文重点介绍了蒸汽相变加热炉的工作原理，以及蒸汽相变加热炉几种常见故障的分析与处理，小技术解决大问题，对实际生产运行具有一定的指导意义。同时，蒸汽相变加热炉在油气田得到越来越广泛的应用，该文章对提高蒸汽相变加热炉运行管理和维护也具有一定的现实意义。

（审稿人：白晓东）

阀门保养的小技巧

◆ 成　梅

在天然气开发、净化行业中，阀门应用十分广泛，对阀门进行良好的保养维修，对生产运行十分重要。

阀门保养中有一项重要内容就是阀门密封填料的更换。阀门在高温、高压、蒸汽、酸碱等外因作用下，时间长了，就会因密封填料失去弹性导致密封失效而出现泄漏现象，带来安全隐患。现在阀门常用的密封填料主要有石墨密封填料、石棉密封填料、芳纶密封填料、聚四氟乙烯密封填料等几种。其中石墨密封填料和石棉密封填料在清除时，由于受到密封填料取出器的机械作用，容易发生破碎、断裂，产生碎屑。密封填料腔的空间狭小，取出密封填料时受到密封填料压盖的遮挡，密封填料腔很难清除干净。由于密封填料腔不洁净，添加的新密封填料与阀杆之间有杂质，保养后的阀门密封仍达不到应有的效果。

我们在阀门保养过程中找到一个小窍门，能很方便地把密封填料碎屑从密封填料腔中清除干净，且操作简便、工具易得，如图1所示。

图1　巧除密封填料碎屑

在密封填料腔内残余密封填料清除后，用胶管进行吹扫，很容易清理干净， 且不损伤阀杆，达到了保养的目的。

（作者：西南油气田公司川西北气矿，天然气净化操作工，技师）

技术点评：简单实用的小技巧。

（审稿人：冼祥发）

气分装置低温热利用改造及操作总结

◆ 李太奎

从合理利用的角度出发，炼油装置生产过程中产生的热量，应优先在本装置内经过充分换热并做到逐级利用。随着炼油工艺的不断进步，加工程度的不断深化，即使内部系统的换热流程已做到尽善尽美，仍有部分低温（100～160℃）的热量不能在装置内完全利用，这就不可避免地造成热量的浪费以及由于直接排放造成的环境污染。

一、改造内容

我公司原气体分流装置（以下简称气分装置）全部的热源都来自于系统的低压（1.0MPa）蒸汽，蒸汽消耗量在35t/h以上，在日常操作中常常由于蒸汽压力波动，影响装置平稳操作；尤其在冬季，生产中蒸汽压力往往下降到0.7MPa以下，给操作带来了非常大的困难。另外，催化裂化和焦化装置还有大量低温余热没有很好利用，从全厂角度来看存在能级利用不合理的现象。另外，原气分MTBE装置的工艺流程还存在着不尽合理的地方，重组分在装置内被重复加热，造成热源被部分浪费。鉴于以上原因，公司与车间同多方合作单位经过认真核算、认证，在2008年全公司检修期间对气分MTBE装置的工艺流程和低温热利用两个技术项目进行了改造。

本次低温热利用改造项目主要包括催化裂化装置、焦化装置、气分MTBE装置三个系统。

（1）催化装置顶循环、轻柴油组分、重柴油组分的低温热给气分装置作热源，每小时可产生489855kg的95℃低温热水，总热负荷为14244kW。

（2）焦化装置顶循环、轻柴油的低温热给气分装置作热源，每小时可产生250826kg的95℃低温热水，总热负荷为7299kW。

（3）气分装置利用催化、焦化装置低温余热作为脱乙烷塔和丙烯塔热源。改造设备新增低温热水罐、低温热水泵、低温热水加热器和低温热水空冷器。低温热水（除氧水，70℃）自低温热水罐D-110底部用低温热水泵P-110A/B送出气分装置，在系统管带区分成2路，一路至160×10^4t/a催化裂化装置，另一路至100×10^4t/a延迟焦化装置，由两装置换热混合后的热水（95℃）回到气分装置作为脱乙烷塔和丙烯塔热源。

气分装置工艺改造的主要内容是利用现有30×10^4t/a气分装置脱乙烷塔和丙烯塔，以及5×10^4t/aMTBE装置的脱丙烷塔，将流程重新调整成常规的气分装置三塔流程：脱丙烷塔—脱乙烷塔—丙烯塔。对脱丙烷塔的塔盘进行了更换，同时给脱乙烷塔、丙烯塔设计了新的塔底热水介质重沸器。

二、改造后装置运行情况

（一）工艺生产情况

表1是改造前后主要操作条件的对比情况。

1.脱丙烷塔改造后情况

该塔改造后，开工初期按照设计要求，塔底温度控制在98℃，回流比控制在2.0。在实际操作中，车间根据化验结果逐渐将塔底温度提高到103℃，回流比控制到2.5。从表2可以看出，脱丙烷塔塔顶和塔底所含的C_3和C_4组分都达到了比较理想的分离效果。

但此塔改造后，处理量增加了60%，回流量增加了50%。因此该塔的塔顶负荷增加了80%以上，当原料中带水或组分波动较大时，会造成塔压力、温度剧烈波动，需要很长时间才能恢复正常。不仅会影响气分装置而且还会直接影响到MTBE装置的正常运行，造成两个装置产品质量不合格。所以我们在日常工作中会依据操作变化及时做出正确判断和调整，确保装置平稳运行。

2.脱乙烷塔改造后情况

改造前，脱乙烷塔处理量为40t/h，改造后变为24t/h，整个脱乙烷塔的负荷降低了44%，而此塔的塔盘没有进行更换和改造，造成脱乙烷塔在低处理量时或者塔顶温度在50℃以下时，塔内气液平衡很难建立，塔顶回流无法建立。

所以脱乙烷塔的操作重点是气液负荷不能过低，当负荷降低时要及时降低塔顶回流量或提高塔顶温度，将塔顶压力由3.0MPa调整到

表1　改造前后主要操作条件对比

名称	脱丙烷塔			脱乙烷塔			$1^{\#}$丙烯塔			$2^{\#}$丙烯塔		
	改造前	改造后	设计值	改造前	改造后	设计值	改造前	改造后	设计值	改造前	改造后	设计值
进料量，t/h	23	40	35.7	40	24		38	24				
进料温度，℃	35	60	58	40	41.5	41.5	95	68	68			
塔顶温度，℃	50	46	44.5	52	60	47.5	45	45	48	40	40	43.5
塔底温度，℃	102	103	98	101	73	68	89	54	53.6	45	45～46	48
塔顶压力，MPa	1.7	1.7	1.7	3.0	2.95	2.90	1.7	1.6	1.78	1.64	1.65	1.72
塔底压力，MPa	1.75	1.75	1.75	3.1	3.05	2.95	1.75	1.67	1.82	1.7	1.71	1.78
回流比	11	2.0～2.5	2.0～2.5	全回流	20～26	20～26				16～20	16～20	16～20

表2　改造后装置各物料组成情况 %

采样点＼样品名	乙烷+乙烯	丙烷	丙烯	正丁烷	异丁烷	正丁烯+异丁烯	反丁烯	顺丁烯	异戊烷	正戊烷	C_5及C_5以上组分
气分原料	1.21	13.25	30.84	7.47	19.97	14.35	6.94	5.7	0.25	0.02	
脱丙烷塔塔顶	3.1	27.67	68.22	0.02	0.82	0.17	0	0	0	0	
脱丙烷塔塔底	0	0.08	0.01	13.75	35.97	25.64	12.09	8.6	1.58	0.33	1.95
脱乙烷塔塔顶	28.94	10.71	60.35								
脱乙烷塔塔底	0.02	30.23	65.56	0.07	3.34	0.78					
$1^{\#}$丙烯塔塔底	0	84.87	0.44	0.17	11.62	2.84	0.04	0.02			
$2^{\#}$丙烯塔塔底	0.01	20.22	79.77								
$2^{\#}$丙烯塔塔顶	2.49	0.09	97.42								
丙烯馏出口	0.21	99.79	0	0				0	0		

2.95MPa。

3.丙烯塔改造后情况

由于丙烯塔进料组分改为C_3组分，所以1#丙烯塔塔底温度较改造前明显降低，热负荷相应降低。同时还发现，改造后丙烯塔分离效果较改造前提高，塔顶回流泵P-103负荷降低，塔顶回流由改造前的200t/h降低到120t/h，节约了部分电能。

（二）改造后低温热水系统操作情况

改造后低温热水系统操作情况见表3。

表3　改造后低温热水系统操作情况

项目	改造后	设计
来水温度，℃	92	95
来水流量，t/h	420	740
回水温度，℃	70	70
回水压力，MPa	1.6	1.7
脱乙烷塔用热水量，t/h	60	
丙烯塔底重沸器E-104用热水量，t/h	150	
丙烯塔底重沸器E-104A用热水量，t/h	210	

由表3可以看出，低温热水系统流量和温度基本达到了设计指标，回水压力实际较设计略低，即系统管网压力低，而且通过近两个月的运转发现低温热流量逐渐下滑，泵的振动一直偏大，在对备用泵解体后，发现第一道大盖密封面、叶轮流道出口处都发生明显汽蚀破坏。

造成汽蚀的主要原因是低温热水泵P-110选型不合理，泵的汽蚀余量偏高。为缓解备用泵的汽蚀，降低了低温热水回水温度，而且高控低温热水罐D-110液位，在保证加热量的前提下，将来水流量调整为420t/h。车间还积极与维修车间联系，在较短的时间内先后对P-110A/B的叶轮和其他一些零部件进行了更换和改造，经过一段时间的认真观测发现，泵的各项控制指标已基本达到正常。

三、改造后产品收率

通过表4我们可以看出，改造后丙烯收率和丙烯拔出率都有所增加，这是因为改用热水为热源后，温度和压力变化都非常小，增加了操作的平稳性。系统流程改造后，降低了丙烯塔负荷，使丙烯拔出更加彻底。

表4　改造前后加工量、收率等对比

项目	改造后	改造前	设计值
气分装置加工量，t/d	992.603	905.55	857.14
丙烯产量，t/d	294.46	241.15	273.88
丙烯收率，%	29.67	26.63	31.95
丙烯拔出率，%	99.12	98.21	95.84

四、改造后能耗情况

气分装置采用低温热作热源前后的公用系统消耗和能耗数据见表5。

表5　气分装置采用低温热作热源前后公用系统消耗和能耗数据

项目	改造前	改造后	设计值
脱丙烷塔塔底蒸汽用量 t/h	8～9	10	9.2
脱乙烷塔塔底热源用量 t/h	5（蒸汽）	60（低温热水）	62.3（低温热水）
丙烯塔塔底热源用量 t/h	20（蒸汽）	360（低温热水）	522.3（低温热水）
气分装置每吨原料能耗 kg（标油）	72	65	65

五、总结

低温热改造后，装置能耗与改造前基本持平，但装置节约了1.0MPa蒸汽23t/h，若按每吨52元计算，气分装置每年可以节约蒸汽费用1000多万元，而且催化装置每吨原料能耗还降低了4.06kg（标油），焦化装置每吨原料能耗降低了3.9kg（标油）。

气分装置低温热改造后，各项操作指标、产品质量以及装置能耗基本达到了设计要求。

（作者：大港石化公司第三联合车间，气体分馏装置操作工，技师）

技术点评：气体分馏装置利用催化裂化、延迟焦化等装置回收的低温热，是成熟的节能措施。李太奎技师总结了大港石化的应用经验，分析了应用效果，值得大家学习、讨论。论文引出两个问题可供大家进一步讨论：一是为什么两塔流程的气体分离丙烯收率较低？二是催化裂化分馏塔顶循环油可否直接向脱丙烷塔供热？

（审稿人：邢颖春）

异步电动机启动瞬间断路器跳闸探讨及断路器选用

◆ 徐亚克

空气断路器目前被广泛用做低压异步电动机接通电源和速断保护，且非常有效（个别有RTO保险作为短路保护）。但在实际应用中，经常发生异步电动机启动瞬间空气断路器跳闸的现象，检查线路电缆、控制回路、电动机本身均无问题。针对此问题我们进行了以下探讨。

一、原因分析

通常认为，电动机启动电流是稳定电流，其实电动机启动瞬间发生的现象与变压器投入时存在的激磁涌流有相似的地方，也和短路电流的初期有相似的地方。电动机刚接入电网瞬间，存在两个启动电流，分别为稳定的周期分量和加在这一分量上的随时间按指数规律衰减的非周期分量，非周期分量的大小与电动机接入电网的时刻有关。

当电动机接入电网的时刻在电源电压最高时，非周期分量为零，电动机启动电流即为单纯的周期分量。当接入电网的时刻在电源电压过零值时，非周期分量最大，可达电动机额定电流的8～10倍，但是非周期分量衰减很快，因此，通常认为电动机启动电流即为稳定电流。

DZ20系列低压断路器本身固有的速断动作时间周期小于0.02s，即电动机启动时在非周期分量最大的数值内分断，亦即非周期分量尚未衰减（0.02s内），空气断路器就动作跳闸了。

电动机启动时，速断时动时不动，其中一个原因就是启动即电源刚接通时，电源电压正好过零值，非周期分量最大，整定值未躲过包括最大非周期分量值在内的启动电流，断路器速断就动作了；如果启动时电源电压未赶上过零值，启动时可能就不动作。

二、采取的措施

根据跳闸的原因及DZ20系列断路器速断时间短的特点，在选择低压断路器速断动作电流时，应先实测电动机启动电流或查询相关的工具书，然后再乘以1.7～2倍的可靠系数，即为该台电动机低压断路器速断保护整定电流：

$$I_{SD}=（1.7\sim2）\times \text{电动机的真实启动电流}$$

上式中电动机的真实启动电流可根据实测或产品样本求得。

这里再强调说明，电动机启动过程中，其电流值是个变量，只有电动机启动的最初阶段其电流才是额定电流的6～7倍，到了启动后期就衰减了，所以堵转电流才是最大值。从概念上说，把启动电流说成为堵转电流才是比较确切的。

三、目前使用的低压空气断路器情况

目前我厂使用的低压空气断路器大部分为DZ20系列塑料外壳式断路器，生产厂家基本为四家： 正泰集团公司、常安集团公司、上海电器技术研究所东亚成套开关厂和天津市低压开关厂。

上述四家产品说明书中以及开关铭牌上的标注很混乱，如极数、脱扣器方式、附件代号、用途代号栏中不管是配电用还是电动机用均为300

（此型号仅能配电用，电动机不能使用）。常安集团的产品有的标33002，看似好像作为电动机使用，但最末位的“2”是后填上去的，显得很不正规。图1是低压空气断路器型号的标准表示方法。

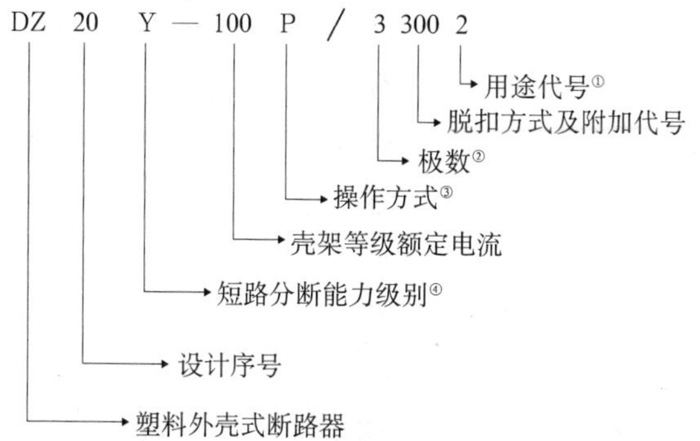

图1　低压空气断路器型号的标准表示方法

注：①用途代号：配电保护用用1表示，可不写出来；电动机保护用用2表示，需写出来。②极数：三极用3表示，四极用4表示。③操作方式：手柄直接操作无代号，电动操作用P表示，转动操作用Z表示。④短路分断能力级别：Y为一般型，J为较高型，G为最高型

下面将上述四家产品说明书中的断路器瞬时脱扣器短路保护整定电流倍数分别摘录如下（表1、表2、表3、表4），以便于分析。

表1　正泰集团公司生产的空气断路器数据

产品型号	瞬时脱扣器整定电流		脱扣器额定电流I_N，A
	配电保护用	电动机保护用	
DZ20Y、J、G—100	$10I_N$	$12I_N$	16、20、32、40、50、63、80、100
DZ20Y、J、G—200	$5I_N$和$10I_N$	$8I_N$和$12I_N$	100、125、160、180、200
DZ20Y、J、G—400	$5I_N$和$10I_N$		200、250、315、350、400
DZ20Y、J—630	$5I_N$和$10I_N$		250、315、350、400、500、630
DZ20Y—1250	$4I_N$和$10I_N$		630、700、800、1000、1250

表2　常安集团公司生产的空气断路器数据

产品型号	瞬时脱扣器整定电流		脱扣器额定电流I_N，A
	配电保护用	电动机保护用	
DZ20Y、J、G—100	$10I_N$	$12I_N$	16、20、32、40、50、63、80、100、
DZ20Y、J、G—200	$5I_N$和$10I_N$	$8I_N$和$12I_N$	100、125、160、180、200
DZ20Y、J、G—400	$5I_N$和$10I_N$		200、250、315、350、400
DZ20Y、J、G—630			
DZ20Y、J、G—1250	$4I_N$和$10I_N$		630、700、800、1000、1250

从上述四个生产厂家生产的空气断路器瞬时脱扣器整定电流看，基本可以得出如下规律：

表3　上海电器技术研究所东亚成套开关厂生产的空气断路器数据

产品型号	瞬时脱扣器整定电流		脱扣器额定电流I_N，A
	配电保护用	电动机保护用	
DZ20Y、J、G—100	$10I_N$	$12I_N$	无
DZ20Y、J、G—200	$5I_N$和$10I_N$	$8I_N$和$12I_N$	
DZ20G—160	$10I_N$	$10I_N$	
DZ20G—250	$12I_N$	$12I_N$	
DZ20Y、J、G—400	小$10I_N$ 大$5I_N$和$10I_N$	小$12I_N$ 大$5I_N$和$10I_N$	
DZ20Y、J—630			

表4　天津市低压开关厂生产的空气断路器数据

产品型号	瞬时脱扣器整定电流		脱扣器额定电流I_N，A
	配电保护用	电动机保护用	
DZ20Y、J、G—100	$10I_N$	$12I_N$	无

（1）DZ20Y、J、G—100系列均有瞬时脱扣器整定电流，配电保护用整定电流均为$10I_N$，电动机保护用均为$12I_N$。

（2）DZ20Y、J、G—200系列均有瞬时脱扣整定电流，配电保护用为$5I_N$和$10I_N$，电动机保护用为$8I_N$和$12I_N$。

（3）DZ20Y、J、G—400系列均有瞬时脱扣整定电流，但正泰、常安只有用于配电保护用的$5I_N$和$10I_N$，电动机保护不用。东亚成套开关厂只有开关极限分断能力小的（交流30kA、直流25kA且为Y系列的，配电用为$10I_N$，电动机用为$12I_N$，其余均为$5I_N$和$10I_N$）。上海三开电气有限公司、人民电器集团、德力西电气有限公司只有DZ20Y—400才有配电用$10I_N$、电动机用$12I_N$，其余DZ20J、G—400只有配电用$5I_N$或$10I_N$。上海华通DZ20—400有Y、J系列，配电用$10I_N$，电动机用$12I_N$，电动机用还是选上海华通的好。

（4）DZ20Y—630或1250开关，只能作为配电用，不能作为电动机用。

四、电动机保护用空气断路器选用实例

（一）例一

电动机型号为YB280M—2，90kW，额定电流162A，查样本得启动电流倍数为7，故选择断路器的瞬时速断保护整定电流为：

$$I_{SD}=162\times7\times2=2268\text{（A）}$$

若选电动机保护用12倍的，则断路器的额定电流为：

$$I_N=2268\div12=189\text{（A）}\approx200\text{（A）}$$

根据200A可选DZ20J—200／3 300，I_N为200A的断路器上述四个厂家均可供应。

若选电动机保护用8倍的，则断路器的额定电流为：

$$I_N=2268\div8=284\text{（A）}$$

可选DZ20J—400／3 300，I_N为315A的断路器，上述四个厂家均可供应，但只能选配电保护用10倍的。

（二）例二

电动机型号为YB280S—2，75kW，额定电流140A，查样本得启动电流倍数为7，故选择断路器瞬时速断保护整定电流为：

$$I_{SD}=140\times7\times2=1960\text{（A）}$$

若选电动机保护用12倍的，则断路器的额定电流为：

$$I_N=1960\div12=163\text{（A）}$$

可选用DZ20J—200／3 300，I_N为180A的断路器。

若选电动机保护用8倍的，则断路器的额定电流为：

$$I_N=1960\div8=245\text{（A）}$$

可选DZ20J—400／3 300，I_N为250A的断路器，但只能选配电保护用10倍的，不能选5倍的。

（三）例三

电动机型号为YB315M—2，132kW，232A，查样本得启动电流倍数为6.8，故断路器瞬时速断整定电流为：

$$I_{SD}=232\times6.8\times2=3155\text{（A）}$$

在上述四家断路器说明书中，400A档断路器大部分没有电动机保护用的，只有配电保护用的，而配电保护用只有5倍和10倍的，故选配电保护用10倍的，则断路器的额定电流为：

$$I_N=3155\div10=315\text{（A）}$$

可选DZ20J—400／3 300配电保护用10倍的，即I_N为315A，上述四个厂家均可供应。

五、结论

（1）空气断路器选择不当，尤其是速断整定电流倍数选择过大，起不到保护作用；选择过小，则躲不过电动机启动电流的峰值，启动就跳闸，相近时，如遇电源电压过零值时也会跳闸。所以选择断路器必须100%保证正常启动，才不至于影响生产并能保护电动机。

（2）目前空气断路器型号标注不准确，如电动机保护用其最后用途代号应该用2，但实际上均为1（配电保护用），个别铭牌上标注2，其2也是后添上去的，这样给选用断路器带来一定难度。

（3）订货时，尤其是正常维护所用的开关，厂家不提供是电动机保护用还是配电保护用，所以采购的断路器不知该用在何处。通常，断路器说明书上会写明，如用户无特殊要求，配电保护用是10倍整定值，电动机保护用是12倍整定值。但是如何区别是配电保护用还是电动机保护用，这需要订货单位和厂家在订货时明确。

（4）电动机启动时空气断路器跳闸，不能只依靠加大空气断路器额定电流来解决，要分析是哪个厂家生产的，瞬时动作电流倍数为多少，电动机的启动电流是多少，启动电流的峰值是否躲过等诸因素，通过计算来确定。

（5）因为电动机启动电流倍数是按堵转电流倍数考虑的，所以工艺介质可不考虑（工艺介质只影响启动时间），此瞬时动作电流增加了2倍系数，已躲过电流峰值，电流达不到，时间长也不能跳闸。

（作者：大庆炼化公司动力二厂，电工，技师）

技术点评：通过理论与实际的结合，归纳、分析、总结了四个企业生产的DZ20系列低压开关产品的差异和特点，对生产实际有指导意义。

（审稿人：张卫忠）

柴油润滑性分析及应用

◆ 王　芳　魏文仁　王汉鹏　刘中义

随着环保要求越来越严格，生产高质量的清洁柴油已成为现代炼油工业的发展方向，润滑性的检测已成为车用柴油出厂的必检项目之一。我公司于2011年7月1日前将柴油润滑性检测设备（高频往复试验机）调试正常，在此将柴油润滑性分析的简易操作步骤及影响分析结果准确性的注意事项总结出来，这对以后该项目的正常分析及操作内容的编写具有重要意义。

一、试验设备及方法

采用高频往复试验机HFRR（图1），按照《柴油润滑性评定法（高频往复试验机法）》（SH/T 0765—2005）进行柴油润滑性试验。试验条件见表1。

表1　试验条件

参数	数值
载荷，g	200±1
试验时间，min	75±0.1
油样体积，mL	2.0±0.2
冲程，mm	1.0±0.02
频率，Hz	50±1
试验环境的温度和湿度	见图2
试验样品温度，℃	60±2

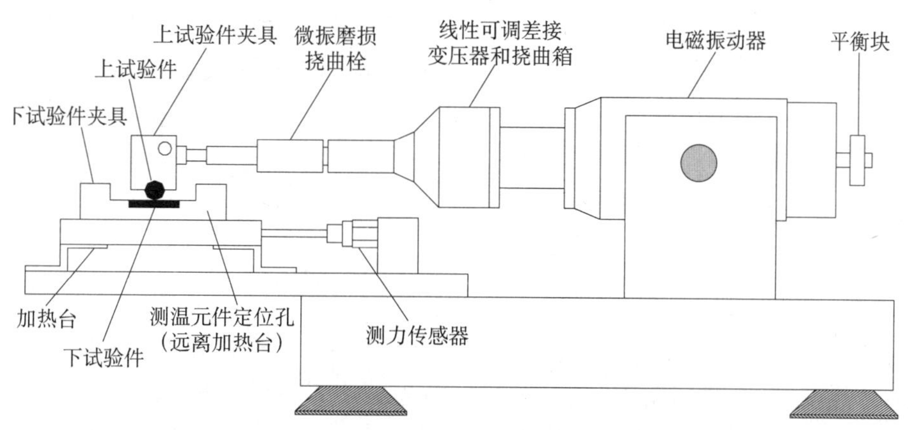

图1　高频往复试验机HFRR示意图

二、试验环境条件

试验环境温度为20～24℃、湿度为40%～47%时，试验效果、数据较稳定、准确。

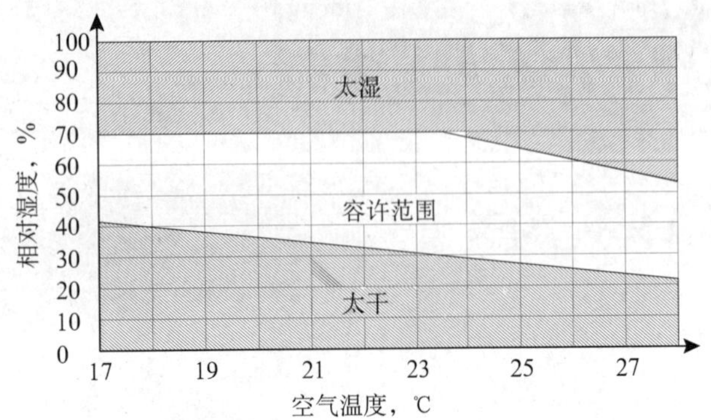

图2 试验环境温度、湿度的容许范围

三、试验前准备

（1）依次打开计算机、控制器电源。

（2）用超声波清洗机清洗油盒，上、下试验件（球、片）。

（3）待清洗后的试验件表面溶剂蒸发干燥后，用相应的固定螺丝固定好油盒和上、下试验件（球、片）。固定时用力适度，用镊子旋转试验片不动即可，试验球固定紧（受力不转即可）。

（4）检查完毕后，把油盒固定在试验机加热台上，上试验件夹具固定在电磁振动器轴杆上即可。注意在固定时螺丝应依次交替固紧，受力均匀。

（5）固紧试验油盒及夹具后，将测温铂电阻插入到试验油盒侧面孔内。

（6）用一次性吸油管吸取试验油2mL，移至油盒内。

（7）加入待测油品后，轻轻按压轴杆使夹具和试验片充分接触，此时将砝码挂绳卡在横梁边缘卡槽处，将砝码挂在挂绳中心。注意卡绳不能接触到机械部分零件，避免两边负载受力不均匀。

四、使用“油品试验控制台”

（1）在计算机桌面上双击打开“油品试验控制台”程序，出现图3所示界面，提供相应按钮供用户选择。

图3 油品试验控制台

（2）点击图3中“新建试验”按钮，出现“新建试验”对话框（图4）。用户可以设置试验文件的保存路径，填写试验名称、试验机号、试验编号等内容。

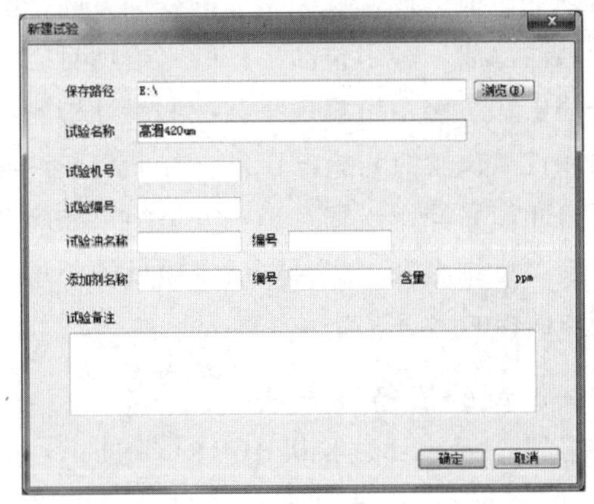

图4 “新建试验”对话框

（3）完成以上步骤后，单击“确定”按钮，进入试验控制、监视界面，如图5所示。

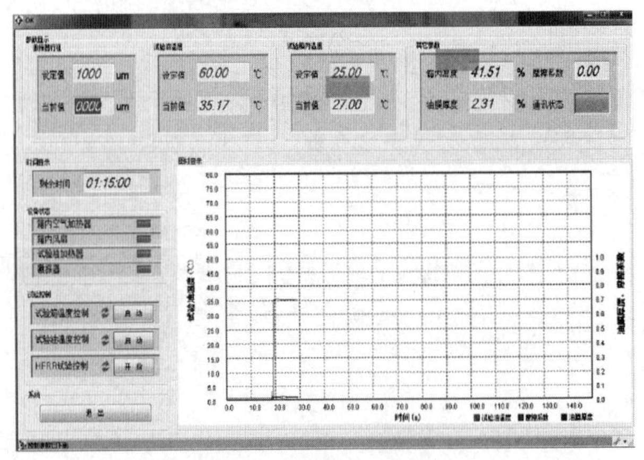

图5 试验控制、监测界面

控制面板打开后，应先观察当前试验箱内的温度、湿度条件能否进行试验；如不能满足试验条件，应调整箱内温度、湿度。箱体内温度过低时，可以按下“试验箱温度控制”右侧的“启动”按钮，试验机会自动加热箱内温度。当箱内温度达到设定值，试验机将自动切断加热，并保持相应的试验温度。在试验条件满足后，即可按下“试验油温度控制”右侧的“启动”按钮，试验机开始对试验油样品进行加热。在图5显示的界面中，用户可以观测油品加热时的温度变化数据与动态曲线。在油温首次达到试验目标值（默认为60℃）后，用户可按下“HFRR试验控制”右侧的“开始”按钮，程序将启动电磁振动器，并自动稳定地控制在设定值内。

此后，如果不出现意外，油品试验系统将自行完成设定时间内的试验过程，并在试验时间终止后，自动关闭电磁振动器与试验油加热器并出现试验完毕提示对话框。

五、已完成的试验生成结果与图表

（1）点击试验完毕对话框“确定”项，出现最原始界面（图3）。

（2）点击界面上“导入试验”项找到最初保存试验数据的路径及试验名称（图6）。

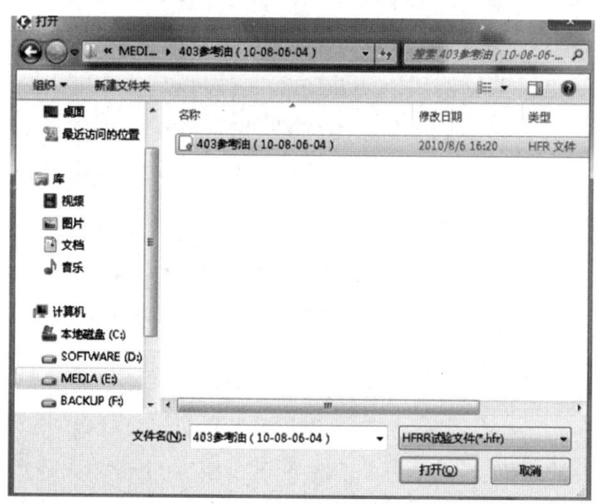

图6　最初保存试验数据的路径及文件名

（3）选择相应的试验名称后单击“打开”即会出现图7所示界面。

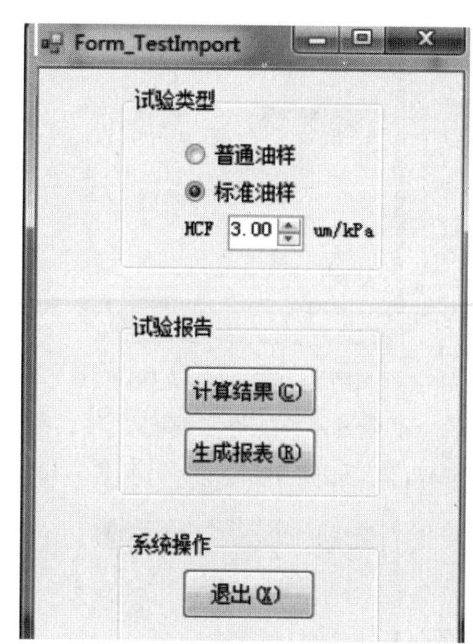

图7　计算结果操作界面

（4）在图7界面出现后，如测试样品为普通的柴油样品，则选择“普通油样”项；如测定油样为试验机校正用的参考油样，则选择“标准油样”项，并填入规定的修正值即可。

（5）选择完毕后点击“计算结果”项，会出现图8所示界面。出现图8后，将试验箱内轴杆上的夹具拆卸下来用溶剂轻擦试验球表面，自然风干后放入显微镜下读数即可。

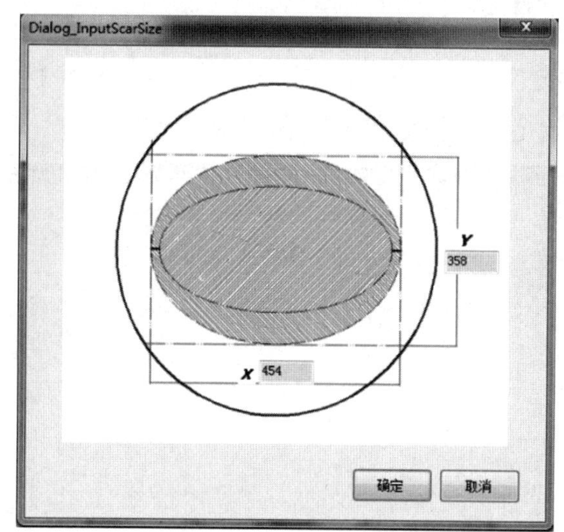

图8　磨斑 X、Y 值输入图

（6）将读出的X、Y轴读数输入到图8的两个示框内，点击“确定”后计算机自行计算结果，并出现计算结果对话框，如图9所示。

图9 计算结果显示界面

（7）出现图9后单击“确定”项，计算机将恢复操作界面，如图10所示。

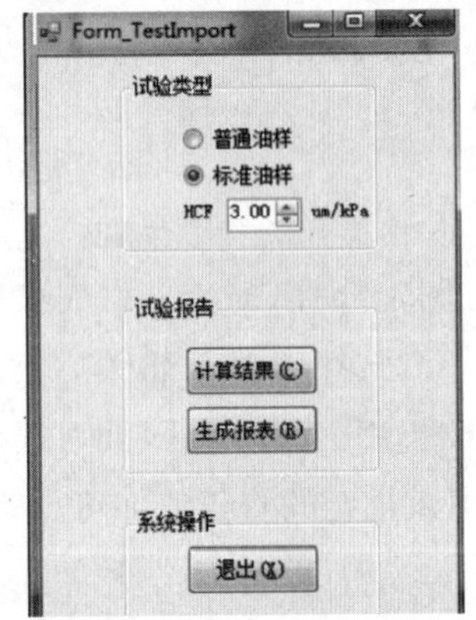

图10 计算结果操作界面

（8）图10出现后，单击“生成报表”项，计算机自行生成试验结果报告单，如图11所示。如需打印试验报告单，则单击左上角“报表”项出现图12。单击“打印报表”项，计算机将打印试验报告单。打印完毕后整个试验操作完毕。

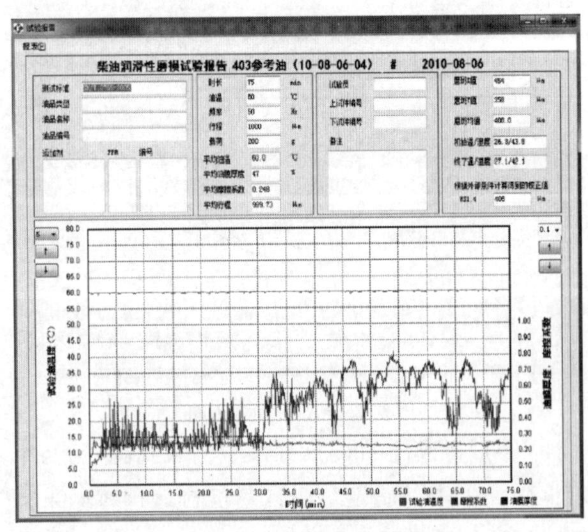

图11 试验结果报告单

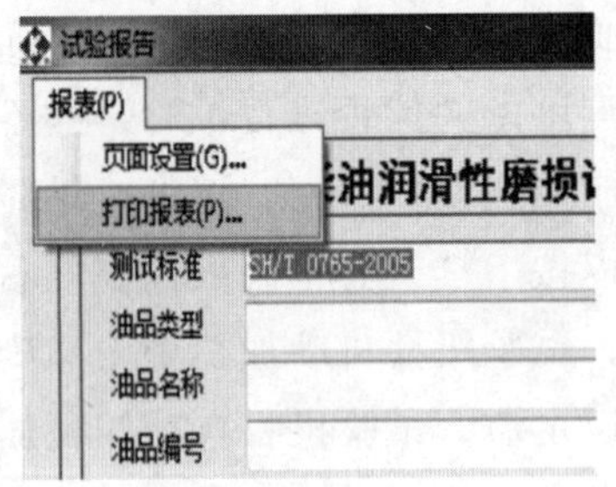

图12 打印报表界面

六、影响分析结果准确性的一些因素

（1）在试验过程中一定要在温度、湿度合适的范围内进行试验，防止因温度、湿度不合适引起数据偏差或不准确。经验温度为20～24℃、湿度为40%～47%，试验效果、数据较稳定、准确。

（2）必须保证标准油样在一年有效期内，且标准油样从冷藏设备取出后，需放至室温（1～1.5h）后，充分摇匀静置2min后方可进行试验。因标准油样在低温情况下易产生蜡结晶体，如刚从冰箱内拿出马上进行试验，标准油样中各组分不均匀，会造成试验数据的偏差及不准确。

（3）在进行柴油润滑性试验分析中，注意试验球、试验片、油盒、夹具及所用的固定螺丝和所有金属辅助用品均需在石油醚、丙酮或甲苯溶液中浸泡并在超声波清洗机中清洗干净（一般清洗2～3次）。每次清洗都应用新的有机溶剂，不建议重复使用，防止试验油被污染。

（4）从标准油瓶中取油时，要注意使用移液枪及仪器厂家配的一次性吸头。一次试验一个吸头，不能重复使用，并妥善保管好未使用的吸头，防止污染物进入吸头盒污染吸头。

（作者：王芳，呼和浩特石化公司质检部，油品分析工，技师；魏文仁，工程师；王汉鹏，油品分析工，技师；刘中义，油品分析工，技师）

技术点评：结构较严谨，有一定的理论水平，能运用现代科学方法和手段解决、探讨问题，观点鲜明，比较完整。

（审稿人：兰丽秋）

浅谈顶管隧道穿越施工的管道安装施工方法

◆ 董 全

伴随着西气东输管道安装工程由西部向东部转移，地理、地况、人文环境等也随之变化。东部地区属江南水网，多河流湖泊，且经济发达、人口密集，针对这些特点，我们制定了针对通航河道、人口聚居的河流或现场条件不适宜定向钻的河流的穿越施工方法——顶管隧道穿越施工方法。顶管隧道穿越施工主要由始发竖井施工、接收竖井施工、顶管隧道施工和管道安装施工四部分组成。由于管道安装施工进度受到竖井内径、隧道深度和顶管套管大小等客观因素的制约，所以制定一套适合顶管隧道穿越施工的管道安装施工方法非常重要。本文以西气东输二线南昌—上海支干线第8标段顶管隧道穿越工程为例，简要介绍了两种顶管隧道管线安装施工方法——牵引式安装法和顶推式安装法，为今后其他施工队伍从事类似工程提供借鉴。

一、牵引式安装法

顶管隧道穿越管道安装分为三部分：隧道内管道安装、竖井内管道安装和一般线路段管道安装。施工顺序为先进行隧道内管道安装，然后依次进行竖井内管道安装和一般线路段管道安装。隧道水平部分管道安装时组对、焊接在始发竖井内进行（采取相应措施后在隧道内外同时焊接），在接收竖井侧设置卷扬机等作为管道牵引设备，完成管道的最终就位（图1）。

（一）施工准备

1.卷扬机、滑轮组、地锚的选取和布置

（1）卷扬机的选择：以最长的224.2m隧道为例，按滑动摩擦力进行计算，见式（1）：

$$F=\mu N \tag{1}$$

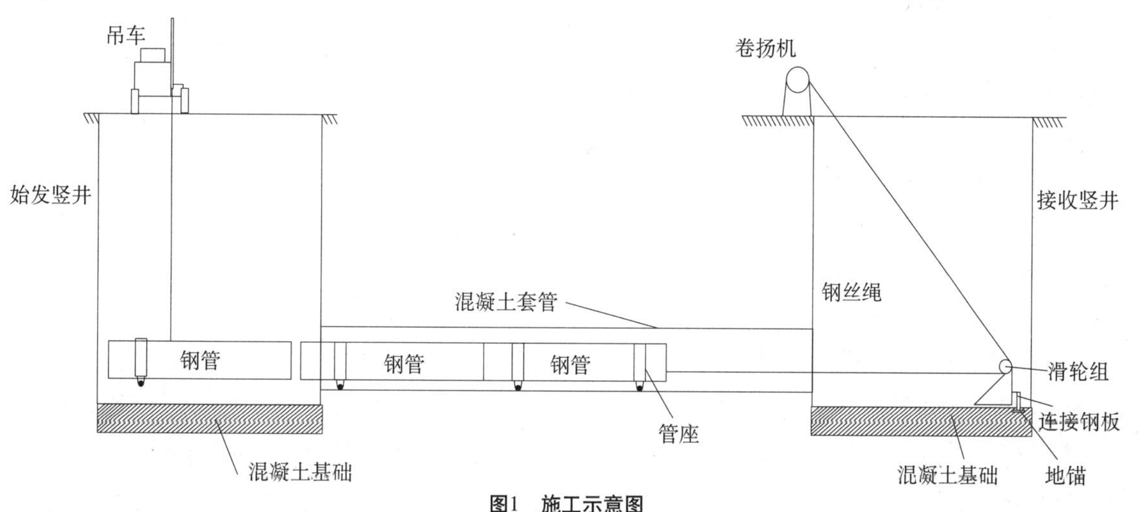

图1 施工示意图

式中　F——滑动摩擦力，kN；

μ——动摩擦系数，这里取0.1；

N——正压力，钢管总重量143.5t，管道支座总重量约25t，取1685kN。

根据式（1）计算出滑动摩擦力为168.5kN，则所需卷扬机牵引力达到168.5kN即可，选取20t卷扬机能满足要求。

（2）选取材质为Q235的20#槽钢（规格200mm×75mm×9mm）作为固定定滑轮组的地锚，与接收竖井底座浇筑成一体。校核地锚应力，分析地锚受力情况，主要校核剪切应力，见式（2）：

$$\tau = Q/A \leqslant [\tau] \tag{2}$$

式中　τ——剪切应力，MPa；

Q——剪切力（卷扬机最大牵引力与钢丝绳、滑轮组重量之和）取250kN；

A——剪切面积，查手册为$3283.7\times10^{-6}m^2$；

$[\tau]$——槽钢许用剪应力，取125MPa。

根据式（2）计算出剪切应力为76.1MPa，小于125MPa，满足使用要求。选取20t卷扬机和40t吊管机使用的滑轮组、钢丝绳组成牵引设备，完全能够满足施工需要。

（3）卷扬机布置在竖井外隧道上方，定滑轮组安装在自制支架上，支架与预埋地锚地上部分使用20mm厚钢板进行满焊固定。

2. 动滑轮组就位

（1）将动滑轮放置在接收竖井侧隧道内自制四轮小车上，待滑轮组穿好钢丝绳后，用2t封车带将动滑轮和小车绑扎牢固。

（2）在始发竖井隧道口设置一组定滑轮，始发竖井吊车使用绳索通过定滑轮的导向装置连接到接收竖井侧的动滑轮组，绳索绑扎牢固后，卷扬机持续放钢丝绳，由吊车重复起吊作业，最终将动滑轮组牵引至始发竖井隧道口。

3. 牵引头的制作

受始发竖井内径限制，不宜制作太长的牵引头，因此，我们选择长度为500mm、ϕ1016mm×26.2mm的钢管制作（图2），与第1根钢管在竖井外焊接完毕后吊入竖井内，采用30t吊带将隧道口的动滑轮组与牵引头连接在一起。

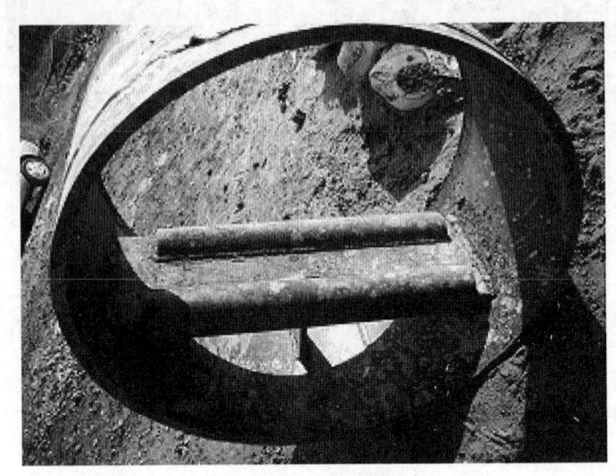

图2　牵引头实物图

4. 焊接设备的布置

根据施工方案需要在隧道内进行部分焊接作业，因此，竖井内共有2套STT焊机，以完成打底作业；2台DC-400焊机及半自动送丝机，进行隧道口的管道焊接；2台DC-400焊机及半自动送丝机，进行隧道内的管道焊接。井内设备分别由竖井上的2台移动电站供电。为方便设备吊装、转场，制作2副支架安放以上设备，分别放置在竖井内隧道口两侧（图3）。

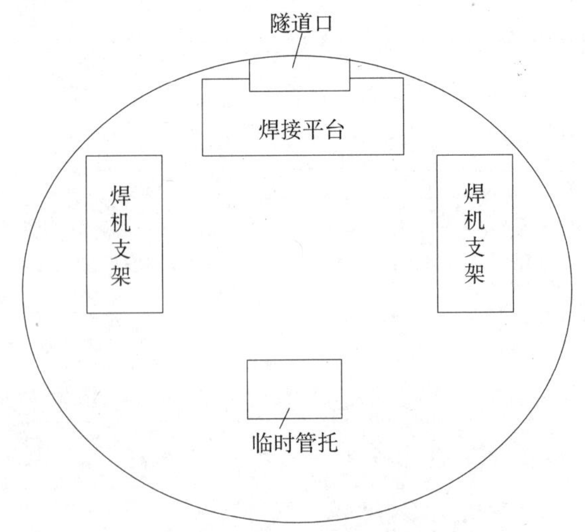

图3　焊接作业区布置图

5. 隧道内焊接准备

在隧道内选择距离隧道口8m左右处，用膨胀螺栓分别在2点和10点位置固定自制支架用于悬挂半自动送丝机、角向磨光机、照明灯具等设备，用以进行隧道内的焊接工作。隧道顶部由隧道口开始每隔2m打一排膨胀螺栓，用于悬挂电缆线。所有隧道内的线缆、工具应使用铁丝捆扎紧凑，防止牵引与穿越管道时剐蹭损伤设备。

6. 施工辅助工作

（1）通风系统。利用悬挂电缆线的膨胀螺栓和角铁制作的支架，将1根长8m、ϕ159mm×4mm的钢管固定在隧道内，最后将1台轴流风机安装在管端，形成一套隧道内施工的强制通风装置。通过第1条隧道的实践证明，隧道内焊接时没有出现大量烟尘囤积的现象，因此通风系统可以取消。

（2）排水系统。利用竖井施工时遗留的集水坑，使用扬程25m的潜水泵，用以排除井内不断渗出的积水。

（3）照明系统。隧道口和隧道内焊接位置两侧各设2个防爆灯具，竖井外护栏上设4组灯具照向竖井内，保证隧道内施工照明，同时在竖井外施工场地设置2组灯具用于夜间施工照明。

（4）焊接平台。根据竖井内地坪到隧道口的距离确定合适的高度，制作焊接平台，方便组对、焊接施工。

（二）隧道内管道安装

1. 安装准备

按设计及规范要求，在始发竖井外对即将使用的钢管进行电火花检漏、补伤和管口打磨处理。

2. 管座的安装

按设计要求在钢管外包裹1圈宽800mm、厚10mm的橡胶板，用做钢管与管座之间的垫层，保护管道防腐层。管座上下两部分使用螺栓紧固牢靠，防止发生螺栓松动造成管座滑脱。第1根钢管首尾各安装1套管座，以后每根钢管距焊口2m处安装1套（间隔8m）。

3. 组对焊接

（1）将组装好的钢管用30t吊车吊入竖井内，吊装过程应缓慢操作，钢管两侧各安置一条晃绳，方便人员控制吊装过程中管子的位置，避免损伤井内设备。

（2）当管子降至隧道口位置时，管工下到竖井内，通过井上起重工间接指挥吊车完成钢管组对。组对质量检验合格后，焊工进行焊接作业。

（3）焊接完成壁厚的一半时停止焊接，启动卷扬机将钢管拖入隧道，牵引到位后，使用吊车将隧道口外露的管道端头吊起500mm左右，用枕木支垫牢固。

（4）在未完成焊口前方2m左右位置，使用千斤顶和临时管托进行支垫，确保拖入隧道内的焊口下部有足够高度满足施焊要求。支撑保护措施一定要牢固，以保证管道不会发生移动。

（5）进行下道焊口的组对，根焊完成后，一组焊工进入隧道内部焊接之前未完成的焊口，另一组焊工完成新组对焊口的焊接，以实现同时（隧道内外）焊接两道焊口的目标。

（6）管道的组对、焊接、返修严格执行与主线路一致的焊接工艺规程，确保隧道内焊口的质量。

（三）竖井内管道安装

竖井内管道安装主要是两个大角度热煨弯管的安装，若按照一般工序进行组对焊接，则需要在竖井内搭脚手架进行施工，费时费力。我们选择在地面预制热煨弯管和短节的方式，探伤合格、防腐补口后，使用2台30t吊车整体吊装与隧道内管道连头的方法进行施工。

（1）吊车的选择：计算预制段管道总体重量，取8条隧道中热弯角度最大（75°）、短节最长（3m）的管件进行计算，重量为15.246t，加上吊具等重量，最后总重量取16t。吊装半径取8m，选择2台30t吊车能满足吊装作业。

（2）使用挖掘机配合凿岩机，根据测量线位，在竖井壁上开凿出用于整体吊装预制管段的开口，开口的深度和宽度要按照图纸施工。

（3）根据现场场地状况，选择合理的吊车站位，在起重工的指挥下，由2台吊车配合将预制管段吊装就位，完成组对焊接。

（四）一般线路段管道安装

在两个竖井内的管道安装完成后，按照图纸要求分别进行两侧一般线路段管道安装施工，最后完成与主线路的连头。

（五）注意事项

（1）根据现场竖井背顶墙与隧道口的间距，确定焊接牵引头的第一根钢管的长度，确保焊接完成后能顺利吊入竖井。

（2）橡胶板收尾接缝处应错开管座上下两部分的连接处，避免由于螺栓紧固时挤压橡胶板发生变形，造成管座连接处直接接触钢管防腐层。

（3）组对时要保证所有钢管上的管座位置准确，确保所有管座上的滚轮都在一条直线上。

（4）隧道内焊接时，要使用合适的脚踏板，降低焊工作业难度，保证焊接质量。

（5）竖井内管道安装应严格按照设计图纸施工，保证隧道内的穿越管道最终就位后，隧道两侧管口位置达到图纸的设计位置。如遇特殊情况导致与图纸不符，应根据现场测量得出的数据，结合CAD软件进行放样后，对2个热煨弯管间的短节长度以及竖井壁的开凿深度、宽度进行调整，避免发生失误，造成返工。

二、顶推式安装法

（一）施工准备

1. 施工设备

顶推式安装法中使用的液压千斤顶可向隧道顶管施工队借用（租用）。作业时可以隧道顶管时所留后背墙为支撑点进行施工作业。管道安装施工准备时只需根据液压千斤顶伸展后长度及重量结合隧道口底部离井底高度，合理设计焊接一个千斤顶支架并加以固定即可。

2. 顶推头的制作

预制一长一短两个顶推头。顶推头长度等于设计所需钢管长度减去管座及管座前部分钢管长度；为保证焊工焊接方便，短顶推头与液压千斤顶接触顶板离顶推头尾部距离为500mm（图4、图5）。

图4　长顶推头

图5　短顶推头

3. 焊接设备布置

井内设备分别由竖井上的2台移动电站供电。为方便设备吊装、转场，制作2副支架安放以上设备，分别放置在竖井内隧道口两侧（图6）。

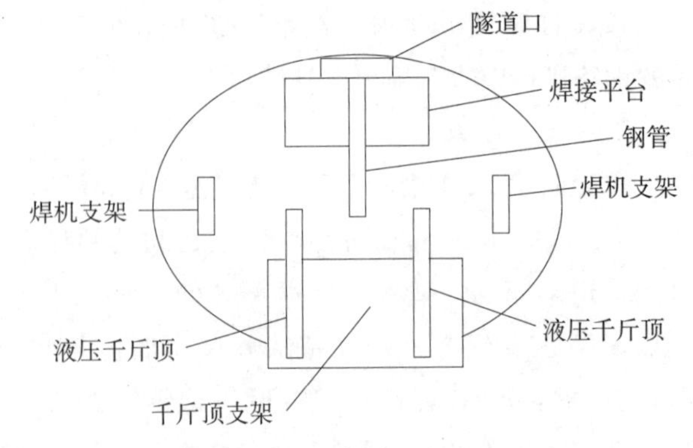

图6　焊接组对作业区布置图

（二）隧道内管道安装

1. 安装准备

按设计及规范要求，在始发井外对即将使用的钢管进行电火花检漏、补伤和管口打磨处理。

2. 管座的安装

按设计要求在钢管外包裹1圈宽800mm、厚10mm的橡胶板，用做钢管与管座之间的垫层，保护管道防腐层。管座上下两部分使用螺栓紧固牢靠，防止发生螺栓松动造成管座滑脱。第1根钢管管口500mm处安装1套管座，以后每根钢管距焊口1m处安装1套。

3. 组对焊接

（1）将组装好的钢管用25t吊车吊入竖井内，吊装过程应缓慢操作，钢管两侧各安置一条晃绳，方便人员控制吊装过程中管子的位置，避免损伤井内设备。

（2）当管子降至隧道口位置时，管工下到竖井内通过井上起重工间接指挥吊车完成钢管组对。组对质量检验合格后，焊工进行焊接作业。

（3）焊接完成后，将长顶推头放置好，启动液压千斤顶将钢管顶入隧道内，顶到预定距离后更换成短顶推头继续推顶直至完全到位（留在隧道外管头与隧道口保持500mm距离）后，继续进行下一根钢管的吊装组对。

（4）管道的组对、焊接、返修严格执行与主线路一致的焊接工艺规程，以确保隧道内焊口的质量。

（三）一般线路段管道安装

一般线路段管道安装方法与牵引式施工方法一致。

（四）注意事项

此种施工方法除包含牵引式安装方法注意事项外，还应注意两点：一是焊口必须整体焊接完成后才能推入隧道内，二是首根钢管管座送入隧道后要及时进行纠偏。

三、牵引式安装法与顶推式安装法优缺点对比

表1为牵引式安装法与顶推式安装法的优缺点对比。

表1　牵引式安装法与顶推式安装法优缺点对比

项目	牵引式安装法	顶推式安装法
优点	（1）隧道内外可同时进行焊接，提高管道安装进度； （2）施工过程中程序相对简单，人员劳动强度较低； （3）钢管在隧道内行进时发生偏移较小	（1）使用设备较少，避免因设备短缺造成的不便； （2）对施工场地面积要求比牵引式安装法小
缺点	涉及设备较多，可能会因设备短缺而影响施工	（1）为保证安装质量，所有焊口必须在隧道外完成后送入隧道内，容易造成窝工，影响安装进度； （2）施工过程较为繁琐，人员劳动强度相对较大； （3）已进入隧道的钢管在自重达到一定数值前，须及时进行纠偏

从表1可见，牵引式管道安装法能更好地提高管道安装进度，同时人员设备配置也更加合理，成本较低，具有一定的推广应用价值。顶推式管道安装法更适用于施工场地受限严重或因设备短缺无法采用牵引式管道安装法的情况。

（作者：管道局第五分公司，管工，高级技师）

技术点评：文章对顶管隧道穿越管道安装两种施工方法进行了介绍和对比评价，对牵引式管道安装法、顶推式管道安装法的计算、操作要领、主要设备、优缺点对比做了比较详细的介绍，为类似工程施工提供了可以借鉴的经验。

（审稿人：梁昌锦）

加强测井过程控制 提高测井资料质量

◆ 徐其用

测井过程是一个间接测量过程，每个测井环节都存在误差和误差的传递。其施工控制过程是形成初级产品实体的过程，也是决定最终测井资料解释质量的关键阶段，要提高资料解释质量，就必须加强对测井全过程的控制。

一、测井过程质量控制的重要性

测井过程中的信息获取是一个间接过程，其质量影响的因素相对较多，如测井仪器的设计、制造，刻度，深度，测井环境，施工工艺，操作方法，技术措施，管理制度，等等，均直接影响到测井资料质量，而且测井研究对象的复杂性和特殊性，使测井具有多样性与复杂性的特点，容易产生质量问题。如测井环境的微小变化、仪器的稳定性及微小差异、操作人员操作中的微小变化等，都会影响质量，造成资料品质不高，甚至造成无法弥补的资料质量事故。因而加强测井过程中的质量控制极其重要。

二、测井过程质量控制要点

测井过程要坚持“以质量为中心，以标准化、监视测量为基础”。为了保证测井作业质量，要求每次测井作业都必须做到按时间顺序执行测井。测井过程包括测井前、测井过程中和测井后三个主要部分。图1为测井过程流程图。

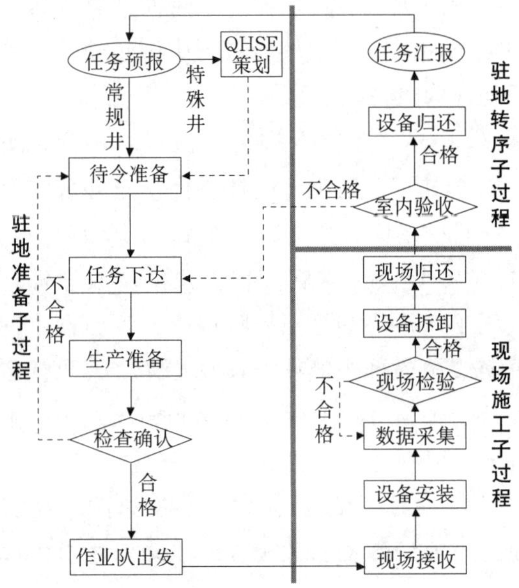

图1　测井过程流程图

（一）测井前

测井前的工作包括五个部分。

（1）了解用户（甲方）需求，以甲方测井任务书为依据。

（2）了解井眼情况及邻近井眼测井资料。了解井眼情况，确认有关负责人，并向其了解井眼情况。了解邻近井眼测井资料中电性、孔隙度、岩性等曲线特征；从以前的测井作业中获得测井资料；咨询测井解释专家及用户。获取到邻近井眼测井资料后，应进行真实、准确性审核。

（3）必要时进行QHSE策划。

（4）查阅设备操作手册确定使用设备。确定将使用的测井仪器及其组合序列；准备需要的压力设备、特殊的安装设备及安全设备。

（5）车间仪器设备检查及刻度。完成设备检查，并在有故障的仪器设备上粘贴红色标签，性能完好的设备贴绿色标签；更换有故障的设备，重新作现场检测，进行系统诊断检测和设备机械检查；进行车间刻度，未达到相应要求，车间必须重新进行刻度。

（二）测井过程中

测井过程中应做好12个方面的工作。

（1）与用户沟通。了解井眼情况、钻头程序、套管程序、钻井液性能，以及钻井工程、地质录井、气测录井等相关数据。操作工程师与井队（或作业队）的技术负责人共同对“测井任务书”和“完井资料收集卡”中顾客提供的数据和测井要求进行验证和收集，确保完整、准确。确定相关测井参数的选择，确定测井曲线显示方式（如比例尺等）。建议调整测井程序。在测井过程中保持与用户联系。

（2）进行测前刻度和仪器检查。

（3）深度控制。仪器对零，下井仪器记录点在钻盘面进行仪器对零。确定套管鞋的深度或井下管柱参考点。对比总测井深度与总钻井深度。

测井曲线确定的表层套管深度与套管实际下深误差不超过0.5m，与技术套管深度相对误差不应大于0.1%；深度误差超出规定，应查明原因。

与用户讨论出现深度误差问题的同时，监视岩性变化深度，并与泥浆录井资料对比。再次确定测井深度曲线上的套管鞋深度。原始曲线图必须记录张力曲线。测速应符合相关仪器技术指标要求，严禁测速忽快忽慢、不稳定。几种仪器组合测量时，采用最低测量速度仪器的测速。几种仪器组合测井时，同次测量的各条曲线深度误差不超过0.2m；条件允许时，每次测井应测量用于校深的自然伽马曲线。不同次测井接图深度误差超过规定时，应将自然伽马曲线由井底测至表层套管，其他曲线通过校深达到深度一致。

（4）在仪器下井时监视测井和系统。监视仪器运行，对比仪器响应与邻近井眼的测井资料曲线变化是否正常，仪器有无遇阻、遇卡现象；地面测井系统工作是否正常；检查深度、测井速度及电缆速度、电缆重力和张力。

（5）监视并比较重复测量段与主曲线。识别总深度、监视仪器速度；监视合理或预期的仪器测量响应；比较邻近井眼的测井、录井等资料；对比重复段与主曲线的原始底图，在相应的深度上曲线应该在允许的误差范围内。当重复段与主曲线在相应的深度上，曲线超过允许的误差范围时，继续测井或采取补救措施，与用户沟通获得用户对曲线对比的反馈意见。

（6）在测井过程中监视主曲线。观察地面监视器，包括仪器信号、仪器电流和电压、软件信息、地面面板状态指示器等；在测井过程中监视主曲线变化是否出现异常，所测曲线测量值是否与地区岩性规律、区域地质规律相吻合。

对比测井曲线与邻近井眼测井资料。保证邻近井眼测井资料的保密性。在对应的层段，与邻近井眼测井资料对比平均测井响应。对于出现明显差异的测井响应，检查产生差异的真正原因：井眼或泥浆情况、硬件或软件变化、设备问题、刻度误差、地质条件变化。与用户沟通研究平均响应差异问题。

确定井下仪器响应。识别适合与邻近井眼测井资料进行对比的地层；为作对比的地层选择平均响应值；为井眼流体、尺寸及套管影响作出测井响应的修正值。

（7）在异常井段重复测量验证。识别异常情况，与用户研究异常情况，在得到用户许可后，重复测量异常井段；如果井眼条件许可并且用户要求，重复异常井段的测量，在注释部分记录异常情况；当所测曲线出现与地层无关的畸变或异常时，应及时与甲方测井监督进行沟通，研究异常情况，并进行本次重复测量验证，验证井段应大于异常井段50m；当异常井段重复测量验证后得不到合理解释时，应更换下井仪器进行验证。

（8）执行测后刻度及仪器检查。进行测后刻度和记录。对比测前和测后刻度值，如果刻度值不正确，检查刻度过程、环境影响、仪器配接、刻度架、电流和电压、电缆、地面环境。

诊断问题。如果测井质量受到问题的影响，通知用户，建议重新测井；如果测井质量没有受到问题的影响，通知用户，在测井图头上作出标注性注释。

（9）输入测井图头注释。首先自问这个注释在分析数据时是否是必要的？如果答案为"是"，则说明这个注释是必需的。

操作工程师以图头方式对测井原始资料进行标识，标识的内容有：图头标题、公司名、井名、油区、地区、文件号、井深、测井时间、测井项目、仪器编号、测井作业队号；井位x、y坐标或经纬度、永久深度基准面名称、海拔高度、测井深度基准面名称、转盘面高、钻台高、地面高、其他测量内容等。描述在仪器示意图和图头的设备部分没有说明的仪器特征，偏斜接头扶正器、橡胶扶正器等。记录用户要求的特殊测井程序或测井曲线显示方式、深度和可能导致异常的原因，以及仪器发生黏卡的层段。

（10）现场检验。由测井作业队长依据"测井原始资料质量要求"的规定对测井原始资料进行现场检验。

（11）确定曲线明记录及电子文本记录质量。保证测井原始图清晰、干净、拼接整齐、标识正确、图头完整；检查深度比例尺正确；保证打印的测井结果清晰、没有污迹、曲线居中。

回放光盘。从结果或用户光盘中回放现场测量井段，如数据记录与明记录不一致时，应补测或重新测井。

（12）确定所测曲线与用户需求一致。确定所有要求的服务项目已经完成：对照测井任务书内容确定所有要求的服务项目已经全部完成；确定预定的作业项目与井眼情况一致，并将为井眼评价提供所需的答案；确定是否需要其他的服务以满足用户的要求；确定需要提交的打印图；确定测井后需要处理的数据格式转换等。

（三）测井后

测井后，测井施工作业分队测井操作人员应认真收集本次测井过程中影响测井质量因素（人员、设备、测井环境等）的指标并进行分析，提出解决问题的方法，确保下次作业的一次成功率、测井资料合格率。

三、推进科技进步，全面提高测井过程控制水平

测井过程控制与技术因素息息相关，技术因素除人员的技术素质外，还包括装备、信息、检验与检测技术等。测井施工人员一定要树立"质量优先"原则的观念，注重有效的过程控制，重视新技术、新工艺的应用，在测井全过程控制中严格执行工艺流程、质量标准、操作规程，不断改进、提高测井作业和工艺水平。

（作者：中油测井公司青海事业部，测井绘解工，高级技师）

技术点评：本文全面介绍了测井过程中对资料质量进行控制的方面，对现场操作工程师有很好的指导意义。

（审稿人：杨超登）

浅谈对接立焊单面焊双面成形技术

◆ 田忠新

锅炉及压力容器等重要设备，要求接头焊接安全焊透，但由于受结构、尺寸及形状等的限制，有时无法进行双面焊接，只能采取开单面坡口的特殊操作方法——单面焊双面成形技术进行焊接。这是手工电弧焊中难度较大的一种技术。

立焊时，由于熔池温度过高，在重力的作用下，焊条熔化所形成的熔滴及熔池中的铁水易下淌形成焊瘤或在焊缝两侧形成咬边；而温度过低时易产生夹渣，反面易形成未焊透、焊瘤等缺陷，造成焊缝成形困难。熔池的温度是根据铁水颜色来判断的，也与熔池的形状和大小有关。因此，焊接时只要细心观察并控制熔池的形状与大小和铁水的颜色，就能达到控制熔池温度、确保焊接质量的目的。

通过十几年的实际操作，我总结了以下几条经验与大家分享。

一、焊条角度很重要，焊接规范不可少

掌握正确的焊接规范并根据焊接时的情况调整焊条角度及运条速度。焊条与焊件表面的夹角在左右方向为90°，与焊缝的角度起焊时为70°～80°，中间为45°～60°，收尾时为20°～30°。装配间隙为3～4mm，应选用较小的焊条直径（ϕ3.2mm）和较小的焊接电流，打底焊时为85～90A，中间过渡层为115～120A，盖面层为90～100A。电流一般比平焊小12%～15%，以减小熔池的体积，使之受到重力的影响减小，有利于熔滴过渡。采用短弧焊接，缩短熔滴到熔池的距离，形成短路过渡。

二、观熔池、听弧音，熔孔形状记在心

焊缝根部的打底焊是保证焊接质量的一个关键。采用灭弧法进行焊接，立焊灭弧节奏比平焊稍慢，每分钟30～40次，每点焊接时电弧燃烧稍长，所以立焊的焊肉比平焊厚。焊接时由下端开始施焊，打底的焊条角度为70°～80°，采用两点击穿焊，在坡口一侧引燃电弧顺点焊点向根部进行预热熔化，听到电弧穿透坡口而发出的“扑扑”声，看到熔孔、形成熔池座立即提起焊条熄灭电弧，然后重新引燃坡口的另一侧。第二个熔池应压住第一个开始凝固熔池的1/2～2/3，这样采用左右灭弧击穿便得到整条焊缝。灭弧要用手腕的灵活性，每一次都干净利落地将电弧熄灭，使熔池有瞬时凝固的机会。灭弧时明显看到被击穿的钝边所形成的熔孔，立焊的熔孔约0.8mm，熔孔大小与背面成形紧密相关，熔孔过大背面很容易形成焊瘤；反之，没有熔孔背面往往未焊透。操作时要求保持熔孔大小均匀，这样才可以保证坡口根部熔透均匀，背面焊道饱满，宽窄高低均匀。

打底换焊条接头时，每次都要把接头部位药皮清理干净，在坡口内重新引燃电弧，沿已形成

的焊缝连续焊接。变化焊条角度，到90°时伸入焊缝中心左右稍加摆动，并同时向下压一下电弧，听到弧音，形成熔孔，立即灭弧，使焊条电弧伸入焊缝根部，形成熔孔立即灭弧。然后与第一根焊条打底焊法相同，左右交替循环灭弧击穿，每一个动作都要精神集中，注意观察熔孔的轮廓和两侧被熔化的缺口，只有当电弧移到另一侧的时候方可看到。发现钝边未熔合好稍微往下带点电弧，才能达到熔合良好。每次灭弧时间控制在熔池尚有1/3未凝固就重新引弧。

收弧时，应注意每根焊条只剩80～100mm长时，焊条由于过热熔化加快，这时灭弧时间应增长，使熔池能瞬时凝固，以防高温熔池下坠形成焊瘤。当焊条只剩30～40mm时准备做灭弧动作，将熔池某侧连续滴两三下，使其熔池达到缓慢降温目的，这样可防止焊道正面和背面产生缩孔及弧坑裂纹等缺陷。

三、熔池温度控制好，焊缝质量能提高

要求中间层焊皮平整。焊接中间两层焊条直径为ϕ3.2mm，焊接电流为115～120A，焊条角度为70°～80°，采用锯齿形运条法。利用焊条角度、电弧长短、焊接速度和坡口内两侧停留时间来控制熔池温度，使焊缝两侧良好熔合，并保证扁圆形熔池外形。

第三层焊接时，不要破坏坡口边缘，留1mm左右的深度，使整条填充焊道平整。焊缝到焊件表面的深度以上坡口边缘为基准线，给盖面打下基础，采用左右摆动焊条的运条方法，一般情况下坡口两侧稍微多停一下，使坡口边缘熔化1～2mm，并保证熔池及坡口两侧温度均衡。主要观察熔池形状，把熔池控制成月牙形，熔池多的一面少停留，少的一面多停留，边施焊边计算焊缝高度和宽度。因立焊的焊肉比平焊厚，注意观察熔池形状及焊肉的厚度，若熔池的下部边缘由平缓向下凸，说明熔池温度过高，这时应缩短电弧燃烧时间，延长灭弧时间来降低熔池温度。更换焊条前必须填满弧坑，以防止出现弧坑裂纹。

四、运条手法保正确，焊缝方能成形好

盖面焊时，可采用锯齿形或月牙形运条法，运条要稳，在焊道中间速度要稍快，在坡口两侧边缘要稍作停留。工艺规范为焊条直径ϕ3.2mm，焊接电流95～100A，焊条角度均应保持在80°左右，焊条左右摆动，使坡口边缘熔化1～2mm，两侧停顿时稍微上下颤动。但焊条从一侧到另一侧时，中间的电弧稍抬一下，观察整个熔池形状。如果熔池呈扁平椭圆形，说明熔池温度较合适，进行正常焊接，焊缝表面成形好。若发现熔池的下方出现鼓肚变圆时，说明熔池温度已稍高，应立即调整运条方法，即焊条在坡口两侧停留时间增加，加快中间过渡速度，并尽量缩短电弧长度。若不能使熔池恢复扁平椭圆状态，而且鼓肚有增大时，则说明熔池温度已过高，应立即灭弧，给熔池冷却时间，待熔池温度下降后再继续焊接。

盖面时要保证焊缝边缘好，发现咬边，焊条稍微动一下或多停留一下以弥补缺陷，表面过渡才能圆滑。盖面接头起焊时，焊件的温度偏低易产生熔合不良和夹渣，接头脱节、过高等缺陷，因此盖面的好坏直接影响焊缝的表面成形。故在接头时运用预热法施焊，在起焊端以上15mm左右用划擦法由上至下引燃电弧，并将电弧拉长3～6mm，对焊缝起焊处进行预热。然后压低电弧，在原电弧坑2/3处连摆2～3次，以达到良好熔合后转入正常焊接。

虽然焊缝所处的位置不同，但是它们也有着共同的规律，实践证明，选择合适的焊接工艺参数、保持正确的焊条角度、掌握好运条三个动作、严格控制熔池温度，焊接立焊时就能得到优良的焊缝质量和美观的焊缝成形。

（作者：长城钻探公司物资公司，电焊工，技师）

技术点评：文章描述了单面焊双面成形的操作要领、工作心得和技巧诀窍，是一篇较好的经验分享类文章。

（审稿人：梁昌锦）

完善锅炉连续排污控制

◆ 狄国伟

我所在大锅炉班组的4台20t锅炉的控制系统经过前期改造后，连续给水液位调节系统已经改为DCS控制，而锅炉的表面连续排污则一直采用手动控制。在实际运行过程中，手动控制锅炉表面连续排污经常会出现两种情况：一是排污过量，导致过多的高温饱和锅水排掉，造成热量损失和水的浪费；二是排污量不够，致使锅炉锅水含盐量越来越高，锅水产生泡沫，发生汽水共腾，严重时还会引发虚假水位，使炉况控制不稳。鉴于上述情况，决定对4台锅炉的连续排污系统进行自动控制改造，以达到节能降耗的目的。

一、工业蒸汽锅炉内的水质控制与连续排污分析

当给水进入锅炉后，随着蒸汽的产生，锅水中的盐分会随着水的蒸发浓度越来越高，当浓度达到一定值后，锅水会产生泡沫，发生汽水共腾，严重时还会造成蒸汽大量带水，导致锅炉因低水位而停炉。这种现象在锅炉高负荷以及蒸汽负荷波动时显得特别突出，所以必须想办法把锅水含盐量保持在允许范围内，才能确保锅炉运行安全稳定。在《工业锅炉水质》（GB／T 1576—2008）中对锅水溶解固形物的规定见表1。

表1 锅水溶解固形物标准值

项目		参数		
额定蒸汽压力，MPa		≤1.0	1.0~1.6	1.6~2.5
锅水溶解固形物 mg/L	无过热器锅炉	<4000	<3500	<3000
	有过热器锅炉	—	<3000	<2500

国家标准中的溶解固形物可近似认为是锅水总含盐，又称为TDS值，单位是mg/L。控制锅水品质、降低锅水含盐量的主要方法是在锅炉运行时进行锅水的连续排污（也称表面排污）。这种方法是不断地使靠近锅水蒸发表面含盐浓度高的锅水排放出炉外，同时锅炉补充含盐浓度相对较低的补给水。很显然，通过连续排污可以使锅水的含盐量降低，改善炉况。一台锅炉的连续排污量达到多少才能符合国家标准，须通过计算确定：

$$W = D \cdot \frac{S_g}{S_p - S_g} \qquad (1)$$

式中 W——锅炉排污量，kg/h；

D——锅炉蒸发量，kg/h；

S_g——锅炉给水含盐量，mg/L；

S_p——锅炉锅水含盐量，mg/L。

式中S_p即为GB／T 1576—2008中规定的溶解固形物浓度的值。如果运行中锅炉实际排污量小于上述计算排污量，锅水浓度会越来越高，造成蒸汽品质恶化；如果实际排污量大于计算排污量，会增加锅炉排污热损失。只有实际排污量等于或接近计算排污量时，锅水的含盐量保持在国家标准值附近，既保证了锅水品质，又不会因多排污造成能源的浪费。因此，正确地控制锅炉连续排污量对锅炉的安全运行、提高锅炉热效率非常重要。

二、锅炉连续排污的手动控制

现运行的4台锅炉连续排污均采用人工手动控制，即在锅炉的连续排污口安装手动截止阀，由锅水化验员定期抽取锅水水样，用化学滴定的方法检测氯离子浓度和碱度，根据检测结果通知司炉人员打开或关闭排污阀，每班（8h）测试两次。手动控制锅水水质工作曲线如图1所示。

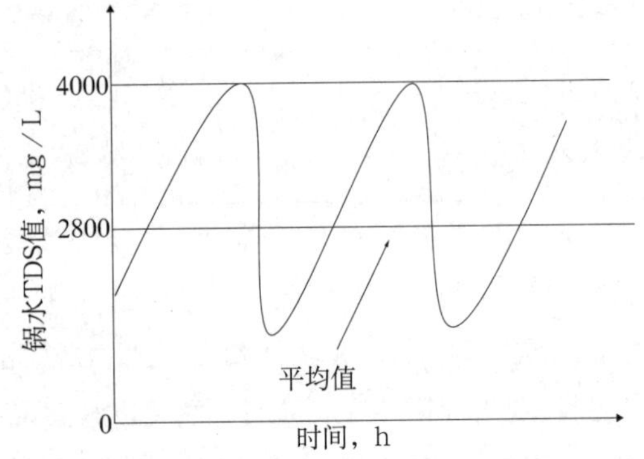

图1　连续排污手动控制水质工作曲线

事实上，锅炉连续排污由人工手动控制的方法往往达不到控制锅水品质的要求。原因是：为了保证在两次锅水取样化验期间使锅水浓度不超过标准，工人每次打开手动排污阀时都要将锅水的控制指标排放到足够低的水平，即便如此，也不能保证锅水在此期间合格。因为当蒸汽负荷大时，锅水的浓度上升很快，有可能超标导致锅水产生泡沫。手动控制还经常会造成超量排放，增加锅炉运行成本，造成能源浪费。

三、锅炉连续排污的自动控制方法

当锅炉使用软化水作为补给水时，溶解于水中的酸、碱、盐等电解质离解成正、负离子，使电解质溶液具有导电能力。其导电能力大小用电导率表示，单位μs/cm，锅水的电导率与锅水中电解质——溶解固形物的含量成正比。如将锅水水样冷却到25℃并将其碱性中和，则锅水的电导率与TDS值之比大约为1:0.7（即1 μs/cm相当于0.7mg/L）。因此锅水的电导率就可以用来反映锅水含盐的多少。锅炉连续排污的自动控制方法如图2所示。

就是通过电导率感应器连续测量锅水的实际电导率，信号输入到排污控制器与设定值相比较，如果测量值低于设定值，则保持排污阀关闭；如果测量值高于设定值，则输出信号到排污控制器中的执行器，打开排污控制阀进行排污，直到锅水TDS值低于设定值才关闭排污阀。

锅炉连续排污的自动控制方法能够在锅炉运行时连续检测锅水的TDS值，自动补偿温度对电导率的影响，在任何工况下都可以使锅水的TDS值控制在水质标准所要求的浓度附近。这既保证了锅水品质合格，有利于锅炉安全稳定的运行，同时也使锅炉排污量最小，有效减少了热损失，提高了锅炉热效率。

四、锅炉连续排污自动控制与手动控制比较

以一台额定蒸发量为20t/h的锅炉为例，其工作压力为0.6MPa，锅炉给水的TDS值为422mg/L。按照《工业锅炉水质》的规定，锅水中TDS值不能超过4000mg/L。

（1）采用自动控制方法，根据《工业锅炉水质》规定，将排污控制器中的TDS值设定为4000mg/L，即锅水中的溶解固形物浓度在运行中上升到4000mg/L时，系统自动打开排污控制阀开始排污，直到锅水中溶解固形物的浓度下降到3750mg/L以下时，关闭排污控制阀停止排污。根据实际测量的数据显示，该锅炉锅水的平均溶解固形物的浓度可以控制在3820mg/L左右。根据

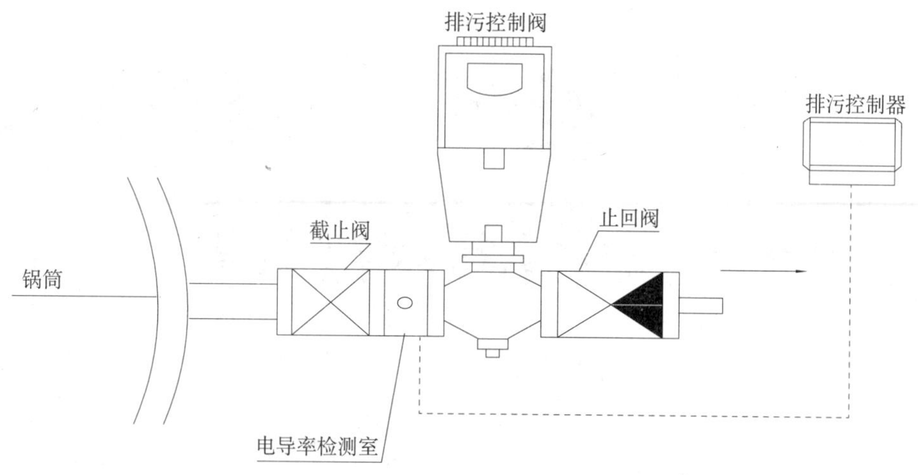

图2 锅炉连续排污自动控制系统

式（1）可计算出锅炉的排污量：

$$W_1 = D \cdot \frac{S_g}{S_p - S_g} = 20000 \times \frac{422}{3820-422}$$

$$= 2483.81 \ (\text{kg/h})$$

（2）采用手动控制方法，平均锅水溶解固形物浓度一般需控制在2800mg/L甚至更低。根据式（1）可计算出锅炉的排污量：

$$W_2 = D \cdot \frac{S_g}{S_p - S_g} = 20000 \times \frac{422}{2800-422}$$

$$= 3549.2 \ (\text{kg/h})$$

从上述计算可以看出，连续排污自动控制方法与手动控制相比，排污量减少了30%。我们现在的汽水平衡率平均在70%左右，一天4台锅炉平均所用软水在1250t 左右，即现在手动控制连续排污量为：

$$1250 \times (100-70)\% = 375 \ (\text{t})$$

如改为自动控制，每天可节约软水量为：

$$375 \times 30\% = 112.5 \ (\text{t})$$

一个冬运（按120d计算）可节约软水量为：

$$112.5 \times 120 = 13500 \ (\text{t})$$

按每吨软水成本价8元计算，一个冬运可节约费用为：

$$13500 \times 8 = 108000 \ (\text{元})$$

由此可见，锅炉连续排污改为自动控制，不但提高了锅炉整体的自动化操作水平，而且还有效避免了人工手动控制造成的锅水水质超高或排污量过大造成的浪费。

（作者：宝鸡钢管公司宝鸡输送管分公司，热力司炉工，技师）

（审稿人：苏汉杰）

自动采样器在辽河润滑油厂的应用

◆ 李亚杰

辽河润滑油厂年加工量逐年增加，主要以生产润滑油为主，品种可分为环烷型橡胶填充基础油、变压器油基础油、昆仑普通变压器油、昆仑环烷型橡胶油、芳香基橡胶油等。

辽河润滑油公司采用的生产用罐都为拱顶罐，化验员样品采集时执行的标准是《石油液体手工取样法》（GB/T 4756—1998），需要采样人员在罐顶采样平台用铜质采样器通过取样口从油罐内直接取样。有些罐的取样口在取样平台的边缘，取样时无法做到在上风口取样，给取样人员带来油蒸气中毒的安全隐患。另外，采样过程中样品油会黏附在采样绳表面，给采样工作及罐上采样平台的清洁工作带来不便。

随着集团公司对安全要求的提高，传统上罐取样的方法已经不能够满足生产的需求，罐底自动采样器以其独特的优势在石化行业中开始被推广应用。

一、自动采样器的原理

罐底自动采样器是一种可以自动进行采样点定位，自动进行采样管线循环、清洗的高性能仪器设备。自动采样器利用内、外浮顶罐内浮盘带动的采样结构，不因罐内液面的高低而影响采样的准确性，其工作原理如图1所示。

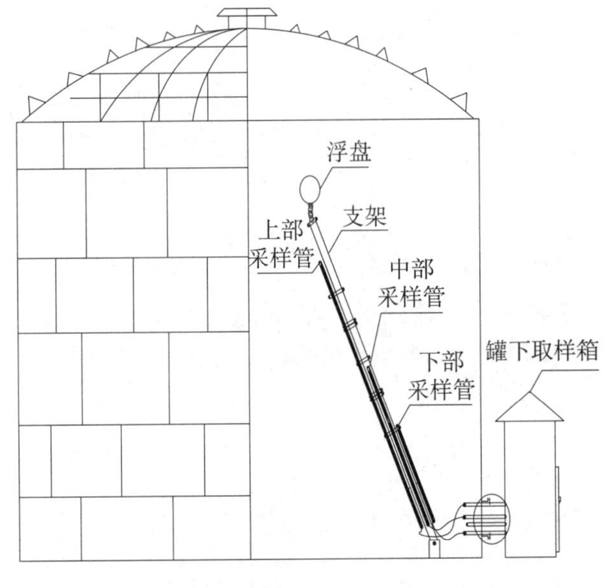

图1　罐底自动采样器原理图

自动采样器是将3根采样管（上、中、下）固定在支架上，一根采上部油样，一根采中部油样，一根采下部油样，支架上连浮盘，下端固定在罐底固定支座上。当液面升降时，浮盘随之浮动，采样管亦随之升降，使3根采样管始终保持在规定的采样点位置而得到所需油样。

为了使取得油样真正代表油品品质，采样时，操作人员必须利用手摇泵把采样管内的存油排净（应根据手摇泵每转的排量和采样管内的存

油来确定拨动手摇泵转数，气动转子泵亦同）。采样管内换成新鲜油品之后，再依次打开取样口取样。

二、自动采样器的优点

（1）安全方便。自动采样系统使采样人员只要在罐下打开采样阀门即可采到相应位置的油样，克服了下雨、下雪、大风、结冰、高温等恶劣气候可能对采样人员在爬罐及采样过程中造成的伤害，保障了采样人员的人身安全。

（2）提高工作效率。人工爬罐采样需要2个人共同完成，一般一个罐需要25min；而应用自动采样器只需1个人，5min即可完成采样工作，且不需要另外携带采样工具，也不需要提着样品取样瓶上下爬罐，采样的工作效率提高5倍以上。

（3）数据及时准确。由于油罐自动采样器严格按照标准设定进行定点采样，克服了人工采样受环境及心理等因素影响产生的随机误差，数据更及时准确。

（4）易于管理。油罐自动采样器一般都集中在罐底安装，方便定时、定点挂牌管理。

三、实验对比分析

自动采样器正在辽河石化公司逐步推广和应用，我们对两种取样方法进行了对比实验。用两种取样方法分别取同一油罐内的油样进行对比分析，实验数据见表1、表2。

表1　罐内润滑油开口闪点对比

罐号	采样方式	
	人工采样	自动采样器
201号罐，℃	130	130
202号罐，℃	90	90
704号罐，℃	190	190

表2　罐内润滑油黏度对比

罐号	采样方式	
	人工采样	自动采样器
201号罐，mm^2/s	6.023	6.025
202号罐，mm^2/s	3.708	3.710
704号罐，mm^2/s	10.23	10.23

由表1、表2数据可见，自动采样器的数据准确可靠。

四、在实际应用中出现的问题及解决方法

（1）在自动采样器使用过程中发现，由于空气负压的原因，在关闭采样阀门后，残留在管口的油样会因震动流出，因此，自动采样器需要格外注意保持清洁。在关闭阀门后，用废油瓶放在取样口处，轻轻敲击管口侧壁，待管内残留油品流净后，用抹布擦净取样的管口。并在采样器内放一块干净的吸油毡，吸附取样过程中可能溅出的样品。吸油毡需定期更换，以保持自动采样器内部的清洁。

（2）自动采样器罐底采样箱在使用一段时间后，取样管的各连接阀处可能会出现渗油，给自动采样器的使用带来安全隐患。解决方法是在安装前对采样箱进行打压试漏。

（3）因为我公司的产品都为润滑油，因此采样箱的保温一定要做好，避免因低温造成样品采集困难。

（作者：润滑油公司辽河润滑油厂，油品分析工，技师）

隧道墙开孔率及分布对甲烷裂解转化炉的影响

◆ 陈向平

格尔木炼油厂30×10^4t/a甲醇装置的天然气转化炉为负压式顶部烧嘴供热转化炉，运行中存在电耗高、转化炉燃烧状况差和辐射室温度场分布不均等问题。通过对隧道墙开孔率对转化炉运行所带来的多方面影响进行技术分析，我们决定对转化炉隧道墙进行改造。

一、转化炉辐射室隧道墙的作用

甲烷一段蒸汽转化炉系统主要由辐射转化段、对流段（混合原料加热器E1、高压蒸汽过热器E2Ⅰ、高压蒸汽过热器E2Ⅱ、天然气脱硫加热器E3、锅炉给水加热器E4、工艺水加热器E5）、热管空气预热器和30m高的独立钢烟囱四部分组成。辐射室的“长×宽×高”是“20150 mm×18960 mm×25320 mm”，其热量由顶部180只烧嘴提供，辐射室内安装了400根装有转化催化剂的转化管，规格为ϕ124mm×12mm×13365mm。辐射室承担了格尔木炼油厂30×10^4t/a甲醇装置甲烷蒸汽转化反应所需的所有热量供给。室内最高温度可达1150℃，设计燃料总量为1.97×10^4 m^3/h，总燃烧空气量为16.7×10^4 m^3/h，产生的总烟气量为19.1×10^4 m^3/h。辐射室内共分布了16排共9组隧道墙，8排转化管平均分布在9组隧道墙之间。隧道墙开孔的作用是将辐射室内的烟气均匀排出，使辐射室内负压分布均匀，通过烟气流量均匀排放来实现均匀的温度场，使各转化管外壁温度均匀，辐射室内实现合理的温度场及压力场，不发生局部超温、燃烧状况差、烟气偏流等现象。

二、转化炉隧道墙改造前的运行情况

30×10^4t/a甲醇装置转化炉隧道墙在未增大开孔率前，转化炉辐射室存在对流室入口温度超温运行和辐射室底部有较明显尾燃的现象。辐射室出口负压值高于设计值，但辐射室内却必须通过两台引风机同时运行才能满足正常负压控制指标。辐射室内安装了64个测温点，平均温差高达90℃，造成转化管外温差大，管内甲烷转化反应差。这不仅对设备的正常运行及寿命构成了较大威胁，而且还造成转化气中残余甲烷高达5%（体积分数）以上，工艺气质较差，给装置设备及工艺运行均带来了较大影响，而且持续时间长达5年之久。转化炉部分主要运行数据统计见表1。

表1 转化炉主要运行数据

项 目	辐射室出口负压，Pa	烟气（O_2），%（体积分数）	燃烧空气量，$10^4m^3/h$	对流室入口温度，℃	转化炉管温差，℃	烟气（CO_2），%（体积分数）	引风机运行情况
设计值	-300.0	2.8	16.7	980	≤30	10.56	开一备一
实际值	-407.2	6～8	19.2	1021	≤90	7.2～7.7	两台同时运行
对比值	-107.2	3.2～5.2	2.5	41	60	-2.86～-3.36	多运行一台

从表1的数据可以发现，转化炉运行存在着以下问题：

（1）设计只需要运行一台引风机，辐射室出口负压达到300 Pa就可以满足炉膛正常的生产要求。而在实际运行中两台引风机同时运行，辐射室出口负压必须达到407.2 Pa才能满足辐射室顶部对负压的控制要求。

（2）转化炉设计正常燃烧空气量为16.7×10^4 m^3/h，在实际运行中必须提高到19.2×10^4 m^3/h才能满足转化炉燃料燃烧及供热的要求，否则转化炉出口温度就无法达到正常范围。导致烟气中氧含量高出设计值4.1%（体积分数），辐射室内温度分布不均，炉子热效率低。

（3）由于燃烧效率低，燃料在烧嘴处无法完全燃烧，导致部分燃料经负压引至辐射室底部进行了二次燃烧，从而导致对流室入口温度及对流段蒸汽过热段设备超温。

（4）由于燃烧效率差，燃料没有完全燃烧形成CO_2气体，因此通过化验分析烟气CO_2含量只有7.2%～7.7%，对二氧化碳工段的产量造成进一步影响。

（5）30×10^4 t/a甲醇装置转化炉管6-25于2010年9月发生断裂，经权威机构检测显示，主要原因是超温所致，而断裂处也是最靠近隧道墙的部位，因此隧道墙开孔率不合理造成辐射室温度场分布不均是转化炉长周期安全运行的重要隐患。

装置于2009年6月更换了180只顶部烧嘴。更换烧嘴后，转化炉燃烧空气量有所下降，燃烧状况好转，但两台引风机必须同时运行才能保证炉膛负压的现象依然存在。

三、隧道墙开孔率计算及孔分布的确定

（一）30×10^4t/a和10×10^4t/a两套甲醇装置的对比

甲醇装置转化炉辐射室烟气隧道墙开孔尺寸及开孔数量的合理设计，是保证烟气不发生偏流、阻力均匀，辐射室具有合理温度场及负压分布的关键。车间通过观察发现，转化炉辐射室内温度变化最敏感的部位是负压变化最大的地方，而靠近西面的部位负压对温度场变化反应不明显，而且对流段入口处负压实际值一直高于设计范围。在数次调整转化炉出口温度时，总会出现靠近引风机侧负压高处的温度点温度难以调高，而远端转化管的温度却一直居高不下。在燃料量不变、适当提高或降低炉膛负压的情况下，转化炉管各点温度就会出现自行降低或升高现象。而格尔木炼油厂另一套以天然气为原料的10×10^4 t/a甲醇装置，自1999年投运以来从未出现过此类现象。因此，对两套装置的设计数据进行了比较，见表2。

表2 两套甲醇装置转化炉设计数据对比

项目 装置	开孔尺寸 mm	开孔数量 只	烟气流量 $10^4m^3/h$	开孔率 %
10×10^4t/a装置	114×156	87	9.97	6.18
30×10^4t/a装置	134×234	56	19.2	4.73

通过比较两套装置转化炉设计图纸及计算结果可知，30×10^4 t/a装置单排隧道墙的开孔数量明显偏低，其开孔率仅为4.73%，而10×10^4 t/a装置的开孔率达6.18%。30×10^4 t/a装置烟气流量比10×10^4 t/a装置增加了92.6%，但隧道墙的开孔率却比10×10^4 t/a装置降低了23.5%。因此，在理论上存在着烟气流速偏高，易形成烟气偏流，辐射

室远端负压场不足等设计问题。

两套甲醇装置隧道墙开孔分布示意图如图1所示。

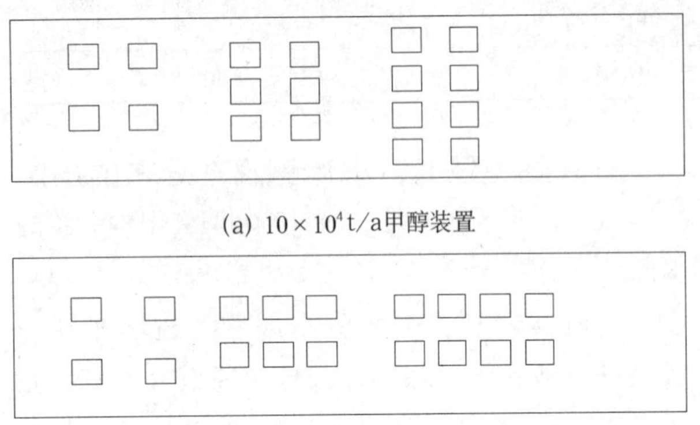

图1　两套甲醇装置隧道墙开孔分布示意图

10×10^4 t/a装置开孔图形呈现出随负压递减开孔逐步增加，且以纵向梯度进行分布，这样可以使最远端压力最低处的烟气以合适的流量均匀通过。而30×10^4 t/a装置开孔图形为横向增加，每排隧道墙没有设计纵向增加开孔，该设计与纵向梯度相比呈现出烟气流通阻力大，易形成偏流等缺陷，而且开孔率与10×10^4 t/a装置相比明显不足，从而进一步造成在负压逐步递减的过程中，近端烟气流量大、流速快，而远端烟气流速缓慢，易形成偏流等现象。因此，隧道墙开孔随压力递减采用逐步增加开孔数量，且以纵向梯度形式分布的设计理念优于横向开孔。

（二）重新确定的开孔方案

经过和30×10^4 t/a甲醇装置的设计单位沟通，提出隧道墙开孔与分布存在的问题，经核算重新确定了隧道墙开孔措施。2011年利用装置大检修实施了重新开孔，具体措施为：辐射室内共计16道开孔墙，将每道前12个隧道孔上面各加一个尺寸为134mm×234mm的孔，与原孔的间距为286mm，其中第11个孔在下部干砌半块T3砖，第12个孔干砌一块T3砖，砖的材质与原砖墙材质相同。图2为开口改造后的隧道墙。

图2　隧道墙开口改造图

四、增大开孔率后的运行效果

通过整改投入运行后，有效改善了辐射室内烟气流动阻力大、炉膛负压小、烟气存在严重偏流的现象，辐射室取得了合理的负压分布及温度场，电动引风机停运，彻底解决了两台引风机同时运行才能保证炉膛负压及正常生产的难题。不仅成功停运了一台6000V、800kW的电动机，而且转化管各排温差得到了有效降低，效果非常明显。改造前、后的主要运行数据对比见表3。

改造后转化炉在以下方面取得了非常明显的改善，部分指标超出了预期效果：

（1）增大开孔率前400根转化炉管的平均温差只能控制在90℃以内，实施开孔率改造后，炉管的平均温差降到了40℃以内，不仅极大地保护了转化管的使用寿命，而且转化气中的残余甲烷下降了0.5%（体积分数），转化气质明显改善，

表3　隧道墙重新分布开孔前、后部分主要运行数据对比

项目	辐射室出口负压 Pa	烟气(O_2) %（体积分数）	燃烧空气量 $10^4m^3/h$	对流室入口温度 ℃	转化炉管温差 ℃	烟气(CO_2) %（体积分数）	引风机运行情况	烟气出口温度 ℃
设计值	-300	2.8	16.7	980	≤30	10.56	开一备一	125
改造前	-407.2	6~8	19.2	1021	≤90	7.2~7.7	两台同时运行	147.2
改造后	-337	2~3.2	12.8	972	≤40	8.5~8.8	开一备一	134.2
改造前、后对比	70.2	-5.2~-4	-6.4	-49	-50	1.1~1.3	单台	-13

对增产甲醇、降低天然气单耗效果明显。

（2）由于增加了隧道墙开孔率，在保证转化炉燃烧效果的情况下燃烧空气量大幅下降，烟气中CO_2含量较改造前提高了1.1%～1.3%，因此回收的CO_2产量较改造前增加了约500m^3/h，从而进一步提升了装置的增产降耗能力。

（3）开孔率增加后，烟气出口温度下降了13℃，不仅提升了转化炉热效率、节省了燃料，而且装置二氧化碳工段洗涤塔冷却洗涤水用量由1100m^3/h降到了900m^3/h，循环洗涤水量平均下降了200m^3/h，超出预期效果。

（4）对流室入口温度在增加隧道墙开孔率前为1021℃，改造后降到了972℃，彻底扭转了对流室烟气温度超指标运行的被动局面，对流段内E1、E2等7台冷换设备均实现了最佳运行环境，为装置工艺参数的调节、设备的安全运行奠定了坚实的基础。

（5）转化炉双引风机同时运行是长期困扰30×10^4t/a甲醇装置的难题，车间虽采取了更换烧嘴、堵塞转化炉缝隙等多项措施，但一直没有实现单台引风机运行的设计模式。通过实施增大开孔率措施，辐射室出口处负压由407.2Pa降到了337 Pa，基本实现了设计水平运行，电动引风机终于得以停运，彻底解决了该被动局面。

五、取得的效益

30×10^4 t/a甲醇装置通过增大隧道墙开孔率，不仅满足了转化炉温度及满负荷运行的设计条件，提高了CO_2产量，转化炉管各点温差首次达到了40℃以内的历史最好水平，并成功停运了一台6000V、800kW的电动引风机，同时隧道墙增大开孔率没有新增投入。现对取得的经济效益分析如下：

（1）直接经济效益。直接经济效益主要是指停用电动引风机节约的电费，按每台装置年工作天数300d计算，1天24h，停用电动引风机的功率为800kW、效率为90%，我厂的结算电价为0.35元（kW·h），则每年节约的电费为：

$$800\times(300\times24\times0.9)\times0.35=181.44\text{（万元）}$$

（2）间接效益和社会效益。改造后有效提高了转化炉热效率，转化管长期超温现象得到解决，提高了设备使用寿命。转化炉辐射室温度场分布均匀，对流段烟气出口温度控制在设计指标内，减少了燃烧空气的使用量，排入大气的废气也减少了，对环境保护起到了积极的作用。

六、结论

隧道墙在辐射室承担着平衡分散所有燃烧烟气、排送烟气的任务。而隧道墙上的开孔数量及分布决定着烟气流动的阻力，承担着辐射室内所有区域负压及温度场的科学分布，防止烟气偏流，从而保证每根转化管受热均匀，作用不可低估。30×10^4 t/a甲醇装置由于隧道墙开孔数量及分布存在的设计缺陷，严重影响装置转化管寿命和高效安全运行，本次改造可为同类型加热炉的故障排除提供借鉴。

参考文献

[1] 钱家麟.管式加热炉. 2版.北京：中国石化出版社，2005.

[2] 韩文光.化工装置实用操作技术指南.北京：化学工业出版社，2001.

（作者：青海油田公司格尔木炼油厂，甲醇装置操作工，高级技师）

技术点评：问题分析清楚，改造效果明显，有指导借鉴意义。

（审稿人：张彦）

电动压风机冷却水循环系统改造

◆ 金海亮　李冬存　杨　燕

一、改造前电动压风机工作状况

ZW-3/7无油润滑空气压缩机以三相异步电动机作为动力，简称电动压风机。电动压风机根据生产需要间停运行，全部由员工手动操作，操作员工要根据储风罐的上下限压力（上限0.8MPa、下限0.35MPa）控制电动压风机的启、停，如不能及时启、停，就会造成压力过高安全阀泄压或压力过低整个输油系统的气动自动装置不能正常工作，不利于安全生产且员工劳动强度大。由于压风机、高效冷却器（两个）产生大量热量，需要3条清水管线排放冷却水进行冷却，以保证压风机的正常运行（图1）。运行时，冷却水直接外排，没有循环利用，造成了水资源的浪费，增加了生产成本。

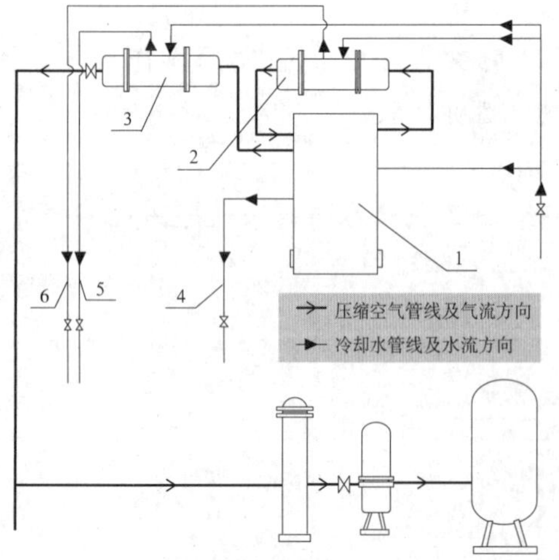

图1　改造前电动压风机冷却水排放系统示意图

1—电动压风机；2，3—高效冷却器；
4—压风机冷却水管；5，6—高效冷却器冷却水管

二、电动压风机冷却水循环系统改造技术方案与技术特征

（一）电动压风机冷却水循环系统改造技术方案

针对上述情况，我们对电动压风机冷却水循环系统进行了改造。图2是电动压风机冷却水循环系统改造示意图。从图2可见，电动压风机的低压压缩空气出口由管线连接第一冷却器的低压压缩空气入口，第一冷却器的低压压缩空气出口由管线连接电动压风机的低压压缩空气入口；电动压风机的高压压缩空气出口由管线连接第二冷却器的高压压缩空气入口，第二冷却器的高压压缩空气出口由管线连接空气干燥塔的压缩空气入口；空气干燥塔的压缩空气出口由管线连接过滤器的压缩空气入口，过滤器的压缩空气出口由管线连接储风罐的压缩空气入口；储水罐有出水管线和回水管线；储水罐的出水管线连接离心泵的入口，离心泵的出口由管线连接电动压风机的冷却水入口，电动压风机的冷却水出口由管线连接储水罐的回水管线；离心泵的出口由管线连接第一冷却器的冷却水入口，第一冷却器的冷却水出口由管线连接储水罐的回水管线；离心泵的出口由管线连接第二冷却器的冷却水入口，第二冷却器的冷却水出口由管线连接储水罐的回水管线；在离心泵的出口管线上连接有第二电接点压力表；在空气干燥塔的顶部连接有第一电接点压力表。第一电接点压力表和第二电接点压力表由信号线连接中间继电器K1、K2、K3（图3）。

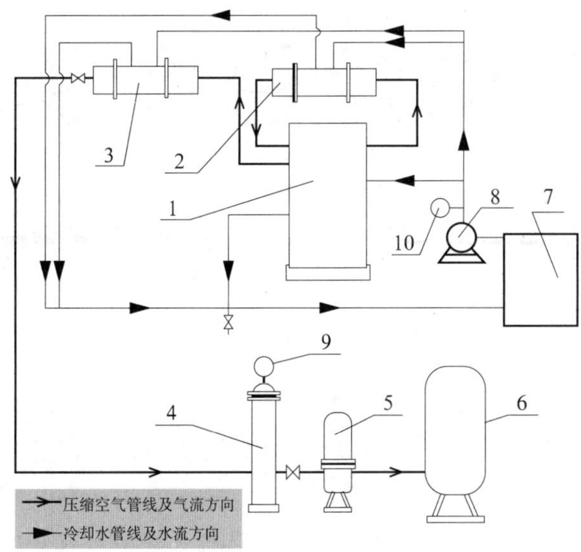

图2 电动压风机冷却水循环系统改造示意图

1—电动压风机；2—第一冷却器；3—第二冷却器；4—空气干燥塔（T-75）；5—过滤器；6—储风罐；7—储水罐（$8m^3$）；8—离心泵（LZDB45-0.55）；9—第一电接点压力表；10—第二电接点压力表

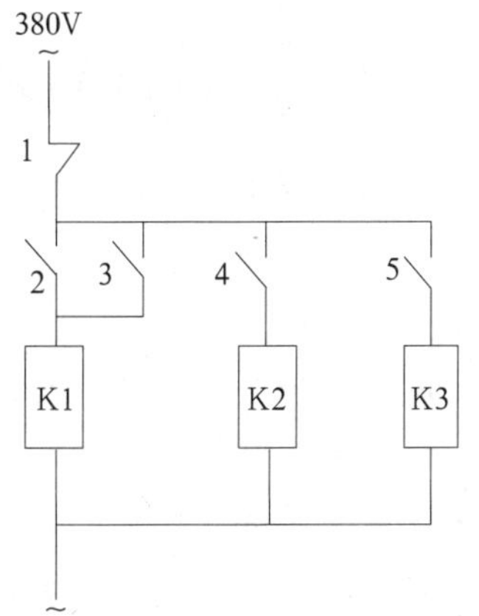

图3 自动控制电路示意图

1—K3常闭辅助触点；2—第一电接点压力表下限电接点；3—K1常开辅助触点；4—第二电接点压力表上限电接点；5—第一电接点压力表上限电接点

（二）电动压风机冷却水循环系统的技术特征

（1）增加了储水罐并有出水管线和回水管线；储水罐的出水管线连接离心泵，为电动压风机第一冷却器、第二冷却器提供冷却水；在离心泵的出口管线上连接有第二电接点压力表测量循环水压力；在空气干燥塔的顶部连接有第一电接点压力表测量压缩空气压力；第一和第二电接点压力表由信号线连接中间继电器，将取得的压力信号转换为电信号，通过预先设置的上、下限压力（上限0.8MPa、下限0.35MPa）实现对中间继电器的控制。

（2）电动压风机冷却水循环系统的全自动控制。当空气干燥塔压力下降到设定的下限值时，启动中间继电器K1，中间继电器吸合，启动离心泵运转。当离心泵的出口压力达到0.14MPa时，启动中间继电器K2，启动电动压风机运转；当空气干燥塔压力上升到设定的电接点压力表上限时，启动中间继电器K3，电动压风机停止运转。电动压风机和离心泵按照工艺设定的控制要求自动启、停。

（3）在储水罐上方搭建凉棚，遮挡阳光直射，在夏季高温季节启用电风扇直吹水面降温，降低储水罐水温，保证压风机冷却水正常使用。

三、电动压风机冷却水循环系统改造后的效果

改造后压风机和离心泵实现了按设计程序全自动启停、冷却水循环使用，提高了自动化水平，保证了安全生产，减轻了员工的劳动强度。改造后年节约清水$3.3\times10^4m^3$，创直接经济效益15.18万元，实现了节能减排，有利于环境保护，具有一定的社会效益。

（作者：金海亮，华北油田公司第一采油厂，维修电工，高级技师；李冬存，华北油田公司第一采油厂，工程师；杨燕，华北油田公司第四采油厂，助理工程师）

技术点评：这个改造比较成功。建议根据运行情况增加回水冷却系统，以防回水温度逐步升高影响冷却效果。

（审稿人：苏汉杰）

浅析“金焊缝”的焊前准备与焊接要点

◆ 刘汉国

在长输管道的建设过程中，管道的焊接是最核心的工作，管道的焊接质量就成为重中之重。而“金焊缝”（指最后两道不能参与试压的连头焊缝）的焊接质量则有着“焊接一次合格率必须100%”的不成文规定，所以“金焊缝”的焊接质量成为业主、工程监理、施工单位共同关注的焦点，成为考验焊工实际水平的标准。

多年的管道施工证明，焊工综合考虑管道施工现场焊缝的空间位置，焊缝实际坡口的角度、形状，施工时的地理环境因素等各方面的影响，选择正确的焊接工艺，采取相应的工艺措施，是保证焊缝焊接质量的关键。

为了保证“金焊缝”的质量，结合管道焊接实践经验和体会，谈一谈“金焊缝”焊接过程中的粗浅想法。

一、影响长输管道焊接质量的主要因素

（一）工作经验与责任心

焊工焊接能力的提升不是通过短时间的培训就能快速实现的，一名优秀的电焊工的成长离不开实际焊口数量的积累。通过多年长输管道工程焊接施工，我深刻体会到，电焊工只学会焊接方法、掌握基本操作技能是远远不够的，更多的时候，焊工的工作经验与责任心决定了焊接质量。例如，焊道清根的程度，打磨成圆滑过渡有利于较好的成型，且焊接质量能够保证，而打磨成两边夹沟的焊道，下一道工序焊接时易产生夹渣或成型不良等缺陷。这之间的区别除了经验还有责任心。“眼到手才能到”，焊工焊接姿势不合适，焊接时焊缝成型观察不清，则不能保证焊道的质量。有时候，焊工为了缩短躺着焊接仰脸的时间，通常尽量向前弯腰勉强进行焊接，致使视线和焊接点的角度无法保证，必然影响焊缝的质量，这也是关乎责任心的问题。

（二）焊缝空间位置

陕京二线的管道施工中，由于地形变化，一度出现不合格的焊缝，从射线底片看，缺陷集中为气孔与夹渣。通过焊接质量工程师现场分析，是焊工在焊接的过程中焊枪角度和摆动方法未能及时调整造成的，因为进入山地，管线起伏较大，焊缝空间位置也同步发生了变化，大都带有一定角度。此时，焊枪摆动的时候就不能依照水平固定焊时的焊枪角度和摆动方法进行焊接，而应采用适应焊缝角度的斜拉式运弧方法，以去除焊接熔池中因铁水往一边偏形成的焊接缺陷。

（三）焊接设备

西二线东段第20标段施工中，施工机组的进度曾一度受到根焊未焊透的焊接缺陷制约。经现场查找原因发现，造成这一缺陷的主要原因是STT焊机的温控保护元件出了故障，直接导致焊接电弧的吹力不足。通过对STT焊机的温控保护元件进行更换，并及时更换了导丝管，在后续的组对焊接过程中根部未焊透的问题得到了解决。

陕京三线输气管道工程第4标段的施工中，我们同时发现，由于电弧感应反应线接触不良，

电焊工对导电嘴更换不及时，送丝机的送丝轮运转不稳等原因，造成电弧燃烧不稳，偏吹，铁水摊不开，送丝不稳定，焊接电流、电压突变等现象，直接导致焊缝内产生夹渣、气孔等缺陷，致使焊接合格率下滑，焊口返修数量增加，严重影响了施工的速度。

（四）焊口组对

在长输管道的施工过程中，不可避免地会留下一部分连头焊口，俗称“碰死口”。大部分连头焊口的组对都由管工通过测量进行下料的短管对接而成，组对的过程受天气情况影响很大（如温度、湿度、周围地理环境等）。组对过程中，管口的间隙、错边量、坡口角度等参数很难保证，毫无疑问，组对质量对后续焊接有着很大影响。

（五）环境

川气东送管线施工中，由于在山区施工，受到山势落差的影响，管内出现过堂风，在焊接这样的焊道时，去除过堂风的影响成为保证焊口焊接质量的前提。在施工前，组对人员要人为地封堵该管段的两端进出气口，尽可能减小管道内的过堂风。进行根部焊接时，焊工要将焊道中仰脸位置预留出来，这样做的原因是管内底部的风要小于顶部，利于根焊道的成型，降低管内过堂风的影响。

二、“金焊缝”焊接的焊前准备与焊接要点

“金焊缝”的焊接是对焊工实际能力的考验。根据已有经验，针对“金焊缝”空间位置不确定、组对间隙及坡口角度不均匀、错边量大、组对应力大，而又要保证“一次合格”的特点，提出以下解决措施。

（一）认真进行焊前准备

1.焊工持证上岗，择优筛选

在焊工按照“特种设备焊接操作人员考核细则”取得相应焊接方法及项目焊接资格的基础上，加强焊工的岗前培训，按照专项工程的相应要求，取得针对专项工程、覆盖相应连头工艺的焊接岗位资格，持证上岗。并优选责任心强、具有丰富经验的焊工承担“金焊缝”焊接任务，焊接时要做到专人焊接，不能随意安排其他焊工替换。

2.焊接工艺、设备及焊材的准备

一般的管道焊接工程，都会根据管线的母材、规格、设计压力、焊接方法等因素，制定不同的“金焊缝”焊接工艺规程。在开始焊接前要严格按照焊接工艺规程或作业指导书的要求认真准备，如焊接设备性能完好，预热工器具齐全有效，焊材严格进行验收、烘烤等。

3.避免强力组对，提高管口装配质量

“金焊缝”的预留尽可能选择在没有角度的水平位置，这样的位置焊缝应力较小，可以避免强力组对。在组对的过程中要尽量保证组对间隙，火焰切割后的管口要用磨光机进行仔细修磨。组对时间隙要合适，以ϕ1016mm×21mm的X70钢管为例，一般预留2.5～4.0 mm的间隙，底部可略大些。尽量减小错边量，尤其是螺纹焊缝附近，错边量应控制在2.0 mm以内。

4.复杂工况辅助设备及工器具的准备

山地段以及连头等拘束应力较大的场合施工时，由于组对应力过大，焊接时，在熔池冷却过程中，焊缝由于拘束应力的作用容易开裂，施工时要确保在热焊层完成后再进行起吊。能采用吊管机组对的地方尽量使用吊管机，吊管机起吊尽量一次到位，减少重复起吊。施工过程中个别位置泥土松软，造成枕木支墩不稳固，焊接过程中枕木逐渐下沉，使焊缝受外力作用开裂，所以在施工中要将枕木支墩垫实。另外，如果焊接作业坑设置不合适，焊工在坑底部操作时动作受限，也会造成焊缝质量较差，留下质量隐患。

（二）采用恰当焊接方法

下面以西二线上海—南昌支干线施工中的一道焊口说明一下“金焊缝”的焊接要点。

焊接母材为X70钢级、ϕ1016mm×21mm的直缝钢管；采用林肯DC-400焊接电源；焊接方法采用“低氢手工上向+自保护药芯焊丝半自动下向焊”。“金焊缝”焊接规范参数见表1。

表1 “金焊缝”焊接规范参数

焊道	焊材牌号	直径 mm	极性	焊接电流 A	电压 V	送丝速度 in/min	焊接速度 cm/min
根焊	KOBE LB52U	3.2	DC+	80～110	18～24	—	6～12
填充	HOBART 81N1	2.0	DC-	160～270	17～22	70～130	17～25
盖面	HOBART 81N1	2.0	DC-	150～260	17～22	70～130	12～25

1.根焊道焊接

根焊道的焊接质量和速度是整个“金焊缝”焊接的关键。为了加快焊接速度并保证焊接质量，应尽可能采用短弧焊接。焊接时焊条倾角随着管子的位置变化而变化，倾角保持为80°～85°可得到满意的焊接接头。焊接时焊条应有细微的横向摆动，以保证根焊道单面焊双面成型良好，避免产生单边未熔合的缺陷。在换焊条接头时一定要打磨后才可继续进行焊接，在前一根焊条结束点的下方10～20mm处引弧，稍作停留再顺势将电弧压入焊缝背部完成接头。这样既保证了接头的圆滑过渡，又可避免热焊时烧穿和烧塌现象发生。根焊道的良好成型相当于完成了整个“金焊缝”焊接三分之二的工作量。

2.热焊道焊接

热焊的目的一是对根焊道进行一次热处理，降低氢的含量，减少气孔并防止裂纹；二是提高焊道强度。热焊时，最难控制的是仰脸（5点至7点位置）部位，操作不当最容易产生烧穿和烧塌缺陷。热焊焊接时应注意根焊道不要清理得太薄，焊接速度不要太慢，电压可以适当调高一点。运弧时在坡口两侧要稍作停留，避免由于坡口两侧清理不干净造成夹渣缺陷。

3.填充焊和盖面焊

填充焊是为了给坡口中填满金属，在填充过程中要根据填充层的宽度选择单道焊或排焊成型，以避免因焊接熔池过宽，熔池和熔渣分离而产生气孔。焊接时，要将送丝速度和焊接电压匹配好。在填充至最后一层时，要根据环焊缝位置的不同为盖面焊预留一定的焊肉高度，0点和6点位置应低于母材2mm左右，其他位置焊缝的表面应低于母材0.5～1.0mm，最好能留下原始坡口的边沿。

一个美观的焊道外观会给人以良好的视觉享受，也是评价整个“金焊缝”焊口质量的一个重要指标。在盖面焊接前要检查填充焊的完成情况，如果符合上述要求，再加上认真操作，必然会焊接出一条焊道高低、宽窄一致，符合技术标准的完美“金焊缝”。

三、结论

影响“金焊缝”焊接质量的因素很多，关键因素是焊工的责任心和操作技能。在实际的施工中，焊工必须认真执行工艺文件，严格遵守作业规程，这是“金焊缝”焊接质量的基本保证。

一个能够从容面对“金焊缝”的焊工，不仅需要理论知识和实际经验的积累，同时也一定要有良好的职业道德和职业素养。

（作者：管道局第五分公司，焊工，高级技师）

技术点评：该文针对长输管道施工中不能参与试压的连头焊缝的特点，提出了焊接质量控制对策，具有一定的参考意义。

（审稿人：梁昌锦）

浅谈石化企业油品储运作业中静电的危害及防治

◆ 安景林

我国石油对外依存度越来越高，为保证能源安全，我国正大力建设石油战略储备库。油品在生产、接收、储存、调和、外运过程中，每一个环节都极易产生静电，并发生静电积聚。一旦遇到火源或本身放电，就可能引发火灾和爆炸事故。据国外相关报道，约有10%的油品火灾爆炸事故是由静电引发的。因此，了解静电有关知识，掌握静电产生原因及其对储运生产的危害有着极其重要的现实意义。

一、油品储运作业中易于产生静电的环节

不同性质的两种物体相互摩擦或紧密接触后迅速剥离时，由于它们对电子的吸引力不同，就会发生电子转移。如果该物体与大地绝缘，则电荷无法泄漏，停留在物体的内部或表面呈相对静止状态，这种电荷就称静电。

油品在生产、接收、储存、调和、外运过程中，油品分子之间以及油品与其他物质之间的摩擦都会产生静电，其电压随着摩擦的加剧而增大。如不及时消除，一旦电压升高到一定程度，就会在两带电体之间产生静电放电现象，从而引起油品爆炸着火。下列油品储运作业环节易形成静电，并可能产生重大危害。

（一）油品管输过程

油品在管道内传输时，因摩擦会产生大量静电。静电荷量与油品流速、管道内壁粗糙度以及管路中阀件、弯头数量有关。

（二）油罐收油及调和过程

油罐收油时，油品由于搅动、摩擦产生静电，并且随进油时间延长，直到油罐快满时，油面静电位达到最大值；油品调和时，需要经过喷嘴或进行净化风搅拌情况下也会使油品产生较高静电压。

（三）油品流经油泵过程

油品装卸过程需要通过油泵提供动力。当油品经过离心泵和叶桨式混合搅拌机时，油品与叶轮和泵壁快速接触与分离，从而产生大量静电荷，部分静电被油品带走，部分静电便积聚在叶轮和泵壁上。

（四）油品外运过程

油品通过铁路、公路和油轮外运时，需要通过泵向油罐（舱）内装油，由于油品流速过大，在罐体或舱内剧烈摇晃，产生冲击、摩擦，也会产生静电。静电大小与装油流速、鹤管口位置高低、鹤管口形状等有关。

（五）长期存放的油品也可能产生静电积累

带电油品进入油罐内部以后，会在油罐壁感应异性电荷。如果油品带正电荷，通过静电荷感应的作用，油罐内壁就会带上负电荷，数量与油品内部正电荷数相同。而油罐壁外也会产生相同数量的正电荷。当油罐与大地绝缘时，油罐外的正电荷与油罐内壁电荷相互吸引、束缚，如果遇到尖端物或浮动杂物，电场就会在尖端物或浮动杂物处发生畸变。若某畸

变点电场强度达到30kV/cm，就会在此点产生静电放电火花，引燃油与空气的混合物，产生静电火灾爆炸事故。

二、静电引发事故的条件

根据双电层理论，当两种不同属性的物质相接触时，由于物质得失电子能力的不同，在接触面处发生电荷的重新排序和电子转移，这样就在界面两侧形成大小相等、极性相反的电位差，所以任何两种物质发生剥离时都会产生一定负荷的静电。油气储运过程中静电的产生是不可避免的，但是产生静电不一定会酿成事故，静电危害是在一定条件下造成的。静电引发油品危害有四个条件，这四个条件必须同时存在才可能造成危害。因此，在油气储运过程中要防止静电危害，就必须防止下述四个条件同时存在：

（1）有静电产生的来源；

（2）静电得以积累，并达到足以引起放电的静电电压；

（3）静电放电的火花能量达到爆炸性混合物被引燃的最小引燃能量；

（4）在静电积聚区存在由油品挥发分与空气一定比例的混合气。

三、防止静电危害的措施

（一）接地是消除静电危害简单易行且十分有效的方法

接地可以通过接地装置或接地导体将带电体上的静电荷较迅速地引入大地，从而防止静电荷在带电体上积聚。一切用于储存、输送油品的油罐、管道、装卸设备、漏斗、过滤器以及其他有关的金属设备或设施，都必须安装良好的接地装置，并应经常检查静电接地装置的技术状况并测试接地电阻。输油软管或软筒上缠绕的金属部件也应接地。

油库中油罐的接地电阻不应大于10Ω。铁路轨道、输油管道、金属栈桥和卸油台等的始末端和分支处应每隔50m设置一处接地装置，接地电阻不宜大于30Ω，接地点宜设在固定位置。立式油罐的接地极按油罐圆周长计，每18m一组，卧式油罐接地极应不少于两组。

在油品作业场所安装静电消除器。静电消除器又叫静电中和器，它是消除或减少带电体电荷的装置。静电消除器分为放射线式静电消除器、外接电源式静电消除器和自感应式静电消除器三种类型。

（二）适当控制油品作业时的流速对消除静电危害至关重要

在油品稳流的条件下，由于油料在管道中流动产生的流动电荷和电荷密度的饱和值与油料流速的二次方成正比，所以降低油品在输送管道中的流速，特别是油料进罐、灌装、加油时的流速，是减少油料产生静电的有效方式。据《石油库设计规范》（GB 50074—2014），汽油、煤油、轻柴油等轻质油料的罐装速度不宜超过4.5m/s，初始罐装速度应小于1m/s。

向油罐、罐车、槽车装油时，输油管必须插入油面以下，乃至接近罐底，以减少冲击以及油品与空气的摩擦。在输油、装油开始和装油到容器的四分之三至结束时，容易发生静电放电事故，这时应控制流速在1m/s以内。

（三）适当增加油品作业空间相对湿度是消除静电危害的有效方法

静电事故易发生在气候比较干燥的冬季。如果增加空气的相对湿度，使物体表面形成良好的导电层，静电荷就会很容易泄漏掉。另外，空气的相对湿度大，空气中水分增多会增加空气的导电性，有利于静电荷的空间泄漏。在空气特别干燥、温度较高的季节，应注意检查接地设备并适当放慢作业速度，必要时可在作业场地和导静电接地极周围浇水。

（四）采用特殊操作方式与工艺技术是消除静电危害的常用方法

调和工艺中尽量采用产生静电少的搅拌方式来调和油品。另外，石油产品中加入防静电添加剂，可增加油品的导电性能并增强吸湿性能，加速静电泄漏，减少静电聚集，消除静电危害。

测井车辆和绞车常见故障与现场处理

◆ 申小红　马　强

在野外测井中，由于工作条件受限等原因，使得车辆或绞车在现场出现各类突发故障时需要进行应急处理，这就需要司机等相关人员具备一定的应急处置能力，了解车辆和绞车的结构原理，以及电路系统、气路系统、液压系统等的原理，做到理论联系实际，从而沉着应对突发故障，保证整个测井流程顺利进行。根据本人多年来的野外测井经验，总结出一些现场实际中遇到的故障现象及排除故障的方法和应急处理办法，与各位同行分享。

一、故障排查一般方法

（1）采用望、闻、问、听、试、摸的直观诊断方法，就像中医给人看病一样。望，就是观察各仪表参数是否正常，如绞车操作面板显示张力、深度、速度是否正常。闻，就是闻有无烧焦的异味。问，就是问驾驶员或绞车工的故障是怎样发生的，故障有何表象。听，就是听故障部位有无异响，如漏气声、齿轮撞击声。试，就是用万用表测量故障点有无电压，阻值大小，改变各种转速试验。摸，就是摸故障部位有无异常的发热等。

（2）根据车辆和绞车的结构原理，以及电路系统、气路系统、液压系统原理，仔细推敲分析故障现象和原因，不能盲目乱拆乱卸，以防小

（五）防止油品作业人员产生人体静电是消除静电危害的关键因素

人体静电具有隐蔽性和流动性，由于油品储运系统大多是易燃易爆作业区域，因此严禁穿戴由化纤材料制成的衣服、围巾和手套到危险区操作；禁止在危险区场所脱掉衣服；禁止用化纤抹布擦拭机泵或油罐容器；操作人员必须穿戴防静电工作服、鞋和手套；上罐人员登罐前要手扶无漆的油罐扶梯片刻，以消除人体静电；在人体必须接地的场所，应装设金属接地棒——消电装置，工作人员进入作业现场前必须用手接触接地棒，消除身体所带静电；在坐着工作的场合，工作人员可佩戴接地的腕带。特殊危险场所的工作地面应具备导电性。

通过上述对静电防范措施的分析可见，在静电防范过程中认真分析油品的静电性质，提出针对性的措施，在产生静电和静电演变事故的过程中，各环节把关、多管齐下、综合防范，同时严格执行安全规章制度和操作规程，静电危害是完全可以避免的。

（作者：润滑油公司辽河润滑油厂，调和油槽工，技师）

技术点评：基本概念清晰，具有一定的现场指导意义。

（审稿人：吴忠良）

故障引起大故障。

(3) 现场处理故障时应本着先外后内、先简单后复杂、先电路后油路的处理原则，保持清晰的思路。

二、现场常见绞车、车辆故障现象及处理

(一) 绞车液压泵故障

(1) 现场现象。2011年，我队执行一口重点水平井测井任务。早上对车辆做巡回检查时，发现车辆底盘漏了很多油，最初判断是变速箱漏油，后仔细检查发现，油是从最上方绞车液压泵漏出的。我将位于操作员脚下的内地板盖打开，发现是液压泵排空气螺丝内垫圈损坏所致，该垫圈厚度2mm，一面还好，另一面已磨损。

(2) 故障处理。绞车液压泵排空气螺丝工作环境为高温高压环境，内垫圈为专用垫圈。现场找了多个垫圈，装上去还是漏油，情急之下，我用车上旧内胎自制了一个垫圈垫上，装好后，再试车，不漏了，但不到20min又开始漏油。我取下垫圈查看，发现自制的垫圈不耐高温、高压，已破损。后来我用原垫圈好的一面朝下放在螺孔内，用旧内胎又自制了一个垫圈放在原垫圈上，又用了一个稍小的石棉垫圈压在自制垫圈上，用两个垫圈夹住内胎垫圈，上紧螺丝，试车，不再漏油，顺利完成了此次测井任务。

(二) 测井期间绞车电路故障

(1) 现场现象。我队在测某重点探井时，仪器下到井底测放射性，刚起测不到100m时，绞车忽然不动了。

(2) 故障处理。首先，我们快速联系钻井队慢速下放游车活动仪器，以防黏卡并保证井下仪器放射源和井筒的安全，同时也为现场处理故障赢得时间。由于绞车是忽然停止不动的，我首先想到可能是电路出现问题，因为绞车机件或者液压系统发生故障时，绞车停止时是有一定的时间过程的，不可能突然停止不动。查看绞车显示面板，系统各压力表数值都显示正常，绞车深度、速度、张力都正常，而绞车智能显示面板直流电源指示灯不亮。我马上判断是直流电路出现了问题，于是用万用表检查直流电压24V控制开关，值为零，说明蓄电池到24V直流控制开关间断路。由于测放射性仪器在井内，必须尽快完成测井，我们决定直接从测井车上的蓄电池引线到24V电源控制开关。我让操作员把所有用电设备关掉，车辆熄火，以防带电违章操作。线接好后绞车马上就恢复正常，前后排除故障没有超过15min，顺利地完成了测井任务。

(三) 绞车液压油箱温度过高故障

(1) 现场现象。我队某次测井时，刚开始绞车一切都顺利，到了晚上，中仓智能温控仪显示温度突然升高，接近90℃。按照规定液压油温度不能大于65℃，如油温过高，会造成液压管线爆裂，液压油泄漏使绞车不能正常工作。

(2) 故障处理。刚发现温控仪温度显示过高时，我们初步判定是温控仪显示面板有问题。但到后仓用手摸绞车液压油箱，有烫手感觉，说明温控仪显示面板工作正常。我们先用棉纱沾上冷水在绞车液压油箱上浇水降温（但只有一点效果），同时快速查找原因，最后发现是绞车液压风扇不转了。于是我们从井队借了一个电风扇给油箱降温，效果依然不理想。我分析应该是温控仪与液压风扇继电器损坏，于是就决定跳过继电器采用车上蓄电池直接给液压风扇供电的方式，线接好后液压风扇马上转动起来，温度很快就恢复了正常，我们也顺利完成了测井任务。

(四) 奔驰3331变速器挂不上挡故障

(1) 现场现象。我班奔驰3331仪器车是2006年3月投入使用的，至今跑了有18万多公里。一次我在上井路上忽然感觉到挡挂不上了，只好采用应急挂挡模式开到了井场，回来时又能挂上挡，可走了一会又挂不上挡。就这样时好时坏凑合着把车开回到了基地，经维修人员检查，初步判断是排挡杆电路的问题，可维修后故障现象仍然存在。询问厂家，厂家说没到现场不能确

定原因，并说一个月后才能来，可生产任务急需用车。

（2）故障处理。我把车开到地沟上，队长在上面踩离合器，我在底盘下仔细观察换挡杆的伸缩变化。当队长踩下离合器时，排气推力缸内出现了漏气声音，换挡杆的伸缩长度没有完全到位，就出现了有时能挂上挡有时挂不上挡的现象。虽然找到了故障部位和原因，但是没有配件，更换仍需等到一个月后。为了不影响生产，我们决定自行找寻解决办法。经过反复尝试，我们发现快速换挡法能够解决挂不上挡的问题，方法是：在准备踩离合器换挡时，在预储挡位快速踩下离合但又不完全踩到底，待挡一挂进挡位再快速抬起离合器，这样做缩短了排气推力缸内漏气时间，有效解决了时不时挂不上挡的问题。就这样坚持了一个月，厂家来人修理换件时，发现果然是排气推力缸内长期磨损破裂漏气。

（五）绞车高低速挡位故障

（1）现场现象。一次执行套管井测井任务，仪器下到井底起测后10min，绞车低速挡便出现异常，低速时有时无，换到高速挡也是时有时无，工作异常。

（2）故障处理。首先检查绞车机械转动部分，没有异常响声，说明机械转动系统工作正常；检查绞车张力、深度、速度，各仪表显示正常；检查液压系统，压力都正常；检查高低挡指示灯，显示正常，说明“绞车面板—直流24V开关—直流保险—蓄电池”间电路正常。根据故障现象，判定故障就出现在“电比例控制手柄—电动机—泵比例控制放大器—继电器—滚筒电磁阀”这段电路间。于是我们停住绞车，将车辆熄火，按照先外后内、先简单后复杂的排除顺序，用万用表直接检测滚筒电磁阀，发现一根正极线有虚接现象（可能由于长期颠簸，造成接线松动）。我们把该线进行重接，绞车恢复了正常工作。

三、现场处理故障的注意事项

（1）现场处理故障时一定要头脑清醒，确保安全。作业过程中出现故障，应在保证井下仪器和井筒安全的前提下尽快排除故障。

（2）处理电路故障接线时，首先必须车辆熄火，关闭车上的各种用电设备，不能带电操作；其次分清正负极，以免接反造成电器元件烧毁。

（3）处理车辆故障时一定要拉好手刹，打好掩木，放置好警示标志。

四、总结

对于测井行业，车辆及绞车等设备是否能正常运行关系到整个测井过程是否成功或测井效率的高低。测井人员及时发现和排除故障的前提是要对车辆和绞车的结构原理，以及电路系统、气路系统、液压系统的工作原理有一定的了解和掌握。判断与排除故障的方法也非常重要，正确的方法关系到排除突发故障的效率高低，能有效避免由故障引发的各类隐患。养成对设备运转情况进行巡回检查及设备故障预测的良好工作习惯，是避免故障发生的有力保证。只有通过不断地发现故障和快速处理故障的能力锻炼，并不断总结，才能沉着应对各类突发情况，不断自我提高。

（作者：申小红，中油测井公司长庆事业部，驾驶员，技师；马强，中油测井公司长庆事业部，工程师）

技术点评：本文呈现了测井车辆和绞车常见故障与现场处理方法，为现场施工提供了很好的参考。

（审稿人：杨超登）

数控机床的故障诊断与维修

◆ 常玉霞 李 健 赵 宁

数控机床的故障有软故障和硬故障之分。所谓软故障，就是故障并不是由设备硬件损坏引起的，而是由于操作、调整处理不当引起的。这类故障在设备使用初期发生的频率较高，这与操作和维护人员对设备不熟悉有关。所谓硬故障，就是由设备硬件损坏引起的故障，包括检测开关、液压系统、气动系统、电气执行元件及机械装置等故障，这类故障是数控机床常见的故障。

数控机床发生一般小故障时，除非出现影响设备或人身安全的紧急情况，不要立即关断电源。要充分调查故障现场，从整个系统的外观、CRT（阴极射线显像管显示器）显示的内容、状态报警指示及有无烧灼痕迹等方面进行检查，在确认系统通电无危险的情况下，可按系统复位键（RESET），观察系统是否有异常，报警是否消失；如能消失，则故障多为随机性或是操作错误造成的。CNC系统（计算机数控系统）发生故障，往往是同一现象、同一报警号可以有多种起因，有的故障根源在机床上，但现象却反映在整个系统上。所以，无论是CNC系统、机床电器，还是机械、液压及气动装置等，只要是有可能引起该故障的原因，都要尽可能全面列出，进行综合判断，确定最有可能的原因，再通过必要的试验，达到确诊和排除故障的目的。为此，当故障发生后，要对故障的现象做详细的记录，这些记录往往为分析故障原因、查找故障源提供重要依据。下面介绍一些判断机床故障的步骤与常用方法，供大家参考。

一、故障检查

（一）检查机床的运行状态

（1）机床故障时的运行方式；

（2）MDI/CRT显示的内容；

（3）各报警状态指示的信息；

（4）故障时轴的定位误差；

（5）刀具轨迹是否正常；

（6）辅助机能运行状态；

（7）CRT 显示有无报警及相应的报警号。

（二）检查加工程序及操作情况

（1）是否为新编制的程序；

（2）故障是否发生在子程序部分；

（3）检查程序单和CNC 内存中的程序；

（4）程序中是否有增量运动指令；

（5）程序段跳步功能是否正确使用；

（6）刀具补偿量及补偿指令是否正确；

（7）故障是否与换刀有关；

（8）故障是否与进给速度有关；

（9）故障是否和螺纹切削有关；

（10）操作者的训练情况。

（三）检查故障的出现率和重要性

（1）故障发生的时间和次数；

（2）加工同类工件故障出现的概率；

（3）将引起故障的程序段重复执行多次，观察故障的重要性。

（四）检查CNC系统的输入电压

（1）输入电压是否有波动，电压值是否在正常范围内；

（2）CNC系统附件是否有使用大电流的装置。

（五）检查环境状况

（1）CNC 系统周围温度；

（2）电气控制柜的空气过滤器状况；

（3）CNC系统周围是否有引起振动的振动源。

（六）外部因素

（1）故障前是否修理或调整过机床；

（2）故障前是否修理或调整过CNC 系统；

（3）机床附近有无干扰源；

（4）使用者是否调整过CNC 系统的参数；

（5）CNC系统以前是否发生过同样故障。

（七）检查运行情况

（1）在运行过程中是否改变了工作方式；

（2）CNC系统是否处于急停状态；

（3）熔断丝是否熔断；

（4）机床是否做好运行准备；

（5）CNC系统是否处于报警状态；

（6）方式选择开关设定是否正确；

（7）速度倍率开关是否设定为零；

（8）机床是否处于锁住状态；

（9）进给保持按钮是否按下。

（八）检查机床状况

（1）机床是否调整好；

（2）运行过程中是否有振动产生；

（3）刀具状况是否正常；

（4）间隙补偿是否合适；

（5）工件测量是否正确；

（6）电缆是否有破裂和损伤；

（7）信号线和电源线是否分开走线。

（九）检查接口情况

（1）电源线和CNC系统内部电缆是否分开安装；

（2）屏蔽线接线是否正确；

（3）继电器、接触器的线圈和电动机等处是否加装有噪声抑制器。

二、故障诊断

数控系统的故障诊断有故障检测、故障判断及隔离和故障定位三个阶段。第一阶段的故障检测就是对数控系统进行测试，判断是否存在故障；第二阶段是判定故障性质，并分离出故障的部件或模块；第三阶段是将故障定位到可以更换的模块或印制线路板，以缩短修理时间。为了及时发现系统出现的故障，快速确定故障所在部位并能及时排除，要求：一是故障检测应简便，不需要复杂的操作和指示；二是故障诊断所需的仪器设备应尽可能少且简单实用；三是故障诊断所需的时间应尽可能短。为此，可以采用以下的诊断方法：

（一）直观法

利用感觉器官感知发生故障时的各种现象，如故障时有无火花、亮光、异常响声，何处有异常发热及焦煳味等，仔细观察可能发生故障的每块印制线路板的表面状况，有无烧毁和损伤痕迹，以进一步缩小检查范围。直观法是最基本、最常用的诊断方法。

（二）CNC系统的自诊断功能

依靠CNC系统快速处理数据的能力，对出错部位进行多路、快速的信号采集和处理，然后由诊断程序进行逻辑分析判断，以确定系统是否存在故障，及时对故障进行定位。现代数控系统自诊断功能可分为两类：一类为“开机自诊断”，它是指从每次通电开始至进入正常的运行准备状态为止，系统内部的诊断程序自动执行对存储器、总线和I/O单元（输入／输出单元）等模块、印制线路板、CRT单元、阅读机及软盘驱动器等外围设备进行运行前的功能测试，确认系统的主要硬件是否可以正常工作。

另一类是故障信息提示。当机床运行中发生故障时，在CRT上会显示故障编号和内容。根据提示，查阅有关维修手册，确认引起故障的原因及排除方法。但要注意的是，有些故障根据故障内容提示和查阅手册可直接确认故障原因；而有些故障的真正原因与故障内容提示不相符，或一个故障显示有多个故障原因，这就要求维修人员必须找出它们之间的内在联系，间接地确认故障原因。

一般来说，数控机床诊断功能提示的故障信息越丰富，越能给故障诊断带来方便。

（三）数控和状态检查

CNC系统的自诊断不但能在CRT上显示故障报警信息，而且能以多页的“诊断地址”和“诊断数据”的形式提供机床参数和状态信息，常见的有以下方面：

（1）接口检查。数控系统与机床之间的输入、输出接口信号，包括CNC与PLC（可编程逻辑控制器），PLC 与机床之间接口的输入、输出信号。数控系统的输入、输出接口诊断能将所有开关量信号的状态显示在CRT上，用“1”或“0”表示信号的有无，利用状态显示可以检查数控系统是否已将信号输出到机床侧，机床侧的开关量等信号是否已输入到数控系统，从而可将故障定位在机床侧或是在数控系统侧。

（2）参数检查。数控机床的机床数据是经过一系列试验和调整而获得的重要参数，是机床正常运行的保证。这些数据包括增益、加速度、轮廓监控允差、反向间隙补偿值和丝杠螺距补偿值等。当受到外部干扰时，会使数据丢失或发生混乱，机床不能正常工作。

（四）报警指示灯显示故障

现代数控机床的数控系统内部除了上述的自诊断功能和状态显示等“软件”报警外，还有许多“硬件”报警指示灯，它们分布在电源、伺服驱动和输入、输出等装置上，根据这些报警灯的指示可判断故障的原因。

（五）备板置换法

利用备用的电路板来替换有故障疑点的模板，是一种快速而简便的判断故障的方法，常用于CNC系统的功能模块，如CRT模块、存储器模块等。

例如，有一数控系统开机后CRT无显示，采用图1所示的故障检查步骤，即可判断CRT模块是否有故障。需要注意的是，备板置换前，应检查有关电路，以免由于短路而造成好板损坏，同时还应检查试验板上的选择开关和跨接线是否与原模板一致。有些模板还要注意板上电位器的调整。置换存储器板后，应根据系统的要求对存储器进行初始化操作，否则系统仍不能正常工作。

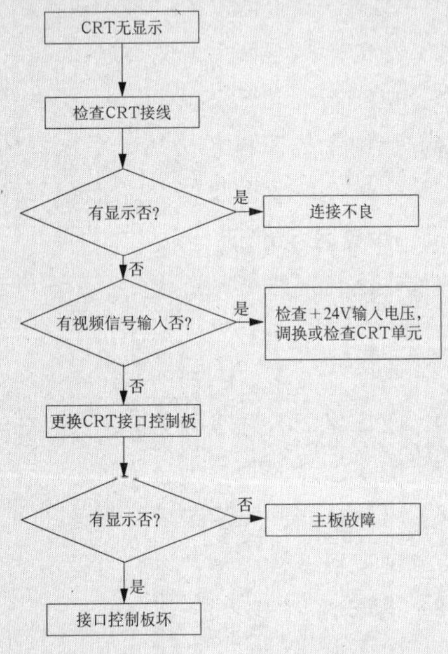

图1　CRT故障备板置换诊断流程图

（六）交换法

在数控机床中，常有功能相同的模块或单元，将相同模块或单元互相交换，观察故障转移的情况，就能快速确定故障的部位。这种方法常用于伺服进给驱动装置的故障检查，也可用于两台相同数控系统间相同模块的互换。

（七）敲击法

数控系统由各种电路板组成，每块电路板上会有很多焊点，任何虚焊或接触不良都可能出现故障。用绝缘物轻轻敲打不良疑点的电路板、接插件或元器件时，若故障出现，则故障很可能就在敲击的部位。

从苏丹的工作经历谈如何提高自己的技术水平

◆ 金东平

作为一名从事维修机动设备的技术工人，我认为最难的工作就是设备故障诊断和处理。起初看到有些人诊断和处理故障举重若轻、得心应手，而自己却抓耳挠腮、苦思冥想，百思不得其解，心里也很难受。后来自己在工作中慢慢领悟到，要提高自己的技术水平，必须认真学习理论知识，在实践中总结经验。

理论是灯塔，指引你走向正确的方向

2005年，我来到了苏丹喀土穆炼油有限公司设备维修部。我所维护的电站装置中，有一种类型的单级离心水泵经常出现前轴承损坏的故障，检修时每次我们都反复检查各部件间隙及尺寸，一切都在标准之内，但设备安装完毕后，总是在运行一段时间之后，该故障又重复出现。后来经过“前辈高手”以及高级工程师指点，我们将一台机泵前面的6308轴承改为31308的轴承，改进后，该泵运行良好，再未出现此类故障。

事后翻看维修书籍，发现这种泵的叶轮没有开平衡孔，也不是双吸式叶轮，而用来承受轴向力的前轴承也只是承载轴向力不大的63系列轴承，因此才会出现上述故障。选用承受轴向力较好的轴承就消除了故障，自然就保证了设备的长期运行。

这件事情让我触动很大，没有理论知识作为指导，仅凭一腔热情埋头苦干，不但会走很多弯路，技术水平也很难有很大的提升。

我所在炼油厂维修事业部为了提高维修人员的综合能力，对维修人员施行定期轮岗制，将我们分到炼油厂不同的装置进行维护检修，使我有机会接触了很多的设备，也阅读了很多设备资

（八）测量比较法

为检测方便，模块或单元上设有检测端子，利用万用表、示波器等仪器仪表通过这些端子检测到的电平或波形，将正常值与故障时的值相比较，可以分析出故障的原因及故障的所在位置。

对上述故障诊断方法有时要几种方法同时应用，进行故障综合分析，快速诊断出故障的部位，从而排除故障。

（作者：常玉霞，济南柴油机股份有限公司河北分公司，电工，技师；李健，济南柴油机股份有限公司河北分公司，维修电工，高级工；赵宁，济南柴油机股份有限公司河北分公司，工程师）

技术点评：该文对数控机床故障进行分类分析，对数控机床使用过程中出现的问题及故障的检查步骤和检查内容进行了详细描述，并对故障诊断的方法进行了归纳总结，可以给同行以借鉴。

（审稿人：贾立志）

料，我自己也找了一些设备维修方面的书籍进行学习，感觉到理论知识对实际工作有很大的指导意义。

实践时多问几个为什么，难题就会迎刃而解

但是理论知识具体运用到实践中还会遇到很多问题，并不是所有的问题都和书中所讲的一样。记得在催化装置维护时，有一台隔膜泵不上量，根据往常的经验，我检查了安全泄压阀和出口单向阀的密封垫片，果然有一个密封垫片损坏了，更换完毕后，试运行，还是不上量！我又逐个检查了其他相关部件，一切完好，但泵就是不上量。在泵试运转的时候，我仔细比较单向阀和安全泄压阀两个出口管线的温度，发现安全泄压阀的管线温度低。为什么安全泄压阀出口管线温度低呢？说明这里有液体流过，证明泵体是上量的。为什么泵出来的液体经过安全泄压阀，而不经过出口单向阀呢？说明安全泄压阀的压力低。为什么压力低呢？密封面等一切部件完好，已经检查更换过了，唯一的原因就是出口单向阀和安全泄压阀的压力弹簧装反了！

打开阀检查，果然装反了，两个弹簧的粗细有细微的差别。这虽然是一次“失误”，以正常的思维方式很难发现问题所在，但通过问几个为什么，排除了各种可能，真正的问题就水落石出，就好像警察勘察作案现场一样，通过观察分析，最后找到了“罪犯”。

科学严谨的工作态度是老专家身上最“宝贵”的经验

炼油厂每次大检修都要邀请技术专家前来“坐镇”，给我印象最深的就是朱学贫和吕怀武两位老专家。他们虽然都已经70岁高龄，但是遇到问题时却和年轻人一样整天奔波在检修现场，处理设备故障时，将每一项可能产生故障的原因都一一列出，然后逐项检查和分析，并详尽记录。朱学贫工作了20天，技术笔记和分析数据写了一大本，有条有理、一丝不苟，让我见识了真正的专家就是对工作的认真负责、对技术的科学严谨。

和老专家学到科学严谨的工作方法马上见到了效果。一次，我的苏丹同事们给一台检修完的小型汽轮机做超速试验，出现了汽轮机超速、切断阀不动作的故障，同事们忙碌了3天也没有找出故障的原因。有一位和我关系很好的同事让我帮忙看一下，我就按照老专家们的方法将可能发生故障的原因一一写了出来，然后逐项进行检查，即使是保安器飞锤的重量和弹簧的弹力我都进行了认真的测量，严格按照老专家们的方式排查，终于找到了故障原因。

在老专家身上，我感觉到技术工作就需要认真负责、科学严谨的态度，真正的专家正是有了这种态度，才能养成良好的学习习惯，掌握更多的理论知识，建立缜密的思维方式，从实践中学习，不断提高自己的技术水平。

（作者：中油国际（苏丹）炼油有限公司维修事业部，机泵维修钳工，技师）

技术点评：作者用平实的语句，对自己日常工作中的经验进行了提炼，有观点、有例证，对读者有启迪作用。

（审稿人：赵峻松）

库仑法测定水样中化学需氧量

◆ 臧爱庆

一、前言

化学需氧量（COD）是在一定条件下，用一定的强氧化剂处理水样时所消耗的氧化剂的量，以氧的“mg/L”表示。COD是指示水体被还原性物质污染的主要指标。

目前水中化学需氧量的测定多采用重铬酸钾标准法（COD_{Cr}法），它的氧化过程需加热处理，用时长（2h），操作较繁琐，所用试剂较多，在测定过程中，氧化剂的浓度、溶液的酸度、反应时间和温度等条件对测定结果均有影响。由于Cl^-对COD的测定具有强烈的干扰，不适合Cl^-浓度大于1000mg/L的水样。库仑法与标准方法比较，具有简便、快速，试剂用量少，简化了标准溶液进行标定的手续，缩短了消化时间等优点，从实验结果看，适合氯离子浓度不超过2000mg/L的废水测定。用标准法与库仑法对一般水测定，其结果无显著性差别。

二、一般讨论

（一）原理

在酸性介质中以重铬酸钾为氧化剂，对过量的重铬酸钾，用亚铁离子为库仑滴定剂进行滴定，根据消耗的电量和法拉第定律可计算COD浓度。

COD_{Cr}法对于一般水样氧化效率很高，可达90%左右。库仑法氧化效率同样很高，随着催化剂量的增大，反应速度也明显加快。

（二）干扰及消除

主要是Cl^-的干扰。Cl^-通常不作为COD的测量范围，但由于其较强的还原性，极易被氧化剂氧化，造成对COD测定的强烈干扰，使测量值偏高。水样中Cl^-含量大于300mg/L将影响测定结果。加水稀释降低Cl^-浓度可消除干扰，如不能消除其干扰，也可在回流前向水样中加入硫酸汞形成络合物进行消除。

三、实验部分

标准法的操作方法详见《水质　化学需氧量的测定　重铬酸盐法》（GB 11914—1989）。以下介绍库仑法。

（一）仪器

实验使用的是HH－5型化学需氧量测定仪。

（二）试剂

（1）重蒸馏水：于蒸馏水中加入少量高锰酸钾进行重蒸馏。

（2）0.05mol/L的重铬酸钾溶液：称取2.452g重铬酸钾溶于1000mL重蒸馏水中，摇匀备用。

（3）硫酸—硫酸银溶液：于2500mL浓硫酸中加入25g硫酸银，使其溶解并摇匀。

（4）0.5mol/L的硫酸铁溶液：称取200g硫酸铁溶于1000mL重蒸馏水中（若有沉淀物，需过滤除去）。

（5）硫酸汞溶液：称取4g硫酸汞置于50mL烧杯中，加入20mL浓度为3mol/L的硫酸，稍加热使其溶解，移入滴瓶中。

（三）分析步骤

1.标定值的测定

（1） 准确吸取12mL重蒸馏水至锥形瓶中，加入1mL浓度为0.05mol/L的重铬酸钾溶液，慢慢加入17mL硫酸—硫酸银溶液，混匀。放入2～3粒玻璃珠，用电炉加热回流。

（2） 回流15min后停止加热，用隔热板将锥形瓶与电炉隔开，稍冷，由冷凝管上端加入33mL重蒸馏水。

（3） 取下锥形瓶置于冷水中冷却，加入7mL浓度为0.5mol/L的硫酸铁溶液，摇匀，继续冷却至室温。

（4）将搅拌子放入锥形瓶，插入电极并搅拌。按下标定开关，进行库仑滴定。仪器自动控制终点并显示重铬酸钾相对的COD标定值。将此值存入仪器的存储器中。

2.水样的测定

（1）COD值小于20mg/L的水样。

①准确吸取10mL水样至锥形瓶中，加入1～2滴硫酸汞溶液及浓度为0.05mol/L的重铬酸钾溶液1mL，加入17mL硫酸—硫酸银溶液，混匀；放入2～3粒玻璃珠，加热回流。以下操作同“标定值的测定”的（2）和（3）。

②将搅拌子放入锥形瓶，插入电极并开动搅拌器，按下测定开关进行库仑滴定，仪器直接显示水样的COD值。

实际测量时，如果水样中氯离子含量较高（超过30mg/L），可以少取水样，用重蒸馏水稀释至10mL，测得该水样的COD为：

COD_{Cr}值（O_2，mg/L）＝10/V×COD值

式中 V——水样的体积，mL；

COD值——仪器COD读数，mg/L。

（2）COD值大于20mg/L的水样。

①准确吸取10mL重蒸馏水至锥形瓶中，加入1～2滴硫酸汞溶液，加入浓度为0.05mol/L的重铬酸钾溶液3mL，慢慢加入17mL硫酸—硫酸银溶液，混匀；放入2～3粒玻璃珠，加热回流。以下操作按照“标定值的测定”进行标定。

②准确吸取10mL水样（或酌量少取，加入重蒸馏水至10mL）至锥形瓶中，加入1～2滴硫酸汞溶液及浓度为0.05mol/L的重铬酸钾溶液3mL，再加入17mL硫酸—硫酸银溶液，混匀；放入2～3粒玻璃珠，加热回流。以下操作同COD小于20mg/L的水样测定步骤。

四、精密度与准确度的测定

（一）精密度

用标准法和库仑法对含100mg/L（COD）的邻苯二甲酸氢钾标准溶液进行测定，每个方法测定6次，并计算出平均值（$\bar{X}$）、标准偏差（S）、相对标准偏差（RSD）等（表1）。

表1 两种方法精密度测定结果

名称	库仑法（6次）	重铬酸钾标准法（6次）
标准浓度溶液COD mg/L	98.8，99.4，98.6，99.4，99.7，99.0	99.5，98.6，99.5，98.9，99.0，99.1
$\bar{X}$	99.2	99.1
S	0.37	0.35
RSD，%	0.37	0.36

从表1结果可以看出，标准法与库仑法的相对标准偏差比较接近，说明两种方法的精密度都是较高的。

（二）准确度

1.两种方法准确度比较

（1）库仑法的相对误差（式中T为真实值）是：

$$RE=\left|\frac{\bar{X}-T}{T}\right|\times100\%=\left|\frac{99.2-100}{100}\right|\times100\%=0.8\%$$

（2）标准法的相对误差是：

$$RE=\left|\frac{\bar{X}-T}{T}\right|\times100\%=\left|\frac{99.1-100}{100}\right|\times100\%=0.9\%$$

2.两种方法检测结果差异比较

采用t检验法：假设两组测量值均值相等进行双侧检验，则：

$$t=\frac{\bar{X}_1-\bar{X}_2-d}{\sqrt{S_2^{\ 2}-S_2^{\ 2}}\Big/\sqrt{n}}$$

式中 t——t值；

d——已知常数；

在套管中打捞抽油杆经验分享

◆ 段绪成

随着油田的进一步开发，油水井逐年老化，井下事故发生频繁，特别是井下作业过程中，抽油管柱卡、泵卡等造成的倒扣打捞油管、抽油杆打捞井逐年上升。

在大套管内打捞抽油杆，如加压过大，易造成抽油杆弯曲使井内落物情况复杂化，导致常规打捞工具无法捞获，影响打捞效率。但只要对常规打捞工具进行重新组合，就可以扩大打捞应用范围，提高打捞成功率。下面以果4–1井为例，分享在套管中打捞抽油杆的一点经验。

现场情况：果4–1井的井下落物为ø22mm注塑杆接箍母扣，预计油杆落鱼位置为1260m。该井套管外径244.48mm，内径222.33mm。前期打捞施工中采用弯鱼顶抽油杆打捞筒加工ø216mm引鞋，倒扣打捞出48根抽油杆之后，计算ø73mm油管鱼头高于抽油杆鱼头5m，采用倒扣捞矛打捞油管时，油管被卡死。倒扣打捞油管指重显示不明确，下放探鱼头，在预计深度未探到，探鱼顶

---

n——试验次数。

经计算$t=0.944$，给定显著性水平值$a=0.05$，则自由度$f=n_1+n_2-2=10$，由t值表查得$0.944<2.228$，故不拒绝假设，经统计检验表明其差异不显著，两种方法都有较好的准确度，说明测定COD时使用库仑法是可靠的。

（三）废水样品两种方法测定结果比较

取我厂废水样品4种（Cl^-含量均大于30mg/L），适量稀释后用标准法和库仑法同时测定COD值，结果见表2。

表2　4种废水样品COD检测值

名称	库仑法（5次均值）mg/L	标准法（平行双样）mg/L	*RE*，%
动力二厂排口	81.7	82.5	0.97
对喜泡入口	55.9	56.3	0.71
染整车间排口	40.6	40.1	1.2
地毯车间排口	29.4	29.0	1.4

五、结论

通过上述实验可以得出以下结论：

（1）运用库仑法可以测定水中化学需氧量。

（2）库仑法操作简便、快速，试剂用量少，不仅缩短了回流时间，也降低了分析成本，并能有效减少二次污染。

（3）库仑法测定化学需氧量，精密度和准确度都较高，与标准法测定结果之间无显著差异。

参考文献

[1]《水和废水监测分析方法指南》编委会.水和废水监测分析方法指南.北京：中国环境科学出版社，1990.

[2]水和废水监测分析方法.4版.北京：中国环境科学出版社，2002.

[3]武汉大学.化学分析.2版.北京：高等教育出版社，1982.

（作者：大庆炼化公司动力二厂，环境监测工，技师）

技术点评：文章对COD的测定——库仑法进行了探讨，条理比较清晰，有数据、有分析，具有一定的参考价值。

（审稿人：兰丽秋）

时油管插偏，损坏抽油杆鱼头。后续打捞施工中采用捞筒、外钩方式共4次，未捞获落物。

采取措施：通过对鱼顶有关资料的分析，我们判断鱼顶弯曲。以往没有这方面的打捞经验，也没有合适的打捞工具。经过对现场情况的分析研究，我们决定采用开窗捞筒和公锥组合的方式进行打捞，目的是靠开窗捞筒将弯曲的抽油杆缠绕在公锥之上，工具下入井内，距离鱼头5m时，边旋转边慢速下放，遇阻加压5kN，旋转15圈，起出管柱捞出弯曲的抽油杆（图1）。

(a)

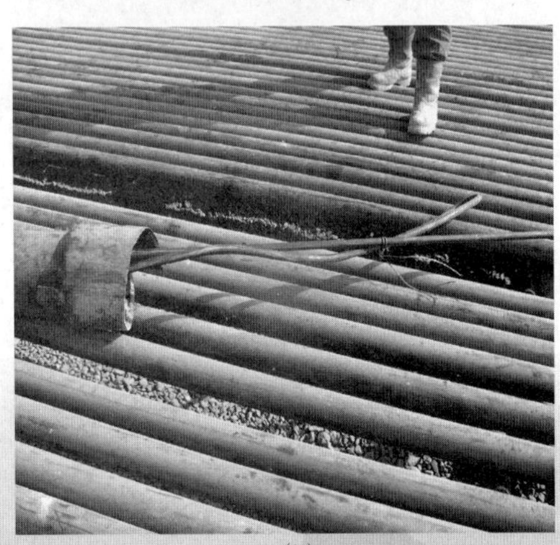

(b)

图1 被压弯的抽油杆鱼顶

经验体会：

（1）在套管中打捞抽油杆，要根据套管内径加工合适的引鞋，引鞋和套管之间的距离要小于被打捞抽油杆直径。这样打捞工具不会走偏，而且环空还有一定的间隙。因为在打捞过程中选择了大引鞋，起钻时就会产生抽吸压力，所以当上起打捞管柱时，一定要连续灌液，做好防喷工作。

（2）在套管中打捞抽油杆，由于抽油杆弯曲，预计鱼头深度要大于实际鱼头深度，在打捞过程中为了防止事故复杂化，打捞管柱下至预计鱼顶后应慢下、轻放、多旋转，下放1m上提5m，以判断入鱼情况。

（3）在套管中，抽油杆落鱼往往和油管落鱼并存，选择倒扣打捞油管时，中和点控制在抽油杆鱼头以下10～20m。在油管倒扣时，抽油杆鱼头不能暴露太多，若暴露太多，打捞过程中抽油杆容易弯曲。

我们在多井次使用“公锥+开窗捞筒”组合工具打捞弯曲的抽油杆，效果均较好。采用该组合工具打捞磨铣油管产生的残皮，效果也好于只用母锥打捞。

（作者：吐哈油田公司井下技术作业公司，井下作业工，高级技师）

（审稿专家：黄生松）

变压吸附装置氢气损失及措施

◆ 雒朝阳

一、前言

变压吸附技术（Pressure Swing Adsorption，简称PSA）是以吸附剂（多孔固体物质）内部表面对分子的物理吸附为基础，利用吸附剂在相同压力下易吸附高沸点组分、不易吸附低沸点组分和高压下吸附量增加而减压下吸附量减小的特性，将原料气在一定压力下通过吸附剂床层，相对于氢气的高沸点组分被选择性吸附到吸附剂上，而氢气则因不易吸附而通过床层，从而实现氢气与其他杂质的分离。然后在减压过程中，由于随着压力的降低，吸附剂对杂质的吸附量也逐渐降低，因此在高压时吸附剂上吸附的大量杂质就会随压力的减低而解吸出来，使吸附剂床层实现再生，可以进行下一次的升压吸附过程。这种在高压时吸附杂质提纯氢气、降压时解吸杂质使吸附剂再生的循环便是变压吸附过程。在我单位制氢车间的两套变压吸附装置中，吸附床层内杂质的解吸是依靠降低杂质分压实现的，采用的方法是降低吸附床压力和冲洗解吸，整个变压吸附的工作流程是：升压过程→吸附过程→顺放过程→逆放过程→冲洗过程。

40000m^3/h制氢装置的配套变压吸附装置和13000m^3/h重整气变压吸附氢提纯装置，分别采用“10—2—4”工艺（10个吸附床、2床吸附、4次均压）和“8—2—4”工艺，产品为99.9%以上纯度的工业氢气。两装置制得的合格产品氢汇集后送往加氢裂化装置使用。

二、变压吸附装置氢损失情况

（一）40000m^3/h制氢装置的配套变压吸附装置

该装置运行基本正常，但氢气回收率偏低，没有达到设计值90%，仍有提升空间。表1是40000m^3/h制氢装置的配套变压吸附装置某年的氢含量统计。

表1　氢含量统计

项目	中变气	产品氢	脱附气	全年收率
氢含量，%	75.08	99.9	35.1	82.09

由表1可以看出，全年氢收率为82.09%，低于设计值90%，说明存在氢损失。

（二）13000m^3/h重整气变压吸附氢提纯装置

该装置原料为催化重整装置预加氢气液分离罐罐顶排出的富氢气体。原料气中氢含量为89%（体积分数，下同），经重整气变压吸附氢提纯装置后制取氢含量大于99.0%的产品氢，要求脱附气中氢含量小于47.1%；但在实际运行过程中，取样发现脱附气氢含量超标（表2），并且回收率偏低（表3）。

表2 重整气变压吸附氢提纯装置脱附气组成

组分（体积分数），% / 采样序数	H_2	CO_2	CH_4	C_2H_6
1	64.66	0.01	18.35	9.67
2	54.38	0.04	21.79	13.68
3	64.86	0.0	16.41	9.32
4	64.03	0.06	18.44	9.92
5	66.51	0.01	17.61	8.84
6	61.65	0.02	19.57	10.71
7	66.43	0.02	18.3	9.07
8	64.04	0.13	18.62	9.66
9	65.93	0.01	18.12	8.99
月平均值	63.61	0.033	18.58	9.98

由表2可以看出，脱附气中氢含量平均值为63.61%，远高于设计值47.1%，这就造成大量氢气损失。

另外统计了2010年1月—2010年6月氢气回收率。氢气回收率的计算式是：

$$Y=\frac{A}{BC}$$

式中 Y——氢气回收率；

A——氢气月累计量；

B——原料气月累计量；

C——原料气中氢含量。

表3 重整气变压吸附氢提纯装置氢气回收率

月份	1	2	3	4	5	6	平均
氢气回收率，%	59.62	67.31	65.55	59.33	70.49	72.21	65.75

由表3可以看出，氢气平均回收率为65.75%，低于设计值89%。可以得出结论，该装置氢损失比较严重。

（三）氢气外管网氢损失

2013年10月大检修后对几个产品氢流量计进行了校正，统计了一段时间内的氢损失，数据见表4。

表4 氢气外管网氢损失

序号	制氢供氢 m^3/h	加氢耗氢 m^3/h	氢损失 m^3/h	氢损失平均值 m^3/h
1	40725	40043	682	849.5
2	40692	39883	809	
3	40944	40108	836	
4	41070	39999	1071	

由表4可以看出，外管网氢损失比较严重。

综上分析可以看出，变压吸附装置存在氢损失，有提高和改进的空间。

三、氢损失原因分析

（一）氢气回收率下降的原因

1．操作原因

（1）在产品氢中，CO和CO_2的含量小于或等于10mL/m^3的情况下，产品氢的纯度控制偏高。我公司产品氢的纯度控制指标为大于或等于99.90%，而实际控制指标多数为99.96%，纯度的提高是以减少吸附时间为代价的，吸附时间的减少必然使回收率降低。

（2）吸附压力变化较大，各班的吸附压力均在2.10~2.21MPa之间波动。压力高有利于吸附，氢气的回收率高，反之氢气回收率降低。吸附压力的较大波动直接导致了氢气回收率的波动，增加了氢气的损失。

2．重整原料气组成变化原因

（1）重整原料气氢纯度较低，在生产过程中，重整气氢气纯度在80%～85%之间波动，较设计氢气纯度89%低。

（2）C_3以上组分含量超标。针对该装置，设计要求$C_{3+}\leqslant 3.75\%$，但实际生产中C_{3+}最高达到8.3%。这种原料下的工况对吸附剂的吸附分离效果影响很大，造成吸附分离能力下降，甚至吸附剂失活。

（3）解吸气背压偏高。该装置解吸气设计压力为0.03MPa，实际运行压力是0.05MPa，最高时达到0.065MPa。这一情况影响了吸附剂上杂质的解吸效果，吸附剂再生效果差，影响后期的吸附和解吸能力，降低了氢产量和产品氢纯度。

3．程控阀内漏原因

程控阀内漏影响了吸附剂的再生、产品氢收量，从而降低了回收率。从装置的实际运行情况来看，每隔一段时间就会出现程控阀故障，来回切塔并塔，检修程控阀。在检修程控阀时，发现平衡缸与阀体之间的O形密封圈磨破、断裂，造成内漏、定位器失灵、电磁阀堵塞。另外，阀门本身也存在微量的泄漏。程控阀的内漏不仅影响吸附剂的再生效果、产品质量，同时也造成产品回收率下降。

（二）氢气外管网氢气损失量大的原因

通过分析表4数据可以推测氢气外管网损失量大的原因，是由于管网压力调节系统设计不合理、管网部分阀门泄漏造成的。现氢气管网压力调节阀在制氢装置、加氢裂化装置各有一个，制氢装置设定放空压力为2.3MPa，由于管路存在压力降、加氢裂化装置要求压力比较高，制氢装置产品氢要维持2.3MPa甚至更高的产品氢压力，这就加大了氢气放空的概率和放空量。放空的氢气直接去火炬燃烧。此设计在实际操作中存在以下弊端：

（1）该压力调节阀由储运装置的人员控制，由于氢气损失量未与其经济效益挂钩，造成氢气外排量无法监控。

（2）管网放空的氢气直接去火炬燃烧，没有再利用，浪费严重。

四、改进措施

（一）优化操作

（1）在产品氢中CO和CO_2的含量小于或等于10mL/m^{3}的情况下，尽量控制产品氢的纯度指标为99.90%～99.94%。这样既可以满足加氢裂化装置对产品氢的质量要求，又可以提高氢回收率。

（2）对于吸附压力变化较大，各班的吸附压力均在2.10~2.21MPa之间波动的问题，可以结合实际阶段性地调整工艺参数，将整个装置的优化同氢回收率结合起来，使进入变压吸附装置的原料气压力波动较小，这样可以减少吸附压力波动造成的氢损失。

（3）可结合制氢装置管线的设计要求，适当提高氢气放空压力，在保证设备安全的情况下，既满足加氢裂化装置对产品氢压力的要求，又减小了氢气放空的概率和放空量。另外，可以考虑给放空管线上装流量计，将每班氢气放空量纳入班组考核。

（4）在两套变压吸附装置运行过程中，尽量减小解吸气背压，尽可能地使吸附剂再生完全。

（5）严格控制变压吸附装置动力源——净化风、液压油的品质，减少由于净化风、液压油带杂质造成的卡阀、堵阀现象。

（二）控制原料

（1）可与重整氢装置协商，尽量控制重整氢氢纯度在85%以上，减少杂质带入量。

（2）严格控制重整氢中C_3以上组分含量，尽量接近设计要求$C_{3+}\leqslant 3.75\%$。

（三）合理选择程控阀、工艺和吸附剂

（1）合理选用程控阀，减少由于劣质程控阀造成的内漏。

（2）变压吸附装置需要在高压下吸附、常压或负压解吸，回收气体的压力和减少气体体积损失是提高装置产品回收率的主要因素。关键有效的措施在于采用多床流程、合理的均压设计等工艺。通过增加均压次数，降低逆放时的压力，可以降低吸附塔内死空间和床层内残留的气体损失，提高产品的回收率。在考虑经济效益的前提下，尽可能提高均压次数，从而提高产品氢回收率。在改进变压吸附的工艺中，还有一项措施是把放空的气体回收利用，避免产品成本的增加。

（3）通过改进吸附剂的特性，增加吸附剂的吸附容量和吸附剂的分离系数，以提高产品回收率。吸附容量是指单位质量吸附剂所能吸附气体的体积或质量。吸附剂的分离系数是指强、弱组分分别在死空间中的含量占床内存留量的比值之比。只有吸附容量大、分离系数高的吸附剂，才能把气体最大程度分离，使产品回收率最大化。可根据生产实际有针对性地选用高质新型吸附剂。

五、结论

制氢区块两套变压吸附装置氢回收率下降的原因主要是操作波动、程控阀内漏、原料组成的改变、氢纯度过高。在实际操作中通过适当降低氢纯度、杜绝程控阀内漏等措施也可以减少氢的损失，所以实际操作过程中还应注意以下几点：

以人为本促加油站非油品业务发展

◆ 王冬红

随着销售公司的快速发展，加油站不再单一经营油品业务，便利店、洗车间等综合服务项目已经屡见不鲜。加油站综合服务功能的增加，一方面是增加服务内容，方便消费者；另一方面也能提高加油站的形象和档次。由于很多人到加油站都是来去匆匆，导致了加油站便利店有车流而无人气。如何改变便利店的销售现状，利用加油站的巨大车流量来营造便利店的人气、提高销售量呢？东宝加油站是在以下几方面做足工夫寻求突破的。

一、商品配置

便利店内的商品配置是关系到便利店经营成败的关键，商品配置不当，会造成顾客想要的商品没有，不想要的商品太多，造成卖场空间浪费、资金积压，导致经营失利。东宝便利店的商品主要从以下几个方面进行优化配置：

（1）根据历史销售记录及市场调查计算商品库存比例，确定商品库存结构。

（2）根据销售数据分析消费者购买取向，从而确定各商品类别中的品种数。

（1）在工艺条件相对稳定的情况下，可参考CO和CO_2的含量（≤10mL/m^3），增加吸附时间，适当降低产品氢纯度，从而提高氢回收率。

（2）在实际操作中，由于程控阀动作频繁，容易损坏造成内漏，因此，应当寻求一套合理的程控阀保养及检测方案，定期或不定期对程控阀进行维护和检测。

（3）定期检测脱附气中氢含量，掌握氢损失程度，及时调整操作，减少氢损失。

（4）加强对氢气放空的监督，减少氢气放空量。

参考文献

[1] 张建伟.变压吸附制取纯氢装置的运行及其综合分析. 低温与特气，2001（8）.

[2] 许浩. 提高变压吸附回收率的几点体会. 小氮肥，2005（1）.

[3] 李旭言，宫冬青. 变压吸附制氢装置氢损失的调查分析与处理. 中氮肥，2004，11（6）.

[4] 李志越,李旭言.变压吸附装置氢损失的原因及措施. 化肥工业，2004，32（3）.

[5] 孙宏玉. PSA制氢技术在我厂的应用. 低温与特气，1994，54（3）.

[6] 张俊庆，刘成河. PSA技术在大庆甲醇生产中的应用. 天然气化工，2004（6）.

[7] 冯斌，鲁军.变压吸附装置的运行故障和解决方法. 化学推进剂与高分子材料，2002（5）.

（作者：长庆石化公司，制氢装置操作工，技师）

（3）根据消费者购买情况制定商品品种配置比例，并随着经济形势、消费者偏好、流行趋势等因素随时调整配置比例。结合季节、节日等因素，因地制宜地进行商品配置，以满足不同时期的客户需求。

二、商品陈列

便利店商品的陈列应遵循以下原则：

（1）生活中的必需品如饮料、香烟、粮油制品等日用品，顾客的购买频率较高，销售额和销售量较大，也是顾客进行价格比较的重点商品，是价格策略的主要商品，因此我站将之配置在便利店的热点区域——顾客一进门就能看到的地方。

（2）根据刺激消费的原则，在收银台附近陈列休闲类商品，如扑克牌、香烟、口香糖等。这些商品属于消费随意性较强的商品，往往不在顾客的采购计划中的，通过这样的陈列，可以刺激顾客的冲动性消费，使顾客在等候收银时随手购买，从而增加商店的销售额。

（3）在热卖商品的附近摆上其他能够引起顾客进行关联消费的商品，如在饮料附近摆上饼干等小食品，以刺激顾客的关联消费，提高销售额。

（4）将润滑油商品放在便利店的冷点区域中，因为润滑油是顾客的计划购买物，无论放在哪儿，顾客都会有目标地去寻找。而在去冷点区域的沿途摆上些能够刺激顾客购买欲的商品，这样就能引起顾客的被动消费，以提高顾客购买率。

三、主动出击

很多人还不习惯加油与购物一体化的服务，因此在车主进入加油站后，加油站员工利用“勤、快、敢”的销售技巧主动出击，即勤推荐——向每一位进站的客户勤推荐商品，如新商品和本地特产；快判断——在推荐过程中快速判断顾客是否有购物需求，有需求就重点推荐，无需求也不过度推销而引起顾客反感；敢下单——在顾客有购物倾向但未确定购买数量时，有技巧地为顾客推荐购物策略以帮助顾客做决定，如：“天气这么热，我就帮您放一件矿泉水在您的后备箱吧，这样您需要的时候也方便取用，而且整件购买还有优惠哦。”

除了员工的“主动出击”外，加油站也在“主动”上做足工夫，如给购物车留出专用停车空间，把加油现场的收银台和便利店的收银台合二为一等，让司机感到购物的方便。

四、决不放失

便利店的购物群体主要是司机和周围居民，决不能忽视周围居民这一消费群体。加油站针对周围居民的需求，扩大家庭用商品的进货，受到周围居民的好评，也获得了颇丰的利润。

五、营造氛围

加油站结合每周非油商品的销售排行，由每周的销售冠军与大家分享自己的销售经验，营造“赶、帮、超”的销售氛围，全面激发起全站员工的工作热情。在全站员工的共同努力下，加油站非油商品销售取得了良好的销售业绩，销售收入和毛利均上了一个新台阶。

（作者：福建销售公司龙岩分公司，加油工，高级工）

技术点评：内容具有广泛适用性。

（审稿专家：曹斌）

氩电联焊与焊条电弧下向焊的对比分析

◆ 于清武　吴　昭

氩电联焊是由手工电弧钨极氩弧焊完成焊缝根部焊接，焊条电弧焊完成焊缝填充与盖面焊接的一种二合一的焊接方法。焊条电弧下向焊是20世纪80年代初出现在我国的一种新型焊接方法，它与传统的焊条电弧焊焊接工艺不同，焊接方向是由上往下，因此被称为下向焊。这两种焊接方法在输油气管道上的焊接应用各有所长，下面对这两种方法的技术特点、焊接时间和焊接成本进行比较。

一、技术特点对比

（一）氩电联焊技术特点

氩电联焊是氩弧焊与焊条电弧焊两种焊接方法组合而成的，利用氩弧焊焊接质量高、焊缝成型美观、焊接时产生缺陷少、焊接速度快和生产效率高的特点进行焊缝的根部焊接；焊条电弧焊进行焊缝根部焊接时难度大、产生缺陷多、不易掌握，但在焊缝填充与盖面焊接操作时比较容易掌握，如果焊接时能够做到始终保持短弧焊接，很难造成焊缝产生气孔的机会，运条合理可避免焊缝产生夹渣与咬边等缺陷，因此，利用焊条电弧焊作为焊缝的填充与盖面焊接，具有焊接质量高的优点。

氩电联焊集中了氩弧焊与焊条电弧焊的优点，取长补短、合二为一，共同来完成一道焊缝的焊接。

氩弧焊利用氩气作为保护气体进行焊接，氩气是惰性气体，不与金属发生氧化反应，对焊接熔池起到很好的保护作用，使焊缝不易产生气孔。另外，氩弧焊的焊接电弧热量集中、热影响区小、焊接时无飞溅、焊缝表面无熔渣，属明弧焊，有利于焊工焊接操作时观察和控制焊接熔池的形状和焊缝的成型。氩弧焊进行焊缝根部焊接时，焊缝表面成型一般都略带U形，因此焊缝与母材熔合良好，而且焊缝两侧不产生夹角，焊缝成型后表面均匀、光滑、美观。

焊条电弧焊进行焊缝填充、盖面焊接时，可使焊缝始终保持短弧焊接，焊条熔化产生的气体使焊缝与空气隔绝，对焊接熔池的保护性较好，因此不易产生气孔。焊缝填充焊接时焊缝成型厚、层数少，可减少焊缝清渣次数，焊接运条合理可使焊缝表面成型饱满、美观。

氩电联焊的焊接质量合格率（一级焊缝）可达到98%~100%。

（二）焊条电弧下向焊技术特点

焊条电弧下向焊具有吹力大，熔深大，焊条药皮脱渣性能好，焊条焊接时不易黏条，焊缝焊接速度快，操作简单，焊缝焊接焊道成型自然、均匀、美观，焊缝焊接层间薄、层数多等优点。但也有在焊缝焊接焊条熔化时，烟尘飞溅大，焊缝根部清根灰尘大，焊缝层间清渣遍数多，焊缝根部清根不彻底容易产生夹渣等缺点。焊缝焊接时如果选择较大直径的焊条，可降低产生气孔缺陷的概率。

焊条电弧下向焊的焊接质量也很高，具有焊条焊接性能高，电弧吹力大，熔深大，焊条产生隔绝空气能力强，焊缝根部焊接穿透能力强，焊缝根部焊接背面焊缝成型自然、均匀、美观，焊缝填充、盖面焊接速度较快等优点，在石油天然气管道焊接中广泛应用。但是焊条电弧下向焊也存在着不足：焊接时形成的液态金属熔池表面呈沸腾状态，熔池出现气泡时不易被发现，易产生气孔；根部焊接产生气孔的位置，一般都在管壁内侧、焊缝成型厚度的中下部，因此，焊缝清根时很难被清除掉，造成焊缝缺陷。焊缝填充焊接时也常出现这种情况，由于焊接液态金属熔池呈沸腾状态，焊接熔池出现气泡，从而使焊工不易判断，就可能产生气孔。而前一层焊缝出现的气孔在下一层焊缝焊接时如果不能被熔化掉，就会造成焊缝缺陷。

焊条电弧下向焊的焊接质量合格率（二级焊缝）可达到95%~98%。

二、应用对比

（一）仰焊对比

焊条电弧下向焊焊缝的仰焊部位，在填充、盖面焊接时，焊接难度大于焊条电弧焊，焊缝的焊接质量不如焊条电弧焊。

焊条电弧焊进行焊缝填充、盖面的仰焊部位焊接时，近似于焊缝的平焊位，只是焊缝焊接上下位置不同，因此，焊接时操作较容易，一般焊条电弧焊仰焊位置的焊接质量都高于其他焊接位置。因为仰焊时的电弧极短，所以焊条产生的保护气体对焊接熔池的保护性能好，而且焊条焊接时电弧是始终顶着熔池进行焊接，因此不易产生气孔。焊条电弧焊的焊接方向是由下向上进行焊接，所以焊工焊接时的视线应在焊条的前方，焊工焊接时观察控制焊接熔池形状视线清楚， 有利于保证焊缝的焊接质量。

焊条电弧下向焊进行焊缝填充、盖面的仰焊部位焊接时，与焊条电弧焊的焊接方向相反，是由上向下进行焊接的，所以在对焊缝仰焊部位进行填充、盖面焊接时，焊条是在焊接熔池和形成的焊缝前面，不利于焊工观察熔池的形状与控制焊缝成型。因此，在这个焊接位置，由于受焊工身体所处位置和视线受阻的影响，焊接电弧长度保持不够稳定，如果电弧压得较低，焊接熔池前面的熔坑深，熔池形状呈尖状鱼鳞形，形成的焊缝中间高、两边咬肉。另外，因为仰焊部位焊接近于焊缝平焊，所以焊接时焊缝形成的液态金属熔池不会自然向前流动，而是靠焊接时焊条运条摆动拖着熔池走。焊接仰焊位置时，焊工同时还要考虑熔池的形状和焊缝的成型，如果焊条运条摆动电弧长度达不到一致，那么气孔、夹渣、咬边、焊缝超高等缺陷都将产生在这个部位。因此，焊条电弧下向焊的焊接只是解决了焊条电弧焊焊缝根部焊接难度大、焊缝质量差的问题，但焊缝填充、盖面焊接质量不如焊条电弧焊。

（二）焊接时间对比

以16Mnϕ720mm×9mm管材，单面焊双面成型焊接为例。

氩电联焊的坡口形式为V形，坡口角度为60°±5°，钝边厚度为1.5~2.0mm，对口间隙为2~4mm；使用的焊接材料分别为：焊丝TIG-J50.16Mnϕ2.5mm×1000mm，焊条E5016ϕ3.2mm。氩弧焊焊接层数为两层，焊接电源为直流正接，根部焊接电流为105~110A，填充焊电流为160~170A，使用钨极直径为2.4mm，氩气流量为8~10L／min；焊条电弧焊焊接层数为两层，填充、盖面焊接电源直流反接，使用焊接电流为110A。氩弧焊根焊和填充焊两层用焊丝9根，焊接时间约43min；焊条电弧焊的填充、盖面焊用焊条约40根，焊接时间约45min，共用焊接时间约88min。氩弧焊焊接时无须打磨接头，焊后不清根；焊条电弧焊只对焊缝仰焊部位的冷接头打磨两次，填充焊清渣一次，打磨和清渣所用时间很短。

焊条电弧下向焊坡口形式为V型，坡口角度为60°±5°，钝边厚度为1.5~2.0mm，对口间隙为1.5~2.0mm，焊接材料为好伯特纤维素型E7010焊条，根部焊接为φ3.2mm焊条，填充、盖面焊为φ4.0mm焊条；焊接层数为5层；使用焊接电源直流反接，根部焊接电流为85~90A，填充焊电流为125~130A，盖面焊电流为115~120A；根部焊接用焊条约12根，填充焊3层约24根，盖面焊9根；共用焊接时间90min，包括根部焊接打磨接头、清理根部。填充焊层清渣3次，清理根部和焊接时打磨接头占用时间较长。

以上两种焊接方法所用的时间大致相同。

（三）焊接成本对比

仍然以16Mnφ720mm×9mm管材，单面焊双面成型焊接为例。

氩电联焊所用焊接材料为氩弧焊丝TIG-J50.16Mn，每公斤12.00元，氩气每瓶80.00元；焊条电弧焊所用低氢型E5016焊条，每公斤6.40元，φ100mm×6mm砂轮片，每片3.00元，钨极消耗量很小不计（以上的焊接材料为市场价格）。按一道焊口计算，氩弧焊的根部焊接与填充焊接共两层，用焊丝9根，重量0.35kg，价值4.20元，每瓶氩气可焊接8道焊口，折算一道焊为10元；焊条电弧焊填充、盖面焊接两层，用φ3.2mm焊条40根，重量1.3kg，价值8.22元，砂轮片用得很少，按1片计算，3.00元。合计一道焊口消耗焊接材料的成本为22.42元。

焊条电弧下向焊所用焊接材料为进口的好伯特纤维素型E7010焊条，每吨价格28500元，每公斤28.50元，φ100mm×6mm砂轮片每片3.00元。按一道焊口计算，每道焊口焊5层，选用两种规格焊条，根部焊接用φ3.2mm焊条12根，填充盖面焊接用φ4.0mm焊条33根，总重量1.625kg，价值46.30元；焊缝根部焊接时打磨接头，第一层焊缝清根打磨用砂轮片3~4片，按3片计算，价值9.00元。合计一道焊口消耗焊接材料的成本为55.30元。

两种焊接方法相比，焊条电弧下向焊一道焊缝的焊接成本是氩电联焊的两倍之多。

三、结论

实践证明，氩电联焊的焊接质量高于焊条电弧下向焊，两种焊接方式的焊接时间大致相同，而氩电联焊的成本大大低于焊条电弧下向焊，所以在输油气管道的焊接应用中，氩电联焊是一种很好的焊接方法，既提高了焊接质量，又降低了焊接成本。

（作者：于清武，管道公司大连输油气分公司，电焊工，高级技师；吴昭，管道公司济南输油分公司，工程师）

技术点评：文章对氩电联焊与焊条电弧下向焊在焊接特点、质量、时间、成本方面进行了详细分析和对比，最后得出在输油气管道的焊接应用中氩电联焊优于焊条电弧下向焊的结论，这与目前长输管道大量使用焊条电弧下向焊相反，推荐刊登以供大家讨论。

（审稿专家：梁昌锦）

优化分馏操作提高柴油收率

◆ 宫德均

在反应再生系统操作条件不变的前提下，反应油气量一定时，要想提高柴油收率，对于分馏系统来说，就应该放宽柴油干点，将回炼油中部分轻组分切入柴油中；降低汽油干点，将汽油中的重组分切入柴油。设想增产柴油主要通过调整汽油和柴油的切割点，即压低汽油的干点，提高柴油的干点，将柴油馏分变宽。根据国标新的柴油质量标准，柴油的闪点指标从65℃改为55℃，这将有利于增加柴油产量。为了提高柴油干点，将回炼油中的轻组分尽量切入柴油中，这就要求在允许的范围内，柴油干点尽量向365℃以上靠，通过调节提高分馏一中回流返塔温度，将柴油从分馏塔的馏出温度由195℃提高至205℃以上。

在实际操作过程中，将分馏塔一中回流循环量增大，适当降低分馏塔顶温，合理分配全塔热负荷，来保证产品质量，避免馏分重叠。主要通过调节分馏塔各回流返塔温度来调节分馏塔的热平衡，而不用把调整分馏塔各回流量作为调节手段。

（1）控制汽油干点，将汽油干点由原来的不大于205℃，降低至185～190℃。压低汽油干点，即通过调节降低分馏塔顶循环回流返塔温度，将分馏塔塔顶温度由原来的120℃下调至110℃左右，从而使汽油干点下降，将汽油中的重组分切入柴油中。在降低汽油干点过程中，应注意控制分馏塔顶温，在此过程中，塔顶汽油分压较低，有可能会因塔顶水蒸气露点温度高于塔顶温度而导致游离水的析出，从而导致塔板结盐，影响操作。因此，我所在装置现监控分馏塔塔顶压力（记录小数点后3位），监控分馏塔压降，通过计算得出分馏塔顶水蒸气露点温度，严格控制分馏塔顶温高于露点温度，并且提高冷回流量，防止塔顶结盐。

（2）压低汽油干点的同时应密切控制柴油馏分的闪点。我所在装置通过适当加大柴油汽提塔汽提蒸汽量（2.5t/h），同时提高分馏塔二中回流循环量，保证分馏塔精馏效果，来确保柴油闪点合格。

（3）通过调整分馏一中回流量和返塔温度来控制轻柴油抽出板下气相温度，提高柴油馏出温度，将柴油干点控制为365～368℃，来进一步提高柴油收率。

表1、表2、表3是优化操作前、后的相关数据情况。

表1　优化前、后的主要操作条件

项目	优化前	优化后
分馏塔塔顶温度，℃	120	113
顶循环回流抽出温度，℃	157	143
顶循环回流返塔温度，℃	98	94
顶循环回流循环量，t/h	278	270
冷回流量，t/h	10	32
柴油馏出气相温度，℃	248	260
柴油馏出液相温度，℃	210	200
一中回流返塔温度，℃	157	171
一中回流循环量，t/h	91	128
回炼油馏出温度，℃	360	390
二中回流返塔温度，℃	240	281
二中回流循环量，t/h	85	89

重油催化裂化装置旋风分离器的安装

◆ 高永照

旋风分离器是重油催化裂化装置的核心设备——沉降器、再生器中最重要的内件，安装难度大、要求精度高，其安装质量直接决定着沉降器、再生器的生产效率。因此，高质量完成旋风分离器的安装就成为重油催化裂化装置建设过程中的重点。广西石化千万吨炼油项目350×10^4t/a重油催化裂化装置的生产能力，旋风分离器的数量、外形尺寸及重量均为全国之最，是安装难度大，最具代表性的催化裂化装置。本文以广西石化千万吨炼油项目350×10^4t/a重油催化裂化装置的旋风分离器安装为例，详细阐述旋风分离器的安装过程。

一、旋风分离器的工作原理和结构

旋风分离器通过对输送介质气体中携带的固体颗粒的分离，分离出烟气中的催化剂颗粒，达到回收催化剂的目的，完成催化剂在沉降器、再生器内部的循环。

表2　优化前、后柴油性质变化

参数 \ 时间	优化前（月.日）			优化后（月.日）		
	1.15	5.15	8.16	10.28	11.15	12.15
初馏点，℃	186	202.5	178	158	171	161
50%点，℃	260.5	287	267.5	258.5	259	261.5
90%点，℃	313	348	345	344	327	322.5
干点，℃	322.5	359.5	357	359	338	332.5
凝点，℃	-13	+0.5	-4	-1	-11	-10
密度，kg/m³	896.2	898.9	902.5	895.6	895	900.8
闪点，℃	79	89.5	80	65.5	61.5	57

表3　优化前、后产品分布

时间，月份 \ 产品		汽油 %	柴油 %	液化气 %	干气 %	油浆 %	总液收 %
优化前	1	42.55	18.46	10.86	6.07	8.32	71.87
	2	35.09	25.2	9.03	6.5	8.45	69.32
	3	40.47	20.26	10.38	6.3	9.49	71.11
	4	40.9	21.64	11.84	6.81	6.99	74.38
	5	39.68	20.98	12.10	7.34	8.73	72.76
	6	39.91	20.50	12.55	8.3	8.11	72.96
	7	39.54	20.03	12.82	7.54	8.25	72.39
	8	38.43	22.66	13.15	6.14	8.04	74.24
	9	35.64	24.09	12.35	5.96	9.81	72.08
优化前平均值		39.13	21.54	11.76	6.77	8.47	72.35
优化后	10	38.03	23.64	13.95	6.19	6.69	75.62
	11	36.27	23.93	14.15	6.39	7.38	74.35
	12	39.28	22.62	12.77	6.49	7.87	74.67
优化后平均值		37.86	23.40	13.62	5.69	7.31	74.88

经过调整，在保证柴油闪点不小于57℃的前提下，控制分馏塔粗汽油干点为180～185℃，柴油收率增加了2个百分点，柴汽比达0.63，达到了增产柴油的目的，经济效益也随之提高。

（作者：大港石化公司第三联合车间，催化裂化装置操作工，高级工）

技术点评：本文论述了通过催化裂化分馏塔优化操作增产催化柴油、提高柴汽比的思路和方法，通过降低汽油干点、提高柴油与回炼油的分离精度，柴汽比由0.55提高到0.63，同时提高了装置轻油收率，取得了较好的效果。由于通过反应系统的调整增产柴油，会在一定程度上影响催化裂化长周期运行，我们倡导“催化裂化按照最大目的产品收率运行，单程转化，减少回炼，长周期优化运行”，本文的方法值得推广应用，即便是不追求柴汽比，也应将回炼油与柴油清晰切割。

（审稿专家：刑颖春）

（一）工作原理

催化剂和石油蒸气混合物通过设备入口进入设备内旋风分离区，当混合物沿轴向进入旋风分离管后，气流受旋风分离器内部的导流作用而产生强烈旋转，气流沿筒体呈螺旋形向上进入旋风分离器筒体，密度大的催化剂颗粒在离心力作用下被甩向筒壁，并在重力作用下沿筒壁下落进入料腿，并通过定向翼阀从旋风分离器中排出。旋转的气流在筒体内收缩并向中心流动，向上形成二次涡流经导气管流至下一级旋风分离器或是集气室，再经设备顶部出口排出。

旋风分离器在设计压力和气量条件下，均可除去尺寸不小于10μm的固体颗粒。在工况点，分离效率为99%；在工况点±15%范围内，分离效率为97%。旋风分离器的设计使用寿命为5~6年。

（二）结构

旋风分离系统为立式圆筒结构，内部沿轴向分为定向翼阀，料腿，一级、二级旋风分离器，二级旋风分离器出口管。旋风分离系统由集气室和再生器封头支撑，如图1所示。

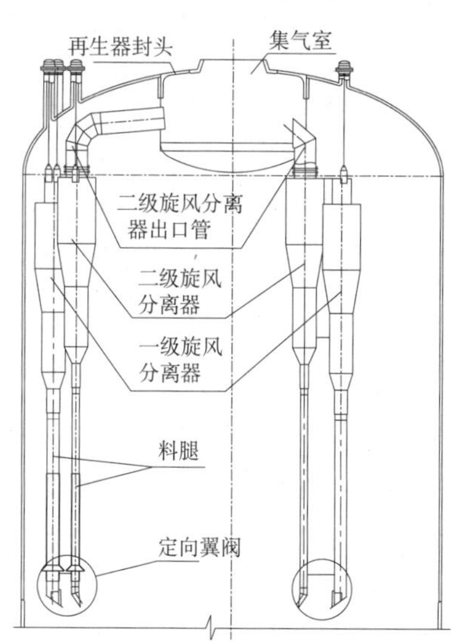

图1　旋风分离器组成悬挂详图

二、旋风分离器的安装

350×10^4t/a催化裂化装置的再生器是该装置的核心设备，其旋风分离系统由一、二级旋风分离器、料腿、翼阀、内集气室组成。旋风分离器的安装主要有两种形式：一种是在再生器筒体内安装临时支撑结构，将旋风分离器预先吊入其中，并在盖上封头后将旋风分离器提起进行组对、安装；另一种是在地面上先对旋风分离器和再生器封头进行组对、安装，再一起吊装。第一种方法对吊装的能力要求较低，但高空作业量大，不安全因素多，尤其是临时支撑结构的拆除，只能在内部将支撑用料割碎，再依靠人力搬运出来，危险性极高。第二种方法因为是在地面上预先进行组对、安装，减少了高空作业量，且不需要安装和拆除临时支撑结构，作业危险性和作业量大大降低，但对吊装能力要求较高。所以在方案设计时，具体采用哪种方法，或是如果两种方法都采用，哪些旋风分离器采用第一种方法，哪些采用第二种方法，需要采取哪些措施，以及装置的技术参数、吊装能力、支架设计等，都要综合考虑。

（一）装置及设备主要技术参数

催化裂化装置、安装设备等的主要技术参数见表1。

表1　催化裂化装置、安装设备等的主要技术参数

项目		参数		
		规格	重量	数量
旋风分离器	内圈一级旋风分离器	9388mm×1700mm	9432kg	10个
	内圈二级旋风分离器	8460mm×1680mm	7943kg	10个
	外圈一级旋风分离器	9388mm×1700mm	9346kg	10个
	外圈二级旋风分离器	8460mm×1680mm	8595kg	10个
再生器封头		16000mm×4350mm×34mm	180t	
筒体		16000mm×4350mm×34mm		
就位时最大顶部标高		90m		
吊车吊装能力		重量：330t　高度：90m		

（二）安装方案确定

从前文可知，采用第一种方法存在危险性高、后期拆除工作量大等缺点，所以在设计方案时，在吊车吊装能力允许的范围内，尽可能采用先在地面上对旋风分离器与封头进行组对、安装，然后再整体吊装的第二种方法，剩余的旋风分离器采用第一种方法安装。

根据吊装能力，选取内圈的10个二级旋风分离器在地面与封头组对、安装后进行整体吊装。

吊装重量为：

$$\text{吊装重量}=\text{再生器封头重量}+\text{10个二级旋风分离器重量}+\text{集气室与出口管重量}$$

$$=180+80+21=281(\text{t})$$

同时，通过设计地面和筒体内的两个支架，从而使在地面进行的旋风分离器与封头的组对、安装和剩余旋风分离器在再生器筒体内的临时固定，以及后面的组对、安装得以顺利进行。

（三）支架的设计和校核

在设计方案时，要充分考虑现场实际，并参考封头和旋风分离器的主要技术参数进行支架的设计。支架需要承受的载荷通过Solidworks有限元应力分析软件进行校核。同理，对筒体内旋风分离器支架进行设计。

1. 封头的放样、开孔

在本装置中，除了内圈的10个旋风分离器悬挂在集气室上，剩余的旋风分离器都是通过吊挂悬挂在封头上，需要在封头上对这些吊挂的开孔进行准确号线。因吊挂开孔数量多、规格一致，在实际操作过程中，采用简易划规法进行开孔号线。

用简易划规（图2）给设备开孔时，先根据开孔接管的实际尺寸制作简易划规，然后将划规转动轴的顶点放置在设备开孔的中心处，再按照接管与器壁的角度调整固定转动轴的套管角度。同种规格开孔较多时，可制作伸缩支座，支座下加活动磁铁固定，画线时保持转动轴的角度，然后转动划规，紧贴开孔体的母线即可在设备器壁上画出开孔的轨迹线。

2. 集气室的放样、开孔

因为集气室顶部在实际组装中的不规则和集气室施工对放样、开孔的高要求，决定了集气室放样、开孔也同样复杂。在实际操作过程中，对集气室封头的放样、开孔，采用投影展开放样原理制作了一个模型进行放样。在对集气室筒壁的放样、开孔中，采用计算机辅助做图放样法计算出实际尺寸后进行开孔。

3. 地面支架安装

根据支架上将要进行的内圈一级与二级旋风分离器的预组对和内圈一级10个旋风分离器与封头的组装，决定了框架必须具有高安全性，更决定了对其精度的高要求。所以在支架的制作过程中，先对支撑管所处的位置进行号点，并使用水平仪测量各点的高度差，根据测得的高度对支撑管下料的长度进行修改，以保证支架顶面和封头接触面水平，而在焊接时也要满焊以确保安全。支撑结构的高度由放样得出，应使旋风分离器与封头之间留有100mm的组对间隙（图3）。

（a）划规实物

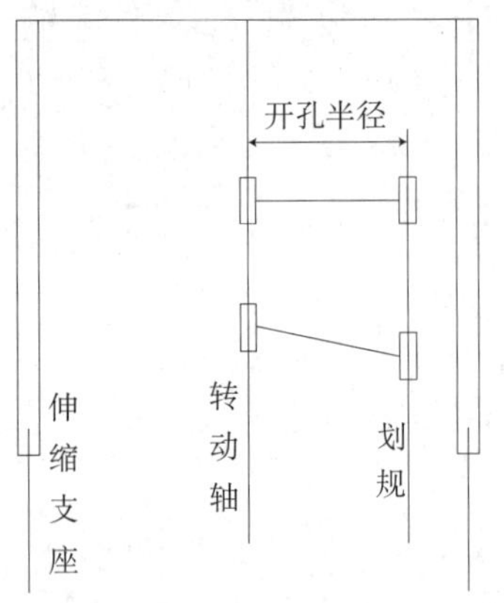

（b）划规示意图

图2　简易划规

4. 内圈旋风分离器的安装

因为存在制造误差，需要对一级和二级旋风分离器进行预组对，尤其在内圈的一、二级旋风分离器是分开吊装的情况下。预组对是先将内圈20个旋风分离器吊装到支架上，并根据图纸对位置和角度的要求进行摆放，然后在支架上进行组对、编号，并对配合不太良好的旋风分离器调整以达到要求。之后再将内圈的一级旋风分离器吊出支架，等待吊装到再生器的筒体中。一级旋风分离器和二级旋风分离器的高度应一致，旋风分离器的放置方位根据放样得出的旋风分离器入口投影来确定（图4）。

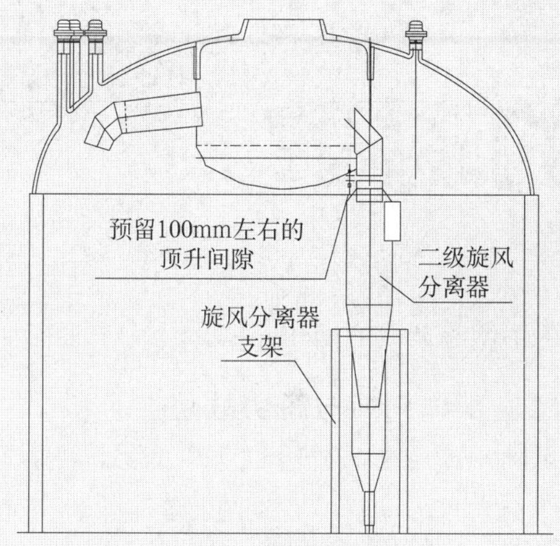

图3 支架高度的确定

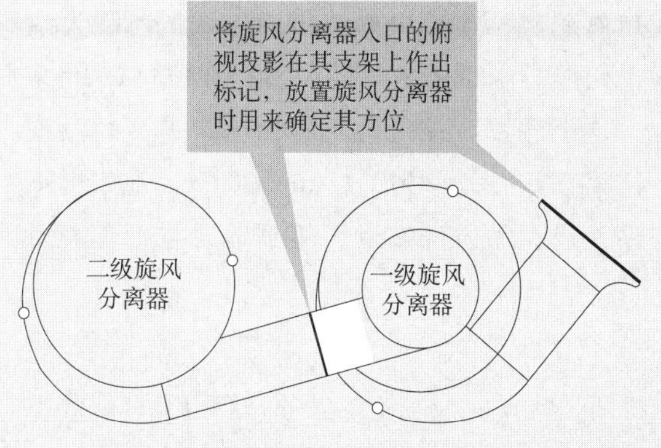

图4 旋风分离器放置角度示意图

在内圈一级旋风分离器吊出支架、封头衬里完成以及对支架和封头进行标注角度后，将封头吊装到地面旋风分离器支架上。在吊装的过程中需要将封头与支架的角度对正，然后再以封头为基准，只用千斤顶、导链等工具对没有与内圈旋风分离器出口管对正的旋风分离器进行微调，直到对正为止，然后进行焊接。

5. 外圈旋风分离器的地面预组装

为了减少在高空中的作业，选择将外圈一、二级旋风分离器的组装放在地面上进行。一、二级旋风分离器组对、安装后，将作为一个整体进行安装，而这个整体上共有4个吊耳和1个出口要与其他部分进行配合，加上旋风分离器的制造误差，因此，在一、二级旋风分离器组对、安装时，要求严格控制误差。安装过程中，旋风分离器是横放在支架上的，通过4个吊耳和出口的中心在实际中的位置参照其在图纸上的相对位置进行调整，利用放样得出吊挂位置，并制作胎具测量，保证旋风分离器吊挂的垂直度（图5）。相对于把旋风分离器单个吊进筒体再进行组对、安装，整体吊装降低了风险，保证了工期。

图5 外圈旋风分离器吊挂方位图

6. 设备内旋风分离器的安装

为了满足外圈旋风分离器在再生器筒体内的临时支撑，采用设计好的旋风分离器支架，在这个支架上将要放置30个旋风分离器，施工人员还要在上面操作，所以它的安全性是首要的，而精度放在了次要位置。制作支架时，先把整个支架分成5部分，在地面预制好，再将预制好的5部分吊装到筒体的相应位置进行安装，这样既可以保证预制支架的安全性，也减少了高空作业的风险。

设备内旋风分离器的放置方位确定及安装方式与内圈旋风分离器相同。

旋风分离器的安装过程中，采用千斤顶和导链等工具进行旋风分离器与封头的组对。内圈的一级可以用2个千斤顶将其提升，外圈的旋风分离器使用4个千斤顶将组对、安装好的一、二级旋风分离器整体提升，再进行安装（图6）。

如何提高旋转式井壁取心的时效

◆ 杨启林

在旋转式井壁取心的实际工作中，经常会出现一口井工作时间过长的情况，既耽误时间又增加成本。我从事测井工作多年，对提高旋转式井壁取心的时效有一些认识，在此与同行们分享。

一、标准化作业

我认为，提高旋转式井壁取心时效最有效的方法是标准化作业。现在的作业模式是由负责旋转取心的测井仪修工配合作业队完成这项工作，各岗位的分工不明确，不能很好地合作。实施标准化作业，一切操作按标准执行，各操作人员由作业队长按标准合理分工，各司其职，可以避免因分工不明等造成的操作无序。

二、正确判断与解决故障

正确判断与解决故障也非常重要。下面举两个实例与大家分享。一次是在唐海取心，取前两颗心时卡钻非常厉害，几乎无法继续工作。我最初想把仪器起上来看看有什么问题，但起出前，我忽然想起一个解决办法可以先试试。因为我发现，两颗心卡钻最厉害的位置是在位移150m左右处，这个位置应该是地层碰到钻头卡簧的位置。在钻第三颗心位移到了150m左右时，我采用不停退钻、进钻的方法钻进，等到地层过了卡簧后再

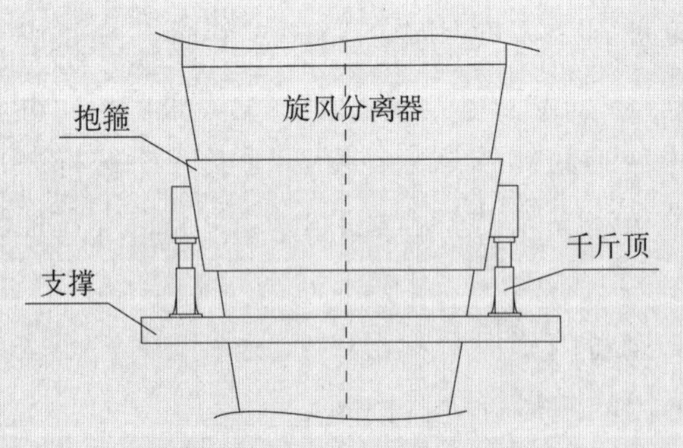

图6 筒体内旋风分离器顶升装置

三、结束语

在广西石化公司350×10^4t/a催化裂化装置再生器设备的施工中，利用上述方法进行施工，使得许多技术、施工难题得到圆满解决，并在保证质量的前提下，提前完成了施工任务，取得了良好效果。

以上方法是在特定条件下确定的，希望能为同行在相似的工作时提供一种思路和参考，具体方法还要根据实际情况确定。

（作者：工程建设公司第七建设公司，铆工，高级技师）

技术点评：文章对催化裂化装置沉降器、再生器的旋风分离器组装安装方案进行了分析，对地面旋风分离器与集气室、封头的组对安装，料腿与旋风分离器的组对、安装，拉杆的组装，定向翼阀与料腿的组对、安装进行了详细介绍，对同类工程施工具有借鉴意义。

（审稿专家：梁昌锦）

正常钻进。结果成功了，只下了一枪就完成了工作量。事后我仔细分析了整个过程，造成卡钻的原因是，施工前仪器保养时，发现钻头的磨损程度轻能够继续使用，而卡簧磨损严重不能继续使用了，所以换了新卡簧。钻头进入的地层直径与新卡簧的直径差距有点大，造成卡钻。

另一次是在内蒙古取心。取心到最后几颗时，地面显示面板显示心长一颗比一颗小，最后三颗时，心长显示小于极值，从理论上看没有取到岩心。是否继续取心？如果起上仪器检查判断需要三四个小时，而如果能判断最后三颗岩心都取到了，只是由于设备故障原因，造成仪器显示未取到，就可以继续取心。我凭经验判断，造成仪器显示小于极值的原因是十字拉杆出现弯曲故障，并非没有取到岩心，而心长传感器的数值显示可以帮助判断是否取到岩心：如果心长传感器每次推出的心长数值大于拉回的数值，就可以判断取到了岩心。事实证明正是如此。由于我的正确判断，保证了按时完成取心工作。

三、在目地地层允许的情况下使出钻的速度最大化

出钻速度越快，取心的时间越短，旋转取心的时效就越高。现在取心过程中调节出钻速度的方法有两种：一是把仪器起到井口调节，二是在井下直接调节。第一种费时，起下一趟需要一两个小时，但调节的范围大；第二种省时，但调整的范围有一定的限度，需要在地面把最初的出钻速度调到最佳速度，才能在井下对不同硬度的地层调出最佳的出钻速度。现在我用的仪器是第一种情况。我凭多年的实践经验总结出一些经验：比较坚固的岩石（岩石硬度为5～8），如砂质页岩、坚固的砂岩、一般砂岩、石灰岩、大理石等，出钻速度（热油）调到21s左右；坚固的岩石（岩石硬度为10～15），如花岗岩、坚固的砂岩和石灰岩、坚固的砾岩等，出钻速度（热油）调到25～30s。这里有两个误区需要注意：一是不是岩石的硬度越大，出钻的速度就要放慢。在钻不动的情况下，如果卡钻不是特别厉害，应该加快出钻的速度，和使用电钻是一个道理。二是在硬度小于5的地层取心不容易取到完整的岩心。实际上，在页岩、不坚固的砂岩、石灰岩等地层取心，只要放慢出钻速度，就可以取到完整的岩心。一口井从下到上有不同硬度的地层，如果仪器能在井下调节出钻速度，就会提高取心的时效。

四、精细保养、维修仪器

对仪器认真进行日常保养，发现问题及时维修，使仪器始终处于完好状态，对提高取心时效也非常重要。

（一）液压马达的维修与保养

（1）更换液压马达上的菱形滑块和半圆滑块后，一定要用短导板反复地滑动，做到无摩擦、轻松滑动到位方可；如果滑动不到位，就有可能不能掰动岩心。

（2）液压马达保养完后一定要启动，让液压马达工作一段时间。观察液压马达前后是否有清油（干净的油）漏出，如果有，超过每秒三滴，更换动密封或静密封。更换动密封或静密封后仍然漏油，只能更换液压马达，不更换就会出现液压马达无力、钻不动地层的现象。

（3）检查钻头和钻头内卡簧的磨损情况。如果钻头顶部和里外的金刚砂磨损严重，就不能再用了；卡簧磨平了就要换新的，不及时更换，取心时岩心容易脱落，造成反复取心而降低取心时效。

（二）心长传感器的维修与检查

心长传感器总成示意图如图1所示。

（1）十字拉杆（测量杆）的维修与检查。如果测量杆弯曲校直后或更换新的测量杆后，要反复测试，做到：推心杆空推到测量杆后，地面显示面板心长显示要有数值变化；再次取心动作时不能挂带测量杆，使地面显示面板心长显示有

变化；用岩心做实验，推心完成后，再继续取心时测量杆的头不能挂带岩心。

（2）支架与心长传感器的固定螺丝一定要松紧适当，否则测量杆容易弯曲。

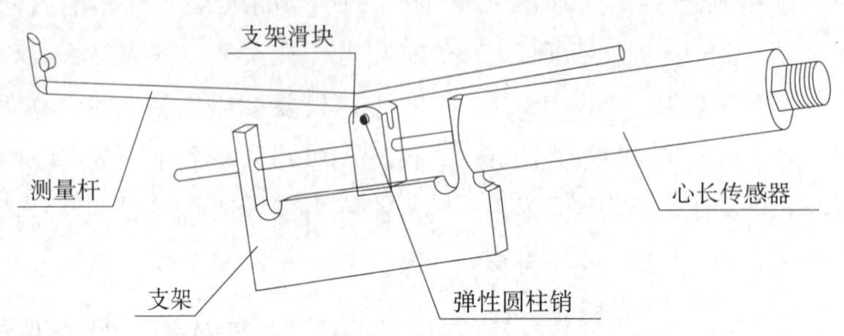

图1　心长传感器总成示意图

（三）推心杆弯曲以后的维修与调整

1. 现场快速维修的步骤

（1）取掉长导板的前堵头；

（2）使液压马达在出钻的最大位移位置；

（3）把推心缸管线脱离液压节拿出；

（4）更换推心杆。

2. 调整

调整推心杆的进出方向，使推心杆在钻头内居中：用给推心缸前或后固定螺丝加垫片的方法调整推心杆，使推心杆空推到测量杆后地面显示面板心长要有数值变化。

只有精细的维修和保养仪器，才能使仪器在工作中发挥最大效率,确保取心的时效。

五、现场快速判断与处理电子短节和地面显示面板故障

在连接仪器之前做好以下工作：

（1）测量市电电压、频率是否正常，电缆、马笼头、滑环绝缘通断是否符合要求。

（2）连接仪器。通电后如果无信号，更换电子线路短节，以判断故障在电子线路还是地面显示面板。如果是电子线路故障，在仪器下井的同时，用短连线连接电子线路，用万用表测量通信用三极管是否损坏，如果完好，依次更换集成芯片74ALS101、54HC02、HEP4046；如果故障在地面显示面板也做同样处理。如果地面无伽马信号输出，也要更换电子线路判断故障所在：是电子线路故障，更换电压比较器、六路施密特触发反应器；是地面显示面板故障，更换低功放四运算放大器。上述元器件都是易损件，在现场要以最快的速度进行维修，才能提高取心时效。

以上是我在实际工作中总结出的方法，希望能对同行们有一点帮助。

（作者：中油测井公司华北事业部，测井仪修工，技师）

技术点评：本文呈现了旋转式井壁取心施工过程中出现故障的正确判断及处理方法，对现场操作工程师有很好的指导意义。

（审稿专家：杨超登）

浅析离子色谱应用

◆ 刁 惠 张 忠

离子色谱作为一项新的分析技术，目前已在分析化学的各个领域得到了广泛应用，特别是对水中阴、阳离子的分析方法是一个突破，解决了许多分析化学领域长期存在的多组分同时测定难等疑难问题。但离子色谱仪在使用过程中会出现各种各样的问题，本文就这些问题及解决方案进行分析讨论。

一、问题与讨论

离子色谱的结构大致由淋洗液输送系统、进样系统、抑制系统、分离系统、检测系统、工作站六部分组成。其中淋洗液系统、IC泵、色谱柱、抑制器为主要部件，也是问题和故障多发部件。

离子色谱仪使用中故障现象多表现为压力逐渐升高、压力突然降低或波动、基线漂移、保留时间漂移等，造成仪器不能正常分析，无法正确出具数据。下面我们以Metrohm790型离子色谱仪为例，对造成上述现象的原因进行分析讨论。

（一）淋洗液对系统造成的影响

1. 淋洗液配制不正确引起的故障及正确配制的关键点

淋洗液作为系统的载液，有如人体的血液，其品质对分析效果影响重大，因此淋洗液配制的优劣直接影响分析测试的准确性。

（1）淋洗液配制时称量的化学试剂不准确会造成保留时间漂移；超纯水里含有的溶解气体会造成淋洗液短路，使得淋洗液在冲洗和平衡分离柱的过程中基线不稳，影响测定正常进行，严重时还会损坏分离柱；未经0.22mm滤膜过滤的淋洗液会造成IC泵或单向阀堵塞；淋洗液流动管路中的气泡进入IC泵内，会造成系统压力和流量不稳。

（2）淋洗液正确配制的关键点在于：配制淋洗液的试剂（优级纯以上）必须预先经过干燥，应冷却至室温后称量，称量必须准确，误差不超过±0.0002g；配制淋洗液的超纯水应预先使用真空泵脱气10min；配制好的淋洗液应使用0.22μm的滤膜抽滤以除去细小颗粒；最后，淋洗液要经超声波清洗器脱气40min后方可使用。

2. 淋洗液使用不当引起的故障及排除方法

正确配制的淋洗液如果使用不当，也会造成系统故障，故障原因和排除方法如下：

（1）进入IC泵的气体压力一般为0.1MPa左右，但有时会发生更换淋洗液时，由于操作不当，管路中的气泡进入泵内，造成压力突然下降，使系统压力和流量发生变化。对已进入泵内的气泡可以通过排气阀排除，具体方法是：先停泵，用一个10mL注射器在排气阀处抽气，可反复抽气直到气泡排出为止，然后再启动泵。

（2）室温的变化会使淋洗液中再次产生气

泡，排除方法是：摇动溶液使试剂瓶上部空处气体与剩余溶液充分混匀，然后用超声清洗器再次脱气40min。也可以重新配制淋洗液。

（3）阴离子抑制器再生能力减弱会造成基线大幅上升，因此，淋洗液、H_2SO_4再生液、高纯水需每周更换一次；阳离子淋洗液瓶口易生长细菌（有绿毛），细菌会损坏色谱柱，每次更换淋洗液时，需先清洗淋洗液瓶，再将瓶子用淋洗液同化后方可使用，也可在淋洗液中加入0.2%左右的丙酮防止细菌生长。

（4）过滤头脏（黑）会造成输液不畅影响流量。更换淋洗液时应同时更换过滤头，也可视分析频次、分析量确定更换周期。更换时需佩戴一次性手套，以免手部油脂污染过滤头。

（二）IC泵常见故障及排除

IC泵是整个系统的动力源，作用是通过等浓度或梯度浓度的方式在高压下将淋洗液经由进样阀输送到色谱柱内并对待测物进行洗脱。IC泵工作正常的情况下，系统压力和流量稳定，噪声很小，色谱峰形正常；与之相反，IC泵工作不正常时，系统压力波动较大，噪声大，基线的噪声加大，流量不稳并导致色谱峰形变差（出现乱峰）。产生以上情况的原因及解决方法如下：

1. 淋洗液内气泡与泵内气泡及其排除

压力降低通常是流通线路中有气泡，管路中的气泡进入泵内，造成系统压力和流量的变化。对已进入泵内的气泡可以通过排气阀排除，具体方法是：先停泵，用一个10mL注射器手动排除系统中的气泡，可打开排气阀用注射器在气泡排出口处向外抽气，可反复几次直到气泡排出为止，然后再将泵启动。

2. 单向阀堵塞及排除

系统中进入了空气或者单向阀（图1）的红宝石球与阀座之间有固体异物，使得两者不能闭合密封，造成系统压力波动大或压力突然降低、流量不稳定。排除方法是：卸下单向阀浸入盛有乙醇的烧杯，24h后用超纯水清洗并用超声波清洗器进行超声清洗。清洗后的单向阀要在放大镜下观察内部微型红宝石球表面的结垢情况，如红宝石球表面光滑就可以继续使用。

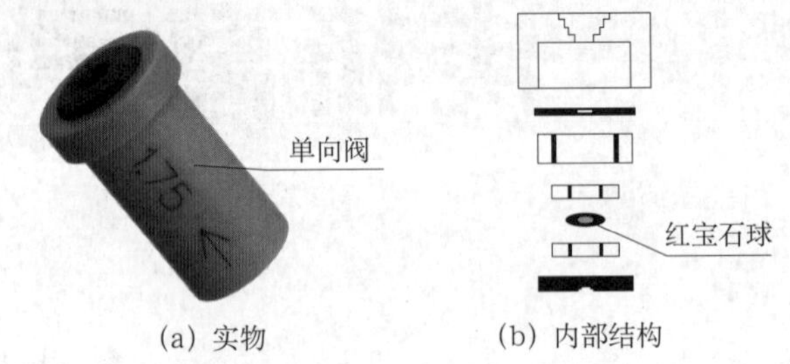

（a）实物　　（b）内部结构

图1　单向阀实物及单向阀内部结构

3. 在线过滤器故障及排除

在线过滤器堵塞也会造成系统压力突然上升。在线过滤器位于高压泵与进样阀之间，在带有抑制器的色谱系统中，还应用在清洗及再生管路的蠕动泵与抑制器之间。在线过滤器的主要部件是滤芯，滤芯应定期更换或清洗。清洗时将滤芯拧出，用高纯水冲洗或进行超声清洗。

4. IC泵密封圈故障及排除

IC泵密封圈变形后在高压下会发生泵漏液。泵漏液会造成系统压力不稳定，基线漂移，仪器无法工作。为延长密封圈的使用寿命，每次分析结束后，要用超纯水清洗泵头部分，以防产生沉淀物。

（三）色谱分离柱常见故障及排除

分离柱原因造成的故障主要表现为保留时间缩短或延长、柱压升高、分离度降低等，但最终都会是一种情况，就是柱效下降，保留时间漂移，峰形异常，分析测试无法进行。

1. 保留时间改变及排除

色谱峰保留时间的缩短或延长会影响待测组分的定性和定量，因为在色谱分析中稳定的保留时间对获得准确、可靠的结果十分重要。离子色谱中影响保留时间的因素有：

（1）仪器的某部分漏液，如接头处没拧紧等。排除方法是用一张洁净滤纸逐段检查漏点，找到漏点后排除。

（2）系统内有气泡使得泵不能按设定的流速传送淋洗液。排除方法是排除气泡。

2. 柱压升高及排除

分离柱过滤网板被玷污、柱接头拧得过紧使输液管端口变形，是使柱压升高的原因。通过更换过滤网板，拧松柱接头，切去输液管变形部位或更换输液管便可解决。

3. 分离度降低及排除

系统有泄漏、分离柱被玷污、淋洗液类型和浓度不合适是造成色谱柱分离度降低的原因，主要表现为色谱图中出现未预料的保留时间变化，色谱图中峰值扩张、分裂，色谱图分辨率很差等。

这种情况需要对分离柱进行再生，具体方法可以按照每根分离柱上注明的再生步骤来进行。但必须注意，务必在分析流路之外进行。具体方法是：将分离柱直接连接到泵上，使再生溶液经色谱柱直接流入废液桶。其后，用新鲜淋洗液在标准流速下冲洗色谱柱30min，充分冲洗色谱柱，然后方可将分离柱重新接入分析流路上。

（四）其他原因造成的系统压力异常及排除

在系统压力超过正常压力的30%以上时，可以认为该系统压力不正常。

（1）原因：保护柱的滤片因有物质沉积而使压力逐渐升高。排除：更换滤片。

（2）原因：某段管子堵塞造成系统压力突然升高。排除：逐段检查，更换堵塞管段。

（3）原因：室温低于10℃时，系统压力会升高。排除：设法使室温保持在15℃以上。

（4）原因：流速设定过高使压力升高。排除：按照色谱柱的要求设定分析泵的流速。

（5）原因：如果系统有泄漏，还会出现压力降低的情况，通常的原因是某处的接头没有拧紧。排除：只要仔细检查，将各种接头拧紧，系统压力就会恢复正常。

（6）原因：当系统流路中有大量气泡存在，气泡进入泵内形成空穴，会造成启动泵后系统无压力显示，亦无溶液流出现象。排除：在仪器初次使用或更换淋洗液时，将输液管路内的空气排空。

二、结语

综上所述，造成离子色谱仪无法正常分析试验、出具准确数据的原因归结起来无非是由于水质性能、气泡、细小颗粒、称量这些小细节引起的，但就是这些细节和日常的精心操作保证了仪器正常运行。现代分析仪器的制造越来越精密，要保证分析实验正常进行，延长仪器的使用寿命，减小仪器备件更换率，平时对仪器的精心维护是必不可少的。总之，使用离子色谱仪的工作人员只要严格按照规程操作，注意那些容易被忽视的问题，就会有效保证离子色谱仪的分析能力并得到准确的分析结果。

参考文献

[1] 牟世芬，刘克纳.离子色谱方法及应用.北京：化学工业出版社，2000.

[2] 吴方迪.色谱仪器维护与故障排除.北京：化学工业出版社，2002.

（作者：刁惠，乌鲁木齐石化公司化纤厂，化工分析工，高级技师；张忠，乌鲁木齐石化公司化纤厂，助理工程师）

技术点评：文章内容完整，条理清晰。对所用型号的离子色谱仪器使用中的常见问题及解决方法进行了阐述，有一定的参考价值。

（审稿专家：兰丽秋）

高效熔蜡热洗工艺在现场的应用

◆ 李晓琴

一、高效熔蜡热洗工艺原理

高效熔蜡热洗工艺利用蜡在温度高于熔点时熔化的特点，通过高效熔蜡车把原油加热到高于蜡熔点的温度，然后连续不断地把加热后的原油注入油套环形空间，将附着在管壁、泵内的蜡熔化，熔化的蜡经过油管与地层出来的油混合在一起上升到井口排出。就这样往复循环，熔蜡被排出，起到油井清蜡和延长油井免修期的作用。

二、高效熔蜡热洗工艺的优缺点

（一）优点

（1）操作简单，安全环保，费用低，效果好。

（2）加热温度可自行调节。

（3）利用油井自身产出液作为循环介质，减少了常规热洗清蜡造成的油层污染和清蜡排水周期过长的现象。

（二）缺点

（1）操作不当易损坏套管，如套管伸缩、井口升高或拔断套管等。

（2）操作不当易造成井卡；熔蜡排到流程中易造成管线结蜡。

三、高效熔蜡热洗工艺应用原则及应具备的条件

（一）应用原则

（1）按油井的结蜡周期进行。

（2）由于结蜡造成产量下降或载荷上升的井必须及时洗井。

（3）经过憋压判断为泵漏失的井要洗井。

（4）由于出砂卡泵的井要洗井。

（5）经过判断泵进油部分堵塞的井要及时洗井。

（6）含水低于50%，结蜡严重，油层温度低，检泵周期短的井要洗井。

（7）油井的产液量下降变化较大，从示功图等资料分析具有结蜡特征的井要洗井。

（二）应具备的条件

（1）热洗油井应套管完好，无漏失。

（2）高效熔蜡车设备必须配套，能连续加热且可控制排量。

（3）热洗油井要满足反循环洗井的要求，能够不停井，边生产边热洗。

（4）热洗油井必须保证地面管线及井口设备齐全、完好，流程畅通无阻，井口不刺、不漏。

四、高效熔蜡热洗工艺洗井的组织实施

（1）首先利用产液量、含水、示功图、动液面等资料，根据洗井原则，选出有条件实施热洗的油井，掌握该油井结蜡规律，根据检泵周期，制定出清蜡、防蜡周期及方案。

（2）根据方案选择与该井含水相近的洗井液，控制好温度、排量、泵压、时间等。

（3）高效熔蜡热洗分三个阶段：

第一阶段——替液阶段。首先把油温控制在40~50℃，将井筒灌满，使油管壁上的蜡逐渐熔化，防止油温过高造成蜡大块脱落堵塞油管造成蜡卡。

第二阶段——化蜡、排蜡阶段。将油温控制在60~80℃范围内，此时井筒内的蜡已熔化，开始排蜡，可适当加大排量。

第三阶段——巩固阶段。将油温控制在80~100℃范围内，大排量冲洗，将井筒内的熔蜡彻底排出。

五、高效熔蜡热洗工艺洗井的质量要求

（1）施工过程中不发生井卡、断脱现象，洗后油井生产正常，产量恢复原生产水平。

（2）示功图、电流资料对比达到正常。

六、热洗技术要求及注意事项

（一）技术要求

（1）热洗液用量：选择与该井或含水相近的洗井液，千米以内井洗井液用量应大于井筒容积的2~3倍，结蜡严重的井3~4倍以上。

（2）热洗时间：热洗时间5~8h，否则影响热洗效果。

（3）热洗温度：由低到高逐步提高，40℃→60℃→100℃。

（4）热洗排量：由小到大控制排量，1~3挡。

（5）热洗泵压：观察泵压变化，随时调节温度、排量。

（二）注意事项

（1）熔蜡车停车位距井口10m以上，且位于上风口。做好防火、防爆等安全措施。

（2）施工前检查井口罐附件是否齐全、完好，将井口罐瓦斯气闸门关闭，罐内库存降低。

（3）施工时，在准备好足够的洗井液的同时，注意洗井返出液的进罐情况，防止溢罐。

（4）套管压力高时，应先放套气，降低套压。自喷井关套管闸门憋压，泵压高于套压后开闸门。

（5）自喷井热洗时应取掉油嘴，控制好井口压力和泵车排量。

（6）施工过程中注意观察泵压变化、排量大小、排蜡情况（结蜡严重井排蜡时应外排）、出口温度、循环时间等，并做好记录供以后参考。

（7）施工过程中如发生井卡，不要停抽，应加大排量继续热洗或者将活塞拔出工作筒热洗，至洗通为止。

（8）施工过程中及洗井后注意观察有无碰泵现象。

（9）施工过程中尽可能避免设备故障或中途停泵现象，以免影响热洗效果。

（作者：玉门油田公司老君庙作业区，采油工，高级技师）

燃煤热水锅炉分层给煤技术应用

◆ 海彦珍　杨秀春

长庆油田分公司矿区某供热站每年耗煤约15000t，是能源消耗重点部位。随着国家节能减排战略的实施和市场燃煤价格不断上涨，能源消耗、污染排放、成本费用的压力日益突出。为了降低成本、节约能源、减少污染，我们在充分调研论证的基础上，依靠科技进步，积极探索，对三台14MW燃煤热水锅炉进行了分层给煤技术改造试点，取得了较好的效果。

一、改造前情况

该供热站三台SZL14－1.0/115/70－AⅡ锅炉为传统的煤闸板式给煤装置，燃煤主要是通过自身重力顺着储煤斗自然下落到链条炉排前部，然后通过炉排的转动将煤带入炉膛燃烧，煤层厚度主要通过煤闸板的挤压来确定。这种方式的优点是煤层厚度均匀。缺点是大小煤块在煤层中分布无序，煤层密实阻碍空气与煤炭的充分接触，造成部分煤炭燃烧不充分；且不均匀燃烧现象非常普遍，降低了煤炭的燃烧效率，煤炭炉渣含炭量偏高，飞灰、漏煤损失大，易造成烟气含尘量超标；灰熔点低，易造成燃煤结焦，运行30～35d必须被迫停炉清焦，并且结焦质地坚硬，清焦工作难度大，清焦时影响供暖质量。主要的结焦部位有前后炉拱、两侧炉墙（形成钟乳石式结焦），尤其中下部最为严重，平均厚度为40～60mm；前后燃烧区水冷壁管大量结焦，水冷壁管长时间承受过高温度，易造成爆管现象，严重影响锅炉安全运行，造成能耗升高、供热效率降低。

二、技术方案构成与实施

（一）装置组成

给煤装置主要由储煤斗、齿形下煤辊筒、分层给煤装置、煤块筛分器、给煤量调节板五个部分构成（图1）。储煤斗用来存储燃煤，齿形下煤辊筒主要用来调节下煤速度，煤块筛分器是把煤仓下来的燃煤按照大颗粒在下、小颗粒在上的顺序均匀铺撒在炉排上的装置，给煤量调节板用于调节给煤量。

（二）工作原理

给煤装置的工作原理是：由储煤斗下来的煤经过齿形下煤辊筒、分层给煤装置后落到煤块筛分器，通过链条炉排正转，经机械筛分的煤在炉排上自然形成下大上小的松散煤层，煤粒之间的间隙得以保留，减少了煤层通风阻力，增加单位面积的通风量，使煤层通风均匀，燃煤着火提前，氧化反应增加，燃烧速度加快，炉膛温度提高，燃煤燃烧更加充分，有效避免了炉排上出现燃烧不均匀的现象，明显改善了燃煤的着火条

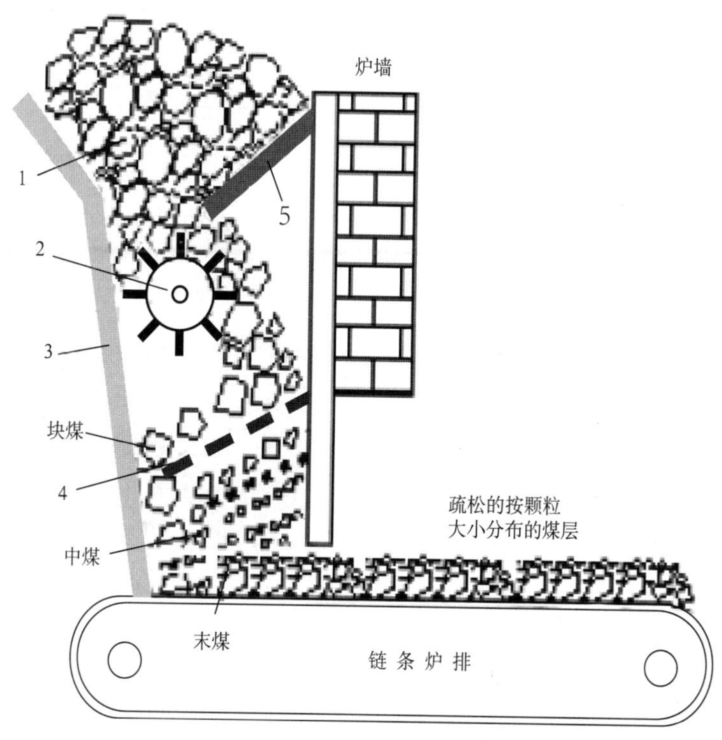

图1　分层给煤装置图

1—储煤斗；2—齿形下煤辊筒；3—分层给煤装置；
4—煤块筛分器；5—给煤量调节板

件，显著提高了燃烧强度和煤层燃烧速度。

（三）技术方案实施

（1）选用单滚筒形式齿形下煤辊筒，简化机械结构，提高使用效率。齿形下煤辊筒有单滚筒、双滚筒及三滚筒等多种形式，对于其要求，首要是安全、可靠。如选用两个或三个滚筒，因储煤斗空间有限，必然要选用小直径的滚筒，小直径强度低、轴承小，煤中有硬物容易造成滚筒卡筒甚至损坏。本着“机械应该越简单越好”的原则，我们选用了一个高强度、大直径的齿形下煤辊筒 。

（2）更换炉排调速箱，实现炉排线性调速，提高了燃烧效率。由于链条炉排是层状燃烧方式，在经过分层给煤改造后，小煤粒居于煤层上表面，着火燃烧将更加容易。而原有的炉排调速箱为三速电动机换挡调速，其最高转速在煤层较薄时容易造成煤层着火靠前而烧损前拱和煤闸板。为此，我们将其更换为无级变速炉排调速箱，实现了炉排的线性调速，使燃烧率明显提高，有效减少了热损失。

（3）将煤块筛分器改为可调式，强化燃烧，减少不完全燃烧损失。煤块筛分装置的角度直接影响煤在炉排表面的分层情况。供暖锅炉用煤的颗粒度不确定， 调整筛分器的角度，可控制煤在炉排上的分层厚度、间隙、燃烧时间等，从而提高锅炉燃烧效率。 为了增强该技术对于煤种的广泛适用性，我们将煤块筛分器改为可调式，可适合多种燃煤的需要。

（4）在输煤机落煤口加装导煤板，确保燃煤颗粒均匀分布，提高燃煤燃烧率。改造前储煤斗可容纳30～35t煤炭，在输煤过程中容易形成大煤粒集中在炉排两侧、小煤粒集中在炉排中间的现象，直接影响使用效果。而分层给煤装置的目的是将煤颗粒在整个炉排横断面形成下大上小的分层，确保煤颗粒均匀分布。我们在输煤机落煤口加装了导煤板，保证了煤颗粒大小均匀，解决了横向配风不均匀性的问题，使分层给煤装置效果更加明显。

（5）调整给煤含水率，实现优化燃烧，减少烟尘排放。分层给煤装置运行的前两个多月，结焦仍然严重，并且出现煤烧不透现象。由于粉末煤集中在煤层最上面，燃烧时锅炉将其抽入烟道形成结焦，增大了烟气含尘量。经过分析，原因是进炉的燃煤含水率低，煤层上部的小颗粒煤被鼓风机吹起飞向炉膛四周，贴向炉墙、炉拱，许多未燃尽的煤粒被引风吸到烟道。经过反复试验，我们对燃煤提前3～4d进行加水，确保煤的含水率为8%～10%。同时，增加了输煤廊加水装置，将给煤含水率适当提高，并且确保水分渗透到煤内，从而消除了结焦现象，降低了锅炉及引风机的飞灰磨损和粉尘污染，进一步提高了锅炉燃烧效率。

（6）强化岗位培训，提高岗位员工操作技能，确保装置有效运行。在分层给煤装置安装以后，我们聘请厂家专业人员对员工进行了集中培训，使员工对装置运行中需要操作和检查的部位更加明确，掌握了各部件性能及维护保养方法，确保各部件操作灵活、指示准确，煤层调整及时，炉排转速均匀，煤炉燃烧正常，适时根据煤质、水分、颗粒度大小调整参数。

三、效果分析

（一）节能效果

按照前后两个采暖期对比，分层给煤技术应用前一个采暖期消耗燃煤15000t，使用后一个采暖期消耗燃煤14350t，节煤650t。

（二）环保效果

环保效果可通过当年环保检测数据粗略计算（表1）。

表1　环保效果数据

项目	环保指标	致污物	致污物减少量	减排量
废气排放量	$9000m^3/t$	煤	650t	$595\times10^4m^3$
烟尘排放量	$187mg/m^3$	燃煤废气	$595\times10^4m^3$	1.09t
二氧化硫排放量	$335mg/m^3$	燃煤废气	$595\times10^4m^3$	1.96t

（三）经济效益

每年可节约成本20.67万元（650吨×318元/吨＝20.67万元）。

（四）管理效益

通过改造，使燃料燃烧更加充分，燃烧效率得以极大改善，提高了锅炉出力，降低了炉渣含碳量，锅炉飞灰热损失和烟气含尘浓度明显下降。每班除灰的工作量由$10m^3$减为$3m^3$左右，烟囱内的积灰也比往年减少了五分之三，职工的劳动强度明显减轻。

四、总结

改造运行取得了良好的经济效益，不但做到了节能减排而且减轻了职工的劳工强度。

（作者：海彦珍，长庆油田公司矿区事业部，热力司炉工，技师；杨秀春，长庆油田公司矿区事业部，工程师）

（审稿专家：苏汉杰）

CK-02加氢催化剂首次工业应用总结

◆ 顾国富

一、设备情况

大港石化公司柴油加氢装置原设计加工能力是40×10^4t/a，1999年12月竣工投产。2003年装置进行扩能改造，改造后处理量提至50×10^4t/a。该装置设计压力为6.0～7.3MPa，空速为0.5～1.0h^{-1}，氢油体积比不小于500:1，最大处理量65t/h，原料油主要以大港焦化柴油和催化柴油为主。装置流程如图1所示。

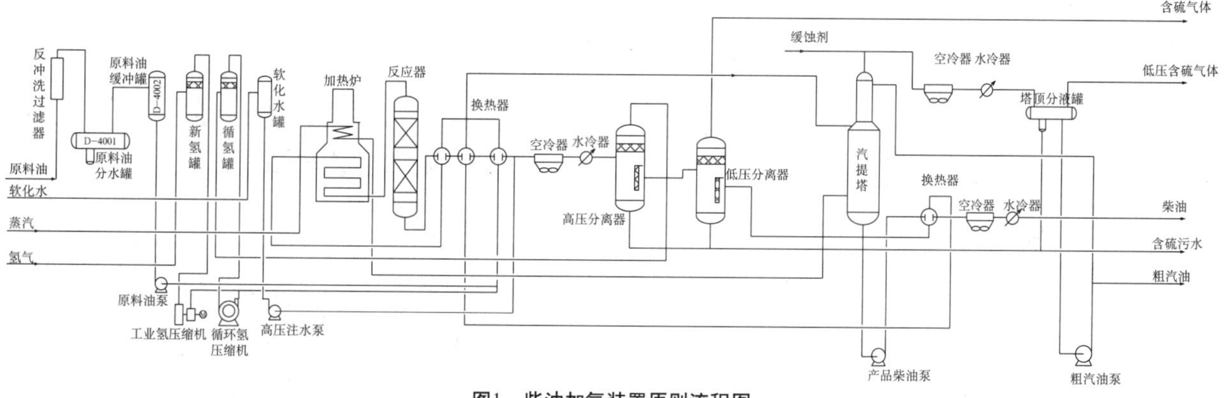

图1　柴油加氢装置原则流程图

由于该装置的大部分催化剂已使用了9年时间，催化剂的活性已经下降很多。2009年3月，公司决定对原催化剂全部更换，换用中国石油大学（华东）CNPC催化重点实验室研制的CK-02柴油加氢精制催化剂（以下简称CK-02催化剂），并且进行该催化剂的工业化应用试验。

二、催化剂装填情况

（一）换剂前催化剂使用情况

本次换剂前，装置催化剂使用情况较复杂，具体情况见表1。

（二）CK-02催化剂的理化性质

CK-02催化剂以经过孔结构和表面性质调变的超稳Y分子筛改性的大孔$\gamma-Al_2O_3$为载体，以Mo、Ni、P为活性组分，采用共浸法制备而成。该催化剂具有适宜的表面酸性和孔结构、适度的活性组分分散度，在促使多环芳烃加氢饱和、环状有机化合物开环及加氢脱硫、加氢脱氮反应发生的同时，提高柴油十六烷值，降低密度。采用三叶草外形，根据焦化、催化柴油的分子大小对载体进行孔结构调整，使催化剂具有脱硫、脱氮活性高，芳烃饱和性能好，床层压降低，堆密度轻使相同体积催化剂的装量（重量）减少10%以上等特点。CK–02催化剂的主要理化性质见表2。

表1　柴油加氢装置原催化剂及瓷球装填情况

位置	装填物	装填高度 mm	体积 m^3	重量 t	堆密度 t/ m^3
第一床层	XHCP-3①	150	1.1	0.63	0.6
	FZC-102①	150	1.1	0.3	0.3
	FZC-103①	600	4.2	1.95	0.46
	FH-98(新)②	1990	14.1	12.4	0.88
	φ5mm瓷球	100	0.7		
	φ10mm瓷球	100	0.7		
第二床层	φ10mm瓷球	100	0.7		
	FH-98(新)	600	4.2	3.6	0.86
	FH-98(旧)②	3630	25.6	22.57	0.88
	φ5mm瓷球	100	0.7		
	φ10mm瓷球	100	0.7		
第三床层	φ10mm瓷球	100	0.7		
	FH-5(旧)②	1590	11.2	12.63	1.124
	3963(旧)③	4160	29.3	23.44	0.8
	3963(旧)/FH-5(旧)	440	3.1	2.608	0.839
	φ5mm瓷球	150	1.1		
	φ8mm瓷球	150	1.1		
	φ13mm瓷球	350	2.5		
	φ19mm瓷球	600	4.2		

①催化剂保护剂；②加氢精制剂；③加氢裂化剂。

表2　CK–02催化剂理化性质

指标	数据
外 观	浅黄色三叶草条
尺寸，mm	φ1.3~1.7×3~10
比表面积，m^2/g	>180
孔容，mL/g	>0.30
平均压碎强度，N/cm	>180
堆密度，g/mL	0.80~0.85
MoO_3含量，%(质量分数)	19.0~21.0
NiO含量，%(质量分数)	3.0~4.0

（三）CK–02催化剂的装填情况

CK–02催化剂的装填情况见表3。

表3　CK–02催化剂的实际装填情况

位置	装填物	装填高度 mm	理论重量 t	理论堆比度 t/m^3	实际高度 mm	实际重量 t	实际堆密度 t/m^3
第一床层	φ15 mm多孔瓷球	150			100	0.7	0.99
	GCK-01保护剂	200	1.98	1.3~1.4	200	1.8	1.27
	GCK-02保护剂	300	2.97	0.6~0.7	250	1.0	0.57
	CK-02催化剂	1980	11.47	0.80~0.85	2300	12.17	0.75
	φ5mm瓷球	80	0.7	1.2	80	0.7	1.24
	φ10 mm瓷球	80	0.75	1.3	80	0.68	1.20
第二床层	φ10 mm瓷球	100	0.9	1.3	100	0.9	1.27
	CK-02催化剂	4230	23.55	0.80~0.85	4230	23.23	0.78
	φ5mm瓷球	100	0.86	1.2	100	0.92	1.30
	φ10 mm瓷球	100	0.93	1.3	100	1.125	1.59
第三床层	φ10 mm瓷球	200	1.8	1.3	200	1.75	1.24
	CK-02催化剂	4400	25.49	0.80~0.85	4420	24.6	0.79
	GCK-02保护剂	1600	7.91	0.6~0.7	1590	5.375	0.48
底部	φ5 mm瓷球	200	1.7	1.2	200	1.5	1.06
	φ10mm瓷球	200	1.8	1.3	200	2.48	1.76
	φ13mm瓷球	350	2.5	1.01	350	2.5	1.01
	φ19mm瓷球	600	2.8	0.66	620	2.7	0.62

三、催化剂使用情况

（一）催化剂的干燥

由于催化剂在储运和装填过程中会吸收一定的水分，为了避免催化剂在液相硫化时因接触高温硫化油而急剧气化，引起催化剂颗粒破碎，确保催化剂具有良好活性和机械强度，在硫化前必须进行干燥脱水处理，干燥介质为氮气。

本次干燥分为150℃恒温干燥和250℃恒温干燥两个阶段。装置4.0MPa气密结束后将系统压力降到1.8MPa，加热炉点火，以25℃/h速度升温到150℃，恒温12h后继续以20℃/h速度向250℃阶段升温；250℃阶段恒温12h后，高压分离器不再有水排出，催化剂干燥结束。干燥过程中，250℃以前基本未脱出水，脱水量大部分集中在250℃恒温阶段。整个干燥过程历时36h，期间共切出含硫污水126kg，占催化剂总量的0.21%。催化剂干燥曲线如图2所示。

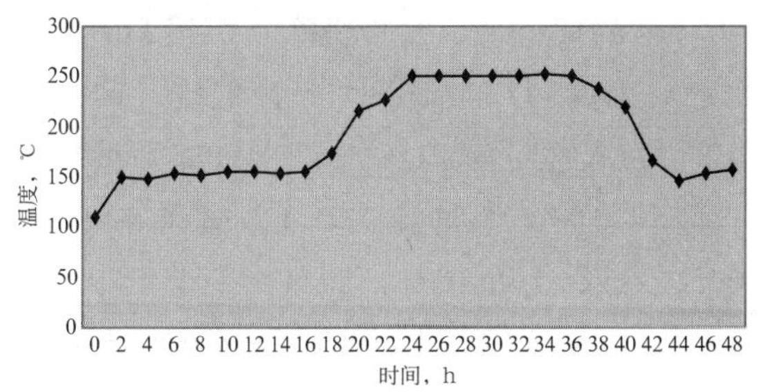

图2 催化剂干燥曲线

（二）催化剂的硫化

新催化剂的加氢活性金属组分（Mo、Ni）是以氧化态的形式存在的，为了获得更好的加氢精制活性，需要用硫化剂二甲基二硫醚（DMDS）对催化剂进行硫化。

本次催化剂硫化采用直馏柴油，硫化柴油质量指标见表4，硫化情况见表5。

表4 硫化柴油质量指标

分析项目	密度(20℃) kg/m³	馏程 ℃				凝点 ℃	溴价 g（Br）/100g	硫含量 %	氮含量 μg/g
		IBP 初馏点	50%	90%	FBP 终馏点				
硫化柴油	844.1	176	284	348		2	0.0759	0.082	200

表5 催化剂理论硫化升温程序表

反应器入口温度 ℃	升温、降温速度 ℃/h	升恒温参考时间 h	控制床层最大温升 ℃	循环氢H_2S含量 %（体积分数）	备注
常温→175	10～15	—			开始注硫化剂，200kg/h
175	—	3	20		
175→195	5～10	3			
195		2	20		
195→230	5～10	5		实测	
230	—	6	20	0.3～0.8	
230→290	5～10	6		实测	
290	—	6	20	1.0～2.0	
290→330	5～10	4			
330	—	4	40	1.0～2.0	

本次催化剂预硫化采用湿式硫化方案，硫化剂为二甲基二硫醚，硫化柴油为常压装置常二线、常三线轻柴油。硫化时将系统压力提至6.0MPa，反应器入口温度175℃，循环氢量26000m³/h，硫化柴油进料量30t/h。硫化剂注入量100～400kg/h，每半小时分析一次系统循环氢中H_2S含量，15h后系统H_2S含量上升，说明硫化剂穿透床层。反应器继续提温15h后开始195℃恒温，4h后向230℃提温，230℃恒温15h后向290℃提温，290℃恒温27h后向330℃提温，330℃恒温11h后开始降温。总计消耗硫化剂11t。

四、催化剂工业应用效果标定

（一）第一次标定

柴油加氢装置于2009年5月14日8:00时至16日8:00时连续进行了48h标定。标定的目的主要是了解新催化剂的脱硫、脱氮性能。本次标定加工原料为焦化柴油、催化柴油（焦化柴油与催化柴油质量比约为4:1）。

装置第一次标定期间反应器入口温度控制为305℃，反应器压力为6.5MPa。由于装置氢气不足，循环氢的氢气纯度比较低（76%左右），为了保证装置循环氢气的氢纯度，降低了装置处理量以降低催化剂的耗氢量，装置处理量降至55 t/h，反应空速控制为$0.86h^{-1}$，氢油比为380:1，原料柴油的硫含量由1437μg/g降至13μg/g，氮含量由2175μg/g降至209μg/g，装置脱硫率为99.0%、脱氮率90.4%，脱硫、脱氮效果比较理想。表6、表7为第一次标定的相关数据。

表6　第一次标定装置主要操作条件

项目	单位	设计值	标定值
反应器入口分压	MPa	6.5	6.5
反应空速	h^{-1}	1.0	0.86
氢油比		400:1	380:1
入口温度	℃	—	305
出口温度	℃	—	370.9
床层总温升	℃	—	65.9
第一床层上部温度	℃	—	305
第一床层下部温度	℃	—	331
第一床层温升	℃	—	26
第二床层上部温度	℃	—	338.1
第二床层下部温度	℃	—	360.7
第二床层温升	℃	—	22.6
第三床层上部温度	℃	—	360.9
第三床层下部温度	℃	—	370.9
第三床层温升	℃	—	10
床层平均温度	℃	—	349.4

表7　第一次标定原料油及产品柴油化验分析结果

分析项目 \ 分析内容 \ 时间		5月14日16:00		5月15日8:00		5月15日16:00		5月16日8:00	
		原料油	成品油	原料油	成品油	原料油	成品油	原料油	成品油
密度（20℃）g/cm³		866.1	848.8	866.2	848.6	866.1	848.7		
馏程℃	IBP	183	178.0	185.5	181.0	184.5	180.0	186	183.5
	50%	285	277.5	288	277.0	287.5	278.5	288	280
	90%	351	342.0	349	343.0	350	345.5	351	347.5
	FBP	363	353	360	356.0	361	358.0	363	361
凝点，℃		4.5	5.0	4.5	4.5	6.99	3.0	5.62	4.0
冷滤点，℃		5	6	5	6.0	5	5	5	4
溴价，g（Br）/100g		13.4475	1.2351	13.5465	0.6875	12.8950	0.7470	12.8950	0.7466
硫含量，μg/g		1424	13	1437	15	1435	16	1436	17
氮含量，μg/g		2074.34	213.26	2175.39	209.14	2089.82	233.38	2067.47	238.70
色度，号		<6.5	<1.5	<6.5	<1.5	6.5	<1.5	6.5	<1.5
闪点，℃		58	70	57	64	57	65	57	65
酸度，mg(KOH)/100mL		7.77	0.78	7.46	0.78	6.99	0.78	5.62	0.91

（二）第二次标定

9月27日至28日对该装置进行第二次标定，时间连续24h，本次标定原料为100%焦化柴油。标定期间共采集两组数据，分别为9月27日8:00和9月28日 8:00。

此次标定期间柴油加氢装置原料全为焦化柴油，硫含量平均为1265μg/g，氮含量平均为1474μg/g，此次标定催化剂反应空速1.01h^{-1}，达到1.0h^{-1}的保证值；反应器入口温度310℃，反应器出口温度367.2℃，平均反应温度（WABT）351.5℃，高压分离器压力6.5 MPa，循环氢纯度平均84.5%，氢油比280:1。脱硫率平均为99.04%，最高为99.05%；脱氮率平均为87.6%，最高为87.99%。原料十六烷值指数平均为45.2，精制柴油十六烷值指数为48.9，十六烷值指数提高了3.7。表8、表9为第二次标定的相关数据。

表8　第二次标定装置主要操作条件

项目	单位	设计值	标定值
反应器入口压力	MPa	6.5	6.5
反应空速	h^{-1}	1.1	1.01
氢油比		400:1	280:1
入口温度	℃	—	310
出口温度	℃	—	367.2
床层总温升	℃	—	57.2
第一床层上部温度	℃	—	310
第一床层下部温度	℃	—	340.8
第二床层上部温度	℃	—	342.4
第二床层下部温度	℃	—	355.6
第三床层上部温度	℃	—	338.6
第三床层下部温度	℃	—	363.2
床层平均温度	℃	—	351.5

表9　第二次标定原料油及成品柴油化验分析结果

分析项目 \ 分析内容 \ 时间		9月27日8:00		9月28日8:00	
		原料油	成品油	原料油	成品油
密度（20℃）g/cm³		832.2	820.3	832.3	820.6
馏程℃	IBP	183	179	184	178
	50%	267	268.5	268.5	265
	90%	332	331	333	329
	FBP	345	344	342.5	361
凝点，℃		-4	-3	-3	-1
冷滤点，℃		-2	0	-1	-1
溴价，g（Br）/100g		13.814	0.1918	14.4545	0.2928
硫含量，μg/g		1265	12	1246	12
氮含量，μg/g		1445	184.6	1503	180.5
色度，号		8	<0.5	<5.5	<0.5
闪点，℃		35	63	<30	67
铜片腐蚀		1a	1a	1a	1a
酸度 mg（KOH）/100mL		0.25	0.28	0.25	0.43

（三）第三次标定

装置运转6个月后，对催化剂的使用效果进行了第三次标定，标定所用原料为焦化、催化混合柴油（80:20）。主要操作控制条件：反应器入口温度（315±1）℃；高压分离器压力（6.5±0.1）MPa；处理量65t/h。这种操作条件下脱氮率达到90%以上。标定时间：10月26日至27日对该装置进行标定。标定期间原料、成品共采集三组数据，分别为：10月26日20:00、10月27日10:00和12:00。

此次标定原料为焦化、催化混合柴油，硫含量平均为1265μg/g，氮含量平均为1474μg/g，反应空速1.01h^{-1}，反应器入口温度317.2℃，反应器出口温度374.7℃，平均反应温度359.4℃，高压分离器压力6.5 MPa，循环氢纯度平均89.5%，氢油比308:1。脱硫率平均为99.43%，最高为99.48%；脱氮率平均为90.39%，最高为91.08%。催化剂十六烷值由51提高到56，十六烷值提高情况较好。表10、表11为第三次标定的相关数据。

表10　第三次标定装置主要操作条件

项目	单位	设计值	标定值
反应器入口压力	MPa	6.5	6.5
反应空速	h^{-1}	1.0	1.01
氢油比		400：1	308：1
入口温度	℃		317.2
出口温度	℃		374.7
床层总温升	℃		57.7
第一床层上部温度	℃		317.3
第一床层下部温度	℃		352.6
第二床层上部温度	℃		353.0
第二床层下部温度	℃		367.1
第三床层上部温度	℃		367.3
第三床层下部温度	℃		374.7
床层平均温度	℃		359.4
催化剂牌号		CK-02	CK-02
堆密度	t/m^3	0.80～0.85	0.78/0.78/0.79
催化剂装入量	t	11.47/23.35/25.49	12.17/23.23/24.6
床层层数		3	3
每段床层高度	mm	1980/4230/4400	2200/4230/4420

表11　第三次标定原料油及成品柴油化验分析结果

分析项目 \ 分析内容 \ 时间		10月26日20:00		10月27日10:00		10月27日12:00	
		原料油	成品油	原料油	成品油	原料油	成品油
密度（20℃）g/cm^3		841.5					
馏程 ℃	IBP	175	179.5				
	50%	288	281				
	90%	348	345.5				
	FBP	360	355				
凝点，℃		1	3				
冷滤点，℃		-2	0				
溴价，g（Br）/100g							
硫含量，μg/g		1324	9	1338	7	1340	7
氮含量，μg/g		1526.94	165.88	1472.46	133.34	1481.98	132.24
色度，号		＞8	<1.5				
闪点，℃		52	63				
酸度 mg（KOH）/100mL							

五、CK-02催化剂工业应用情况小结

三次标定结果表明，CK-02催化剂在较缓和的操作条件下，具有良好的加氢脱硫、脱氮活性（脱硫率为99.43%、脱氮率90.39%）及较高的十六烷值改进性能，并且具有良好的原料适应性，能够适应加工焦化柴油等劣质加氢原料，满足炼油企业加工工艺及流程的优化和产品升级换代的需要。

（作者：大港石化公司第四联合车间，汽（煤、柴）油加氢装置操作工，技师）

技术点评：该报告总结了CK-02柴油加氢精制催化剂在大港石化的首次工业应用情况，分析了开工过程、装置标定的主要结果，特别展示了硫含量小于10μg/g柴油调和组分的生产数据，十分珍贵，值得学习。值得大家思考的问题是：降低柴油硫含量到10μg/g，我的装置该怎么办？

（审稿专家：邢颖春）

板框式压滤机液压系统元件常见故障分析与解决措施

◆ 于红伟

板框式压滤机是白土精制装置中分离油和白土的关键设备。液压系统是压滤机中执行各控制动作的最关键部分，它驱动油缸活塞杆推动压紧板，将位于压紧板与止推板之间的滤板和滤布压紧、拉开，自动保压，并保持压紧力的稳定性和滤室的密封性，周而复始，完成工作循环。但在使用过程中，由于液压元件自然磨损、设计缺陷及使用保养不当等原因，常常会出现一些故障，而液压系统中各种液压元件大多被封装，不能从外部直接观察其工作状态，给检查和维修带来不便，故障排除一般都较困难。因此，掌握液压系统常见故障及其消除方法，有利于提高工作效率，保证生产顺利进行。下面对板框式压滤机液压系统几种常见故障进行分析，并探讨相应处理措施。

一、液压系统常见故障分析

（一）自动拉取板器不拉取板

在压滤机的故障中，发生不拉取板的故障是最多的。拉取板的控制主要和控制液压马达正反转的压力继电器、溢流阀、电磁换向阀以及调速阀有关。

（1）压力继电器原因。压滤机选用的压力继电器为膜片式，不宜承受高压，且易受控制压力波动的影响。压力继电器的工作原理是油液压力上升，隔膜鼓起推动柱塞而工作。当隔膜破裂时，压力油直接作用在柱塞上，会有油液从柱塞和套体孔的配合间隙泄漏出去，使压力继电器的动作值和返回区均有明显变化而出现不稳定现象，因而造成无法动作。在压滤机故障中，多次发现继电器隔膜破损情况，这直接导致了液压油泄漏，管路压力不能维持，双排自动拉取板器不执行拉取板工作。

原因分析：一是隔膜质量问题。在检修中发现橡胶隔膜略硬，这使得隔膜容易发生折损，而且在滤机现场环境中，冬季室内最低温度处于零下10℃，此时隔膜就会变硬，发生破损的概率也就更大。二是压力继电器触点开关问题。原来仅靠一个螺钉压紧定位（图1），这种固定在液压冲击、机械接触的条件下极易发生松动，在多次的故障处理中，都发现了触点开关盒松动情况。这种情况下，下压触点开关的杠杆必然会加大行程以求能触动开关，得到换向信号，说明此时压力继电器内的柱塞、隔膜行程需要加大，油液压力持续升高才能完成换向。因此，隔膜的变形量和承受的油压比正常工作条件下都要大，更容易破损。

（2）溢流阀原因。溢流阀的主阀芯与滑套的配合间隙如果有毛刺及污物，会导致主阀芯卡死。

有时主阀芯上阻尼小孔内有污物堵塞，油压传递不到主阀芯上腔和先导阀（锥阀）的前腔，先导流量几乎为零，压力上升缓慢；如果完全堵塞，则压力就一点也上不去。在日常维修中，还发现了先导阀锥面与阀座之间密合处产生磨损（图2），这是因为长时间使用，受油液中的污物、水分、空气作用，加上阀体受液压冲击所致。

图1　压力继电器

图2　先导阀阀芯磨损情况

（3）电磁换向阀故障。电磁换向阀中的电磁线圈因环境中水蒸气、腐蚀等原因造成线圈老化。阀芯与阀孔因毛刺、杂物卡住，摩擦力使电磁力推不动阀芯而出现过载烧坏线圈。电磁换向阀故障有时也表现为液压油内杂物卡住阀芯，阀芯未能到位，或阀内密封件磨损，阀内泄漏导致油压不足等。由于加工问题，阀本体因为阀芯与阀孔的几何精度不好，会造成液压卡紧力。出现这种情况时，检查电磁铁没有问题，阀芯在阀孔内活动灵活，但是安装后，电磁带电阀芯不能动作，液压卡紧力使阀芯卡住，只有更换新阀后问题才能消除。

（4）调速阀故障。由于油液未经精密过滤，油中机械杂质堆积黏附在节流通道壁上，通流面积减小，使执行元件速度减慢，完全堵死，造成断流；污物被冲走，则造成突跳。混在油液中的机械杂质以及油液劣化、老化生成物通过节流缝隙时堆积，造成流量不稳定。

（二）压滤机保压不足

主要表现为在压紧工作时油压上不去，无法压紧压紧板，主要有以下几方面原因：

（1）液压泵无油输出。可能是液压泵的转向不对，零件磨损严重或损坏，吸油管阻力大或漏气，致使液压泵输不出油来。

（2）液压泵出口压力不足。可能是溢流阀、电磁换向阀失灵造成油压上不去。

（3）油缸内密封圈漏油。由于液压油中夹带机械杂质、水分，使得油缸的活塞密封环磨损、变硬，容易漏油而导致压滤机保压不足。

（4）液压系统外泄漏。液压站管线接头经历过拆解和紧固，很多都已发生变形，这也说明管线接头的强度不够。高压焊接式管接头，其上密封圈在多次拆装后发生变形，密封性能下降，接头也会挤压变形，有时接头泄漏而造成压滤机保压不足。

（5）油箱油位不够。由于液压系统长期处于高压状态，一些密封点不可避免会渗漏，同时压滤机使用一段时间后，液压油也会少量自然蒸发，这些都会导致油箱油位下降，油泵打不上量，油压上不去。

（三）压紧板不能及时松开

压滤机液压油箱总成使用年限长，虽然润滑油定期更换，但还是存在无法置换的残余润滑油发生乳化的情况，润滑油乳化会导致油路生锈，产生机械杂质。另外，液压站油路无过滤器，机械杂质及液压油本身变化产生的胶质、炭渣等无法过滤，进入油箱后虽经沉积，但是避免不了被打入液压元件内，使液压元件中的活动件卡涩，导致液压元件不正常工作。这些原因最终造成压紧板不能松开、拉取板器不能拉取板等故障。

二、解决措施

（一）针对故障有针对性地选择可靠的液压元器件

（1）更换膜片式压力继电器为柱塞式压力继电器（图3）。柱塞式压力继电器是通过压力油作用在柱塞底部，克服弹簧阻力后，推动柱塞上升，通过顶杆触动微动开关发出电信号。这种继电器调压范围广，工作稳定可靠，相比膜片式压力继电器，受压力波动影响小，且触点内置、体积小，不存在膜片式继电器容易松动及泄漏的问题。

图3 柱塞式压力继电器

（2）原溢流阀和远程调压阀独立安装在液压座上，经过液压座与油路连接，执行动作时易受压力冲击、油压衰减和波动的影响。改造使用先导式溢流阀、远程调压阀、电磁换向阀叠加式安装，油压行程短，反应灵敏，稳定性好。电磁换向阀减压和卸荷依靠控制远程调压阀实现，远程调压阀又作用在溢流阀的控制口以实现压力变换，这三种控制阀可以进行组合叠加，进行彼此控制和联系。

（3）选用调节机构紧固性好的溢流阀，受机械振动也不易松动，具备足够的稳定性，阀芯的材质经过表面渗氮，硬度高耐磨性好，使用寿命长。

其余液压元件依据叠加组合安装要求，进行重新选型更换。更换液压元件本着加工精度高、高效能、体积小、寿命长的原则。

（二）解决压滤机保压不足问题

（1）针对液压站管线接头泄漏问题，改造为高加工精度、高强度的管接头。旧管线多处于悬空状态，重新安装管托，使用卡子固定好管路。

（2）重新改造压滤机液压缸活塞油封，油封材质选用耐油橡胶，防止硬化。

（3）针对溢流阀失灵问题，拆开主阀芯清洗阀内组件、疏通阻尼孔并重新装配就能修复溢流阀；当发现阀内部件损坏或磨损超过规定要求时，则进行更换或修理。

（4）针对电磁换向阀故障问题，可用螺丝刀等铁质工具试着检查电磁铁是否有磁性，或用万用表测量线圈电阻。如果阀内密封部件磨损内泄漏严重，则清洗或更换密封部件。

（三）安装液压油过滤器，阻止机械杂质进入液压系统

在液压油进入液压座之前设置过滤器，用以滤除液压油中混入的机械杂质和液压油本身变化所产生的胶质、炭渣，从而防止阀芯卡死、节流小孔缝隙和阻尼孔的堵塞以及液压元件过快磨损等故障的发生，确保液压元件性能稳定，不出故障。

三、效果分析

在分析原板框式压滤机液压系统元件缺陷与故障现象的基础上，对液压系统元件进行针对性的技

ZDB系列自动调谐消弧线圈与调匝式消弧线圈在炼化变电所的应用比较

◆ 李　建

一 、接地补偿基本原理

35kV及以下电力系统一般采用中性点不接地运行方式。系统中35kV线路和6kV线路较长、电缆线路较多，系统发生单相接地时，接地电容电流就会较大，接地电弧不能自灭，在接地点形成间隙性或稳定电弧，发生相间短路或弧光过电压，将会波及整个配电系统，危害设备及人身安全。为此，1997年原电力部颁发了《交流电气装置的过电压保护和绝缘配合》（DL/T 620—1997）行业标准，规定3~10kV电缆构成系统，当单相接地故障电容电流超过30A而且又需要在接地故障条件下运行时，应采用消弧线圈接地方式，即在变压器中性点与大地之间装设一感性负荷——消弧线圈。

消弧线圈的主要作用是在电网发生单相接地时产生电感电流以补偿电网的对地电容电流，使故障点残流变小，达到自行熄弧、消除故障的目的。消弧线圈是一个有铁芯的电感线圈，其铁芯柱有很多间隙，以避免磁饱和，使消弧线圈有一个稳定的电抗值（图1）。

术改造。改造前、后的经济效益对比见表1。

表1　压滤机液压系统改造前、后的经济效益对比

项目	改造前	改造后
改造费用，万元	—	27
每年更换配件成本，万元	52	0.6
每年平均维修费用，万元	46	0.3
压滤机故障检修停用的效益损失，万元	108	—
节约总费用，万元	178	

从表1可以看出，改造后的3台压滤机维修费用由98万元降低为0.9万元，挽回压滤机停机导致的效益损失108万元，取得了良好的经济效益。改造3台压滤机投入的资金为27万元，但是1年所节约的各种费用就达到178万元。

四、结束语

液压系统工作中出现自动拉取板器不拉取板、压滤机保压不足、压紧板不能及时松开等情况较为普遍，引起这些问题的因素较多，也比较复杂。只有在熟练掌握工作原理、结构特性的基础上，通过故障的外在表现，分析故障内因，才能有效解决故障，保证设备的安全平稳长周期运行。

参考文献

[1] 张剑慈. 液压系统中压力继电器误操作浅析. 机床与液压，2004（2）：146-147.

[2] 宋亚林. 溢流阀常见压力故障的原因及处理办法. 装备制造技术，2012（1）：85-86.

[3] 李雅武，乜庆海，杨沛. 液压系统常见故障诊断及处理. 汽轮机技术，2005，47（1）：73-75.

（作者：克拉玛依石化公司第一联合车间，溶剂精制装置操作工，高级技师）

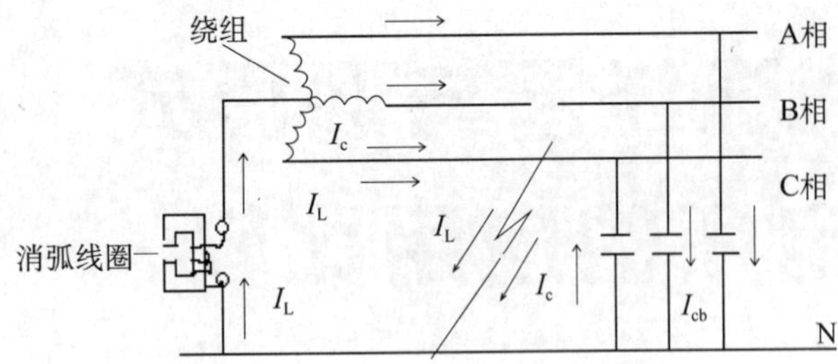

图1　中性点经消弧线圈接地系统等值电路

I_c—C相电流；I_L—电感电流；I_{cb}—B相电容电流；
N—中性线

正常运行时，中性点电位为零，没有电流流过消弧线圈。当某相，如图1所示C相发生单相接地，则作用在消弧线圈两端的电压为地对中性点电压U_c，此时就有电感电流I_L通过消弧线圈和接地点，I_L滞后电压90°，与接地点电容电流I_c方向相反（相差180°），因此互相补偿、抵消。其向量图如图2所示，接地点电流是I_c和I_L的向量和，因此，如果适当选择消弧线圈电感（匝数），可使接地点的电流变得很小，甚至等于零。这样，接地点就不致产生电弧以及由电弧引起的危害。

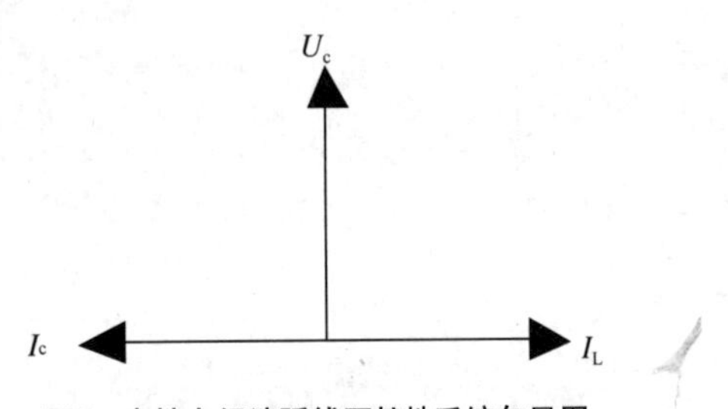

图2　中性点经消弧线圈接地系统向量图

根据消弧线圈的电感电流对接地电容电流补偿程度不同，消弧线圈有3种补偿方式：全补偿（$I_L=I_c$）、欠补偿（$I_L<I_c$）和过补偿（$I_L>I_c$）。过补偿可避免谐振过电压的产生，因此得到广泛应用。

二、调匝式消弧线圈与直流偏磁式消弧线圈结构、性能上的对比

（一）调匝式消弧线圈

调匝式消弧线圈的构成如图3所示。

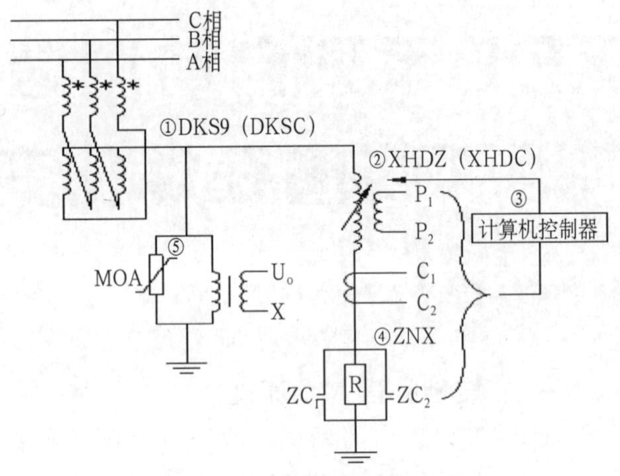

图3　调匝式消弧线圈构成

①—接地变压器；②—消弧线圈；③—计算机控制器；
④—阻尼电阻箱；⑤—避雷器；*—绕组同名端；
U_0,X—接地变压器二次输出端；P_1,P_2—电压互感器首尾端；
C_1,C_2—电流互感器首尾端；ZC_1,ZC_2—接触器触点

调匝式消弧线圈包括四大部分：接地变压器、消弧线圈、阻尼电阻箱、计算机控制器，户外安装，接地变压器和消弧线圈之间还得加一组隔离开关和避雷器。可见调匝式消弧线圈安装维护起来非常繁琐。

（1）从图3可以看出，调匝式消弧线圈是通过有载开关调节消弧线圈的分接头来改变电感的。很明显它调节的电感电流是有级差、有触点的。

（2）调匝式消弧线圈的测量方法在分接头一测量U_{N1}，在分接头二测量U_{N2}，最后通过计算公式算出I_c。

（3）由于成本问题，调匝式消弧线圈使用有载开关为低压开关，这就限定了补偿系统只能在未发生单相接地前就将抽头调整到近全补偿状态，等待接地事故的发生，所以说它是一种随动系统。由于是一种随动系统，只能在未发生单相接地前就将抽头调整到近全补偿状态，这样才能在接地时达到最佳补偿效果。我们知道，在电网正常时调整消弧线圈到全补偿状态，易发生串联谐振。而为了限制串联谐振过电压，须加一个阻尼电阻。由于制造工艺及成本问题，这个电阻功率仅为几百瓦，所以发生单相接地时，需迅速将

其短路掉，否则这个电阻会烧坏甚至爆炸。

（4）有载开关都有动作次数，一般的有载开关的寿命会到几万次。补偿装置跟踪的依据是判别零序电压的变化量是否超过定值，而零序电压的波动在现场经常出现。造成波动的原因有20多种，假定一天变化50次，那么有载开关至少要调节50次，估算一年的调节次数约为16150次。理论上有载开关几年就要更换或大修。但与其配套的消弧线圈、接地变压器的寿命却在10年以上，显然补偿系统的寿命取决于有载开关的寿命是不合乎情理的。

（5）我们对电网装置的基本要求是即使装置出现了这样那样的故障，也不会给电网造成危害，而调匝式消弧线圈补偿装置常常会给电网带来如下危害：

①动作死区——产生串联谐振过电压的元凶。我们假定报警启动门槛电压为25V，如果发生单相接地故障，U_0肯定会大于25V。此时，补偿系统开始动作即发出声光报警及将电阻短路。如果过一段时间，接地故障自动消除，那么电网自动恢复正常，但此时阻尼电阻尚未投用，电网处于串联谐振状态。而过电压很可能会使$U_0>25$V，由于U_0大于启动门槛电压，装置还会判断接地故障未消失，阻尼电阻箱不会重新投入。如果此时电网波动大，那么产生的串联谐振过电压很可能危及电网的安全。

②接触器失灵——引起阻尼电阻的崩烧。可能会由于某种原因，在装置单相接地时不能将电阻及时短路。如果发生此种情况，电阻肯定会崩烧，造成事故。假设补偿电流为40A，阻尼电阻为200Ω，则：

P_r（功率）$=I_2R=1600\times200=320$（kW）

但实际情况是阻尼电阻功率为几百瓦，在长时间内阻尼电阻要承受这么大的功率，显然会急剧发热，最后崩烧。综上所述，有载开关的调匝式消弧线圈仅仅是人工调匝式消弧线圈的一种简单延续，其性能可靠性并没有太大改变，它的唯一好处就是制造工艺简单、成本低。

（二）直流偏磁式消弧线圈

直流偏磁式消弧线圈的构成如图4所示。

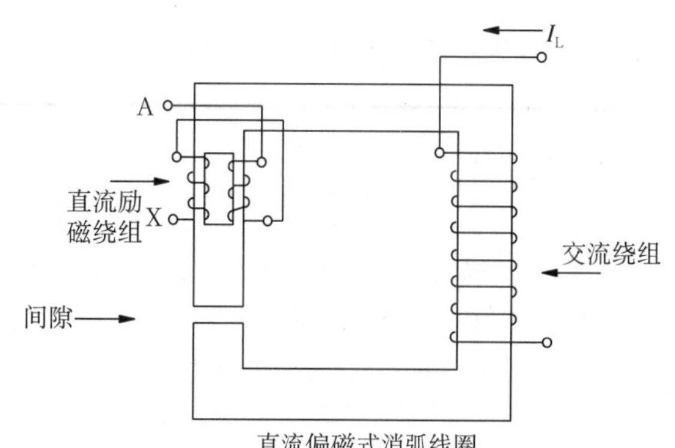

图4　直流偏磁式消弧线圈构成

A、X—直流励磁绕组的首尾端

直流偏磁式消弧线圈的直流励磁绕组采用反串联连接方式，使各绕组上感应的工频电压相互抵消。通过三相全控整流电路输出的电流闭环调节，实现消弧线圈励磁电流的调节与控制，利用计算机数据处理能力，对这类消弧线圈伏安特性上固有的不大的非线性实施动态校正。不难看出直流偏磁式消弧线圈的结构特点：

（1）在电网正常运行情况下，随动预调（随时动作、预先调整）的消弧线圈对电网的安全运行有害无利，为了满足正常中性点位移电压不超过某一限值的要求而不得不将消弧线圈的脱谐度整定在较大的数值，使接地残流加大，补偿效果就会降低，同时必须串一个阻尼电阻。

（2）在电网发生断线故障，断路器非同期合闸事故或大型电动机投切操作时，小脱谐度的消弧线圈使中性点电压位移比无补偿电网严重得多，将出现危险的过电压。消弧线圈发挥有利作用是在电网出现单相接地后，并且脱谐度越小越好，最好是全部补偿。

（3）一般采用的是增大电网阻尼率的方法，如采用消弧线圈并联电阻或串联电阻接地方案，这种方法在生产实践中也都发挥了有益的作用，但是阻尼率增大必然造成接地残流增大。另外，附加大容量的电阻从设计、制造、安装等方面都有一定的困难。

三、ZDB型自动调谐消弧线圈补偿装置的特点

我所在变电所使用的ZDB系统成套装置，是根据直流偏磁式消弧线圈原理制作的自动跟踪动态补偿成套设备，包括接地变压器、电控消弧线圈、计算机控制器三部分（图5）。

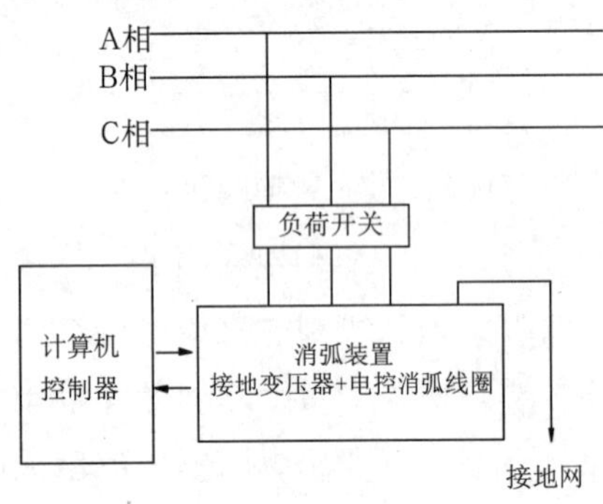

图5　ZDB自动调谐消弧线圈原理图

ZDB自动调谐消弧线圈是电控无级连续可调消弧线圈，具有全静态结构，内部无任何运动部件，成套装置无任何触点，可靠性高、调节速度快、使用寿命长等特点。这种消弧线圈的基本工作原理是利用施加直流励磁电流改变铁芯的磁阻，从而达到改变铁芯电抗值的目的。它可以非常快地调节电感值。ZDB消弧线圈具有以下优点：

（1）消弧线圈调节范围大，补偿电流上下限之比可达10倍以上。

（2）无需外加阻尼电阻，不存在由于控制死区而引发的电阻崩烧和串联谐振问题。

（3）采用动态补偿方式，从根本上解决了补偿系统串联谐振过电压的问题。

（4）是唯一一种可以同电网中原有小电流接地选线装置配套使用的补偿装置。

（5）控制系统功能齐全，可实时显示电容电流、补偿后残流，具有电容电流追忆功能及接地故障追忆功能。

（6）具有RS-232/RS-485串行接口，可同上位机通信，实时传送电网电容电流、中性点电压、装置自检信息，电网发生接地故障后传送补偿电流、残流等信息。

（7）具有双套（两组消弧线圈可以一主一备）并运功能。

四、结束语

通过以上对比可见，直流偏磁式消弧线圈优越于调匝式消弧线圈的性能。我所在变电所自2009年11月安装ZDB–6/66系列自动调谐消弧线圈成套装置后，几年来系统几次发生母线瞬间及永久接地，均未发生因接地补偿不及时而造成崩烧的事故，对炼化变电系统的稳定运行起到至关重要的作用。在几年的运行维护中，一次设备运行状况一直稳定、良好，二次计算机控制部分也未出现过异常、故障。随着计算机技术的发展、现场运行应用经验的积累，炼化变电所ZBD–6/66系列自动调谐消弧线圈成套装置运行状况将会更加可靠。

（作者：大庆炼化公司机电仪厂，变电站值班员，技师）

技术点评：本文介绍了消弧线圈接地补偿的基本原理和自动调谐消弧线圈补偿装置的特点及应用，并对直流偏磁式和调匝式消弧线圈从结构原理和调控方式等方面进行了性能对比，得出了推广应用直流偏磁式自动调谐消弧线圈补偿装置的结论。性能原理描述清楚，技术特点对比分析正确，应用实例效果明显，可供经验分享。

（审稿专家：张卫忠）

录井资料整理系统软件应用的几点技巧

◆ 包东风

一、运用软件易出现的问题及解决的方法与技巧

(一)批量录入数据

在录井软件中批量录入原始数据非常繁琐，以录入岩屑描述为例（图1），岩屑描述记录是对相同岩性、颜色、含油级别段进行描述；一口井井段长、数据录入多，每录入一个数据都要确定后再录入下一个数据；录入岩性时要在指定窗口中的众多种岩性中选择确定，繁琐、低效。

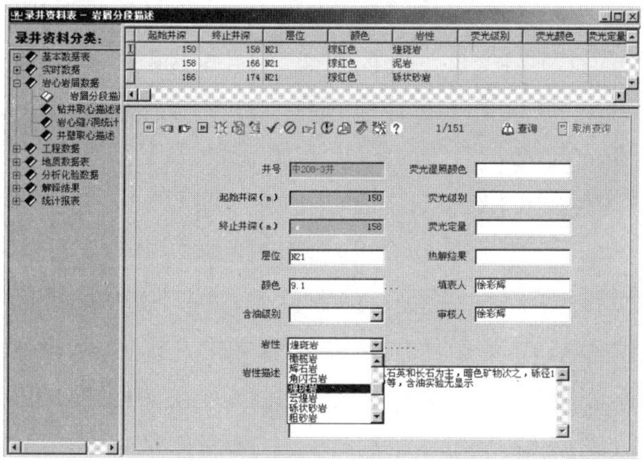

图1　岩屑分段描述录入窗口

我在实际操作过程中总结出一个简单、快捷且不易出错的方法来解决原始数据批量录入的问题。

软件数据格式为Access，在它的Access数据库下建有很多的相关子目录，目录名称基本都是用汉语拼音缩写来表示，如岩屑描述记录用“YXMSJL”表示（图2）。打开要录入的“YXMSJL”后，复制一行粘贴到“Excel”表中，这样就保存了“YXMSJL”软件要求的格式（图3），在“Excel”格式下，填写数据简单、快捷，岩性栏填入软件规定的入机代码或汉字，颜色一栏也可用入机代码或汉字，如用入机代码需用文本格式（因颜色深浅用“+”“-”表式，如不设定为文本格式，会出现颜色识别错误），填写完成后，复制粘贴到软件Access库中的目标子目录中即可。

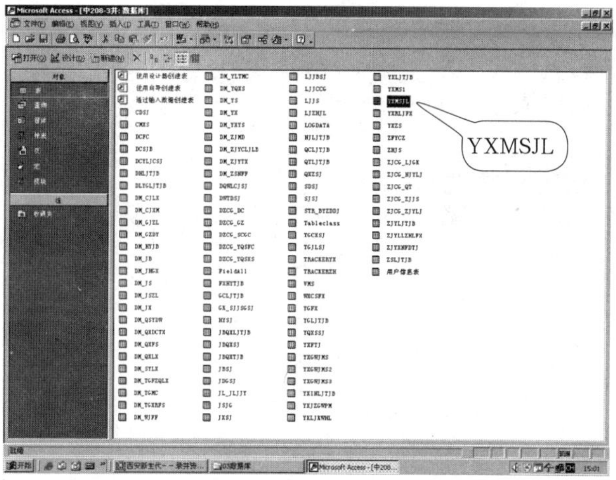

图2　Access数据库目录

井号	起始井深 m	终止井深 m	层位	颜色	岩性定名	荧光颜色	含油级别	岩性描述	填表人	审核人
切六-322井	1308	1312	E32	7	N00			较软，质较纯	孙红卫	孙永喜
切六-322井	1312	1314	E32	7	S26	淡黄色	6	较疏松,泥质胶结,含油试验:荧光湿、干照淡黄色,正己烷浸泡无色,灯下乳白色	孙红卫	孙永喜

图3　Excel格式岩屑描述记录

(二)导入单井数据库

导入一个已录入了原始数据的Access数据库，进入软件继续编辑完井部分，最终完成后，

再导出数据库存档。在导入数据库时有时会造成数据库部分数据丢失或因电测数据量大，造成死机现象。如果操作人员在录入数据时不慎改变了某个子目录库的格式，导入数据库会对本机软件数据库造成破坏，致使某些文件不能生成，对编辑其他井数据都会造成影响。

实际操作过程中，可用配置数据库的方法来解决单井数据库导入与导出造成的问题。

在软件界面点击重新配置数据库文件，或打开计算机控制面板的管理工具项中的数据源，浏览配置自己所要的单井文件夹下的目标Access库，重新打开软件就可以继续编辑所处理的单井数据，无需导入数据库。最终完成后，也无需导出数据库，这样对本机的软件不会造成任何影响（图4）。

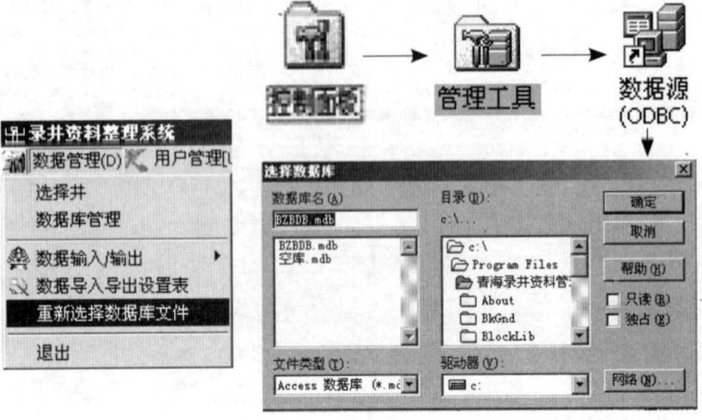

图4　重新配置数据库步骤示意

（三）文档生成

数据录入完成后，进行单井文档生成。软件所生成的文件全部是Word格式，在进行文档生成时有时会出现某个原始记录或某个报告附表生成不成功。下面给出几个出现文档生成错误的原因及解决方法：

(1)在Excel格式下输入数据或文字描述，操作过程中可能在所输入数据或文字的前、后或中间加了空格，输入完成后粘贴到Access数据库，与软件要求的格式不一致，软件无法识别，导致文档不能生成。以录井综合记录为例，它的时间格式为“2005-9-10 10:20”,日和时间之间应为一个空格，操作时不慎变两个空格,或在“工程概况”项中文字描述完后加入空格（图5），粘入到Access数据库时，就会造成软件不识别，导致录井综合记录不能生成或生成格式不对。解决方法是：进入软件检查并删除不必要的空格及改正输入的错误数据。

文字描述后不能加入空格

井号	开始日期	结束日期	层位	工序	井深m	工程概况	填表人	审核人
涩4-23井	2009-8-12 1:00	2009-8-12 3:40	Q1+2	短起下钻	202.29	井段:202.29-18.00m	贾运伟	贾运伟
涩4-23井	2009-8-12 3:40	2009-8-12 14:40	Q1+2	钻进	396	本井于2009年8月12日14:40钻至井深396.00m一开完钻；钻井液性能：密度1.28～1.32g/cm^3，黏度36～39s,失水6.4mL，pH9	贾运伟	贾运伟
涩4-23井	2009-8-12 14:40	2009-8-12 16:00	Q1+2	循环钻井液	396	钻井液性能：密度1.28～1.32g/cm^3，黏度36～39s，失水6.4mL，pH9	贾运伟	贾运伟

图5　Excel中的录井综合记录正确填写格式

（2）在生成报告附表中的基本数据表时经常出现钻头、套管程序项没有数据生成（图6），原因是在“井身结构”库中输入数据有空项，解决方法是：在没有数据的工序项中输入“0”就可以了（图7）。

（3）操作过程可能删除了格式中的某些空列或数据重复项列，粘入Access数据库时，造成软件格式改变，导致文档不能生成。以套管数据表为例，套管序号和下井序号在实际下井读数正好相反，而在软件库中两列读数一致（图8），所以在Excel表中进行数据录入时，人为删去一列，粘入Access数据库，改变了软件格式，文档因此不能生成。出现此情况后，先把库中的套管数据粘回到Excel表中保存，再从一个没有被破坏的井的Access数据库中复制一个子目录“TGJLSJ”，把已破坏井的Access数据库中“TGJLSJ”进行替换，把保存的Excel表中的数据整改后粘回到库中即可。

<table>
<tr><td colspan="2">构造</td><td colspan="2">昆北油田切六区</td><td>井别</td><td>开发井</td><td>钻井方式</td><td colspan="2">陆上钻井</td><td>井 队</td><td>青海40519钻井队</td><td colspan="5">地 质 分 层</td></tr>
<tr><td rowspan="3">井位设计</td><td colspan="2">地 理 位 置</td><td colspan="6">青海省海西州花土沟镇157° 方位约57km处</td><td>钻井队长</td><td>赵金耀</td><td colspan="4">层 位</td><td>厚度</td></tr>
<tr><td colspan="2">构 造 位 置</td><td colspan="6">柴达木盆地西部坳陷区昆北断阶带切六号构造</td><td>钻井监督</td><td>刘新昌</td><td>界</td><td>系</td><td>统</td><td>组段</td><td>底深(m)</td></tr>
<tr><td colspan="2">井间相对位置</td><td colspan="8">距切六-212井0.10km,方位288°</td><td rowspan="2">新生界</td><td rowspan="2">老第三系</td><td rowspan="2">渐新统</td><td>E_2^3</td><td>1478.00</td></tr>
<tr><td rowspan="2">井坐标</td><td colspan="2"></td><td colspan="3">经 度</td><td colspan="2">纬 度</td><td colspan="2">X (m)</td><td>Y (m)</td><td>E_1^3</td><td>1873.00</td></tr>
<tr><td colspan="2">实 际 坐 标</td><td colspan="3">91° 8′ 34″</td><td colspan="2">37° 47′ 33″</td><td colspan="2">4186188.60(复测)</td><td>16336413.40(复测)</td><td colspan="4">基岩</td><td>2200.00</td></tr>
<tr><td colspan="2">完井井深(m)</td><td colspan="2">2200.00</td><td colspan="2">完钻层位</td><td>基岩</td><td colspan="2">完井方法</td><td colspan="2">下入ϕ 139.7mm油层套管完井</td><td></td><td></td><td></td><td></td><td></td></tr>
<tr><td colspan="2">开钻日期</td><td colspan="2">2009-9-10 17:00</td><td colspan="2">完钻日期</td><td>2009-10-12 13:00</td><td colspan="2">完井日期</td><td colspan="2">2009-10-17 16:35</td><td></td><td></td><td></td><td></td><td></td></tr>
<tr><td colspan="4">钻 头 程 序 (mm×m)</td><td colspan="3">311.1 × 204.00</td><td rowspan="4">备注</td><td colspan="3" rowspan="4">圆井深:9.00m
未下导管</td><td></td><td></td><td></td><td></td><td></td></tr>
<tr><td colspan="4">套 管 程 序 (mm×m)</td><td colspan="3"></td><td></td><td></td><td></td><td></td><td></td></tr>
<tr><td colspan="4">钻 头 程 序 (mm×m)</td><td colspan="3">215.9 × 2200.00</td><td></td><td></td><td></td><td></td><td></td></tr>
<tr><td colspan="4">套 管 程 序 (mm×m)</td><td colspan="3"></td><td></td><td></td><td></td><td></td><td></td></tr>
</table>

图6 报告附表基本数据表

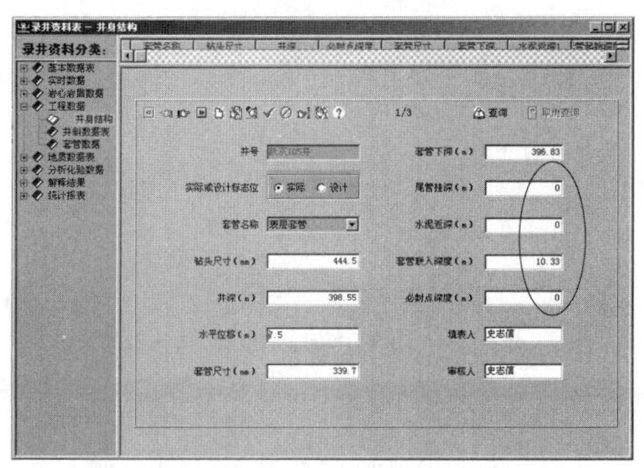

图7 井身结构录入窗口

井号	套管名称	序号	下井序号	产地	钢级	套管外径	壁厚 mm	套管长度 m	累计长度 m	下入井深 m	填表人	审核人
切六-322井	20	1	1	中国	N80L	244.5	10.03	11.49	11.49	203.4	孙永喜	孙永喜
切六-322井	20	2	2	中国	N80L	244.5	10.03	11.56	23.05	191.91	孙永喜	孙永喜
切六-322井	20	3	3	中国	N80L	244.5	10.03	11.31	34.36	180.35	孙永喜	孙永喜
切六-322井	20	4	4	中国	N80L	244.5	10.03	11.57	45.93	169.04	孙永喜	孙永喜
切六-322井	20	5	5	中国	N80L	244.5	10.03	11.46	57.39	157.47	孙永喜	孙永喜
切六-322井	20	6	6	中国	N80L	244.5	10.03	11.49	68.88	146.01	孙永喜	孙永喜
切六-322井	20	7	7	中国	N80L	244.5	10.03	11.49	80.37	134.52	孙永喜	孙永喜

图8 软件数据库——套管数据表

（4）岩心描述中取心筒次综述在软件中是按单筒描述的，大家往往习惯按取心段描述，以致造成与单筒岩心分块描述不匹配，因此不能生成岩心描述记录，岩心综合图也无法绘制（图9）。

（四）录井图件绘制

（1）在录井草图中进行岩屑剖面校正，因单井井段长，不能在短时间内完成剖面校正。软件设有保存到数据库项，但当第二次打开图件继续进行剖面校正时，常出现以前的数据没有保存的情况，或图件已无法打开，造成重复工作 。为避免此问题，我们在退出操作前，要利用软件的输出到文件功能，保存一份文本文件的数据（图10），以防文件丢失。当下次再继续剖面校正工作时，在剖面校正图道上先加载文件，再进行剖面校正就可以了，解决了重复工作的问题。

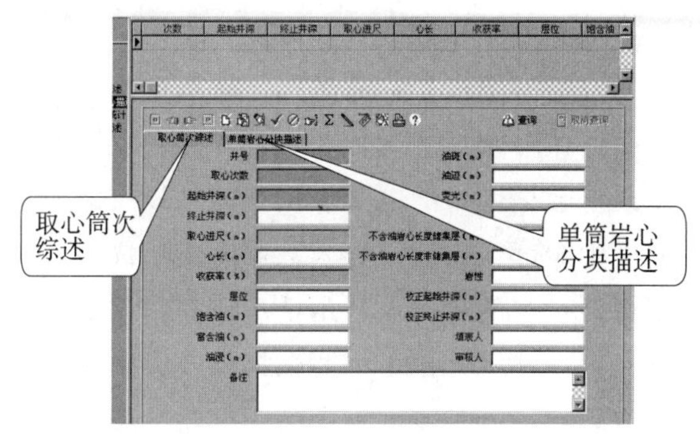

图9 岩心录入窗口

东得2井岩屑录井草图

1:500

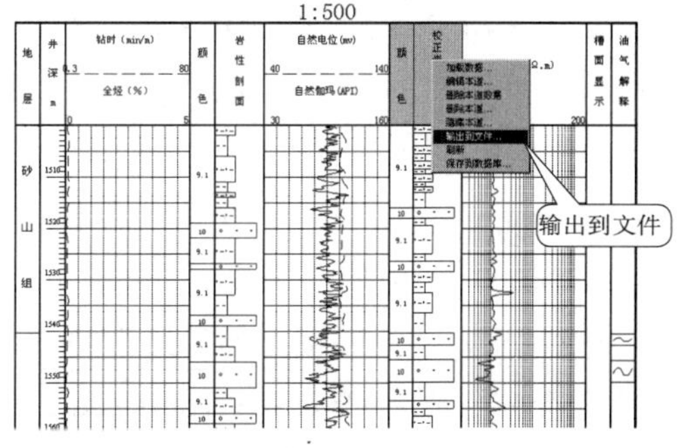

图10 岩屑录井草图

（2）在录井草图中全烃曲线图道常出现提

取数据后没有绘出曲线的情况。此问题是因为操作人员在设置曲线图道时，指定提取“深度数据”［图11（a）］数据库里的全烃，而软件本身是指定提取“迟到数据”［图11（b）］数据库里的全烃含量。

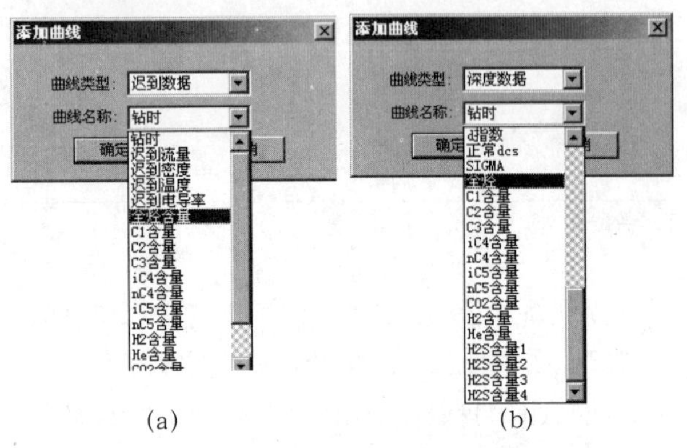

图11　软件岩屑录井草图——全烃曲线图道提取示意

（3）在录井综合图的绘制中,常出现侧向曲线变形的问题。解决此问题的方法很多：方法一，将数据库中侧向小数改为3位小数，解决了其值在变化很小的情况下，2位小数把曲线压为直线的问题（图12）；方法二，将数据库中的电测数据粘到Excel表中，刷格式后重新粘贴到数据库，或将数据库中的电测数据在软件设有的导出数据项中全部导出后再导入数据库，这样可以对数据可能存在的全角、半角情况或有错误数据进行统一；方法三，由于电测数据库较大，可能产生分散现象，利用本软件中的压缩功能项将数据库进行数据压缩和修复，即可解决此问题；方法四，检查计算机应用程序是否是Office2000，如是Office XP、Office2003，软件不认同。

（4）在岩心录井综合图的绘制中，如是多井段取心，出现不能将各井段取心图按规范要求间隔2cm合并绘制成一张图的情况。原因一：在软件图件信息栏中输入合并取心段最小间隔值，一定要小于每次取心段之间的最小间隔井段值。如第1次取心井段1851.52～1860.22m，第2次取心井段1871.28～2027.28m，第3次取心井段2464.10～2469.00m，第1次取心与第2次取心井段间隔只有11m，输入合并取心段最小间隔值要小于11m。原因二：在岩心描述库中输入岩心分段综述，习惯按取心筒次顺序录入数据，应在每次取心段的第一筒心指定栏中录入数据。

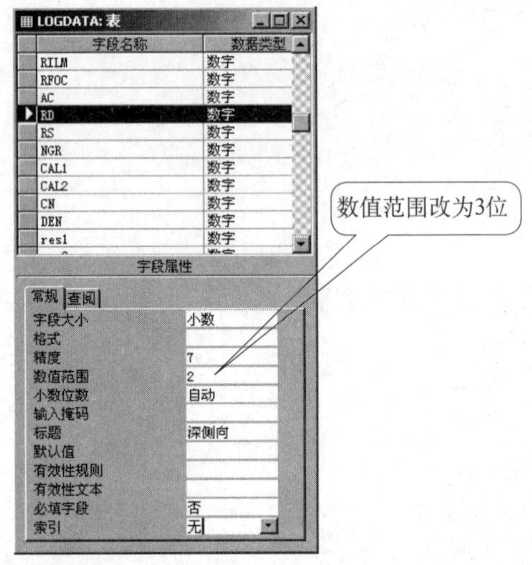

图12　数据库——电测数据LOGDATA目录选项示意

二、结束语

（1）录井资料整理系统是按录井资料采集与整理规范开发的，在现场录井资料录入和后期资料处理及成果形成过程中具有强大功能，通过系统处理的录井资料，既符合规范，又整洁美观，满足资料整理工作需要。

（2）软件应用过程中要严格按规范进行操作，只要在工作中多摸索、多探究，就会将容易出现问题或操作复杂的工序简单化，做到灵活应用、灵活处理，提高工作质量和工作效率。

（作者：中油测井公司青海事业部，综合录井工，技师）

技术点评：本文呈现了录井资料批量录入、导入单井数据库、文档生成、图件绘制等四个方面的操作步骤，对现场操作工程师有很好的指导意义。

（审稿专家：杨超登）

重油催化裂化装置液化气中C_5及以上组分超标原因分析及对策

◆ 初建军

一、背景介绍

大连石化公司第二重油催化裂化装置设计加工量为80×10^4t/a，包括反应再生、产品分馏、吸收稳定、烟气能量回收、气压机系统五个部分。针对重油残炭高，硫、氮和重金属等杂质含量高的特点，设计中在工艺上采用了高反应温度、短接触时间，提升管注水、注汽，使用新型催化剂等一系列措施，同时采用新开发外取热器、油浆中压蒸汽发生器和回收能量的四机组等当时较为先进的技术，反映了20世纪80年代的设计水平，1988年12月试生产，并通过国家验收。1991年10月装置进行改造，处理量可达90×10^4t/a。20多年来，通过不断的技术改进，在掺渣比、加工量、液收等方面比当初设计有了质的提高，可加工常减压馏分油、丙烷脱沥青油、常减压渣油等混合原料，以及不同类型的进口原料。该装置操作弹性大，可使用不同类型催化剂，生产方案灵活。

装置稳定塔有40层塔盘，上部13层塔盘采用的是由天津某公司生产的JCPT型塔盘，为单溢流；下部27层是普通白钢的浮阀塔盘，为双溢流。

2011年10月6日，根据公司要求装置停工检修。11月12日重新开工后，液化气中C_5及以上组分一直超出不大于1.5%（体积分数，下同）的产品质量指标，C_5及以上组分最高含量达到了19%。车间通过采取调整稳定塔塔底温度、塔顶回流量、塔顶压力、塔顶温度、进料塔盘数、反应温度、装置处理量等一系列措施来调整液化气中C_5及以上组分含量，调整后C_5及以上组分含量仍然超出产品质量指标，严重影响了公司产品的调和。

二、调整过程介绍

从11月16日开始对装置进行调整。

首先对装置稳定塔进行调整。将稳定塔塔底温度由185℃降到172℃，采样分析，液化气中C_5及以上组分含量仍然超出质量指标；之后，车间将稳定塔回流量由40t/h提高到45t/h，增加稳定塔精馏段液相回流，但效果不是很理想；增加稳定塔热旁路阀位开度以提高稳定塔塔顶压力，结果仍然达不到预想效果；减少液化气外送量，通过大回流比来降低液化气中C_5及以上组分也未达到最终效果；将反应温度由500℃降为485℃，同时降低装置处理量来降低稳定塔负荷也未达到效果。最后， 决定对稳定塔进行吹扫，将稳定塔受液盘中的杂质吹掉，以保证稳定塔降液管中液体能够顺畅流入下一层塔盘，保证塔内物流能够充分传质、传热。车间于11月28日开始隔离稳定塔，对其吹扫4h后，恢复稳定塔进料， 车间于当晚20：00对液化气加样，分析结果显示液化气中C_5及以上组分含量为6.92%，仍然超出产品质量指标。调整过程中液化气中C_5及以上组分含量变化情况如图1所示。

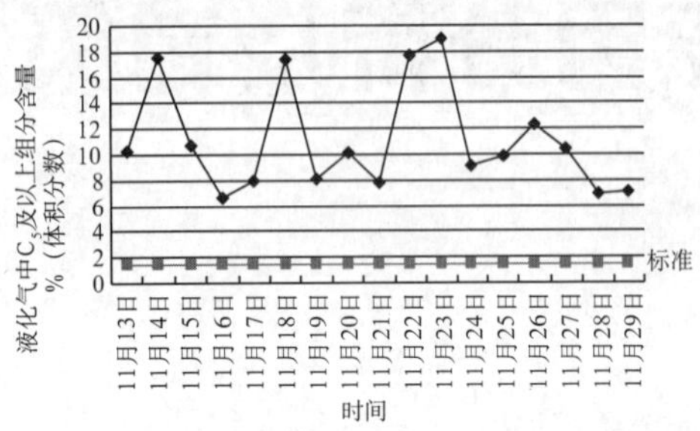

图1　装置调整过程中液化气中C_5及以上组分含量变化曲线图

由图1可以看出，通过调整稳定塔调节参数、反应温度并降低装置处理量等一系列措施，液化气中C_5及以上组分含量有所降低，但含量仍高于产品质量指标。

三、问题发现

经与公司主管部门研究，决定对稳定塔隔离开人孔进行检查。进入稳定塔检查发现，第27层塔盘（浮阀塔盘）降液管完全被塔内杂质堵塞，如图2所示。

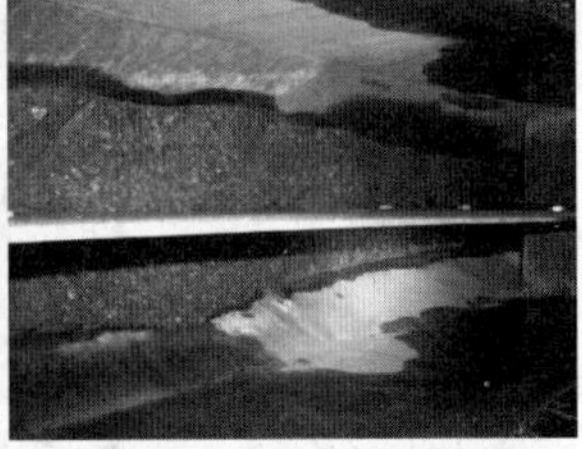

图2　稳定塔降液管堵塞情况

第27层塔盘降液管被塔内杂质堵塞后，上层液相不能从降液管中流入下层塔盘，第27层塔盘降液管内液体漫入第27层塔盘，使得27层塔盘及上方塔盘液相过厚造成淹塔，最终结果是使得精馏段气相带液，导致液化气中C_5及以上组分含量超标。

四、整改措施及问题解决

对稳定塔检查后，车间组织施工队对堵塞塔盘杂质进行清理，于12月3日恢复稳定塔进料。12月4日4：00液化气加样，分析结果显示液化气中C_5及以上组分含量为0.07%，符合产品质量指标；当日8：00再次加样，液化气中C_5及以上组分含量为0.04%。稳定塔清塔后液化气中C_5及以上组分含量变化曲线如图3所示。

从图4可以看出，通过对稳定塔第27层塔盘降液管内杂质进行清理，稳定塔恢复进料后液化气中C_5及以上组分含量达到产品质量指标。至此，液化气中C_5及以上组分含量超标问题得到彻底解决。

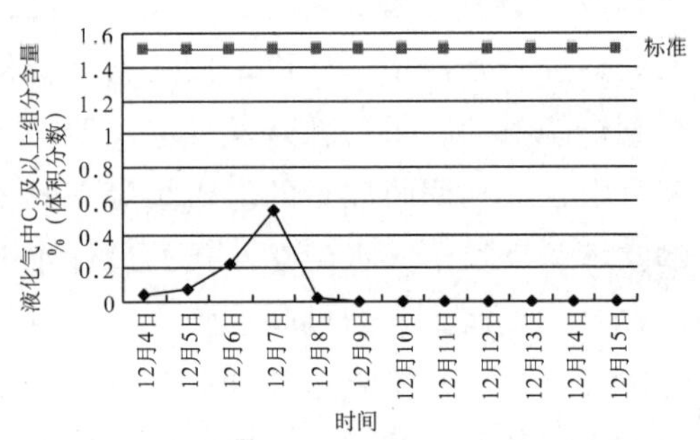

图3　稳定塔清塔后液化气中C_5及以上组分含量变化曲线图

（作者：大连石化公司第四联合车间，催化裂化装置操作工，技师）

（审高专家：张彦）

变频器点动与连续运行控制电路的设计

◆ 梁海龙

随着变频器技术的不断发展和普及，其控制功能也不断完善。针对实际生产应用的工艺及控制要求，如果能充分利用变频器所附带的其他功能参数对现有设备进行优化改造，不仅能有效提高生产效率，同时还能减轻维修工作量，降低生产成本，节约电能。

一、改造前控制电路原理及存在问题分析

(一)改造前控制电路原理

某机械厂机加工车间的一台电动传送带需要在单步传送和连续传送两种工作状态下运行，该设备原来采用断路器、交流接触器、三联复合按钮、热过载继电器等电气元件实现三相异步电动机点动与连续运行功能，具体电路控制原理如图1所示。图1中使用交流接触器主触头控制三相异步电动机与三相电源的通断，通过三联复合按钮对交流接触器线圈的控制实现点动与连续运行功能。

电路要求实现连续运行时：合上电源断路器QF，按下连续运行启动按钮SB2，交流接触器KM线圈得电，并通过交流接触器KM常开辅助触点自锁，同时交流接触器KM主触头吸合，三相异步电动机启动并连续运行；按下停止按钮SB1，交流接触器KM线圈失电，主触头断开，电动机停止。

电路要求实现点动运行时：合上电源断路器QF，按下点动运行按钮SB3，交流接触器KM线圈得电，主触头吸合，三相异步电动机运行，同时交流接触器KM常开辅助触头闭合。由于SB3点动运行按钮联动常闭触点断开，交流接触器KM线圈自锁回路无法实现自锁；当松开点动运行按钮SB3时，交流接触器KM线圈失电，三相异步电动机停止，电路实现点动运行。

FR为热过载继电器，将其常闭触点串接入控制电路中，可实现电动机过载保护。

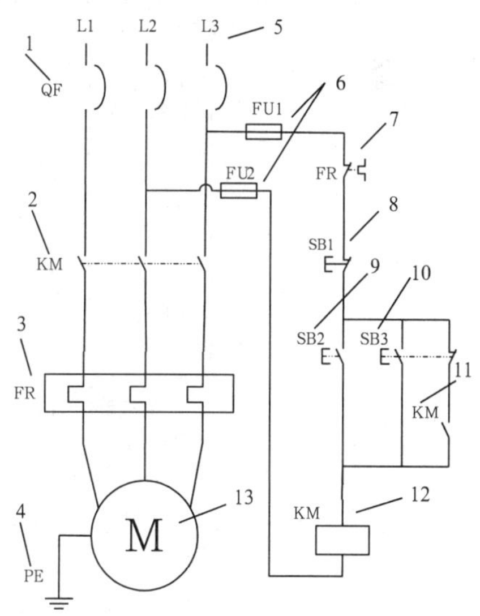

图1 改造前电路原理图

1—断路器；2—交流接触器主触头；3—热过载继电器主触头；4—接地线；5—三相电源；6—控制回路熔断器；7—热过载继电器辅助触头；8—停止按钮；9—连续运行启动按钮；10—点动运行按钮；11—交流接触器常开辅助触点；12—交流接触器线圈；13—三相异步电动机

（二）存在问题分析

原电路在启动时均为全压启动，对电网冲击很大，尤其是在点动运行工作时，室内照明忽明忽暗，电压波动明显。频繁使用点动运行后，电动机和交流接触器发热严重，主触头易烧损，故障率高，增加了维修工作量和维修成本。点动与连续运行工作时都是工频运行，突启、突停对设备冲击很大，操作不易控制，准确性不高。

二、变频器相关功能参数及改造电路设计

（一）变频器相关功能参数

变频器选用森兰SB60G系列变频器，该机FWD/REV运转模式设定方式有三种。

（1）FWD/REV两线制1模式，其运转指令及连接方式见表1和图2。

表1　FWD/REV两线制1模式各开关状态及运转指令

K1	K2	运转指令
ON	OFF	正转
OFF	ON	反转
ON	ON	停止
OFF	OFF	停止

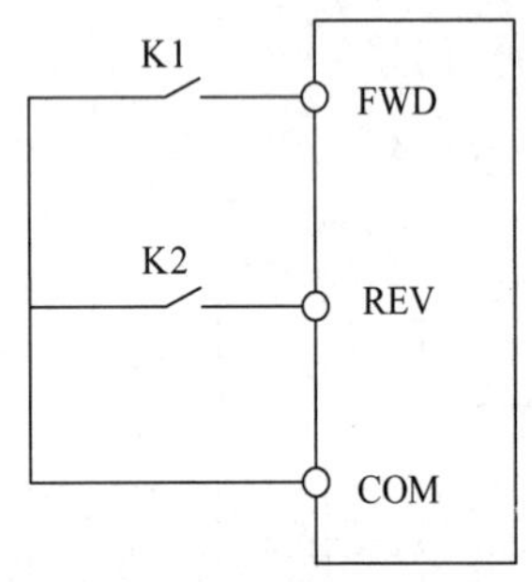

图2　FWD/REV两线制1、2模式连接方式

K1—正转控制开关；K2—反转控制开关；
FWD—变频器正转接线端子；REV—变频器反转接线端子；
COM—变频器公共接线端子

（2）FWD/REV两线制2模式，其运转指令及连接方式见表2和图2。

表2　FWD/REV两线制2模式各开关状态及运转指令

K1	K2	运转指令
OFF	OFF	停止
OFF	ON	停止
ON	OFF	正转
ON	ON	反转

(3)三线制运转模式，其连接方式如图3所示。当K闭合，变频器启动时得到反转指令；当K断后，变频器启动时得到正转指令。

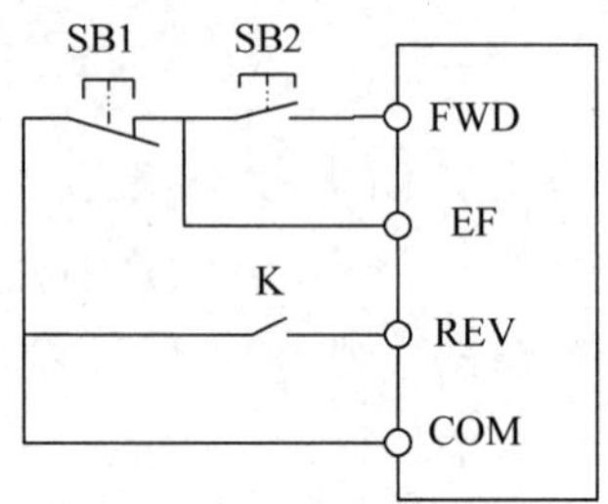

图3　三线制连接方式

SB1—停止按钮；SB2—启动按钮；K—正、反转控制开关；
FWD—变频器正转接线端子；EF—变频器自锁控制接线端子；
REV—变频器反转接线端子；COM—变频器公共接线端子

（4）点动控制的运转模式，其连接方式如图4所示。

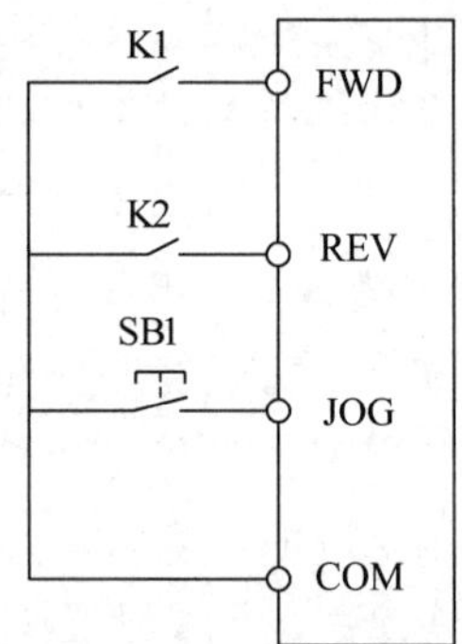

图4　点动控制连接方式

SB1—点动按钮；K1—正转指令开关；K2—反转指令开关；
FWD—变频器正转接线端子；JOG—变频器点动控制接线端子；
REV—变频器反转接线端子；COM—变频器公共接线端子

（二）改造电路设计

在不增加其他电气元件，且要实现原电路相同功能的前提下，经过实验、优化，最终确定以下改造电路，如图5所示。各参数设定见表3。其他参数根据使用设备情况及工作需要进行设定。

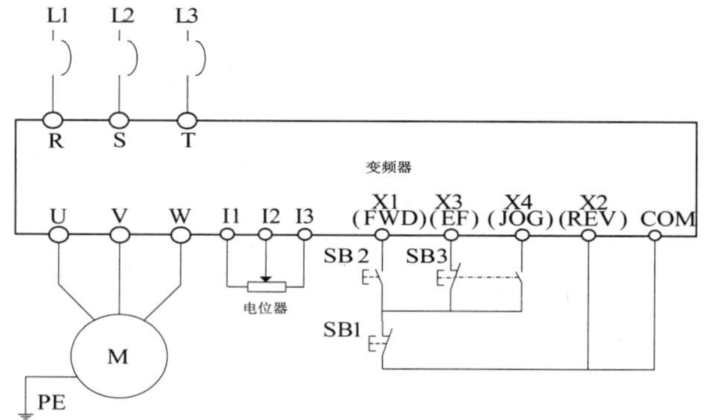

图5　改造后电路原理图

L1，L2，L3—三相电源；R，S，T—变频器电源输入端子；U，V，W—变频器电源输出端子；SB1—停止按钮；SB2—连续运行启动按钮；SB3—点动运行按钮；X1，X2，X3，X4—变频器多功能输入端子；COM—变频器公共接线端子；I1，I2，I3—频率给定输入端；M—三相异步电动机；PE—接地线

表3　改造后电路参数设定

类别	项目	内容
多功能输入端子定义	X1	正转输入(FWD)
	X2	反转输入(REV)
	X3	自锁控制输入(EF)
	X4	点动输入(JOG)
变频器参数设定	F002	频率主给定信号设定为“2” VR1
	F004	运转给定方式设定为“1”外部端子控制
	F006	运转模式设定为“2”三线制运转模式
	F009	连续运行加速时间（按需要设定）
	F010	连续运行减速时间（按需要设定）
	F500	多功能端子X1设定为“13”正转输入（FWD）
	F501	多功能端子X2设定为“14”反转输入（REV）
	F502	多功能端子X3设定为“15”自锁控制（EF）
	F503	多功能端子X4设定为“10”点动控制（JOG）
	F604	点动频率（按需要设定）
	F605	点动加速时间（按需要设定）
	F606	点动减速时间（按需要设定）

三、结束语

通过使用森兰SB60G系列变频器对原电路进行改造后，电路比原电路省去了一个交流接触器，控制部分电路更简单，且电压均为低压直流电，使用更安全可靠，可以通过变频器参数设定实现点动状态和连续运行状态不同频率、不同加减速时间运行，提高了设备使用的灵活性，同时也降低了点动运行对电网的冲击，频繁启停不再受限制。

改造后使用时应注意以下事项：

（1）控制部分电路为低压直流信号电源，不能混入市电，否则将损坏变频器。

（2）对电动机及变频器进行连接及维修维护时应将变频器断电，直到变频器内指示灯熄灭后方能操作，否则有触电危险。

（3）由于电路中将变频器直接连入断路器，当发生断路器保护跳闸时，应检查变频器输入侧是否短路，不清楚跳闸原因禁止送电，防止大电流短路造成事故。

（作者：辽河油田公司曙光采油厂，维修电工，高级技师）

（审稿专家：苏汉杰）